**Bremen**

*des Umbaues von 1608/12*

:r plastischen Bildwerke an,
bildet sind

Rolf Gramatzki · Das Rathaus in Bremen

Mit Hilfe der Wolfgang-Ritter-Stiftung
herausgegeben von der
Vereinigung für Bremische Kirchengeschichte

**Rolf Gramatzki**

# Das Rathaus in Bremen

**Versuch zu seiner Ikonologie**

1994
Verlag H. M. Hauschild GmbH · Bremen

Abbildung auf dem Außenumschlag: Rathausfront, vom Markt aus gesehen, Foto: Jürgen Nogai
Abbildung auf dem Buchbezug: Rathaus und Roland, Zeichnung: Rolf Gramatzki


Buchgestaltung: Rolf Gramatzki, Gernot Braatz · Bremen
Gesamtherstellung: H. M. Hauschild GmbH · Bremen

ISBN: 3-929 902-05-2

## *Vorwort*

Es ist immer wieder zu beobachten, daß Einheimische sich der Bedeutung ihres landschaftlichen und baulichen Umfeldes wenig bewußt sind. Oftmals sind es erst Gäste – Familienbesuch oder Touristen –, die einem den Blick für bedeutende Werke öffnen, an denen man sonst mehr oder weniger achtlos vorübergegangen ist. Unser schönes altes Rathaus macht da keine Ausnahme, auch wenn es gelegentlich als „Bremens gute Stube" apostrophiert wird. Nun mag allen Bremern der Anblick der in einmaliger Weise architektonisch harmonischen und ausgewogenen Fassade bekannt sein. Aber nur wenigen ist wirklich bewußt, daß sich schon diese Fassade nicht auf gefällige Ornamentik beschränkt, sondern durch zahlreiche Bilder und Figuren sprechender Ausdruck einer jahrhundertelangen geistigen und vor allem geistlichen Entwicklung unserer Hansestadt ist. Es ist das Anliegen dieses Buches und das Verdienst seines Autors, die Wurzeln staatlich-städtischen Selbstverständnisses unserer Stadt, die in teils symbolischer, teils meditativer, ja sogar verkündigender Form als reformatorische Glaubenszeugnisse die künstlerische Ausgestaltung unseres alten Rathauses bestimmen, ins Bewußtsein gerückt zu haben. Mit diesem Buch werden zwar sichtbare, aber für viele Menschen verborgene Schätze ins Licht gehoben und eine Tradition offengelegt, deren sich heutzutage kaum noch jemand bewußt ist. Möge dem Buch die Verbreitung beschieden sein, die Fleiß und Engagement seines Autors verdienen.

Heinz-Hermann Brauer
Präsident des Kirchenausschusses
der Bremischen Evangelischen Kirche

## *Inhalt*

## 1. *Einführung*

Seit mehr als fünfeinhalb Jahrhunderten ist das Rathaus Bremens Zentrum und das Herz der Stadt. Über seinen politischen, kulturellen und künstlerischen Wert haben nie Zweifel bestanden. Das drückt sich schon darin aus, daß sein baulicher und künstlerischer Bestand nur zweimal im Laufe seiner Geschichte eine entscheidende Erweiterung erfahren hat, ohne daß dabei seine Grundsubstanz angetastet worden wäre. Nach den Anbauten an der Nordseite im 16. Jahrhundert hat Lüder von Bentheim zu Beginn des 17. Jahrhunderts dem Rathaus das Gesicht gegeben, das wir, von kleinen Veränderungen abgesehen, noch heute bewundern. An die Stelle des alten Stadthauses trat Anfang unseres Jahrhunderts dann das Neue Rathaus, nachdem das alte Gebäude den Erfordernissen einer modernen Großstadt nicht mehr gewachsen war. Doch blieben nicht nur der Ratskeller, sondern auch die beiden großen Hallen und die drei Schauseiten in ihrer Substanz im wesentlichen erhalten. —

Seit 1831 beginnt mit dem Büchlein Denekens[1] die bis heute nicht mehr abreißende Auseinandersetzung mit dem baulichen und künstlerischen Bestand des Rathauses. Dabei ist auffallend, daß den ikonographischen Problemen bis auf die Arbeit Börtzlers[2] nur ganz am Rande Aufmerksamkeit geschenkt wurde, von Fragestellungen zur Ikonologie ganz zu schweigen. Gerade der bildliche Schmuck hat aber dem Rathaus zu seiner weit über Bremen hinaus reichenden Bewunderung verholfen. In ihm wird jedoch nur der kostbare Schmuck des Gebäudes gesehen, in dem kein zusammenhängender Sinn zu suchen ist[3], sofern er nicht seit jeher bekannt war, wie bei den Skulpturen von Kaiser und Kurfürsten.

Dem unbefangenen Betrachter ergeht es anders. Dem Verfasser, der als Neubremer immer wieder bewundernd vor der Fülle bildlich-gegenständlicher Themen stand, schien ihre Verwendung als bloße Dekoration wenig sinnvoll. Fotografien der Details der Fassade verstärkten den Eindruck ikonographischer Bedeutungen und ikonologischer Zusammenhänge. Die vielen, nicht ohne weiteres beantwortbaren Fragen reizten zur Auseinandersetzung mit dem Thema. Die Rätselhaftigkeit vieler Bildwerke führte zu Fragen nach ihrem Sinn und dem Zusammenhang mit dem schon inhaltlich Deutbaren. Im Laufe dieser jahrelangen Beschäftigung damit kristallisierte sich eine Reihe von Fragen heraus, die Gegenstand der vorliegenden Untersuchungen ist:

1. Welche ikonographische Bedeutung haben die gegenständlichen und ungegenständlichen ornamentalen Darstellungen — Vollplastiken, Reliefs, Gemälde — am Innen- und Außenbau des Bremer Rathauses?
2. Gibt es einen ikonologischen Zusammenhang zwischen den gotischen Bildwerken?
3. Liegen den Bildwerken von 1405/07 und denen von 1609/12 Programme zugrunde?
4. Bestehen zwischen den Bildprogrammen und dem eigentlichen Baukörper Zusammenhänge?
5. Sind Zusammenhänge zwischen dem gotischen und dem manieristischen Bildprogramm festzustellen?
6. Inwieweit bestehen Beziehungen zwischen den bildhaften Zyklen des Außen- und Innenbaues?
7. Sind die im 16. Jahrhundert hinzugekommenen Einzelwerke in die Gesamtkonzeption mit einbezogen?
8. In welchem Bezug steht das Bremer Rathaus zu seiner Umgebung — vor allem Roland und Palatium — und umgekehrt?

Die Auseinandersetzung mit den zahlreichen Themen des Umbaues von 1608/12 führte zwangsläufig zu der Frage, warum Lüder von Bentheim den gotischen Baubestand nicht weiter angetastet hat und was dessen eigentliche Bedeutung war. Denn erst diese Kenntnisse vermögen den Umfang und die Bedeutung des Umbaues im gesamten erkennen zu lassen. Eine exakte Deutung des bildhaften gotischen Schmuckes schien auf den ersten Blick unmöglich. Als Arbeitshypothese wurden ein ikonographisch-ikonologischer Zusammenhang der beieinanderstehenden Teile und, durch die Baldachine angeregt, eine enge Verbindung zur sakralen Kunst angenommen. Als dritter, zusammenhängender Komplex kristallisierten sich die Werke und Veränderungen des 16. Jahrhunderts, vor allem die um 1532, heraus. Alle später am Rathause vorgenommenen Veränderungen sind nur insofern untersucht worden, als sie eventuell den bis etwa 1620 gegebenen Bestand verändern, verdecken oder im Ikonologischen weiterführen. —

Die bei der vorliegenden Untersuchung angewandte Arbeitsmethode geht primär vom bildnerischen Bestand aus. Für den Lüderbau wurde versucht, mit Hilfe der zeitgenössischen Druckgrafik, dem Ornamentstich des 16. und 17. Jahrhunderts, und der Emblematik zu ikonographischen Ergebnissen zu gelangen, um dann eventuell Zusammenhänge erkennen zu können. Während andererorts zur Zeit des Lüderbaues Innen- und Außenarchitektur mit bildhaften Programmen in der Regel beschriftet waren, entfällt dies in Bremen mit Ausnahme der Gemäldereihen völlig. Stichvorlagen für den Reliefschmuck und die Vollplastiken haben zum Teil durch ihren Zusammenhang mit anderen Stichen oder durch eine Beschriftung zur ikonographischen Klärung beitragen können. Die Suche nach Vorlagen für die plastischen Arbeiten geschah bei dieser Arbeit fast ausschließlich aus diesem Grunde. Außerdem wurden, soweit möglich, schriftliche Quellen herangezogen. Hinweise zur Komposition bei Einzelbildwerken oder zu ihrer Stellung im Gesamtzusammenhang, zum Teil auch solche nach der künstlerischen Qualität, sollen der ikonographischen und ikonologischen Entschlüsselung dienen. Auch Fragen der stilistischen Zuordnung werden unter diesem Gesichtspunkt untersucht. Denn für den Lüderbau hat sich seit den vielfältigen Publikationen zum Manierismus ab 1955[4] für die stilistische Einordnung des Bremer Rathauses gegenüber der bisherigen Literatur einiges gewandelt.

Thema und Fragestellung dieser Arbeit machen verständlich, warum einige Bereiche, wie z. B. der Ratskeller, kaum behandelt werden. Er und seine Ausstattung, die Konstruktion der Unteren Rathaushalle, oder auch die alten Schiffsmodelle in der Oberen Rathaushalle sind wohl die bekanntesten, möglicherweise auch beliebtesten Teile des Rathauses, doch tragen sie zum Thema kaum bei. —

Die Auseinandersetzung mit Ikonographie und Ikonologie eines Gebäudes[5], vor allem, wenn es sich wie beim Bremer Rathaus nicht um ein museales Objekt, sondern ein seit mehr als fünfeinhalb Jahrhunderten in seinen Funktionen unverändertes Bauwerk handelt, wirft eine Reihe unterschiedlicher Probleme für den Betrachter auf. Sie beginnt damit, daß die Sprache uns das Verständnis für diese Sachverhalte erschwert. Wir sprechen immer noch von Figuren-„Schmuck", obwohl es deutlich wird, daß das Bauornament — im weitesten Sinne verstanden — abbildhaften Charakter hat und „vor 1850 kein Ornamenttyp vorhanden ist, der nicht gleichzeitig eine sachlich determinierende und assoziative Funktion hat"[6]. Ein architektonisches Kunstwerk wird heute vor allem nach dem Zusammenspiel von Material, Konstruktion, Funktion und Form bewertet. „Dagegen bewirkten im Mittelalter die Kunstwerke vor allem einen Anspruch an den rationalen Überbau, ein Aufblitzen des Geistes in einer im allgemeinen noch magisch durchwirkten Lebenssituation."[7] Unser weitgehend auf Originalität im Künstlerischen hin fixiertes Denken vermag sich kaum vorzustellen, daß Künstler der unterschiedlichsten Bereiche nach Vorlagenbüchern und Stichvorlagen arbeiteten. Noch schwerer fällt uns das Verständnis dafür, daß Auftraggeber bestimmte Bauten kopieren ließen. Dabei ging es nicht um die ästhetische Form, sondern der Gesamtbau oder seine Teile waren Träger von Assoziationen auf das Vorbild hin. Unter Umständen wurde das Vorbild sogar in typische Einzelformen aufgelöst und in der Kopie neu gruppiert[8]. Daß architektonische Einzelformen, wie etwa Säule oder Bogen, nicht nur funktionelle, sondern auch ästhetische Funktionen zu erfüllen hatten, ist noch nicht in Vergessenheit geraten. Doch ihre Verwendung als Hoheitssymbole[9] ist nach ihrer Benutzung z. B. im Dritten Reich heute weitgehend verpönt. Daß z. B. überall dort, wo früher Achsialität herrschte, Stadt, Palast oder Kirche als Abbild der himmlischen Ordnung, das irdische Geschehen als Reproduktion kosmischer Vorgänge aufgefaßt wurden, hat Bandmann nachweisen können[10]. —

Im Laufe der Arbeit an der Deutung des Rathauses und seiner vielen Bildwerke hat sich herausgestellt, daß dem Verhältnis von Wort und Bild — im weitesten Sinne gebraucht — eine besondere Bedeutung zukommt[11]. Neuerdings hat Carsten-Peter Warncke sich mit

Abb. 1 *Das Rathaus in Bremen, Markt- und Westseite, vor 1862 (nach „Denkmale")*

dem Bildverständnis in der frühen Neuzeit, vor allem im 17. Jahrhundert, gezielt auseinandergesetzt[12]. Ihm geht es vor allem um dieses Verhältnis von Bild und Wort, das sich von unserem an Foto, Film und Fernsehen gewonnenen Verständnis her nur schwer erschließen läßt. Dort werden die Regeln der Sprachkünste auf die der Bildkünste übertragen, die schlagwortartig in der Formel „ut pictura poesis" zusammengefaßt sind. Damit werden Sprache und bildende Kunst gleichgesetzt[13]. Die Regeln dafür sind so gefaßt, daß sich die Zusammenstellung eines schriftlichen Konzeptes, wie wir es an einem Bau wie dem gotischen Rathaus, noch mehr aber an dem Umbau Lüder von Bentheims als selbstverständlich erwarten, weitgehend erübrigt[14]. So ist wohl hierin eher das Fehlen schriftlicher Quellen zur Bedeutung eines Baues wie dem des Bremer Rathauses zu suchen als in ihrem möglichen Verlust.
Die umfangreichen Vorbereitungen und der Entstehungsvorgang eines Bauwerkes vom Range des Rathauses schließen mehr oder minder umfangreiche Zufälligkeiten aus[15]. Seine Lage sagt über seine politische und gesellschaftliche Funktion ebenso etwas aus wie etwa über die Beziehungen der einzelnen Sozialgruppen des Gemeinwesens zum Bauherrn, dem Rat der Stadt Bremen. Am Gesamtbau und seinen Einzelteilen und ihren Verhältnissen zueinander lassen sich gleichermaßen die Stellung der Stadt zu Kaiser und Reich, zum Landesherrn, zu den verbündeten Städten der Hanse wie zu den unruhigen Friesen, die Bremen unter seine Botmäßigkeit bringen wollte, ablesen, wie auch die Stellung des Rates zur Bürgerschaft der Stadt. Entsprechend der Art ihrer Entstehung gilt die Architektur als historische Quelle für einen längeren Zeitraum. Bauliche Veränderungen, wie sie nach 1532 oder 1608 am Rathaus ausgeführt wurden, bilden zwangsweise eine veränderte historische Situation ab. Das Rathaus ist gleichzeitig eine historische wie eine kunsthistorische Quelle ersten Ranges. Damit stehen für unsere Fragen beide wissenschaftlichen Bereiche offen. Sie verlangen aber auch die Anwendung ihrer speziellen Arbeitsmethoden.
Welche Bedeutung hat das Rathaus für Rat und Bürgerschaft in den Zeiten, in denen es erbaut und verändert wurde, gehabt? Welche politische Zielsetzung, soziale Haltung und wirtschaftliche Notwendigkeit verkörpert sich in den Inhalten und Ausformungen des Einzelkunstwerkes an ihm wie im Gesamtbau? Neben der Beachtung dieser Problemkreise wird die allgemeine stilistische Entwicklung zu berücksichtigen sein. Die Frage der künstlerischen Qualität wird nur insofern eine Rolle spielen, als durch sie Erkenntnisse für die gestellten Fragen gewonnen werden können. —

## 2. *Literatur und Quellenlage*

Mit dem kleinen Büchlein des Bremer Senators Deneken[16] setzt 1831 die Literatur über das Bremer Rathaus ein. Er schreibt aus seiner Zeit heraus eine Geschichte des Baues und ist uns dafür, vor allem aber für die Veränderungen, die in Bremens Franzosenzeit und danach geschahen, eine wertvolle Quelle. Im Zuge der Romantik und des beginnenden Historismus entstehen seit 1862 die „Denkmale der Geschichte und Kunst der Freien Hansestadt Bremen"[17], deren erster Band sich vor allem dem Bremer Rathaus zuwendet. Schon kurz danach setzen sich Ehmck und Schumacher auf Grund der aufgefundenen Quellen, der Rechnungsbücher von 1405 bis 1407, mit ihnen kritisch auseinander[18]. Pauli versucht 1890, die Fassade Lüder von Bentheims in größere stilgeschichtliche Zusammenhänge zu bringen[19]. Wenig später faßt H. Mänz die bisherigen Ergebnisse historischer, künstlerischer und kunsthistorischer Art für ein Werk zusammen, in dem das alte und das moderne Bremen in seiner baulichen Entwicklung dargestellt wird[20]. Seit Waldmanns Studien von 1908 haben sich bis heute immer wieder Kunsthistoriker mit dem Problem der Vorbilder für die gotischen Rathausfiguren und mit der Herkunft des Meister Johannes auseinandergesetzt, ohne daß man zu einem befriedigenden Ergebnis gelangt wäre[21]. Waldmann geht in seinem 1931 geschriebenen Buch[22] nicht über die schon bekannten ikonographischen und kunsthistorischen Zusammenhänge hinaus. Mainz und Köln werden als Vorläufer für die Darstellung der Figuren von Kaiser und Kurfürsten genannt, und Waldmann sucht auch in dieser Richtung die Herkunft des Meister Johannes. In den Bilderzyklen Lüder von Bentheims sieht er, da dieser „bei der Benutzung von Vorbildern sehr frei verfuhr und die Stile mischte", keinen einheitlichen Bilderkreis. „Das künstlerisch Entscheidende ist die Kostbarkeit des Schmuckes und das fortlaufende, in ewigen Heben und Senken begriffene Fließen . . . des Ornaments[23]". Unentbehrlich für jede Arbeit über das Rathaus ist Rudolf Steins umfangreiche Abhandlung[24], die vor allem zur Kenntnis von Lüder von Bentheim Neues beisteuerte. Sehr viel stärker in die stadtbremische Geschichte und in Geschichten ist die neueste Darstellung des Rathauses von Horst Adamietz eingebettet[25]. –

Literatur zu ikonographischen oder ikonologischen Fragen zum Rathaus gibt es kaum. Hinweise auf die Bedeutung einzelner Bildwerke oder Bildfolgen erscheinen in der Literatur nur so ganz nebenbei. Die „Denkmale" versuchen eine Sinngebung der Reliefs in den Bogenzwickeln der Rathausarkaden und der Reliefs des Mittelrisalits darüber[26]. Pauli gibt in seinen „Renaissancebauten Bremens" im Anhang eine Deutung der Reliefs des Mittelrisalits und entdeckt in der niederländischen Grafik des 16. und beginnenden 17. Jahrhunderts zum Teil die Vorbilder dazu[27]. Bippen verbindet in seiner Geschichte Bremens[28] die Gestalten der Propheten, Weisen und Apostel des gotischen Rathauses mit den Tugenden, ohne jedoch näher auf eine Quelle für seine Behauptungen einzugehen. Erst Adolf Börtzler stellt 1956 die Frage nach der Bedeutung der sinnbildlichen Figuren der Fassade von 1612[29]. Seine Ergebnisse haben sich aber häufig nicht als haltbar erwiesen.

Stephan Albrechts Veröffentlichung „Das Bremer Rathaus im Zeichen städtischer Selbstdarstellung vor dem 30-jährigen Krieg" erschien während der Drucklegung dieses Buches. Deshalb konnte dies Werk nicht in größerem Umfange berücksichtigt werden. Albrecht kommt in der Ikonographie durch Befragen der zeitgenössischen Vorlagengrafik z. B. für die Zwickelfiguren an den Arkadenbögen oder die Tugendkämpfe im Mittelrisalit zu ähnlichen Ergebnissen wie dieses Buch. Einen spezielleren ikonologischen Zusammenhang zwischen den vielen Bildserien schließt er allerdings aus. Wie für viele andere Profanbauten der Zeit nimmt er im additiven Aneinanderreihen von Einzeldarstellungen eine enzyklopädische Zusammenschau der Welt an. Die Besonderheiten in der Dekoration der Fassade und des Güldenkammereinbaues in der Oberen Rathaushalle bleiben dabei unberücksichtigt, zum Teil werden sie als rein schmückendes Ornament verstanden. Damit gelangt Albrecht kaum über die bisherigen Deutungen solcher Baudekorationen hinaus.

Allein der Roland wurde in Zusammenhang mit den berühmten Urkundenfälschungen zu den Bremer Privilegien von Heinrich V. und der ältesten Bremer Chronik von Rynesberch und Schene auf seine Ikonologie hin untersucht, ohne daß dort alle auftauchenden Fragen gelöst worden wären[30]. –

Erst die Tendenz in der kunsthistorischen Wissenschaft der letzten Jahrzehnte, sich betont mit ikonographischen und im Architekturbereich auch mit ikonologischen Fragen auseinanderzusetzen, hat es ermöglicht, sich diesem Fragenkreis in bezug auf das Bremer Rathaus zu nähern. Vor allem im Bereich der christlichen Ikonographie hat eine Reihe von Werken neue Forschungsergebnisse der Öffentlichkeit zugänglich gemacht. Das Gebiet der Emblematik ist erst durch das verstärkte Interesse an den Stilformen des Manierismus in den Blickpunkt gerückt. Schließlich hat Carsten-Peter Warncke für die Vorlagengrafik, vor allem die Groteske des 16. und 17. Jahrhunderts, nachweisen können, daß diese Bildkunst sich zu einem Zeichensystem mit Sprachcharakter entwickelt hat. Ihre Einzelteile treten inhaltlich ambivalent auf. Die Vorlagengrafik ist weitgehend auf inhaltliche Offenheit angelegt. Gerade darin beruhte ihre Beliebtheit. Das frühneuzeitliche Bildverständnis setzt Bild und Wort gleich. Neben den vordergründigen Inhalt tritt oft ein mehrfacher Bildsinn, der den Betrachter mit einbezieht[31]. Diese für die Vorlagengrafik geltenden Erkenntnisse dürfen wohl auf die Bauplastik des Bremer Rathauses übertragen werden, da vor allem für die des 17. Jahrhunderts der Vorlagenstich eine bedeutende Rolle spielt.

Die Quellenlage zur ikonologischen Fragestellung erweist sich als denkbar ungünstig. Die vorhandenen schriftlichen Quellen beschäftigen sich ausschließlich mit bautechnischen Fragen und sind nur für die genaue Datierung, die Benennung der Künstler und Handwerker und für andere Fragen zum technisch-baulichen Bereich ergiebig. Es sind im wesentlichen Baurechnungen[32]. Desgleichen sind die Bremer Chroniken in ihren Aussagen zum Rathausbau sehr spärlich. Die Chronik von Rynesberch und Schene[33] erwähnt den Rathausbau mit keinem Wort, was von ihr als zeitgenössischer Quelle sehr verwunderlich erscheint. Sie wird uns allerdings im Zusammenhang mit dem Roland und den Gedichten der Oberen Rathaushalle zu beschäftigen haben. Die Rennersche Chronik[34] gibt zum Rathaus nur einige magere Angaben, die für unsere Fragestellung kaum Bedeutung haben. Doch ist sie insofern wichtig, als sie uns die Sprüche des Anfang des 19. Jahrhunderts zerstörten Ratsstuhles in der ursprünglichen Form und Reihenfolge erhalten hat. Die Chroniken von Peter Koster aus der 2. Hälfte des 17. Jahrhunderts, deren erste eine Zusammenfassung der Rennerschen ist, sind vor allem wegen ihrer farbigen Abbildungen von Roland, Rathaus und Schütting interessant[35]. Bürgermeister Krefftings „Beschreibung der Statt Bremen" von 1602[36] ist direkt für unser Thema nur in wenigen Punkten ergiebig. Sie zeigt vor allem die Stellung Bremens und seines berühmtem Bürgermeisters zu den Fragen, die schon zweihundert Jahre vorher die Führung der Stadt bewegt haben: die Loslösung vom Landesherrn zugunsten der freieren Unterstellung unter die alleinige Oberhoheit des Kaisers. Weitere Hinweise zum Rathaus und seinem baulichen und künstlerischen Bestand finden sich verstreut in Urkunden und zum Beispiel im Ratsdenkelbuch der Stadt, doch bleiben sie für unsere Themenstellung unergiebig. Die Rhederbücher, in denen von 1469 bis 1811 die Einnahmen und Ausgaben des Rates festgehalten wurden, in den Wirren des 2. Weltkrieges verschollen, nun aber wieder verfügbar, bieten kaum mehr, als schon in der älteren Literatur veröffentlicht wurde.

Das Studium des zur Verfügung stehenden Quellenmaterials hat kaum Erkenntnisse vermitteln können, die nicht schon in der vorhandenen Literatur verarbeitet worden wären. So bleiben für die Untersuchung vor allem der bauliche und künstlerische Bestand und der Vergleich zu Kunstwerken der einzelnen Zeiten und Stilepochen, bei denen ikonologische und ikonographische Probleme als geklärt gelten können. –

Wenn es auf den ersten Blick seltsam erscheinen mag, daß zu solch einem wichtigen kommunalen Bau, wie es das Rathaus über die Jahrhunderte war und heute noch ist, keine schriftlichen Quellen über Absicht und Sinn seiner architektonischen und bildnerischen Formen zu finden sind, so muß man sich wohl die Entstehung solch eines bedeutenden künstlerischen Auftrages sowohl für das Mittelalter wie für die Spätrenaissance vergegenwärtigen. Erstens muß man sich klar vor Augen führen, daß die Sprache der Kunst und ihrer Symbole für den mittelalterlichen Menschen, für den Künstler selber und dann vor allem für den Auftraggeber und das Publikum, für das es bestimmt war, eine lebendige Sprache war. Sie muß als selbstverständlich bekannt vorausgesetzt werden. Form und Wert ihrer Symbole standen zwischen den Künstlern und ihren Auftraggebern, anders als in der heutigen Kunstszene, nicht zur Diskussion[37]. Der Vergabe des Auftrages gingen selbstverständlich Gespräche voraus.

Durch das persönliche Gespräch waren Aufzeichnungen im Bereich der Deutung des Werkes völlig überflüssig, denn im Werke selber war seine Bedeutung für jeden, der „lesen" konnte, klar erkennbar.

Meister Johannes war in erster Linie Handwerker, nicht Künstlerpersönlichkeit in unserem Sinne. Seine Werke hat er, mittelalterlichem Handwerksbrauche zufolge, nicht gekennzeichnet oder signiert. So kennen wir auch seinen Namen nur durch die Buchführung der städtischen Ausgaben zum Rathausbau. Offensichtlich ist er Leiter des Baues und erster unter den anderen Meistern, aber ganz sicher noch nicht als Künstlerpersönlichkeit anzusehen, wie wir es von den Renaissancekünstlern her kennen. Auch diese Tatsache macht ein Vorhandensein von Aufzeichnungen über den Bau mehr als unwahrscheinlich, wenn auch natürlich durch einen möglichen Verlust solcher Aufzeichnungen in den nachfolgenden Jahrhunderten diese Frage sich vermutlich nie mehr wird klären lassen. Doch ein Handwerker äußert sich normalerweise nicht in schriftlicher Form über die Bedeutung seiner Aufträge. Auch der Auftraggeber, der Rat der Stadt, konnte, wie wir sehen werden, kaum ein großes Interesse daran haben, seine Vorstellungen schriftlich und damit nachprüfbar niederzulegen.

Was wir über Meister Johannes gesagt haben, gilt für alle Künstler bis hin zu Lüder von Bentheim. Dabei ist natürlich gerade bei diesem die Wahrscheinlichkeit eines schriftlichen oder zeichnerischen Konzepts bei der Fülle bildnerischer Themenfolgen und deren Inhalte, von denen allerdings eine Reihe aus bekannten zeitgenössischen Stichfolgen übernommen wurde, sehr groß. Doch leider kennen wir es nicht. –

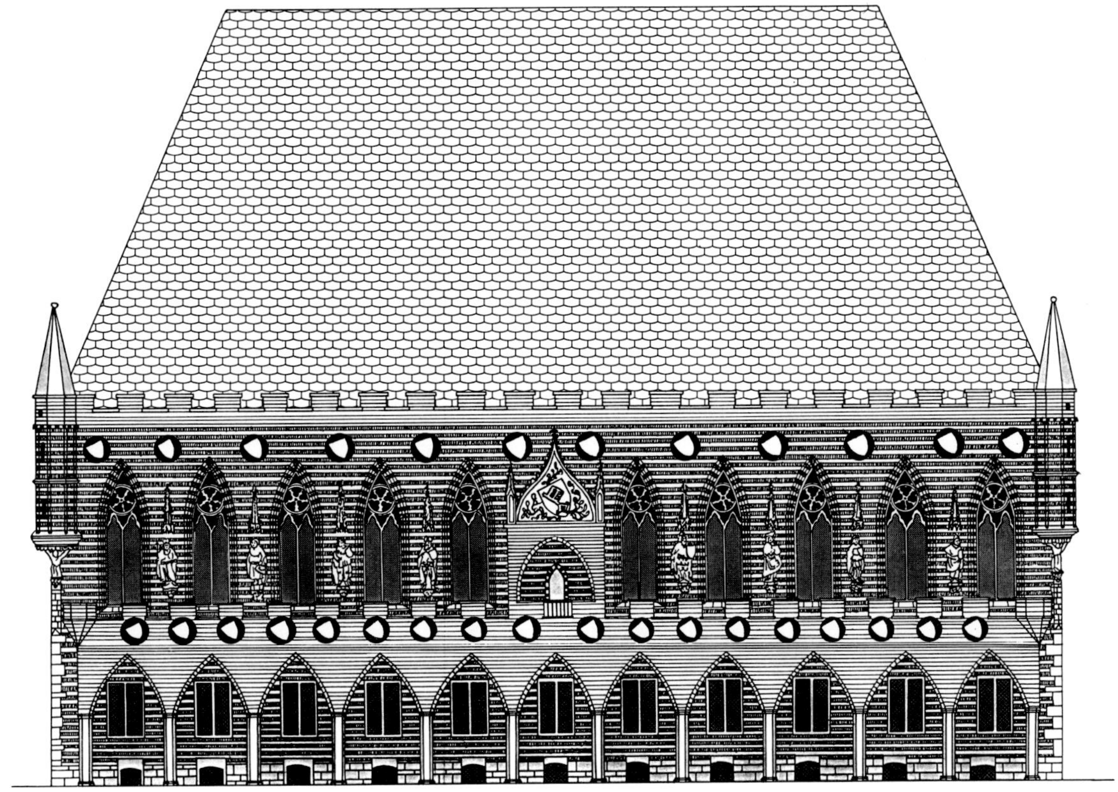

Abb. 2 *Gotischer Bau, Marktseite, Rekonstruktion*

## 3. *Abriß der Baugeschichte*

### 3.1. *Der gotische Bau*

Am 6. Mai 1405 wurde der Grundstein zu dem neuen Rathaus gelegt, das heute noch Zentrum der Hansestadt ist[38]. Über die Arbeit der Baumeister Salomon und Martin sowie des Steinhauers, Meister Johannes, sind wir durch die Rechnungsbücher unterrichtet. Dem Bau von über 41 m Länge und fast 16 m Breite wurde zur Südseite hin ein Arkadengang vorgelegt. Der Neubau gründet auf des Rates Weinkeller, einer dreischiffigen Halle mit Kappengewölbe. Der Zugang zu ihm lag seit jeher an der westlichen Stirn des Südschiffes. Dort liegt noch heute der Haupteingang zum Ratskeller, den Wohnvierteln der Stadt zugewendet. Die Untere Rathaushalle ist über eine Freitreppe an den beiden Schmalseiten des Baues zu betreten. Die beiden Spitzbogenportale empfangen den Besucher der dreischiffigen Halle, die durch zwei Reihen von je zehn hölzernen Säulen gegliedert ist. Diese Stützenanordnung wiederholt die des Ratskellers, dessen Gewölbe von zweimal zehn im Grundriß kreuzförmigen Pfeilern getragen werden. Der der Unteren Halle zum Markt hin vorgelegte Bogengang wurde von zwölf achteckigen Sandsteinsäulen, die durch Spitzbögen verbunden waren, gestützt. In jedes Joch der mit Kreuzrippengewölben überdeckten Arkaden mündete ein schmales rechteckiges Fenster der Unteren Halle. Die Zinnenbekrönung über den Arkaden war mit Kreisblenden besetzt, in die Wappenschilde eingefügt waren. Die Schmalseiten der Arkaden trugen auf jeder Seite eines dieser Wappen. In der Mitte wurde der Zinnenkranz durch eine Laube unterbrochen, die mit einem Kielbogen und flankierenden Fialen nach oben abschloß. Sie war von der Oberen Rathaushalle zugänglich und bot den regierenden Bürgermeistern die Möglichkeit, zu den Bürgern zu sprechen. Beiderseits der Laube gaben je fünf schmale hohe Spitzbogenfenster mit Sandsteinmaßwerk der Oberen Halle Licht. An den Stirnseiten des Baues sind es je drei Fenster, deren mittlere über den Portalen größer als die seitlichen sind. Zwischen den Fenstern fanden die großen Figuren des Meisters Johannes Platz. Sie stehen auf reich gebildeten Konsolen und tragen über sich Baldachine. Zum Markt blickten, wie noch heute, Kaiser und Kurfürsten des Reiches; an den Schmalseiten stehen dem Dom gegenüber und zur Stadt hin die sogenannten „Propheten“ und „Philosophen“ noch auf ihren alten Plätzen. Meister Westphal schuf die farbig gefaßten Wappen, die in Kreisblenden mit dem Zinnenkranz den Bau nach oben abschlossen. Die Wappen waren die befreundeter Fürsten und Städte. Nur das Aussehen der nördlichen Rathausfront ist schwer rekonstruierbar, denn sie ist im Laufe der Jahrhunderte mit verschiedenen Anbauten versehen worden. Sicher lassen sich folgende Tatsachen erfassen: Die heutige Hauptfassade ist seit jeher die Schauseite des Rathauses gewesen. Die Nordseite trug weder Fenster noch großfigurigen Schmuck wie die drei übrigen Seiten. Der um den ganzen Bau herumgeführte Zinnenkranz schloß ein Walmdach ab, das wahrscheinlich noch höher war als das heute noch gewaltig wirkende mit seinen über zwölf Metern Höhe. Die Ecken wurden durch vorgelegte Türmchen akzentuiert, deren Konsolen als Ganzfiguren ausgebildet waren. Das nordwestliche Türmchen mit seiner Tragfigur ist noch heute erhalten[39]. Die Obere Rathaushalle war, wie heute, eine große durchgehende Halle und wohl um ein Geringes höher, wie die in die Wandgemälde von 1532 eingelassenen Querbalken zeigen. Allerdings scheint die Decke anders konstruiert gewesen zu sein. Die Zusammenstellung der Holzankäufe in den Rechnungen weist zwar Stützen und Deckenbalken der Unteren Halle aus, doch es fehlen die über dreißig Querbalken zu mindestens 13 m Länge für die Decke der Oberen Halle. Dafür sind sechs zwischen 6 und 9 m lange Krummhölzer aufgeführt[40], deren Verwendung bis jetzt allerdings ungeklärt ist, die jedoch eigentlich nur im Zusammenhang mit dieser Eindeckung gestanden haben können. Möglicherweise war die Decke gewölbt, wie die Fenster der Schmalseiten, von denen das mittlere jeweils höher ist, vermuten lassen[41].

In den tiefen Nischen der Südfenster zum Markte hin standen Bänke. Es gab zwei Zugänge zur Oberen Halle. Der große Eingang für die Bürger befand sich auf der Nordseite, fast ganz in der NW-Ecke der Halle[42]. Der zweite Eingang, der den Ratsmitgliedern vorbehalten war, mündete neben dem Ratsstuhl. Es ist die Tür, über der noch heute die Tafel von 1491 angebracht ist. Die Zugänge zu beiden Türen lagen außerhalb des Kernbaues und waren wohl an die Nordwand angelehnt. –

Die Rekonstruktion dieser nördlichen Außenfront stellt gegenüber den anderen Seiten ein ungleich größeres Problem dar, da mindestens seit dem 16. Jahrhundert bis 1913 an dieser Seite immer neue Anbauten entstanden. Die erste genaue Abbildung der Nordseite des Rathauses stammt aus Peter Kosters Chronik von 1685. Zu der Zeit war aber der gotische Kern des Rathauses schon völlig zugebaut. So kann sich die Rekonstruktion aus Mangel an weiteren Quellen nur auf den heute noch vorhandenen, spärlichen Baubefund, auf knappe Notizen, was noch im 19. Jahrhundert vorhanden war, sowie auf die Baurechnungen von 1405/07 stützen[43]. Danach stellte sich die Nordseite des gotischen Rathauses dem Betrachter folgendermaßen dar: Der eigentliche Kernbau besaß nach Norden hin keine Fenster und nur die beiden schon erwähnten Zugänge zur Oberen Halle. Die farbige Gestaltung der Außenfassade durch Lagen von glasierten und unglasierten Ziegeln war von der NW-Ecke – also vom einzigen heute noch existierenden Türmchen aus – acht Meter weitergeführt. In diesem Wandbereich lag das große Portal zur Oberen Halle etwa 5,60 m über dem Erdboden. Der Zugang wurde wahrscheinlich durch eine an die Wand gelehnte Holztreppe geschaffen, deren freies Stück überdacht war[44]. Für die bis dahin oft angenommene Freitreppe findet sich in den Rechnungen kein Hinweis. Zwar besaß das Kaufhaus in Mainz eine um 1310 erbaute massive Außentreppe[45], doch gibt es gestaltete Außentreppen eigentlich erst ab 1500[46]. An das noch frei sichtbare Mauerstück mit dem Portal schloß sich ein etwa sechs Meter tiefer und ungefähr 21 Meter langer Anbau an. Der Maueransatz, im Verbund mit der Nordwand gemauert, ist noch zu erkennen. Die Maße ergeben sich erstens aus der noch vorhandenen Tiefe des Anbaues von 1683, der noch im vorigen Jahrhundert Teile dieses gotischen Anbaues enthalten haben soll. Zweitens decken sich die Mauern des unter dem Anbau liegenden Teiles des Ratskellers mit den angegebenen Abmessungen, der dann über seine Halle hinaus von Anfang an schon Nebenräume gehabt haben muß. Eine Notiz in den Rechnungen stützt diese Annahme[47]. Drittens kann die Länge des Anbaues von 1545/50 eigentlich nur durch schon vorhandene Anbauten begrenzt worden sein. Das Untergeschoß dieses gotischen Anbaues scheint eine seitlich offene Halle gewesen zu sein, die von vier starken, gemauerten Pfeilern getragen wurde[48]. Darüber haben sich zwei, vielleicht auch drei Räume befunden. Der größte davon ist mit ziemlicher Sicherheit die sog. alte Wittheitsstube – im Gegensatz zur neuen Wittheitsstube im Anbau von 1545/50 –, die den Ratsherren als Beratungszimmer diente. Die Fenster, wohl nur an der Längsseite, lagen wahrscheinlich in flachen Nischen, die nach oben hin spitzbogig abschlossen, vergleichbar denen der gegenüberliegenden Liebfrauenkirche. Solche Nischen, allerdings tiefer und mit abschließendem Stichbogen, gliederten auch den Rest der Nordwand des Hauptbaues. Zwei der ursprünglich neun Nischen liegen heute noch im Dachgeschoß über dem Anbau von 1683 frei; die anderen lassen sich aus alten Grundrissen und durch schriftliche Quellen nachweisen. Drei der neun Nischen lagen zur NO-Ecke hin frei, die anderen waren durch den Anbau verdeckt. Die Ecken des Anbaues waren wohl mit je einem Türmchen besetzt, die wahrscheinlich denen ähnlich waren, die die Ecken des Hauptbaues akzentuierten. Die Rechnungen von 1405/07 berichten von „2 belden unde de twe torne uppe dat nordene"[49]. Die beiden Bildwerke können, gemessen an dem Preis von sieben Gulden, nur bescheidene Ausmaße gehabt haben, vergleicht man sie mit den vier Konsolfiguren der anderen Ecktürme, für die Meister Johannes 92 Gulden erhielt. Vielleicht sind es die Reliefs „Maria mit dem Kinde" und die „Schaffung Evas durch Gottvater", von denen später berichtet wird. Im gleichen Rechnungsabschnitt wird die Arbeit an Türen und Gesimsen für Türme bezahlt, mit denen ebenfalls eigentlich nur die am Anbau gemeint sein können. Ist das der Fall, dann müssen die Türme von

Abb. 3 *Gotischer Bau, Westseite, Rekonstruktion*

der Wittheitsstube aus begehbar gewesen sein, wie die anderen von der Oberen Halle. Noch heute ist die Wendeltreppe in der SW-Ecke der Oberen Halle benutzbar, die zu dem dortigen Turm führte[50]. Die in den Baurechnungen für den „ghevelen" aufgeführten glasierten und unglasierten Ziegel[51] können wohl nur für die Nordseite des Anbaues gedacht gewesen sein. Stein vermutet sicher zu Recht, daß der Begriff „ghevelen" nicht im engen Sinne „Giebel" bedeutet, sondern in Anlehnung an das Holländische für die gesamte Nordwand benutzt wurde[52]. Die Besonderheit dieses „Giebels" lag darin, daß seine Wand sich nicht vom Boden an erhob, sondern von Pfeilern getragen wurde.

Der Zinnenkranz des Hauptbaues ist, wie der Baubefund vermuten läßt, auf der gesamten Länge der Nordwand weitergeführt worden, nicht aber um die Mauerkrone des Anbaues herum. Damit hatte auch dessen Dach keine Verbindung mit dem großen Walmdach. Der vom Anbau nicht verdeckte Rest der Nordwand zum Palatium hin zeigte, wie eine Untersuchung vor dem Bau des Neuen Rathauses ergab, keine wechselnden Lagen glasierter und unglasierter Ziegel[53]. Da kaum anzunehmen ist, daß an dieser Stelle schon vor 1545 ein Anbau vorhanden war, kann diese einfache Wandgestaltung zum Palatium hin nur aus der Bedeutung des Gesamtbaues geschlossen werden. –

Die Rechnungen des gotischen Rathausbaues ergeben auch für die Höhe des Daches des Hauptbaues eine erhebliche Veränderung gegenüber den bisherigen Annahmen, die immer von der heutigen Höhe ausgingen. Die aus dem 16. und 17. Jahrhundert vorhandenen Darstellungen des Bremer Rathauses geben dazu leider keine verläßliche Auskunft, da sie das Dach, wahrscheinlich aus bildnerischen Gründen, immer viel zu niedrig wiedergeben. Unter der Voraussetzung, daß die unter einem Posten erfaßten Holzkäufe etwa gleich große Stücke enthalten (z. B. 19 Sparren zu neun Bremer Mark weniger 24 Schwaren) und daß Holz gleicher Qualität und Bearbeitung etwa auch gleich viel kostete, ergibt sich für das Dach des gotischen Rathauses eine Höhe von über 17 m gegenüber einer Dachhöhe des heutigen Gebäudes von 12,20 m[54]. Durch das Dach, das damit höher als der eigentliche Baukörper mit seinen etwas über 16 m war, erhielt das Rathaus eine noch wuchtigere und

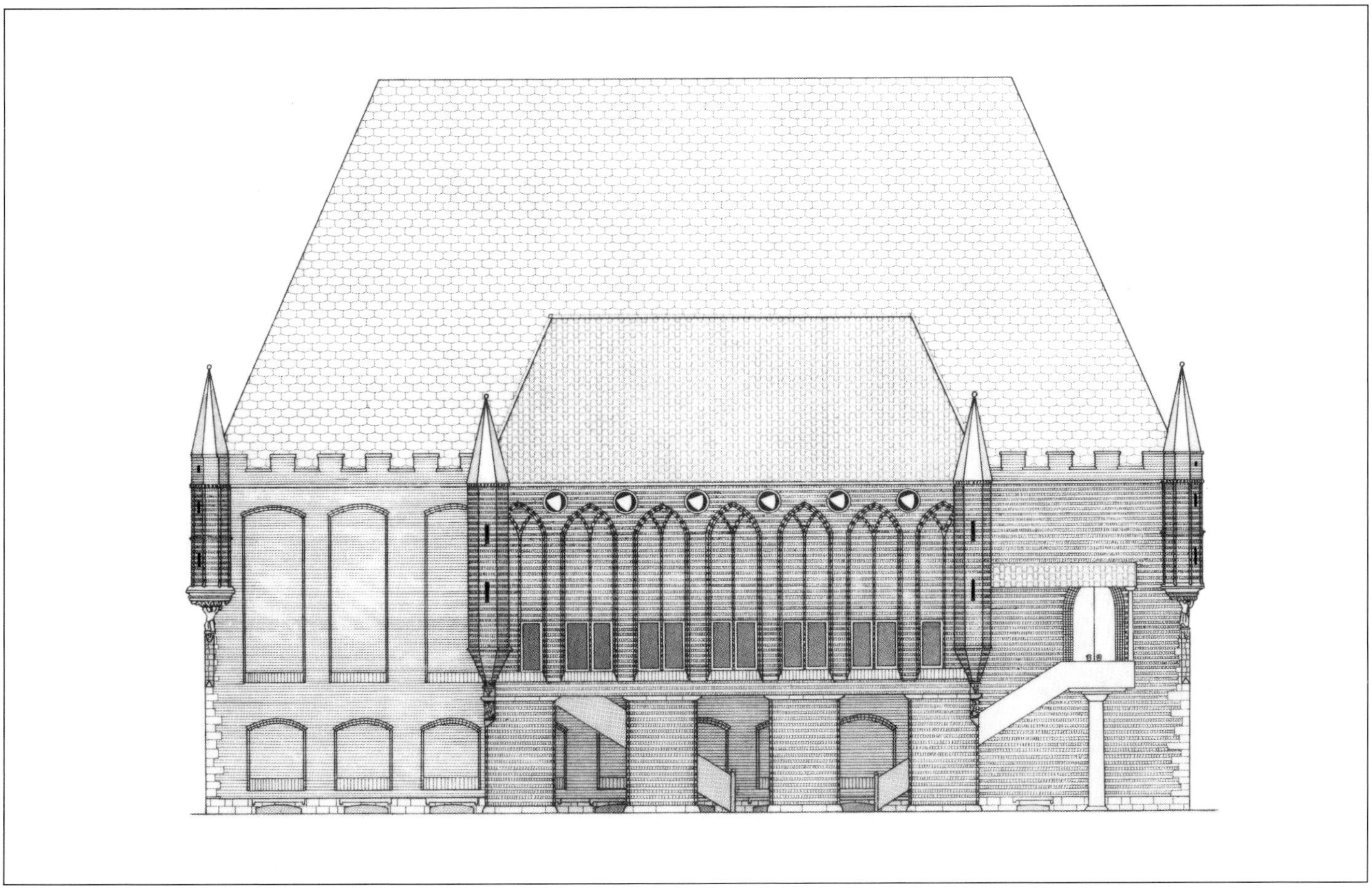

Abb. 4 *Gotischer Bau, Nordseite, Rekonstruktion*

beherrschendere Wirkung als heute. Dachhöhen, die die Maße des eigentlichen Baukörpers erreichen, sind im 14. und 15. Jahrhundert nichts Ungewöhnliches, vor allem wenn es sich um Repräsentationsbauten handelt. Wie das Dach gedeckt war, läßt sich aus den Rechnungen nicht entnehmen. Aller Wahrscheinlichkeit nach wurden dazu Steinplatten verwendet. Bei einer neuen Eindeckung 1580/81 wurde jedenfalls brauner Schiefer verwendet, beim Umbau Lüder von Bentheims wurde es ebenfalls mit Steinplatten gedeckt[55]. Das macht auch eine ursprüngliche Bedachung mit Steinplatten wahrscheinlich.

Über die Dachform des Nebengebäudes wissen wir nichts. Allerdings erscheint bei den Baurechnungen ein Posten von 10 000 „schofstenen“. Damit sind Dachziegel, die man heute noch „Mönch“ und „Nonne“ nennt, gemeint[56]. Nimmt man für den Anbau ebenfalls ein Walmdach mit der gleichen Neigung wie des Hauptdaches an, dann ergibt sich, daß die Anzahl der Ziegel hierfür und für die Eindeckung der Laube über den Arkaden mit den genannten fast identisch ist[57].

Ob die Ecktürmchen des Hauptbaues wie des nördlichen Anbaues ursprünglich offen oder gedeckt waren, wissen wir nicht. Waren sie mit einem Dach versehen, kann dieses nur als achtseitige spitze Pyramide gedacht werden. Gab es tatsächlich eine Bedachung, dann bestand sie sicher nicht, wie bisher immer angenommen, aus sog. welschen Hauben. Diese wurden erst etwa 100 Jahre später in der beginnenden Renaissance in Deutschland üblich. –

## 3.2. *Veränderungen des 16. Jahrhunderts*

Im Jahre 1532 ließ der Rat die äußere Treppe zur Oberen Halle abbrechen. An ihre Stelle trat die Wendeltreppe an der Innenseite der Westfront, die noch heute die Untere mit der Oberen Halle verbindet. Im gleichen Jahr entstanden an der nicht durch Fenster unterbrochenen Nordwand der Oberen Halle die großen Wandgemälde des Bartholomäus Bruyn. Das linke zeigt Karl den Großen, der zusammen mit dem heiligen Willehad das Modell des Bremer Domes trägt. Das zweite Fresko befindet sich am Ostende

Abb. 5 *Ostseite mit Anbau von 1545/50, Rekonstruktion*

Abb. 6 *Westseite mit Anbau von 1682/83*

der Halle, wo immer der Ratsstuhl gestanden hat. Es hat das Urteil des Salomo zum Thema. Eine dritte Fläche zur Westseite hin wurde mit Gedichten zur Teilnahme der Bremer am Kreuzzug Heinrichs V. beschrieben.

1545 bat der Rat den damaligen Erzbischof Christoph von Braunschweig-Lüneburg um die Erlaubnis, den Zwischenraum zwischen Rathaus und dem Südflügel des Palatiums mit der Maria-Magdalenen-Kapelle bebauen zu dürfen[58]. Direkt ans Rathaus angebaut entstand damals ein dreigeschossiges schmales Haus mit einem Erker. Ein dreifach gestaffelter Frührenaissancegiebel mit den halbkreisförmigen Abschlüssen des „welschen Gewels" verdrängte das dortige Ecktürmchen. Drei neue Räume wurden so für die Arbeit im Rathaus gewonnen: im Erdgeschoß die Kämmereistube, deren Zugang von der Unteren Halle noch vorhanden ist, die „Neue Wittheitsstube" im Obergeschoß, deren Zugang zur Oberen Rathaushalle das Datum 1550 trägt, und ein weiterer Raum darüber. Ende des 15. Jahrhunderts war über dem Eingang zum Ratskeller die sogenannte Laube erbaut worden. 1551 wurden im Zuge der Bauarbeiten am Rathause die die Hauptportale flankierenden Fenster zur Unteren Halle verbreitert, um mehr Licht zu gewinnen. Die vierteiligen Fenster der Westseite erhielten, da an dieser Seite der Hauptaufgang zur Oberen Halle lag, eine reichere Umrahmung, während die der Ostseite nur schlicht gerahmt blieben. 1578 bekam der Bremer Rat von Herzog Julius von Braunschweig ein prächtiges Marmorportal seines Hofbildhauers Adam Liquier verehrt. Das in dem Dankesschreiben versprochene bessere Gemach, dessen Eingang das Türgesprenge schmücken sollte, fand sich 1587 in der „Collektenkammer"[59]. Sie befand sich im Obergeschoß der Ratskanzlei, durch die der Rest der Nordseite des gotischen Baues verschwand. Durch die Wappen über dem diamantierten Eingangsportal läßt sich dieser Anbau auf das Jahr 1579 datieren. Gabriel von Seidl verwendete dieses Portal beim Bau des Neuen Rathauses am Schoppensteel, als er die alte Kanzlei abbrechen mußte.

## 3.3. *Der Umbau Lüder von Bentheims*

1595 hat des Rates Steinhauermeister Lüder von Bentheim die schmalen gotischen Spitzbogenfenster der Oberen Halle zur Marktseite hin verbreitert. Die Figuren des Kaisers und der Kurfürsten blieben aber vorerst an ihrem Platz, wie die Zeichnung in Dilichs Chronik von 1604 zeigt. Zweifellos hat den Rat seitdem ein umfangreicher Umbau beschäftigt. Auf dem 1602 in Lübeck stattfindenden Hansetag sollte über die geplanten Verhandlungen mit England beraten werden. Doch den Vorschlag Elisabeths I. von England, Bremen als endgültigen Verhandlungsort zu nehmen, lehnten die Bremer mit dem Hinweis auf einen geplanten Rathausneubau ab[60]. 1608 berichten dann die Rhederbücher von der Errichtung eines neuen Dachstuhles durch den Ratszimmermann Johann Stolling. Den eigentlichen Umbau führte im Anschluß daran Lüder von Bentheim durch. Er konzentrierte sich im wesentlichen auf die Marktseite des Rathauses. Das Augenfälligste seines Planes ist die Güldenkammer, die er außen risalitartig bis zu den Arkaden mit einem großen Giebel als oberem Abschluß vorspringen läßt. In der Oberen Halle hängt er die Holzkonstruktion der Güldenkammer am Dachgebälk auf und gewinnt damit zwei übereinanderliegende Räume: Der untere Raum ist die eigentliche Güldenkammer, die ihren Namen von der mit Gold belegten Tapete erhielt, mit der ihre Wände geschmückt waren. Eine reiche Portaleinfassung betont den Eingang zu ihr. Links neben dem Anbau führt die berühmte Treppe zum darüberliegenden Raum, der als Ratsbibliothek und dann als Archiv benutzt wurde. Reiche Schnitzereien und zwei Gemäldereihen bedecken die Seiten zur Oberen Halle hin. 1616 müssen die Arbeiten innen im wesentlichen abgeschlossen gewesen sein, wie die Jahreszahl über dem oberen Portal verrät. An der Außenfassade verstärkt Lüder von Bentheim die vier den Güldenkammerrisalit tragenden Säulen, die den zusätzlichen Druck auffangen müssen. Außerdem verändert er die Arkaden in ihrem äußeren Bild: Sie bekommen toskanische Säulen aus Sandstein mit verbindenden Rundbögen. Die Wand über den Arkaden erhält vielfachen Reliefschmuck und wird nach oben an Stelle der Zinnen mit einer reichen Balustrade abgeschlossen. Die schon 1595 verbreiterten Fenster werden mit Dreiecks- und Segmentgiebeln bekrönt. Die gotischen Ecktürmchen werden an der Südseite durch vorkragende runde Konsolen ersetzt, auf denen sich vollplastische Kriegerfiguren zum Himmel recken. Der Risalitgiebel und die beiden Zwerchgiebel sind gleichfalls mit Vollplastiken besetzt. Die gotischen Zinnen werden durch eine Balustrade ersetzt, die von figuralen Konsolen getragen wird. Zwischen diesen Konsolen erstreckt sich um die drei Hauptseiten des Rathauses ein Relieffries. Nur er, der Dachsims und die Balustrade beziehen die Schmalseiten in die Gestaltung der Marktseite mit ein. Sonst bleiben sie unberührt. Das ist auch der Grund, weshalb Lüder von Bentheim das gotische Türmchen an der NW-Ecke beläßt.

1612 müssen die Arbeiten am Außenbau weitgehend abgeschlossen gewesen sein, wie die in den beiden Nebengiebeln und an den Schmalseiten unter dem Dachsims sich wiederholende Jahreszahl bezeugt. Lüder von Bentheim ist im selben Jahr gestorben. Seine Werkstatt hat die Arbeiten beendet. Denn der ganze Außenbau mußte nachträglich noch verputzt und gestrichen werden, da die glasierten Ziegelsteinschichten des gotischen Baues an vielen Stellen durch die Umbauten zerstört waren. Die Sandsteinarbeiten dagegen waren farbig gefaßt. —

1682/83 wird das restliche, noch freie Stück der Nordseite des Rathauses zugebaut. Die Kanzleiräumlichkeiten werden bis zur Westseite nach vorne gezogen und mit der Schmalseite bündig abgeschlossen.

In dieser Form ist das Rathaus auf unsere Zeit überkommen. Zwar hat vor allem das 19. Jahrhundert kleinere Veränderungen vorgenommen, doch blieben die Seite zum Markt und die beiden Schmalseiten in den Hauptteilen unberührt. Die Nordseite fiel fast völlig dem Rathausneubau des beginnenden 20. Jahrhunderts zum Opfer.

## 3.4. *Chronologie*

| | |
|---|---|
| 1229 | Erste Erwähnung eines Rathauses (domus theatralis) an der Ecke Obernstraße/Sögestraße |
| 1293 | Bau des erzbischöflichen Palatiums durch Erzbischof Giselbert von Brunkhorst |
| 1366 | Hölzerner Roland durch Erzbischof Albert II. verbrannt — Neues Stadtsiegel nach den Unruhen des Jahres |
| 1404 | Errichtung des steinernen Rolands |
| 1405—10 | Rathausneubau — Ratsstuhl |
| 1425 | Erster Bau des Schüttings |

| | |
|---|---|
| 1491 | Spruch über der Tür in der Oberen Halle |
| Ende 15. Jh. | Laube über dem Ratskellereingang |
| 1512 | Erneuerung des Rolands |
| 1531/32 | Veränderung der Nordseite — Vermauerung des Einganges zur Oberen Halle — Bau der Wendeltreppe in der SW-Ecke der Unteren Halle |
| 1532 | Bilder des Salomonurteils und Karls und Willehads von Bartholomäus Bruyn d. Ä. — Gedicht vom Kreuzzug |
| 1537/38 | Bau des neuen Westgiebels des Schüttings von Johann den Buschener |
| 1545 | Beginn des Baues des dreigiebligen Hauses an der NO-Seite (Kämmereistube und neue Wittheitsstube) |
| 1547/48 | Kämmereitür in der Unteren Halle |
| 1550 | Tür zur neuen Wittheitsstube in der Oberen Halle |
| 1551 | Verbreiterung der Fenster der Unteren Halle seitlich der Portale |
| 1574 | Ausstattung der neuen Wittheitsstube mit sechs „Historien" (verloren) |
| 1578 | Schenkung des Portals von Adam Liquier durch Herzog Julius von Braunschweig-Lüneburg an den Rat |
| 1579 | Anbau der Ratskanzlei an der Rathausnordseite — Außenportal |
| 1580 | Neue Bedachung des Rathauses |
| 1587 | Einbau des Liquierportals als Zugang zur Collectenkammer in der Oberen Halle |
| 1594 | Marktfassade des Schüttings durch Lüder von Bentheim |
| 1595 | Verbreiterung der Fenster der Oberen Halle zum Markt durch Lüder von Bentheim |
| 1598 | Verkauf des alten Rathauses an der Ecke Obernstraße/Sögestraße und Umwandlung in zwei Wohnhäuser<br>Verfertigung der Ober- und Niedergerichtsstühle für das Rathaus |
| 1608/09 | Erneuerung des Dachstuhls im Zuge des Umbaues durch Lüder von Bentheim |
| 1612 | Weitgehende Fertigstellung der Außenfassade<br>Tod Lüder von Bentheims |
| 1613/14 | Brüstung über den Arkaden |
| 1614/15 | Bemalung des Rathauses |
| 1616 | Beendigung der Schnitzarbeiten am Einbau in der Oberen Halle |
| 1618—20 | Bilder an der Güldenkammerwand von Jürgen Landwehr |
| 1619 | Innenportal des Alten Archivs |
| 1620 | Anbringung der goldenen Ledertapete in der Güldenkammer — acht „Deckenstücke" in der Güldenkammer durch Johan Quandt (verschollen) |
| 1620/21 | Bau des Weinkellers unter der späteren Börse — Kriegerfigur an der Treppe zur Oberen Halle |
| 1635 | Ausbau der Sternkammer an der Westseite über dem Eingang zum Ratskeller |
| 1635/36 | Niedergerichtsportal von Hermen Varwer in der Unteren Halle |
| 1648/49 | Paneel, „Schapf" und Tür in der Wittheitsstube von Garlich Schürmann und J. Meyer |
| um 1650 | Kriegskammerportal von Garlich Schürmann in der Unteren Halle |
| 1650 | Relief an der N-Seite: „Friede und Einigkeit treten den Neid" |
| 1660 | Portal in der Unteren Halle: ehemaliger Ausgang durch die Ratskanzlei zum Schoppensteel von Johan Prange II. |
| 1662 | Ehemalige alte Wittheitsstube wird zur neuen Rhederkammer — Portal in der Oberen Halle von Evert Behrens |
| 1665 | Porträts von Franz Wulfhagen für die Niedergerichtsstube (verschollen) |
| 1666 | Zwölf Kaiserbilder von Franz Wulfhagen für die Wittheitsstube (davon sechs erhalten) |
| 1669 | Großes Walfischbild für die Obere Halle von Franz Wulfhagen |
| 1682/83 | Verlängerung des nördlichen Anbaues bis zur westlichen Flucht — Fenster an der Westseite |
| nach 1683 | Holzportal zur Ratskanzlei in der Unteren Halle |
| 1724 | Renovierung des Salomonurteils |
| 1726 | Renovierung des Bildes Karl und Willehad und des Schriftbildes in der Oberen Halle |
| 1735 | Neue Wappenfenster an der Südseite der Oberen Halle — Abbruch der Reliefs: Erschaffung Evas durch Gottvater — Friede und Einigkeit treten den Neid (von 1650) |
| 1756 | Marktseite des Schüttings von Teophilus Wilhelm Frese |
| Ende 18. Jh. | Schmale Seitenfenster der Oberen Halle nach O mit geradem Abschluß und offenem Giebel |
| 1774 | Renovierung und Bemalung der Außenseiten durch den Italiener Reineri |
| 1791/92 | Plan zur Anlage einer neuen Treppe zur Oberen Halle an Stelle der Wendeltreppe von 1532 |
| um 1810 | Zerstörung des Ratsstuhles |
| 1816—19 | Umbau des Palatiums zum Stadthaus |
| 1824/25 | Abbruch des kl. Palatiums (Kapelle der hl. Magdalena) und Verbindungsbau vom Rathaus zum Stadthaus nach Abbruch des Anbaues von 1545—50 |
| 1826 | Abnahme der Sternkammer über dem Ratskellereingang — Einbau des neuen Fensters mit dem Bilde Dürers — Entfernung des Einganges zur ehem. Kriegskammer von den Arkaden aus und Einbau von Fenstern an diese Stelle — Restaurierung und Anstrich der Außenfassade — Reparaturen an Dach und Balkendecke der Oberen Halle |
| 1827 | Restaurierung des Salomonurteils |
| 1851 | Kupferbedachung — Arbeit an der Decke der Oberen Halle |
| 1853 | Kaiserbildnisse in der Decke der Oberen Halle |
| 1856 | Ausbau der Kanzleiräumlichkeiten in der Unteren Halle |
| 1857 | Fenster der Ostseite der Oberen Halle wieder mit gotischen Bögen durch Simon Loschen |
| 1857—61 | Restaurierung der Oberen Halle |
| 1859/60 | Vorarbeiten für die Neugestaltung der Fenster/Ostseite |
| 1860—62 | Glasmalereien durch den Lübecker Maler Carl Julius Milde in der Oberen Halle, ausgeführt von H. Horn, Hannover |
| 1864/65 | Kriegerfiguren an den Marktseitenecken durch solche von Diedrich Kropp ersetzt |
| 1868 | Ausmalung der Oberen Halle mit Scheinarchitektur |
| 1869 | Ausstattung der Oberen Halle mit Kronleuchtern |
| 1874 | Erweiterung des Ratskellers — Bilder von Arthur Fitger |
| 1877 | Dachgauben des alten Walmdaches entfernt |
| 1897 | Entfernung der Einbauten in der Unteren Halle |
| 1898/99 | Wiederherstellung der zerbrochenen Wappenfenster |
| 1901 | Aufstellung der berittenen Herolde von Rudolf Maison vor dem Ostportal |
| 1903—05 | Ausstattung der Oberen Halle mit neuem Gestühl und Vertäfelung durch Buchner nach Entwürfen von Poppe |
| 1904 | Aufstellung der beiden Ritter von R. Maison vor dem Westportal |
| 1904/05 | Ausstattung der Güldenkammer durch Heinrich Vogeler |
| 1906—08 | Wappenfenster in der Oberen Halle durch Georg K. Rohde |
| 1909—13 | Bau des Neuen Rathauses durch Gabriel von Seidl |
| 1926 | Ausmalung des Bacchuskellers durch Karl Dannemann |
| 1927 | Ausmalung des Echosaales im Ratskeller durch Max Slevogt |
| 1928—30 | Bauliche Instandsetzungsarbeiten an der Außenfassade — Neue Fundamentierung der Arkadensäulen — Restaurierungen vor allem am Mittelgiebel |

| | |
|---|---|
| 1938 | Erneuerung der Ledertapete und Veränderung der Beleuchtungskörper in der Güldenkammer — Abbau, Restaurierung und Neuerrichtung des Rolands |
| 1944 | Einschmelzen der stehenden Ritter vom Westportal |
| 1954–56 | Restaurierung des Salomonurteils durch Klein |
| 1960/61 | Kopien für die gotischen Figuren der S- und W-Seite |
| 1960 | Renovierung des Rolands und neue Farbgebung |
| 1961–65 | Bau des Hauses der Bürgerschaft durch Wassili Luckhardt |
| 1962/63 | Restaurierung des Bildes Karl und Willehad durch Klein |
| 1962–64 | Restaurierung der Decke der Oberen Halle |
| 1964 | Erneuerung der Ledertapete in der Güldenkammer — Restaurierung der Fassade und neue Farbgebung |
| 1965 | Ergänzender Text (Schwebel) unter dem Schriftbild in der Oberen Halle |
| 1967 | Restaurierung des Schriftbildes — Restaurierung der Güldenkammer und der Wendeltreppe — Freilegung der Wandnischen in der Oberen Halle |
| 1969 | Auswechslung der Füße mit dem „Krüppel" am Roland |
| 1973 | Restaurierung der Wandvertäfelung in der Oberen Halle und des Kriegers auf der Treppenspindel |
| 1976 | Restaurierung der Portale in der Unteren Halle |
| 1977 | Restaurierung des Holzwerks in der Oberen Halle |
| 1979 | Bacchuskeller umgebaut und Fresken restauriert |
| 1981 | Hauffsaal restauriert |
| 1983/84 | Ersetzen des ursprünglichen Rolandkopfes durch eine Kopie und Wiedererrichtung des Gitters um den Roland in alter Form |
| 1988–91 | Restaurierung der Güldenkammer, des Alten Archivs und der Wittheitsstube |

## 4. *Der Roland*

Der Roland, Zentrum von Bremens „Guter Stube“, rückte vor einiger Zeit wieder in den Mittelpunkt öffentlichen Interesses. Notwendige Restaurierungsarbeiten, die Auswechslung des Kopfes, des wohl letzten wichtigen originalen Teiles der Figur, im Dezember 1983, eine neue farbige Fassung und die Errichtung eines Gitters gegen Beschädigungen und Verunreinigungen nach dem Vorbild des seit der 2. Hälfte des 18. Jahrhunderts vorhandenen trugen dazu bei. Der Roland wurde und wird als Wahrzeichen und Schutzpatron der Stadt verstanden, als Symbol und Unterpfand von Freiheit und bremischer Selbständigkeit. Daneben gibt es eine fast familiäre Beziehung der Bremer zu „ihrem Roland“, wie sie sich zum Beispiel durch seine Dekorierung zum Freimarktsbeginn dokumentiert. Doch welche Bedeutung hatte er vor 590 Jahren, zum Zeitpunkt seiner Errichtung?

Der Bremer Roland ist das älteste noch existierende Rechtswahrzeichen Deutschlands, das diesen Namen trägt. Die 5,55 m hohe Steinfigur trat 1404 an die Stelle des am 29. Mai 1366 im Verlauf der Überrumpelung der Stadt durch die Parteigänger des Bremer Erzbischofs Albert verbrannten hölzernen Rolands. Rosenstock und neuerdings auch Rempel[61] nehmen sicher zu Recht an, daß die Tradition des Rolands zu dieser Zeit schon eine alte war. Der neu entstandene Roland und seine Bedeutung sind nicht nur in der historischen Rückschau auf das engste mit dem 1405 beginnenden Rathausbau verbunden. Wir müssen als sicher annehmen, daß beide von Johann Hemeling d. J., seit 1405 Bürgermeister, zusammen geplant und in ihrer politischen Bedeutung und Sinngebung aufeinander abgestimmt worden sind. Das läßt sich schon alleine aus der Tatsache ablesen, daß auf der ersten Seite des Rechnungsbuches über den Rathausneubau von 1405 der Ratsherr Hinrich von der Trupe vermerkt: „Do na ghodes bord weren gan MCCCC und IIII jar, let de rat to Bremen buwen Rolande van stene, de kostede hundert unde seventich bremer mark, de Claes Zeelslegher unde Jacob Olde deme rade rekenden.“[62] Diese kurze Notiz enthält eine ganze Reihe von Mitteilungen: Der Auftraggeber ist eindeutig der Rat der Stadt Bremen; die Datierung ist ebenso zweifelsfrei wie die des Rathauses selber; die Benennung des steinernen Standbildes als „Roland“ muß schon für die Vorgängerfigur üblich gewesen sein, die Namen der Bildhauer bzw. Steinmetzen werden genannt, von denen der eine sicher — geht man von der im Rechnungsbuch später sich zeigenden Arbeitsteilung beim Rathausbau aus — wohl für den Pfeiler, der andere für die Skulptur verantwortlich war[63].

Auf Grund seiner großen politischen Bedeutung ist dieses Wahrzeichen Bremens im Laufe der Jahrhunderte kaum verändert worden. Eine Notiz im Ratsdenkelbuch zu den Jahren 1512/13 berichtet von einer Renovierung[64]. 1596 wurden die Spitze des Baldachins erneuert und ein größeres Schutzdach eingepaßt, das dann 1885 entfernt wurde. 1905 wurde der alte Baldachin wegen Baufälligkeit durch den noch heute sichtbaren ersetzt. 1938 wurde eine durchgreifende Erneuerung dringend notwendig. Die ganze Figur einschließlich Pfeiler wurde abgebaut, neu gegründet und wiedererrichtet[65]. Ende des 18. Jahrhunderts wurde die stark farbige Fassung des Rolands durch einen klassizistischen grauweißen Anstrich ersetzt, der erst um 1875/80 wieder entfernt wurde. 1905 vorsichtig gefaßt, erhielt der Roland 1938 wieder seinen roten Mantel, doch war er nur kurze Zeit zu sehen, da das Wahrzeichen eingemauert den Krieg überstand. Umfangreiche Restaurierungen wurden 1959 und 1969 notwendig. Dabei wurde die Frage der Aufstellung eines Abgusses und der Sicherung des Originals im Museum lange diskutiert, dann aber negativ entschieden[66]. 1983 erhielt der Roland im Zuge einer umfassenden Renovierung auch wieder ein Gitter nach altem Muster. —

Die Literatur über den Bremer Roland im besonderen und über Wahrzeichen dieser Art ganz allgemein, ihre Form, Herkunft und Bedeutung, ihre Vorbilder und andere Fragen ist umfangreich[67]. Einen der ersten Versuche, die politisch-rechtliche Bedeutung der Rolandfiguren zu klären, unternahm Johann Gryphiander schon 1625 in seinem „De Weichbildis Saxonibus sive Colossis Rulandinis . . .“. Mit den seitdem vielfältig entstandenen Theorien über

Abb. 7 *Roland, errichtet 1404, Zustand vor 1983*

ihre Sinngebung als Zeichen der Blutgerichtsbarkeit, des Marktrechts, des Stadtrechts, von Handelsvorrechten, ihre Herkunft von Spielfiguren, Marktkreuzen, Gerichtspfählen und von germanischen Götterbildnissen, ihre Erklärung mit Hilfe der Etymologie, aber auch als Denkmäler von Fürsten und Herrschern, von Richtern und nicht zuletzt auch als Darstellung Rolands, des Paladins Karls des Großen, hat sich David Gathen in seinem Buch „Rolande als Rechtssymbole“, 1960, kritisch auseinandergesetzt. Dem kann hier nicht im einzelnen nachgegangen werden. Das gilt auch für Bremen, wo trotz relativ guter Quellenlage die Sinngebung für den Roland unbefriedigend bleibt und die Frage offen läßt: Welche Bedeutung hat der Bremer Roland zur Zeit seiner Errichtung gehabt? —

Alle Quellen weisen darauf hin, daß der Roland für seine Zeit primär als politisch-rechtliches Mal und nicht so sehr als Kunstwerk verstanden werden muß. Daraus ergeben sich verschiedene Fragen, ohne deren Klärung ein Versuch zu einer Deutung kaum möglich erscheint. 1. Wie stellt sich die innen- und außenpolitische Situation zu Beginn des 15. Jahrhunderts für den Auftraggeber, den Rat der Stadt, dar? 2. Wer ist der eigentliche Initiator der Errichtung des Rolands und welche Ziele verfolgt er damit? 3. Wie kommt es, daß Roland, eine — aus historischer Sicht gesehen — vergleichsweise unbedeutende Persönlichkeit aus dem Gefolge Karls des Großen, sechs Jahrhunderte später, vor allem auch in Bremen, zu einem Symbol für Freiheit und Gerechtigkeit werden kann?

1. Die politisch-rechtliche Situation Bremens und seines Einflußgebietes um 1400 stellt sich für uns heute als vielschichtig und auf den ersten Blick kaum durchschaubar dar. Im wesentlichen wird das

politische Kräfteverhältnis vom Erzbischof als geistlichem Oberhaupt und Landesherrn einerseits und vom Rat der Stadt andererseits bestimmt. Vor allem seit dem Kreuzzug gegen die Stedinger 1233/34, in dem die Stadt den Erzbischof unterstützte, erhielt sie in zunehmendem Maße Rechte wirtschaftlicher und politischer Art. Die chronische Geldknappheit der landesherrlichen Kirchenfürsten förderte im 14. Jahrhundert diese Entwicklung weiter. Der Versuch von Erzbischof Albert 1366, sie aufzuhalten, scheiterte. Sein Nachfolger Otto II. (1395—1406) wich vom Konfrontationskurs seines Vorgängers ab und nahm eine durchaus wohlwollende Haltung der Stadt gegenüber ein.

Selbst innerhalb der Stadtmauern war dieser Dualismus zwischen Landesherr und Stadtgemeinde erkennbar. Um den Dom erstreckte sich ein Gebiet, in dem alle erzbischöflichen Gebäude und Einrichtungen lagen. Auf die Domimmunität und seine Einwohner hatte das Stadtrecht bis 1803 keinen Einfluß. Seine Bewohner lebten „up der frigheyt"[68]. Als dritte, durchaus eigene Kraft in der Stadt ist das Domkapitel zu verstehen, das in der Wahrnehmung erzbischöflich-landesherrlicher Interessen zwischen Rat und Erzbischof, Stadt und Erzstift oft eine eigene Politik betrieb.

Die Hauptaufgaben für den Rat ergaben sich aus der innen- und außenpolitischen sowie wirtschaftlichen Lage der Stadt: Sicherung und möglichst Erweiterung städtischer Rechte gegenüber Erzbischof, Erzstift und Domkapitel, Vervollständigung des Zusammenschlusses des städtischen Umlandes unter die politische und rechtliche Hoheit und die wirtschaftliche Abhängigkeit der Stadt, Sicherung ihres Einflußbereiches sowie der Handelswege zu Lande und vor allem auch zu Wasser, die Zugehörigkeit zur Hanse und ihre Stellung innerhalb dieses Bündnisses. —

2. Die überragende Persönlichkeit Bremens für das ausgehende 14. und das erste Viertel des 15. Jahrhunderts ist wohl in Johann Hemeling d. J. zu sehen[69]. Aus dem Studium seiner politischen Handlungen schälen sich einige wichtige Ergebnisse heraus: Man kann Johann Hemeling wohl als die erste wirklich bedeutende Politikerpersönlichkeit Bremens bezeichnen, die die inneren und äußeren Geschicke der Stadt über lange Zeit hinweg bestimmt und ihnen Ziel und Richtung gewiesen hat. Zur Verwirklichung seiner Pläne setzte er die unterschiedlichsten Mittel ein. Neben seiner politischen Tätigkeit verwandte er künstlerische Werke im plastischen und architektonischen Bereich ebenso wie seine dichterischen und literarischen Fähigkeiten. Für seine Persönlichkeit und sein Handeln ist es typisch, daß all die großen, nach außen und innen wirkenden Leistungen, die er in Bremen initiiert hat, nie direkt mit seinem Namen verbunden sind. Das geht so weit, daß noch nicht einmal sein Wappen an irgendeiner Stelle des Rathauses, das in den Jahren, als er Bürgermeister war, erbaut wurde, gefunden worden ist[70]. Die Größe Bremens vor Augen, trat er überall als Spiritus rector auf und blieb doch selber im Hintergrund.

Geboren um die Mitte des 14. Jahrhunderts, gestorben am 27.3.1428, wird er 1378 erstmals im Bürgerbuch genannt[71]. 1382 wird Hemeling in den Rat gewählt, dem er bis 1410, von 1405 bis zu seinem Ausscheiden als Bürgermeister, angehört. Seit etwa 1390 bekleidet er das Amt des Dombauherrn. Während dieser Tätigkeit entstehen die silbernen Tafeln im Domchor und um 1400 der heute im Besitz der Münchner St. Michaelskirche sich befindende Reliquienschrein der Arztheiligen Cosmas und Damian. Um 1420 läßt er die Grabmale von sechs Erzbischöfen im Dom erneuern und zur gleichen Zeit das „Diplomatarium fabricae Ecclesiae Bremensis" schreiben. Wir müssen in Hemeling den Initiator des Ratsdenkelbuches sehen, in dem der Rat seit 1395 alle wichtigen Ereignisse, Urkunden und ähnliches aufzeichnen ließ. Hemeling war schon langjähriges Mitglied des Rates, als durch das Statut vom 13. Dezember 1398 die Ratsverfassung umgestaltet wurde[72]. Vier Bürgermeister und 20 Ratsmitglieder bestimmten von nun an die Geschicke der Stadt. Für sie wurde das Gestühl im neuen Rathaus geschaffen, dessen vier Wangen heute im Focke-Museum zu sehen sind. Der Rathausbau von 1405 bis 1410 fällt genau mit Hemelings Bürgermeisteramt zusammen. 1407 wurde unter Hemelings Regierung die Friedeburg bei Atens an der Heete, auf der Grenze zwischen dem Stadland und Butjadingen, zum Schutz des Unterwesergebietes gebaut. Er regte wahrscheinlich auch die bremische Chronik an, die seine Freunde Gert Rynesberch und Herbert Schene schrieben. Vermutlich ist er

Abb. 8 *Gürtelschnalle des Roland*

der „gute Freund"[73], der ihnen dabei half und der die Arbeit nach dem Tode der beiden — Rynesberch starb 1406, Schene um 1414 — weiterführte und im Sinne seiner politischen Vorstellungen ergänzte. Wenn man bedenkt, daß zu Hemelings Schöpfungen auch Urkundenfälschungen[74] zählen, mit denen Bremens „Freiheiten" und Rechte begründet wurden, dann wird zumindest zum Teil klar, warum Hemeling in seinen eigenen bzw. in den von ihm initiierten Werken völlig zurücktritt. Damit wird auch verständlich, warum wir zum Roland (und noch weniger zum Rathausbau und seinem Bildprogramm) von so einem gebildeten und fähigen Mann wie Hemeling kein Wort finden. Beides bleibt sogar in der Chronik von Rynesberch und Schene völlig unerwähnt. Roland (und Rathaus) sind wichtige Teilstücke der Politik Hemelings, und ihre vollständige Bedeutung kann nur aus den anderen Teilen seines politischen Werkes erschlossen werden.

Zum Verständnis dieser uns heute eigentümlich berührenden Haltung eines Politikers trägt bei, wenn man sich vergegenwärtigt, daß wir es in der Politik Hemelings vor allem mit Recht und Rechtsfragen zu tun haben. Politik war zu seiner Zeit primär eine Frage von Recht und Unrecht. „Für das Mittelalter . . . ist das Recht das Erste, der Staat das Zweite . . . Das Recht ist vor dem Staat, der Staat für das Recht und durch das Recht, nicht das Recht durch den Staat."[75] Für Bremen hieß das, daß die Stadt als politisches Gebilde nur durch das Recht, d.h. durch Rechte existenzfähig war. Politik zu machen hieß also damals, das Recht, die Rechte für eine Stadt im politischen Handeln zu suchen und zu sichern oder aber auch „richtige" politische Fakten nachträglich durch „gutes, altes" Recht abzusichern. Dabei war von Bedeutung, daß „gutes" Recht vor allem auch „altes" Recht war. Dabei war „alt" mehr eine Qualitätsbezeichnung als eine Zeitfeststellung[76]. Das hing mit dem Glauben zusammen, daß alles Recht von Gott ausgehe[77]. Hemeling mußte also in seiner Politik versuchen, „altes" Recht aufzufinden, um Bremens Stellung absichern zu können. Dem dienten die meisten der oben genannten Arbeiten. Ein Hervorheben seiner Person oder Leistung im politischen Bereich hätte also viele seiner Bemühungen zum Scheitern verdammt.

Die politischen Ziele und seine Wege, sie zu erreichen, hat vor allem Walter Stein an den historiographischen Arbeiten Hemelings untersucht. Neuere Arbeiten haben seine Ergebnisse bestätigt[78]. Kurz zusammengefaßt stellten sich Hemeling folgende Aufgaben:

1. Die Stellung des neuen (seit 1398) Rates der Stadt mußte nach innen und außen gefestigt werden.
2. In der Hanse kämpfte Bremen mit Hamburg um den 3. Platz in der Rangfolge nach Lübeck und Köln.
3. Bremens Stellung als „kaiserfreie" Stadt — der Begriff ist offensichtlich von Hemeling eingeführt und bei Städten in ähnlicher Situation gegenüber Landesherr und Reich schnell populär geworden — mußte untermauert werden. Ihre Rechte leitete Hemeling direkt vom Kaiser, in erster Linie von Karl dem

Großen ab, was notwendigerweise die Landesherrschaft des Erzbischofs zugunsten der Stadt schmälern mußte.

4. Der Handel erforderte die Sicherung der „Reichsstraße" Weser gegenüber Seeräubern und den oft mit ihnen verbündeten Friesen. Gegen die reichsfreien Friesen mußte Bremen nicht nur an der Unterweser seinen Einfluß und seine Macht ausbauen, sondern vor allem auch seine noch sehr unsichere reichsfreie Stellung festigen. Denn nur derjenige mit größeren „Freiheiten" konnte über den mit weniger „Freiheit" im politisch-rechtlichen Sinne Herrschaft ausüben.

Diese politischen Ziele und Aufgaben der Stadt hängen aufs engste miteinander zusammen, wenn es auch auf den ersten Blick kaum so erscheint. Ebensowenig ist gleich zu erkennen, welche Aufgabe die Rechte im Zusammenhang mit diesen Zielvorstellungen haben, die Hemeling der Stadt mit großem Raffinement zu verschaffen wußte. Eine zentrale Rolle spielt dabei die angebliche Urkunde Heinrichs V. von 1111[79], die Hemeling aber, da im Bremer Archiv kein Siegel dieses deutschen Kaisers vorhanden war, nicht direkt fälschen konnte, sondern in ein urkundliches Falsifikat König Wilhelms von Holland von 1252 inserierte. Beide Fälschungen sind in einer dritten gefälschten Urkunde von König Wenzel aus dem Jahre 1396 enthalten[80]. Hemeling versuchte nach dem Tode Schenes um 1414 diese Fälschungen durch Einschübe in dessen Chronik abzusichern. Dem dienten vor allem die Gedichte über Karl d. Gr. und Willehad sowie über den ersten Kreuzzug. Er nannte den politisch unverdächtigen und sehr frommen Schene als Urheber und Dichter[81]. Die Rechte, die Bremen dadurch beanspruchte, sind kurz zusammengefaßt folgende:

1. Befreiung Bremens von der Vorladung zur Feme.
2. Bremen hat das Recht, die Weser mit und *ohne* Hilfe des Erzbischofs zu befrieden.
3. Die Mitglieder des Rates der Stadt haben das Recht, Gold und Bunt, d. h. ritterliche Tracht zu tragen.
4. Als Zeichen dieser kaiserlichen Rechte darf der Schild Rolands mit dem kaiserlichen Wappen geschmückt werden.

Hemelings Vorbild ist Köln. Die Stellung dieser Stadt zu ihrem geistlichen Landesherrn und zum Reich war der Bremens sehr ähnlich. Die Neuordnung ihres Rates im Jahre 1396 diente Bremen als Vorbild für das Statut von 1398. In der Hanse lag Köln mit Lübeck im Streit um den Führungsanspruch, während Bremen mit Hamburg um Platz drei Auseinandersetzungen hatte. Kölns Ratsmitglieder durften als einzige Bürgerliche „Gold und Bunt", die Standestracht der Ritterschaft tragen. Die Rittergewandung sollte Stellung und Würde des Bremer Rates nach innen gegenüber der Stiftsritterschaft wie auch gegenüber dem Deutschen Ritterorden, der in der Domimmunität seine umfangreiche Niederlassung hatte, und nach außen gegenüber den Friesen stärken. 1415 erhielt Köln als erste und lange Zeit einzige Stadt im Reichsgebiet die Befreiung von dem Zwang, daß seine Bürger vor dem Femegericht zu erscheinen hatten[82]. Die Feme war der Versuch, zu den Gerichtsbarkeiten von Landesherren und Städten ein unabhängiges Gegengewicht zu schaffen. Wenn Bremen sich aus der Zuständigkeit der Feme lösen konnte, war damit nicht nur naheliegenden städtischen Interessen gedient, sondern auch seine Stellung als „kaiserfrei" mit eigener, unabhängiger Gerichtsbarkeit gestärkt.

Das gleiche war der Fall, wenn die Stadt nicht nur mit, sondern auch ohne Unterstützung des Erzbischofs die Weser von Seeräubern und ihren Hintermännern freihalten konnte. Sie war damit nicht mehr in dieser für sie so wichtigen Angelegenheit auf die Zustimmung und Zusammenarbeit mit dem Landesherrn angewiesen. Dazu war es notwendig, friesisches Gebiet unter bremische Oberhoheit zu bekommen[83]. Die Friesen wiederum leiteten ihre Reichsunmittelbarkeit von einer — allerdings auch gefälschten — Urkunde Karls des Großen ab[84], die ihnen nicht nur das Recht gab, während des Krieges ritterliche Tracht zu tragen, sondern als Zeichen dieser kaiserlichen Rechte eine Krone als Verdienst für besondere kriegerische Taten im Wappen zu führen. Die Bremer Ratsherren mußten also danach trachten, ihren neuen friesischen Untertanen[85] zumindest ebenbürtig gegenüber zu stehen. Das gelang dadurch, daß sie auch ritterliche Tracht tragen durften — ihre Überlegenheit ergab sich aus dem Tragen ohne Einschränkung — und als Zeichen der vom Kaiser verliehenen Rechte sogar das kaiserliche Wappen führen durften. Außerdem mußten sie ihre Privilegien mindestens auch auf Karl den Großen zurückführen. Friesen und Bremer verdankten beide — auf Grund der Urkunden — ihre Rechte kriegerischem Einsatz als Auszeichnung. Durch die Taten der Bremer Teilnehmer am ersten Kreuzzug war auch das bestätigt. Wer konnte damals schon nachprüfen, daß die Bremer Teilnehmer zwar gelebt hatten, aber ihre Namen aus Urkunden zusammengestellt waren, die hundert Jahre nach dem Kreuzzug aufgesetzt waren?

Die Fälschung der bremischen Privilegien im Henricianum ist von dem ebenfalls gefälschten Carolinum der Friesen beeinflußt, wobei Hemeling in manchen Punkten die Verhältnisse in Köln vor Augen gestanden und als Zielvorstellungen gedient haben mögen. —

3. Die Stellung Rolands zur Zeit der Entstehung des Bremer Males ist nicht von dem seit dem Hochmittelalter sich wandelnden Bilde Karls des Großen zu trennen[86]. Im Zusammenhang mit den Kreuzzügen in Spanien gegen die Mauren und den Wallfahrten nach Santiago de Compostella gewinnt die in Südfrankreich lebendig gebliebene Rolandsage zunehmend Bedeutung. Dies findet Anfang des 12. Jahrhunderts in dem französischen Chanson de Roland seinen Niederschlag. In Deutschland stellt sich Friedrich Barbarossa besonders in die Karlstradition, die in der von ihm betriebenen Kanonisierung Karls 1165 ihren Höhepunkt findet. Vom Autor der Aachener Karlsvita wird Barbarossa als Novus Carolus gefeiert. Zur gleichen Zeit beginnt auch Heinrich der Löwe sein Geschlecht in der Nachfolge Karls zu sehen[87]. Er initiiert die Übertragung des Chanson de Roland in das deutsche Rolandslied des Pfaffen Konrad (um 1170). Wie sehr die Gestalt Rolands mit der des großen Karl verbunden ist, zeigt sich darin, daß der Stricker seine Bearbeitung des Rolandliedes „Karl der Große" (um 1220) benennt. Im Anschluß an Barbarossa haben nicht nur Otto IV. und Friedrich II. sich die Karlstradition zunutze gemacht, sondern vor allem Karl IV. sah sich als zweiten Karl den Großen[88]. Das zeigt sich u. a. in der von ihm nach 1349 gestifteten Reliquienbüste Karls

Abb. 9 *Roland, bemalt, Zustand um 1680/85 (nach Koster)*

des Großen und dem Karlsreliquiar — an ihm ist auch Roland dargestellt —, die beide zum Aachener Domschatz gehören. Sie müssen in Verbindung mit dem 1215 fertiggestellten Karlsschrein im Aachener Dom gesehen werden. Diese kurzen Hinweise sollen nur verdeutlichen, daß in der Zeit um 1400 weder Karl noch Roland nur als historische Persönlichkeiten aufgefaßt wurden. Karl wird als erster Kreuzfahrer verstanden, als Missionar. Er wird zum herrscherlichen Leitbild schlechthin. Als Schöpfer und Wahrer des Rechts gesehen, werden unzählige Versuche — so ja auch in Bremen — unternommen, Rechtstitel auf ihn zurückzuführen. Nicht zuletzt sieht man in ihm den Begründer des Kaiserwahlrechts der Kurfürsten[89]. In typologischer Sicht wird er als neuer David rex sogar in Beziehung zu Christus selber gebracht, was z. B. an der Figurenfolge in dem von Karl IV. geförderten Chorbau des Aachener Domes deutlich wird, wo Karl in der Reihe der Apostel an die Stelle von Christus tritt.
Neben ihm steht Roland, sein Schwertträger, als der Kreuzfahrer und Ritter par excellence. Sein Tod im Kampf gegen die Heiden macht ihn zum Märtyrer.
Die Verbindung Bremens zu Karl dem Großen[90] beginnt wohl, für uns heute noch nachprüfbar, mit Adam von Bremens Geschichte der Erzbischöfe von Hamburg um 1070/80, die die Abschrift der angeblichen Gründungsurkunde des Bistums und der Stadt enthält[91]. Darin wird der Name Willehad mit dem des ersten Kaisers aufs engste verknüpft. Als Gründer der ersten Kirche in Bremen und als sein — angeblich — erster Bischof sind beide auf dem ersten, um 1220 entstandenen Stadtsiegel abgebildet. Die für die Stadt so wichtige Gelnhausener Urkunde Friedrichs I. von 1186[92] ist möglicherweise mit der engen Bindung dieses Kaisers an den entstehenden Karlskult verknüpft, den sie bestätigt „. . . illa jura, que sancte recordationis Karolus imperator ad instantiam petitionis sancti Willehadi . . . eidem civitati concessit . . .“ und fügt weitere Rechte für die Stadt hinzu. Mindestens seit der 2. Hälfte des 14. Jahrhunderts unter der Regierung Karls IV.[93] wird die kultische Verehrung Karls im Bremer Dom durchgeführt, wie die Eintragung des Festes des hl. Karl zum 28. Januar in den Kalendarien des Domes zu den Jahren 1380 und 1428 beweist. In den kostbaren Reliquien des Domes finden sich zu der Zeit eine ganze Reihe, die mit Karl in Verbindung gebracht wurden. Hemeling zählt in seinem Diplomatarium persönliche Geschenke Karls an den Dom auf: ein goldenes, mit Edelsteinen besetztes Kreuz mit seinem Bildnis am Fuß; ein dem Willehad geschenktes Gewand von ihm selber; Handschuhe und Schuhe des Kaisers; ein silbernes, mit vergoldetem Bildwerk geschmücktes Fläschchen Karls; den goldenen Psalter Karls (es ist der Dagulf-Psalter, der durch Heinrich IV. nach Bremen gelangte)[94]. Karl und Willehad sind an der Vorderseite des kostbaren Cosmas- und Damian-Schreines, der um 1400 von Hemeling in Auftrag gegeben wurde, in wichtiger Position dargestellt. Wenige Jahre später finden sie am Ratsstuhl ebenfalls ihren Platz. Und im Zuge der Karlsdichtung ist auch das Gespräch zwischen den Heiligen Karl, Willehad, Petrus und der Maria zu sehen, das Hemeling nach dem Tode Schenes in die Chronik einfügte. In ihm erscheinen alle für Stadt und Rat wichtigen Heiligen: Karl und Willehad als Gründer der Stadt und ihrer Rechte, Petrus als Patron des Domes, dessen Schlüssel zum Wappen der Stadt wurde, und Maria nicht nur als Schutzheilige des Domes, sondern vor allem auch der Ratskirche Unserer Lieben Frau, neben der das neue Rathaus gebaut wurde. Politisch gesehen hatten also alle Parteien der Stadt am Kulte Sancti Caroli ein Interesse. —
Und nur aus diesem politischen und Glaubenszusammenhang kann der 1404 errichtete Roland verstanden und gedeutet werden. Auch er hatte in Bremen eine Tradition, wenn sich das urkundlich auch nur in einem halben Satz in der Chronik von Rynesberch und Schene niederschlägt: „do branden de viende Rolande unde gunden der stadt nene vrigheit . . .“[95]. Dennoch sagt er dreierlei aus: Der Roland muß in Bremen schon lange bestanden haben, er war offensichtlich aus Holz, und er war ein Zeichen der Freiheit. Zu diesen Punkten kommen die Aussagen im Henricianum sowie die Chronikeinschübe Hemelings, die Urkunde wie Roland helfen sollten abzusichern. —
Der für die Deutung wohl wichtigste Teil der Rolandstatue ist nicht nur nach den Urkunden, sondern auch tatsächlich der mit einem

Abb. 10 *Der Schild Rolands mit dem Spruch*

Vers und dem doppelköpfigen gekrönten Adler als Reichswappen versehene Schild[96]. Er gewinnt damit urkundlichen Charakter. Für seine Deutung wird die Frage wichtig, ob Wappen und Spruch zum ursprünglichen Bestand gehören oder erst später angefügt wurden. Walter Stein und David Gathen setzten die Anbringung des Schildes in Zusammenhang mit der Datierung der Urkundenfälschung und der Chronikeinschübe Hemelings etwa um 1420 an. Das erscheint aber bei der erst wenige Jahre existierenden Figur kaum denkbar, vor allem da der Urkunde nach ja schon der hölzerne Roland den Schild getragen haben soll. Wäre er erst mit der „Auffindung“ der Urkunde montiert worden, hätte diese alle Glaubwürdigkeit verloren. Die Urkunde stützte nur einen schon bestehenden Zustand.
Doch fallen am Schild einige Dinge auf, die eine spätere Anbringung denkbar erscheinen lassen. Er ist z. B. „unorganisch“ der Figur vorgehängt. Dies ist in der Form bei den Rathausfiguren nicht zu beobachten. Seine Form, unten in einem Halbkreis mit kleiner Spitze endend, ist zu Beginn des 15. Jahrhunderts noch nicht allgemein üblich, wie auch die Schilde der Kurfürsten zeigen[97]. Allerdings weisen z. B. die Wappenhalter an den Fürstenportalen des Wiener Stephansdomes aus der 2. Hälfte des 14. Jahrhunderts fast genau diese Form und die gleiche „unorganische“ Anbringung auf.
Die Schrift, eine Textur mit gespaltenen Ober- und Unterlängen und einer besonderen Form des „r“, bei der der Schulterstrich fast wie ein i-Punkt oben aufsitzt, ist in dieser Form im 14. Jahrhundert schon voll ausgebildet. Mit ihren Besonderheiten ist sie im süddeutschen Raum, z. B. auf Grabinschriften in St. Jakob in Straubing, im ersten Viertel des 15. Jahrhunderts anzutreffen. In Bremen findet sie allerdings vor allem im ersten Drittel des 16. Jahrhunderts Verwendung, wie der Grabstein des Erzbischofs Rode von 1511 und das Schriftbild von 1532 in der Oberen Rathaushalle zeigen. Demgegenüber fällt auf, daß der Anfangsbuchstabe, das „v“ von „vryheit“, als Minuskel geschrieben ist. An den genannten Beispielen werden aber zumindest Text-, Zeilen- oder Versanfänge in Majuskeln gesetzt. —
Roland spricht den Betrachter an: „*Ich* offenbare euch die Freiheit!“ Damit interpretiert er sich selber. Das ist bei keinem der erhaltenen Rolande der Fall. Auch die urkundlichen Belege beweisen, daß der zentrale Punkt nicht der Roland selber, sondern der Schild mit dem kaiserlichen Wappen ist[98]. Der Schild ist eindeutig als Zeichen der sogenannten „Kaiserfreiheit“ verstanden worden. 1532 wird das in der Oberen Rathaushalle noch einmal in Reimen verdeutlicht: „Wenthe der stadt ys gegeben dat Rolandes bylde/ Tho enen teken der friheit onder des Rykes schilde.“ Die Umschrift des Schildes lautet:

vryheit do.ik.ju openbar.
de karl vnd.mēnich vorst vor war
desser.stede.ghegheuen.hat
des.danket.gode.is mȳ radt

Es liegt nahe, diese Zeilen Hemeling zuzuschreiben, wenn man die Verse aus der Chronik zum Vergleich daneben stellt[99]. Karl spricht dort:

Gnad unde vrigheit openbar
bat van uns Wilhad vurwar
desser olden hovetstadt to eren,
des dancket Gode unde deme heren.

Beim Vergleich des Chroniktextes mit der Schildumschrift fällt das Wort „stede" auf. Schon Karl Hoede[100] hat darauf hingewiesen, daß in Rolands Schild „desser stede" und nicht etwa „Deser Stadt" steht, wie z. B. Deneken in seiner Monographie und andere in unterschiedlichen Abschriften des Spruches wiedergeben. Die selbstverständliche Bedeutung ist immer mit „dieser Stadt" angenommen worden. Der Vergleichstext der Chronik scheint das zu bestätigen. Tatsächlich wird aber im niedersächsischen Raum in dieser Zeit das Wort „stede" immer für Ort, Stätte, nicht aber für Stadt verwendet[101]. Chronik und Urkunden wie auch Texte zu Anfang des 16. Jahrhunderts bestätigen das. Eine nachlässige Schreibweise an so wichtiger Stelle? Das ist kaum anzunehmen. Karl spricht in dem von Hemeling in die Chronik eingeschobenen Gedicht wenige Zeilen vor dem „gnad unde vrigheit . . ." von der Gründung der Stadt durch ihn und Willehad: „do fundere wij desse stede/mit deme hilligen manne Willhado". Sollte an dieser Stelle etwa das gleiche Versehen passiert sein? Sicher nicht! Verständlich wird die Wahl des Begriffes „stede" an Stelle von „stadt" nur dann, wenn man bedenkt, daß Karl als Gründer von Stadt *und* Bistum angesehen wurde, daß Stadt, Erzbischof und Domkapitel ihre jeweiligen Rechte von ihm ableiteten. Die Domimmunität war eine Stadt innerhalb der Stadt. Sie war ursprünglich sogar mit einer Mauer umgeben gewesen, die so bis Mitte des 11. Jahrhunderts auch äußerlich beide Teile trennte. Der Begriff „Stadt" wird zu der Zeit immer nur für „civitas Bremensis", also für die freie Bürgerschaft mit dem Rat an der Spitze und den Ort, den sie bewohnen, gewählt. So sind die Zeilen der „Rime" unterschiedlich zu verstehen: Karl und Willehad gründen „desse stede", Stadt, Dom und Erzstift. Weiter unten teilt dann Karl mit, daß Willehad „gnad unde vrigheit" für die „olde hovetstadt", d. h. für die Bürger der „alten Hauptstadt" des Erzstiftes, gesondert erbeten habe. Vergleicht man unter diesem Aspekt Schildumschrift und Gedichtverse, so kann man durchaus vermuten, daß die Schildumschrift der ursprüngliche Text ist und die Verse seine Spezifizierung darstellen.

Die Zeilen auf dem Schild sind demnach etwa so zu verstehen: Das „openbar" ist mit „offenbaren" für unser heutiges Sprachverständnis zu wenig klar übersetzt. Es heißt soviel wie „öffentlich kundtun" oder „öffentlich sichtbar machen"[102]. Mit „vryheit" ist wohl nicht nur „gnad unde vrigheit . . . desser olden hovetstadt" gemeint, sondern sie bezieht auch diejenigen ein, die „up der frigheit", d. h. in der Domimmunität wohnen. Mit „vryheit" sind sicher nicht nur die „libertates" gemeint, die Kaiser und Könige der „civitas Bremensis" gegeben haben — an erster Stelle sicher Barbarossas Gelnhausener Privileg von 1186, denn das Henricianum war wohl noch nicht „gefunden" —, sondern auch die von „mennich vorst vor war", also in erster Linie wohl die der Erzbischöfe. Diese führten ihre weltlichen Rechte ja auch auf Karl und die anderen Kaiser zurück. Seit dem 13. Jahrhundert, vor allem aber im 14. bestätigten die Erzbischöfe der Stadt bei Amtsantritt, „dat ze by al eren olden rechte, zeden, wonheyt, vryheyt unde privilegien scolen bliven . . ."[103]. Das Neue am Roland ist, daß alle diese alten Rechte, Sitten, Gewohnheitsrechte, Privilegien und Freiheiten unter dem Begriff „vryheit" zusammengefaßt und unter kaiserlichen Schutz gestellt werden[104]. „Kaiserfreiheit", Hemelings Begriffsschöpfung, scheint hier zum ersten Mal in Wort und Bild Gestalt erhalten zu haben: der gekrönte Doppeladler als kaiserliches Herrschaftszeichen und „vryheit" als erstes Wort der Umschrift mit dem Hinweis auf Karl den Großen. —

Über den jetzigen Schild Rolands scheint die Untersuchung beim Abbau der Figur 1938 halbwegs Klarheit geschaffen zu haben[105].

Abb. 11 *Rolands Kopf, Original, 1984 durch Kopie ersetzt*

Roland trug von Anfang an einen Schild mit dem Doppeladler als Kaiserwappen. Der jetzige wurde wohl 1512/13 bei einer Restaurierung angefertigt. Ob der Spruch erst auf dem neuen Schild hinzugefügt wurde oder auch schon den alten umrandete, läßt sich daraus nicht erkennen. Die Schrift wurde im 15. wie im 16. Jahrhundert verwendet. Wortwahl und Schreibweise deuten aber auf das Jahr 1404. Dafür spricht ebenfalls, daß Rechtszeichen dieser Art nicht ohne zwingenden Grund verändert wurden, auch wenn eine Erneuerung notwendig wurde. Dagegen scheint die Tatsache zu sprechen, daß die eindeutig vom Bremer Roland beeinflußten Rolande von Halberstadt (1433), Zerbst (1445) und vielleicht auch der von Quedlinburg nur den Adler trugen. Doch erklärt sich das Fehlen einer Inschrift vermutlich einfach aus der anderen rechtlichen Situation der betreffenden Städte. Außerdem scheint sich der Begriff der „Kaiserfreiheit" ein Menschenalter nach seiner „Erfindung" schon so durchgesetzt zu haben, daß das kaiserliche Wappen keiner Ergänzung mehr bedurfte. —

Als mögliche Symbolfiguren und Bedeutungsträger sind neben dem Schild folgende Teile der Figur für sich allein oder im Zusammenhang zu untersuchen: Rüstung und Mantel, das Schwert, die Handschuhe, der Dunsing[106] mit der Schnalle und seinen sichtbaren Gliedern, die Figur zwischen den Füßen, der Baldachin und die ursprüngliche farbige Fassung der Figur.

In der Kleidung unterscheidet sich der Roland nicht wesentlich von den nur wenig später entstandenen Rathausfiguren des Kaisers und der sieben Kurfürsten. Die Rüstung, der tiefsitzende Gürtel, der Dunsing sowie der bis auf die Erde reichende Mantel[107] sind ganz allgemein Zeichen einer Mode bzw. Bewaffnung, wie sie gegen Ende des 14. Jahrhunderts üblich waren. Dazu gehört auch die Haartracht Rolands, die ebenfalls bei den gotischen Rathausfiguren auftritt. Sie ist das Zeichen des freien Mannes, vor allem auch des Ritters. Rüstung, Mantel und Haartracht zeigen also den freien, ritterlichen Mann, wie er sich vor allem im Adel der Zeit manifestiert. —

Die Bedeutung des Schwertes in Rolands Rechter, mit der Spitze nach oben gehalten, kann dagegen wohl nicht als bloße Ergänzung zur Rüstung oder als ritterliches Standessymbol verstanden werden. Dafür fehlt ihm z. B. die notwendige Scheide[108]. Die gleiche Schwerthaltung finden wir bei der Darstellung Karls des Großen auf den Ratsstuhlwangen. Dort ist es ganz sicher neben dem Reichsapfel Zeichen kaiserlichen Rechts und herrscherlicher Gewalt. Das gleichermaßen gehaltene Schwert ist das Zeichen des Weltenrichters, Symbol seiner allumfassenden Macht und seines göttlichen Rechtsspruches. Der Justitia ist das Schwert in der gleichen Haltung als Attribut beigegeben. Neben Paulus trägt eine ganze Reihe von Heiligen das Schwert als Zeichen ihres Märtyrertums, allerdings nie auf die Weise wie Roland. Doch letztlich bestimmt jeweils die Figur des Trägers die Bedeutung des Schwertes. Im Rolandlied versucht der sterbende Held sein Schwert Durndart zu zerbrechen, damit es nicht in die Hände der Heiden fällt. Das mißlingt. Schließlich kann er es einem Engel übergeben, der es Gott zurückbringen soll, von dem Karl der Große es einst erhalten hat. Dieser hatte in seinem Griff eine Reihe von Reliquien, an erster Stelle Blut des Apostels Petrus und neben anderen auch ein Stück des Mantels der Maria einschließen lassen[109]. Nun sind Petrus durch den Dom und das Wappen, Maria aber als Schutzheilige vor allem der Liebfrauenkirche als Ratskirche und des Domes mit der Stadt besonders verbunden. Und an Rolands Schwert fällt der große Schwertknauf besonders auf.

Das Schwert kann also unter Umständen ganz allgemein als Symbol des Rechts — nicht zu verwechseln mit einem Rechtszeichen, das einen bestimmten Rechtszustand oder Rechtsakt symbolisiert, für das sich zum Roland keine Quelle finden läßt — verstanden werden. Da das Schwert außerdem Märtyrerattribut war, Roland aber nach mittelalterlicher Anschauung diesen im Kampf gegen die Heiden erlitt und er darüber hinaus mit den „Kreuzzügen" Karls gegen die Sachsen und Friesen in Verbindung gebracht wurde, und letztlich sich daraus die Rechte Bremens ableiteten, die Bremer wiederum aus ihrer angeblichen Kreuzzugsbeteiligung unter Heinrich V. weitere Privilegien herleiten zu können glaubten, ist es naheliegend anzunehmen, daß das Schwert Rolands außer als Zeichen des Rechts allgemein auch als Märtyrer- und Kreuzzugssymbol verstanden wurde. In erster Linie besaß es aber Namen und besondere Bedeutung dadurch, daß es aus der Hand Gottes an Karl kam, der in ihm Reliquien einschloß und es dann durch seinen Schwertträger Roland führen ließ, von dem es wieder an Gott zurück gelangte. — Möglicherweise konkretisieren die Handschuhe Rolands das Schwert in seiner Bedeutung. Auch sie können nicht nur als selbstverständlicher Teil der Ausrüstung angesehen werden. Urkunden seit dem 12. Jahrhundert bezeichnen Handschuhe nicht nur als Rechtszeichen des Königsbannes, sondern auch ganz speziell des königlichen Marktbannes[110]. Schon im 13. Jahrhundert wird die Verleihung des Marktrechtes durch den König mit der Übersendung von Handschuhen symbolisiert. Damit kann man annehmen, daß wenigstens dieses für Bremen so wichtige Privileg, das Otto I. an Erzbischof Adaldag am 10. August 965 verlieh[111], ganz speziell am Roland und seinen Attributen sichtbar gemacht wurde. Darüber hinaus bleibt festzustellen, daß den Handschuhen Rolands auch im Rolandslied besondere Bedeutung zugemessen wird. Der sterbende Held übergibt sie, wie sein Schwert, dem Engel[112]. —

Die riesige Gürtelschnalle zeigt als Basrelief einen sitzenden Engel, der Laute spielt. Musizierende Engel erscheinen in der mittelalterlichen Kunst in Verbindung mit biblischen Inhalten bei der Geburt Christi und als Vertreter der himmlischen Musik im Himmlischen Jerusalem vor dem Thron Gottes. Das Rolandslied beschreibt, wie die im Kampf gegen die Heiden gefallenen Christen als Märtyrer im Himmel „wol enphangen mit engel sange"[113]. Zehn Blüten bilden einen Rahmen um den Engel. Die Zahl „10" symbolisiert Vollendung auf ein vollkommenes Ganzes und auf die Zehn Gebote hin[114]. Blumen ganz allgemein bedeuten in der christlichen Symbolsprache des Mittelalters einen Hinweis auf die Vergänglichkeit und Kürze des Lebens und weisen auf die Auferstehung nach dem Tode hin.

In die gleiche Richtung deuten die Glieder des Dunsing, von denen das eine gleich neben der Gürtelschnalle gut sichtbar, das andere links vom Schwertknauf zum Teil vom Mantel verdeckt ist. Die reliefartig herausgearbeiteten Rosen[115] können zweierlei symbolisieren: Im religiösen Bereich deutet die rote Rose wie Schwert und Engel auf das Märtyrertum hin. Als weltliches Symbol ist sie aufs engste mit der Rechtssprechung verbunden, wie etwa die Miniaturen des Sachsenspiegels zeigen. Der sogenannte Breslauer „Roland", ein Rechtswahrzeichen des Erbvogtes der Stadt, der dort bis ins 14. Jahrhundert tätig war, trägt sie über seinem Kopf[116]. Ähnlich wie Schwert und Handschuhe weisen also auch die bildlichen Elemente des Gürtels einerseits auf das Recht, andererseits auf Märtyrertum und Jenseits hin. —

Der Roland ist von Anfang an farbig gefaßt gewesen. Diese Annahme wird durch farbige Abbildungen zwar erst aus dem 17. Jahrhundert gestützt und durch urkundliche Belege aus dem 16. Jahrhundert untermauert, doch kann auch hier wie beim Schild eine einschneidende Veränderung als sehr unwahrscheinlich gelten. In der Hauptsache dürfte die farbige Fassung über die Jahrhunderte unverändert geblieben sein. Der Mantel war nach außen hin rot, der Brustpanzer zeigte ein Rautenmuster aus Gold und Blau, die Innenseiten der Ärmel waren zumeist grün. Die Einzelteile der Beinpanzerung waren in Umrissen aufgemalt. Im Detail lassen die farbigen Abbildungen leider eine genaue Rekonstruktion nicht zu[117].

Aus dem 17. Jahrhundert stammt auch die Beschreibung eines kleinen Gemäldes auf der Außenseite des Mantels in der Nähe des linken Armes[118]. Ein Löwe und ein Hund (oder Wolf) stehen sich über einem Stück Fleisch oder Knochen gegenüber. „enem jeden dat sine" war die Bildunterschrift. Die Frage, ob dieses Bild schon 1404 auf den neu errichteten Roland gemalt wurde, läßt sich urkundlich nicht beantworten. Seine Bedeutung ist zwar vordergründig leicht zu verstehen, doch will sich eine Beziehung zum Roland nicht recht herstellen lassen. Gerade das scheint für die Ursprünglichkeit zu sprechen, denn eine nicht direkt zum Roland gehörende Malerei in einer Zeit, in der die Stadt gerade ihre Reichsunmittelbarkeit nun endgültig erhalten hatte (1646) oder gar noch vorher, scheint bei der Gesamtbedeutung, die das Standbild für die Stadt von Anfang an gehabt hat, kaum denkbar. Nimmt man die kleine Darstellung als der Entstehungszeit zugehörig an, muß sich ihr Sinn auf den Roland und seinen Symbolgehalt beziehen. Auf wen verweisen bei dieser bildhaften Fabel die Tiere? Versteht man z. B. die Tiere auch heraldisch, dann stellt sich heraus, daß viele politische Kräfte, mit denen die Stadt um 1400 zu tun hatte, den Löwen im Wappen führten. Als erster sei Otto II. von Braunschweig genannt, der 1395—1406 Erzbischof von Bremen war. Der dem Rat und seiner Politik wohlwollend gesonnene Landesherr trug den Braunschweiger Löwen in seinem Wappen. Der Friesenhäuptling Dide Lubben, mit dem Bremen wegen Errichtung der Friedeburg 1404, im Jahr der Errichtung des Rolands, einen Vertrag schloß, führte ebenfalls den Löwen in seinem Wappen. Das gleiche gilt für eine Reihe anderer, mit Bremen verbündeter Friesenhäuptlinge wie z. B. Tante Humelde von Langwarden, aber auch für einen der erbittertsten Gegner, Ede Wummeken[119]. Auch Nord- und Südholland hatten den Löwen in ihrem Wappen. Wilmanns führt aus[120], daß Herzog Albrecht von Bayern-Holland seit 1396 versuchte, verbriefte Rechte in Friesland durchzusetzen und sich dabei die Friesen der Hilfe der Vitalienbrüder gegen ihn bedienten. Albrecht und Bremen haben aber seit 1401 ein gegenseitiges Abkommen über sicheres Geleit[121], so daß es kein Wunder war, wenn Bremen in diese, es eigentlich nichts angehende Auseinandersetzung als Handelsstadt mit hineingezogen wurde. Es mußte andererseits bestrebt sein, das Vordringen Hollands nach Osten in Friesland gegen seine eigene Einflußsphäre hin abzublocken. Hierin mag auch der Grund zu suchen sein, weshalb Hemeling das Henricianum durch Wilhelm von Holland 1254 „bestätigen" ließ. Bei allen drei angedeuteten Beziehungen zur Stadt ergäbe die Bildunterschrift einen einleuchtenden Sinn. Der mächtige Löwe, vielleicht der Landesherr, möglicherweise friesische Häuptlinge oder auch der in Friesland seinen Einflußbereich ausbauende Albrecht von Bayern-Holland stehen dem kleineren Hund (Wolf?) gegenüber, der Stadt als dem treuen Wächter am Strom und den strittigen Gebieten oder Rechten in Form des Fleisches oder Knochens. Sie streiten sich aber nicht, da jeder dem anderen das, was ihm zukommt, auch zugesteht. Nur die genaue Kenntnis der Form des Löwen könnte eine Bestimmung ermöglichen, da sich eine heraldische Form nicht ändern kann, ohne ihre Bedeutung zu verlieren.

In diesem Zusammenhang darf die Stelle des Rolandsliedes des Pfaffen Konrad nicht übersehen werden, die nach dem Tode Rolands einen Traum Karls des Großen beschreibt[122]. Karl tötet einen Löwen, der in sein Heer einbricht. Wenig später stürzt sich ein riesengroßes wildes Tier auf den Kaiser. Er wird durch einen prächtigen starken Hund, der aus seinem Palast hervorspringt und das wilde Tier totbeißt, gerettet. Dieser Hund wird als Engel in Tiergestalt gedeutet. Durch den Zusammenhang in der Dichtung wird aber auf Roland, der durch seine Heldentaten gegen die Heiden den Kaiser immer wieder rettete, hingewiesen. Bezieht man diese Textstelle auf das kleine Bild, ergibt sich eine Sinngebung, die die oben angedeutete erweitert und erklärt: Roland, der starke und prächtige Wächter in Gestalt eines Hundes[123], hält den Gegner — wer es auch sein mag — ab, der Stadt das zu nehmen, was ihr zukommt. Der Stadt ihre „vryheit", dem „Gegenüber" in Gestalt des

Löwen seine Rechte — so wäre der Spruch unter dem Bildchen auch in diesem Falle zu interpretieren. Mit der farbigen Fassung verschwand auch dieses kleine allegorische Bild, als Roland am Ende des 18. Jahrhunderts hellgrau gestrichen wurde. —

Der am wenigsten verständliche Teil ist zweifellos die Figur zwischen den Füßen des Riesenbildes. Ihre Deutung reicht von einem gefangenen Sarazenenkönig über einen enthaupteteten (!) Seeräuber bis zu Till Eulenspiegel. Die Sage hat sich seiner bemächtigt und berichtet von einem Krüppel — nach ihm nennt man die Gestalt noch heute —, der sich zum Wohle der Stadt um die Felder der Gräfin Emma geschleppt habe[124]. All diese Erklärungsversuche zeigen, daß die Bedeutung der kauernden Figur in Vergessenheit geraten war und damit zu Spekulationen Anlaß gab.

Vergleiche mit anderen Rolandsbildern der gleichen Zeit helfen an dieser Stelle nicht weiter. Daß das Vorbild für den Bremer Roland wahrscheinlich in der Grabplastik zu suchen ist, hat V. C. Habicht versucht nachzuweisen[125]. Neben Hunden und Löwen finden sich unter den Füßen von figürlichen Darstellungen auf Grabmalen auch ab und zu menschliche Figuren in ähnlichen Größenverhältnissen zur Hauptfigur, wie das beim Roland der Fall ist. Doch alle, wen immer sie auch darstellen, nehmen eine Orantenstellung ein und sind meist der Hauptfigur zugekehrt. Am ehesten wäre diese kleine Figur mit der zu vergleichen, die den Kopf des 1304 ermordeten Arnd von Gröpelingen auf einem Kissen hält. Sein Grabmal, ehemals in der im Krieg zerstörten St. Ansgarii-Kirche, befindet sich heute im Focke-Museum. Auch hier ist die Deutung der Assistenzfigur unsicher, doch ist die Wahrscheinlichkeit, daß die sagenhafte Überlieferung zutrifft, die in ihr den Diener sieht, der mit seinem Herrn den Tod gefunden hat, sehr groß.

Der „Krüppel" zwischen Rolands Füßen — dieser steht mit seinen Schuhen auf den Ärmeln seines Gewandes — liegt mit dem Oberkörper am Boden, die Arme nach vorne ausgestreckt, den Kopf zu dem direkt vor dem Steinbild Stehenden erhoben. In der mittelalterlichen Plastik gibt es nun Darstellungen, die dem Roland und seinem „Krüppel" sehr ähnlich sind. Es sind dies Gestalten von Heiligen, Aposteln und Propheten, die ihre Füße auf die Feinde des Glaubens, ihre Gegner, Verfolger und Peiniger setzen, die dann stark verkleinert gegeben sind. Als Auferstandene und Bewohner des Himmlischen Jerusalem haben jene diese nun endgültig überwunden. Dies wird durch den Größenunterschied ebenso sichtbar gemacht wie durch die Stellung unter den Füßen. Das ist nicht nur beispielsweise bei Apostelfiguren um 1230 im Chor des Magdeburger Domes der Fall, sondern auch noch vielfach im 14. Jahrhundert, wie etwa bei der Katharina von Alexandrien um 1390—95 vom Portal der Kirche St. Maria zur Wiese in Soest[126], deren Figuren ja den Bremer Rathausfiguren sehr nahe stehen. Allerdings liegt die Assistenzfigur wie z. B. bei den vielen Katharinenfiguren der Zeit oder auch dem Tataren unter den Füßen Heinrichs II. des Frommen von Schlesien — er fiel in der Schlacht gegen die Mongolen bei Liegnitz 1241 — um 1380 in der Kirche St. Jakob in Breslau (heute Wroclaw) quer unter den Füßen, so daß die Heiligen praktisch auf ihren Rücken stehen. Der „Krüppel" dagegen hockt zwischen Rolands Füßen, der ihn einerseits auf die Art und Weise schützt, andererseits aber auch sein Aufstehen dadurch verhindert, daß er auf seinen Ärmeln steht. Er erinnert gleichermaßen an einen Oranten, an einen Unterworfenen wie auch an einen unter den „Mantelschutz" Geflüchteten, wie wir sie von den sog. Schutzmantelmadonnen her kennen.

Im Rolandslied findet sich beim Loblied des Helden auf sein Schwert u. a. der Vers (6853): „Friesen ich mit dir gewan." Roland wurde also nicht nur mit Karls „Kreuzzug" gegen die Sachsen, sondern auch mit einem solchen gegen die Friesen in Verbindung gebracht. Diese sagenumwobene enge Verbindung der Friesen zu Karl gewann dann im „Carolinum" auch politische Bedeutung. Ein Kreuzzug gegen die Friesen war ab 1234 auch eine der Grundlagen der Entwicklung stadtbremischer Selbständigkeit. Nun wurden in der 2. Hälfte des 14. Jahrhunderts die Friesen in ihrer Verbindung zu den Seeräubern zu einer existenzbedrohenden Gefahr für die Handelsstadt. Sie sahen in den Schiffen der sog. „Vitalienbrüder", die ihrerseits wieder Winterquartiere und Absatzmöglichkeiten für ihre Beute brauchten, eine willkommene Hilfe im Kampf untereinander und gegenüber dem ihre Unabhängigkeit bedrohenden

Abb. 12 *Der „Krüppel" zwischen Rolands Füßen (erneuert), Sinnbild der durch die Bremer besiegten Friesen*

Holland[127]. Die Überfälle der Seeräuber wiederum bedrohten die Handelswege der Hanse aufs schwerste. Zu den Einbußen, die die Hansestädte dadurch erlitten, kam hinzu, daß sich Engländer, Schotten und Holländer an hansischem Gut für ihre Verluste durch den Seeraub schadlos hielten. Und für den Bereich der Weser und des Wesermündungsgebietes wiederum war vor allem Bremen zuständig. Bremen war nach Querelen innerhalb der Hanse gezwungen, alleine vor allem gegen die Butjadinger Häuptlinge vorzugehen, die mit den Seeräubern gemeinsame Sache machten. Bremen gelang es schließlich, die Butjadinger zum Einlenken zu zwingen, 1402 den Rüstringer Frieden zu schließen, den Häuptling von Langwarden 1403 in seine Dienste zu nehmen, und 1404 mit Dide Lubben den Vertrag über den Bau der Friedeburg an der Heete, der Grenze zu Butjadingen, abzuschließen. Damit zeichnete sich ab, daß die Gebiete um die Wesermündung fest in bremische Hand kamen. Dadurch geriet die Stadt in den Zwang, ihre rechtliche Position der machtpolitischen Konstellation anzugleichen. Denn nur höherer Rang und höherer Stand verliehen nach der noch gültigen mittelalterlichen Rechtsauffassung höhere Freiheit, d. h., auch über andere zu herrschen. Der Reichsadler im Rolandschild dokumentiert denn auch eine, wenn auch nur leichte Überlegenheit über die Friesen, die „nur" eine Krone als Zeichen ihrer „vryheit" führen durften.

Damit dürfte auch die Deutung der Gestalt zwischen Rolands Füßen möglich sein. Kopf, Gesichtszüge und vor allem der hohe Kragen und die Haartracht sind mit denen Rolands vergleichbar. Wir haben es hier mit einem freien, ritterlichen Mann zu tun. Er liegt auf den Knien am Boden, den Kopf zum Betrachter erhoben. Roland steht schützend über ihm und läßt gleichzeitig dadurch, daß er auf seinen Ärmeln steht, kein Erheben zu. Wie könnte man deutlicher und eindringlicher die Stellung Bremens zu den nun abhängigen reichsfreien Friesen sichtbar machen als durch die Riesengestalt Rolands, der die bezwungenen Friesen gleichermaßen beschützt und niederhält[128]. Die Bedeutungsgröße von Figuren spielt in der Kunst des Mittelalters bis weit ins 16. Jahrhundert hinein eine große Rolle und wird erst langsam durch die Kunst der Renaissance und ihre Anlehnung an das Naturvorbild durch die perspektivische Größe abgelöst. —

Roland hat von Anfang an vor einem Pfeiler gestanden, der einen Baldachin über dem Kopf Halt gibt. Dessen Form hat sich zwar im Laufe der Jahrhunderte etwas verändert[129], aber das „zimborium" war ursprünglich vorhanden und muß in der Form etwa ähnlich dem von Petrus an der Ostseite des Rathauses gedacht werden. Nun darf der Baldachin nicht nur als ornamentaler Pfeilerabschluß verstanden werden. Solch eine Isolierung des Formaspekts war dem Mittelalter fremd. Auch eine Funktion als Schutzdach kommt ihm bestenfalls am Rande zu. Ein Architekturbaldachin muß als „Kürzel" für Kirche, diese wiederum als Abbild des Himmlischen Jerusalem gedeutet werden[130]. Der Baldachin weist den darunter Stehenden als Bewohner der himmlischen Stadt aus, als Heiligen. Das ist bei Roland, dem Kreuzfahrer und Märtyrer, verständlich. Und wie bei den Kurfürsten am Rathaus wird auch bei ihm das Recht, das er personifiziert, als heilig angesehen[131]. –

Zusammenfassend seien an den Roland noch einmal die Fragen gestellt, die zur Klärung seiner Bedeutung führen könnten:

1. Wie sah der Bremer Roland nach seiner Errichtung 1404 aus?
2. Welche Bedeutung(en) kam(en) ihm und seinen Attributen zu?
3. Aus welchem Grund, für oder gegen wen oder was wurde er errichtet?

Dafür waren heranzuziehen: die Bedeutung Rolands im Glauben des Spätmittelalters im Zusammenhang mit der Verehrung Karls des Großen, wofür die schriftlichen Quellen wichtige Hinweise geben; die schriftlichen Quellen zum Roland selber wie Schildspruch, Urkunden und Chroniktexte; die politische und rechtliche Lage der Stadt kurz nach 1400; das Werk ihres Bürgermeisters Johann Hemeling des Jüngeren. Dabei muß bedacht werden, daß zu der Zeit Glauben, Recht, Sitte, Politik, Kirche und Gesellschaft noch ein Ganzes bildeten und als göttliche Weltordnung verstanden wurden, der es galt, zur Vollendung zu verhelfen.

Der Roland, wie er sich uns heute präsentiert, hat mit all seinen Attributen von Anfang an so bestanden. Das kann mit ziemlicher Sicherheit auch vom Schild gesagt werden. Die farbige Fassung wird im wesentlichen so ausgesehen haben, wie uns die ersten farbigen Abbildungen aus dem 17. Jahrhundert dies vermitteln. Details sind allerdings verlorengegangen. Roland muß wohl in erster Linie als Märtyrer und Bewohner des Himmlischen Jerusalem verstanden werden[132]. Engel, Rose und Baldachin sind die Zeugnisse dafür. Das Schwert ist in diesem Zusammenhang wohl als sein Schwert Durndart zu verstehen, das Gott Karl dem Großen übergeben hatte, der wiederum in seinem Griff hat Reliquien einschließen lassen, an erster Stelle die von Maria und Petrus, die für Bremen eine besondere Bedeutung besaßen. Roland schaut mit Petrus, dem Stadtheiligen am Rathaus, zum Dom hin, der dem Apostelfürsten und der Maria geweiht war und in dessen Giebel die Marienkrönung dargestellt war[133]. Der Legende nach hat Roland als Kreuzfahrer nicht nur die Sachsen, sondern auch die Friesen mit dem Schwert bekehrt. Die Parallele zur Stadt ergibt sich durch die Beteiligung Bremens am Kreuzzug 1234 gegen die friesischen Bauern, die ihr erbliche Rechte von ihrem Landesherrn einbrachte. Und Ende des 14. Jahrhunderts waren es wieder die Friesen, die durch ihre Verbindung mit den Seeräubern zum Problem Nr. 1 der Stadt geworden waren. Die Sicherung des Unterwesergebietes und der Handelswege war 1404 nach großen Anstrengungen erreicht. So erscheint es wahrscheinlich, daß der „Krüppel", als freier Mann dargestellt, die Friesen verkörpert, die, von Roland mit dem Schwerte bekehrt, ein zweites Mal mit Hilfe der Bremer, nun im Schutze Rolands stehen, der ihnen aber gleichzeitig ein neues „Erheben" unmöglich macht. Die Haltung der Figur ist die eines Mannes, der sich vor dem Thron des Herrschers um Verzeihung bittend niederwirft.

Roland, Engel und „Krüppel" sind zum Dom hin gewendet. Das ist bisher meist so verstanden worden, daß der Roland von den Bürgern „gegen" den Erzbischof gerichtet wäre. Das ist aus zweierlei Gründen wenig wahrscheinlich. Zum einen lebte die Stadt mit Otto II. in gutem Einvernehmen, denn er gestattete die Errichtung des Rolands und unterstützte den Rathausbau. Zum anderen müßte in dem Falle der Roland sinnvollerweise Front gegen das Palatium, den Sitz des Erzbischofs bzw. seines Vertreters in der Stadt, machen. Versteht man den Dom aber als das, was eine Kirche mindestens bis in die Reformationszeit hinein war, nämlich als Abbild des Himmlischen Jerusalem mit dem Thron Gottes in seinen Mauern, dann wird deutlich, daß Roland als Kreuzritter, der den Tod im Kampf gegen die Heiden fand, mit Durndart, dem göttlichen Schwert, vor seinem himmlischen Herrscher steht – wie einst vor seinem Kaiser –. Vor Gottes Thron musiziert der Engel. Vor dem Thron des Höchsten wirft sich der Friese zu Boden, um Vergebung für seine nochmalige Ketzerei zu erbitten. Roland ist dabei sein Fürsprech, der ihn aber gleichzeitig als kaiserlicher Schwertträger weiter in diese Demutshaltung zwingt und ein Erheben unmöglich macht. Der, wenn auch bekehrte Ketzer, darf sich vor Gott nicht erheben. –

Der Markt, Rolands Standort, liegt an der Kreuzung der ehemaligen großen Verkehrsadern, die Bremen in seiner Längsausdehnung vom Ostertor zum Doventor und in seiner Breite von der Weser und dem Brückentor zum Herdentor durchziehen. Über die Weser mußten die allermeisten Friesen, wenn sie nach Bremen kamen. Bevor sie in die eigentliche Bürgerstadt kamen, mußten sie an dem Riesen mit dem Reichsadler vorbei. Für sie hieß das „stede" im Schild „Stadt", verstanden als politische und räumliche Einheit, während dieser Begriff für die Bremer sicher eine sehr viel differenziertere Bedeutung hatte und vor allem nicht die Einheit verdeutlichte, die für sie im Begriff „Stadt" eingeschlossen war. Die „einfache" Bedeutung des Wortes hat sich dann im Laufe der Zeit durchgesetzt.

Auf dem Schild erscheint zum ersten Mal Hemelings Begriff der „Kaiserfreiheit". Der Rat Rolands, für die Freiheit Gott zu danken, zwingt den Leser dazu[134], sich umzudrehen und wie der Friese sich zum Dank vor dem Throne Gottes niederzuwerfen. Der Held steht aber auch „vor" der Stadt und ihren Bürgern dem Dom gegenüber, als Schutzheiliger ihrer Bürger vor dem Thron Gottes. Die Verknüpfung des Schildes mit dem Reichsadler an Rolands Arm ist dasjenige, was Hemeling dann wenige Jahre später mit seinem Henricianum auch rechtlich untermauern mußte[135]. Roland steht vor der Stadt nicht nur dem Throne Gottes gegenüber, sondern auch fast auf der Grenze zwischen Stadt und Domimmunität, für die diese Kaiserfreiheit nicht galt, die dem Schildspruch zufolge aber dazu gehören sollte.

Das Neue an Roland und seinem Schilde war, daß es damit Hemeling gelang, die sehr unterschiedlichen Rechte, die die Stadt besaß und die sie sich von jedem neuen Erzbischof und möglichst auch von jedem Kaiser neu bestätigen ließ, in der „griffigen" Formel der „Kaiserfreiheit" zusammenzufassen. Damit stieß er in einen rechtlichen Zwischenbereich vor, der zwischen der Freiheit reichsunmittelbarer Städte und dem Landesfürstentum lag. Jedermann vor Augen, war die Kaiserfreiheit mit dem Rechtsschöpfer Karl und dem Märtyrer Roland verbunden und damit kaum angreifbar. Der Roland richtete sich in seiner politischen Bedeutung vor allem gegen die Friesen, doch ist es auch denkbar, daß mit ihm Bremen einen weiteren Trumpf im Gerangel mit Hamburg um den dritten Platz in der Hanse ausspielte, da es durch ihn „freier" war als die Elbmetropole, deren Freiheitsroland gegen Ende des 14. Jahrhunderts verschwand und nicht wieder errichtet wurde. Roland war zwar nicht „gegen" den Erzbischof gerichtet, doch festigte er sicher ihm gegenüber die rechtliche Position von Stadt und Rat. –

Die Errichtung des Rolands fällt in eine Zeit, die im Rechtsleben von einem starken Umbruch gekennzeichnet ist. Die „natürliche Ganzheit des Rechtsbewußtseins" des Mittelalters wandelt sich zu einer „künstlichen Ganzheit eines Rechtssystems", das auf einem lückenlos niedergeschriebenen Recht basiert[136]. Versteht man das, was unter Hemelings Ära in Bremen um die Wende des Jahrhunderts geschieht, unter diesem Aspekt, dann gehören Chronik und vor allem Ratsdenkelbuch, aber auch die Neuordnung des Rates zu dem Versuch, dieser sich ausbreitenden Notwendigkeit im Rechtsleben Rechnung zu tragen. Dann erscheinen auch die Chronikeinschübe und die Urkunden-„Funde" Hemelings weniger als kaltblütige Fälschungen auf einen politisch-rechtlichen Vorteil hin, sondern sie sind sehr viel eher als Schließen urkundlicher Lücken von Tatsachen zu verstehen, die zum Teil schon seit „alter Zeit" praktiziertes Recht waren. Dabei nimmt der Roland eine Sonderposition ein. Einerseits ist seine Wiedererrichtung nach fast 40 Jahren nur die Herstellung eines alten Rechtszustandes. Andererseits ermöglichte die Zeitspanne seines Fehlens[137] eine Bedeutungsveränderung, die allerdings sicher nur graduell, nicht aber die Grundaussage betreffend erfolgen konnte. Dadurch, daß Rolands Schild die Gesamtheit städtischer Rechte in der Kurzform der „vryheit . . . desser stede" jedermann schriftlich vor Augen führte, erhielt die Figur eine Klammerfunktion zwischen der mittelalterlichen und der sich neu anbahnenden Rechtsauffassung, die nur das lückenlos niedergeschriebene Recht als gesetztes Recht anerkannte. Der Roland ist deshalb vor allem als eine symbolisch-allegorische Form der der Öffentlichkeit jederzeit „vor Augen stehenden“ Rechtsschreibung zu verstehen. Schon ein Menschenalter später hatte sich die neue Rechtsauffassung offensichtlich so weit durchgesetzt, daß Rolands Nachfolger in anderen Städten schon ohne einen Text auf dem Schild auskommen konnten. Wie genial der geistige Vater des Bremer Rolands dachte, läßt sich nicht zuletzt daran ablesen, daß, läßt man die zeitpolitischen Aspekte der Figur außer acht, der Roland bis heute Symbol städtischer Freiheit und bürgerlichen Rechts geblieben ist. –

Der Versuch, die vielschichtige Bedeutung des Bremer Rolands aufzuschlüsseln, kann nicht die immer noch ungelöste Frage klären, wie es überhaupt zu der Entstehung der Rolande kam und wie sie zu Rechtszeichen der erstarkenden Städte im Mittelalter werden konnten. –

Der Roland ist dann seit der ab 1522 sich in der Stadt schnell durchsetzenden Reformation immer mehr nur noch als Zeichen städtischer Kaiserfreiheit angesehen worden, während seine „Heiligkeit“ spätestens mit dem großen Bildersturm der Reformierten in den achtziger Jahren des 16. Jahrhunderts, dem fast alle Heiligenbilder zum Opfer fielen, in Vergessenheit geriet. –

Im 17. Jahrhundert wurde der Roland auch zum Zeichen bremischer Herrschaft an anderen Orten gesetzt, wie die um 1600 entstandene, 70 cm hohe, farbig gefaßte Holzfigur aus Aurich – heute im Focke-Museum[138], die den Bremer Schlüssel im Schild trägt, und der 1602 auf dem Schloßbrunnen zu Bederkesa errichtete Roland beweisen. Das Amt Bederkesa gehörte seit der 2. Hälfte des 16. Jahrhunderts zum bremischen Herrschaftsbereich und damit auch unter die Kaiserfreiheit, wie der doppelköpfige Adler auf dem Schild deutlich macht.

1737 stiftete die 1. Kompanie der Bremer Bürgerwehr, die in ihrer Fahne den Roland führte, eine Rolandfigur für einen Brunnen in der Bremer Neustadt[139]. Er ist ein relativ genaues Abbild des Standbildes auf dem Markt. Die Inschrift auf dem Sockel erläutert seine Bedeutung:

STEH DAN RUHIG RUHLANDBILD
STEH STANDVEST UND UNERSCHÜTTERT
UNTER DEINES KEYSERS SCHILD
LASS DEN NEID SCHON SEIN ERBITTERT
BLEIBT DIR GOTT UND CAROL HOLD
GLÄNST DEIN GLÜCK UND SEGENSGOLD
BIS DIE GANZE RUND ZERSPLITTERT

Die Namensgleichheit des regierenden Kaisers Karl VI. (1711–1740), des Vaters Maria Theresias, mit Karl dem Großen gibt dem Vers eine doppelte Bedeutung und mag zur Errichtung der Figur mit beigetragen haben. –

Abb. 13 *Hl. Dorothea, aus dem Bremer Dom, Anfang 15. Jh.*

Abb. 14 *Rathaus, Kurfürst von Brandenburg*

Abb. 15 *Rathaus, Stützfigur vom NW-Türmchen*

## 5. *Das gotische Rathaus*

### 5.1. *Probleme der Deutung*

#### 5.1.1. *Die ikonologische Fragestellung*

Über seine Funktionen als Rathaus hinaus, hat der gotische Bau noch darstellende beziehungsweise symbolische Funktion gehabt. Daß Großbauten dieser Art auch abbildhaften Charakter trugen, ist für den mittelalterlichen Kirchenbau eindeutig nachgewiesen[140]. Die grundlegenden Äußerungen Bandmanns über die Ikonologie der Architektur[141] gewinnen aber auch für das Bremer Rathaus an Bedeutung. Einerseits stellte die Verwendung von Propheten an den äußeren Schmalseiten des Rathauses eine Verbindung zum Kirchenbau her. Andererseits war nie in Vergessenheit geraten, daß die gotischen Figuren des Kaisers und der Kurfürsten nicht nur dem Schmuck- und Repräsentationsbedürfnis des Bremens des angehenden 15. Jahrhunderts dienten, sondern darüber hinaus eine sehr wichtige symbolische Bedeutung hatten. So erscheint es nur logisch, die übrigen plastischen Kunstwerke auf ihren ikonographischen Gehalt hin zu untersuchen und dann die gesamte Anlage in ihrer plastischen, architektonischen und städtebaulichen Gestaltung nach einer ikonologischen Bedeutung hin zu betrachten und in dem Gesamtkunstwerk nicht nur den funktionalen Zusammenhang zu sehen.
Das Problem einer ikonologischen Bearbeitung des gotischen Rathauses liegt in dem fehlenden Quellenmaterial zu diesem Fragenkomplex. Zwar sind wir durch den Fund der Rechnungsbücher von 1405—07 im vorigen Jahrhundert über die Entstehung des Werkes und die Beteiligten sehr lebendig unterrichtet, doch entziehen sich diese Quellen fast jeder kunsthistorischen oder ikonographisch-ikonologischen Fragestellung. Das einzige, was sie wirklich bieten, sind Namen und die exakte Datierung von Bau und Plastiken. Damit sind der Roland und die Rathausfiguren einige der wenigen genau datierten Kunstwerke der Stilentwicklung um 1400. Unter diesem Aspekt kommt ihnen eine besondere Bedeutung zu. Wenn an dieser Stelle den Problemen von Urheberschaft und Vorbildern nachgegangen wird, so geschieht das nicht aus stilkritischem Interesse, sondern in der Hoffnung, daß dieser Aspekt etwas zur Ikonologie des Baues beitragen könnte. —

#### 5.1.2. *Die Meister des Rathausbaues*

Aus den Rechnungsbüchern lassen sich die Entstehung des Baues und die Anteile der mitwirkenden Meister ermitteln. Meister Johannes (Hans) hat die Bauführung. Von ihm ist der bildnerische Schmuck. Zusammen mit Meister Henning und seinem Sohn Paul sowie zwei Gesellen hat er die 16 Hauptbildwerke „mit zimboria und capitele“ (Baldachinen und Sockeln) im Akkord zu 23 Gulden das Stück gearbeitet. Vier weitere „belden mit zimboria und capitele“ werden dem Bildhauer Johannes abgekauft. Diese Nachricht sichert für diese Skulpturen die Eigenhändigkeit des Meisters. Schon Stein[142] hat darauf hingewiesen, daß mit ihnen die vier Stützfiguren unter den Ecktürmchen gemeint sein müssen, die mit dem Figurensockel und der stark plastisch ausgearbeiteten eigentli-

Abb. 16 *Soest, St. Maria zur Wiese, Südportal, bärtige Heiligenfigur, um 1390/95*

Abb. 17 *Rathaus, Ostseite, Hiob*

Abb. 18 *Soest, St. Maria zur Wiese, Südportal, Madonna, um 1390/95*

Abb. 19 *Rathaus, Kaiserkonsole, Kopf der Maria*

chen Konsole des Türmchens als „zimborium" sicher dem Arbeitsaufwand der Hauptfiguren vergleichbar waren und deshalb ebensoviel kosteten. Für zwei kleinere Bildwerke „unde de twe torne uppe dat nordende" bekam Meister Johannes sieben Gulden[143]. Er ist auch für die bildhauerische Gestaltung der beiden Hauptportale verantwortlich[144].

Meister Kurd wird mit seinen Gesellen vom Rat der Stadt aus Münster nach Bremen verpflichtet. Er bekommt den gleichen Lohn wie Meister Johannes. In ihm müssen wir wohl den Steinmetzen sehen, der die Maßwerkfenster hergestellt hat. Sie sind nach den figuralen Arbeiten das Schwierigste am Bau gewesen. Das erklärt den gleichen Lohn. Der Steinmetz Hermen Stroling fertigt im Akkord

Abb. 20 *Prag, Veitsdom, Büste der Anna von Schweidnitz, Peter Parler, um 1380*

Abb. 21 *Rathaus, Konsolbüste des Pfalzgrafen bei Rhein*

die achteckigen Säulen, die die Rathausvorhalle trugen, ebenso die des Ratskellers. Meister Westphal erstellt, ebenfalls in Akkordarbeit, die 51 als Reliefs gearbeiteten und dann farbig gefaßten Schilde, die ursprünglich den Bau unterhalb des Zinnenkranzes und an den Arkaden schmückten. Die weitgehende Spezialisierung der einzelnen Meister führt dazu, daß sich die Frage nach Vorbildern und Urheberschaft, eventuell auch nach Stilzusammenhängen auf die Person des Meisters Johannes konzentrieren kann. In ihm haben wir nicht nur den Meister der Plastiken zu sehen, sondern auch denjenigen, der den Bau und seine symbolischen Zusammenhänge in Zusammenarbeit mit dem Auftraggeber, dem Rat der Stadt Bremen und hier im besonderen mit Bürgermeister Hemeling, konzipiert hat.

Wer ist dieser Meister Johannes? Fest steht, daß er kein Bremer Bildhauer ist. Waldmann[145] hat sich zum ersten Mal intensiv dieser Frage gewidmet. Er sieht vor allem in den hölzernen Prophetenfiguren des Kölner Rathauses und in den Malereien des Hansasaales die Vorbilder für Bremen und vermutet daher, daß Meister Johannes in Köln ausgebildet wurde. Doch Trier[146] hat nachgewiesen, daß diese Prophetenfiguren des Kölner Rathauses erst nach dem Bau der Ratskammer in den Jahren von 1407 bis 1414 entstanden sein können. Auffallend bleibt allerdings, daß die Bremer und die Kölner Prophetenfiguren viele formale Ähnlichkeiten aufweisen. Die Kölner Figuren sind im ganzen bewegter und plastischer durchgearbeitet, was man wohl nur zum Teil dem anderen Material Holz zuschreiben darf. Formale und inhaltliche Ähnlichkeiten treten meist spiegelverkehrt auf, so daß man als Zwischenglied zwischen den offensichtlich früheren Bremer Figuren und den Holzfiguren in Köln vielleicht frühe Holzschnitte vermuten darf, die dem Kölner Meister Anregung geboten haben könnten. Trier hält eine Entstehungszeit bis ins vierte Jahrzehnt des 15. Jahrhunderts für die Kölner Prophetenfiguren für möglich. Doch bleibt über die politischen Vorbilder hinaus Köln für Bremen durch seine Malereien im Hansasaal mit der Themenkombination Kaiser/Kurfürsten und Propheten in naher Verbindung.

Habicht[147] vermutet, daß ein Mitglied der Familie der Parler in Meister Johannes zu suchen ist. Er findet diesen Zusammenhang vor allem in den Konsolbüsten, die die Kurfürsten tragen. Sie werden überall da verwendet, wo diese weit verzweigte Familie ihre künstlerischen Spuren hinterläßt. Auch Pinder[148] weist den Bezug zu den Parlern auf, aber eher in Verbindung mit Wien. Eine weitere Richtung zeigt nach Lübeck. Struck[149] sieht in Johannes Junge, der in Lübeck von 1406 bis nach 1428 nachweisbar ist, den Bremer Meister Johannes. Auch der Thieme-Becker[150] erwägt diese Möglichkeit. Tatsächlich weisen z. B. die Figuren der antiken Denker auf der berühmten astronomischen Uhr der Lübecker Marienkirche mit den Bremer Figuren der sogenannten „Weisen" Ähnlichkeiten auf. Paatz vermutet dagegen für beide Zyklen nur eine gemeinsame Quelle[151]. Daß Johannes Junge mit dem Meister Johannes kaum identisch sein kann, erhellt die Tatsache, daß er kaum mit einem erwachsenen Sohn eines seiner ersten Werke hätte schaffen können. Denn die erste Uhr der Marienkirche von 1405 wird als das wichtigste Jugendwerk Junges angesehen[152]. Sie wurde durch Brand zerstört und 1407 erneuert.

Hartlaub[153] sieht das „Kölnische" der Figuren (Waldmann) als Ausformung des internationalen Stiles um 1400 und sucht die Herkunft des Meisters Johannes in Westfalen. –

Die Unsicherheit über die Herkunft des Meisters Johannes ist nur ein kleiner Bereich der noch nicht gelösten Probleme der Kunstströmungen in und um Deutschland um 1400. Das wird schon darin sinnfällig, daß sich noch nicht einmal eine einheitliche Stilbezeichnung für die Künste dieser Zeit hat finden lassen: Für diesen Bereich der Spätgotik werden Begriffe wie „Weicher Stil", „Schöner Stil" (für Malerei und Plastik), „Höfische Kunst" und „Internationale Gotik" nebeneinander verwendet. Sie haben jeweils andere Bezugspunkte. Vor allem zur Ausbildung der „Internationalen Gotik", einer Vereinheitlichung der künstlerischen Formen um 1400 über die nationalen Grenzen hinaus, haben drei Zentren bildnerischen Schaffens besonderen Anteil: die Höfe der Herzöge von Burgund, das Prag Karls IV. mit den Parlern und Oberitalien mit dem Bau des Mailänder Domes. „So ist es auch erklärlich, daß für viele Bildwerke noch nicht entschieden werden konnte, ob sie aus dem Prager Raum, aus Burgund oder aus Oberitalien stammen."[154] Da wir für Bremen für diese Zeit den oberitalienischen Einfluß ausschließen können, bleibt die Frage offen: Einfluß aus dem Westen, z. B. aus Köln, oder umgekehrt aus dem Prag der Parler auf dem Weg eines künstlerischen Ost-West-Gefälles. Ringhausen setzt sich in seinem Aufsatz[155] mit den verschiedenen kunsthistorischen Ansichten auseinander und kommt zu der Auffassung, daß der Kunsteinfluß von Prag aus in Richtung Niederlande gegangen sei, entgegen noch vielfach vorherrschender entgegengesetzter Meinung.

Damit bekommen die Untersuchungen Habichts[156], daß Meister Johannes, wenn nicht selbst ein Parler, so doch ein Meister aus derem Umkreis sein muß, durch die überregionale und internationale Betrachtungsweise dieser Zeit ein neues Gewicht. Die große Parler-Ausstellung von 1978/79 in Köln hat diese These noch weiter erhärtet. Max Hasse[157] zählt den Torso der hl. Dorothea vom Beginn des 15. Jahrhunderts aus dem Bremer Dom zu einem der Hauptwerke des von Böhmen ausgehenden „Schönen Stils". Dabei schließt er einen Import dieser Figur nach Bremen aus. Faltenbildung, Plastizität und Ansätze zu einer individuellen Darstellung (soweit erkennbar) finden ihre sehr enge Verwandtschaft in den Konsolfiguren der Kurfürsten von Brandenburg und Mainz sowie in der Stützfigur des Türmchens an der NW-Ecke des Rathauses. Der Faltenwurf der Domfigur ist feiner als der bei Propheten und Kurfürsten, doch ist das Gliederungsprinzip das gleiche. Hierbei spielen sicher sowohl das monumentale Format der Rathausfiguren wie auch wohl eine andere Hand eine wichtige Rolle für die grobere Ausführung.

Enge formale Beziehungen lassen sich auch zu den Skulpturen der evangelischen Pfarrkirche St. Maria zur Wiese in Soest aufzeigen. Vor allem die um 1390–95 entstandenen Figuren des Südportals weisen in Gesichtstypus, Haar- und Gewandbehandlung zu den Bremer Figuren eine große Nähe auf. Am deutlichsten wird das bei der bärtigen Heiligenfigur auf der rechten Portalseite am Gewände, deren formale Behandlung dem Moses/Hiob in Bremen sehr ähnlich ist. Der Kopftypus der Soester Maria am Portal findet sich im Marienkopf der Kaiserkonsole wieder. Der Soester Meister dieses Figurenzyklus schuf von 1399 bis 1401 für die Lübecker Burgkirche eine Skulpturenreihe[158]. Vergleicht man aus dieser Reihe die Figuren der klugen und törichten Jungfrauen mit der Bremer Figur der hl. Dorothea, dann wird deutlich, daß an dieser die Faltenbildung sehr viel härter und gratartiger und in der Gesamtwirkung sehr viel temperamentvoller ist. Das gleiche gilt für die Bremer Rathausfiguren.

Die Typen der Konsolen unter den Kurfürsten orientieren sich ebenso zu den Prager Dom-Büsten Peter Parlers und seiner Werkstatt, wie die als Ganzfiguren gearbeiteten Konsolen nach Köln weisen, wo sie ähnlich besonders am Dom auftreten. Beziehungen lassen sich aber auch zu den um 1385 entstandenen Konsolen im Langhaus des Ulmer Münsters ziehen, die ebenfalls den Einfluß der Prager Parler zeigen[159]. Vor allem der Christuskopf mit den kleinen Engelköpfen seitlich dahinter (und darüber), die aus Laubwerk hervorschauen, ist im Typ der Bremer Kaiserkonsole ähnlich. Verbindungen entdeckt man nicht nur im thematischen Bereich zur Plastik des „Schönen Brunnens" und weiterer Plastik in Nürnberg seit 1360[160]. Es lassen sich noch weitere formale Vergleiche mit der Kunst vor und um 1400 sowohl nach Osten wie nach Westen hin ziehen. Dem kann an dieser Stelle nicht bis ins Detail nachgegangen werden. Nimmt man alle diese Orte, von denen aus die Bremer Großplastik und ihre Meister beeinflußt sein könnten und damit vielleicht das Geheimnis ihrer Herkunft zu lüften wäre, so erkennt man dreierlei:

1. Meister Johannes und Meister Henning schaffen in Bremen ein durchaus eigenständiges Werk. Sie sind an anderen Orten nach den bisherigen Erkennntnissen nicht sicher nachweisbar. Das mag zum Teil an Art und Größe des Auftrages liegen. Mindestens die sicher dem Meister Johannes zuzuordnenden Plastiken gehören dem „Schönen Stil" um 1400 an, der aufs engste mit dem Namen der Parler verbunden ist.
2. Die engste stilistische Verbindung scheint nach Soest zu weisen. Über Soest hinaus lassen sich allgemeine Einflüsse der Kölner Dombauhütte und ihres Einflußgebietes erkennen.

3. Mindestens als genau so stark sind die Beeinflussungen anzusehen, die aus der Prager Parlerwerkstatt und ihrem Einflußgebiet aus dem süddeutschen Raum kommen.

Denkbar wäre, daß Meister Henning mit dem Soester Meister des Südportals der Wiesenkirche identisch ist oder aber aus seinem engsten Umkreis stammt. Die räumliche Beziehung Soest-Lübeck legt es nahe, daß dieser Meister auch Bremen kennt und hier bekannt ist.

Es spricht vorläufig nichts dagegen, wenn man annimmt, daß Meister Johannes mit seinem Sohn Paul aus der Prager Parlerhütte oder ihrem Umkreise entstammt. Es gibt nach den heutigen Erkenntnissen aus der Prager Parlerfamilie vier Mitglieder mit dem Namen Johannes, und auch der Name Paul ist in ihr vertreten, doch lassen sich vom Bremer Meister zu ihnen urkundlich keine Beziehungen herstellen. Der in Bremen tätige Meister Johannes erhält sicher wegen seiner größeren Erfahrungen und seines Könnens, vielleicht aber auch, weil er ein Vertreter des Stiles ist, der von der Residenz des deutschen Königs, Prag, seinen Siegeszug angetreten hat, die Gesamtleitung beim Bau des Bremer Rathauses.

## 5.2. *Die Figuren des Königs/Kaisers und der Kurfürsten*

Eine Beschreibung der einzelnen Figuren braucht hier nicht zu erfolgen, da sie an anderer Stelle vollständig und übersichtlich vorliegt[161]. Waldmann hat klargelegt, daß es sich bei diesen Figuren nicht um Porträts handeln kann. Der deutsche König und Kaiser sowie die drei geistlichen und die vier weltlichen Kurfürsten des Reiches weisen sich durch ihre Wappenschilde aus. Sie stehen auf figürlich gearbeiteten Konsolen und sind nach oben durch Baldachine abgedeckt. Das Thema der Darstellung von Kaiser und Kurfürsten ist 1267 an der Fassade des alten Rathauses in Aachen und 1313 am Mainzer Kaufhaus zum ersten Mal in vergleichbarer Form verwendet worden, wird jedoch erst ab Mitte des 14. Jahrhunderts häufiger. Das hängt mit der neuen rechtlichen Konstituierung des deutschen König- und Kaisertums zusammen. 1338 erklärt der Kurverein zu Rense die Wahl des deutschen Königs als vom Papst nicht abhängig. Damit wird außerdeutscher Einfluß auf die Wahl des Reichsrepräsentanten weitgehend ausgeschlossen. Das Reichsgesetz der sog. Goldenen Bulle Karls IV. legt dann bis zum Ende des Heiligen Römischen Reiches Deutscher Nation die Wahl des Königs durch die geistlichen und weltlichen Kurfürsten fest. In der Goldenen Bulle wird die Rangfolge der Kurfürsten eindeutig bestimmt. Als Vornehmster hat der Erzbischof von Mainz bei der Königswahl das Recht, der Reihe nach die Erzbischöfe von Trier und Köln, den König von Böhmen, den Pfalzgrafen bei Rhein, den Herzog von Sachsen und zuletzt den Markgrafen von Brandenburg nach ihrer Stimme zu befragen. Diese Reihenfolge ist auch in Bremen beibehalten, wobei ursprünglich die überdachte Laube, heute der Mittelrisalit, die zwei Vierergruppen teilt.

Die früheste Darstellung dieses Themas außer in Aachen und Mainz finden wir ein halbes Jahrhundert vor dem Rathausbau an der Tür des Lübecker Rathauses. An diesem um 1360 entstandenen bronzenen, über 60 cm großen Beschlag um einen Türgriff sind die sieben Kurfürsten sitzend im Kreis um den König angeordnet, umgeben von Weinranken und Trauben. Um 1370 entsteht im Hansasaal des Kölner Rathauses[162] ein Wandgemälde, das in der oberen Reihe Propheten und unter ihnen, im Format kleiner, Karl IV. und die Kurfürsten zeigte[163]. In der Zeit von 1385 bis 1396 entstand der sog. „Schöne Brunnen" in Nürnberg, der neben anderen Figurenreihen auch König und Kurfürsten in über einem Meter hohen Vollplastiken aus Sandstein trug[164]. Zweifellos waren diese früheren Behandlungen des Themas dem, der das bildnerische Programm des Bremer Rathauses konzipierte, bekannt. Denn zu allen drei Städten, vor allem nach Lübeck und Köln, hatte Bremen enge Beziehungen. Waldmann und Trier[165] sehen in dem Kölner Gemälde das motivische Vorbild für die Bremer Darstellung der Reichsrepräsentanten. –

Die acht Figuren sind in zeitgenössischer Tracht gekleidet. Die höchsten Vertreter des Reiches, König und Kanzler, tragen lange, bis auf die Knöchel reichende Gewänder. Der König trägt den prachtvollsten Bart. Daß es sich bei ihm nicht so sehr um eine Personifizierung des Kaisertums handelt, sondern daß eher das deutsche Königtum gemeint sein muß, wird an unterschiedlichen Dingen deutlich. Vergleicht man die Krone des „Kaisers" mit der des Böhmenkönigs, so wird man kaum einen Unterschied feststellen. Der „Kaiser" trägt eine Reifenkrone mit Lilien und Bügel, die ihn als „primus inter pares", als ersten unter den Königen und Fürsten kennzeichnet[166]. Sie unterscheidet sich von der Krone des Böhmenkönigs kaum, die wiederum Ähnlichkeit mit der berühmten Wenzelskrone von 1347 hat[167]. Die fast völlige Identität beider Kronen wird einfach erklärbar, wenn man bedenkt, daß seit Karl IV. der Böhmenkönig deutscher Kaiser ist. Das änderte sich juristisch auch nicht unter dem Sohn Karls IV. Wenzel, der ab 1400 nur noch nominell deutscher König war. Erst sein Bruder Sigismund konnte 1410 dann die Herrschaft über das Deutsche Reich wieder fest in seiner Hand vereinigen. Beide Kronen ähneln der des Gottfried von Bouillon vom „Schönen Brunnen" in Nürnberg sehr. Nimmt man den Ausgangspunkt zur Darstellung dieses Themas, die berühmte Goldene Bulle Karls IV. von 1356, hinzu, so wird man feststellen, daß es dort nicht um die Wahl des Kaisers, sondern um die des deutschen Königs ging. Zwar war der deutsche König automatisch Anwärter auf die Kaiserkrone, doch konnte zu dieser Zeit noch kein deutscher König ohne Mitwirkung des Papstes auf den Kaiserthron gelangen. Erst Friedrich III. (1440–1493) war der letzte deutsche König, der in Rom vom Papst zum Kaiser gekrönt wurde. Und erst dieser Habsburger auf dem deutschen Kaiserthron verklammerte die deutsche Königskrone mit der Kaiserwürde und stellte ihre Identität mit den Interessen und Intentionen des Hauses Österreich fest[168].

Für den juristisch nicht gebildeten Zeitgenossen waren wohl häufig König- und Kaisertum in der höheren Würde verschmolzen. Für Bremen, das mit allen Mitteln sich aus der Herrschaft des Landesherrn lösen und unter die sehr viel lockerere des Reiches zu kommen trachtete, ist es allerdings kaum denkbar, daß es an seinem repräsentativsten Gebäude einen juristischen Fehler beging. Wir haben also nicht die Personifizierung des Kaisertums, sondern die des Königstums vor uns. Es symbolisiert sich in den Herrschaftsinsignien: in der Krone, die den Träger unter den Reichsfürsten als Ersten unter Gleichen ausweist, im Zepter und im Reichsapfel. Wie stark allerdings diese beiden Herrschaftswürden in Deutschland ineinandergreifen, zeigt eine genauere Analyse des sog. „Reichsapfels"[169]. Von der Antike übernommen, stellt sich erstmals Kaiser Otto I. mit Zepter und einer Kugel mit einem bekrönenden Kreuz darauf auf seinen späten Siegeln dar. Die Kugel, umgeben von einem Kreis und einem Halbkreis darüber, auf dem das Kreuz steht, versinnbildlicht die Erde. Benedikt VIII. ließ 1014 für Heinrich II. einen Reichsapfel anfertigen und übergab ihn bei der Kaiserkrönung mit den Worten, der Kaiser solle über die Welt so herrschen, daß er des Schutzes durch das Kreuz würdig sei[170]. Gleichzeitig gibt der Papst als Stellvertreter Christi dessen Herrschaftszeichen an den Kaiser, als dessen weltlichen Vertreter auf Erden. Im Mittelalter wird Christus häufig — ebenso auch Gott-Vater — mit dem Reichsapfel als rex regum bzw. als rex et sacerdos dargestellt. Und bei der Krönung Friedrichs III. 1452 in Rom soll der Papst gesprochen haben: „... nim den hl. apfel deiner majestat, darmit du herrschen solt über alle dise welt in dem namen der hl. trivaltigkait. amen"[171]. Der Reichsapfel blieb also bis ins späte Mittelalter hinein Teil der Kaiserinsignien, wenn er auch allenthalben in Europa gleichzeitig zum Zeichen königlicher Herrscher wurde. Der Reichsapfel wurde darüber hinaus zum Bildzeichen und allgemein verständlichen Chiffre für „geordnetes Regiment", ja für Staatshoheit[172].

Damit ist es dem Rat gelungen, in der Darstellung des „Kaisers" König- und Kaisertum symbolisch darzustellen. Die Schwierigkeit lag ja darin, daß es zur Zeit der Entstehung der Figuren keinen Kaiser des Heiligen Römischen Reiches gab, man andererseits auch für die Zukunft planen mußte. Wenn man einen Kaiser bzw. das Kaisertum expressis verbis darstellen wollte, verwendete man häufig die Wiedergabe der Wiener Reichskrone. Dies geschieht im Bremer Rathaus erst bei den Kaiserbildnissen des 18. Jahrhunderts. Bei seinem Bau gelingt in der bildlich-plastischen Darstellung dem Rat etwas Ähnliches, wie wir es schon in Hemelings Begriff „kaiserfrei"[173] vorfinden. Auch hier wird das Lavieren in einer

Abb. 22—25 *Marktseite links des Risalits, von links: König/Kaiser, die geistlichen Kurfürsten von Mainz, Trier und Köln*

politisch-rechtlichen Zwischenzone deutlich, die einerseits das Bestehende, die Landesherrschaft des Erzbischofs nicht direkt angreifen kann, der wiederum als Landesherr rechtlich dem deutschen König untersteht, kirchlich aber dem Papst. Das Gegengewicht zum Papst bildet aber nicht der deutsche König, sondern nur der Kaiser des Heiligen Römischen Reiches Deutscher Nation. Nur aus dem Verwischen der Grenzen zwischen dem deutschen Königtum und dem römischen Kaisertum ist es zu verstehen, daß es der Stadt gelang, ohne direkt die Reichsunmittelbarkeit anzustreben, was nur durch öffentliche Verletzung bestehenden Rechts hätte geschehen können, in der „Kaiserfreiheit" etwas fast Identisches zu finden, das so wirkungsvoll erschien, daß bald Städte in ähnlicher Lage diesen politischen Kunstgriff übernahmen. Durchzusetzen war diese Politik allerdings nur in einer Zeit, in der das Königtum außerordentlich schwach und die Kaiserwürde nicht ausgefüllt waren. —

Welche Bedeutung haben nun König/Kaiser und die Kurfürsten an der Schauwand des Rathauses? Zwar wurden sie immer als der Ausdruck „der der Reichsfreiheit zustrebenden Gedanken" angesehen[174], doch fehlt der ikonologische Zusammenhang mit dem Bau. Die Aufstellung weltlicher Figuren an der Außenwand eines Profangebäudes auf bildhaften Sockeln unter Baldachinen hat eindeutig die Kirchenbaukunst zum Vorbild: Gewändefiguren, Figuren an Fassaden, wie sie auch am Bremer Dom zu finden waren oder auch die Königsgalerien französischer Kathedralen. Diese Heiligenfiguren waren primär nicht als Schmuck gedacht, sondern verkörperten die heiligen Bewohner des Himmlischen Jerusalem, dessen Abbild in der Kirche und ihren Detailformen im Mittelalter seine Form gefunden hatte[175]. Bandmann hat in seiner Ikonologie des Ornaments nicht nur dargelegt, daß das Ornament — zu dem wir auch die Rathausfiguren in ihrer Stellung zum Bau rechnen müssen — „die Funktion ... als Instrument zur Vergegenwärtigung von Wunschwelten, zur Umprägung der Welt in eine bessere und schönere hat"[176], sondern es umschreibt auch den Bereich des Weihevollen, Verklärten und Altehrwürdigen. Das Ornament soll die unmittelbaren Erfahrungen und Vorstellungen von der Weltordnung aussprechen und transparent machen. Gleichzeitig determiniert es die Bedeutung des Gebäudes und hat nicht zuletzt Schutzfunktion. Das, was die Figuren symbolisch darstellen, wohnt in dem Gebäude.

Der König/Kaiser[177] repräsentiert die Reichsgewalt und die Ordnung im politisch-rechtlichen Sinne. Er alleine hält die Herrschafts-

Abb. 26—29 *Die weltlichen Kurfürsten, von links: König von Böhmen, Pfalzgraf bei Rhein, Herzog von Sachsen, Markgraf von Brandenburg*

insignien, Zepter und Reichsapfel, in Händen. Die Kurfürsten verkörpern nicht nur die geistlichen und weltlichen Mächte im Reich, seinen Umfang und seine Macht, sondern in ihrer Reihung vor allem die rechtliche Grundlage des deutschen Königtumes und mit ihm auch die Voraussetzung für das römische Kaisertum. Vor allem bedeutet die Verkörperung des Reiches an der Mauer des Rathauses: Der König/Kaiser ist Herr und Schutz der Stadt Bremen, sie ist eine „kaiserfreie" Stadt. Auch seine Stellung am Gebäude ist bedeutsam. Er hat an der Seite des Gebäudes seinen Platz, die der Stadt und der „Reichsstraße", der Weser, gleichermaßen zugewandt ist, nicht etwa dem Dom gegenüber. Entsprechend bestätigt in der gefälschten Urkunde[178] König Wilhelm nicht nur die von Heinrich V. erhaltenen Rechte und Privilegien, sondern er nimmt den Rat und die Bürger von Bremen auch ausdrücklich in seinen und des Reiches Schutz. Dieses ist vor allem die Bedeutung der Figuren, die noch augenfälliger wird, wenn man im Rathaus das Abbild der Stadt erkennt[179].

### 5.3. *Die Prophetenfiguren*

Von den zwei Vierergruppen an den Schmalseiten des Rathauses war seit eh und je bekannt, daß es sich um Weise, d. h. um antike Philosophen, Redner und Dichter, und um Propheten des Alten Testamentes neben Petrus handelte. Die der Stadt zugewandten Figuren stellen, den Inschriften in großen Antiquabuchstaben zufolge, von links nach rechts dar: den römischen Schriftsteller M. Tullius Cicero, den griechischen Redner Demosthenes und den griechischen Philosophen Aristoteles. Der Namenszug auf der letzten Schriftrolle ist unleserlich geworden, doch in der „Typographia Saxoniae Inferioris" des Matthäus Merian von 1653 sind bei der Erwähnung des Bremer Rathauses auch die „prisci Seculi Sapientum", die Weisen des Altertums, genannt: Plato, Cicero, Aristoteles und andere[180]. Der vierte wurde also als Plato angesehen, während Demosthenes in dieser Quelle nicht erwähnt wird. Waldmann[181] hat schon darauf hingewiesen, daß die Namen Zufügungen der Renaissance sind. Das geht aus der Momper-Antiqua klar hervor, die ursprünglich einmal rot war[182]. Es sind auch nur die Figuren an der westlichen Schmalseite mit Namen versehen worden, während es wohl die durch Attribute klar gekennzeichnete

Abb. 30—33 *Westseite, von links: Plato, ursprünglich Prophet Hesekiel; Aristoteles, ursprünglich Prophet Jeremia; Demosthenes, ursprünglich Prophet Jesaja; M. Tullius (Cicero), ursprünglich Prophet David*

Figur des Petrus verbot, die drei neben ihm angebrachten Figuren als heidnische Weise anzusehen.

Noch im 19. Jahrhundert waren auf einem der Spruchbänder die rot auf weißem Grund gemalten Worte „. . . in der stede" zu lesen[183]. Auf den Spruchbändern standen also ursprünglich niederdeutsche Weisheitssprüche. Doch es lassen sich davon in Akten oder Urkunden keine Abschriften finden, die Bänder selber sind völlig unleserlich, auch wenn man die gotische Fraktur an einzelnen Stellen noch ahnen kann. So könnte man mit Waldmann annehmen, daß die Sprüche der westlichen Gruppe zwar übermalt, aber durch die Namen der Autoren ersetzt wurden[184]. Die Sprüche des Ratsstuhles legen diese Vermutung auch nahe[185].

Welche Bedeutung können nun antike Philosophen und Dichter haben, die in einem Zyklus mit biblischen Figuren auftreten. Vöge ist dieser Frage für das Ulmer Chorgestühl nachgegangen. Doch für die Bremer Figuren geht er über Waldmanns Ansatz nicht hinaus[186]. Da nicht nur das Mittelalter, sondern auch die Renaissance an Bauwerken gerne Zyklen darstellten, liegt der Gedanke nahe, bei der Zusammenstellung von vier Weisen, drei Propheten und Petrus wie Bippen[187] an eine Personifikation der sieben Tugenden zu denken, an die drei theologischen und vier Kardinaltugenden unter Führung der Religion (Petrus). In der Spanischen Kapelle von Santa Maria Novella in Florenz hatte Andrea di Buonaiuto 1366 begonnen, innerhalb eines „Triumphes des hl. Thomas von Aquin" neben anderen auch die sieben freien Künste und ihre Vertreter zu malen. Dort stehen z. B. Aristoteles für die Dialektik und Cicero für die Rhetorik. Doch sind ihnen immer noch Attribute zugeordnet, die bei unseren Figuren bis auf die Spruchbänder fehlen. Beide Namen finden wir auch unter den Weisen des Altertums, die manchmal den alttestamentarischen Propheten gleichgestellt waren, die aber, immer ohne Attribute, nur durch Beischriften bezeichnet wurden[188].

Stellen wir fest: Im 16. Jahrhundert, vielleicht nach dem Aufstand der „Hundertvier" 1532, als man im Inneren des Rathauses hinter den Figuren die Wendeltreppe zur Oberen Halle erbaute, möglicherweise aber auch erst beim Umbau des Rathauses durch Lüder von Bentheim 1608—1612, wurden die vier Figuren durch Namen auf den Spruchbändern als „Plato", „Aristoteles", „Demosthenes" und „M. Tullius" Cicero benannt. In welchen größeren Zusammenhang sie zu stellen sind, bleibt unklar, da uns die dazugehörigen Figuren an der Ostwand in ihrer Bedeutung (mit Ausnahme des Petrus) zu dieser Zeit nicht bekannt sind. Cicero tritt als Randfigur mit Bild und Spruch auf dem Salomonurteil von 1532 auf. Alle anderen sind, bis auf Demosthenes, auch mit Sprüchen am Ratsstuhl vertreten. Es bleibt die offene Frage: Haben die Figuren zu ihrer Entstehungszeit schon diese Bedeutung gehabt, oder sind sie 1532 oder später umbenannt worden?

### 5.4. *Die Konsolen der Figuren an der Westseite*

Die Konsolen der gotischen Rathausfiguren sind noch nicht Gegenstand einer Untersuchung gewesen. Man hat sie immer unter dem Gesichtspunkt ornamentaler Gestaltung gesehen und zu Stilvergleichen herangezogen. Untersucht man jedoch Konsolen von z. B. Gewändefiguren gotischer Bauten, so wird man feststellen, daß sie, soweit man sie ikonographisch lesen kann, sich immer in irgendeiner Form auf die Hauptfigur beziehen. Entweder stellen die Konsolen echte „Stützen" dar im Sinne von Hinweisen auf den Dargestellten — z.B. den schlafenden Jesse, Stammvater Christi, zu Füßen der Muttergottes vom Hauptportal des Freiburger Münsters als Ergänzung zur Hauptfigur oder Auferstehende am Sockel des Weltenrichters vom sog. Engelspfeiler im Straßburger Münster — oder auch als „Stützen" des Baues in der Gestalt von Stiftern, Bildhauern oder Baumeistern[189]. Auch wo es sich „nur" um Pflanzendarstellungen handelt, müssen wir davon ausgehen, daß es sich nicht allein um den schmückenden Aspekt handelt. Die Schriften der Kirchenlehrer haben durch die Bestimmung der Symbolbedeutung der Pflanzen deren natürliche, abbildhafte Darstellung erst möglich gemacht[190]. Sie symbolisieren oft übergeordnete Heilstatsachen oder sind Attribute von Tugenden und Lastern. Tiere wie Pflanzen sind in ihrer Bedeutung häufig ambivalent. So steht der Löwe als Christus- und Herrschersymbol und in einem anderen Zusammenhang als Verkörperung für den Teufel.

Doch im Spätmittelalter ist nicht mehr die Kirche allein Träger dieser Symbolformen, „sondern alles, was den Menschen, auch in seinem Alltag, umgibt"[191]. Nicht das Dekorative war es, woran man dachte, wenn man Bildwerke dieser Art in den Profanbereich transponierte, sondern ihr Autoritäts- und Symbolwert[192]. Durch den sichtbaren Bezug auf das Bildprogramm der Kirchen sollte die Legalität des städtisch-profanen Programmes bezeugt werden[193]. Es erscheint also sinnvoll, mit Hilfe der christlichen Ikonographie zu versuchen, die Bedeutung der Rathausfiguren der Weisen zu ihrer Entstehungszeit genauer zu untersuchen. Als einzige Hinweise dafür bleiben die Konsolen. —

Am auffälligsten sind die beiden Konsolen, die tierischen Schmuck tragen. Die Konsole des „Cicero" zeigt Löwe und Bär, einander umarmend. Hier ist kein Tierkampf dargestellt, denn beide Tierköpfe sind dem Betrachter zugewendet. Setzen wir die beiden Tiere mit der darüberstehenden Figur in Verbindung, so findet sich nur ein zutreffendes Thema. Der Heilsspiegel, eines der wichtigsten typologischen Bücher des Spätmittelalters, um 1324 entstanden, zeigt König David, der mit Löwen und Bär kämpft und sie tötet[194]. Dieses Bild findet im neutestamentarischen Vorgang der Versuchung Christi seinen Antitypus. Das Laster in zwiefacher tierischer Form wird durch den Vertreter des alten Gesetzes gebändigt. Der Löwe bedeutet hier die Gestalt des Teufels[195], und der Bär gilt als Symbol der Laster Ira (Wut), Luxuria (Unkeuschheit) und Violentia (Gewalttätigkeit). Hier spiegeln sich die Verfehlungen des Königs David wider, die er dann mit Hilfe Gottes überwunden hat. Die später mit „Cicero" benannte Figur ist also ursprünglich als „David" geschaffen worden. David ist hier nicht als König, sondern als Prophet dargestellt, was die Umbenennung leicht erklärt, als man nach der Reformation die Bedeutung aus dem katholischen Heilsspiegel entweder nicht mehr kannte oder absichtlich vergaß. —

Die Konsole des „Demosthenes" besteht aus ineinander verschlungene Weinranken mit Trauben. Der Weinstock wird seit frühchristlicher Zeit als Symbol Christi angesehen. Nehmen wir an, daß wir es auch hier mit einer Prophetenfigur zu tun haben, liegt es nahe, in dem Weinstock die Wurzel Jesse zu sehen, in der Figur den Propheten Jesaja, der sie beschreibt[196]. Das würde allerdings zu einer

Abb. 34 *Gürtelschnalle des Jesaja: der Prophet verflucht seine „unreinen Lippen"*

Identifizierung noch nicht ausreichen. Auffällig ist, daß der „Demosthenes" als einziger der „Weisen" einen breiten, tief sitzenden Gürtel mit großer Schließe, einen sog. Dunsing, mit angehängter Tasche trägt. Dieses für die damalige Zeit durchaus noch modische Bekleidungsstück, das wir auch beim Roland und den Kurfürsten finden, fällt an den sonst zeitlosen Gewändern der Propheten auf. Der Gürtel ist nun ein Symbol der Stärke[197]. Die Stelle, von der er hier seine Symbolbedeutung bezieht, findet sich in der prophetischen Beschreibung Christi, der aus der Wurzel Jesse hervorgeht: „Gerechtigkeit wird der Gurt seiner Lenden sein . . .[198]". Gerechtigkeit und Stärke sind für das Mittelalter Begriffe, die außerordentlich eng zusammengehören. Das Schnallenrelief des Gürtels zeigt einen hockenden Mann, der sich mit beiden Händen an den Mund faßt. Auch hierfür finden wir bei Jesaja einen Beleg. Nach einer Vision, in der er Gott auf seinem Thron sitzen sah, wird er sich seiner Sündhaftigkeit bewußt und verflucht seine „unreinen Lippen". Ein Seraph reinigt seinen Mund dann mit einer glühenden Kohle[199]. Damit dürfte die Figur ihren ursprünglichen Namen zurückerlangt haben, ehe sie, vielleicht bewirkt durch die kleine Gestalt auf der Gürtelschließe, zu dem Athener Redner Demosthenes wurde. —

Der Sockel des „Plato" entläßt aus seiner Mitte symmetrisch angeordnete Löwenzahnblätter. Die Pflanze ist, wie alle milchenden Pflanzen, ein Symbol für die Passion Christi. Die Passionszyklen des Mittelalters schließen oft mit Bildern der Auferstehung ab und werden solchen der Majestas Domini zugeordnet[200]. Besonders auf Reliquienschreinen ist diese Anordnung üblich. Als Grundlage für die Majestas Domini gilt aber die Vision des Propheten Hesekiel[201]: Christus in der Mandorla, umgeben von den vier Tieren. Auffällig an der Figur des „Plato" sind der geteilte Bart und der eigenartige Hut mit Krempe, der kaum Haare sehen läßt, wie ihn ähnlich eigentlich nur Kleriker trugen. Alle anderen Figuren zeigen volles, der Zeitmode entsprechendes, halblanges Haar. Ein geteilter Bart, wie ihn auch der König von Böhmen oder der Kurfürst von Köln tragen, läßt alle Haare des Bartes in die beiden Enden laufen. Anders beim „Plato", der zwischen den beiden weit nach außen gelegten Bartspitzen kurze Haare trägt. Dies trifft nur auf einen einzigen Propheten zu: Hesekiel (Ezechiel). Ihm wird von Gott befohlen: „Nimm . . . ein Schermesser, fahre damit über dein Haupt und deinen Bart."[202] Das Haar soll er dreiteilen. Die Figur zeigt den geschorenen Kopf mit einem Hut bedeckt, ein Drittel des Bartes ist offensichtlich abgeschnitten. Diesen Befehlen Gottes an den Propheten geht voraus, daß er von der Hand Gottes einen Brief überreicht bekommt, mit dem Befehl, diesen zu essen, sich seinen Inhalt „einzuverleiben". Nun ist gerade das Spruchband dieses Propheten dadurch, daß es ihn fast kreisrund um-

Abb. 35 *Konsole des Cicero/David: Löwe und Bär*

Abb. 36 *Konsole des Demosthenes/Jesaja: Weinranken als Wurzel Jesse*

schließt, besonders betont. „Alle meine Worte . . . die fasse zu Herzen . . ." spricht Gott zu Hesekiel. Der Prophet weist mit seiner Linken auf sein Herz[203]. Die Skulptur, später in „Plato" umbenannt, ist also ursprünglich als Prophet Hesekiel angefertigt worden. –

Die Konsole des „Aristoteles" wird von stark sich hervorwölbenden Blättern an von unten aufsteigenden Stielen gebildet. Vielleicht haben wir es hier mit Feigenblättern zu tun. Dennoch gewinnt man aus der nicht ganz eindeutigen Pflanzenbestimmung keinen Anhaltspunkt für eine Identifizierung des dargestellten Propheten. Denn an dieser Stelle nun etwa einen griechischen Philosophen erwarten zu wollen, würde in kein bekanntes Programm hineinpassen. Versuchen wir aus den nun bekannten drei auf den vierten zu schließen. Bekannt sind:

Hesekiel – ? – Jesaja – David

Die Anordnung von Vierergruppen von Propheten ist im Spätmittelalter aus der Biblia Pauperum eine Selbstverständlichkeit[204]. Hier werden Szenen des Neuen Testamentes aus dem Leben Jesu zwei Begebenheiten aus dem Alten Testament zur Seite gestellt, um den unlöslichen Zusammenhang beider und die immanente Folgerichtigkeit des göttlichen Heilsplanes zu betonen. Diese Gegenüberstellung wird durch die Heranziehung von jeweils vier Propheten als „Auctoritates" ergänzt, die durch ihre Gesten und prophetischen Sprüchen auf ihren Spruchbändern auf den neutestamentarischen Vorgang hinweisen. Nun findet sich in der Biblia Pauperum auch eine Szene, die von der hier zur Diskussion stehenden Reihenfolge von Propheten umgeben ist, mit folgenden Begleitgeschehnissen. Mit ihr beginnt jede Armenbibel[205]:

| | | |
|---|---|---|
| | Jesaja David | |
| Gott redet zur Schlange | Verkündigung | Das Vlieswunder Gideons |
| | Hesekiel Jeremia | |

Setzt man die beiden unteren Propheten nach oben links, so haben wir genau die Reihenfolge, in der die Propheten über dem westlichen Rathausportal stehen. Stimmt diese Deutung, wäre ihr Sinn, unabhängig von den Sprüchen, die sie ehemals auf ihren Schriftbändern trugen, auf den Erlöser hinzuweisen, der die Schlange, die Sünde, zertritt. Dieses Thema an einer Rathausfassade ist nicht so einmalig, wie es auf den ersten Blick erscheint. Das Rathaus zu Brügge, begonnen 1376/77, das viele Ähnlichkeiten mit dem Bremer aufweist, trug an seiner Fassade eine Verkündigung. Die Beziehung der Stadt Bremen zur Gottesmutter ist eine sehr enge, wie sie auch der Standort des Rathauses zwischen zwei, der Maria geweihten Kirchen, der Ratskirche Unserer Lieben Frau und dem Dom (außerdem dem Petrus geweiht), beweist[206]. Der Löwenmadonnensockel des Kaisers ergänzt diesen Zusammenhang[207]. Die Typen zur Verkündigung bringen keine echten Vorbilder – eher schon „Vor-Bilder" –, sondern eine „Erfüllungsparallele" und ein Mariensymbol. Gott spricht zur Schlange im Paradies: „Der Same des Weibes . . . soll dir den Kopf zertreten"[208] und weist damit auf Maria und ihren Sohn hin. Unter Umständen haben wir die bildhafte Ausführung dazu in dem 1735 zerstörten Relief einer Erschaffung Evas durch Gottvater zu suchen, von der Deneken berichtet[209]. Allerdings ist nicht feststellbar, ob es sich bei diesem Relief um eines aus der Bauzeit handelt. Der Titel und der hier aufgezeigte Zusammenhang legen allerdings die Vermutung nahe. Das Vlies Gideons weist in diesem Zusammenhang auf die wunderbare Jungfräulichkeit Mariens hin, die schwanger wurde, ohne ihre Reinheit zu verlieren. Auffällig ist nun, daß Gideon dem Roland außerordentlich ähnlich dargestellt ist, den wir an der gleichen Seite des Rathauses finden, die Gideon auf dem Bild der Armenbibel einnimmt: gewappnet, mit dem Schwert in seiner Rechten, am linken Arm den Schild, auf dem Vlies stehend, dem der besiegte Friese am Roland entspricht. Damit drängt sich die Vermutung auf, daß der Roland dadurch, daß die Propheten auf Typus und Antitypus der Biblia Pauperum hinzielen, ebenfalls Antitypus und alttestamentarischer Typus des Befreiers und Garanten der Freiheit darstellt[210]. Für das politische Handeln der Stadt und ihren Kampf um die „Vryheit", deren Verkörperung Roland darstellt, würde sich in Gideon und seinem Kampf das alttestamentarische Vorbild sehr wohl aufzeigen lassen. Der Kampf der Bremer gegen die Butjadinger und um das Land Rüstringen, um der Seeräuberei auf und vor der Weser Einhalt zu gebieten, war 1402 endlich abgeschlossen, und Bremen hatte in diesem Bereich endlich Frieden und seine Vorherrschaft dort gesichert. Wenn man sich nicht scheute, zur Untermauerung seiner rechtlichen Ansprüche und als Legitimation rechtlichen Handelns die großen Propheten des Alten Testamentes zu bemühen, so lag es nahe, auch in kriegerisch-politischen Geschehnissen den „Typus" im Alten Testament zu suchen. Voraussetzung dazu wäre allerdings, daß Rathaus und Roland zusammen geplant worden sind. Mit Blick auf Johann Hemeling muß man das als sicher annehmen. Darüber hinaus zeigen die Verse 5010–5019 des Rolandliedes, daß Roland tatsächlich mit Gideon verglichen wurde. –

Da wir in der Armenbibel keine andere Zusammenstellung der drei schon bekannten Propheten in gleicher Reihenfolge finden, ist die Wahrscheinlichkeit, daß „Aristoteles" für den gotischen Jeremia steht, groß.

Wir müssen annehmen, daß die Propheten ursprünglich eine doppelte Aufgabe gehabt haben. Einmal trugen sie auf den Schriftbändern in ihren Händen Sprüche, die sich wohl auf die Gerechtigkeit bezogen, und verliehen damit dem Rat und dem Gebäude zusätzliche, unwiderlegbare Autorität. In ihrer Anordnung und Reihenfolge gaben sie dem Wissenden und Bibelkundigen die religiösen Verbindungen, wie sie die Biblia Pauperum in dem Zusammenhang von Typus und Antitypus und jeweils vier auf den Antitypus hin-

Abb. 37 *Konsole des Plato/Hesekiel: Löwenzahn*

*Abb. 38 Konsole des Aristoteles/Jeremia*

weisende Propheten bietet. Die vier Propheten Hesekiel — Jeremia — Jesaja — David gehören zum Typus der Verkündigung. Durch sie wird dem Menschen die Hoffnung gegeben, daß Christus die Macht des Teufels bricht und damit den Weg zur Gnade für den Sünder vor dem Ewigen Gericht freimacht. Das irdische Gericht, dessen Sitz für den Bürger der Stadt das Rathaus ist, ist nur das Vorspiel zum Ewigen Gericht und seine Spiegelung auf Erden. —

### 5.5. *Die Konsolen unter den Figuren der Ostseite*

Die auffälligste dieser Konsolen ist die mit dem Tierkopf unter der rechten Figur. Steht man in einer Entfernung, in der man die Figur nicht zu stark verkürzt ansehen kann, ist nicht recht zu entscheiden, was für ein Tier hier zwischen Blüten hervorschaut. So mag auch Steins Deutung als Schafkopf entstanden sein[211]. Erst wenn man seitlich bis fast an die Wand herantritt, wird deutlich, daß wir es mit einem Tierkopf mit stark gebogenem Schnabel, der unterhalb der menschlich wirkenden Augen in einem Höcker endet, mit Fledermausohren und Andeutung von Gefieder zu tun haben. Es ist eine der unzähligen dämonischen Verkörperungen, die das Mittelalter für den Teufel gefunden hat. Blumen bedeuten in der mittelalterlichen Bauplastik immer die Darstellung des Paradieses[212]. Nur eine einzige Stelle gibt es in der Bibel, wo Satan im Paradies auftritt. In der Gestalt der Schlange versucht er den Menschen und bewirkt durch den Sündenfall dessen Vertreibung aus dem Paradies[213]. Nicht die Schlange vom Baum der Erkenntnis finden wir hier vor, sondern die Macht, die hinter ihr steht. Nicht die Bibelstelle wird hier, wie meist, illustriert, sondern der Bruch des Gesetzes, das Gott den Menschen gab. Durch ihn entsteht die Erkenntnis von Gut und Böse, von Recht und Unrecht. In der darüberstehenden Figur entdecken wir Moses, den ersten Propheten, in dessen Büchern nicht nur der Sündenfall beschrieben steht, sondern der auch der erste Vertreter des alten Gesetzes ist. Ihm wurden die Zehn Gebote von Gott gegeben. Die Überlieferung weiß noch, daß Moses in dieser Reihe dargestellt war, doch ist sein Name auf die daneben stehende Figur übergegangen, während man in ihm den „Salomo" sah. —

Bei genauem Vergleich wird deutlich, daß die gleichen Blüten, die als Symbol des Paradieses den Kopf des Teufels unter dem Moses umgeben, an der Konsole des Petrus ebenfalls auftreten. Die Unterseite des Steines zeigt eine Rose, Symbol für Maria und Jesus zugleich. Aus dem Rand, den die Blume umgibt, steigen drei Stengel mit jeweils drei gleichständigen Blättern empor. Sie enden in jeweils drei Blüten, von denen die mittlere die seitlichen zum Teil verdeckt. Möglicherweise ist der Alant dargestellt, der „Erlösung" bedeutet[214], vielleicht auch die Feuerlilie, die für Unschuld steht. Obwohl sicher eine ganz bestimmte Pflanze gemeint ist, ist ihre genaue Bestimmung hier wie auch bei den anderen Konsolen schwierig. Denn eine exakt beschreibende Pflanzendarstellung, wie sie in der ersten Hälfte des 13. Jahrhunderts in der Plastik geübt wurde, ist bei den stark abstrahierenden und stilisierenden Bildungen des beginnenden 15. Jahrhunderts nur sehr schwer möglich. Allerdings bleiben für eine Bestimmung meist genug botanische Charakteristika übrig. Die immer wiederkehrende Dreizahl auf der Petruskonsole deutet auf die Trinität hin. Die bildhafte Kurzform wäre also etwa so zu lesen: Durch die Rose, Christus und/oder Maria, erwächst die Dreieinigkeit. Das Paradies ist dem Menschen nicht mehr verschlossen, weil Gott in Christus Mensch wurde durch die Jungfrau Maria. Die Beziehung zu Moses wird deutlich. Dort die Vertreibung aus dem Paradies durch den Sündenfall, hier die erneute Aufnahme durch Christus, durch Gott, der Mensch wurde. Moses ist der Vertreter des alten Gesetzes. Er erhielt die Zehn Gebote. Petrus ist der Vertreter des neuen Gesetzes, das die Gnade kennt. Diese Gegenüberstellung ist für das Mittelalter sehr gebräuchlich. —

Was liegt dazwischen? Die zweite Figur von rechts steht auf einem Sockel, der in fast symmetrischer Form von stacheligen Blättern in zwei Reihen umschlossen ist. Wir haben es hier mit der Silberdistel zu tun, dem sog. Eberwurz, den italienische Mönche zu Ehren Karls des Großen „Carolina" genannt haben. Die Distel ist ein Sinnbild des Schmerzes[215] und ein Hinweis auf die Passion[216]. Derjenige Prophet, der das typologische Vorbild für die Passion Christi verkörpert, ist Hiob. Er erträgt alle Schicksalsschläge, Vernichtung seines Besitzes, Verlust seiner Kinder und körperliche Leiden trotz Verspottung durch Frau und Freunde geduldig und demütig. Gott gibt ihm schließlich alles doppelt zurück. Der prachtvolle Bart mag dazu geführt haben, daß man in ihm später Moses gesehen hat. —

Die nächste Konsole fällt deswegen auf, weil die häufig symmetrische oder doch fast symmetrische Anordnung von Blättern, Ästen und Blüten hier durchbrochen ist. Hier herrscht Bewegung vor. Die Pflanze überwuchert den ganzen Stein mit kurzen Wurzeln und immer mehr sich auseinanderfaltenden dreiendigen Blättern. Vielleicht hat hier Meister Johannes oder einer seiner Mitarbeiter eine Rhizinuspflanze dargestellt, die sehr schnell wächst und viel Schatten spendet. Dann wäre in der Figur der Prophet Jona zu erblicken, dem Gott mit einer schnell wachsenden Pflanze Schatten spendet und sie wieder verdorren läßt, um ihm klarzumachen, daß er die große, sündhafte Stadt Ninive schont[217]. Nimmt man jedoch die bartlose Prophetenfigur hinzu, so ist auch an Daniel zu denken, der häufig bartlos in der Reihe der Propheten dargestellt wird. Daniel in der Löwengrube ist ein Sinnbild der Auferstehung Christi[218]. Doch auch Jona wird manchmal jugendlich-bartlos dargestellt. Auch er gilt als typologisches Vorbild für die Auferstehung Christi. So bleibt als sichere Erkenntnis, daß der Prophet

Abb. 39—42 *Gotische Figuren der Ostseite, von links: Petrus, Jona/Daniel (?), Hiob, Mose*

links von Petrus, sei er nun Jona oder Daniel, für die Auferstehung das typologische Vorbild abgibt. —

Danach würde die zum Dom blickende Figurenreihe folgende Bedeutung haben: Durch die Einwirkung Satans wurden das erste Gesetz Gottes gebrochen, der Mensch aus dem Paradies vertrieben und das mosaische Gesetz notwendig (Moses). Seitdem wird das Gesetz immer wieder verletzt. Erst durch die Passion (Hiob) und die Auferstehung Christi (Jona oder Daniel) werden die Erlösung und der erneute Zugang zum Paradies möglich. Als Vertreter dieses neuen Gesetzes steht Petrus dem Vertreter des alten, Moses, gegenüber. Ihre Gegenüberstellung symbolisiert die Überwindung des Todes und der Macht des Teufels durch Christus im Hinblick auf das Jüngste Gericht[219].

Über die rein theologische Sinngebung der Figuren wird ihre Bedeutung für ein Rathaus erst dann erkennbar, wenn man sich vor Augen führt, daß die Propheten als Vertreter und Hüter des niedergeschriebenen Gesetzes galten und in ihrer Strenge und Redlichkeit als Vorbilder all derer angesehen wurden, die im Mittelalter Recht zu sprechen hatten. In der Gestalt Petri verkörpert sich ebenfalls nicht nur der erste Apostel, sondern auch die geistliche Rechtsprechung des Mittelalters in der Gestalt des Papstes. Besonders deutlich wird das auf einer Ratsstuhlwange, auf der Petrus mit der Mitra auf dem Haupte abgebildet wird. Dann wird auch verständlich, daß man den Propheten in dieser Doppelbedeutung Sprüche zum Recht in die Hände gibt. Damit haben die Prophetenfiguren am Rathaus mehrere Bedeutungen bzw. Aufgaben zu erfüllen:

1. Auf Grund ihrer prophetischen Gaben oder Erlebnisse weisen sie in Worten oder als Vor-Bilder auf die Menschwerdung Gottes in Jesus hin, der durch Tod und Auferstehung den menschlichen Sünder vor dem Jüngsten Gericht durch Gnade bestehen läßt.
2. Die Propheten sind Verkünder und Hüter des Rechtes und damit Vorbild für jeden Richter.
3. Aus diesem Grund sind ihnen Sprüche zugeordnet, die als Vorbild für die städtische Rechtsprechung anzusehen sind.

Diese Bereiche bilden auch noch für das Spätmittelalter eine untrennbare Einheit. In der irdischen Rechtsprechung wird das Abbild für das Jüngste Gericht gesehen und auch als Vor-Gericht, das den menschlichen Sünder schon zum Teil entlasten kann.

Abb. 43 *Konsole des Mose: Teufel im Paradies*

Abb. 44 *Konsole des Petrus: Rose und Alant (?)*

Abb. 45 *Konsole des Hiob: Silberdistel*

Abb. 46 *Konsole des Jona/Daniel (?)*

Abb. 47 *Konsole des König/Kaisers: Maria als Thron Salomonis*

Abb. 49 *Konsole des Erzbischofs von Mainz: möglicherweise der „Pfaffe" des Bremer Erzbischofs, Kaplan Diedrich*

## 5.6. *Die Konsolen des Kaisers und der Kurfürsten*

Anders als die Konsolen der Propheten sind die des Kaisers und der Kurfürsten alle figürlich ausgebildet. Fast alle lassen sich paarweise zuordnen: eine männliche und eine weibliche Vollfigur (Mainz und Brandenburg), zwei Halbfiguren mit Tieren als Attributen (Kaiser und Trier) und ein Paar nur als Büsten mit Efeulaub hinter den Köpfen. Lediglich die männliche Halbfigur, deren Bart und Haar laubartig gebildet sind und der Löwenkopf mit brüllendem Maul und heraushängender Zunge treten einzeln auf. An der stützenden Haltung, an Mode und Frisuren ist bei einem Teil der Konsolfiguren deutlich ersichtlich, daß wir es mit Menschen zu tun haben, die dem Bau gedient haben und die ihn oder die Figuren über sich tragen oder stützen. Dennoch geben die Bilder Rätsel auf, will man sie nicht nur als Bauschmuck ansehen, der den Reichtum und die Macht Bremens im beginnenden 15. Jahrhundert demonstriert. Bedenkt man den Ort, an dem sie angebracht sind, nämlich von dem vorspringenden Arkadengang weitgehend verdeckt und vom Marktplatz her kaum zu erkennen, dann tritt das schmückende Element fast ganz zurück. Dann wird man auch hier einen Zusammenhang, vielleicht sogar ein Programm vermuten können. —

Abb. 48 *Glatzer Madonna, um 1350, Detail*

Schon die erste Frauenbüste mit langem, hinter den Schultern herabhängendem offenem Haar ist ungewöhnlich. Hinter ihren beiden Schultern schaut je ein Löwe hervor, der sich mit den Vordertatzen an die Mauern des Baues krallt. Efeulaub bedeckt den Konsolstein hinter ihr und reicht bis in ihr Haar. Zwar kennen wir Löwendarstellungen in Verbindung mit der menschlichen Figur von gotischen Grabdenkmälern, doch sind sie dort fast immer unter die Füße der Dargestellten plaziert. Sie treten am Grabmal des Mainzer Erzbischofs Adolf I. im Mainzer Dom (1390) ebenfalls paarweise auf[220], doch stellen sie dort offensichtlich die zu Boden getretenen teuflischen Mächte dar. So bleibt als einziges für unsere Konsole passendes Thema die sog. Löwenmadonna. Dieser Madonnentyp kommt im 14. Jahrhundert vor allem in den östlichen Gebieten des Deutschen Reiches vor[221]. Von den verschiedenen ikonographischen Wurzeln kann hier nur die in Frage kommen, die Maria als Thron Salomonis, den Sedes Sapientiae, darstellt. Die ursprünglich zwölf Löwen, die die sechs Stufen zum Thron Salomonis säumen[222], werden in der abgekürzten Darstellungsweise auf zwei Löwen reduziert. Der Thron Salomonis galt als Sinnbild herrscherlicher Macht und Weisheit, seine sechs Stufen wurden unter anderem für die Throne christlicher Herrscher des Mittelalters, so z. B. den Thron Karls des Großen im Aachener Münster, übernommen[223]. Die berühmte Thronende Madonna aus Glatz, um 1350[224], zeigt Maria mit dem Kinde auf dem Schoß thronend, in der Linken ein Zepter, das in Laub endet, auf dem Kopfe eine Krone aus ähnlichem Blattwerk wie auf unserer Konsole. Hinter ihrem Kopf liegt auf jeder Seite je ein Löwe unter Baldachinen. Die Übereinstimmungen sind so groß, daß man geneigt ist anzunehmen, der Bildhauer der Bremer Konsole habe das Bild gekannt. Über die ikonographischen Ähnlichkeiten hinaus haben der Madonnenkopf und der Frauenkopf der Konsole so viele Gemeinsamkeiten, daß ein Zusammenhang auch vom Stilistischen her wahrscheinlich wird. Die Augen

Abb. 50 *Konsole des Erzbischofs von Trier: möglicherweise Ritter Helmerich von Zestersfleth*

Abb. 51 *Konsole des Erzbischofs von Köln: möglicherweise Bürgermeister Johann von Hemeling*

stehen bei beiden Köpfen schräg nach unten, die Augenlider sind durch eine scharfe Linie oben begrenzt, in der Plastik auch die Unterlider, während das Gemälde mehr das plastische Heraustreten des Augapfels sichtbar macht. Die Augenbrauen sind bei beiden Kunstwerken durch einen scharfen Grat begrenzt, die Nase ist kräftig ausgebildet (bei der Plastik z.T. beschädigt). Die Lippen sind leicht nach vorne gespitzt, und die Mundwinkel verlaufen bei beiden Bildwerken leicht nach oben. Der Kopf hat beidemal einen weichen, ovalen Umriß mit einem leichten Unterkinn. Die Haare sind ganz ähnlich angeordnet, nur ist die Stirn bei der Bremer Figur erheblich höher. Hier fehlen auch das Tuch um Kopf und Schultern sowie Krone, Reichsapfel und Zepter. Das wird leicht erklärlich, da bei der Bremer Konsole zum einen einfach der Platz fehlt und Maria durch das offene Haar als Jungfrau symbolisiert wird, während sie auf dem Glatzer Bild als Himmelskönigin erscheint. Dafür sind die verwendeten Blattformen außerordentlich ähnlich. Zwar ist dieser Madonnentyp um die Jahrhundertwende weit verbreitet[225], doch fehlen sonst die beigefügten Löwen und das Laub um den Kopf als Attribute. Damit gewinnt die Vermutung, Meister Johannes komme aus dem Umkreis der Prager Parler, erheblich an Wahrscheinlichkeit.

Die Bedeutung der Konsole ist also folgende: Der deutsche König und Kaiser des Heiligen Römischen Reiches Deutscher Nation „steht auf" dem Thron Salomonis, dem Symbol der Weisheit für das Mittelalter schlechthin. Er wird als Nachfolger der alttestamentarischen Könige, vor allem Salomos, angesehen[226]. Schon auf der ottonischen Kaiserkrone wird Salomo mit David und Hiskia abgebildet. Und 125 Jahre nach dem Rathausbau wird die Verbindung zu Salomo durch das Salomonische Urteil des Bartholomäus Bruyn d.Ä. erneut aufgenommen. Durch das Efeulaub werden Treue und Beständigkeit ausgedrückt.

Die Bedeutung der Konsolfigur gibt der Verkörperung des deutschen König- und Kaisertums am Rathaus einer Stadt, deren „Vryheit" von der Unterstellung unter das Reich abhängig ist, die sich diese Position aber noch erkämpfen muß, zusätzlich ein kaum sichtbares, aber desto schwerer wiegendes „inneres" Gewicht.

Die kniende Figur unter dem Erzbischof von Mainz ist im Priestergewand gekleidet: langes, weites Gewand mit breiten Ärmeln, die Albe, darüber das Pluviale, ein weiter Umhang, der mit einer großen Brosche vor der Brust geschlossen ist. Das jugendliche Gesicht weist große Ähnlichkeit mit dem des Rolands auf, so daß man vermuten kann, daß beide vom gleichen Künstler geschaffen wurden. Die Hände greifen rückwärts und stützen die im Rücken lastende Konsole. Da keine weiteren Attribute hinzugefügt sind, kann man nur vermuten, daß unter dem Reichskanzler entweder der neue Erzbischof von Bremen, Johann Slamstorp (1406—1420), oder einer der geistlichen Stifter, die den Bau des Rathauses mit„getragen" haben, verewigt wurde. Da hier keinerlei Hinweise auf die erzbischöfliche Würde zu erkennen sind, ist vielleicht der „Pfaffe" des Erzbischofs, der Kaplan Diedrich, gemeint, der in den Rechnungsbüchern namentlich mit der ansehnlichen Summe von 100 Gulden genannt ist[227]. —

Die Konsole unter dem Erzbischof von Trier zeigt einen Mann, der in den Armen einen Hund hält. Beidseitig hinter seinem Kopf wachsen Blüten aus der steinernen Konsole. Der Hund ist im Mittelalter nicht nur ein Symbol der Treue und Wachsamkeit, sondern auch ein Zeichen für „Ich bin gläubig" oder „Hier wird verkündigt"[228]. Nimmt man noch die Blüten als Mariensymbol hinzu, so ist es denkbar, daß wir auch hier einen Stifter, nämlich den, der nach dem Erzbischof und seinem Vertreter die größte Summe gestiftet hat, vor uns haben. Dieser wäre Helmerich von Zestersfleth, ein Ritter aus der Umgebung des Erzbischofs. —

Die Konsole des Erzbischofs von Köln zeigt eine weitere Halbfigur, die mit nach rückwärts gestreckten Armen die Last des Steines in ihrem Rücken abstützt. Erst bei genauem Hinsehen wird deutlich, daß bei diesem älteren Mann, angetan mit weitem Gewand und großen Ärmeln, der große Vollbart und der dichte Haarschopf aus Blattwerk bestehen, das Eichenblättern ähnelt. Weite faltige Gewänder tragen die Bürgermeister und Ratsherren auf den Miniaturen zu den Hamburger Stadtrechten von 1497[229]. Da Amtstrachten nicht so der Mode unterworfen sind wie normale Kleidung, darf man vermuten, daß zu Anfang des Jahrhunderts die Gewänder der Bürgermeister und Ratsherren in Bremen ähnlich ausgesehen haben.

Sind die ersten Deutungen richtig, kann an dieser Stelle nur ein weiterer Stifter folgen, der Bildhauer in einem Selbstbildnis — oder der Auftraggeber. Vom ausgehenden 14. Jahrhundert gibt es am Portal des Regensburger Domes eine Büste, aus deren Mund Blätter wachsen und den Kopf bedecken und rahmen. Gerstenberg[230] sieht in ihr wie in einer anderen Büste des Portalgewändes Darstellungen der Werkmeister, die nach Prag, auf die Bauhütte der Parler, hinweisen. Diese Figur unter dem letzten der geistlichen Kurfürsten

Abb. 52 *Konsole des Königs von Böhmen: wahrscheinlich Bildnis des Meisters Johannes, mit der Ergänzung des Umbaues von 1612*

Abb. 53 *Konsole des Pfalzgrafen bei Rhein: wohl Bildnis der Brede, der Frau des Meisters Johannes*

ist entweder auch ein Geistlicher (Stifter), was wenig wahrscheinlich ist, oder es ist eine Darstellung des Meisters Johannes, was man auf Grund des weiten Gewandes und der fehlenden Beziehung zur Hauptfigur, wenn man Prag infolge der Beziehungen durch die Löwenmadonna annimmt, ebenfalls ausklammern kann. Sollte Meister Johannes allerdings aus Köln kommen, wie Waldmann vermutet, wäre eine lokale Beziehung zwischen Haupt- und Stützfigur vorhanden. Es erscheint aber eher sinnvoll anzunehmen, daß sich in dieser Figur der eigentliche Planer und Auftraggeber des Rathauses und seines Bildprogrammes hat abbilden lassen. Köln ist für ihn vor allem politisches Vorbild gewesen. Seine Vormachtstellung in der Hanse hat Bremen uneingeschränkt anerkannt, die innenpolitischen Vorgänge in Köln 1396 finden zwei Jahre später in Bremen eine ganz ähnliche Lösung. Die Auseinandersetzung beider Städte mit ihren Erzbischöfen um ihre Selbständigkeit hat viele Parallelen[231]. Das Gesicht dieses Mannes tritt hinter dem Eichen(?)laub, das es umrahmt, fast völlig zurück. Ob wir hierauf die Symbolbedeutung für die Eiche anwenden können, nämlich Ruhm, Ehre und Unsterblichkeit, bleibt fraglich[232]. Zwar liegt es nahe, doch bewegen wir uns hier im Bereich der Spekulation. Die Bedeutung würde sich dann auf Konsol- und Hauptfigur beziehen. —

Die beiden folgenden Konsolen gehören ganz offensichtlich zusammen. Die erste, unter dem König von Böhmen, zeigt einen Mann mit leicht geöffnetem Mund. Die tief dekolletierte Frau neben ihm hat die Haare nach der Mode der Zeit auf beiden Seiten in ein Netz gesteckt. Darüber trägt sie eine flache Haube. Um den Hals ist eine doppelte Perlenkette geschlungen. Das Efeu hinter ihren Köpfen symbolisiert, daß beide in Treue und Liebe ein Paar sind. Sehen wir in der vierten Konsole die Verkörperung Hemelings, so haben wir es hier, nach unserer Kenntnis der beteiligten Personen, mit Meister Johannes und seiner Frau Brede zu tun. Wir kennen sie aus den Rechnungsbüchern als einzige Frau eines der beteiligten Meister. Es ist im späten Mittelalter durchaus üblich, daß ein Werkmeister oder Bildhauer sich zusammen mit seiner Frau an dem von ihm geschaffenen Werk im Bilde verewigt[233]. Auffällig ist die zweite Konsole unter dem König von Böhmen. Eine Funktion hat sie, die die gleichen ornamentalen Formen aufweist wie die Balustrade des Umbaues von Lüder von Bentheim, sicher nicht. Es scheint sich um eine besondere Betonung dieser Figur um das Jahr 1612 zu handeln[234]. —

Der brüllende Löwe mit dem aufgerissenen Maul und heraushängender Zunge unter dem Kurfürsten von Sachsen kann zweierlei Bedeutung haben: Er könnte eine Verkörperung des Bösen sein[235], was aber in diesem Zusammenhange unwahrscheinlich ist. Eher ist zu vermuten, daß wir es hier mit dem Wappentier der Braunschweiger zu tun haben. Erzbischof Otto II. von Braunschweig (1395—1406) war den Bremern wohlgesinnt und hat, wie die Rechnungsbücher ausweisen, für den Bau erhebliche Mittel gestiftet, nicht etwa wie die wohlhabenden Ratsmitglieder, unter ihnen auch Johann Hemeling, nur geliehen, indem sie für die Gelder die Sicherheit übernahmen. Meister Johannes wurde im Jahre 1406 für die Skulpturen bezahlt, so daß auch die Löwenkonsole noch zu Lebzeiten des Erzbischofs entstand. Hemeling wollte wohl grundsätzlich keinen bildhaften Hinweis auf den Landesfürsten, mit dem sich die Stadt mit ihrem Anspruch auf Reichsfreiheit in einem permanenten Gegensatz befand. So bildeten die Bremer, verständlicherweise, an ihrem Rathaus nicht den Erzbischof als Landesfürsten, d.h. als Institution, ab, wie es mit Kaiser und Kurfürsten geschehen war, sondern nur den ihnen wohl gesonnenen Otto II. von Braunschweig, und auch den nur heraldisch. —

Die letzte Konsolfigur ist eines der Meisterwerke bildhauerischer Kunst am gotischen Bau. Sie entspricht in Haltung, Kostüm und in ihrer Ganzfigurigkeit der zweiten der Reihe (Trier). Ein Lächeln spielt um Augen und Mund der Frau. Das Gesicht ist umrahmt aus einer modischen Vermischung von Gugel und Kruseler. Die mittelalterliche Kapuze mit angefügtem kragenartigem Schulterstück wurde in der zweiten Hälfte des 14. Jahrhunderts vor allem bei Männern, aber auch bei Frauen zur modischen Kopftracht. Mit der Gugel ist der rüschenartige Besatz des Krüselers verbunden, der zwischen 1340 und 1430 bei Frauen in Mode war[236]. Er säumt auch das untere Ende der Gugel. Darunter wird der weite Überwurf durch eine nicht sichtbare Schließe zusammengehalten. Die Frau trägt ein langes, weites Gewand, an dem die Ärmel durch die Muffe bis zum Fingeransatz verlängert sind. In ihrer rechten Hand hält sie ein zahmes Eichhörnchen mit einem Halsband, ihre Linke ist halb unter dem Übergewand verborgen. Da offensichtlich Kaplan Diederich und diese Frauenfigur zusammengehören, ist es naheliegend, in ihr eine Stifterin aus dem Klerus zu vermuten. Die Rechnungsbücher nennen denn auch die Äbtissin von Lilienthal nach dem Bischof und Ritter Helmerich mit dem ansehnlichen Betrag von 28 Gulden an dritter Stelle. Der von ihr gestiftete Betrag

Abb. 54 *Konsole des Herzogs von Sachsen: Löwe, wohl als Wappentier des Bremer Erzbischofs Otto II. von Braunschweig*

Abb. 55 *Konsole des Markgrafen von Brandenburg: wohl die Äbtissin von Lilienthal*

lag höher als der der Ratsmitglieder, die nur je 48 Mark (= etwa 24 Gulden) zur Deckung der Baukosten als Darlehen gaben.

Bei aller Würde hat diese Skulptur etwas Genrehaftes, das wir sonst am gotischen Bau nicht finden. Aber auch hier ist das Eichhörnchen nicht abbildhafte Zutat, sondern begleitendes Attribut der Äbtissin. Das feuerfarbene, dahinhuschende Tier ist stets ein Sinnbild für den Teufel gewesen[237]. Außerdem tritt es als Attribut des Geizes auf[238]. Überträgt man diese Bedeutungen auf die dargestellte Äbtissin, so erscheint sie dadurch ganz persönlich charakterisiert. Sie hat den Teufel, das Laster, gezähmt und sicher durch das Halsband im Griff. Oder schimmert der negative Aspekt hier doch mehr hindurch, und wird hier versteckt, nur für Eingeweihte erkennbar, der geistlichen Dame eins ausgewischt? –

Die Konsolen der Figuren an der Marktseite des Rathauses haben über ihre schmückende Bedeutung noch sinnbildhafte und darstellende Funktion. Das deutsche König- und Kaisertum wird durch die Sockelfigur der Maria als Thron Salomonis über das Politische hinaus auch geistlich beschrieben. Ihm wird damit zusätzlich gehuldigt und damit auch der Unterstellung der Stadt unter die Reichshoheit zusätzliches Gewicht gegenüber dem geistlichen Landesherrn verliehen.

Die anderen Konsolfiguren stellen aller Wahrscheinlichkeit nach Stifter dar, vor allem geistliche, und damit ist das erzbischöfliche Landesherrentum am Rathaus, dem Sitz der Gerechtigkeit, in eine dienende Position gedrängt, die die „Gerechtigkeit" der freien Stadt helfend „unterstützt".

Daneben vermuten wir in den übrigen Büsten die geistigen und künstlerischen Väter des gesamten Baues. –

### 5.7. *Die Figurenbaldachine*

Die Baldachine gehören, wie wir aus den Rechnungsbüchern wissen, ebenso wie die Konsolen von Anfang an zu den Figuren. Sie schaffen der Figur vor der Wand einen Freiraum. Sie scheinen über den Figuren zu schweben. Ihre „immaterielle Aufhängung" über den Köpfen der Figuren weist sie als himmlische Zeichen aus[239]. Denn der Baldachin ist nicht nur ein Symbol für Macht und Ansehen[240], sondern auch eine Abkürzung für den Himmel[241]. Wie die mittelalterliche Kirche Abbild des Himmlischen Jerusalem ist, so ist der Architekturbaldachin wiederum Abkürzung für Kirche und damit Symbol dafür, daß der darunter Stehende Bewohner dieses Himmlischen Jerusalem ist. Die Figuren am Rathaus sind also Heilige. Das verwundert bei Petrus und den Propheten nicht. Doch beim Kaiser und den Kurfürsten, die ja politische Mächte symbolisieren, ist das nicht so selbstverständlich. Doch wir wissen, daß wir es hier nicht mit dem Abbild historischer Persönlichkeiten zu tun haben, sondern mit den Personifikationen einer staatlich-rechtlichen Institution. Diese wird als heilig angesehen. Sie ist ebenso unantastbar und ihre Einrichtung heilig, wie es die Propheten des Alten Testamentes sind. Das deutsche Herrschertum wird am Bremer Rathaus des 15. Jahrhunderts also nicht als Weiterführung des römischen Kaisertumes gesehen, sondern dadurch, daß ihm die alttestamentarischen Propheten „zur Seite" stehen, durch den „Stand" auf dem Thron Salomonis und den damit verbundenen Hinweis auf durch Gott geleitetes weises Herrschertum und durch die Baldachine als Hinweis auf die Heiligkeit seiner Einrichtung als Antitypus des israelitischen Königtums des Alten Testamentes verstanden. Glaube und Kirche geben die Legitimation für das deutsche Herrschertum des Mittelalters und seine rechtsstaatliche Form. Da die Bremer „Vryheit" sich aus der Unterstellung unter dieses Herrschertum ableitet, bezieht sie ihre Berechtigung indirekt ebenfalls aus dem alttestamentarischen Prophetentum. Dieses ist für die Juden die glaubensmäßige Grundlage für ihr Königtum gewesen. Königsidee und Rechtsordnung waren den Propheten eins[242]. –

Ein flüchtiger Blick genügt um zu erkennen, daß die Größe der Baldachine als Bedeutungsakzent verstanden wurde. Während alle sieben Propheten die normale Baldachinform über sich tragen, wird Petrus durch eine doppelt abgesetzte Form besonders hervorgehoben.

Diese Form finden wir über dem Erzbischof von Köln wieder. Das erscheint verwunderlich, denn über den ranghöheren Kurfürsten, dem Erzbischof von Mainz als dem Kanzler des Reiches und dem König von Böhmen als dem ranghöchsten weltlichen Fürsten des Reiches, finden wir Baldachine, die nur einen Absatz haben. Er wird also vor den anderen Kurfürsten besonders betont. Nun mußten während des Rathausumbaues unter Lüder von Bentheim durch den Einbau des Mittelrisalits die Figuren am Markt versetzt werden. Aus der Betrachtung der Konsolfiguren konnten wir erkennen, daß die Figuren auch ursprünglich so gestanden haben[243]. Als andere Aufstellung wäre nur die zentrale denkbar, daß nämlich der

Abb. 56 *Portal an der Ostseite*

Abb. 57 *Portal an der Westseite*

Kaiser innen gestanden hätte und die geistlichen Kurfürsten sich nach links angeschlossen hätten. Das ist nun auch im Hinblick auf den ikonologischen Zusammenhang wenig wahrscheinlich. Sicher ist, daß der Kaiser zwar auf „seiner" Konsole postiert wurde, daß aber der Baldachin über dem Kölner Erzbischof ganz sicher ursprünglich der des Kaisers war. War diese Umstellung nur ein Versehen der Werkleute im Lüderschen Team, oder steckt eine politische Absicht dahinter[244]? Die zweite Konsole unter dem Böhmenkönig läßt diese Umstellung nicht als reines Versehen erscheinen. –

## 5.8. *Die Portale*

Zu den beiden Rathausportalen an den Schmalseiten des Baues führen einige Stufen hinauf. Die spitzbogigen Türen werden je von zwei tiefen Kehlen gerahmt und, getrennt von profilierten Rippen, eingefaßt. Beide Portale sind fast gleich gearbeitet. Jede Kehle wird nach oben in etwa 1,5 m Höhe von einem Dreipaß abgeschlossen, über dem jeweils von Rippe zu Rippe eine Mauerzinne verläuft. Bei beiden Portalen wächst hinter dem Zinnenkranz in der inneren Kehlung ein Baumstamm, um den sich große Blätter schlingen. Beide Stämme vereinen sich im Scheitelpunkt zu einem. Die äußere Kehle beider Portale ist mit Rosen, Stadtwappen und Aststücken mit jeweils einem Blatt gefüllt. Nur in der Zahl der Blüten und Blätter unterscheiden sich West- und Ostportal. Die Portalrahmung zur Obernstraße hin trägt links und rechts und im Scheitelpunkt des Spitzbogens ein Bremer Wappen. Links beginnt die Reihe mit einer Rosenblüte, rechts mit einem Blatt, die sich dann immer abwechseln. So füllen je sieben Rosenblüten und sieben Aststücke mit Blättern den Spitzbogen aus. Das Ostportal zeigt ebenfalls drei Wappen, aber, symmetrisch angeordnet, insgesamt vier Rosenblüten und acht Aststücke. Die Nischen unter den Dreipässen können wegen ihres schrägen Abschlusses nach unten nicht als Figurennischen gedacht gewesen sein.

Schon bei der Aufschlüsselung des figürlichen gotischen Rathausschmuckes war deutlich geworden, daß die Beziehung zum christlich-kirchlichen Themenkreis außerordentlich eng ist. Architekturbilder[245], auch in der vorliegenden abgekürzten Form, müssen als Abbild des Himmlischen Jerusalem und in Verbindung mit dem Baum als der „beschlossen Garten", volkstümlich als der Rosenhag[246] der Maria verstanden werden. Mitunter wird Maria auch selbst als Garten angesehen, nachdem man das Hohe Lied auf Maria und Jesus umgedeutet hatte[247]: „Liebe Braut, du bist ein verschlossener Garten . . ."[248]. Weitere Verse scheinen geradezu eine Beschreibung der Formen des Portals zu sein: „Dein Hals ist wie der Turm Davids, mit Brustwehren gebaut . . ."[249] und „Ich bin eine Mauer . . ."[250] und „Dein Wuchs ist hoch wie ein Palmbaum . . ."[251]. Die Portale geben also möglicherweise Hinweise auf den „beschlossen Garten" der Maria, den Rosenhag, und gleichzeitig auf sie selber.
Blumen[252] deuten auf die Vergänglichkeit des Lebens und auf die Auferstehung nach dem Tode hin. Vor allem die Rose ist Mariensymbol, wie wir am Rosenhag schon gesehen haben. Gleichzeitig ist sie aber auch ein Rechtssymbol. Beide Symbolbedeutungen ergänzen sich an dieser Stelle.
Die Aststücke mit dem großen Blatt daran können eigentlich nur sinnbildhafte Sichtbarmachung des Alten und des Neuen Testamentes, von Gesetz und Evangelium sein[253]. Der Baum des Todes, der dürre Ast, steht dabei für das Gesetz. Das Blatt als Abkürzung des Lebensbaumes symbolisiert Evangelium und Christus zugleich. Die Gleichheit der Blattformen beider Portale macht deutlich, daß es sich um den gleichen Baum handeln muß.
Hinzu kommt bei den Portalen die Symbolik der Zahl. Sie und die Geometrie bilden im Mittelalter ein Lehrfach für sich[254]. Die Kunst der Zahlen bedeutete dabei nicht in erster Linie ein Mittel zur Konstruktion und Komposition, sondern Zahlen wurden als auf den Kosmos bezogene Symbole verstanden, denn dieser war von Gott nach „Maß, Zahl und Gewicht geordnet"[255]. Nicht anders konnten die Kunstwerke, vor allem die der Architektur, entstehen[256].

Die Dreizahl, in welcher Form auch immer sie auftritt, gilt als Symbol für die Trinität. An beiden Portalen wird dreimal das Bremer Wappen verwendet. Unter dem Namen des Vaters, des Sohnes und des Heiligen Geistes betritt der Bürger sein Rathaus. Der Siebenzahl der Blätter und Rosen des Westportals stehen die Vierzahl der Blüten und die Achtzahl der Blätter des dem Dom zugewandten gegenüber. Die Sieben ist die wichtigste Zahl des Alten Testamentes und der Offenbarung. Sie erscheint überall da, wo vom Handeln Gottes die Rede ist: Gemeint sind im A. T. sein Handeln am Volke Gottes, in der Offenbarung sein Handeln im Jüngsten Gericht. Von beidem muß am Westportal die Rede sein. Demgegenüber ist die Vier die Zahl der Welt und immer mit einer Aussage Gottes in Beziehung zur Welt verknüpft. Sie mag hier als Gegenpol zum A. T. in Gestalt der vier Evangelisten mit ihren Berichten zum Leben Christi verstanden werden. Die Acht als Zahl der Auferstehung Christi und des ewigen Lebens versinnbildlicht die ewige Seligkeit in der Unendlichkeit des Kosmos. Die Acht tritt am Rathaus nicht nur am Ostportal auf, sondern auch in den zweimal acht Figuren der Propheten und Kurfürsten und in dem achteckigen Querschnitt der gotischen Säulen der Rathausvorhalle.
Bei beiden Portalen sind die Baumabbreviaturen der inneren Kehlen gleich. Der Baum ist das Symbol der Erkenntnis von Gut und Böse wie auch des Sündenfalles[257]. Er versinnbildlicht auch das Wort Gottes, steht für sein Gesetz[258]. Der Baum ist Sinnbild des Lebens. Für die Juden des A. T. bedeutet Leben Verwurzelung im Gesetz[259]. Alle diese Bedeutungen vereinen sich in Maria, so daß der Baum auch im „beschlossen Garten" seinen Platz hat, ja für Maria selber, wie wir gesehen haben, stehen kann. —
Die Bedeutung der Portale mit ihrer ornamentalen Gestaltung kann also folgendermaßen gelesen werden. Wer das Rathaus betritt oder verläßt, tut es unter der Dreieinigkeit Gottes. Er „tritt dabei unter" das Handeln und das Gesetz Gottes, das noch weit über das Mittelalter hinaus unantastbares Zentrum jeder weltlichen Rechtsprechung war. In der Gegenüberstellung von A. T. = Gesetz und dem Hinweis auf das Jüngste Gericht erscheint dieses durch das Handeln Gottes in seinem Sohn Jesus Christus und die Erlösung des reuigen Sünders — das ist jeder, der das Portal durchschreitet — durch seine Gnade ertragbar. Denn allein vor dem Gesetz, ohne Gnade, ist jeder vor dem Jüngsten Gericht verloren. Das Durchschreiten des „beschlossen Garten", der die Maria umgibt und sie diesen seit dem 14. Jahrhundert auch selber symbolisiert, bedeutet den „Zugang" zu der Fürsprecherin des Sünders beim Jüngsten Gericht. Sie wird in den Darstellungen des Jüngsten Gerichtes im 15. Jahrhundert neben Johannes dem Täufer als Mittlerin zum richtenden Gott für die Auferstehenden gezeigt. Die Bedeutung des Marienglaubens kann für das späte Mittelalter nicht hoch genug eingeschätzt werden. Er erhob die Mutter Jesu bis zur Himmelskönigin. Wer vom Ostportal des Rathauses zum Dom hinüberblickte, konnte in der Giebelspitze ihre Krönung erkennen[260].
Beide Portale weisen auf das Jenseits, auf den „Himmel", in Form des mit einer Mauer umgebenen Gartens hin. Das einemal geschieht das im Rückblick auf das Gesetz des A. T. und am Ostportal im Hinblick auf das N. T. Beide Male ist das verbindende Glied Maria: Sie ist diejenige, die die Prophezeiungen der alten Propheten als Erfüllung des Gesetzes beschrieben. Durch die Geburt des Sohnes Gottes ist sie gleichzeitig der Ausgangspunkt für die Erlösung des Menschen. Das dreifache Wappen weist auf das Gericht des dreieinigen Gottes hin, das hier auf Erden durch das weltliche Gericht der Stadt gleichnishaft vorweggenommen wird. Die Bedeutung der Propheten an den Schmalseiten des Baues setzt sich also in den Portalen und ihrer Sinngebung fort und ergänzt sie. —
Als Ende der siebziger Jahre des vorigen Jahrhunderts die zweiflügelige Eingangstür zur Unteren Halle, die vielleicht aus dem 18. Jahrhundert stammte, ersetzt wurde, befand sich daran noch ein Türzieher in Gestalt eines Löwenkopfes. Er gelangte ins Focke-Museum[261].
Der Kopf ist noch fast romanisch streng ausgebildet. An Bart, Augenbrauen und Mähne ist die spitze Modellierung im Wachs- oder Tonmodell deutlich zu erkennen, das für den Guß hergestellt werden mußte. Der Löwenkopf ist von einem ornamental durchbrochenen Ring umgeben, der in den verwendeten Maßwerkmotiven unter anderem auch das Fischblasenmotiv erkennen läßt. Dazwischen wiederholt sich ein Lilienmotiv, das Schaefer als heraldisch bedeutungslos apostrophiert. Sehr ähnliche, oft reichere Beispiele gibt es in Lüneburg und Lübeck. Über den Herstellungsort kann nichts gesagt werden.
Der Löwe als Türzieher oder -klopfer ist ein bis in die Neuzeit hinein sehr beliebtes Motiv gewesen. Er hat an dieser Stelle sicher Wächterfunktion[262], die wohl mit seiner Beziehung zum Throne Salomonis zu tun hat, der wiederum zu Maria in Verbindung steht. Deshalb scheinen an den Türziehern der Rathausportale — die fehlenden drei müssen wir uns in gleicher Form vorstellen — die Löwenköpfe und ihre ornamentale Rahmung nicht einfach vielerorts verwendete Form und Ornament ohne Bedeutung zu sein, sondern sie ergänzen die Symbolik der Portale als Himmlisches Jerusalem durch das auf die Architektur hinweisende Maßwerk[263] und als „beschlossen Garten" durch die Lilien als Marienblume. —

## 5.9. *Die Stützfiguren der Ecktürmchen*

Die vier Ecktürmchen des gotischen Baues wurden durch auf Konsolen stehenden Figuren abgestützt, die wiederum die eigentlichen Turmkonsolen trugen. Das erste dieser Türmchen fiel dem Anbau an der Nordostecke zum Palatium hin um 1545/50 zum Opfer. Die beiden Türmchen der Marktseite ließ Lüder von Bentheim durch Kriegerfiguren ersetzen. Doch verwendete er die Konsolen der gotischen Stützfiguren an gleicher Stelle. Die linke ist eine Blattkonsole. Die rechte zeigt ein Vogelungeheuer, dessen Kopf dem der Moseskonsole sehr ähnelt. Ein riesiger gebogener Schnabel mit Höcker darauf, große Fledermausohren, Krallenklauen und eher pflanzen- statt federartige Bildungen an den Flügeln vermitteln ein sehr ähnliches Bild. Da Lüder von Bentheim im wesentlichen nur die Marktfassade veränderte, blieben das letzte Türmchen und seine Stützfigur erhalten. Er nahm zwar den Turmhelm ab, um seine Balustrade abschließen zu können, doch ist die ursprüngliche Gesamtform mit Turmhaube wieder hergestellt worden. Waldmann hat, sicher nicht zu Unrecht, die Tragfigur als eine der besten bildhauerischen Arbeiten am Rathause gepriesen. Der Mann steht gebückt unter der Last der Turmkonsole. Die Hände stützt er gegen die Last, sein rechtes Bein ist etwas hochgestellt. Er trägt eine turbanartige Kopfbedeckung, deren Tuchenden rechts und links auf die Schultern fallen. Ein enganliegendes Obergewand und ein langer, faltiger, bis auf den Boden reichender Rock, der vorne hochge-

Abb. 58 *Gotischer Türzieher, Focke-Museum*

Abb. 59 *Stützfigur vom Türmchen an der NW-Ecke*

schürzt ist, bilden die Bekleidung. Er steht auf einer Konsole, deren Blätter von einem Zentrum ausgehen, ähnlich der des Hesekiel, doch bilden sie etwas andere Formen. Die eigentliche Turmkonsole ist mit großen Blättern besetzt, die aus kurzen Aststücken wachsen, wie wir sie auch an den Portalen finden. —
Ein Deutung dürfte kaum mehr möglich sein, da im Gegensatz zu dem Prophetenzyklus hier die restlichen Figuren fehlen. Die Tracht gibt zwar einige Hinweise, doch fehlen auch hier die bestätigenden Ergänzungen durch die anderen drei Figuren. Die turbanartige Kopfbedeckung wurde im Gefolge der Kreuzzüge etwa zu Beginn des 15. Jahrhunderts vor allem im französisch-burgundischen Kulturkreis Mode. Enganliegende Gewandung trugen Handwerker zwar häufig, doch so gut wie nie zusammen mit einem langen Rock, der sie ja auch bei der Arbeit stark behindert hätte. Lange Gewandung war reichen und vornehmen Bürgern, Geistlichen und Adligen vorbehalten. Die Brüder von Limburg haben in ihrem Stundenbuch für den Herzog von Berry[264], das zwischen 1411 und 1416 entstanden ist, die Tracht der Stützfigur für alttestamentarische Könige, z. B. für David oder die drei Könige der Anbetung, verwendet. Doch auch Kaufleute der Zeit haben sich ähnlich gekleidet. Wenn auch die Blatt- und Astformen der Konsolen auf eine geistliche Bedeutung hinweisen, so muß doch jede Deutung der Figur mangels ergänzender Hinweise durch die verlorengegangenen Vermutung bleiben. Möglicherweise hängen diese Figuren mit der Teilnahme der Bremer an dem Kreuzzug Heinrichs V. zusammen, die durch die gefälschten Privilegien des Kaisers für die politische Stellung der Stadt so bedeutungsvoll war. —
In Gerstenbergs Buch über mittelalterliche Werkmeisterbildnisse[265] findet sich nichts Vergleichbares. Allerdings wird auf dem Altar von Hakendover in Flandern, der zwischen 1400 und 1404 entstand, in einer kleinen Nebenszene eine Baustelle dargestellt, bei der ein Maurer die gleiche Kopfbedeckung trägt[266]. Es wird aber nicht klar, ob er ein langes Gewand trägt. Zeichnungen und Bilder des 15. Jahrhunderts zeigen gelegentlich bei Bauhandwerkern unterschiedlicher Richtung die gleiche Kopfbedeckung[267]. Jedoch tragen alle am Bau Tätigen immer kurze Gewandung. Die Baumeister allerdings, die die Arbeit anleiten und die an ihren Stäben zu erkennen sind, tragen lange Gewänder[268]. Da die Ansicht aus der Dilichschen Chronik von 1604 für die Türmchen an der Marktseite ähnliche Figuren zeigt, ist es vielleicht nicht abwegig anzunehmen, daß ursprünglich die vier am Bau beteiligt gewesenen Meister, Johannes und Henning, Salomon und Kurt, die, wenn man die Rechnungen betrachtet, nach ihrer Bezahlung etwa als gleichgewichtig nebeneinander anzusehen sind, an den Ecken des Baues durch Meister Johannes dargestellt wurden. Denn sie trugen, im wörtlichen Sinne in den Figuren, im übertragenen Sinne in der Realität, die Last des Baues.
Es liegt nahe, in den Figuren, dem Beiwerk und den Architekturteilen einen Zusammenhang untereinander und zum Gesamtbau zu vermuten. Da Dreiviertel des Bestandes verlorengegangen ist, muß jeder Deutungsversuch Vermutung bleiben. —

## 5.10. ***Der Gesamtaußenbau***

### 5.10.1. *Die Vorbilder*

Die architektonischen Besonderheiten des gotischen Rathauses in Bremen seien noch einmal vor Augen geführt: vor die Fassade gesetzter Arkadengang mit umlaufendem Zinnenkranz und in der Mitte eine mit einem Kielbogen überdachte Laube, die zum Oberen Saal führt — Portale an den Schmalseiten — zwischen den Fenstern Figuren auf Sockeln mit Baldachinen darüber — Mauerkranz mit Zinnen um den ganzen Bau — darunter Kreisblenden mit Wappen — an den Ecken von Stützfiguren gehaltene Türmchen — hohes Walmdach — Anbau an der „Rückseite" des Gebäudes.
Sucht man nach Vorbildern für den Bau, so stellt man schnell fest, daß trotz der vielen Rathäuser, die sich Städte im deutschen Raum im 14. und zu Beginn des 15. Jahrhunderts erbaut haben, nur wenige mit dem Bremer vergleichbar sind. Zinnenkranz, Ecktürmchen, Walmdach und Figuren an der Längsseite als Hauptfassade haben nur die Rathäuser in Aachen, begonnen vor 1334 und 1376 noch in Arbeit[269], und das der niederländischen Stadt Brügge, das um 1376/77 begonnen wurde und dessen Figurenschmuck während des 15. Jahrhunderts vervollständigt wurde[270]. Doch müssen wir bei ihm das Vorbild in Aachen suchen. Beide Bauten haben zwar im Gegensatz zu Bremen die Portale an der Hauptfront, doch hat Aachen einen über der Treppe zum Portal vorspringenden, von zwei Säulen getragenen „Verkündigungsbalkon", von dem aus Gesetze und Verordnungen verlesen wurden. Nun ist genau dieser Balkon in Bremen auch vorhanden, nur daß der niedrige, rechts der Säulen verlaufende und mit einem Gitter bekrönte Vorsprung am Aachener Bau in Bremen zu der eleganten Lösung des Arkadenganges erweitert wurde. Denn dieser vorgelagerte Arkadengang ist Bremens ureigene Erfindung. Zwar haben viele spätmittelalterliche Rathäuser von Säulen getragene Arkaden, doch sind diese immer in den Bau einbezogen. Die Fassade ist jeweils bis zu den Säulen und die sie verbindenden Bögen vorgezogen. Nur in Braunschweig baute man vor den West-Flügel des Rathauses von 1393—1396 Lauben, die aber doppelgeschossig bis zum Dach reichen.
So bleibt nur Aachen als mögliches Vorbild für den Bremer Rathausbau. Die außerordentlich enge Beziehung, die die Stadt immer zu Karl dem Großen hergestellt hat, legt es nahe, daß man die Bedeutung des Rathauses der Stadt Karls, in der Teile seiner Pfalz aus dem 8. Jahrhundert mit einbezogen sind, durch ein Abbild auf Bremen übertrug. Da man nicht die über 30 Kaiserbildnisse adaptieren konnte, nahm man, vielleicht Kölner Anregungen folgend, die sieben Kurfürsten für die Fassade. Aber auch Aachen hatte für diesen Punkt ein Vorbild zu bieten: Das alte Rathaus, das sog. Grashaus[271], trug die sieben Kurfürsten schon seit 1267 an der Fassade. Hier finden wir die erste Darstellung der Kurfürsten überhaupt. Dieses alte Rathaus hatte auch nach dem Bau des neuen im 14. Jahrhundert seine Funktion nicht verloren. Bis zum Ende der reichsstädtischen Zeit hat sich der Rat in dem Gebäude noch versammelt. Hier wurden die Strafurteile des Schöffenstuhles verkündet.
Auf der ältesten Darstellung des Aachener Rathauses[272] wird die linke Ecke der Hauptfassade von einem schlanken, achteckigen Turm begrenzt. An der SO-Ecke erhebt sich der riesige Granusturm und an der Westseite der halbrunde Marktturm. Beide liefen in schmalen, achteckigen Türmchen aus. Diese Turmformen erschei-

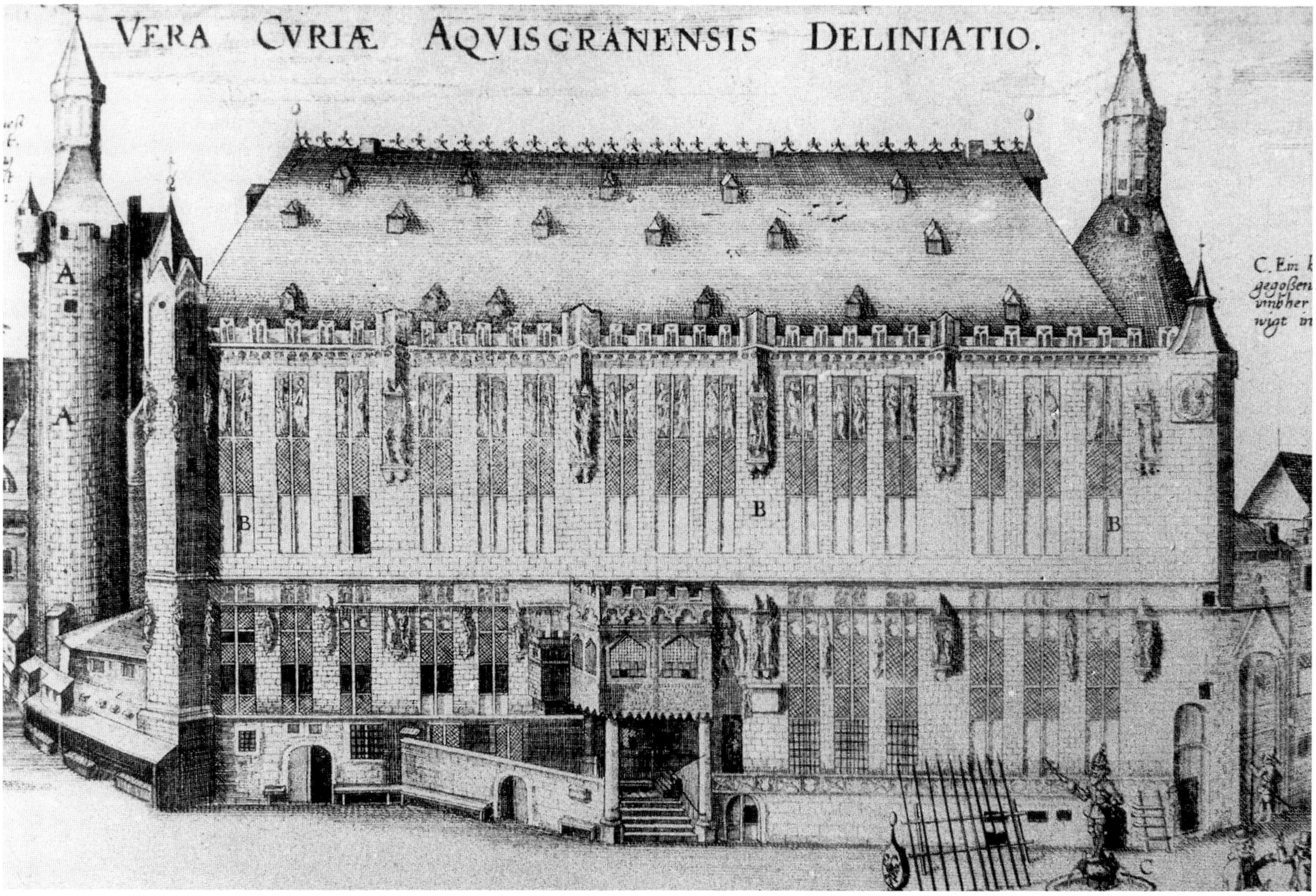


Abb. 60 *Rathaus der Stadt Aachen, um 1660 (nach Hogenberg)*

nen dann auch in Bremen, während die großen Aachener Rathaustürme unverwechselbar an die ehemalige Kaiserpfalz gebunden waren und damit auch einen ganz anderen Bedeutungscharakter trugen. Das Erstaunliche ist jedoch, daß der Zugang zum Kaisersaal in Aachen an der gleichen Stelle lag[273], an der auch in Bremen der Hauptzugang zur Oberen Halle sich öffnete, nämlich an der Rückfront ganz zur Ecke hin.

Die Übernahme eines Vorbildes für das Bremer Rathaus liegt weder in der überzeugenden Funktion noch der bestechenden ästhetischen Form des baulichen Vorbildes. Vom Vorbilde werden die ideellen Gehalte, Tradition und politische Gehalte übernommen, so daß die genaue formale Verbindung manchmal sogar schwer herzustellen ist. Trotz des Fehlens verbindlicher schriftlicher Quellen dürfen wir beim Bremer Rathaus aus dem Zusammentreffen einiger wichtiger gleicher formaler Teile und der sehr engen politisch-religiösen Verbindung, die in Bremen seit seinem Beginn als Bischofssitz mit Karl d. Gr. bestanden hat und die von der Ratspolitik vor und nach 1400 mit allen Mitteln noch enger geknüpft wurde, mit einiger Sicherheit schließen, daß nicht so sehr Köln, als vielmehr Aachen dem Bau des neuen Rathauses als Vorbild gedient hat. —

### 5.10.2. *Palatium und Rathaus*

Der zweite Bezugspunkt muß sehr viel näher gesucht werden. Bis 1909 stand, ursprünglich ohne das Rathaus zu berühren, das Stadthaus fast genau in rechtem Winkel zu jenem. Beim Abbruch des Stadthauses, das dem Neuen Rathause weichen mußte, stellte man fest, daß in ihm wesentliche Teile des ehemaligen erzbischöflichen Palatiums steckten. 1816 bis 1819 wurde dieses Palatium zum Stadthause umgebaut, wobei man die vorhandenen Bauteile möglichst benutzte[274]. Ehrhardt stellte fest, daß nicht nur der Fußboden des Erdgeschosses im Palatium und der der Unteren Rathaushalle in einer Höhe lagen[275], sondern daß sich auch die Abmessungen des großen Saales im Erdgeschoß des Ostbaues des bischöflichen Palastes mit seinen vermutlich zwei Reihen Stützen in den Abmessungen der Unteren Rathaushalle fast genau wiederholten[276]. Dieses Palatium hat Erzbischof Giselbert von Brunkhorst (1274—1306) nach 1293 für sich als Wohn- und Amtssitz erbauen lassen, nachdem die an gleicher Stelle gelegene Burg bei einem Aufruhr in Brand gesteckt worden war[277]. In der Folgezeit wurde das Palatium im wesentlichen zum Amtshaus des erzbischöflichen Stadtvogtes, der den Vorsitz im Stadtgericht zu führen hatte[278]. Erzbischof Giselbert hatte trotz des gegen ihn gerichteten Aufruhrs die Bestrebungen der Stadt nach mehr Selbständigkeit wenn nicht selber gefördert, so doch wohlwollend geduldet. Eine Reihe von Rechten stärkte die Stellung des Rates und damit auch die Selbständigkeit der Stadt. Teile der Gerichtsbarkeit gingen in die Hände des Rates über, er verlieh den Handwerkern Privilegien und traf Bestimmungen über die bei der Aufnahme in die Bürgerschaft zu beachtenden Formen. Die Lücken in seinem Kreise ergänzte er selber. Und wahrscheinlich führte seit dem Ende des 13. Jahrhunderts der Ratsvorsitzende den Titel Bürgermeister[279]. Unter der Herrschaft dieses Erzbischofs wurde mit der Niederschrift der „Statuten“ begonnen. Diese Satzung von Rechtsnormen berührte allerdings die öffentlich-rechtlichen Verhältnisse und die Beziehung der Stadt zu ihrem Landesherrn kaum, sondern regelte im wesentlichen die Beziehung der Bürger zueinander und zu Fremden. —

Es ist nun nicht weiter verwunderlich, daß der Bau, mit dem so viele für die Selbständigkeitsbestrebungen der Stadt verbundene Fakten und die Person des der Stadt geneigten Landesfürsten Giselbert verknüpft waren, nicht ohne Einfluß auf den Bau des neuen Symbols städtischer Macht und Freiheit blieb. Größe, Höhe und Innengliederung des herrschaftlich-bischöflichen Saales werden für das neue Rathaus übernommen. Mit dieser Kopie sollen Macht und Würde dieses Baues, von dem die landesherrliche Rechtssprechung ausging, auf das neue Gebäude übergehen, von dem ja nun eine ganze Reihe ursprünglich erzbischöflicher Rechte ausgeführt wurde. Die beiden Portale jeweils an den Schmalseiten finden sich

Abb. 61 *Palatium der Bremer Erzbischöfe, Frontseite zum Rathaus, Rekonstruktion (nach Stein)*

an dem neuen Repräsentationsbau wieder, ebenso ihre Form in gotischen Spitzbögen mit den beiden seitlichen Fenstern und dem großen über ihnen[280]. Doch das neue Rathaus war reicher, repräsentativer und wirkungsvoller in seiner äußeren Gestalt allein schon durch die verwendeten Materialien: Statt einfach gebrannter Ziegel werden am Neubau auch farbig glasierte verwendet; Portale, Fenster, Ecken und Figurenschmuck sind aus Haustein und nicht aus gebrannten Formsteinen. Durch den Figurenschmuck konkurrierte das neue Rathaus zumindest vom Reichtum der äußeren Form her sogar mit dem Dom. Das Dach des neuen Ratssitzes war wahrscheinlich mehrere Meter höher als das des Palatiums. Palatium und Rathaus stehen mit ihren Innenräumen auf der gleichen Höhenebene. Das bedeutet im übertragenen Sinne: Rat und Stadt stehen mit dem Landesherrn auf „gleicher Ebene", sie bestehen gleich groß und gleichrangig nebeneinander. Nur ist die Stadt eben „reicher" und „größer".

### 5.10.3. *Das Rathaus als Abbild von „Stadt"*

Das Rathaus trägt nicht nur Züge des Palatiums der Bremer Erzbischöfe und des Rathauses der Stadt Karls des Großen, Aachen. Zinnen und Türme, Portale mit Architekturabbildungen und das nach allen Seiten abfallende Walmdach lassen in ihm das Abbild einer Stadt erkennen. Das Rathaus ist sozusagen die Kurzform einer Stadt in idealer Gestalt[281]. Wichtige Details der Stadt Bremen wiederholen sich in seinem Rathaus, so daß der Schluß, daß bei diesem Abbild einer Stadt es sich um Bremen selber handeln muß, sich geradezu aufdrängt. Die Hauptdurchfahrtsrichtung durch die Stadt erstreckt sich in ihrer Längsachse vom Doventor zum Ostertor. Dementsprechend liegen in gleicher Richtung an den Schmalseiten des Rathauses an der West- und Ostseite die Portale. Die Zugänge zur Oberen Halle liegen an der Nordseite des Baues und entsprechen damit dem Ansgari- und Herdentor. Das Stephanitor finden wir im Zugang zum Ratskeller neben dem Westportal wieder. Damit wird auch erklärlich, warum die Bremer den Zugang zu ihrem Rathaus nicht von seiner Hauptseite, vom Markte her, angelegt haben. Hier ist die Stadt von der Weser begrenzt. Ist das Rathaus „Abbild" seiner Stadt, müßte hier eine Besonderheit im Architektonischen vorliegen. Tatsächlich finden wir den vor einen Rathausbau vorgelegten Arkadengang nur hier in Bremen. Ein durch Gewölbe und Arkaden geschützter Weg führt am Rathaus vorbei, dessen Funktion nur dann zu verstehen ist, wenn man ihm abbildhaften Charakter beilegt. Dieser überdeckte Gang ist von der Oberen Halle durch die sog. „Laube" zu überschreiten, deren Kielbogenfeld wahrscheinlich das Bremer Wappen trug[282]. Wie kann man die Bedeutung der Weser für Bremen besser symbolisieren? Des „Reiches Straße" kann seit kurzem von der Stadt ohne Eingreifen des Landesherrn gesichert werden. Dem dienten die Kämpfe gegen die Seeräuber und die mit ihnen verbündeten Friesen. Der Absicherung der Herrschaft über friesisches, reichsfreies Gebiet dienten nicht nur die Urkundenfälschungen Hemelings, sondern auch die Errichtung des Rolands. „Über" des Reiches Straße hat Bremen sein Wappen aufgerichtet. Es schützt für Kaiser und Reich, die zum Strom hin blicken — und selbstverständlich im eigenen Interesse — die Weser. Sie wird in den Wehrbereich der Stadt mit einbezogen. Im architektonischen Abbild geschieht das durch die Zinnen über den Arkaden und durch die Wappenschilde befreundeter Fürsten und Städte darunter. Von der Stadt aus wird die Weser überschritten; die Brücke lag an der Stelle der heutigen Wilhelm-Kaisen-Brücke, ohne daß die Stadt auf dem Westufer schon Fuß gefaßt hätte. Diese Tatsache finden wir in der Laube abgebildet. Das Rathaus ist also ein architektonisches Abbild der Stadt Bremen. Erst damit erklärt sich eine Reihe von architektonischen Besonderheiten seiner Form. —

Auch der Anbau in der Mitte der Nordfront ordnet sich in dieses Abbild ein. An dieser Seite der Stadt erstreckte sich in der Hauptsache stadtbremisches Gebiet. Werderland, Blockland und Hollerland lagen rechts der Weser etwa im Halbkreis um die Stadt, nur Vieland lag links des Stromes. Die Stadt betrieb das ganze 14. Jahrhundert hindurch eine immer engere Anbindung der vier Gohe an ihr Regiment. Das wurde offensichtlich auch abbildhaft mit dem Anbau am Rathaus nach außen hin sichtbar gemacht. Daß sich die Vierzahl der Gohe in der Anzahl der Pfeiler, die den Anbau trugen, wiederholt, mag man noch als Zufall ansehen. Aber die Tatsache, daß der Zinnenkranz zwar um den eigentlichen Rathausbau herumgeführt wurde, nicht aber um das Nebengebäude, findet nur darin seine Erklärung. Zinnen mit ihrem Zeichencharakter für Stadtmauer konnten an ihm natürlich nicht verwendet werden. Die Türmchen am Nebengebäude könnten durchaus Abbild für die befestigten Türme und Häuser sein, die im Vorfeld der Stadt Schutz und Wächteramt übernahmen, zum Beispiel der Pagentorn, Steinturm, Warturm, Kattenturm oder Arster Turm. Ihre Namen haben sich zum Teil als Ortsnamen bis heute erhalten. In der geringeren Größe des Baukörpers und dem sehr viel niedrigeren Dach spiegeln sich das Selbstverständnis des Rates und der Bedeutungszusammenhang, wie er von ihm in der Beziehung zwischen Bremen und seinem Umland verstanden wurde. Damit wird auch deutlich, warum die farbige Gliederung der Außenfront nicht gleichmäßig auch am Anbau weitergeführt wurde. Stadt und stadtbremisches, abhängiges Gebiet mußten sich auch in ihrem Abbild, obwohl unauflöslich zusammenhängend, trennen.

Die einfache Mauerung an der NO-Ecke zum Palatium hin kann sich in diesem Zusammenhang eigenlich nur aus dem besonderen Status der Domimmunität innerhalb der Stadt erklären. Vielleicht liegt hier auch zusätzlich eine gewisse Rücksichtnahme auf das nicht ganz so glanzvolle Äußere des erzbischöflichen Palastes vor, dessen Ziegelsteinwände diesen ornamentalen Reichtum nicht aufwiesen.

Die Betrachtung der Portale hat gezeigt, daß sie nicht nur die Bedeutung normaler Stadttore haben können. Sie sind vielmehr auch Abbilder der Tore des Paradieses. Sie führen zu einem Abbild des „beschlossen Garten" der Maria, der im Spätmittelalter immer mehr an die Stelle des Himmlischen Jerusalem der Apokalypse des Johannes tritt. In ihrem bildhaften Schmuck treten Recht und Gerechtigkeit und die Gnade Gottes, die der Sünder in Jesus

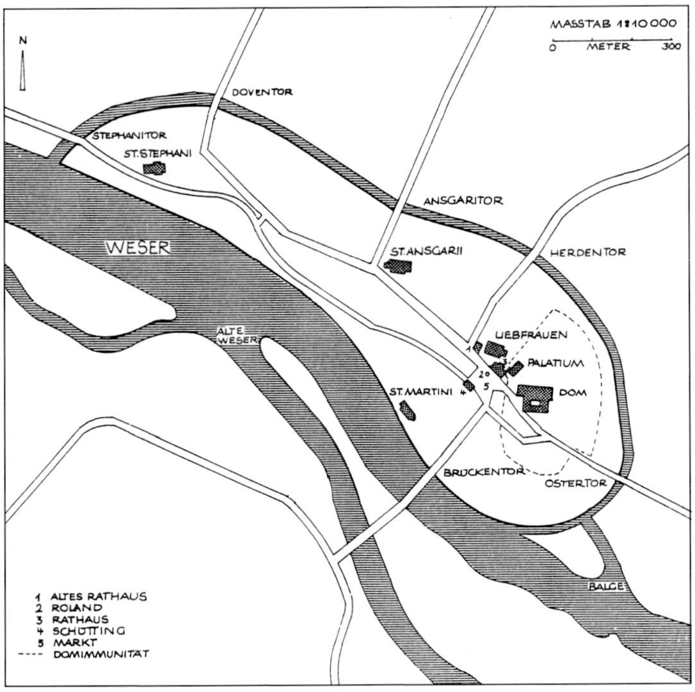


Abb. 62 *Bremen zu Beginn des 15. Jh. mit den wichtigsten Gebäuden, Straßen und Stadttoren*

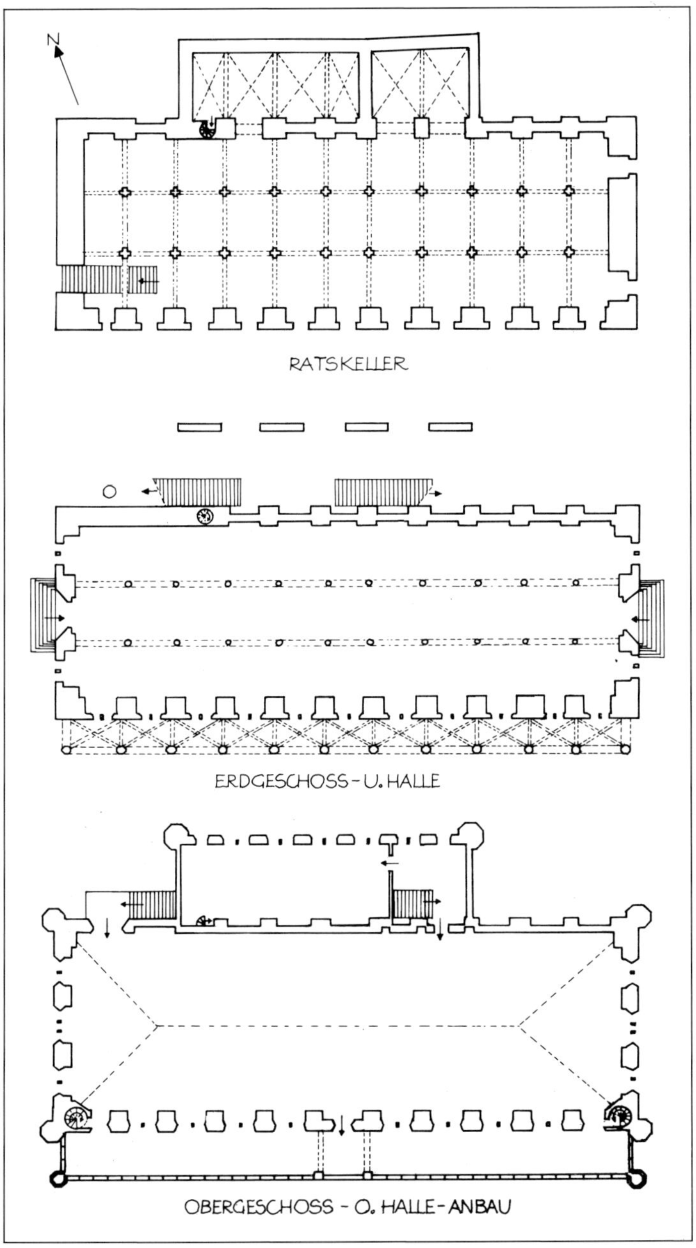


Abb. 63 *Grundriß des gotischen Rathauses, Rekonstruktion*

Christus und durch die Fürbitten der Madonna findet, besonders hervor. Die Blattkonsolen der Türmchen deuten in ähnliche Richtung. Die Propheten an den Schmalseiten des Baues sind Verkünder und Garanten des himmlischen wie des irdischen Rechtes. Sie trugen auf ihren Schriftbändern wohl Sprüche zum Recht, wie wir sie auch am Ratsstuhl finden. Sie flankieren die Repräsentanten des Reichsrechtes, dessen „Freiheiten" sich Bremen zu erkämpfen suchte. Das Rathaus ist also als Abbild von „Stadt" nicht nur Abbild Bremens, sondern auch, ähnlich den mittelalterlichen Domen, ein Abbild der himmlischen Stadt, die auch Stätte des Gerichtes ist. Jesaja verheißt: „Darum spricht der Herr ...: Ich werde ... dir wieder Richter geben wie zuvor waren, und Ratherren wie am Anfang. Alsdann wirst du eine Stadt der Gerechtigkeit und eine fromme Stadt sein."[283] Die Verbindung von Stadttor und „Holz des Lebens" an den Rathausportalen findet sich in der Offenbarung des Johannes: „Selig sind, die seine Gebote halten, auf daß sie Macht haben an dem Holz des Lebens und zu den Toren eingehen in der Stadt."[284] Das Rathaus kann also durchaus als irdisches Abbild der göttlichen Stadt des Gerichts verstanden werden.

Dieser Zusammenhang ist für die Zeit, die wir zu untersuchen haben, nicht so weit hergeholt, wie das unserer Epoche vom Sinn des Rechtes und von der Art seiner Setzung durch die Vertreter des Volkes erscheint. Für das Mittelalter ist letztlich Gott die Quelle jeden Rechtes. Die Sitte des täglichen Lebens, religiöse und kirchliche Normen und die Vorschriften des weltlichen Rechtes deckten sich weitgehend. Es ist kein Recht in dieser Zeit denkbar, das nicht im göttlichen Recht verankert gewesen wäre. „Da das Strafrecht die Wiederherstellung der gestörten Rechtsordnung bezweckt, so ergab sich vom Standpunkt des Mittelalters als leitender Gedanke die Wiederherstellung der durch verbrecherische Handlung gestörten Rechtsordnung des christlichen Gottesstaates."[285] Der Weg des Bürgers, der zum Dom, dem „Haus des Herrn", ging, mußte das Rathaus passieren und konnte dann, befreit durch weltliche Strafen von seinem Rechtsvergehen, dort eintreten. Es ist das Abbild des Weges, den der Gläubige durch die „Stadt der Gerechtigkeit", das Jüngste Gericht, zu nehmen hat, um dann durch Gnade zum Bewohner des Himmlischen Jerusalem, dem „Paradiese", zu werden. –

Der gotische Bau des Bremer Rathauses trägt neben seiner Funktion als Rats- und Gerichtshaus noch verschiedenerlei abbildhaften und symbolischen Charakter. Innengröße, Gliederung und Lage setzen ihn in enge Beziehung zum Palatium der Bremer Erzbischöfe als dem Sitz landesherrlicher Gerichtsbarkeit. Er ist Abbild des Rathauses der Stadt Karls des Großen. Das Rathaus in Bremen ist Abbild und Kurzform einer idealen Stadt gewesen: Es stellt die Stadt Bremen selber dar und in der Verbindung von „beschlossen Garten" und Himmlischem Jerusalem die Stadt des Jüngsten Gerichts. Damit hat es Hemeling verstanden, diesen Bau innerhalb seiner politischen Konzeption in Vergangenheit, Gegenwart und Zukunft in Glauben, Tradition und Politik zu verankern: Eingebunden in den Heilsplan Gottes, nimmt er abbildhaft und symbolisch zugleich das Jüngste Gericht vorweg und ordnet sich und seinen Bau in die Mitte zwischen dem Typus der Propheten und dem Antitypus des Weltenrichters ein. Dadurch setzt sich die Stadt in ihrem Anspruch als Rechtswahrerin eine außerordentlich hohe Verpflichtung, der sie andererseits aber vor dem Vorwurf niederen Machtstrebens, vor allem gegenüber dem kirchlichen Landesherrn, bewahrt. Wie mag sich der Bremer Erzbischof als geistlicher Hirte einem Bau mit solchen Ansprüchen widersetzen? Muß er ihn nicht geradezu fördern, wie das ja auch durch Zuwendungen in nicht unerheblicher Weise geschah?

Dadurch, daß der Bau auch Abbild des Rathauses der Stadt Karls des Großen ist und die Repräsentanten des Reiches trägt, wird nicht nur dessen Rechtsordnung — und auch Rechtssetzung — und die der Stadt Bremen, die ja ebenfalls in dem Bau impliziert ist, auf die beste Tradition zurückgeführt, die sich im politischen Leben der Zeit denken läßt. Die außerordentlich vielen Rechtsansprüche, die anderenorts auf Karl zurückgeführt wurden, bestätigen das.

Die vielfachen Bedeutungsebenen des Baues und ihr Ineinandergreifen demonstrieren eindrucksvoll die Einheit, die Glaube,

Abb. 64—67 *Ratsstuhlwangen, Vorder- und Rückseiten mit Paulus und Petrus/Papst*

Politik und tägliches Leben im Mittelalter noch spielten. Zweifellos ist das Rathaus damit ein Beispiel für die Verbindung von echtem Glauben und politischem Kalkül, das die Wende zur Neuzeit schon ahnen läßt. Die Zeichen geistlicher, politisch-rechtlicher und politisch-wirtschaftlicher Macht — Propheten, Kurfürsten und Wappen der verbündeten Städte und Fürsten —, die das Rathaus „zieren", stellen einen starken Schutz dar. Unter diesem Schutz steht Bremen, in seinem Rathaus abgebildet, Stadt der Gerechtigkeit, die abbildhaft das Jüngste Gericht auf Erden verkörpern darf. –

## 5.11. ***Der Ratsstuhl***

### 5.11.1. *Die Ratsstuhlwangen*

Den wichtigsten Teil der Innenausstattung des gotischen Rathauses bildete einst der im Ostteil der Oberen Halle aufgestellte Ratsstuhl. Die Eingliederung der Hansestadt in das französische Empire unter Napoleon und die damit verbundene Auflösung des Rates der Stadt Bremen führten auch zur Zerstörung des Gestühls. Jahrelang war es verschollen, bis dann die vier, heute im Focke-Museum stehenden Seitenteile wieder auftauchten[286] und die Gelegenheit bieten, uns wenigstens ein ungefähres Bild des Gesamtgestühls zu machen. Ergänzt werden die noch vorhandenen Teile durch zwei, wenn auch sehr summarische Beschreibungen, die vor allem die Verse enthalten, die Propheten, Dichter, Philosophen und Theologen auf Spruchbändern in ihren Händen hielten, mit denen die Rückenwände des Gestühls innen und zum Teil auch außen geschmückt waren[287]. Diese Quellen erlauben es uns, eine Vorstellung von der Bedeutung und dem Sinn des Ratsstuhls zu gewinnen.
Die vier erhaltenen Wangen tragen auf ihren Außenseiten jeweils figürliche Darstellungen in einem Architekturrahmen. Ihre Höhen variieren zwischen 229 cm und 263 cm, wobei die größte Wange (Petrus) noch etwa 25—40 cm höher war, da sie oben und unten beschädigt ist. Die Breite der Teile liegt zwischen 45 cm und 57 cm. Drei der Wangeninnenseiten tragen ein flaches, ornamentales Architekturrelief. Die vierte Wange zeigt an der Innenseite ein Pflanzenornament in einer Architekturrahmung.
Die erste Wange[288] trägt Paulus. Er ist halb nach rechts gewendet und ist an dem Schwert in seiner Rechten, das er mit dem Gewand umfaßt, und an der Bibel in der Linken zu erkennen. Die Figur steht in einer flachen Nische, von halber Höhe bis zum Kopf von Doppelsäulen flankiert, die einen mit Krabben besetzten Kielbogen tragen. Die die Wange nach außen begrenzenden Fialen sind fast völlig abgebrochen. Das Maßwerk hinter dem Kielbogen endet horizontal. Darüber wird das Bremer Wappen in einem Kreis von einem zweiten Kielbogen eingefaßt, der wiederum von Fialen flankiert ist. Diese stützen sich auf zu den Seiten blickende Tiere: Links finden wir einen Hund mit Halsband und Schelle daran, rechts spielt ein Affe auf einem Dudelsack. Die Rückseite der Wange zeigt das Pflanzenornament: Aus einer Blüte wächst eine Pflanze bis in die Spitze des Kielbogens, deren Blattwerk sich dreimal kreisförmig ordnet. In der Mitte des unteren Kreises schaut ein Raubvogelkopf aus einer Blüte, im mittleren eine menschliche Halbfigur mit Blütenblättern statt Haaren, und im oberen finden wir eine Blüte.
Das Bildfeld der zweiten Wange präsentiert uns Petrus, barfuß, in seiner Rechten den Schlüssel, in seiner Linken einen Stab, dessen oberes Ende direkt über der Hand abgebrochen ist. Auf dem Kopf trägt er die mit einem Kreuz besetzte Tiara. Die Figur ist in ganzer Länge von einem um die Wange herumfassenden Säulenbündel an der linken Seite umrahmt, während der Abschluß rechts neben dem Säulenbündel glatt ist. Das Maßwerk hinter dem Kielbogen ist von dem vorigen nur geringfügig verschieden. In einem nach oben

Abb. 68—71 *Ratsstuhlwangen, Vorder- und Rückseiten mit Karl d. Gr. und Willehad*

durch einen Halbkreis abgeschlossenen Feld halten zwei Engel das Bremer Wappen, unter dem sich ein Löwe und ein Drachen anfauchen. Der darauf gesetzte Kielbogen mit Maßwerk, von doppelten Fialen beiderseits gerahmt, ist im oberen Teil beschädigt. Entsprechend der Vorderseite ist die Rückseite dreifach durch Maßwerk gegliedert. Im Mittelteil ist in einem Kreis ein Fischblasenmotiv eingearbeitet.

Die dritte Wange ist mit 242 cm die größte nach der Petruswange. Im Bildfeld steht ein geharnischter König. In seiner Linken trägt er ein Schwert mit der Spitze nach oben, das in Schulterhöhe abgebrochen ist. Die haltende Hand steckt in einem Panzerhandschuh. In seiner rechten Hand hält der König den Reichsapfel, dessen Kreuz ebenfalls verlorengegangen ist. Die Hand ist durch den mantelartigen Umhang verdeckt. Die ornamentale Gliederung der Gestühlswange gleicht in fast allen Teilen der ersten und vierten. Allerdings fehlt beidseitig der schräg abknickende Vorsprung, der bei jenen mit Fialen bekrönt ist. Die rechte Seite endet glatt wie bei der Petruswange und die linke Seite ebenfalls, doch ist hier offensichtlich ein Stück abgeschnitten. Ein glatter Abschluß wie rechts ist hier ebenso denkbar wie auch die schräg angesetzte Fiale wie bei Wange vier und eins. Im oberen Wangenteil ist das Reichswappen mit dem bekrönten Doppeladler reliefartig herausgeschnitzt. Die abschließenden Fialen, deren rechte verloren gegangen ist, werden von hockenden männlichen Gestalten, mit kurzem Gewand und gekreuzten Beinen der eine, der andere mit langem Gewand und erhobenen Armen, gestützt. Auf der Rückseite sind oben ein in einer Kreisform ineinanderlaufende Fischblasen als Motiv verwendet. Diese Wange trägt noch deutlich sichtbare Reste der ursprünglichen farbigen Fassung. Bei den übrigen Wangen hat man sie entfernt.

Die vierte Wange trägt das Bildnis des Domgründers Willehad. In bischöflichem Gewand mit Krummstab und Mitra, schreitet er nach links und hält in seiner unter dem Gewand verborgenen Rechten das Modell des Bremer Domes. Das Wangenoberteil zeigt das bischöfliche Wappen, die sich kreuzenden Schlüssel. In einer späteren Zeit ist der nach unten zeigende Schlüssel herausgeschnitten worden, so daß ein, nicht ganz einwandfreies Bremer Wappen übriggeblieben ist. Auf der linken Seite fallen in Höhe des Dommodells einige Löcher auf, die mit Sicherheit von der Stange herrühren, mit der der Ratsstuhl einst gegen die Öffentlichkeit abgesperrt wurde[289]. Die Rückseite zeigt ein reiches, ausgewogenes Maßwerk. In halber Höhe entdeckt man auf ihr einen geschnitzten, sich nach innen wölbenden Engelflügel.

Auf der Rückseite aller Wangen ist in 107 bis 112 cm Höhe jeweils an einem Rand ein etwa 10 x 5 cm großes rechteckiges Loch, von dem aus eine 1,5 cm breite Nut nach unten verläuft. Hier waren die Rückwände des Gestühls eingelassen. Damit gewinnen wir einen Anhaltspunkt für die Stelle, die das Einzelteil im Gesamtzusammenhang eingenommen haben könnte. —

Eine zusammenhängende Erfassung des ikonologischen Gehaltes des alten Ratsstuhles läßt sich erst in Angriff nehmen, wenn es zur Klärung der Frage kommt, ob die erhaltenen Teile nur die Hälfte der vorhandenen Wangen war, oder ob mit ihnen alle bildhaften Darstellungen ähnlicher Art gerettet worden sind. Waren die vier Bänke des Gestühls jeweils an jeder Seite von Wangen begrenzt? Träfe diese Annahme zu, würde das bedeuten, wie schon die Denkmale vermuten, daß die anderen vier verloren gegangen sind. Damit wäre jede Rekonstruktion und damit auch ein ikonologischer Deutungsversuch von vornherein schon fast zum Scheitern verurteilt. Doch dazu ist eine Untersuchung der schriftlichen Quellen unerläßlich.

### 5.11.2. *Die Wände des Ratsstuhles*

Wir finden bei Deneken nicht nur eine farbige Beschreibung des Ratsstuhles, wie er bis zu seiner Zerstörung ausgesehen hat, sondern wir haben auch das Glück, die Sprüche überliefert bekommen zu haben, die auf den Rücklehnen der Bänke geschrieben standen. Sie befanden sich auf Spruchbändern, die Propheten, Dichter, Philosophen und Theologen in Händen hielten. Durch die Beschreibung Renners kennen wir ihre ursprüngliche Form, Reihenfolge und auch die Namen, denen sie zugeordnet worden waren. Im 18. Jahrhundert gibt Post in seinen Aufzeichnungen zum Teil andere Sprüche wieder, teilweise auch andere Namen und eine veränderte Reihenfolge. Da hier eine Rekonstruktion des gotischen Stuhles versucht werden soll, mag diese zweite Fassung, der eine Umstellung und Renovierung des Stuhles zugrunde liegen muß, vorerst unberücksichtigt bleiben.

Renner beschreibt die Inschriften innerhalb seiner Chronik in Form eines Gedichtes, so daß allein schon durch diese äußere Fassung die Vermutung auftaucht, daß er sie zur Zeit seiner Niederschrift nicht direkt vom Gestühl abgeschrieben hat, sondern das Gedicht als Ganzes einer älteren Vorlage entnommen hat. In einem Prolog wird der Sinn der Sprüche erläutert, und dann erfolgt ihre Aufzählung[290].

I. „De averste Banck int Norden . . .“
*Propheten:*
1. Moses
2. Jesaja
3. David
4. Salomon
5. Ezechiel
6. Ecclesiast
Bei Post: „Angeli forma abque scriptura“

II. „Up der anderen Bank stan . . .“
*Philosophen:*
7. Aristoteles
8. Plato
9. Seneca
10. Cato
11. Sokrates
12. Boetius
Engel

III. „Up der neddersten bank rechtssinniges umb . . .“
*Dichter:*
13. Vergil
14. Ovid
15. Horaz
16. Terenz
17. Alanus
Engel

IV. „Up der veerden bank an der wand“
*Theologen:*
18. Petrus
19. Paulus
20. Jacobus
21. Gregorius
22. Ambrosius
23. Hieronymus
24. Augustinus
Engel

Den Versen und Namen der Innenseite des Ratsstuhles folgen die an der Außenseite an zwei Bänken, die so standen, daß sie dort gut sichtbar waren.

IIIa. „Buten up der neddern bank int norden“
25. Julius
26. Tobias
27. Tullius
28. Primas
29. Daniel

IIa. „An der andern bank buten umb“
30. Secundus
31. Vulcanus
32. Cicero
33. Macer
34. Freidank
35. Macrobius

Für die Rekonstruktion werden sich die Reihenfolge der Namen, die Angabe der Richtung, in der die Bank stand, und die Anzahl der Namen als wichtig erweisen.

Jedoch schon die erste Ortsangabe läßt zwei Deutungen zu: Die Prophetenbank „int norden“ — bedeutet das nun, wie Meyer meint, daß die Innenseite der Bank nach Norden schaute, oder, wie die Denkmale vermuten, daß die Bank an der Ostseite der Halle stand und der erste Prophet, Moses, am nördlichen Ende dargestellt war? Weiter hat man angenommen, wie auch die Durchnumerierung der Namen zeigt, daß der Schreiber innen im Stuhl stehend, bei Moses beginnend und dann immer rechts herum Namen und Verse notiert hat. Doch warum steht dann an der dritten Bank ausdrücklich „rechtssinniges umb“? Das bekommt doch erst einen Sinn, wenn man die Leserichtung dort ändert. Von jeher eindeutig war nur die Stellung der vierten Bank. Sie stand „an der wand“. In der Oberen Rathaushalle gibt es nur eine durchgehende Wand. Die Nordwand war nicht von Fenstern durchbrochen. Die Theologenbank war ganz an sie herangerückt. Nimmt man diese Tatsache als gegeben, dann ordnen sich die anderen Bänke folgendermaßen: Die „overste“ Bank steht an der Ostseite der Oberen Halle unter den Fenstern mit dem Rücken zum Dom hin. Es folgen zur Marktseite hin die Philosophenbank mit Aristoteles bis Boetius (Nr. 7—12). An ihrer Außenseite treten die Dichter von Secundus bis Macrobius auf (Nr. 30—35), die von den Fenstern zum Markt hin beleuchtet wurden. Zur Tiefe des Saales hin stand die Dichterbank mit nur je fünf Namen innen (Nr. 13—17) und außen (Nr. 25—29). Es bleibt allerdings die Frage nach der Stellung der Engel. Waren sie jeweils auf der rechten Seite einer Bank angebracht? Dabei können wir davon ausgehen, daß die Engel der Prophetenbank bei Renner nur deswegen nicht genannt sind, weil sie kein Schriftband mit Spruch trugen.

### 5.11.3. *Rekonstruktion*

Gehen wir von den bekannten Fakten aus: Der Ratsstuhl bestand aus vier Bänken, die im Rechteck so zusammengestellt waren, daß die „vierkante“ Form zu seinem Charakteristikum gehörte. Bilder und Sprüche markierten auf der Prophetenbank sechs Sitze und dort wie auf allen anderen Bänken je einen Platz(?), der durch Engel an der Rücklehne gekennzeichnet war. Philosophen- und Dichterbank standen so, daß auf der Rückseite der Wände einmal sechs und einmal fünf Dichterpersönlichkeiten dargestellt waren. Die Untersuchung der Rückseiten der Wangen hat nichts ergeben, was auf eine Anbringung von Sitzen unter ihnen schließen ließe. Dagegen spricht auch die Tatsache, daß ihnen doppelt lange Verse zugeordnet sind. Die Spruchbänder, auf denen sie aufgemalt waren, müssen etwa auch die doppelte Länge gehabt haben. Das war aber nur möglich, wenn die Fläche, die innen durch die Rücken der sitzenden Ratsherren abgedeckt war, an den Außenseiten für einige weitere Windungen des Spruchbandes zur Verfügung stand. —

Um eine Zuordnung der erhaltenen Ratsstuhlwangen innerhalb des Gesamtgestühles zu erlangen, gehe ich von der Arbeitshypothese aus, daß es nur vier Wangen gegeben hat. Wäre jede Bank von zwei gleichen Teilen seitlich abgeschlossen gewesen, so müßten wir mit acht künstlerisch etwa gleichen Teilen rechnen. Die fehlenden müßten aber von der ornamentalen und figürlichen Gestaltung den vorhandenen mindestens ebenbürtig gewesen sein, so daß eine Auswahl der noch existierenden bei ihrer Bergung nicht recht einsichtig ist.

Geht man davon aus, daß tatsächlich nur vier Wangen vorhanden waren, so ergibt sich eine sinnvolle Rekonstruktion des Gesamtstuhles. Das ist der Fall, wenn man jeweils zwei Bänke über Eck direkt aneinander stellt, daß dort die Anbringung von Wangen sinnlos und sogar unmöglich ist. Dann würden die vorhandenen Wangen die Bänke von zwei Eingängen zum Stuhl abgrenzen[291]. Form, Größe und die Lage der Nuten an den Rückseiten lassen die Wangen eins und vier mit Paulus und Willehad als zusammenge-

hörig erscheinen. Sie sind niedriger als die beiden anderen Teile. Paulus blickt dann an der Philosophenbank nach Osten zum Dom hin, während Willehad die Dichterbank zur Nordwand hin begrenzen würde. Beide Wangen sind nicht nur nach innen zum Stuhl hin, sondern auch zur Rückseite von übereinanderstehenden Fialen auf schräger Grundfläche begrenzt. Damit geben sie den Figuren und Sprüchen auf der Rückseite dieser beiden Bänke die notwendige Rahmung, die bei den beiden anderen Wangen fehlt.
Die beiden anderen Wangen sind so gearbeitet, daß sie jeweils mindestens an einer Schmalseite völlig gerade abschließen, und damit steht fest, daß sie bei der ursprünglichen Aufstellung an einer Wand gestanden haben müssen. Die Wange mit dem König muß daher die Bank an der Nordwand zur Halle hin abgeschlossen haben. Der Figur gegenüber finden wir Willehad, so daß über die Deutung der Figur als Karl der Große kein Zweifel mehr bestehen kann. Denn beide sind in Bremen immer wieder gemeinsam dargestellt worden. Zusammen mit Paulus würde Petrus an der SO-Ecke den dortigen Stuhleingang flankieren. —
Damit wäre aber auch der Standort des Stuhles eindeutig bestimmt. Er hat ursprünglich genau in der NO-Ecke der Oberen Rathaushalle gestanden, wobei sich zwei Rückwände an Nord- und Ostwand anlehnten. Der erste Eingang zum Stuhl war an der Nordwand von der Halle her. Es war der Zugang von der im Anbau gelegenen Alten Wittheitsstube, in der der Rat nichtöffentlich Beratung hielt.
Über dieser Tür müssen wir wohl ursprünglich die Verstafel von 1491 suchen. Dieser Zugang zum Ratsstuhl konnte, wenigstens später, durch eine Stange gesperrt werden. Der zweite Zugang befand sich an der Ostwand, etwa unter dem großen Mittelfenster. Paulus wendet sich hier nach rechts zu Petrus hinüber. Ähnliches gilt für Willehad, der sich nach links dem anderen Zugang zuwendet, während Karl geradeaus in die Halle dem Hinzutretenden entgegenblickt. —
An der Innenseite der Willehadwange finden wir, deutlich erkennbar, einen Engelflügel. Der Engel griff also von der Rücklehne des letzten Sitzes der Dichterbank mit seinem rechten Flügel auf die Wange über[292]. Das führt zu verschiedenen Schlüssen: Erstens sind die Engelsitze nicht später hinzugefügt, um den Stuhl zu erweitern. Zweitens muß man annehmen, daß die Halbfiguren der Rücklehnen nicht gemalt, sondern als flache Reliefs geschnitzt waren. Allerdings ist nicht ganz auszuschließen, daß nur der Übergang zu den Reliefs der Wangen plastisch ausgebildet, sonst aber alles gemalt war. Solche Kombinationen aus plastischer Form und Malerei kennt die gotische Kunst. Ein Übergreifen eines Flügels um eine Ecke finden wir auch beim rechten der wappentragenden Engel über Petrus.
An gleicher Stelle findet sich an der Karlswange eine ähnliche Form, die, wenn auch nicht so deutlich, nur von einem Engelflügel, der um eine Ecke herumgriff, herrühren kann. Damit wird deutlich, daß die Engel nicht jeweils den rechten Sitz einer Bank als Rückenlehne bilden, sondern immer an die Wangen stoßen. Damit wird auch der Text bei Renner verständlich: Er zählt die Figuren nicht in fortlaufender Reihenfolge auf, beginnend bei Moses in der NO-Ecke nach rechts herum, sondern er beginnt jeweils in den Ecken und geht auf die Gestühlswangen zu. Damit wird der Richtungszusatz über der dritten Bank sinnvoll, da ja die vorhergehende Philosophenbank anders laufend beschrieben war. Durch diese Ordnung stehen sich die wichtigsten Vertreter der christlichen Lehre und die der antiken Lebensauffassung über Eck gegenüber. Moses, der erste Prophet, und Petrus, der oberste Apostel, finden in Aristoteles, dem für das Mittelalter wichtigsten Philosophen der Antike, und entsprechend Vergil, dem bedeutendsten Dichter, ihr Gegenüber. So ist zu vermuten, daß die Bürgermeister der einzelnen Stadtviertel hier ihren Sitz hatten, während auf der jeweiligen Bank die zu ihnen gehörenden Ratsherren Platz fanden. Damit nehmen die beiden regierenden Bürgermeister die Sitze unter den Halbfiguren von Moses und Petrus ein. Die in der Regierung stehenden Ratsherren finden ihre Plätze auf den Bänken der Propheten und „Lehrer Christi". Die Bänke mit den Bildnissen antiker Philosophen und Dichter blieben der „Wittheit" vorbehalten. Nun unterscheiden sich Bank III. und IV. in der Anzahl ihrer Sitze, so daß diese schöne Verteilung nicht ganz aufgeht. Vielleicht ist der

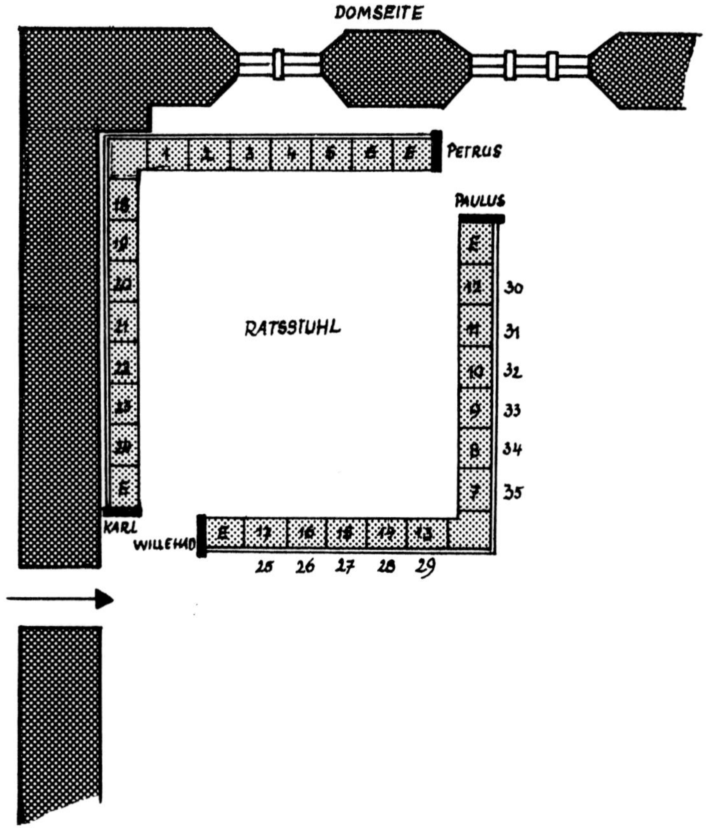


Abb. 72 *Rekonstruktion des Ratsstuhls, angenommene Größe der Sitze 70 x 50 cm*

Grund tatsächlich darin zu suchen, daß man, um einen Zugang zum Stuhle zu schaffen, diese beiden Reihen mit fünf und sieben Sitzen sowie den Engelsitzen ausstattete[293].

### 5.11.4. *Zur Datierung*

Für die Frage, ob der Ratsstuhl in das Bildprogramm des gotischen Baues eingefügt ist oder für sich alleine steht, ist die Kenntnis seiner Entstehungszeit von entscheidender Bedeutung. Ist er während oder kurz nach dem Rathausbau entstanden, ist die Wahrscheinlichkeit groß, daß sein ikonologisches Programm mit dem des Gesamtbaues zusammen konzipiert wurde und beide Teile sich ergänzen. Eine Entstehung von nur zwei oder drei Jahrzehnten später läßt einen solchen Zusammenhang dann zumindest sehr fraglich erscheinen.
Gehen wir von den erhaltenen vier Gestühlwangen aus. Sie sind von den meisten wegen des an ihnen verwendeten Kielbogens erst in das zweite Viertel des 15. Jahrhunderts oder später datiert[294]. Eigentlich nur Habicht[295] ist für eine gleichzeitige Entstehungszeit von Rathausfiguren und Ratsstuhlwangen eingetreten.
Der Kielbogen[296] kommt vereinzelt seit dem ausgehenden 13. Jahrhundert vor und hat seine volle Ausbildung und Verbreitung seit dem späten 14. Jahrhundert erhalten. In Architektur und Kunsthandwerk findet man ihn vor allem in den großen Kunstzentren: im Prager Dom der Parler, an den Figurenbaldachinen der Westportale des Kölner Domes, an der Reeser Turmmonstranz von 1394[297], die in Köln hergestellt wurde, an den Figurensockeln des Nordportales der Heiligkreuzkirche in Schwäbisch Gmünd[298], wo hinter Kielbögen das gleiche Maßwerk wie an den Ratsstuhlwangen verwendet wird, und an der Kartause von Dijon, die den berühmten Mosesbrunnen des Claus Sluter beherbergt. Die Beispiele ließen sich erheblich vermehren. Doch so weit braucht man gar nicht zu gehen. Am Bremer Chorgestühl des Domes wurde der Kielbogen in einer Vorform schon um 1370 verwendet. Die Rathauslaube wurde über den Arkaden zum Markt hin durch einen Kielbogen nach oben abgeschlossen. Die Baldachine von Petrus und dem Kölner Erzbischof zeigen die gleichen Kielbögen wie die Wangen. Eine entsprechende Form weist das Abendmahlsrelief im Bremer Dom, das zwischen 1400 und 1410 anzusetzen ist, auf, und das von Hart-

Abb. 73 *Kopf des Paulus vom Ratsstuhl*

Abb. 74 *Kopf des Hiob*

laub in die Nähe der Rathausfiguren gerückt wurde[299]. Die Frage nach der Verwendung des Kielbogens in Bremen fur die Zeit kurz nach 1400 kann also nur positiv beantwortet werden. Diese Form, die seit einiger Zeit schon vor allem in den großen damaligen Kunstzentren sich zunehmender Beliebtheit erfreute, könnte in ihrer „Modernität" gerade auch für das Bremer Ratsgestühl ausgewählt worden sein. Denn an dem Neubau wurde sie nur dort verwendet, wo man bestimmte Bauteile oder Figuren besonders akzentuieren wollte. —

Das gleiche läßt sich von dem auf den Rückseiten der Petrus- und Karlswange verwendeten Fischblasenmotiv feststellen. Hierfür seien nur zwei Beispiele angeführt: Diese Ornamentform findet sich auf dem sogenannten Parlerreliquiar aus dem Prager Domschatz aus dem 3. Viertel des 14. Jahrhunderts[300]. Auch hier taucht wieder der Name Parler auf. Ebenfalls ins Prag der Parler, eventuell aber auch nach Köln, vor allem von den Architekturformen der Parler ausgehend, weist das Aachener Dreiturmreliquiar. Auch dieses Motiv ist schon vor 1400 in Gebrauch. —

Habicht hat den engen Zusammenhang der Rathausfiguren mit denen des Ratsgestühls schon sehr genau beschrieben. So braucht hier nur auf einige besonders markante Stellen noch einmal hingewiesen zu werden. Der Vergleich im Foto macht vor allem den außerordentlich engen Zusammenhang des Pauluskopfes mit dem des Hiobs bis hin in die linearen Übereinstimmungen des Bartes deutlich. Die Gemeinsamkeiten werden um so verblüffender, wenn man den Größenunterschied und die Wirkung durch die unterschiedlichen Materialien berücksichtigt. Das gleiche gilt für die Ähnlichkeit in Körperhaltung — allerdings im Gegensinne — und die Art und Weise des Faltenwurfes. Besonders deutlich wird das bei beiden Figuren an der großen Falte über der Körpermitte und an der darunterliegenden, die den vorgeschobenen Oberschenkel markiert. Bei Karl dem Großen fallen Körperhaltung, Rüstung, Beinstellung, Gesichtstyp und die Ausformung des Bodens, auf dem die Figur steht, als wörtliche Übereinstimmung mit den Figuren des Böhmenkönigs und der Kurfürsten vom Rhein und von Brandenburg ins Auge. Vielleicht nicht ganz so überzeugend ist der Vergleich der Petrusfiguren, deren Köpfe sich, soweit trotz der Beschädigung an der Holzfigur zu erkennen ist, aufs genaueste gleichen. Hier könnte allerdings die außerordentlich stark verbreitete Typisierung in der Petrusdarstellung als Grund der Übereinstimmung angenommen werden. Körperhaltung und Gewandfalten des Papstes finden ihre sehr ähnliche Entsprechung bei Jeremia. Dem gleichen bartlosen Kopftyp wie bei Willehad begegnen wir in dem Kopf der Sockelfigur des Mainzer Erzbischofs und dem der Maria und nicht zuletzt beim Roland wieder. Die Übereinstimmungen der Außenfiguren mit denen des Gestühls sind so groß, daß man nicht nur eine gleichzeitige Entstehungszeit annehmen muß, sondern sogar vermuten darf, daß einer der Meister der Großfiguren auch die des Ratsstuhls geschaffen hat. —

Renner hat im Band I seiner bremischen Geschichte die Beschreibung des Ratsstuhles dem Bau des Rathauses zugeordnet. Die Sprüche, die er im Anschluß daran aufgeschrieben hat, sind offensichtlich nicht vom Ratsstuhl direkt abgeschrieben, sondern einer älteren Vorlage entnommen. Nicht nur der gereimte Prolog und die in Versen gesetzten Zwischentexte zur Prophetenbank, sondern auch die durch eine andere Schrift hervorgehobenen Sprüche der Propheten legen dies zwingend nahe.

E. H. Meyer hat in seiner Untersuchung der Sprüche zum Ratsstuhl schon darauf hingewiesen, daß Renner wahrscheinlich einige der Worte etwa 150 Jahre nach ihrer Niederschrift nicht mehr recht verstanden und sie deswegen fehlerhaft übertragen hat[301]. Darüber hinaus sind schon aus dem Jahre 1426 Redensarten überliefert, die mit dem Ratsstuhl zusammenhängen. Das ist aber nur möglich, wenn ein solches bedeutsames Gestühl vorhanden ist[302]. Vergleicht man die Sprache dieser Verse mit sicher datierten des beginnenden 15. Jahrhunderts, etwa mit dem Ruhmesgedicht auf die Bremer über den Kampf um die Friedeburg von 1408[303] oder der Sprache der Chronik von Rynesberch und Schene, wird deutlich, daß die Sprache der Ratsstuhlverse in jene Zeit gehört. —

Damit bestätigen die stilkritischen Untersuchungen zur Frage nach der Entstehungszeit des Ratstuhls aus der Oberen Halle das, was man aus Renners Beschreibung zum Jahre 1405 über den Bau des

Rathauses schließen muß: Neben „herlichen“ Wappenscheiben des römischen Kaisers und der sieben Kurfürsten wurde gleichzeitig „ock de verkante stoel des rades mit bilden und herlichen sproeken geziret“.

### 5.11.5. *Die Sprüche*

Obwohl die Sprüche auf dem Bremer Ratsstuhl bereits in den Denkmalen und bei E. H. Meyer veröffentlicht sind, macht ihre inhaltliche Untersuchung den nachfolgenden Abdruck notwendig. Ihnen liegt der Band I der Rennerschen Chronik bis zum Jahre 1511 zugrunde, den die Universitätsbibliothek Bremen unter der Nummer Brem. a. 79 besitzt[304].

PROLOGUS

Veer Lüde merke.
Do öhre Lehre mit den Wercke
De hebben Breve in ohrer Hand.
Und stan an Rugge wand.
Dar de Raht Heren sitten gaht.
Öhre Lehre ist kort und nicht quat.
Se lehret Geistlich, wertlich Recht.
He sy Ryke, Arm, Herr oder Knecht.
We na öhrem Rahde fahret,
Gott öhne jummer bewahret.
De ward nummermehr verlahren,
Unde wert sin utherkahren.
De ersten sind Propheten.
De neddersten sint Poeten.
De andern sint Philosophi
De veerde Banck Lehrer Christi.

I. *De averste Banck int Norden.*
*Sprickt Moises mit korten Worden.*
1. *Moises* Hebbe Rechtferdicheit vor Gott dinem Heren.
*De ander het Isaeie*
*Miner Word ick nicht vortye.*
2. *Isais* Sonder vertoch doth recht Richten
*De Drüdde het Köning David.*
*Und sprickt ock in korter Thid*
3. *David* Salich sind, de dar dohn rechtferdicheit tho allen tiden
*König Salomon de Wise*
*Is de veerde, sprickt mit Prise.*
4. *Salomon* Gaven verblinden de Ogen der Richtere.
*De vöfte het Ezechiel.*
*De sprickt apenbahr sonder Heel.*
5. *Ezechiel* Rechtferdicheit verlöset de Seelen, und iuwe Richte sy apenbar
*Ecclesiasticus de Söste*
*Sprickt thom Ende int leste.*
6. *Ecclesiasticus* Vor de Rechtferdicheit kive beth in den doht

II. *Up der andern Banck stan binnen düße nafolgende Spröke.*
7. *Aristoteles* Ein Richter sy tho vorne Recht.
De richte den Heren sambt den Knecht.
8. *Plato* We im Recht beschonet sinen frund.
De ist der Ehren und Sinnen Blind.
9. *Seneca* Im Rahde nemande temet,
De Gut vor Ehre nemet.
10. *Cato* Im Torne richte nene Sake.
Hoet Dy vor hetischer Wrake.
11. *Socrates* Richte nicht eines Mannes Word.
De wedder redt sy den gehört.
12. *Boetius* Wat mach Saken haet und Nieht
De richte jo in Korter Thid.
*Angelus* Richtet jo in der Rechtferdichheit.

III. *Up der neddersten Banck rechtsinniges umb stahn düße Spröke.*
13. *Virgilius* Wo de Richters sind in der Stede[305]
So sind de Borgers gerne mede.
14. *Ovidius* Wor Dwanck is dar is Ehre.
So segget uns der Meister Lehre.
15. *Horatius* Land und Lüde irret sint.
Wo der Richter is ein Kind.
16. *Terentius* Der Stede Eindrechticheit.
Is öhr beste Ummekleid
17. *Alanus* Wolde sinem Rechte unrecht doht,
Dar ward dat Ende selden goht.
*Angelus* Im Richtende provet juw sulven.

IV. *Up der veerden Banck an der Wand.*
18. *Petrus* Wes gnädig und guth
De Gnade dy nicht vorderven doht
19. *Paulus* Nemand doht Unrecht,
Wen der Sunden Knecht.
20. *Jacobus* Doht jo Barmhertigkeit,
Dat Hemmelrike juw apensteit,
21. *Gregorius* Folget der Barmhertigkeit
So sind de Engele juw bereit.
22. *Ambrosius* Woll Unrecht will tho rechte han,
De mot vor Gade tho rechte stahn.
23. *Hieronimus* Nein Levend is so guth
Als dar men Recht in duht.
24. *Augustinus* Laht dy Unrecht nicht mede gahn,
Wiltu na guht und Ehren stahn.
*Angelus* Bekennet juw tho der Wyßheit

IIIa. *Buten up der neddersten Banck int Norden.*
25. *Julius* Woll will tho wilder Selschup gahn.
De shall idt wieslick annefahn,
Gelick und Heel, up rechten Sinn
Dat ward in Ehren din Gewin.
26. *Tobias* Ahne frage jo weinig sprick.
Wes woll bescheden, des Rahde ick.
Des Menschen Witte een ende hat,
Wann öhme de grote Torne bestaet.
27. *Tullius* Woll will na höger Ehren streven
De shall gar Dögentlick leven.
Wol kan vormiden bösen Rahd
Dem werd vorhöget woll sin Grad,
28. *Primas* Dwinge dinen sin, up wise Word,
So werd din Rede woll gehort,
Flithe dy an Othmödigheit
Alle Dögede sint dy bereit
29. *Daniel* Höht dy vor hoferdige Daht,
Nieth, Haet Torn van dy gaht.
Tein Gades Gott beschreven stat
De holdet baven alle Raht.

IIa. *An der andern Banck buten umb*
30. *Secundus* Höd dy vor dunckel guden sinn
Dat werd in Ehren din Gewinn
De Armen shaltu nicht vorschmaen
Mit hulpe dat is woll gedahn.
31. *Vulcanus* Truwe unde Wyßheit shaltu minnen
Darmede Gades hulpe winnen.
Dat beste vor de Meinschaft
Schall werken diner Witte Kraft
32. *Cicero* Ein höversch Hert mit niede beseten.
Dar is recht und vele döget an vorgehten
He is Dumm, woll wrecket sinen Tohrn
So dat he sulven werd vorlohren.
33. *Macer* Ein Richter sünder Scham und Ehr.
Richtet recht nummermehr
Des Uns gut bilde scholden geven
De felschen gemeinlich öhres sulves leven
34. *Friidanck* Wer Döget hat, is wol gebaren
Ahne Döget is de adel gar vorlaren
Ein jewelick Mann tho scherme gaht,
Lügner vor sine Mißedaht.

35. *Macrobius* We gerne frede maket,
Vaken he dat beste raket,
folge jo der besten Lehre
Dinen Muth van Boßheit kehre.

Der Text ist in Reimpaaren abgefaßt. Die einzelnen Aussprüche der Propheten des A. T. sind durch einen Reim verbunden. Auf den Bänken II bis IV tragen die Autoren jeweils einen Reim auf ihrem Spruchband, während an den beiden Außenseiten (IIIa, IIa) hinter jedem Namen jeweils zwei Reimpaare (a, b) zu finden sind. Innerhalb des ganzen Gedichtes stehen nur die einzeiligen Sprüche der Engel außerhalb eines Reimes. –

Die Untersuchungen von E. H. Meyer über den Ursprung der Sprüche bringen einiges Überraschende zutage. Soweit er ihre Herkunft hat feststellen können, stammen sie nur zu einem Teil von den Autoren, die angegeben sind (1–6, 18–20, 32a, 34a+b). Ein erheblicher Teil ist „Freidanks Bescheidenheit" entlehnt (9, 15, 17, 19, 22, 23, 26b, 33b), einige Reimpaare sind in den Catonischen Distichen zu finden (26a, 30b, 35b), einige bei Cicero (8, 19), bei Aristoteles (33a), bei Caesars Rede in Sallusts Catilina (10) und als Sprichwort (14). Unbekannter Herkunft sind fünfzehn Reimpaare. Diese Tatsachen lassen erkennen, daß dem Mittelalter an historischer Treue und literarischer Wahrheit und Genauigkeit im Zitat offensichtlich nicht allzuviel gelegen war. Für diejenigen, die den Ratsstuhl konzipierten, standen andere Überlegungen im Vordergrund.

### 5.11.6. *Die Deutung des Ratsstuhles*

#### 5.11.6.1. *Die Vor-Bilder*

Unser Verständnis für mittelalterliche Kunst, Geschichtsauffassung aber auch Politik wird dadurch erschwert, daß wir es verlernt haben, typologisch zu denken. Diese typologische Denkweise währte noch bis weit über das Mittelalter hinaus in die Neuzeit. Goethes „Faust" ist noch voll von typologischen Anspielungen[306]. Als Überrest dieser Sicht der Weltgeschichte bezeichnen wir noch heute in der historischen Datierung Christi Geburt als Fixpunkt. Die Typologie lehrt, daß bestimmte historische Ereignisse Vor-Bilder, Präfigurationen, für die Erscheinungsformen kommender Geschehnisse darstellen, in denen sie sich dann erfüllen und vollenden. Die christliche Typologie sieht in den Tatsachen und Ereignissen des Alten Testamentes die Voraussetzungen, die sich dann im Neuen Testament heilsgeschichtlich erfüllen. Gegenstand der Typologie ist im Typus und im Antitypus der Erhöhung vornehmlich die Geschehensdeutung, insofern das alte und das neue Geschehen sich wechselseitig erhellen. Das Alte ist als Verkündigung des Neuen zu verstehen, das Neue als Erfüllung des Alten. Der Punkt des Umspringens liegt in der Menschwerdung Christi auf Erden. Das vor ihm Liegende wird dadurch nicht entwertet, zur reinen Historie, sondern in seinem Kommen erfüllt sich das Alte. Dem liegen seine Worte aus der Bergpredigt zugrunde: „Ihr sollt nicht wähnen, daß ich gekommen bin, das Gesetz oder die Propheten aufzulösen, ich bin nicht gekommen aufzulösen, sondern zu erfüllen." Die typologische Betrachtungsweise bietet dem mittelalterlichen Menschen ein Ordnungsprinzip für die Geschichte dieser Welt des Heils. Sie setzt durch die Zeit Getrenntes in den Sinnbezug der Erfüllung des Alten im Neuen. Dabei wiegt das Neue schwerer, kommt ihm das Alte an Gewichtigkeit nicht ganz gleich. Die Typologie stellt das Ungleichzeitige simultan vor Augen. Im Typus ist der Antitypus schon angelegt, im Antitypus erfüllt sich die Präfiguration des Typus. Dieser Geschehensbetrachtung liegt der Glaube zugrunde, daß die Welt nach Gottes Plan und Gedanken geschaffen ist und die Geschichte nach ihnen abläuft. Gelingt es dem Menschen, die typologischen Bezüge aufzudecken und zu entschlüsseln, vermag er den Weltenplan Gottes wenigstens teilweise zu erkennen und ihm sich einzufügen. Im Jüngsten Gericht erfüllt sich dann der Plan Gottes vollständig. Dabei waren die Menschen immer vom Ende der Zeiten erfüllt und erwarteten das Kommen des Herrn in naher Zukunft.

Die typologisch angeschaute Welt der Geschichte bietet sich dem Betrachter dreiteilig dar: das Alte, der Typus, der im A. T. seinen Platz findet, erstreckt sich von Adam und Eva bis zu Kommen Christi. Er findet in seinem Antitypus, in der Gestalt und im Leben des Gottessohnes wie seiner Kirche Erfüllung. Durch die Hineinnahme des verheißenen Eschaton in die typologische Heilszeitenfolge wird das Gegenwärtige – selbst ein Antityp – zur Präfiguration des Kommenden. Wie die Geschehnisse des A. T. Vor-Bilder für die des N. T. sind und dort ihre Vervollkommnung finden, so sind die Ereignisse der mit Christus begonnenen Weltzeit im Hinblick auf seine Wiederkunft am Ende der Zeiten Präfigurationen dieser Endzeit.

Dieser typologische Dreischritt hat ungeheure Folgen für die Gegenwart des Mittelalters. Es wird die echte, hohe Zeit der Mitte – medie aetas –, die mit Christus begann und aufs Jenseits ausgerichtet ist. Das Heute als gesteigerte Vergangenheit zielt auf das höhere Morgen. In diesem mittelalterlichen Ordnungsprinzip der Stufung ist der Gedanke des Aufstiegs außerordentlich stark. Gilt es doch, aus der Vergangenheit das Handeln und die Gedanken Gottes zu erkennen und zu ihrer Erfüllung in der Gegenwart beizutragen und damit im Hinblick auf das Weltenende den Typus zu erfüllen und dem Plane Gottes im Ablauf der Geschichte zum Durchbruch zu verhelfen.

Schon in der Frühzeit der Kirche wird die heidnische Antike in die Seite des präfigurierenden Typus mit einbezogen. Ambrosius, einer der Kirchenväter (um 340–397), hat z. B. Ciceros „De officiis" als Gestalt- und Denkmuster für sein Werk „De officiis ministrorum" benutzt. Seit Augustinus wird die christliche Heiligenlegende zur römischen Heldensage in typologische Beziehung gesetzt. Honorius Augustodunensis (12. Jh.) nimmt in Personen, Institutionen und Ereignissen des römischen Staatslebens Präfigurationen des von Christus vollzogenen Heilsgeschehens und des Lebens in der Kirche wahr. Der Triumphzug römischer Imperatoren präfiguriert den Triumph des auferstandenen Christus. Damit erhält die Antike eine dem Alten Testament vergleichbare Rolle der Vorbereitung auf die christliche Erfüllung.

Zu dieser halbbiblischen Typologie gesellt sich noch eine außerbiblische. In jener stehen einer der beiden Pole außerhalb des N. T., in dieser beide. Das geschieht zum Beispiel, wenn die Geschichte der christlichen Kaiser als die antitypische Erfüllung der Geschichte der alttestamentarischen Könige verstanden wird. –

Neben der Erfüllung des biblischen Gebotes, der Nachahmung des Beispieles aus der Bibel und dem Verlangen, Prophezeiungen zu erfüllen, trat als vierte gewichtige Möglichkeit für den im Mittelalter handelnden Menschen, das gegenwärtige Geschehen selbsttätig bestimmen zu können[307]. Hier setzt sich dann der Wille durch, dem Typus aus dem A. T. im Antitypus der Gegenwart zum Durchbruch zu verhelfen und gleichzeitig das Weltengericht als Typus zu präfigurieren. Es gilt, dem Plane Gottes zum Durchbruch zu verhelfen. Das Argument des Bibelwortes wird zur Waffe in der Politik der Kirche und des Reiches. –

Betrachtet man unter typologischen Gesichtspunkten die Ansammlung von Propheten, antiken Philosophen und Dichtern, Kirchenvätern, Aposteln und mittelalterlichen Dichtern auf dem Ratsstuhl der Oberen Rathaushalle, dann bilden sie und ihre Sprüche zur Rechtspflege nicht nur vorbildhafte Ermahnungen für die im Stuhle sitzenden Bürgermeister und Ratsherren. Und die scheinbar willkürliche Auswahl ist dann nicht mehr von den mehr oder minder zufälligen Kenntnissen eines literarisch gebildeten Bürgers des beginnenden 15. Jahrhunderts abhängig[308]. Wahl der Namen, Stellung innerhalb der Reihe und des Ganzen, Zahl und Ort am Stuhl-„Gebäude" bekommen unter der typologischen Betrachtungsweise Sinn, Zusammenhang und Bedeutung. Dagegen lösen sich die Sprüche, die den einzelnen Figuren zugewiesen sind, sehr stark aus diesem Zusammenhang und beziehen sich – beinahe selbständig – auf das eigentliche Thema des Stuhles. Der Ratsstuhl war in seiner Bedeutung noch etwa 150 Jahre nach seiner Entstehung so wichtig, daß der Chronist Renner in der 2. Hälfte des 16. Jahrhunderts mit seinem Text darüber die einzige schriftliche Quelle, die sich auf die Ikonographie und Ikonologie des gotischen Baues bezieht, hinterläßt. –

Sechs Propheten des A. T. (1–6) stehen neben einer gleichen Anzahl antiker Philosophen (7–12). Es entsprechen in diesen beiden Reihen drei große Propheten – Mose –Jesaja –Hesekiel – und drei Weisheitslehrer – David – Salomo – Ecclesiasticus (Jesus Sirach) – je drei griechischen und drei römischen Philosophen: Ari-

stoteles — Plato — Sokrates und Seneca — Cato — Boethius. Alttestamentarische Prophetie und Weisheit und griechisch-römische Philosophie sind zwei der typologischen Säulen, auf denen die Rechtsprechung Bremens ruht. Die Beziehungen zwischen Propheten und Philosophen sind allerdings noch enger gestaltet. Denn es entsprechen sich auch je zwei jeder Reihe. Die ersten Propheten des A. T. finden ihr Pendant in den beiden für das Mittelalter bedeutendsten antiken Philosophen. Den Königen und Propheten des A. T., David und Salomo, stehen die philosophierenden Politiker Seneca und Cato gegenüber. Mit Cato ist wahrscheinlich Marcus Porcius Cato d. Ä. (234—149 v. Chr.) gemeint. Er ist der Typ des Altrömers, der als Politiker durch seine Strenge und Gesetzestreue berühmt wurde. Die Notwendigkeit, seinem Sohn und der römischen Jugend ganz allgemein Lebenskenntnisse altrömischer Art an die Hand zu geben, führte ihn dazu, noch im Alter die griechische Sprache zu erlernen und Schriftsteller zu werden. Seine Sammlung von dem Leben dienenden Sprüchen stellt ihn dem alttestamentarischen Weisheitslehrer Salomo zur Seite. Die Disticha Catonis, eine wohl schon in der Kaiserzeit begonnene, seit dem 4. Jahrhundert erwähnte und seit dem 9. Jahrhundert faßbare Spruchsammlung, behielten den Rahmen der Vater-Sohn-Lehre des älteren Cato bei und fanden schließlich als in viele Sprachen übersetztes Spruchkompendium als Schulbücher bis ins 18. Jahrhundert hinein weite Verbreitung. Cato in Beziehung zu Salomo, dem Vorbild herrscherlicher Gerechtigkeit im A. T. schlechthin, gesetzt und an dieser Stelle zu finden, überrascht nicht.
Besondere Beachtung verdienen auch die beiden letzten der Reihen. Das Buch Ecclesiasticus aus den Apokryphen des A. T. ist von dem vornehmen Juden Jesus Sirach aus Jerusalem im 2. Jahrhundert v. Chr. als Sammlung von Weisheitssprüchen geschrieben worden. Die Apokryphen stehen zwischen dem A. T. und dem N. T. und bilden damit einen Übergang zwischen beiden. Boethius' Stellung[309] zwischen antiker Philosophie und christlichem Glauben ist eine vergleichbare. Unter der Herrschaft Theoderichs d. Gr. wird er als Gelehrter anerkannt und zu Staatsämtern berufen. Von den arianischen Goten später mit anderen katholischen Politikern verbannt, lange Zeit eingekerkert, wird er schließlich wegen seines Glaubens als Verräter hingerichtet und als Märtyrer angesehen. Boethius ist der letzte Repräsentant des philosophischen Bildungsideals der Antike. Sein Werk ist eine der Grundlagen der Kultur des Mittelalters geworden. Vor allem durch ihn wurde die Philosophie des Aristoteles und des Plato dem Mittelalter bekannt. Seine Lehrschriften sind eine der wichtigsten Grundlagen für die Scholastik und die mittelalterliche Wissenschaft überhaupt. Er gilt neben Aristoteles als Autorität. Wie die alttestamentliche Reihe mit Mose beginnt und mit Jesus Sirach als Weisheitslehrer kurz vor der Geburt Christi endet, so umfassen die Namen Aristoteles und Boethius für das Mittelalter Beginn und Ende antiker Philosophie beziehungsweise deren Überleitung in die christliche Glaubenslehre.
Die vier nach ihrer Wichtigkeit für das Mittelalter geordneten Dichter (13—16) finden ihren Antityp in den vier Kirchenvätern des 4. bis 6. Jahrhunderts (21—24) an der Bank nach Norden hin. Gleichzeitig werden schon seit dem 8. Jahrhundert die Kirchenväter in enge Verbindung mit den Evangelisten gebracht. Häufig sind deren Symbole mit ihnen verbunden: Augustinus mit dem Engel des Matthäus, Hieronymus mit dem Löwen des Markus, Ambrosius mit dem Stier des Lukas und Gregor d. Gr. mit dem Adler des Johannes. Die Evangelisten werden also, ohne selbst aufzutreten, einmal durch ihre typologische Darstellung der römischen Dichter wie auch durch die mit ihnen verbundenen Kirchenväter in den Ratsstuhl mit einbezogen. Aber ebenso wie Christus in diesen typologischen Zusammenhang nicht hineingenommen werden kann, können auch die Evangelisten nicht Antitypus und Typus zugleich sein.
Die drei noch fehlenden Figuren der Bank an der Nordwand schließen den typologisch zu verstehenden Ring: Petrus und Paulus als wichtigste Baumeister der Kirche Christi auf Erden erfüllen den Typus der bedeutendsten Propheten des jüdischen Volkes, Mose und Jesaja. Gleichzeitig erfüllen und überwinden sie in Christo die Lehre der ersten antiken Philosophen Aristoteles und Plato. Gerade bei Mose und Petrus führen im Mittelalter eine das Gemeinsame über das Trennende hebende und bis zur gegenseitigen Durchdringung gehende Annäherung von Typus und Antitypus zu einer im Erscheinungsbild manchmal zusammenfallenden Form[310]. Ob das am Bremer Ratsstuhl ebenso war, wissen wir nicht. Doch wird die außerordentlich enge Zusammengehörigkeit durch das direkte Nebeneinander sinnfällig. David, König und Prophet des Volkes Israel und Stammvater Christi, findet in der Gestalt des Jakobus, des Bruders des Herrn und erstem Vorsteher der christlich-jüdischen Gemeinde in Jerusalem, seinen Antitypus. Bei beiden wird unter anderem die familiäre Bindung zu Christus betont.
Wie in der Typologie der Biblia Pauperum jedem Antitypus zwei Typen und vier prophetische Hinweise zugeordnet sind, so finden wir für die Erbauer der Kirche Christi auf Erden als Typen Propheten und Philosophen. Jedem der drei sind ein großer Prophet und ein Weisheitslehrer des A. T. und je ein griechischer und ein römischer Philosoph beigegeben. Den Typus der vier Kirchenväter findet das Mittelalter in den vier großen römischen Dichtern, nicht etwa im A. T. Damit erklärt sich auch ganz selbstverständlich die Anzahl der Sitze auf den einzelnen Bänken des Ratsstuhles. In diesen Zusammenhang ist allerdings die fünfte Figur der Dichterbank (17) nicht mit einbezogen. Sie schmückt die Rücklehne des 24. Ratsherrnsitzes und weist dadurch, daß sie Alanus (Alanus ab Insulis, um 1120—1203) darstellt, schon auf die Figuren an den Außenseiten des Stuhles. Auf seiner Rückseite beginnt auch deren Aufzählung in Renners Gedicht mit Julius Caesar (25).
Mit Alanus ist der Scholastiker Alanus ab Insulis gemeint, der in Anlehnung an Boethius versuchte, das Glaubenssystem aus allgemeinen, philosophischen Regeln abzuleiten. Die Schedelsche Weltchronik von 1493 berichtet von ihm als einem Gelehrten, „der alles das gewißt hab, wz ze wissen gewesen sey". Wie Boethius die Verbindung von antiker Philosophie zum christlichen Glauben herstellt, so wird durch Alanus der Bogen zur mittelalterlichen Scholastik geschlagen.
Das Innere des Stuhles enthält außer den 24 mit Figuren und Sprüchen versehenen Sitzen an jeder Seite noch je einen Platz, auf dessen Rücklehne Engel zu sehen waren. Mit ihren Flügeln greifen sie zum Teil auf die Wangen des Gestühls über. Mit diesen Plätzen enthält der Ratsstuhl sogar 28 Sitze. Allerdings sind diese „Engelsplätze" wohl nicht oder doch nicht ständig besetzt gewesen. Jedem Ratsherrn, der auf ihnen ständig seinen Platz gehabt hätte, wäre durch die vorspringenden Gestühlswangen die Sicht auf eine Reihe von anderen Ratsmitgliedern versperrt gewesen. —
Entsprechend den Innensitzen trugen Bank III und Bank II an ihren Außenseiten (IIIa und IIa) je fünf und sechs Figuren mit Sprüchen, die vierzeilig waren. Da hier keine Sitze vorhanden waren, konnten die Spruchbänder entsprechend länger sein. Wie die Umrahmung der Figuren zu den Gestühlswangen und zur Mitte hin ausgesehen hat, wissen wir nicht. Vielleicht haben diese Teile eine ähnliche Architekturornamentik getragen wie die Rückseiten der Wangen, vielleicht aber auch Engeldarstellungen.
In scheinbarer Willkür folgen auf Julius Caesar der Tobias aus den apokryphen Büchern des A. T., auf ihn Cicero, der im Mittelalter als einer der Weisen des Altertums meist nur Tullius genannt wurde. Der um 1160 in Deutschland lebende Dichter Primas steht neben dem großen Propheten Daniel. Man muß sich vor Augen halten, daß diese Ansicht des Ratsstuhles der Tiefe der Oberen Rathaushalle zugewendet war, sie bekam der an den Ratsstuhl Herantretende zuerst zu Gesicht. Parallel dazu war die Wange mit der Figur Karls d. Gr. als einzige so deutlich sichtbar. Damit findet die Hineinnahme Caesars an dieser Stelle ihre erste Erklärung. Er gilt für das Mittelalter als erster römischer Kaiser. Ihm entspricht in der Typologie Karl d. Gr. als erster Kaiser des Heiligen Römischen Reiches Deutscher Nation. Doch auch zum Bankende mit der Figur des Daniel ergibt sich eine geheime Brücke, die in den Sprüchen und im Bildnerischen nicht zum Ausdruck kommt, doch die für den zeitgenössischen Betrachter sicher mitschwang und ablesbar war. Im 14. Jahrhundert geht Caesar durch den Heilsspiegel auch im Hinblick auf das Jüngste Gericht in die Symbolik der Typologie ein[311]. Antipater wird wegen angeblichen Verrats vor Caesar gebracht. Er zeigt ihm als Antwort seine für ihn im Kampf empfangenen Wunden und wird darauf zum Statthalter ernannt. Dieser

Typ findet seine Entsprechung in Christus, der als Lamm mit seinen Wunden vor dem Richterstuhl Gottes erscheint und alle Macht übertragen bekommt[312]. Im A. T. ist die Vision des Menschensohnes vor Gottes Thron, der ihm alle Macht und Ehre verleiht, bei Daniel zu finden[313]. Caesar und Daniel weisen also als alttestamentarische und außertestamentarische Typen auf den Antityp des Richterstuhls Gottes und die Übergabe der richterlichen Gewalt an Christus hin.
Die Übergabe väterlicher Macht und Gewalt an den Sohn ist auch das Thema des Buches Tobias. Der blinde Tobias übergibt die Leitung seiner Geschäfte seinem Sohn gleichen Namens und schickt ihn hinaus, um von ihm seine Geschäfte betreiben zu lassen. In einer Handelsstadt wie Bremen sprach dieser Hinweis vor allem die Kaufleute an, die ja in ihrer Mehrheit den Rat bildeten. Sie schickten auf ihren Koggen die Söhne über See, um ihre Handelsgeschäfte wahrnehmen zu lassen. In der Folgezeit werden Tobiasdarstellungen in den Handelsstädten Deutschlands und vor allem Italiens immer beliebter. Das Bild des in Geduld und Gottvertrauen harrenden Vaters und des in Gehorsam und Demut handelnden Sohnes und des Lohnes, den beide schließlich erlangen, mag für die alten und jungen Bremer Patrizier und Handelsherren als besonders für sie geltender Typus empfunden worden sein, während sie den Antitypus verkörperten. Nicht der besonders hohe Rang am Stuhl, sondern seine gut sichtbare Stellung an ihm macht diese direkte Beziehung zu Bremen und seinen Bürgern deutlich[314].
Die Ergänzung zu Tobias bildet der deutsche Dichter Primas. Beide schließen den 106 v. Chr. geborenen römischen Staatsmann und Redner Marcus Tullius Cicero ein. Wie Demosthenes bei den Griechen, so bedeutet Cicero für die römische Antike den Redner schlechthin. Sein Name kann geradezu für Beredsamkeit stehen. Seine staatspolitischen, philosophischen und ethischen Schriften haben ihn für das Mittelalter zum Inbegriff römischer Bildung werden lassen. Als Consul vereitelte er 63 v. Chr. die Verschwörung des Catilina, söhnte sich nach erster Gegnerschaft mit Caesar aus und wurde nach dessen Tod im Jahre 43 v. Chr. ermordet. Sein Tod war das Symbol für das Ende der alten res publica. Als ihr Verteidiger und durch seine gleichzeitige Verbindung zu Caesar kommt ihm als Vor-Bild für die Bremer Ratsherrschaft, die der römischen Verfassung durchaus vergleichbar war, besonders auch in ihrer Verbindung zum römischen Kaiser natürlich eine ausschlaggebende Bedeutung zu. Das geht am Ratsstuhl so weit, daß er als einziger ein zweites Mal auftritt, diesmal unter dem uns heute noch geläufigen Namen Cicero (32).
An der Rückseite der zweiten Bank (IIa) steht in der Mitte neben Cicero der römische Dichter Aemilius Macer (gestorben 16 v. Chr.). Freund von Vergil und Ovid, verfaßte er lehrhafte Epen. Das Epos „De naturis herbarum", das man ihm früher zuschrieb, stammt von dem französischen Arzt Odo Magdunensis aus dem 11. Jahrhundert. An ihn schließt sich Freidank an (34). Vridanc — Freidenker — nennt sich der unbekannte Dichter des Lehrgedichtes „Vridancs Bescheidenheit" (d. i. Lebenserfahrung, Einsicht). Es erfreute sich, um 1229 entstanden, wie auch die zahlreiche Verwendung am Ratsstuhl zeigt, großer Beliebtheit. Es handelt sich dabei um eine Sammlung von Weisheitssprüchen und Sprichwörtern.
Am Ende der Reihe steht Theodosius Macrobius (35), ein lateinischer Schriftsteller um 400 n. Chr., der vor allem durch seinen Kommentar zu Ciceros „Somnium Scipionis" berühmt wurde. Sein Pendant am anderen Ende der Bank ist Gaius Plinius Secundus, den wir Plinius d. Ä. nennen. Der 79 n. Chr. bei dem großen Vesuvausbruch umgekommene Schriftsteller ist besonders durch seine Naturgeschichte für das Mittelalter zu einem der Weisen der Antike geworden. Die Persönlichkeit, die sich hinter dem Namen Vulcanus verbirgt, ist unbekannt. —
Die großen Männer am Bremer Ratsstuhl ordnen sich vor allem in Vierergruppen. Den vier großen Propheten Mose — Jesaja — Hesekiel — Daniel schließen sich die vier alttestamentarischen Weisheitslehrer David — Salomo — Jesus Sirach — Tobias an. Den vier griechischen Philosophen Aristoteles — Plato — Sokrates — Boethius entspricht die gleiche Anzahl römischer Staatsmänner und Schriftsteller: Seneca — Cato d. Ä. — Caesar — Cicero, den römischen Dichtern (13—16) die Schriftsteller Plinius d. Ä. — Vulcanus (?) — Macer — Macrobius. Erst das zweifache Auftreten Ciceros macht diese Zusammenstellung möglich. Dem stehen zwei Dreiergruppen gegenüber: Petrus — Paulus — Jakobus und die „zeitgenössischen" Dichter Alanus — Freidank — Primas. Bezieht man die Symbolbedeutung der Zahlen in die Deutung mit ein, so steht im Mittelalter die Vier immer für Welt, die Drei aber für Gott. Betrachtet man die Gruppierungen von der Typologie her, dann wird erkennbar, daß in der ersten Dreiergruppe der ranghöchste Apostel (18—20) der fehlende Christus ist. Christus kann aber nicht als Typus eingesetzt werden. Als Ergänzung zur letzten Dreiergruppe müßte demnach der wiederkommende Christus zu denken sein. Die Weltzeit ist jedoch noch nicht zu Ende gegangen, wenn dieses Ende auch im Mittelalter immer wieder in naher Zukunft erwartet wurde. Das A. T. und die Antike stellen die Typen zum Leben Christi und der nachfolgenden Zeit der Kirche als Antityp. Diese Zeit, die Gegenwart des Mittelalters, aber ist wieder selber Typus für das Ende der Zeiten mit der Wiederkunft Christi. Daraufhin lebt der Mensch, daraufhin ist der Bremer Ratsstuhl konzipiert. —

### 5.11.6.2. *Die Aussagen des Textes*

Eine erste Interpretation der Sprüche am Bremer Ratsstuhl vermittelt der Prolog. Sie beziehen sich auf geistliches und weltliches Recht. Der Ratsstuhl hatte also primär die Funktion eines Gerichtsstuhles. Aus dem Inhalt der Verse wird deutlich, daß mit geistlichem Recht hier wohl nicht in erster Linie das Kirchenrecht gemeint ist, sondern daß mit dem geistlichen Recht Hinweise auf das letzte, das Jüngste Gericht gegeben werden. Die Lehre der am Stuhle auftretenden Vorbilder hat für jeden, aus welchem Stand oder welcher sozialen Schicht er auch kommen mochte, die gleiche Bedeutung. Wer sie befolgt, gewinnt Gottes Bewahrung und die Aufnahme unter die Auserwählten beim Jüngsten Gericht. Durch diese Hinweise werden die an der Rückwand der Ratsherrensitze dargestellten Persönlichkeiten zu absoluten Autoritäten. Wer ihre Hinweise und Lehren befolgt, besitzt, da er sich den Auserkorenen des Himmelreiches zugehörig weiß, ebenfalls unanfechtbare Autorität und Legitimation. Die Ratsherren als Richter werden aufgerufen, dem Bürger dieses Vorbild zu sein und damit auch ihr eigenes Leben in die richtigen Bahnen zu führen (33). Immer wieder wird der Richter zur Gerechtigkeit aufgerufen und gleichzeitig auf seine eigene Seligkeit hingewiesen (1, 3, 5, 21, 22, 23, 26 b). Damit wird dem richtenden Ratsherrn nicht nur große Autorität verliehen, sondern andererseits auch eine hohe Bürde auferlegt.
Alle Sprüche auf den Rücklehnen der vier Bänke (1—24, Engel) enthalten Hinweise auf die Rechtsprechung. Etwa die Hälfte ist in die Form eines Gebotes an den Richter gekleidet. Die Propheten der Bank I (1—6) rufen ganz allgemein zur Gerechtigkeit auf oder gebieten dem Richter gerecht zu richten. Zum Teil geschieht das mit dem Hinweis auf die Erlösung und das Ewige Gericht. Die antiken Philosophen der zweiten Bank (7—12) geben Hinweise und Gebote für die Rechtsprechung selber. Die antiken Dichter (13—16) beziehen sich auf die Rechtsprechung in der Stadt. Nur der Spruch des Alanus (17) ist inhaltlich eigentlich schon denen der Rückseiten zuzurechnen, wie er ja auch als Persönlichkeit innerhalb der Gesamtkonzeption die Verbindung zu den Außenseiten herstellt. Die Hinweise und Gebote der Kirchenväter (18—24) tragen allgemeinen Charakter, sind aber offensichtlich an die Richter adressiert. Vor allem rufen sie zur Gnade und Barmherzigkeit auf und weisen gleichzeitig auf das Himmelreich hin. Hier wird ein weiteres Mal deutlich, wie das Mittelalter die Zeit vor und nach Christi Menschwerdung betrachtet: das A.T. ist die Zeit unter dem Gesetz — die Propheten rufen zur Gerechtigkeit auf. Die Zeit des N. T. und der Kirche steht unter dem Gesetz der Gnade. Durch die Gnade Gottes wird das Gesetz des A. T. erfüllt. Damit wird von den verwendeten Sprüchen auch inhaltlich die typologische Betrachtungsweise des Spätmittelalters, des beginnenden 15. Jahrhunderts, erkennbar und deutlich. —
Die Reime der Außenwände des Ratsstuhles (25—35) bringen allgemeine Tugendlehren und Weisheitssprüche, die zwar auch für die Richter gelten, diese aber nicht mehr direkt ansprechen. Allein schon der Ort ihrer Anbringung am Stuhl läßt sie sich mehr an die

dem Gericht beiwohnende Öffentlichkeit, an die Bürger der Stadt, wenden. Fast immer enthalten die Vierzeiler zwei nicht zusammengehörende Lehren oder Tugendgebote (Ausnahmen 33, 34). Rechnet man den Spruch des Alanus noch der Außenseite zu, so enthalten Innen- und Außenseiten des Gestühls je 23 Sprüche. Hinzu kommen noch die Lehren von drei Engeln der Innenseiten. Zusammen enthält der Stuhl dann sieben mal sieben gleich 49 Sprüche. Die Zahl Sieben hat Vollkommenheitsbedeutung[315], sie ist die Zahl der Offenbarung, des letzten Gerichtes. Wenn sie auftaucht, ist im Mittelalter vom Handeln Gottes an den Menschen die Rede. Damit wird ein weiteres Mal die Symbolik von Zahlen erkennbar, die mittelalterlichen Werken, häufig auf den ersten Blick nicht erkennbar, innewohnt. Hier findet sich auch die Erklärung dafür, daß der oder die Engel der ersten Bank[316] ohne Spruch blieben. Vom Inhaltlichen und von der Zahlensymbolik weisen die Sprüche des Bremer Ratsstuhls auf das Jüngste Gericht hin.

### 5.11.6.3. *Die Bedeutung der Ratsstuhlwangen*

Die Bedeutung der Figuren der Stuhlwangen liegt bei erster Betrachtung bei Karl d. Gr. und Willehad als denen, die nach der Vorstellung der Zeit die Rechte der Stadt Bremen begründeten, und dem heiligen Petrus, dem der Dom geweiht ist. Doch daß hier Petrus mit Paulus am Gestühl ein zweites Mal auftreten und das Wissen über die Bedeutung der Figuren der Rücklehnen zwingen zu neuem Überdenken der Zusammenhänge. In ähnlicher Zusammenstellung finden wir drei der hier Vertretenen in dem angeblich von Herbert Schene verfaßten Gedicht in der Chronik von Rynesberch und Schene[317]. Dort steht als Vierter nicht Paulus, sondern Maria, die Christus um Gnade, Friede, Liebe und Eintracht für die Stadt bittet. In diesem Gedicht werden Karl und Willehad als die Apostel „hir int landt“ bezeichnet. Damit ergibt sich eine erste typologische Beziehung zwischen den vier Relieffiguren der Ratsstuhlwangen. Den beiden ersten Aposteln der Christenheit entsprechen als Antitypen die ersten Apostel im Lande der Sachsen, Karl und Willehad. Dabei ist der Zahlenbegriff hier weniger zeitlich als vielmehr rangmäßig gemeint. Die Beziehung wird noch enger, wenn man beachtet, daß Petrus zwar in Physiognomie, Kleidung und mit den bloßen Füßen des Apostels dargestellt ist, wie wir ihn sehr ähnlich auch an der Domseite des Rathauses erblicken, aber gleichzeitig doch die päpstlichen Herrschaftsinsignien Schlüssel, Stab und Tiara trägt. Da vor allem die Tiara und der mit dem Doppelkreuz versehene Stab — am Relief im oberen Teil abgebrochen — nicht Attribute des Apostels, sondern des Papstes sind, vereint die Petrusfigur zwei Bedeutungen in sich: im Gegenüber zu Paulus die des Apostels Petrus, in der Beziehung zu Karl d. Gr. als dem ersten weltlichen Herrscher der Christenheit die des Papstes als deren geistliches Oberhaupt. Dem ersten Heidenapostel Paulus entspricht der erste Sachsenapostel Willehad. Die über Eck durchlaufenden Bänke stellen jeweils zwischen beiden die Verbindung her. Die Stellung nebeneinander verdeutlicht die zeitliche Zusammengehörigkeit.
Die kleinen Stützfiguren unter den die Wappen rahmenden Fialen oberhalb der Figuren beziehen sich in ihrer symbolischen Aussage auf die vier Apostel. Der mit einem Halsband und Glocke versehene Köter über Paulus versinnbildlicht den Unglauben und der Affe das Böse, den Satan[318]. Der Dudelsack in den Affenhänden steht für menschliche Torheiten und Laster[319]. Gegen sie tritt Paulus mit der Verkündigung des Wortes Gottes, mit der Bibel in seiner Hand auf. Die beiden brüllenden Löwen an der Willehadwange dagegen bedeuten in diesem Zusammenhang den Sieg Christi über Sünde und Tod[320], so wie bei Willehad selber der Dom als Attribut den Sieg der Kirche über die heidnischen Sachsen sinnfällig macht. Beiderseits des Reichswappens über Karl dem Großen stützen zwei Männer in kurzem und langem Gewand die Fialen. Die durch ihre Kleidung Unterschiedenen stellen möglicherweise Stände dar, über die der Kaiser herrscht. Geistliche, Adlige, aber auch reiche Bürger werden immer in langem Gewand, Handwerker, Bauern und Unfreie dagegen immer kurzgewandet dargestellt. Da weitere Attribute fehlen und die ursprüngliche farbige Fassung nicht mehr erkennbar ist, läßt sich die Bedeutung dieser Assistenzfiguren nicht genauer präzisieren.

Abb. 75 *Hockender Mann, Detail der Karlswange*

Abb. 76 *Dudelsack spielender Affe, Detail der Pauluswange*

Über der Figur des Papstes/Petrus fehlen solche Stützfiguren. Dafür halten in einem Extrafeld zwei Engel das Bremer Stadtwappen, unter dem sich ein brüllender Löwe auf einen Drachen stürzt. Auf dem Bremer Chorgestühl im Dom ist ein ganz ähnlicher Drache der Synagoge, der Personifikation der jüdischen Kirche, zugeordnet, die im Gegenüber zur Ecclesia als der Allegorie des wahren Glaubens den Unglauben symbolisiert. Wie wir schon festgestellt haben, vertritt der Löwe den Sieg Christi und den wahren Glauben. Damit wäre das Relief ablesbar. Die Engel Gottes halten das Wappen der Stadt Bremen hoch. Doch unter ihm tobt die Auseinandersetzung zwischen dem Guten und dem Bösen, zwischen dem Glauben und dem Unglauben, zwischen Christus und dem Satan. Dabei ist der Drache, der auch eine der vielen Satansallegorien ausmacht, in die linke untere Ecke gedrängt und wird durch die Spitze des Wappens dort fast festgeklemmt. Da zur Zeit der Entstehung des Stuhls der Kampf um den Bestand des christlichen Glaubens gegen den heidnischen Unglauben für Bremen nicht mehr aktuell war, kann sich diese Darstellung nur auf politische Geschehnisse beziehen, die aber auch mit der Glaubensausbreitung zusammenhängen. Dafür kommen nicht nur die Missionsbestrebungen unter den ersten Bremer Erzbischöfen in Frage, sondern auch die Beteiligung der Bremer an dem Kreuzzug gegen die Stedinger 1234 und vor allem die für die Stadtrechte so wichtige, angebliche Beteiligung an dem Kreuzzug Kaiser Heinrichs 1111. In der Chronik von Rynesberch und Schene steht dieses Ereignis in Gedichtform gleich nach dem, das das Gespräch zwischen Willehad, Karl, Maria und Petrus zum Inhalt hat. Vor diesem Hintergrund liest sich das Relief so: Mit Gottes Hilfe (in Form der Engel) kämpft(e) Bremen gegen den Unglauben. —
Ein weiterer Aspekt der Zusammenstellung von Figuren und Umrahmung und deren Bedeutung muß noch angesprochen werden. Denn es werden nicht nur historische Gestalten in einem typologischen Zusammenhang gesehen und verstanden, nämlich Petrus und Paulus als Typen und Karl und Willehad als Antitypen, sondern dazu auch, hervorgehoben durch das Wappen, die Stadt Bremen. Wie Karl und Willehad die eigentlichen Gründer Bremens sind, so sind Petrus und Paulus die Gründer des neuen Rom, der Hauptstadt der Christenheit. Diese Beziehung wird durch das Wappen über den beiden besonders verdeutlicht. Bremen wird als das neue Rom des Nordens verstanden, als der Ausgangspunkt der Missionierung nicht nur Sachsens, sondern auch der nordischen Länder. Der Anspruch ist groß, das Vor-Bild hoch. Politisch ist die

Abb. 77 *Unter dem von Engeln gehaltenen Stadtwappen der Kampf von Löwe und Drache, Detail der Petruswange*

Stoßrichtung dieses verdeckten Angriffs klar. Sie zielt auf Hamburg, mit dem Bremen zu der Zeit innerhalb der Hanse im Rangstreit um den dritten Platz nach Koln und Lübeck lag. —
Bremen ist in zweierlei Hinsicht als Stadt abhängig. In den Wappen am Gestühl findet das seinen Ausdruck. Die Stadt als politische Macht dokumentiert ihre Abhängigkeit vom Römischen Kaiser[321] durch das Wappen mit dem doppelköpfigen Adler und durch die Gestalt Karls d. Gr. Wichtiger als die Abhängigkeit wird aber, und das wurde schon in gleicher Weise am Roland deutlich, die Freiheit der Stadt unter dem Schutz des Kaisers und der von ihm verliehenen Rechte. Bremen als Missionserzbistum zeigt durch die Gestalt des Papstes und durch die Schlüssel im Wappen, die gleichzeitig Attribut Petri und Wappen des Papstes wie auch des Bremer Erzbischofes sind, die Verbindung zu Rom und dem Papst. Das schließt eine Unterstellung als Suffraganbistum unter Köln oder Mainz, die lange Ansprüche auf Bremen erhoben, aus[322]. Das „Rom des Nordens" ist als Missionserzbistum nur dem fernen Papst in Rom unterstellt. Diese Tatsache mindert in jedem Falle die Stellung des erzbischöflichen Landesherrn gegenüber der Stadt. Sie stärkt ihr Ansehen im Kampf um die Vorherrschaft um die Weser und die angrenzenden friesischen Gebiete. Um diese Stellung besonders deutlich herauszuarbeiten, war es notwendig, die Umbildung des Rates auf vier Bürgermeister und 20 Ratsherren, die 1398 erfolgte und 1404 abgeschlossen war, schon vorher durch den Papst sanktionieren zu lassen. Auf den Stuhlwangen werden den Ratsherren immer, wenn sie den Stuhl betreten, die Grundregeln der städtischen Politik vor Augen geführt. Die Stadt sieht im neuen christlichen Rom der Apostel ihr Vor-Bild und besteht durch Gottes Hilfe in der Mission und im Kampf gegen die Heiden. Daher rühren ihre politischen „Freiheiten". Sie leiten sich nicht vom erzbischöflichen Landesherrn her, sondern in erster Linie vom Papst in Rom und vor allem vom Römischen Kaiser.

### 5.11.6.4. *Zusammenfassung*

Der Sinn des Stuhles kann nicht „ein-deutig" beschrieben werden. Mehrere Sinnzusammenhänge ergeben erst in der Zusammenschau die theologisch-historisch-politische Aussage, die dieser ehemals wichtigste Teil des ganzen gotischen Rathauses zu machen hatte. Die einzelnen Bereiche können nicht isoliert voneinander betrachtet werden, ohne daß dabei eine verfälschende Akzentverschiebung vorgenommen wird. Die Einheit von Funktion, Konstruktion, Form und Inhalt des Bremer Ratsstuhls macht eindrucksvoll deutlich, daß die für uns heute so unterschiedlichen Begriffe wie politisches Handeln, wirtschaftliche Notwendigkeit, Jurisdiktion, historisches Selbstverständnis und religiöser Glaube an der Wende vom 14. zum 15. Jahrhundert noch eine Einheit bildeten.
Der Bremer Ratsstuhl ist seiner Funktion nach ein Gerichtsstuhl[323]. In ihm versammelte sich der ganze Rat, um Recht zu sprechen. Der regierende Teil des Rates — jeder Bürgermeister und ein Viertel der 20 Ratsherren waren im umlaufenden Verfahren jeweils ein Jahr mit den Regierungsgeschäften betraut — und die „Wittheit" saßen sich einander schräg gegenüber. Der regierende Ratsteil saß vor den Propheten und Lehrern des Glaubens, der andere Teil hatte die Weisheitssprüche der antiken Weisen hinter sich. Dieser Teil bildete eben die „Wittheit". Alle Mitglieder waren aufgerufen, die „vor-geschriebenen" Ratschläge zu befolgen, um zu einem gerechten Urteil zu gelangen und gleichzeitig zum Nutzen des eigenen Seelenheils zu handeln. Dieser Sinn des Ratsstuhles und seiner Gestaltung ist nie verlorengegangen. Doch darüber hinaus dokumentiert sich in ihm das historische Verständnis der Zeit, das den richtenden Führern der Stadt in typologischer Sicht ihren ganz bestimmten Platz innerhalb der „hohen Zeit der Mitte" zwischen der vorchristlichen Zeit „unter dem Gesetz" und dem Ende der Zeiten zuwies. Als Antitypen zu den Vorbildern des A. T., der Antike und der Frühzeit der Kirche hatten die richtenden Ratsherren der Stadt die Gebote der Alten zu erfüllen, um dem Heilsplan Gottes zu seinem Geschichtsplan nicht zuwider zu handeln und im Jüngsten Gericht selber bestehen zu können. Desgleichen wird an den Bankbegrenzungen auf den Antityp der Stadt Bremen hingewiesen, der sein Vorbild im neuen Rom der Kirche Christi findet. Aus der städtischen Sicht hatte Bremen eine vergleichbare Aufgabe für den Norden zu erfüllen, wie einst Rom für den ganzen Erdkreis. Der Ratsstuhl ist also auch ein Abbild von „Stadt", besser gesagt eine Kurzform. Seine „vierkante" Ausformung, die Zugänge, die mauerartigen Rückenlehnen und das Architekturornament vermitteln die äußeren Assoziationen dafür. So wie Rom nur von Kaiser und Papst als ihren Herren abhängig war, so wurde Bremen als in der Hauptsache nur diesen beiden untertan gesehen. Damit sind wir aber schon mitten in den tagespolitischen Zeitereignissen und bei den politischen Zielen Hemelings. Aus dieser rechtlichen Konstruktion wird der Schachzug des Bremer Bürgermeisters verständlich, der nicht etwa die Reichsunmittelbarkeit Bremens erstrebte, die wohl auch — realistisch gesehen — kaum zu erreichen war, sondern der unter Umgehung des Reiches die Kaiserfreiheit der Stadt proklamierte. Gelang dies, dann hatte sich Bremen eine Sonderposition innerhalb des Reiches gesichert, die zwischen Landesherren, reichsfreien Städten und landesherrlichen Städten lag. Diese Sonderstellung hätte auch Bremens Position innerhalb der Hanse verbessert. Das war aber überhaupt nur möglich, wenn die ehemalige Position der Stadt als Zentrum der Heidenbekehrung betont wurde. So nimmt es nicht wunder, daß man die über die Rechte Kaiser Karls hinausgehenden „Freiheiten" aus einer wichtigen Kreuzzugsbeteiligung ableitete. Denn der Ruf der Stadt als bedeutendes Zentrum der Heidenbekehrung mußte über die Zeit der Sachsen- und Nordlandmission hinaus aus den genannten politischen Gründen erhalten bleiben. —
Dennoch wäre die Gesamtdeutung unvollständig, würde man die Tatsache vergessen, daß der Blick des Mittelalters noch stärker als in die Vergangenheit in die Zukunft, auf das Ende der Zeiten gerichtet war. Das irdische Gericht, vollzogen im Gerichtsstuhl des Bremer Rates, wurde als Typus des Jüngsten Gerichtes gesehen. An deutlich sichtbarer Stelle waren die Präfigurationen am Ratsstuhl angebracht, die auf den Antityp des Gerichtsstuhls Gottes hinwiesen. Caesar und Daniel nahmen die Eckpositionen der Stuhlaußen-

seite zur Tiefe der Oberen Rathaushalle hin ein. Damit wird der Ratsstuhl zur Vor-Bildung des Stuhles Gottes. „Und um den Stuhl waren 24 Stühle, und auf den Stühlen saßen 24 Älteste . . .“[324] Die Ratsherren sahen sich also selber als Typus der vierundzwanzig Ältesten um den Thron Gottes beim Jüngsten Gericht. Endgültige Sicherheit, daß diese Auslegung auch zutrifft, geben die Engel am Ratsstuhl. Nach Johannes Worten[325] umstanden Engel die Ältesten und den Thron Gottes. Drei dieser Engel sprechen zum letzten Gericht[326]. Ihnen entsprechen die drei Engel mit Sprüchen am Ratsstuhl. Deren Sprüche sind aber nicht in die Reimfolge des Rennerschen Gedichtes einbezogen. Die Engel an der ersten Bank dagegen sind ohne Sprüche dargestellt gewesen. Diese Besonderheiten finden hier ihre Erklärung.

Die Ratsumbildung des Jahres 1398 hatte innerstädtische Gründe und wurde notwendig, um ein kontinuierlicheres Stadtregiment durchführen zu können. Durch die Kenntnis der ursprünglichen Bedeutung des Ratsstuhls im neuen Rathaus von 1405 verstehen wir heute, daß auch eine mit der politischen Konzeption eng verbundene Auffassung von der eigenen Stellung innerhalb der Heilsgeschichte im Hinblick auf das Ende der Zeiten eine entscheidende Rolle bei der Veränderung in der Regierungsform der Stadt mitgespielt haben muß. Damit wird ein weiterer zwingender Grund erkennbar, der den Rat damals veranlaßte, gegen eine hohe Summe von Bonifaz IX. die Entbindung von dem Eide zu erwirken, nach welchem beim Abscheiden eines Ratsherrn der Nachfolger nur aus dem Kirchspiel des Vorgängers gewählt werden konnte[327]. Denn unter Anrufung Gottes und auf ewig beschworene Eide konnten Ratsherren, die an sich und ihre Funktion als Richter derart hohe moralische Ansprüche stellten, natürlich nicht Eide brechen oder durch eine neue Gesetzgebung umgehen. Von solchen Eiden konnten sie nur von der höchsten kirchlichen Instanz, vom Papst allein entbunden werden.

In sehr engem Zusammenhang dazu ist das gleichzeitig erwirkte Vorrecht zu betrachten, daß die Stadt, wenn sich unter Kirchenbann Stehende in ihren Mauern aufhielten, nicht ohne weiteres mit dem Edikt belegt werden konnte. Wenn sich die Gebannten aus der Stadt entfernten — das mußte allerdings unverzüglich geschehen —, konnte sogleich der gewöhnliche Gottesdienst wieder abgehalten werden[328]. Über die politisch hochwichtige Tatsache hinaus, daß damit dem Bremer Erzbischof eine seiner wichtigen Handhaben, die er gegen die Stadt einsetzen konnte, fast völlig unwirksam wurde, war damit die durchaus denkbare Situation eines Kirchenbannes über die ganze Stadt aus dem Wege geräumt, die die hohe politisch-religiöse Zielsetzung des Rates, Präfiguration der vierundzwanzig Ältesten um Gottes Richterstuhl zu sein, sofort hätte zerstören können.

Der alte Bremer Ratsstuhl als Gerichtsstuhl und gleichzeitig als Typus, als Präfiguration des Richterstuhls Gottes beim Jüngsten Gericht — das ist eine Vorstellung, die unserer Zeit heute sehr befremdlich erscheint. Nur die zur Entstehungszeit noch wirksame Einheit von täglichem Leben, Glauben, historischem Bewußtsein und politisch-wirtschaftlichem Kalkül macht diese Tatsache verständlich und begreifbar. —

## 5.12. *Zusammenfassung der ikonologischen Ergebnisse*

Der Neubau des Rathauses im Jahre 1405 erfolgte in einer Zeit, die das Aufstreben der Städte, vor allem aber Bremen außerordentlich begünstigte. Der Erzbischof Otto II. von Braunschweig, der in den für die Stadt und die Politik Hemelings entscheidenden Jahren von 1395 bis 1406 regierte, stand der Stadt wohlwollend gegenüber. Er war weniger als andere vor oder nach ihm auf den Ausbau seiner landesherrlichen Macht aus. Die Schwäche des deutschen Königtums nach Karl IV. und die Zerrissenheit der Kirche durch das Schisma, das zwei, später sogar drei Päpste nebeneinander sah, führten dazu, daß sich Bremen ohne große Schwierigkeiten unter deren Schutz stellen konnte, ohne dadurch einen vermehrten Druck von oben fürchten zu müssen. Damit verlor der Erzbischof als Bremer Landesherr immer mehr an politischem Einfluß auf die Stadt. Das wachsende Territorium des Stadtstaates, die Neuordnung seiner Ratsverfassung und die zunehmenden Regierungs- und Repräsentationsaufgaben machten den Neubau dringend notwendig. Das alte Rathaus an der Ecke Obernstraße/Sögestraße, von dem wir nur im Groben wissen wie es aussah, wird in Gestalt, Größe und Funktionsfähigkeit nicht mehr ausreichend gewesen sein. Andererseits bewirkte seine Weiterverwendung, vor allem wohl als Ratskanzlei, daß der neue Bau so großzügig und einheitlich ohne die sonst notwendigen Nebenräume geplant werden konnte.

Die Wahl des Standortes des Neubaues läßt die neu anbrechende Zeit erkennen[329]. Das Rathaus ist nicht mehr eines unter vielen Häusern der Hauptstraße, wenn auch an bevorzugter Stelle an der Ecke gelegen, sondern die steigende Selbständigkeit, die zunehmende Bedeutung der Geldwirtschaft und die darin liegende Macht und die sich konsolidierende Herrschaft des Rates veranlassen diesen, den Standort des neuen Baues unter neuartigen Gesichtspunkten auszuwählen. Er ordnet sich nicht mehr in das gewachsene mittelalterliche Gefüge ein. Die Hauptstraße Bremens führt auf das Rathaus zu. Im Wege Stehendes wird abgerissen. Die Perspektive wird damit in schon fast renaissancehafter Weise als Gestaltungsmittel eingesetzt, um den neuen Bau des Rates als den „Höhepunkt“ der Stadt sichtbar zu machen und gleichzeitig eine neue Stufenfolge zwischen Stadt, Dom und Palatium zu schaffen. Nicht mehr der Dom ist der Mittelpunkt der Stadt, von dem aus sich diese entwickelt hat, sondern das neue Rathaus wird nun bewußt gestalteter Abschluß und Höhepunkt der Hauptstraße und damit der Stadt. Es drängt auch den Sitz des Erzbischofs und seiner Rechtsprechung zur Seite. Gleichzeitig hat es durch seine Fassaden am Platz um die Liebfrauenkirche, der Ratskirche, und am Domvorplatz teil und bestimmt durch seine Hauptfassade — und durch den Roland — die Gestaltung des Marktplatzes an erster Stelle. Das Haus des Rates wird zur Mitte zwischen der Stadt auf der einen und dem kirchenfürstlichen Landesherrn auf der anderen Seite. Das veränderte Verhältnis von Bürgern, Rat, Kirche und Landesherr findet in dem neuen Rathaus und der Wahl seines Standortes seinen räumlichen Ausdruck. Waren bis dahin der Dom und der erzbischöfliche Landesherr der Ausgang aller städtischen Entwicklung und hatte das erste Rathaus dem durch seinen Standort und sicher auch Größe und Gestalt noch Rechnung getragen, so machte der spätgotische Bau in Lage, Form und Dimensionen die neue politische Situation sinnfällig. Jetzt ist der Rat das Zentrum der Stadt, führt ihre Politik, hält Gericht. Eine der Hauptverkehrsadern, die Obernstraße, führt zu seinem Sitz hin, das Rathaus bildet ihren perspektivischen Abschluß. Die Position des Landesherrn gerät in eine „Randlage“. Die neue Mitte der Stadt bilden die Zeichen ihrer „Vryheit“, das Rathaus und seine Fassaden und der Roland als Träger dieser „Kaiserfreiheit“.

Durch die Verwendung architektonischer Formen und Größen des erzbischöflichen Palatiums am neuen Gerichtsgebäude des Rates wird die Übernahme gewichtiger Teile der landesherrlichen Jurisdiktion durch den Rat, auch für den einfachen Bürger verständlich, sichtbar zum Ausdruck gebracht. Die Bestrebungen, dafür um so mehr kaiserliche Freiheiten in Anspruch zu nehmen als Schutz gegenüber dem eigenen Erzbischof und um neben den freien Reichsstädten und in der Hanse bestehen zu können, führen zu einer zunehmenden Berufung auf den Kaiser allgemein und auf Karl den Großen im besonderen. An den Siegeln der Stadt wird das unter anderem deutlich. Das erste Siegel von etwa 1230 zeigt Willehad und Karl über der Stadt den Dom haltend. Der Bischof nimmt den rechten Sitz ein, der Kaiser den linken. Der Dom ist das Zentrum, auf ihn sind Blicke und Komposition ausgerichtet. Dieses Siegel wurde nach dem Aufstand von 1366 zerbrochen und durch ein neues ersetzt. Auf ihm sitzen Karl und Willehad mit ihren Herrschaftsinsignien nebeneinander. Der Dom ist verschwunden, der Kaiser sitzt jetzt rechts — von den Sitzenden aus gesehen — in der ranghöheren Position. Am Ratsstuhl nehmen beide genau die gleiche Stellung ein. Karl steht rechts, Willehad links vom Stuhlinnern gesehen. Die Wange des ersten Kaisers des Heiligen Römischen Reiches Deutscher Nation ist höher als die des ersten Bremer Bischofs. Um die Bindung an Karl den Großen noch enger zu gestalten, wird für die architektonische Hauptform des neuen Rathauses die Gestalt des Rathauses der Stadt des großen Karl, Aachen, als Präfiguration gewählt. Damit wird die Aura dieser mit Karl am engsten verbundenen Stadt auf Bremen übertragen.

Das Rathaus vermittelt auf Grund seiner freistehenden Lage und seiner äußeren Form das Abbild von „Stadt". Ihre Mauern stehen unter dem Schutz von Kaiser und Reich in Gestalt der Kurfürstenstandbilder und unter dem der mit Bremen befreundeten Städte und Fürsten durch die Wappenschilde an ihren Zinnen. Enger kann ein Rat seine Zusammengehörigkeit mit der Stadt und ihren Bürgern gar nicht demonstrieren, als wenn sein Haus Abbild dieser Stadt ist. Die drei Stockwerke des Baues sind für dreierlei städtische Belange bestimmt: der Ratskeller der Freude und Geselligkeit, die Untere Halle der Politik und dem Handel, nach beiden Seiten hin offen. Die Obere Halle ist dem Rat und dem Gericht vorbehalten. Zwischen den einzelnen Ebenen gab es ursprünglich innerhalb des Baues keine Verbindung. Jede Halle war nur für sich und nur von außen zu erreichen. Diese strenge bauliche Trennung der einzelnen Ebenen macht allerdings auch den starken Machtanspruch der Herrschaft des Rates deutlich. Vielleicht spiegelt sich in diesen drei so deutlich voneinander getrennten Ebenen auch die soziale Schichtung der Bewohner Bremens von unten nach oben wider. Die Klasse der Unfreien „trägt" — in Form der Säulen des Ratskellers — die Schicht der Bürger. Diese wiederum tragen und „stützen" den Rat der Stadt. Der Rat leitet die Geschicke der Stadt und hält Gericht. Die Obere Rathaushalle kommt ohne Stützen aus. Ein Übergang von einer zur anderen sozialen Schicht wäre — um im Bilde zu bleiben — nur auf „Umwegen" möglich. Doch dies bleibt Vermutung.

Durch die Anbauten, die Arkaden zum Markt und den Anbau an der Nordseite, stellt sich Bremen in seinem territorialen Streben nach außen und in der Sicherung seiner Mauern und seines Haupthandelsweges gleichnishaft dar.

Das Rathaus wurde in der Hauptsache als Gerichtshaus erbaut. Das erzwang vom Politischen her schon die Übernahme wichtiger Teile der Rechtspflege aus der erzbischöflichen Jurisdiktion durch den Rat. Von der Funktion des Baues war das in den ersten einhundertfünfzig Jahren seines Bestehens auch vor allem deshalb möglich, weil das alte Rathaus noch weiter in Benutzung blieb. Damit ist der Ratsstuhl als Gerichtsstuhl als das Zentrum des ganzen Baues anzusehen. Schon allein deshalb ist es wenig wahrscheinlich, seine Entstehungszeit wesentlich später als den Bau selber anzusetzen. Denn er gewinnt erst in seinem architektonischen Rahmen seine besondere Bedeutung, durch ihn wird das Gerichtshaus erst funktionsfähig.

Innerhalb der sehr verfestigten sozialen und politischen Ordnung des Mittelalters sehen sich die aufstrebenden Städte und ihre Führerschaft vor die Aufgabe gestellt, in dieser Ordnung ihren Platz zu bestimmen, ohne dieselbe zu zerstören. Im historischen Bewußtsein der Zeit ordnen sich die Mitglieder des Bremer Rates in der typologischen Sicht der Zeitenfolge so ein, daß sie sich als Antitypen alttestamentarischer Propheten und Weisheitslehrer verstehen und in antiken Philosophen und Dichtern ihre Vor-Bilder sehen, deren Aussagen sie in der Zeit der christlichen Gnade und der Kirche zu erfüllen haben. Dabei klingen Rom und seine Verfassung als Vorbild schon an. Doch ist es noch mehr Präfiguration als Vorbild, wie es dann seit der Renaissance in zunehmendem Maße geschah. Vor allem in dem Umbau Lüder von Bentheims werden wir diese Richtung verstärkt wiederfinden. An der Außenfront des Baues und am Ratsstuhl wird immer wieder darauf hingewiesen, daß der Mensch unter der Gnade Christi lebt und ihrer bedarf, um vor dem Richterstuhl Gottes bestehen zu können. Dieser Gnade Gottes wird er um so eher teilhaftig, wenn er seine irdischen Strafen schon erhalten hat. Die Garanten der irdischen Gerichtsbarkeit der Stadt stellen sich bildhaft in den Repräsentanten des Reiches dar, nach außen durch die Figuren des Meisters Johannes und nach innen durch die farbigen Wappenfenster des Reiches und seiner Vertreter[330]. Damit wird das Rat- und Gerichtshaus, Abbild der Stadt Bremen und unter dem Schutz des Reiches stehend, zum Vor-Bild der Stätte des Jüngsten Gerichtes. Anders als beim Kirchenbau, der als Präfiguration des Himmlischen Jerusalem vor allem als Stätte der Erlösung verstanden wird, bildet das Rathaus hier auf Erden dieses Himmlische Jerusalem als Ort des letzten Gerichtes ab oder, typologisch gesehen, vor. Rathaus und Ratsstuhl vermitteln dem Rechtsbrecher eine Vorahnung seiner Situation am Ende der Zeiten. Die vierundzwanzig Ratsherren nehmen dabei die Stelle der vierundzwanzig Ältesten ein, die den Stuhl Gottes umgeben. Damit wird auch verständlich, warum am gotischen Rathaus und seinen einzelnen Kunstwerken an vielen Stellen die Verbindung zur sakralen Kunst so eng ist. Dies geschieht nicht in erster Linie aus stilistischen Gründen, aus einem Zeitgeschmack heraus oder weil keine anderen Kunstformen zur Verfügung gestanden hätten. Nur aus der engen Verflechtung von Glauben mit politischem und sozialem Handeln, Wirtschaft und Rechtsverständnis wird die Ähnlichkeit in der inhaltlichen und künstlerischen Gestaltung bei Kirche und Rathaus verstehbar. Noch bestimmt um 1400 letztlich der Glaube menschliches Verhalten in allen Bereichen, auch wenn die Gebote des Glaubens und der Kirche laufend verletzt und mißachtet werden. Noch wird im wesentlichen in der Welt und ihrem historischen Ablauf Gottes Ordnung und Wirken erkannt. Daneben zeigt der Bremer Rathausbau die ersten Anzeichen der heraufziehenden neuen Zeit. Der selbstbewußte Bürger in den Städten des Nordens beginnt, immer mehr seine Fähigkeiten, sein Wollen und Machtstreben, sich selber in den Mittelpunkt zu rücken. Vorerst geschieht das nicht so sehr als Einzelpersönlichkeit, sondern als Gruppe. Der Rat tritt geschlossen auf, der einzelne, wie Bürgermeister Hemeling, bleibt noch in seinem Schatten. Das gleiche gilt für den Bereich der Kunst. Aus den Baurechnungen wird die Sonderstellung, die Meister Johannes beim Rathausbau eingenommen hat, erkennbar. Doch er ist noch mehr mittelalterlicher Handwerker als moderne Künstlerpersönlichkeit. Weder erscheint sein Name in den offiziellen Akten noch signiert er seine Werke. —

Für das gotische Rathaus lassen sich die eingangs gestellten Fragen im wesentlichen beantworten. Nachdem die ikonographische Bedeutung seiner Teile in der Hauptsache als geklärt angesehen werden kann — wenn auch noch die eine oder andere Einzeldeutung ungeklärt bleibt oder mit einem Fragezeichen versehen werden muß —, vermag man doch folgendes festzustellen:

Die Lage des Baues, seine Form und die Wahl seiner Einzelteile und ihres Inhaltes sind Ausdruck einer politischen Konzeption, die Bremen und seine Führung, den Rat, im ersten Jahrzehnt des 15. Jahrhunderts auf einem ersten Höhepunkt städtischer Macht und Selbständigkeit zeigt. Dabei lassen die ikonologischen Zusammenhänge eine Vielschichtigkeit erkennen, die die beginnende Emanzipation des einzelnen aus seiner mittelalterlichen, gewachsenen und gottgegebenen Bindung ebenso demonstriert wie Lösungsversuche tagespolitischer Fragen und langfristige, auf eine wachsende Selbständigkeit der Stadt ausgerichtete Konzeptionen. Nebeneinander lassen sich an dem Bau der Versuch des Rates ablesen, seiner durchaus neuen und ohne Tradition entstandenen Machtposition innerhalb des mittelalterlichen Geschichtsbildes einen Platz zu sichern und seine Stellung in bezug auf die letzten Dinge des Glaubens zu markieren.

Abb. 78 *Bartholomäus Bruyn d. Ä., Das Salomonische Urteil, 1532*

# 6. *Die Veränderungen des 16. Jahrhunderts*

## 6.1. *Die Bemalung der Nordwand der Oberen Rathaushalle*

### 6.1.1. *Das Salomonische Urteil*

Das „Urteil des Salomo" ist ein Fresko in Kalk-Kasein-Technik mit Öl. Das eigentliche Bild ist fast quadratisch. Es mißt mit Rand 781 x 550 cm. Eine Signatur ist nicht zu finden. Das Bild ist am Sockel des Thrones mit „1532" datiert. Die anderen Jahreszahlen — 1724—1859—1930 — beziehen sich auf Restaurierungen und Übermalungen.
Dem Mittelteil liegt die Textstelle aus 1. Könige 3, 16—28 zugrunde. Das eigentliche Geschehen beherrscht den Vordergrund. Links der thronende Salomo, von Richtern flankiert, in der Mitte der Scharfrichter, der der angeblichen Mutter das Kind wegnimmt und gleichzeitig das Schwert zieht, um den Richterspruch des Königs zu vollstrecken. Genau unter der stehenden Frau kniet die richtige Mutter mit dem toten Kind der anderen Frau vor sich auf den Fliesen, die Hände gnadeheischend zur Seite gestreckt, den König anblickend. Ihr Gewand ist stark bewegt gemalt. Hinter beiden Frauen wendet sich je eine Gruppe von Männern der Szene zu. Eine breite Barriere und ein bis zum oberen Bildrand reichender geschmückter Pfeiler trennen den Mittelgrund ab. Eine Zuschauermenge, offenbar nur Männer, wohnt dem Gericht bei. Hinter ihr öffnet sich ein Platz um einen goldenen Brunnen. Gruppen von Bürgern bevölkern ihn. Ein weißer Hund jagt einen schwarzen Pudel. In einem von phantastischen Säulen mit Amouretten flankierten Torbogen überbringt ein Mohrenjunge einer Dame einen Brief. Vor ihnen schaut ein Türke mit einem kleinen Jungen an der Hand und einem Hund neben sich zur Gerichtsszene hin. Im Bildzentrum, auf das alle perspektivischen Linien hinlaufen, genau über den beiden Frauen der Hauptszene, wird der Blick in eine Stube gelenkt, in der der Betrachter die Kindesvertauschung miterlebt. Den Hintergrund bildet eine Berglandschaft.
Dem Maler gelingt die vollständige Darstellung der ganzen Geschichte: die Kindesvertauschung im Hintergrund, die optische Darstellung verstreichender Zeit durch die über den Platz flanierenden Bürger, das verwirrende Gespräch zwischen den Frauen und dem König und schließlich Salomos erster Spruch, den er dann durch seine aufgehobene Rechte stoppt, da sich inzwischen die wahre und die falsche Mutter durch ihre Reaktionen eindeutig offenbaren. Dieser Dreiergliederung entspricht die räumliche Bildaufteilung. —
Außen am Thronhimmel über dem König steht in goldenen Buchstaben:

> „Misericordia et veritas custodiu(n)t rege(m)
> et roborabitur cleme(n)tia tronus eius" —

„Barmherzigkeit und Wahrheit behüten den König, und durch Milde wird sein Thron gestärkt" (Spr. 20, 28). Auf dem unteren Bildrand ist ein weiterer lateinischer Text eingetragen:

> „Amor.timor.odium.et proprium co͞modum. saepe pervertunt iudicium"

„Liebe, Furcht, Haß und Eigennutz verderben oft den Urteilsspruch." Das Bild ist zu beiden Seiten von je drei Halbfiguren flankiert, die, sich auf eine Brüstung stützend, vor einer nach oben offenen, halbrund gemauerten Nische stehen und jeweils im Redegestus dargestellt sind. Sie sind durch architektonisch-plastisches Ornament gerahmt. Eine Texttafel trennt die Figuren voneinander. Über den Köpfen stehen ihre Namen.
Links oben ist Mose gemalt. Sein Name, ganz oben am Wandrand zwischen den Deckenbalken, ist mit anderen, sehr viel plumperen Buchstaben geschrieben als alle anderen. Das hat sicher mit einer späteren Übermalung zu tun, die nur teilweise entfernt wurde, so daß heute an der Figur z. T. zwei Gesichter zu sehen sind. Direkt über dem Kopf ist noch zu entziffern: . . . VIIII I . . . Wahrscheinlich handelte es sich um den Texthinweis auf die darunter stehenden Worte:

> „Audite fratres vestros et iudicate eos iuste; sive civis sit, sive[331] peregrinus, nulla erit distantia personaru(m), ita parvu(m) audietis ut magnu(m): nec accipietis cuiusqua(m) per-

sona(m) quia dei iudicium est. Quod si difficile vobis visum aliquid fuerit, referte ad me et ego audiam."

Der Text ist die wörtliche Übernahme aus der Vulgata von 5. Mose 1, 16—17[332]. Mose spricht zu den Richtern des Volkes Israel: „Höret eure Brüder und richtet recht zwischen jedermann; ob es ein Bürger oder ein Fremder ist, es wird (= soll) kein Unterschied zwischen den Personen sein, sondern ihr sollt den Armen wie den Großen hören: Ihr sollt euch vor keiner Person scheuen, da ja das Gerichtsamt Gottes ist. Wenn euch aber eine Sache zu schwierig erscheint, bringt sie zu mir, und ich werde sie hören." —

Darunter stützt sich mit der Harfe in der Rechten David auf die Brüstung. Über ihm, von ornamentalen Gestalten gehalten, ist auf einem Schild „DAVID REX" zu lesen. Der Text darunter lautet:

„Deus stetit in synagoga deorum in medio autem deos diiudicat. Usquequo iudicatis iniquitatem et facies peccatorum sumitis. Iudicate egeno et pupillo humilem et pauperem iustificate. Eripite pauperem et egenum de manu peccatoris liberate."

Der Text enthält die ersten vier Verse von Psalm 82. Luther übersetzte diese Stelle allerdings nicht nach der Vulgata, sondern nach dem hebräischen Text so: „Gott steht in der Gemeinde Gottes und ist Richter unter den Göttern. Wie lange wollt ihr unrecht richten und die Person der Gottlosen vorziehen? Schaffet Recht dem Armen und dem Waisen, und helfet dem Elenden und Dürftigen zum Recht. Errettet den Geringen und Armen, und erlöset ihn aus der Gottlosen Gewalt." —

Das Bildnis links unten trägt die Inschrift „IOSAPHAT REX. 2 PARA: 19". Die zeitgenössisch gekleidete Figur soll also den König Josaphat darstellen, während der Rest der Inschrift die Textstelle angibt. Para steht für „Paralipomena", die Bücher der Chronik des A. T. Die Textstelle findet sich 2. Chron. 19, 6—7 und lautet:

„Videte quid faciatis: non enim hominis exercetis iudicium sed domini, et quodcunque iudicaveritis in vos redundabit, si timor[333] domini vobiscum: et cum diligentia cuncta facite: non est enim apud dominum deum nostrum iniquitas, nec personarum acceptio nec cupido munerum."

In das Textbild stößt die Rahmung der Tür von 1550, so daß der zur Verfügung stehende Raum enger und die Buchstaben kleiner als sonst geschrieben werden mußten. Die Übersetzung lautet: „Seht zu, was ihr tut: Denn ihr haltet nicht das Gericht eines Menschen, sondern das des Herrn, und alle Urteile, die ihr aussprecht, werden auf euch zurückfallen. Die Furcht des Herrn sei mit euch: Und mit Sorgfalt verrichtet alles: Denn bei Gott, unserem Herrn, gibt es keine Ungerechtigkeit, kein Ansehen der Person noch das Verlangen nach Geschenken." —

Den alttestamentarischen Gestalten und ihren Aussagen zur Rechtsprechung stehen auf der rechten Seite des Bildes Römer gegenüber. Die Reihe beginnt oben mit Cato. Die Überschrift über seinem Kopf ist z. T. durch die später eingesetzten Deckenbalken zerstört: „M(?) Cat . .". Der Text selber lehnt sich bis zu dem Wort „obnoxius" an das 52. Kapitel von Salusts Bellum Catilinae (§ 19 und § 21) an. Der letzte Satz ist eine Zusammenfassung von Gedanken in § 8. Börtzler weist darauf hin, daß allerdings der Text nicht in Ordnung sein kann, denn der letzte Satz müßte unbedingt verneint werden, damit er in diesem Zusammenhang einen Sinn bekommt:

„Nolite existimare maiores nostros armis Rempubl(icam): ex parva magnam fecisse: Sed alia fuere quae illos magnos fecere: domi industria; foris iustum imperium; animus in consulenda liber neque delicto neque libidini abnotzius. Mala me gratiaq(ua)m ex bene factis expecto privari q(ua)m poena(m) quae es malefactis debet(u)r ma(n)dare."

„Glaubt nicht, daß unsere Vorfahren mit Waffen den Staat aus kleinen Anfängen groß gemacht haben: Im Gegenteil, anderes war es, was jene groß gemacht haben: im Hause Fleiß, draußen ein gerechtes Regiment, ein freier Geist beim Beraten, weder Verbrechen noch Begierden unterworfen. Ich will lieber einer Gunst verlustig gehen, die ich auf Grund guter Taten erwarten darf, als eine Strafe verhängen (es müßte sinngemäß eigentlich heißen „nicht verhängen"), die auf Grund von schlechten Taten fällig ist." —

Die mittlere Figur ist „C. IVLIVS CESAR APUD SALV . . ." überschrieben. In dem Dargestellten haben wir Caesar zu sehen, während „apud Salu . ." auf die zitierte Textstelle bei Salust hinweist. Sie ist im Bellum Catilinae 51, 1—3 zu finden:

„Omnes homines qui de rebus dubiis consultant: ab odio amicitia; ira atq(ue) misericordia vacuos esse decet. Haud facile animus verum providet ubi illa afficiunt neq(ue) quisqua(m) omnium libidini simul et usui paruit. ubi inte(n)deris ingenium valet. Si libido possidet ea dominatur animus nihil valet."

Die Übersetzung lautet: „Es ziehmt sich, daß alle Menschen, die über Zweifelsfragen beraten, von Haß, Freundschaft, Zorn und Mitleid frei sind. Nicht leicht sieht der Geist das Wahre, wenn ihn jene Dinge behindern; noch kein Mensch hat gleichzeitig einer Leidenschaft und dem Nutzen gehorcht. Wenn du den Geist anstrengst, ist er stark. Wenn die Leidenschaft über ihn Gewalt gewinnt, so herrscht sie, der Geist vermag dann nichts." —

Die letzte Halbfigur rechts unten ist mit „M. TULIUS CICERO" überschrieben. Zu seinem Bild gehört folgender Text, der sich in Ciceros Officien II, 11,40 findet:

„Iustitia ad rem guberna(n)dam necessaria e(st): cuius tanta vis e(st) ut ne illi quidem qui maleficio et scelere pascu(n)tur possint sine ulla eius particula vivere. Cum igitur ta(n)ta eius vis sit ut latronum etiam opes firmet atq(ue) augeat: qua(n)tam eius vim interleges iudicia et instituta rei pub(licae) fore putamus. Omni igitur ratio(n)e cole(n)da et retine(n)da est."

Die Übersetzung lautet: „Die Gerechtigkeit ist eine Notwendigkeit, wenn man einen Staat regieren will: So groß ist ihre Kraft, daß nicht einmal die, die sich durch Missetat und Ruchlosigkeit nähren, ganz ohne sie auskommen können. Da ihre Kraft so groß ist, daß sie sogar die Macht von Räubern stärkt und mehrt, um wieviel größer können wir ihre Ausstrahlung auf Gesetze und Einrichtungen des Staates einschätzen. Darum muß sie auf alle Art gepflegt und erhalten werden." —

Das Fresko wurde im Februar 1955 durch Prof. Otto H. Förster als ein Werk des Bartholomäus Bruyn d. Ä. bestimmt[334]. Das geschah vor allem auf Grund der Bildkomposition, der Entwicklung des Geschehens aus der Bildtiefe nach vorne, der Teilung in drei Bildgründe, des Motivs der Brüstung und der isokephalen Reihung der Zuschauer[335]. Entscheidend für die Zuschreibung waren die Porträtköpfe, vor allem die beiden der unteren Gruppe am rechten Bildrand. Zahlreiche auffällige, bis dahin im Werke des Kölners nicht vorkommende Details sieht Tümmers als Weiterentwicklung an oder schreibt sie der Werkstatt zu. Doch der Frauentyp, wie er auf dem Bremer Bild vorgestellt wird, ist, wenn auch nicht ganz so grob — das mag an der anderen Bildtechnik liegen —, bei der Begleiterin der hl. Helena auf der „Überbringung der Kreuzreliquie" des Xantener Altars (1529—1534) verwendet[336]. Der in Blattformen auslaufende Tierschädel auf dem Mittelpfeiler des Bremer Bildes über dem Henker mit dem Schwert wird in einem Säulenkapitell der „Legende des hl. Victor" von 1529[337] schon ebenso verwendet, wie die auf Säulen bzw. Pfeilern stehenden Putten, die die Szene mit dem Mohrenjungen in Bremen flankieren. Insgesamt schreibt Tümmers Bartholomäus Bruyn d. Ä. die Komposition und einige Porträtköpfe zu, während nach seiner Meinung die Hauptarbeit von der Werkstatt übernommen wurde.

Ähnliche Kompositionen, bei denen Salomo bzw. der Thronende nicht frontal, sondern seitlich auf der linken Bildhälfte gegeben ist, finden ihre Vorbilder in Italien, z. B. bei Mantegna, wie auch in Bruyns Umkreis auf dem Kalkarer Altar des Jan Joest (gest. 1519). Eine ähnliche Komposition verwendet Dürer in der Marter des Johannes, dem ersten Blatt der „Apokalypse". Die Szene des das Schwert ziehenden Kriegsknechtes, der das Kind am Arm ergreift, mit der vor ihm stehenden falschen und der unter ihr knienden richtigen Mutter findet sich in einer Zeichnung Lucas Cranachs d. Ä. aus der Zeit zwischen 1525 und 1530. Der Kriegsknecht alleine erscheint schon in einem Holzschnitt Cranachs von 1508, der Enthauptung des Johannes d. T.[338]. Weitere Hinweise, vor allem auch für Einzelfiguren, finden sich bei Tümmers[339]. Die Reihe kleiner Säulen über dem Thronhimmel finden wir genauso auf einem Kupferstich des Christoffel Bockstorffer (gest. 1553) von 1531, der den Harfe spielenden David vor König Saul zeigt[340]. Neben der allgemeinen Schrägkomposition entdeckt man am Thron Sauls Ähnlichkeiten mit denen des Karl-Willehad-Bildes.

Der Bau mit den Rundgiebeln im Hintergrund des Salomobildes, vor dem eine Vierergruppe von Bürgern im Gespräch steht, ähnelt in Form und Gliederung sehr stark Pietro Lombardis Kirche „Santa Maria dei Miracoli" in Venedig, die 1481—1489 entstanden ist. Von dort hat der sog. „welsche Giebel" über Sachsen-Thüringen ganz Mittel- und Nordeuropa erobert und schließlich auch am Anbau des Rathauses von der Mitte des 16. Jh. Verwendung gefunden[341]. —

Welche Bedeutung hat das Fresko mit dem Salomonurteil nun? Warum wurde es in Auftrag gegeben? Es gehört mit dem „Jüngsten Gericht", dem „Guten und schlechten Regiment" und anderen Themen in die Reihe der Gerichtsbilder, die die Rathäuser seit der Mitte des 14. Jh. schmücken. Das Bremer Bild ist das früheste der erhaltenen Gemälde dieses Themas[342]. Das „Salomonurteil" als Gerechtigkeitsbild beschränkt sich auf Rathäuser des deutschen Sprachbereiches. Einzige Ausnahme bildet Amsterdam[343].

Der Ort seiner Anbringung in der Oberen Rathaushalle sagt über seine Bedeutung schon einiges aus. Direkt unter dem Bild stand der Ratsstuhl, in dem das Hohe Gericht tagte. Das berühmte Urteil des Salomo, der Weisheit und Gerechtigkeit schlechthin verkörpert, sollte die Ratsherren als Richter veranlassen, ebenfalls Gerechtigkeit zu üben und Weisheit bei ihren Urteilssprüchen walten zu lassen. Die Texte auf und neben dem Bild kommentieren es und geben den Richtern Hinweise. Daß „Liebe, Haß, Furcht und Eigennutz" einen Gerichtsspruch negativ beeinflussen können, wird jedem sofort deutlich. Doch schon der Text über dem Thron wird in diesem Zusammenhang nicht mehr so ohne weiteres verständlich. Barmherzigkeit, Wahrheit und Milde schützen und stärken die Herrschaft eines Königs — das ist verständlich. Doch was bedeuten die Worte in diesem Zusammenhang? Offensichtlich spielen sie auf den vorliegenden Text im 1.Kön.3 an, wo Salomo mit dem Herrn spricht, daß sein Vater David von Gott Barmherzigkeit erfahren habe, „in Wahrheit und Gerechtigkeit" gewandelt sei und von Gott „Barmherzigkeit" geschenkt bekommen habe. Es ist ein Hinweis auf das Versprechen Gottes an David, Salomos Vater, daß „sein Stuhl ewiglich bestehen" soll, und Gottes „Barmherzigkeit soll nicht von ihm entwandt werden" (2.Sam.7,13). Der Text kann also zweierlei Bedeutung haben: Auf Grund der genannten Tugenden stützt Gott durch sein Versprechen den Königsthron. Läßt man diesen Bezug außer acht, so ist der Text so zu verstehen, daß Barmherzigkeit, Wahrheit und Milde einer Königsherrschaft Schutz und Stärke verleihen. —

Eigenartig bleibt, daß, während die Gerichtsszene im Zentrum liegt und alle Personen vor und direkt hinter der Barriere ihr zugewandt sind, die kleinen, genrehaften Szenen des Mittelgrundes so wenig Beziehung zum Bildthema selber haben sollen, wenn man das Geschehen der Kindesvertauschung einmal davon ausnimmt. Die „sonntägliche Behaglichkeit auf dem weiten Platz"[344] will zu dem todernsten Geschehen in der unteren Bildhälfte nicht recht passen. Die Zeile am unteren Bildrand vermittelt einen Hinweis: Liebe, Furcht, Haß und Eigennutz verderben nicht nur den Urteilsspruch, sondern sie sind auch meist die Ursache dafür, daß er überhaupt notwendig wird. Bezieht man diese Begriffe auf den Bildmittelgrund, so werden die Genreszenen verständlich. Liebe wird nicht nur als Elternliebe in Gestalt des türkisch gekleideten Mannes mit dem Jungen an der Hand dargestellt, sondern auch in der Szene mit der Dame, die von einem Mohrenjungen einen (Liebes-)Brief überbracht bekommt. Dies geschieht unter Girlanden, die von zwei Amouretten auf Säulen gehalten werden. Ein schwarzer Pudel flieht, sich ängstlich umsehend, vor einem größeren weißen Hund, der sich auf ihn stürzen will. In jenem können wir die Angst verkörpert sehen. Darüber hinaus wird die ambivalente Bedeutung des Hundes auf mittelalterlichen Bildern — und ihre Symbolbedeutung war Anfang des 16. Jh. durchaus noch lebendig — ablesbar. Nach Off.22,15 gehören die Hunde zu Mördern, Zauberern, Lügnern, Häretikern und Unzüchtigen, die vor den Toren der Himmlischen Stadt bleiben müssen und nicht ins Paradies eingehen dürfen. Diesen heiligen Bezirk haben wir im übertragenen Sinne um die Gerichtsszene zu suchen, und seine Abtrennung nach außen geschieht durch die Barriere. Andererseits sind die weißen Windspiele, die die Stufen des Thrones Salomos flankieren, keine genrehaften „Füllsel", sondern sie versinnbildlichen: „Hier wird verkündet."[345] Ihre Anwesenheit deutet auf eine heilige Geschichte, die hier erzählt wird. Auch verkörpern sie den Wächter schlechthin und sind als Attribut einer Reihe von Tugenden wie der Wahrheit, Gerechtigkeit, Barmherzigkeit und dem Frieden zugeordnet[346]. Nach der Hieroglyphik der Horapollon ist der Hund das Zeichen für den Richter[347]. Der stehende Hund auf unserem Bild verbindet den königlichen Richter und die ausführende Gewalt in der Gestalt des Kriegsknechtes.

Die Vertauschung der Kinder im Zentrum aller bildperspektivischen Linien ist nicht nur der Beginn der Bildgeschichte, sondern stellt die Verkörperung des proprium commodum dar. Vielleicht versinnbildlicht die Szene zwischen Thron und Pfeiler den Haß: Eine laufende Frau mit flatterndem Gewand, den Oberkörper vor einer dunklen Tür, blickt über die Schulter auf eine andere Frau mit einem Kind. Möglicherweise blickt hier eine kinderlose Frau haßerfüllt auf eine Mutter. —

Der Pfeiler hinter dem Kriegsknecht enthält ähnliche „Hieroglyphen", wie wir sie am Karl-Willehad-Fresko finden. Im untersten Abschnitt ist eine Pflanze zu erkennen, an derem Stamm oben zwei Flügel angewachsen sind. In der Hieroglyphik und Emblematik der Renaissance bedeutet etwas, das festsitzt und dem Flügel angewachsen sind, den Begriff „unmöglich"[348]. Der gehörnte Tierschädel darüber, aus dem Pflanzen herauswachsen, ist das Bildzeichen für „Patientia" — Geduld —[349]. Der Sockel mit den drei Kreisen darunter kann ein Hinweis auf die Trinität sein. Drei aus Pflanzenformen gebildete Gefäße füllen die obere Pfeilerfläche. Geschlossene Gefäße bedeuten „Geist"[350]. Ob dieser Sinn hier gemeint ist, bleibt allerdings ungewiß.

Damit klärt sich der Sinn des Bilderrätsels wenigstens zum Teil: Das Unmögliche (geflügelte Pflanze) kann nur im Namen des dreieinigen Gottes (drei Kreise) durch Geduld (Schädel mit Pflanzen) und Geist (Gefäß?) gelöst werden (?). Ganz offensichtlich, wenn auch nicht vollständig ablesbar, bezieht sich diese Aussage auf das darunter zu fällende Urteil, das nach menschlichem Ermessen unmöglich gerecht ausfallen kann. Erst durch die Hilfe Gottes, durch Geduld und Weisheit (?) wird das möglich. In der unteren Gerichtsstube des Rathauses stand unter anderen folgender Spruch an der Wand: „Magna iustitiae pars est ipsa iudicis patientia."[351] Ein großer Teil der Gerechtigkeit ist schon die bloße Geduld des Richters. In ähnlicher Weise mag dies Bilderrätsel zu verstehen sein. —

Die Gestalten an den beiden Bildseiten sind ganz offensichtlich in ähnlich typologischer Art wie die Figuren und Sprüche des Ratsstuhles einander gegenübergestellt. Auf der linken Seite stehen Mose, David und Josaphat als Führer und Richter des Volkes Israel und als Vertreter des A. T. den Großen der römischen Antike Cato, Caesar und Cicero gegenüber. Bis auf Josaphat sind alle schon am Ratsstuhl vertreten. Alle weisen durch Handgestus oder Blick auf das Mittelbild, als dem Vorbild wahrer Rechtsprechung, hin. Die Texte, die den Richtern des Volkes Israel beigegeben sind, enthalten alle verschiedene Ratschläge zur Urteilsfindung. Doch der Grundgedanke ist überall: Gleiches Recht hat für alle Menschen zu gelten, und damit ist gleichzeitig den Gottlosen gewehrt. Noch eine weitere Aussage wird durchgängig, eindringlich und unüberhörbar in allen drei Texten deutlich: Das Gericht liegt letztlich bei Gott. Auf sein Gericht hin hat die weltliche Rechtsprechung stattzufinden; Mißbrauch der Rechtsprechung fällt auf die unfähigen Richter selbst zurück. Hier wird noch einmal ausgesprochen, was für die Sinngebung des Ratsstuhls schon von Bedeutung war: Das irdische Gericht und sein Urteilsspruch sind die typologischen Vorausnahmen des Jüngsten Gerichtes. An ihm werden die Richtersprüche der Ratsherren, die unter dem Bilde sitzen, gemessen. Damit bekommen die Worte am Thronhimmel über Salomo, die ja auch räumlich sehr nahe an den Worten des Mose stehen, ihre verstärkte Bedeutung. Wenn die Ratsherren als Richter „in der Furcht des Herrn" ihres Amtes walten, dann, so steht es in goldenen Buchstaben geschrieben, wird Gottes Mitleid, Wahrheit und Milde wie bei Salomo auch ihren Stuhl stützen. Dieser Spruch hatte 1532, direkt nach den Unruhen um den Rat der Einhundertvier und die zeitweilige Entmachtung des Rates, eine ganz aktuelle politische Wirkung.

Die römischen Vertreter antiker Rechtsprechung sind alle schon am Ratsstuhl zu Wort gekommen. Während sich die alttestamentlichen

Texte auf das Verhältnis von irdischer Rechtsprechung und Jüngstem Gericht und der Stellung der Richter zwischen beiden beziehen, stehen der Staat und die Tugenden, die ihn groß machen und erhalten, im Zentrum der römischen Texte. Für Cato können nur Fleiß und ein gerechtes Regiment die Grundlagen eines Staates sein. Vor allem das letztere können nur Staatsmänner ermöglichen, die zugunsten einer strengen Gerechtigkeit den eigenen Vorteil außer acht lassen. Caesars Worte verstärken dies noch. Alle Menschen, die über Zweifelsfragen beraten, d. h. Richter und Politiker, können unmöglich von Leidenschaften beherrscht werden und gleichzeitig vorurteilsfrei und klug dem Recht und damit dem Staat dienen. Denn, und das wird aus dem Ciceronischen Text klar, es kann kein Staat ohne Gerechtigkeit regiert werden. Sie ist eine selbständige Kraft, die sogar die Macht von Verbrechern stützt. Um wieviel notwendiger ist sie für einen gut geführten Staat. Auch hier liegt es nahe, eine Anspielung auf die nach des Rates Meinung unrechtmäßige Aneignung von Macht durch den Rat der Einhundertvier zu vermuten. Die Zusammenfassung aller Texte bietet als Extrakt: Ein Staat kann nur groß gemacht und gut regiert werden durch Richter — hier die Ratsherren —, die, frei von persönlichen Gefühlen und dem Streben nach eigenem Vorteil, sich rückhaltlos der Gerechtigkeit unterwerfen. —

Die Gerechtigkeit ist das zentrale Bildthema. Bei Salomo mischen sich Furcht vor dem Herrn, von Gott verliehene Weisheit und das Streben nach Gerechtigkeit zu einem Gerichtsurteil, das noch über zweitausend Jahre später zu *dem* Vorbild bei der Rechtsprechung wird. Das Jüngste Gericht Gottes und die innere und äußere Stärke des Staates führen zum gleichen Punkt: Gerechtigkeit. —

Kann das Bild uns über diese seine erste und eigentliche Bedeutung weitere Aufschlüsse geben? Wer waren seine Auftraggeber? Daß offiziell der Rat der Stadt als Auftraggeber fungierte, ist klar. Doch wer ist der eigentliche Initiator der Ausmalung des Rathauses von 1532? Welche außen- und innenpolitischen Ereignisse sind der Anstoß dazu? An wen sind die Bilder gerichtet, für wessen Augen bestimmt? Es will nicht recht einleuchten, daß der unter dem Bilde Recht sprechende Rat der Stadt nur für sich selber eine Ermahnung zur Gerechtigkeit an die Wand hat malen lassen. War das denn überhaupt nötig? Vielleicht geben die anderen Texte und das zweite Bild darüber Auskunft. —

### 6.1.2. *Karl der Große und Bischof Willehad*

Das Fresko befindet sich wie das Salomonurteil an der Nordwand der Oberen Halle in der NW-Ecke gegenüber der Wendeltreppe aus der gleichen Zeit. Es ist ebenfalls unsigniert und in der Mitte unter dem von Löwen gehaltenen Stadtwappen mit „1532“ datiert. Unter dem rechten Pfeiler hinter Willehad steht „RENOV. 1736“. Das Bild hat eine Breite von 655 cm. Das Fresko wurde 1964 gründlich restauriert und von alten Übermalungen befreit. Um den einheitlichen Bildzusammenhang zu wahren, wurde der alte Zustand zwischen den Deckenbalken belassen. Datierung und stilistische Merkmale lassen die wohl zweifelsfreie Behauptung zu, daß das Gemälde vom gleichen Künstler bzw. seiner Werkstatt wie das Salomonische Urteil geschaffen wurde. Als Beispiel sei nur auf die außerordentlich große Ähnlichkeit der Köpfe von Karl dem Großen und König David hingewiesen.

Das eigentliche Bild wird von einer gemalten Brüstung zum Betrachter hin abgeschlossen, auf der rechts und links Pfeiler mit einem Ornamentfeld mit nach oben angedeutetem Bogen einen Rahmen bilden. Die Stirnseite der Brüstung trägt, in der Mitte unterteilt, in jeweils drei Kolumnen einen gereimten Text zu dem darüber Gemalten. Der untere Rand des Textes mußte durch den späteren Einbau einer Tür zerstört werden, doch wurde er anschließend in kleinerer Schrift, aber offenbar genau gleichlautend, auf der verbleibenden Fläche wieder aufgebracht. In der Mitte auf der Brüstung halten zwei nach außen gewandte Löwen das Bremer Wappen, den silbernen Schlüssel auf rotem Grund. Zu beiden Seiten sind je zwei kleine Wappen gemalt. Es sind die der Bürgermeister des Jahres 1532 (von links nach rechts): Daniel von Büren d. Ä., seit 1486 im Rat, seit 1500 Bürgermeister, gestorben 1541; Meimer v. Borken, seit 1504 im Rat, seit 1508 Bürgermeister, 1546 verstorben; Marten v. Heimburg, seit 1509 Ratsmitglied, seit 1512 Bürgermeister, gestorben 1539; als Jüngster Diedrich Hoyers, seit 1521 zum Rate gehörig, 1531 zum Bürgermeister gewählt und 1550 verstorben[352].

Basis und Kapitell der Pfeiler an den Seiten sind mit in Gold gemalten Engeln besetzt. Oben vor dem Bogenansatz erscheint auf beiden Seiten noch einmal das Bremer Wappen. Unter dem rechten Wappen erblickt man rechts das Knie eines Engels (?), während die Zehen seines rechten Fußes über den Rand der Deckplatte greifen[353].

Durch die Rahmung schaut man auf die auf goldenen Sesseln sitzenden „Gründer“ Bremens, die sich in einem nach oben hin offenen Innenraum befinden. Der Fußboden ist wie im Salomonurteil mit Fliesen belegt. Beide Stifter fassen das auf dem Boden stehende Modell des Domes an. Das Ganze spielt sich vor einer dunklen, mit figürlichen Ornamenten versehenen Mauer ab, die in halber Höhe endet. Die Köpfe und die Domtürme ragen in den Himmel. Kaiser und Bischof tragen ihre Herrschaftsinsignien. —

Besondere Beachtung verdient die Darstellung des Domes, den man als ein Modell, wie etwa am Ratsstuhl oder auf dem Relief der Domempore, fast nicht mehr ansprechen kann. Denn die Darstellung ist im einzelnen so genau, daß wir uns ein sehr präzises Bild der Domfassade im Jahre 1532 machen können. Alte Ansichten und Fotos von vor der Domrestaurierung um 1900 zeigen noch sehr viel Übereinstimmung mit dem Bild in der Oberen Rathaushalle. Das wird an dem Maßwerk über dem rechten Hauptportal ebenso deutlich wie an einer Reihe von Skulpturen: Der kreuztragende Christus, der noch erhalten ist und hier vor einem Gemälde oder Mosaik gezeigt wird, die Kreuzigungsgruppe im Blendbogen daneben, von der noch Fragmente des Kruzifixes erhalten sind. Die fünf klugen Jungfrauen und die Marienkrönung aus dem Giebel sind uns, wenn auch stark verwittert, ebenso erhalten wie die Uhr des rechten Turmes. Untergegangen ist die Petrusfigur vom Frontgiebel des rechten Turmes, der 1638 einstürzte, wie auch die unter Baldachinen stehenden Figuren zwischen den Eingängen und Blendarkaden der Portalzone. Deutlich erkennbar ist auch die Galerie darüber. Auffällig ist allerdings, daß das dritte Turmgeschoß des Nordturmes offensichtlich fehlt, während das vierte wieder richtig erscheint. Eine Erklärung dafür ist wohl darin zu finden, daß der Maler auf dem Bilde nach oben nur begrenzt Platz hatte und er deshalb einfach ein Turmgeschoß ausgelassen hat. Anderenfalls hätten sich Größen- und Maßverhältnisse des Bildes erheblich verschoben, da ja die Bildhöhe vorgegeben war. Stein[354] nimmt zur Entstehungszeit des Gemäldes zwei gleich hohe fünfstöckige Türme ähnlich der heutigen Bausituation an und sieht in dem Bild eine Idealisierung des Gebäudes von seiten des Künstlers. Die Genauigkeit vieler Details, die für uns heute noch nachprüfbar sind, spricht dagegen. —

Willehad ist in den weiten, bauschigen Gewändern eines Bischofs gemalt. Der außen grüne und innen blaue, mit breitem, goldenem Saum eingefaßte Bischofsmantel wird mit einer goldenen Schließe über der Brust zusammengehalten. Das Motiv darauf, eine Art Blüte, wiederholt sich auf dem Urteil des Salomo auf dem Giebel am rechten Bildrand über den zwei mit Putten besetzten Säulen in ähnlicher Form. Solche Broschen kennzeichnen die Hoheit ihres Trägers[355]. Ein rotes Gewand und ein weißes Untergewand vervollständigen die Kleidung. Die Saumfältelung entspricht in ihrer Ausbildung der der knienden Mutter auf dem Gerichtsbild. Die mit grauen Handschuhen versehenen Hände halten den Bischofsstab und den rechten Domturm. Die Heiligkeit des Zeichens des bischöflichen Hirtenamtes wird dadurch sinnfällig, daß Willehads Linke den Stab mit einem Teil seines weißen Gewandes faßt. Verglichen mit anderen heiligen Bischöfen, die Bartholomäus Bruyn d. Ä. gemalt hat, wirken Ornat und Kleidung Willehads zwar farbenprächtig, aber entbehren allen sonst zur Schau gestellten Schmuck. Hierin müssen wir die Wünsche des protestantischen Auftraggebers erkennen. —

Auf der linken Bildseite, Willehad gegenüber, thront Karl der Große. Die Farben seines Gewandes entsprechen denen Willehads, nur treten sie in anderer Verteilung auf. Es fehlt z. B. das Weiß fast völlig. Karl trägt in seiner Rechten das Zepter, das Zeichen königlicher Machtbefugnis. An seinem rechten Knie lehnt das kaiserliche

Abb. 79 *Bartholomäus Bruyn d. Ä., Karl d. Gr. und Bischof Willehad, 1532*

Schwert, Zeichen der Gerichtsbarkeit. Thronfuß und rechtes Bein Karls halten eine große kristallene Kugel, die durch die goldenen Bänder und das aufgesetzte Kreuz als Reichsapfel erkennbar ist. In der Kugel spiegeln sich die hohen Fenster der Oberen Rathaushalle. Um den Hals trägt Karl neben einer goldenen Kette einen goldenen Reifen, an dem eine große Brosche hängt. In ihr ist ein großer, halbrund geschliffener Kristall eingesetzt. Über dem Turban trägt Karl eine Lilienbügelkrone. Der Typus seines Kopfes ist dem vergleichbar, den Friedrich der Weise, Kurfürst von Sachsen, 1524 kurz vor seinem Tode auf Dürers Kupferstich zeigt. Nach diesem sind dann zahlreiche Drucke und Gemälde, vor allem auch aus der Cranach-Werkstatt, entstanden.

Die Komposition ist in auffälliger Weise auf die Mittelachse des Bildes konzipiert, die durch die Mittelachse des Domes gebildet wird. Die Haltungen der Figuren entsprechen sich bis in Kleinigkeiten hinein. Die Schräge des Bischofsstabes findet ihre Entsprechung in der Schrägen, die das Zepter und in seiner Verlängerung das Schwert Karls bilden. Einzig die unterschiedlichen Turmabschlüsse durchbrechen die Symmetrie. —

Besondere Aufmerksamkeit verdient der Reichsapfel zu Füßen Karls. Die die Welt in Himmel, Erde und Meer gliedernde Unterteilung der Kugel mit dem Kreuz darauf wird hauptsächlich im 16., aber auch noch im 17. Jahrhundert sehr oft in Form einer kristallenen Kugel dargestellt. Häufig ist dieses Herrschaftszeichen auch Christus, manchmal auch Gottvater beigegeben. Dieses Symbol erhält über die Bedeutung „geordnetes Regiment", Staatshoheit und Weltherrschaft hinaus das Sinnbild der Vanitas (gemeinsam mit dem Spiegel) und auch das des In-die-Zukunft-Schauens[356]. Es verbinden sich mit dem Herrschaftssymbol einerseits ein Hinweis auf die Eitelkeiten der Welt und ihre Zerbrechlichkeit wie andererseits auf die Vision des Zukünftigen.

In der Kristallkugel kann sich auch der Herrschaftsbereich ihres Trägers spiegeln. Auf Bartholomäus Bruyns d. Ä. Bild „Christus als Salvator mundi" um 1525—1530[357] steht Christus auf einer Kristallkugel, in der sich die Welt widerspiegelt. Paulus schreibt im 1.Kor. 13,12: „Denn jetzt sehen wir (wie) in einem Spiegel nur undeutliche Bilder, einst aber (die Wahrheit) von Angesicht zu Angesicht."[358] Überträgt man diese Bedeutung auf den kristallenen Reichsapfel unseres Bildes, läßt sich daraus Überraschendes ablesen: Die sich im Kristall spiegelnden Fenster des Rathaussaales zeigen ein Zukunftsbild. Das Rathaus wird einst zum kaiserlichen Herrschaftsbereich gehören. Gleichzeitig ist dieser visionäre Blick in die Zukunft gepaart mit dem Hinweis auf die Eitelkeit und Vergänglichkeit menschlichen — hier politischen — Handelns. Wie hätte die unklare und für Bremen so prekäre Lage in punkto Reichsfreiheit besser dargestellt werden können? War doch gerade drei Jahre vor Fertigstellung des Bildes der letzte Antrag auf Gewährung der Reichsunmittelbarkeit vor dem Speyrer Reichstag von 1529 zwar nicht abgelehnt, aber doch völlig auf Eis gelegt worden. Dabei hatte Bremen durch die Möglichkeit der freien Entscheidung der Reichsstände in Fragen der Konfessionszugehörigkeit die Reichsunmittelbarkeit nötiger denn je, um dann als Reichsstand die schon vollzogene Entscheidung auch gegenüber dem Landesherrn, dem Erzbischof, legalisieren zu können. –

Die große Brosche, die Karls Mantel zusammenhält, ist eine Goldplatte mit breitem Rand, die in der Mitte einen großen, muggeligen Bergkristall umschließt. Dieses Schmuckstück hat viel Ähnlichkeit mit dem sogenannten „Talisman" Karls des Großen[359]. Der Kaiser soll diese als Schmuckstück gearbeitete Reliquie mit einem Stückchen des Kreuzes Christi im Grabe um den Hals getragen haben. Vom Aachener Domkapitel wurde die als Anhänger getragene und mit Filigran, Steinen und Perlen verzierte Reliquie 1804 Kaiserin Josephine geschenkt. Heute befindet sie sich im Besitz der Reimser Kirche.

Das Schmuckstück auf dem Fresko stimmt in den wesentlichen Teilen — äußere Form und muggeliger Bergkristall in der Mitte — mit dem persönlichen Schutzzeichen Karls so weit überein, daß man wohl annehmen kann, daß hier der sogenannte „Talisman" des großen Kaisers gemeint ist. Das schmückende Beiwerk dieser in Gold gefaßten Reliquie aus dem Besitze Karls mag in gleicher Weise wie der Schmuck Willehads dem Wunsch der Auftraggeber nach Vereinfachung zum Opfer gefallen sein. Außerdem ist anzunehmen, daß der ausführende Künstler das Stück nicht aus eigener Anschauung kannte. Vom Schutz des Leibes des Trägers zum Schutze seiner Macht war es nur ein Schritt, wenn in Herrschaftszeichen ein Stück vom Kreuze Christi eingefügt war. Der besondere Schutz des Himmels lag dann nach Auffassung und Glauben der Zeit über dem Herrscher, wenn er im Schmuck seiner Zeichen seines Amtes waltete. Dieser besondere Schutz war Karl d. Gr. gerade auch im Kampf gegen die heidnischen Sachsen zuteil geworden, an dessem Ende ja die Stiftung des Domes und damit die politische Gründung der Stadt gelegen haben soll. Dadurch erhielten die kriegerischen und missionarischen Taten Karls eine zusätzliche religiöse Weihe, die im vorliegenden Falle der Stadt ihrem von Karl her abgeleiteten Streben nach Reichsunmittelbarkeit zugute kam.

Die Verwendung dieses Zeichens Karls mag auf eine Anregung des Kölner Künstlers zurückgehen, der im Xantener Altar zur gleichen Zeit wie die Bremer Wandgemälde das Thema der „Auffindung des Hl. Kreuzes" durch die hl. Helena bearbeitete. Legenden darüber sind erst seit dem 13. Jahrhundert bekannt, häufen sich aber seit dem 15. Jahrhundert und finden auch in der Kunst der Zeit vielfach ihren Niederschlag[360]. Damit bekam dieses Herrschaftszeichen Karls für die protestantischen Bremer wenn auch nicht eine religiöse, so doch eine politische Wirksamkeit. –

Wie die Karl-Willehad-Darstellung an der Orgelempore des Bremer Domes wird in der Oberen Rathaushalle das eigentliche Bild durch eine Architekturrahmung eingefaßt. Die Stirnseiten der Randpfeiler tragen Grotesken in Grisaillemalerei. Pfeilersockel und -kapitell zeigen goldene, musizierende Engel, die sich von der Architektur fast zu lösen scheinen.

Die spätgotische Malerei des ausgehenden 15. und beginnenden 16. Jahrhunderts verwendete vielfach die Art der Architekturrahmung in Grisaillemalerei und stellte in ihren sich fast aus der Architektur lösenden Ornamenten Ergänzungen inhaltlicher und symbolischer Art zum eigentlichen Bildthema dar. Als Beispiel sei hier nur auf den berühmten Isenheimer Altar Grünewalds verwiesen. Bartholomäus Bruyn d. Ä. ist von der sich an italienischen Beispielen orientierenden niederländischen Kunst beeinflußt. In Italien war man durch Hinweise antiker Schriftsteller auf die ägyptischen Hieroglyphen gestoßen. Diese als heilig angesehenen Bilderzeichen wurden durch die Auffindung der „Hieroglyphica" des Horapollon[361] bekannt. Die rätselhaften Schriftzeichen übten eine starke Anziehungskraft auf viele Gelehrte und Künstler aus. Alberti begründete in seinen Zehn Büchern über die Baukunst die Verwendung einer Bilderschrift, wie sie auch die Römer an ihren Ehrensäulen und Triumphbögen verwendet hätten, mit der Tatsache, daß Buchstabenschriften leicht in Vergessenheit geraten könnten, während eine Bilderschrift von gelehrten Männern, denen allein man die würdigsten Dinge mitteilen dürfe, immer leicht wieder abgelesen werden könne[362]. Ägyptisches, Assyrisches, Griechisches und Römisches mischen sich in diesen Vorstellungen zu einer symbolhaft-bildlichen Ausdrucksweise, die durch das 1485 gedruckte Werk des Alberti, das bald nicht nur in Italien, sondern auch in Frankreich und Deutschland erschien, allgemein bekannt

Abb. 80—81 *Bartholomäus Bruyn d. Ä., Karl d. Gr. und Willehad: links Pfeiler mit „Hieroglyphen" hinter Karl d. Gr., rechts der hinter Willehad*

wurde. In der Renaissance-Hieroglyphik stehen Zeichen für ganze Worte, Begriffe und sogar Sätze. „So begannen die Humanisten statt mit Buchstaben mit Dingbildern (rebus) zu schreiben, so entstand auf Grund der änigmatischen Hieroglyphen das Wort Rebus und füllten sich mit solchen Rätselschriften die Medaillen, Säulen, Ehrenpforten und alle möglichen Kunstgegenstände der Renaissance."[363] Giehlow behandelt ausführlich als Beispiel die unter dem Einfluß des Horapollon und der Hypnerotomachia des Colonna[364] in Zusammenarbeit des Humanisten Pirkheimer mit Dürer entstandene „Ehrenpforte des Kaisers Maximilian I.".

Gegenstände, Körperteile und vor allem Tiere sind Zeichen dieser Bildsprache. Die Schwierigkeit ihrer Entzifferung für uns heute liegt in der Tatsache, daß einzelne Zeichen in wechselnder Bedeutung verwandt werden. Außerdem mischen sich Symbolbedeutungen aus der christlichen Kunst des Mittelalters in die Renaissance-Hieroglyphik, wie etwa die auf menschliche Tugenden und Laster projizierten Formen und Eigenschaften von Tieren im Physiologus.

Der linke Pfeiler hinter Karl beginnt im eigentlichen Bildfeld unten mit einem Paar Elefantenköpfen, über denen drei aufgesprungene Granatäpfel hängen. Den zweiten Abschnitt darüber nehmen Schweinsköpfe ein, über denen zwei Widderhörner mit seitlich abgewandten Blüten gemalt sind. Nach unten gerichtete Blätter, wohl Beifuß, bilden den Abschluß dieses zweiten Komplexes. Auf einem Sockel darüber ist ein barbarischer Phantasiepanzer von der Seite gemalt, über dem ein kostbares, mit einem Deckel verschlossenes Gefäß steht. Nimmt man an, daß es sich hier um ein Bilderrätsel in humanistischen Hieroglyphen handelt, dann dürfte Bartholomäus Bruyn d. Ä. wohl die damals bekanntesten, die Hieroglyphen des Horapollon sowie die von Colonna in seiner Hypnerotomachia beschriebenen, verwendet haben. Fehlende Begriffe werden sicher aus dem noch lebendigen christlich-mittelalterlichen Symbolschatz ergänzt worden sein. So kann man das Bild tatsächlich lesen[365]: Ein starker Mensch, der Ersprießliches im Kopfe hat (Elefant), unter dem Gesetz (Granatäpfel) der Dreieinigkeit (Dreizahl) unter des verderblichen Menschen (Schwein) unheiligem (abwärtsgewandte Blüte – Blüte sonst in Bedeutung von „heilig") Werk (Widderhörner) mit starker Kraft und unermüdlicher Ausdauer (Beifuß – Wirkung negativ, da er nach unten zeigt), darüber die Trophäe des militärischen Sieges über den Barbaren und das Zeichen für Geist.

Zieht man die musizierenden Engel als Fuß und Kapitell des Pfeilers noch hinzu, so muß der Bildtext wohl etwa, in Worte übertragen, so klingen: „Zum Lobe Gottes (gewinnt) der Mensch, der Ersprießliches im Kopfe hat und sich unter das Gesetz des dreieinigen Gottes gestellt hat, den Sieg mit militärischen und geistigen Mitteln über das unheilige, aber mit großer Ausdauer geführte Werk eines verderblichen Menschen." Die dem Bilderrätsel zugeordnete Figur und der Text darunter lassen keinen Zweifel, wer gemeint ist. Zum Lobe Gottes – die musizierenden Engel verdeutlichen dies – überwindet Karl dadurch, daß er sich der Forderung nach Ausbreitung des Glaubens beugt, den zähen, Jahrzehnte währenden Widerstand Widukinds erst mit Waffen und später durch den Geist der Milde.

Der Pfeiler hinter Willehad zeigt schräg von vorne den gleichen Phantasiepanzer in einem ganz ähnlich stelenartigen Aufbau wie auf der Gegenseite. Die Vermutung, hier eine ähnliche Aussage zu finden, liegt nahe. Auf einem Sockel mit drei eingelegten Kugeln zeigt sich nach beiden Seiten ein Eberkopf mit Widderhörnern, darüber die aufgerichteten Blätter des Beifußes. Nach einem gegenständlich nicht deutbaren Zwischenstück finden wir durch einen Ring am Hals gefesselte Basilisken, deren Hahnenkopf teilweise menschliche Züge trägt, darüber der Panzer und ein kostbares, geschlossenes Gefäß.

Das hebräische Wort „ibri" (von der anderen Seite des Stromes) wird mit der Einführung der deutschen Bibel als „Eber" verstanden und bekommt dadurch einen symbolischen Sinn und taucht auf Schöpfungsbildern, etwa bei Hans Holbein d. J., auf[366]. Beziehen wir diesen Sinn analog zum gegenüberliegenden Rebus auf Willehad, so mag die Übersetzung in Sprache etwa so lauten: „Auf der Dreieinigkeit fußend (drei Rundformen), der Mann Christi (Widderhörner) von der anderen Seite des Stromes (hier könnte ein Bezug auf die angelsächsische Herkunft Willehads gesehen werden, da der Text darunter darauf ja ausführlich Bezug nimmt) fesselte (Ring) durch unermüdliche Ausdauer und starke Kräfte (Beifuß) den menschlichen (Gesicht) Dämon (Basilisk) durch den Sieg der Waffen und den Geist (Panzer und geschlossener Krug)." Gemeint ist hier ganz offensichtlich ein weiteres Mal Widukind, der hier nicht vom Politischen, sondern aus der Sicht des Missionars negativ charakterisiert wird. Die Siegestrophäe ist in beiden Bilderrätseln offensichtlich die gleiche. Gemeint sind der militärische Sieg Karls über die Sachsen und die endgültige Unterwerfung Widukinds. Die Gefäße als Abschluß der Trophäe sind verschieden gestaltet und können sich eigentlich nur auf die Behandlung der Sachsen durch Karl und Willehard, nachdem sie endlich in das Frankenreich eingegliedert waren, beziehen. Wie beide in dieser Richtung handeln, erläutert der Text unter den Figuren. Auch beim Willehad-Pfeiler begrenzen musizierende Engel, Bildzeichen für das Lob Gottes, den Rebus. –

Mit Recht ist an verschiedener Stelle darauf hingewiesen worden, daß das Vorbild für das Karl-Willehad-Fresko im bremischen Siegel zu suchen ist[367]. Es gibt zwei Stadtsiegel, die ein vergleichbares Motiv aufweisen. Das erste ist um 1230 entstanden, wurde aber 1366 durch ein neues ersetzt, da während der Unruhen dieses Jahres das bisherige mißbraucht und gegen den Rat verwendet wurde. Ergänzt wird es durch das Geheimsiegel des gleichen Jahres[368]. Eine weitere Darstellung des Themas findet sich in der Mitte der Orgelempore im Bremer Dom. Das Relief ist nach 1500 entstanden. Der Vergleich aller Darstellungen miteinander ermöglicht erst, das Bild von 1532 in seiner politischen Bedeutung richtig einzuschätzen.

Das älteste Stadtsiegel zeigt die Gründer des Bremer Domes einander gegenübersitzend, Willehad links, Karl rechts. Sie halten beide das Modell des Domes zwischen sich. Die Köpfe sind in reinem Profil gegeben. Die Körper sind seitlich dem Betrachter zugedreht. Willehad ist im bischöflichen Ornat gekleidet, den Krummstab in seiner Rechten. Karl trägt eine Krone und hält in seiner Rechten eine Kugel, die Frühform des Reichsapfels, noch ohne Kreuz. Ihre Sitze werden vom Siegelrand überschnitten. Zwischen ihren Beinen wird ein großes Stadttor mit Mauer und Zinnen sichtbar. Die Mauer mit Zinnen folgt weiter dem Siegelrund und wird zwischen den Köpfen und dem Dommodell erkennbar. Der Dom „schwebt" über der Stadt.

Was läßt sich aus der formalen Gestaltung dieses ersten Bremer Stadtsiegels über das politische Verhältnis von Stadt, erzbischöflichem Landesherrn und Kaiser und Reich ablesen? Willehad sitzt rechts vom Dom und damit – vom Siegel her gesehen, wie es in der Heraldik üblich ist – auf der gewichtigeren Seite. Außerdem ist sein Sitz der prächtigere und größere. Die Krümme seines Bischofsstabes erscheint neben dem Dom, der Reichsapfel Karls vor der Stadtmauer über dem Tor. Das Siegel sagt also etwa folgendes aus: Der Bremer Erzbischof, vergegenwärtigt in der Gestalt des Heiligen, ist die wichtigste politische Kraft in Bremen. Er hat den gewichtigeren Platz inne, seine Macht konzentriert sich auf das Zentrum der Stadt, den Dom und dessen Bezirk. Kaiser und Reich, verkörpert in der Gestalt Karls, haben die weltliche Macht und schützen die Mauern und, symbolisiert durch das Tor, die Beziehungen der Stadt nach außen und von außen nach innen.

Das neue Stadtsiegel von 1366 zeigt einige wichtige Veränderungen. Die Figuren sitzen nebeneinander auf einer Art Bank, frontal dargestellt. Ihre Positionen sind vertauscht. Der Kaiser sitzt jetzt auf der rechten Seite – von den Thronenden aus – und die zweite Figur links. Der Kaiser hält in seiner Rechten das Zepter, in seiner Linken den Reichsapfel in der bekannten Form. Die links neben dem Kaiser sitzende Figur hält in ihrer Rechten ein Schwert, in der Linken einen Schlüssel, der dem Bremer Wappenschlüssel gleicht. Die Bischofsmitra, vor allem aber das bis 1366 geltende Siegel könnten im ersten Augenblick dazu verleiten anzunehmen, daß wir es auch hier mit dem heiligen Bischof Willehad zu tun haben. Doch die Beziehung zum Dom, das Attribut des Heiligen, fehlt. Beide Figuren des Siegels sitzen gleichberechtigt nebeneinander. Den endgültigen Hinweis, daß wir es hier mit dem Stellvertreter Christi auf Erden, mit Petrus, zu tun haben, gibt das Geheimsiegel von 1366. Auf ihm wiederholt sich die gleiche Figur wie auf dem großen Stadtsiegel. Die Ähnlichkeit geht bis hinein in die gleiche Körperhaltung und den Faltenwurf. Nur hält die linke Hand der Figur ein Buch, während die rechte den Segensgestus ausführt. Der Heiligenschein hinter dem Kopf läßt die Figur eindeutig als Petrus, den Titularheiligen des Bremer Domes, erkennen. Unter seinen Füßen, den Rand des Geheimsiegels überschneidend, tritt an dieser Stelle zum ersten Male das Bremer Wappen mit dem Schlüssel in Form und Stellung auf, wie es noch heute besteht. Damit ist die Beziehung zwischen dem Schlüssel, als Attribut des hl. Petrus, und dem Bremer Wappenschlüssel eindeutig hergestellt[369].

Das neue Siegel von 1366 hat dem alten gegenüber eine entscheidende Veränderung erfahren. Nicht mehr die Stifter des Bremer Domes sind dargestellt, sondern gleichwertig nebeneinander die Mächte, die sich die Herrschaft über die christliche Welt teilen: Kaiser und Papst, in der Person Petri. Dabei ist der Kaiser als das Symbol der Macht des Reiches auf die wichtigere rechte Seite – im heraldischen Sinne – plaziert. Versteht man den zwischen den Beinen der beiden Thronenden doppelt gerahmten Spitzbogen als Stadttor, das aus dem alten Siegel übernommen wurde, so kann die Bedeutung des neuen Siegels etwa so gelesen werden: „Über" der Stadt herrschen das weltliche Recht des Reiches und das geistliche Recht, wobei der Reichsgewalt die gewichtigere Position zugeordnet ist. Kaiser und Stellvertreter Christi auf Erden, der hl. Petrus und in seiner Nachfolge der Papst – beide in dieser Figur vereinigt –, sitzen gleichberechtigt nebeneinander. Doch die Mitte des Siegels über dem Stadttor wird vom Reichsapfel ausgefüllt. Die Stadt ist geteilt. Weltliches und geistliches Recht – im Dombezirk – werden in ihr ausgeübt. Das Recht des erzbischöflichen Landesherrn wird aber nicht mehr direkt von Willehad hergeleitet, sondern von der übergeordneten Instanz, dem Papst. Wenn man dabei in Betracht zieht, daß die reale Macht des Papsttums in dieser Zeit

Abb. 82 *Erstes Stadtsiegel, um 1230*

Abb. 83 *Zweites Stadtsiegel, seit 1366*

durch die sog. „babylonische Gefangenschaft der Kirche" in Avignon (1305—1378) entscheidend geschwächt war, dann stand in Bremen die Macht des kirchlichen Landesherrn auf schwachen Füßen. Der Rat der Stadt unterstellt Recht und Freiheit der Stadt in verstärktem Maße Kaiser und Reich und bringt dies nach der glücklich bestandenen Auseinandersetzung mit Albert und den inneren Unruhen von 1366 auf dem neuen großen Stadtsiegel zum Ausdruck. Die innere politische Situation und die Vorstellung des Rates von der Stellung der Stadt und ihren Freiheiten, die an das Reich gebunden waren, erfahren im Siegel ihre symbolhafte Ausformung.

Das Relief im Bremer Dom, entstanden Anfang des 16. Jahrhunderts, nimmt das Halten des Dommodells des ersten Stadtsiegels wieder auf. Das Modell reicht von den Knien seiner Stifter bis über ihre Köpfe. Die beiden ungleichen Turmhelme werden wie im Rathausfresko erkennbar. Karl und Willehad sitzen sich gegenüber, schräg dem Betrachter zugedreht. Außer ihrer Kleidung zeigen sie keine Herrschaftssymbole. In diesem Zusammenhang ging es auch nicht primär um das Setzen politischer Akzente, sondern die beiden Domgründer sind Heilige in einer langen Reihe von Heiligen, die diese Emporenbrüstung bevölkern. Sie stehen allerdings im Zentrum der Heiligenschar. Die spätgotische, zum Teil aber schon renaissanceartige Formen verwendende Architekturrahmung macht deutlich, daß hier eine der mittelalterlichen Darstellungsweisen des Himmlischen Jerusalem mit seinen Heiligen ausklingt. Die Aufnahme Karls d. Gr. als einem der Gründer des Bremer Domes an zentraler Stelle in eine Reihe von Heiligen bekommt eine besondere Bedeutung, da Karl auf Veranlassung Barbarossas 1165 zwar heiliggesprochen wurde, diese Heiligsprechung aber kirchlicherseits dann nicht anerkannt wurde. Dessenungeachtet gewann die Karlsverehrung in einer ganzen Reihe von Städten, die ihre Gründung auf Karl d. Gr. zurückführten, vor allem im 13. und 14. Jahrhundert zunehmend an Bedeutung[370]. Daher ist es nicht überraschend, wenn der Erzbischof den Kaiser als Heiligen an so zentraler Stelle in seinem Bremer Dom, seinem geistlichen und auch weltlichen Zentrum in der Stadt, postierte. Während auf den Darstellungen des Rates mit dem gleichen Thema die Herrschaftsinsignien unumgänglich notwendig waren, verzichtete der Erzbischof im Dom weitgehend auf sie, da dadurch die geistliche Stellung Karls um so unanfechtbarer wurde, was sich selbstverständlich auch auf seine politische Bedeutung für den Bremer Kirchenfürsten auswirkte. Das Relief dürfte wohl im Zuge der seit 1502 stattfindenden Erneuerung des Nordschiffes des Bremer Domes unter Erzbischof Johann Rode (1496—1511) entstanden sein. Dieser Domausbau, bei dem ja bewußt auch romanische Bauformen wieder aufgenommen wurden, muß als die Unterstreichung der landesherrlichen Ansprüche auf Bremen verstanden werden, denn Rode beklagt sich in einem Verzeichnis der Güter und Rechte der bremischen Kirche bitter über die Bremer: „Es ist keine andere Hoffnung, daß die bremische Kirche in Frieden bestehe und atme, als daß die Bremer niedergelegt werden."[371]

Das Fresko von 1532 übernimmt vom Domrelief eine Reihe formaler Gestaltungselemente. Die Architekturumrahmung zeigt die beidseitigen Pfeiler als Begrenzung und den nach oben hin flachen Bogen in den Formen der deutschen Frührenaissance. Ebenso bleiben die Stellung der Figuren innerhalb des Gesamtbildes und ihre Sitze gleich. Diese weisen die üppigen Groteskformen der Zeit auf. Während das plastische Dommodell im Relief nur einige Ähnlichkeiten mit der wirklichen Gestalt des Domes aufweist, gibt Bartholomäus Bruyn d. Ä. ein Porträt des Gotteshauses. Außerdem gewinnt es an Größe und steht, was die Fläche angeht, auf gleicher Ebene mit Karl und Willehad. Dadurch gliedert sich das Bild innerhalb des Architekturrahmens in drei nahezu gleich große Teile. Da die Löwengruppe mit dem Bremer Wappen und der Dom optisch, formal und farblich eine Einheit bilden, drängt sich vom Umfang her der „Bremer Teil" des Bildes in den Vordergrund. Von der Farbe her wirken die Figuren stärker, so daß auf jeden Fall die einzelnen Teile zumindest gleichwertig erscheinen. Dennoch gewinnt die „kaiserliche Seite". Karl d. Gr. sitzt nicht nur auf der „richtigen", der rechten Seite des Domes und des Bremer Wappens, sondern sein Thron ist auch reicher gegliedert als der Willehads. Vor allem sind ihm seine Reichsinsignien beigegeben. Bei der Analyse der anderen Kaiserdarstellungen ist deutlich geworden, daß dem Herrscher die Herrschaftsinsignien zugeordnet werden, die für den Auftraggeber von besonderer Bedeutung sind. Denn weder soll hier ein Porträt Karls gezeigt werden noch eine symbolhafte Darstellung des Kaisertums ganz allgemein, sondern in der Gestalt Karls verkörpert sich die politische Bedeutung, die Kaiser und Reich nach den Vorstellungen des Rates gegenüber der Stadt zukommen im Hinblick auf ihre Auseinandersetzung mit dem landesherrlichen Kirchenfürsten um die Unabhängigkeit des Stadtstaates. Unter diesem Aspekt ist es wichtig festzustellen, daß das Schwert als Zeichen der Gerichtsbarkeit aus der Hand des Statthalters Christi in die des Kaisers übergewechselt ist. Ebenso geht der Schlüssel, den der Papst dort trägt, wie schon im Geheimsiegel von 1366, in das von Löwen bewachte Wappen über. Darüber hinaus erscheint er nochmals in den Wappen auf den beiden Pfeilern am Bildrande. Das erzbischöfliche Wappen mit den beiden ge-

Abb. 84 *Geheimsiegel der Stadt, 1366*

kreuzten Schlüsseln, wie es noch am Ratsstuhl auftritt, fehlt hier völlig.
Auf gleicher Ebene wie die beiden Pfeiler stehen die beiden das Bremer Wappen haltenden Löwen. Ihre Stellung im Bildganzen, ihr erstmaliges Auftreten in Verbindung mit dem Wappenschild[372] und dessen außergewöhnliche Form können wohl kaum nur als heraldisches Beiwerk aufgefaßt werden. Unter dem Kreuz — über dem höchsten Punkt des Wappenschildes befindet sich die Kreuzigungsgruppe der Portalzone des Domes — steht das schräggestellte Wappenschild, dessen Ränder blattähnlich umgebördelt sind. Auffällig sind die volutenartig eingerollten oberen Ränder des Schildes, die stark an die Form der in den Bilderrätseln der Pfeiler verwendeten Widderhörner erinnern. Die Löwen stellen mit ihren zurückgewandten Köpfen eine eindeutige Beziehung zu den beiden Stiftern des Domes her, so daß man ihre Bedeutung als Symbolfiguren für die beiden Stadtheiligen kaum bezweifeln kann. Diese Beziehung und ihre Bedeutung ging offensichtlich später verloren oder wurde nicht mehr gebraucht, denn etwa bei den Münzen von 1568[373] sind ihre Köpfe nach innen, dem Wappen zugewandt.
Versucht man die Wappengruppe analog zu den Bilderrätseln der Pfeiler als Rebus zu lesen, würde sie etwa so lauten: Karl und Willehad halten als Wächter großmütig (Löwen — beiden wird diese Tugend im Text darunter ausdrücklich bescheinigt) die Stadt (Wappen), deren Zeichen sich vom Apostel Petrus herleitet (Schlüssel), deren Farben die Reichsfarben sind[374], die unter dem Heiland, Christus (Voluten als Widderhörner), steht. Vielleicht ist es Zufall — doch das erscheint in einem so weit durchdachten Bild kaum möglich —, daß über dem dem Bischof zugewandten Löwen sich am Dom eine Marienfigur befindet, während der dem Kaiser zugeordnete Löwe die Kreuztragung über seinem Haupte hat. Der Bremer Erzbischof in der Verkörperung Willehads hängt noch immer im protestantischen Bremen dem Marienkulte an. Die Stadt selber „nimmt wie Christus ihr Kreuz auf sich". Die für Bremen so ungewisse politische Stellung im Reich und gegenüber dem Erzbischof und ihr gleichzeitiges Festhalten am neuen Glauben haben hier in dieser Form Ausdruck gefunden. Die Jahreszahl direkt unter dem Wappen ist ein weiterer Punkt für die Richtigkeit der Deutung der Wappengruppe als Rebus. —
Auf der gleichen Ebene wie die Architekturrahmung steht unter beiden Figuren jeweils ein gereimter Text, der für den flüchtigen Leser lediglich belehrende Erklärungen zu den beiden Stadtheiligen gibt. In Wirklichkeit muß man ihn als Kommentar des Rates zur politischen Situation auffassen, nicht nur in dem, was er bringt, sondern vielleicht noch mehr durch das, was er verschweigt.

Abb. 85 *Bremer Dom, Karl-Willehad-Relief, Anfang 16. Jh.*

Der Text ist nachfolgend nach dem heutigen Zustand des Schriftbildes abgedruckt. Zeileneinteilung sowie Groß- und Kleinschreibung sind ohne Änderung übernommen. Um ihn lesbarer zu machen, sind nur die „v" in „u" umgewandelt, soweit die Schreibweise beide Buchstaben gleich behandelt. Die angezeigten Auslassungen von Buchstaben sind in Klammern () ausgeschrieben[375].

col I Kaerl de grothe bin Ick genandt
Ein weldich koni(n)g aver vele landt
Van dutschem blode gaer hoech gebaren
Dar tho heft mi godt uthvorkaren
Sin lof tho bringen in sassen landt
Woer sin name was voer unbekandt
Vele stride hebbe ick gar koenlick gedhae(n)
Dat ick mine(n) vienden mochte weddersthaen
Dorch franckrick spany(n) und dutschlandt
Beth ick se brachte under miene handt
Bedwanck ock gantze Italiam
Iegen de lambarder ick daet inquam
Oeren koni(n)g gefangen ohr landt vorheert
Woir dorch min Rike gantz graeth gemehrt
col II Binne(n) Rome bin ick thom keiser erkaren
Welck ick vele lever doch hadde enbaren
De Romsche(n) kerke(n) hebbe ick hoech vorheven
Welck Co(n)sta(n)ttino werth valslich thogescreve(n)
De ick mit Roma(n)diola begaveth unbedacht
Wor uth erfolget is ore grothe macht
Minen krich ick iegen de hunen voerde
Szo langhe dat ick ße gantz vorstoerde
De Grekessche(n) keiser hebbe(n) mine macht gemeede(n)
De persier mit gaven miene fruntschop gebenden
Africa was vor mie vorvehrt
Wo woll ick nehne fromde Rieke begehrt
Gahr mannigen krich hebbe ick gevohrt
Und mannigen swaren viantt gespohrt
col III Vant ick doch nicht der Sassen gelick
Doch dancke ick godt van hem(m)elrik
Dat ick thom lengesten vollebracht
Dair nha mine varvadern ßo lange getracht
De Sasse(n) vorwunne(n) mit stridbarheit
Dair nha bewegen mit miner gudicheit
Dat ße sick tho gade hebben gekeerth
Wor dorch sin godlike rike vormeerth
Hebbe se van allem tribute vrig gegeven
Up dat se wolde(n) in gades vruchten leve(n)
Mit wedekindt orem eddelle(n) forsten goedt
Dat he lethe sincken sienen moeth
Mines Riekes in XLVI mines oders im LXXII jair
Starf ick und bin tho aken begraven vorwair

col IV Ick wilhaed de erste bisschup in desser Stadt
Gantz vele ick godt almechtich bath
Dat sick de sassen doch mochten bekeren
Woir oth min oldern gespraten weren
Dan ick bin gebaren en engelsch man
Woir de historien spreken van
Dat se sin van den sassen gekamen
De köning Wortegern hadde int rike namen
Mit hertoch Henxste de(n) vader siner fruwen
Dat sine viande scholden öre macht schuwe(n)
Heft on dat landt Cent erst geschenket
Na iß it lucke heel ton Sassen gelenkett
Dat se de gantzen kronen sindt averkame(n)
Leden dal den olden Bitanieschen nahme(n)
col V Den Engelsche(n) [nach Engern] wedder up gericht
Da geboith is desse marcklike geschicht
Dat de sassen hir erst sin afgevaern
Is bi verdehalfhundert und soven iaren
Erde karke wort tho Bremen gestichtet
De van koning Kaerl is thogerichtet
Na gades borth $\text{VII}^{c}$ und LXXXVIII iar
Groet arbeit dede ick hir vor wair
Mit wanderen predeken und innige(n) bede
Nach rechter Apostoliesscher ßede
Wedekindt heft mi groth vorfolch gedaen
Woir inne mi godt doch nhee vorlaen
Miner iungern heft he vele um(m)e gebracht
Beth dat it godt heft anders bedacht
col VI Und gehulpe(n) köni(n)g Kaerl dem Edele(n) heren
Mit ßege(n) umb dit landt tho bekeren
De Sassen heft he mit stride vorwunnen
Dair nha mit anderen wapene(n) begun(n)en
Mit gude und lindicheit it volck vrede bracht
Gevriget geha(n)thavet und nichts upgelacht
Behalve(n) tho underholden de dener des heren
Den se scholden allein den tegenden tokeren
Woir up he in sassen vele karken fundeert
Dat gades wordt worde io recht geleert
De vrigen kunste mochte(n) underholden werden
Dorch mestere dede vorgevens lerden
Mine brodere hebbe ick twe iar XVI weke(n) regert
Und tho blexem godt mit miner marter eerth

Auffällig ist, daß die einzelnen Kolumnen ziemlich genau jeweils ein zusammenfassendes Thema behandeln. So wird in der ersten Karls Herrschaftsgebiet umrissen. Die zweite Kolumne beginnt mit der Kaiserkrönung 800 in Rom, von der schon Einhard berichtete, daß Karl sie nur widerwillig angenommen hätte (col II/15–16). Die Vorrechte der Kirche und die daraus resultierende politische Macht des Papstes auf Grund der sogenannten Konstantinischen Schenkung nimmt in den folgenden Zeilen Karl für sich in Anspruch. Der Humanist Lorenzo Valla hatte um die Mitte des 15. Jahrhunderts diese Urkunde als Fälschung entlarvt. Auch Karls Bemerkung über seine unbedachte Erweiterung der sog. Pippinischen Schenkung durch das Exarchat Ravenna und die Pentapolis, ehemals byzantinische Herrschaftsbereiche, läßt in diesem Text eine scharfe antipäpstliche Haltung spüren (col II/17–19). Karls Stellung als christlicher Herrscher und missionarischer Kämpfer gegen das Heidentum wird durch den Feldzug gegen die Awaren — hier Hunnen genannt —, die freundschaftlichen Beziehungen der Perser zu ihm, seine Stellung zu Byzanz und den Respekt, den er sich in Afrika durch seine Kämpfe gegen die Mauren in Spanien erworben hatte, gekennzeichnet. Daran schließt sich nun folgerichtig der Bericht über die jahrzehntelange Auseinandersetzung mit den Sachsen und deren endgültige Unterwerfung an. Sehr nachdrücklich betont der Text die „gudicheit", die Karl danach den Sachsen gegenüber gezeigt habe, indem er sie von allen Tributen befreit habe. Das dürfte zweifellos der zentrale Satz in dem Text zu Kaiser Karl d. Gr. sein. —

Der Vergleich mit den Reimen zu Bischof Willehad bestätigt das. Die IV. Kolumne berichtet von Willehads englischer Herkunft und in weitschweifiger Form, daß seine Vorfahren eigentlich aus Sachsen kämen, das er missionieren sollte. Der nächste Abschnitt beginnt mit der Gründung des Bremer Domes 788 und beschreibt die Missionsarbeit Willehads und den heftigen Widerstand der Sachsen unter Widukind dagegen. In der letzten Kolumne ist wie in der letzten bei Karl (col III) die Unterwerfung der Sachsen durch den Kaiser beschrieben. Die Sachsen werden befreit, beschützt, und es werden ihnen keine Lasten auferlegt (col VI/34). Sie haben nur die Diener des Herrn zu unterhalten und ihnen den Zehnten zukommen zu lassen (col VI/35–36). Erst das ermöglicht die Gründung einer großen Anzahl von Kirchen. Das wird gleichzeitig als Beginn einer Kulturarbeit in Sachsen gekennzeichnet. Denn die freien Künste werden dort nun praktiziert und gelehrt (col VI/39–40). Die Erwähnung des Märtyrertodes von Willehad mag auf eine mißverständliche Auslegung der Rynesberch-Schene-Chronik zurückgehen, in der von Willehads Wunsch, als Märtyrer zu sterben, berichtet wird. Vielleicht haben wir es auch nur mit einer sehr geschickten Formulierung zu tun, die auf Willehads Krankheit auf einer Missionsreise anspielt, der er dann am 8. November 789 in Blexen erlag. Daraus mag dann ein Märtyrertod abgelesen werden, ohne daß man ausdrücklich die Unwahrheit geschrieben hätte. Willehad auch noch als Märtyrer — das bedeutet natürlich in diesem Zusammenhang eine zusätzliche Aufwertung seiner Worte und seiner Bedeutung für Bremen überhaupt. —

Der für Bremen wichtige Kern des Textes unter dem Karl-Willehad-Bild in der Oberen Rathaushalle schält sich folgendermaßen heraus:

1. Der militärischen Unterwerfung der Sachsen folgte durch Karl d. Gr. eine bemerkenswert milde Behandlung. Sie wurden von allen steuerlichen Lasten und Tributen befreit.
2. Sie hatten nur den Zehnten an die Kirche abzuführen und damit die Priesterschaft zu unterhalten.
3. Mit der Christianisierung kam auch die — kostenlose — kulturelle Bildung. Die Sachsen wurden mit den sieben freien Künsten bekannt gemacht. Das bedeutet, daß die Sachsen freie Bürger waren, die sich mit den „freien" Künsten befassen durften[376].

### 6.1.3. *Das Schriftbild von 1532*

An das Karl-Willehad-Fresko schließt sich, nur durch einen einfachen gemalten Rahmen getrennt, ein reines Schriftbild an. Es reicht bis in die NW-Ecke der Oberen Rathaushalle und schließt fast genau mit der unteren Bildkante des Freskos daneben ab. Auf seinem unteren Rahmen ist es mit „1532" datiert. Inschriften wie „RENOV. 1736" und „RENOV. 1967" erinnern an Renovierungen. 1965 wurde mit Zustimmung des Senats der Text, den Karl H. Schwebel konzipiert hatte, in die freie Fläche zwischen den Text von 1532 und dem Paneel geschrieben[377].

Der Text ist in vier Kolumnen und wie die Schrift auf den anderen Fresken in einer Textura geschrieben, die seit dem 14. bis weit ins 16. Jahrhundert hinein für offizielle und repräsentative Texte benutzt wurde. Das Nebeneinander von engen, hohen und spitzen Minuskeln und den breiteren, gerundeten Majuskeln wie auf dem vorliegenden Schriftbild ist keine Seltenheit. Die Dichte des einzelnen, rechteckigen Minuskelbildes überträgt sich auf die ganze beschriebene Wand. Festigkeit, Strenge, Würde, aber auch eine urwüchsige Kraft sind der Textura eigen. Der Umfang des Textes, seine Einteilung in Kolumnen, die Schreibweise und die zahlreichen Wortverkürzungen sowie die Tatsache, daß er in Niederdeutsch geschrieben wurde, machen ihn für den normalen Besucher der Oberen Rathaushalle heute fast nicht mehr entzifferbar.

Der Text ist nachfolgend in seinem heutigen Zustand[378] wiedergegeben. Zeileneinteilung sowie Groß- und Kleinschreibung sind im wesentlichen ohne Änderung übernommen. Um ihn lesbarer zu machen, sind die „v" in "u" umgewandelt, soweit die Schreibweise zwischen beiden Buchstaben keinen Unterschied macht. Die angezeigten Wortverkürzungen sind in Klammern ( ) geschrieben.

*Text des Schriftbildes von 1532*

col I In de(n) olde(n) historie(n) vint me(n) bescreven
we it sick heft tho vele(n) male begeven

Abb. 86 *Schriftbild von 1532 mit dem ergänzenden Text von 1965*

dat de dudesche(n) keiser mit groteme her
In orienten sintt getage(n) und aver mer
Ock andere cristene könige(n) und heren
De aver meer getage(n) sint der christe(n) to eren
Tho donde de(n) ungelovige(n) wedder stant
Und ock tho verbidde(n) dat helige lantt
Wor manckde va(n) breme(n) vake(n) gewese(n) sint
So me des gar vele nawysinge vyndt
Sünderlick bi der tit her Gotfroit va(n) Byllion
De tho de(n) eren der Cristliken religion
Mit mer here(n) heft ene(n) herttoch vorgename(n)
Wor mede he dorch asie(n) went to Jerusale(m) kame(n)
Heft de stadt belecht unde avergewunne(n)
Dar sulvest ein kunigrike wedder begun(n)en
Na gades bordt dusen(t) undt nege(n)unnege(n)tig ja(r)
Hier manck sint de va(n) Breme(n) gewest vorwar
Tho water un(d) ock tho lande in groter macht
Mit ore(n) orlich schepe(n) de ße hebbe(n) aver mer bracht
Dar va(n) de stadt is ein herlick privilegiu(m) ove(r)kame(n)
Va(n) keiser Hi(n)ricke de(m) voften van de(n) namen
Itwelke ock va(n) mer folge(n)den Keisern ys bestadet
Unde is darinne mit keiserliker friheyt begnadet
We(n)the der stadt ys gegebe(n) dat Rholandes bylde
Tho ene(m) teke(n) der friheit onder des Rykes schilde
Ock de heerlicheit van der Koninglike(n) straten
Up deme Wesser strome des wy vake(n) genathe(n)
Ock sint wy dar mede in su(n)derheit begnadet
Dat uns bute(n) landes kein Vryggreve ladet
Bave(n) dat is te Radt d(er) stadt to de(n) ridderlike(n) eere(n)
Bestelleth dat ße vorhen nicht en weren
Bundt unde golt to drage(n) thom state d(er) Stadt
Ock de erste(n) Friheidt de sunte Wylhadus badt
col II Den va(n) Bremen van dem keiser Carolo
Sin samptlick upt nyge bekreftiget also
Wen dar iemandt wurde wedder streve(n)
De scholde hu(n)dert pu(n)t goldes to broke geve(n)
Dem keysere de helfte dat ander der Stadt
Vele ehrlike borgere de vorworve(n) dadt
Mit oren ridderliken daden aver meer
Der stadt tho eere(n) dem ryke to denste so veer
Up ore egene unkost ane idt gemene gudt
Vorwar ydt ys gewesen eyn vriger mudt
Dat va(n) enkelle(n) p(er)sone(n) is wurde(n) vorgename(n)
Mit orlich schepe(n) so veer dorch de heide(n) tho kame(n)
So doch do de strate un(d) meist Spaniske landt
Tho der tidt was in der Saracene(n) handt
Desses thoges hovetlude sint gewest Sosteine
Idt is billich dat me(n) de bename al gemeyne
Her Gerbern va(n) weyge h(er) Luder van verden
Her Luder va(n) bucke(n) dyt were(n) dre Rhades here(n)
Joha(n) iuckhals Joha(n) woldtma(n) Detwart ricm(er)des
Albert hilwerdi(n)g Herma(n) hare(n) Sivert willeldes
Gert Johans sone Bernt nackewedel H(in)r(ik) brusehaue(r)
Hinr(ich)s va(n) d(er) tiverbruge Gert ave(r) de(m) have were(n) borge(r)
Albert bi d(er) wage, dede was vorhen gestorven
Mit Gerde vresen ehr desse gnade wart vorwove(n)
De andere(n) alle brachte(n) de(n) bref to Breme(n) mede yn
En yder entfeng do vrolick de frunde syn
Dede ßo gar lange tidt weren van hus gewest
Unde solche friheit erla(n)get hadde(n) vort gemene best
Ock de Rath unde gantze menheyt ape(n)bar
Deden ohn vele eerhe unde fruntschup vorwa(r)
Se were(n) ock yn erve unde guderen ßo ryck
Dat binne(n) Breme(n) nicht vele were(n) ores gelick
Wor mede se dessen toch hebbe(n) vullenbracht
Unde desser guden Stadt so grote eere ingelacht
col III Dar na do me(n) scref elve(n) hu(n)dert seve(n) un vertich
Is ene heerfart upt nyge wedd(er) to gericht
Dorch keiser Co(n)radt up sunte Bernhard bede
De he tho Franckfurt vor de(n) gantze(n) ricke dede
De herfart is gedelet wurde(n) in dre weldige heer
De keiser vorde en do(r)ch greke(n) aver dat e(n)ge meer
Dat ander scholde segele(n) aver see int lovige la(n)dt
Dat derde de(n) wende(n) aver d(er) Elve don wedd(er) sta(n)dt
De va(n) Breme(n) hebbe(n) wedd(er) en schipfart vorgename(n)
Vele adels ut Sasse(n) un(d) Westfale(n) is darto gekame(n)
Umb va(n) dar to segele(n) in dat hillige landt

Dan de wech was ene vorhe(r) worde(n) bekandt
Unde sint gelope(n) va(n) d(er) Wesser in grot(er) macht
De wint averst heft se erst i(n) Engella(n)t bracht
Mit merere(m) volcke unde myt ytliken heren
De va(n) andere(n) orden ock afgeßegelt weren
De koni(n)ck heft se dar gantz herlick emfange(n)
Dar na sint ße wedder tho schepe gegange(n)
Unde vorda(n) gekame(n) in dat Gallitesche la(n)dt
Dat va(n) ga(n)tz Spanie(n) allene was in d(er) Criste(n) ha(n)t
De koni(n)ck va(n) Spanie(n) heft te tidinge vername(n)
Is one mit groter erhe under ogen gekame(n)
Unde so hochlick gebede(n) umb oren bystandt
Jege(n) de Saracene(n) dede wer(n) in Spanier landt
Derhalve(n) is dat heer in Spanien gebleve(n)
Unde dar gar vele strydendes bedreven
Jege(n) de Saracene(n) de dar were(n) in groter macht
Hebbe(n) on int ende de stadt va(n) Lyssebon velacht
Gar harde mit grote(m) volcke eine lange tydt
Dat Sassesche leger lach iege(n) de Sarace(n)ske(n) syt
Aver der ryvere beth dat de stadt gewaaen wart
Dewelke aldo va(n) de(n) Cristene(n) is besettet vort
Ock de sulve stede dar dat dudesche heer do lach
Heft noch de(n) name(n) dar va(n) went up dessen dach
col IV Oc do me scref Elve(n) hu(n)dert negen undachtich yar
Scach upt nye ene grothe heervart vorwar
Dorch keiser Frederick den erste(n) Barbarossa gena(nt)
De stadt va(n) Breme(n) makede ock rhede tho handt
Dre schepe van orlege de(m) Keiser tho de(n) Ehren
Va(n) welcke(n) se dre yar bevorn begavet weren
Mit eine(m) privilegio tho deme besten der stadt
De woldaet sunder tvifel ße mede bewage(n) hat
Ock were(n) de va(n) Lubeck do mede yn dem thage
Dem ryke tho denste un(d) de(m) Keiser tho behage
De ore stadt vor seven iare(n) bevorn hadde belagt
Unde va(n) h(er)toch Hinrick de(m) Louwe(n) by idt rike gebracht
De keiser heft do i(n) Asya ga(n)tz vele stryde gedan
Saracene(n) unde Turcke(n) konde(n) ome nicht iege(n) stan
Averst got heft de Cristene(n) gantz hoch bedrouet
Unde der heerfart gename(n) dat upperste houet
Dan de loflike Keiser ys klegelick ume gekame(n)
Dar a(n)ne heft de Cristenheit grote(n) schade(n) gename(n)
De heertzog qua(m) gelikewohl in dat hillige landt
Unde krech dar ock gantz grothen wedder standt
Vele Cristen sin va(n) swarer hythe kra(n)ck geworde(n)
Dat gaf ene orsake de(n) dudesche(n) Ridderliken orden
De va(n) de Bremere(n) un(d) Lubeschen dar erst bethe(n)get
Dar nha heft sick de Adel dar ock mede angehe(n)get
Den sulve(n) gemeret un(d) gebracht in ene(n) wolstandt
Keiser Fredrick de de a(n)der gaf ene dan dat Prussenla(n)dt
Welck ße va(n) de(n) heidene(n) gewunen undt ingename(n)
Lange dar nha sint ße ock yn Lyfflandt gekame(n)
So dat de Orde(n) ys groter unde mechtig geworde(n)
Averst nema(n)dt mach gestadet werde(n) yn den orden
Behalve(n) de va(n) Adel gebare(n) he sy groth efte kleen
Sunder borgere(n) va(n) Bremen unde va(n) Lubeck allee(n)
Darume dat ße des ordens sint anheuere gewest
So me(n) in de(n) historie(n) des ordens orsprunge lest[379]

Es kann in diesem Zusammenhang nicht darum gehen, den Text historisch kritisch zu untersuchen. Herbert Schwarzwälder hat in seinem Aufsatz über die Gedichte der Oberen Rathaushalle dargelegt, daß die vorliegenden Verse eine zweite Version der schon angesprochenen Gedichte in der Chronik von Rynesberch und Schene darstellen. Dabei hat er nicht nur beide Formen miteinander verglichen, sondern auch mit historischen Hinweisen versehen. Für diese Untersuchung ist allein das Inhaltliche interessant. Die vier Kolumnen des Textbildes behandeln ein in sich geschlossenes Thema, wobei die beiden ersten eng zusammengehören.

Der erste Abschnitt berichtet vom ersten Kreuzzug, der mit der Eroberung Jerusalems 1099 und der Errichtung des christlichen Königreiches von Jerusalem unter Gottfried von Bouillon endet. Diesen Kreuzzug haben die Bremer nach dem Text mit Schiffen und Teilnehmern unterstützt. Für ihre Teilnahme erlangten sie das berühmte Privileg Heinrichs V. von 1111. Es enthält die vier schon behandelten Freiheiten der Stadt: den Roland als Zeichen der Freiheit (teken der friheit) unter dem Schilde des Reiches, ihre besonderen Rechte auf der königlichen Straße, der Weser, die Befreiung von der Vorladung vor den Freigrafen sowie das Recht des Rates auf Tragen von ritterlicher Kleidung, von „bundt unde golt".

Auf der zweiten Kolumne wird ergänzend hinzugefügt, daß die alten, von Bischof Willehad bei Karl d. Gr. für die Stadt erbetenen Rechte bestätigt wurden. Wer diese Rechte der Stadt bestreitet, wird zu einer Strafe von 100 Pfund gebrochenem Gold verurteilt, wovon die Hälfte an den Kaiser, die andere Hälfte an die Stadt fällt. Es folgt eine genaue Beschreibung der Kriegsfahrt. Die 16 Hauptleute der Bremer werden mit Namen genannt, Namen, die, wie sich herausstellte, Bremer Patriziern des 13. und 14. Jahrhunderts gehörten. Doch die Namen und die Beschreibung der Geschicke einzelner Teilnehmer und der Rückkehr und ihres Empfanges in Bremen, als sie die Urkunde brachten, wurden wohl für notwendig erachtet, um die Zweifel, die offensichtlich immer wieder an den in dieser Urkunde erteilten Rechten aufkamen, zu zerstreuen und die Rechtmäßigkeit der ja tatsächlich gefälschten Privilegien zu untermauern.

Die dritte Kolumne berichtet vom zweiten Kreuzzug, der, unter dem Einfluß Bernhards von Clairvaux auf dem Reichstag von Frankfurt/M. 1146 beschlossen, drei Stoßrichtungen haben sollte. Auf dem Landweg wollte Konrad III. über den Bosporus ins Heilige Land ziehen, eine Flotte sollte direkt dorthin segeln, und ein dritter Angriff zielte auf die heidnischen Wenden jenseits der Elbe. Die Bremer beteiligten sich wieder mit Schiffen an dem Zug. Viele Adlige aus Westfalen und Sachsen kamen nach Bremen, um mit den Bremern zu segeln. Eine Reihe der Schiffe wurde aber zuerst nach England abgetrieben, wo sie der König „dar gantz herlick emfangen" hat. In Spanien wurde die Fahrt auf dringliches Hilfeersuchen des spanischen Königs, der im harten Kampf mit den Sarazenen lag, erneut unterbrochen. Die Kreuzzugsteilnehmer kamen ihm zu Hilfe. Mit ihrer Hilfe wurde schließlich Lissabon belagert und erobert. Damit schließt der Bericht über den zweiten Kreuzzug und die Beteiligung der Bremer daran.

Die letzte Kolumne gibt vom dritten Kreuzzug unter Friedrich I. Barbarossa Kunde. Drei Jahre vorher (1186) hatten die Bremer ein Privileg des Kaisers erhalten[380], das als Begründung für die erneute Teilnahme Bremer Kräfte an diesem Kreuzzuge angeführt wird. Auch die Lübecker beteiligten sich. Lübeck war noch sieben Jahre vorher als Stadt Heinrichs des Löwen in den Streit zwischen dem Kaiser und seinem mächtigsten Reichsfürsten geraten und dann „by idt rike gebracht". Der Tod Barbarossas führte zu empfindlichen Rückschlägen für das durch Kleinasien ziehende Kreuzfahrerheer. Fiebrige Erkrankungen dezimierten es. Bei Akkon errichteten Bremer und Lübecker Bürger aus Segeln ihrer Schiffe ein Zelthospital. An diese Arbeit „heft sick de Adel dar ock mede angehenget". Daraus entstand der Deutschritterorden, der unter Friedrich II. dann Preußen und später auch Livland als Besitz gewann und sehr mächtig wurde. In den Orden wurden ausschließlich Adlige aufgenommen. Nur Bremer und Lübecker Bürger bildeten eine Ausnahme, da sie, nach dem Text, des Ordens Gründer waren. —

Der Rat der Stadt Bremen tritt 1532 mit diesen Texten und Bildern an die Öffentlichkeit. Er legt für alle nachlesbar dar, woher die „Freiheit" der Stadt rührt. Da waren die ersten Rechte, die man noch von Karl d. Gr. herleitete und einerseits mit dessen besonderer Politik gegenüber den endlich besiegten Sachsen und andererseits mit dem engen Verhältnis von Karl zu dem ersten Bremer Bischof Willehad begründete. Das für die Stadt so wichtige — aber ja gefälschte — Privileg von 1111 wird mit der Teilnahme Bremer Bürger am ersten Kreuzzug begründet. Diese Teilnahme ist mit ziemlicher Sicherheit ebenfalls erfunden. Der vorliegende Text korrigierte das Jahr des Endes des Kreuzzuges richtig in 1099. In der ersten Vorlage des Gedichtes in der Rynesberch-Schene-Chronik war noch 1111 das Jahr, für das das Privileg gefälscht war, genannt. Viele Einzelheiten, wie die Namen der Bremer Hauptleute, die angeblich den Kreuzzug mitgemacht haben sollen, die Beschreibung des Weges durch die von den Sarazenen beherrschte Meerenge von Gibraltar oder die Rückkehr, können nicht als ruhmrediges Geschwätz abgetan werden. Dahinter steht der verständliche Wunsch des Bremer Rates, durch möglichst viele Einzelheiten die Glaubwürdigkeit des Privilegs Heinrichs V., das für die Stadt so wichtig war, zu untermauern. Ein geschickter Zug dabei ist die Erwähnung der beachtlichen Geldstrafe, die zur Hälfte an die Stadt, zur anderen Hälfte aber an den Kaiser zu fallen hatte. Bei der chronischen Geldnot, in der die Kaiser immer und vor allem Karl V. zu der Zeit waren, konnte eine Nichtanerkennung der genannten Privilegien unter Umständen ein herbes Verlustgeschäft für ihn bedeuten, während eine Anerkennung ihn aber überhaupt nichts kostete.

Die Erwähnung des zweiten Kreuzzuges, der Besuch Englands und die Hilfe bei der Eroberung Lissabons sowie die Beteiligung der Bremer dabei, bleibt in diesem Zusammenhang unverständlich. Es scheint, daß der Rat die Öffentlichkeit durch die Aufzählung weiterer Heldentaten Bremer Bürger davon überzeugen wollte, daß die Privilegien auch wirklich verdient waren. Dennoch bleibt die Frage nach dem Sinn unbeantwortet bestehen.

Das Gelnhauser Privileg Barbarossas von 1186 war für die Stadt die erste Urkunde, die ein deutscher König ihr verlieh, und damit hatte sie für die Stadt eine ganz besondere Bedeutung[381]. Hartwig II., der sich als ehemaliger Parteigänger und Vertrauter Heinrichs des Löwen nach dessen Sturz in Bremen als Erzbischof nur halten konnte, weil er sich staufisch gesinnt gab und damit die kaiserlich gesinnte Stadt hinter sich brachte, hatte sich bei Friedrich I. Barbarossa für das Privileg eingesetzt. So erscheint es nicht ausgeschlossen, daß der Rat die gefestigte Stellung als Gemeinwesen durch eine Teilnahme am Kreuzzug demonstrieren wollte.

Der wichtigste Teil des Textes scheint jedoch in der Tatsache zu liegen, daß auf einem Umweg Bremer — und Lübecker — Bürger durch ihre zur Gründung des Deutschritterordens aufgewerteten Samariterdienste vor Akkon zwar direkt keine Ritter, aber doch Angehörige eines der reichsten und exklusivsten Ritterorden, den es im ausgehenden Mittelalter im deutschsprachigen Raum gab, werden konnten. Sie sind damit mehr als die Bürger vergleichbarer anderer Städte; auf der Stufenleiter der Stände stehen sie eine kleine Stufe über den Bürgern anderer Gemeinwesen, die auch nicht vollständig reichsfrei waren. Sie dürfen nicht nur Rittertracht tragen — Gold und Bunt, d.h. Pelzwerk —, wie es schon das gefälschte Privileg von 1111 beschreibt, sondern im Deutschen Ritterorden gelten sie neben den adligen Mitgliedern, die als Ritter ausschließlich Zutritt zu diesem Orden hatten, als gleichberechtigt. —

### 6.1.4. *Die politische Bedeutung der Bilder und Texte an der Nordwand der Oberen Rathaushalle*

Der Sinn der Bilder an der Nordwand der Oberen Rathaushalle erschließt sich dem Fragenden in nur sehr unbefriedigender Weise durch ihre inhaltliche Deutung. Warum tritt der Rat gerade zu dieser Zeit mit Tatsachen, Hinweisen und Urkunden, mit denen schon seit mindestens 130 Jahren Stadtpolitik betrieben wurde, auf diese Weise an die Öffentlichkeit? Welchen Zweck verfolgen die Bilder? In welchem Zusammenhang stehen sie untereinander und zu dem Ort, an dem sie gemalt wurden?

Direkte Aussagen dazu gibt es in Urkunden ebensowenig wie zum Roland oder zum bildlichen Programm des gotischen Rathauses. Es bleibt nur die Möglichkeit einer genauen Analyse der Einzelwerke und ihres Zusammenhanges untereinander. Es erscheint legitim, diese Aussagen zu den tagespolitischen Ereignissen der Stadt und des Reiches, soweit sie Bremen betreffen, in Beziehung zu setzen. —

Die reformatorischen Bestrebungen werden durch den Wormser Reichstag von 1521 politisiert und führen zu der allmählichen Abspaltung Luthers und seiner Anhänger von der katholischen Kirche. Diese Glaubensspaltung fällt mit einem starken Drang aller Stände nach mehr Selbständigkeit von den über sie gesetzten Autoritäten zusammen. Das beginnt mit dem Streben der Fürsten nach mehr Souveränität gegenüber Kaiser und Reich und endet mit dem Aufstand zinspflichtiger und leibeigener Bauern gegen ihre Herren im Bauernkrieg 1525. Auch in den Städten kommt es allenthalben zu sozialen Unruhen der unteren Schichten gegenüber der traditionell führenden Patrizierschicht. Fast immer verbinden sich diese Bestrebungen mit dem neuen, freien Glauben, der nicht die weltliche, sondern die göttliche Autorität des Wortes Gottes an die erste Stelle setzt. Karl V., der neue Karl der Große[382], der das größte Reich seit diesem unter seiner Herrschaft vereinigt, kann sich mit dem beginnenden Auseinanderbrechen des katholischen Glaubens wie auch der Reichseinheit immer nur kurze Zeit und nicht nachhaltig genug auseinandersetzen. Der Kampf mit Franz I. von Frankreich und dem Papst um den politischen Einfluß in Italien sowie die ständige Bedrohung Ungarns und schließlich der österreichischen Erblande durch die Türken unter Suleiman II. und des Mittelmeeres und seiner Küsten, vor allem Spaniens und Italiens, durch die Flotte Cheireddin Barbarossas binden immer wieder alle seine Kräfte. In Deutschland regiert faktisch sein Bruder, Ferdinand von Österreich, Römischer König und König von Böhmen und Ungarn.

Das Wormser Edikt von 1521 läßt sich nicht durchsetzen, und die Türkengefahr sowie der Kampf um Italien führen 1526 zu dem für die Protestanten so positiven Abschied des 1. Speyrer Reichstages. Jeder Reichsstand soll es mit dem Wormser Edikt und in Sachen Religion so halten, wie er es gegen Gott und den Kaiser glaubt verantworten zu können. Auf dem 2. Speyrer Reichstag 1529 gewinnt dann die katholische Partei der Reichsstände die Oberhand. Der Reichstagsabschied, der bestimmt, daß die Messe wieder überall gelesen werden dürfe und der unter anderem den Bischöfen das alleinige Recht der Priestereinsetzung zuspricht, führt zu der Protestaktion der evangelischen Stände. Der Augsburger Reichstag ein Jahr später ist wiederum der Glaubensfrage gewidmet. Inzwischen hatte Karl V. mit Frankreich und dem Papst Frieden geschlossen. Deshalb kann er selber nach Deutschland kommen. Doch auch ihm gelingt die Rückführung der protestantischen Stände zum katholischen Glauben nicht. An deren Spitze steht Kursachsen. Die Folge des Reichstagsabschiedes ist im Dezember 1530 das Zustandekommen des Schmalkaldischen Bundes, dem wenig später auch Bremen beitritt. Der Kaiser und sein Bruder können allerdings gegen dessen Anführer, Johann den Beständigen von Sachsen, nichts unternehmen. Denn am 5. Januar 1531 soll Ferdinand in Köln zum Römischen König gewählt und anschließend in Aachen gekrönt werden. Auf Johanns Stimme als Kurfürst ist Ferdinand aber angewiesen. Der erneut einsetzende Kampf mit den Türken macht eine innere Auseinandersetzung in Deutschland für die Habsburger unmöglich. Die Hilfe aller Reichsstände ist erforderlich, um die habsburgische Hausmacht und in der Folge auch das Reich und seine Südflanke zu schützen. Die Sanktionen gegen die Protestanten werden eingefroren. 1532 gelingt es, Suleimans Angriff auf Österreich zu stoppen und ihn zum Rückzug zu zwingen. Doch Ungarn wollen die deutschen Truppen, die in der Hauptsache die Reichskreise gestellt haben, nicht erobern. Ferdinands Macht wäre dann zu groß geworden. —

Bremen kommt schon 1522 durch Heinrich von Zütphen mit der Lehre Luthers in Berührung[383]. Bis 1528 wird in allen bremischen Kirchen mit Ausnahme des Domes protestantischer Gottesdienst abgehalten. Der Erzbischof ist durch kriegerische Auseinandersetzungen im Lande Wursten gebunden. Dadurch bleiben die Bremer im religiösen Bereich in den ersten Jahren der Reformation relativ unbehelligt. Die Auseinandersetzungen um sie herum zwingen sie jedoch zu ansehnlichen Verstärkungen der Stadtbefestigungen. Die Schwierigkeit für Bremen besteht darin, daß der Abschied des 1. Speyrer Reichstages von 1526 die Wahl der Religionszugehörigkeit nur den Reichsständen zubilligt. Bremen hingegen ist immer noch nur Landstand des Erzstiftes, sein Landesherr noch dazu heftiger Verfechter des alten Bekenntnisses. Der Syndikus des Rates, Dr. Johann von der Wyck, reicht für die Stadt am 26. November 1529 Klage gegen eine Reihe von Übergriffen des Erzbischofs gegen die Stadt beim Reichskammergericht ein, und daraus wird beim Gericht und beim Reichsregiment die Bitte abgeleitet, Bremen und sein Gebiet dem Schutze des Reiches zu unterstellen. Zwar ergeht daraufhin 1530 an den Erzbischof die Auflage, den Landfrieden einzuhalten, doch die Reichsunmittelbarkeit wird mit keinem Worte erwähnt. Danach tritt Bremen noch im gleichen Jahr dem Schmalkaldischen Bund unter der Führung des Kurfürsten Johann von Sachsen bei.

Im gleichen Jahre gerät Bremen in eine schwere Verfassungskrise. Der Anlaß ist die Frage des Weiderechts auf der Bürgerweide. Es wird behauptet, einflußreiche Bürger hätten es unrechtmäßig in Anspruch genommen. Angeschuldigt werden nicht nur zwei Bürgermeister und eine Reihe von Ratsherren, sondern auch das Domkapitel und der Deutschordenskomtur. Daraus resultieren die ersten Vorschläge für eine Kontrolle der Ratsgeschäfte durch eine Bürgervertretung. Im Frühjahr 1531 wird der Deutschordenskomtur Rolf von Bardewisch zum Sündenbock gemacht und von aufgebrachten, radikal gesinnten Bürgern samt seinen Knechten in der Komtureikirche regelrecht belagert und schließlich erschlagen. Damit ist dem Rat die Kontrolle über die Geschehnisse in der Stadt entglitten. Ein Bürgerausschuß für die Angelegenheiten der Bürgerweide wird gebildet, der Anfang 1532 dann auf 104 Mitglieder — 26 für jedes Kirchspiel — erweitert wird. Der Rat wird gezwungen, die „104" als Mitbestimmungsorgan anzuerkennen. Immer wieder nehmen im folgenden die Auseinandersetzungen zwischen der traditionellen Stadtführung und der neuen, radikal sich gebenden Bürgervertretung gewalttätige Züge an. Die Drohung mit „der Reise des Komturs" liegt ständig in der Luft. Im April kommt es dann zum Auszug von vier Bürgermeistern, sechs Ratsherren und einigen anderen angesehenen Bürgern nach Bederkesa. Auch die Prediger Jacob Probst und Johann Timann verlassen die Stadt. Eine Pestepidemie und schließlich für den Rat anrückende Truppen führen am 28. August 1532 zur Abdankung der „104" und Anfang September zum Einzug des Rates in die Stadt. Die Neue Eintracht von 1532/34 stellt die alten Zustände im wesentlichen wieder her. —

In diesen für den Rat und für die ganze Stadt so tumultuarischen Monaten sollen die Gemälde der Oberen Halle des Rathauses entstanden sein. Das ist zwar eigentlich kaum vorstellbar, aber an der Datierung und den Wappen der amtierenden Bürgermeister kann nicht vorbeigesehen werden. Allerdings bedeutet beides die Zeit der Fertigstellung der Gemälde. Wenn man davon ausgeht, daß zur Zeit des Hansetages von 1530 an den Gemälden wohl noch nicht gearbeitet worden ist, da man das Rathaus ja dafür brauchte, dann bleiben als Zeit für die Entstehung der Gemälde eigentlich nur die Monate nach der Rückkehr des Rates ab September 1532. Bedenkt man die Überhäufung der Werkstatt von B. Bruyn d. Ä. mit Aufträgen zu jener Zeit einerseits, andererseits die Bildtechnik, was beides zu raschem Arbeiten zwang, dann ist eine Fertigstellung in wenigen Monaten durchaus denkbar. Doch müssen dem vorher auf jeden Fall die Planung durch den Rat und die Verpflichtung des Künstlers für diesen Auftrag vorausgegangen sein. Denkbar wären auch eine längere Unterbrechung der Arbeit und erst Ende 1532 dann die endgültige Fertigstellung, etwa durch Hinzufügen der Texte.

Zweifellos enthält das Salomonurteil Hinweise auf die Auftraggeber, die sich in ähnlich umfangreichen und bedeutsamen Bildern sehr oft malen ließen. Doch bleiben uns, da keine Urkunden darüber existieren und bildliches Vergleichsmaterial fehlt[384], z. B. die Figuren der unteren rechten Gruppe unbekannt. Hinter dem Konzept der Ausmalung ist der seit 1528 im Dienste des Rates stehende Stadtsyndikus Dr. Johann von der Wyck zu vermuten. Er stammte aus Münster, einer Stadt, mit der sich Bremen zu der Zeit durchaus vergleichen konnte, da Karl der Große Ende des 8. Jahrhunderts dort ebenfalls ein Bistum gegründet hatte. Johann von der Wyck hat die bremische Politik jener Jahre, zumindest soweit es die Außenpolitik der Stadt betrifft, entscheidend beeinflußt. Es kann wohl kaum daran gezweifelt werden, daß die Gemälde der Oberen Rathaushalle zur damaligen Zeit eine ganz spezielle politische Bedeutung hatten. Welche politischen Fragen hatten sich für Bremen zu solcher Wichtigkeit entwickelt, daß man zu ihrer Lösung sogar die Kunst heranzog?

1. Durch die Reformation war das Problem der Reichsunmittelbarkeit brennender denn je geworden. Denn nur Reichsstände durften sich in Sachen Religion frei entscheiden. Da der Bremer Erzbischof katholisch blieb, wurden in den Auseinandersetzungen mit der Stadt politische und Glaubensfragen unlösbar miteinander verknüpft.
2. Die Verankerung des neuen Glaubens und seiner organisatorischen Formen im politischen, wirtschaftlichen und sozialen Leben der Stadt fiel notwendigerweise dem Rat zu.
3. Bremen mußte Karl V. bzw. seinem Stellvertreter und Bruder, dem Römischen König Ferdinand I., auf das Entschiedenste demonstrieren, daß es treu kaiserlich gesinnt war.
4. Die neuen außenpolitischen Verbindungen mußten, soweit es ging, gefestigt werden. Nicht mehr die Hanse stand dabei an erster Stelle, sondern der neue Schmalkaldische Bund mit Kursachsen an der Spitze.
5. Die Stellung des Rates mußte nach den Unruhen von 1530/32 stabilisiert werden.
6. Die durch die inneren Unruhen Geschädigten mußten beruhigt werden. Das war vor allem der Deutschritterorden, dessen Komtur in Bremen ermordet wurde. —

Alle Texte zum Karl-Willehad-Fresko beziehen sich direkt oder indirekt auf die Reichsunmittelbarkeit. Der besondere Status der Stadt zwischen Kaiser und Landesherr, bildlich in den Personen des Freskos sichtbar gemacht, wird aus der besonderen Situation der Sachsenmissionierung beider Stadtheiligen abgeleitet. In einer Zeit, in der nicht nur die habsburgischen Erblande, sondern ganz Deutschland von den Türken bedroht war — 1529 standen sie vor Wien —, fällt natürlich die Beteiligung Bremens an den ersten drei Kreuzzügen ganz besonders ins Auge. Und nichts ist verständlicher, als daß sie dafür Privilegien erhielten bzw. aus Dankbarkeit darüber sich den Kreuzzügen deutscher Kaiser immer wieder anschlossen. Dahinter steht die unausgesprochene Versicherung, es gegen entsprechende Honorierung wieder zu tun. Und das Reich, vor allem die Habsburger, hatten diese Unterstützung zu der Zeit ja auch dringend nötig.

Für seine Zeit war Karl V. der zweite Karl der Große[385]. Die mittelalterliche typologische Denkweise vom Ablauf der Geschichte war noch lange nicht erloschen. Zu groß waren auch die Vergleichsmöglichkeiten zwischen dem ersten Kaiser des Hl. Römischen Reiches und dem jetzigen. Nicht Ruhmredigkeit läßt Karl d. Gr. unter seinem Bilde alle seine Länder und die Kämpfe, die er in ihnen ausgefochten hat, nennen, sondern diese Aufzählung stellt eine Huldigung an die Macht der regierenden Habsburger dar. Der Kampf um Oberitalien hatte den ersten Karl ebenso beschäftigt wie Karl V. Die deutlichen antipäpstlichen Aussagen des Textes flossen den Bremern, die dem Papst schon vor Luther skeptisch gegenüberstanden[386], sicher leicht aus der Feder. Die immer wieder bezeugte Güte Karls d. Gr. gegenüber den unterworfenen Sachsen kann man als geradezu beschwörende Bitte an den jungen Kaiser auffassen, den Typus des heiligen Karl zu erfüllen und mit den in Religionsdingen ihm wiederum ungehorsam gegenüberstehenden Sachsen gütig zu verfahren wie jener. Denn der Anführer der „Protestanten" von 1529 und des Schmalkaldischen Bundes von 1530 ist ja der Kurfürst von Sachsen. Mit ihm waren noch mehr sächsische Gebiete verbündet, unter anderem auch Bremen. Der Hinweis auf die Beteiligung bei der Belagerung Lissabons im zweiten Kreuzzug, der für Bremen damals ohne direktes politisches und rechtliches Ergebnis in Sachen Reichsfreiheit blieb, bekommt unter dem Aspekt, daß der Text eigentlich an Karl V. adressiert ist, erst seinen Sinn. Die Erwähnung der ehrenvolle Aufnahme der Bremer Kreuzzugsteilnehmer durch den englischen König kann in diesem Lichte nur als Hinweis an den deutschen Kaiser verstanden werden, daß Bremen zum englischen Throne traditionell enge Beziehungen besaß. England war nicht nur das Land eines John Wiclif, den man mit dem Reformator Luther vergleichen konnte. Der englische König Heinrich VIII. war enger Verbündeter Karls V. im Kampf gegen das Frankreich Franz I. Die Beschreibung der Landung des Kreuzfahrerheeres in Portugal und sein tatkräftiges Mitwirken bei der Er-

oberung Lissabons bekommt unter dem Aspekt, daß Karl 1526 Isabella von Portugal geheiratet hatte, eine zeitgenössische Bedeutung. Die engen verwandtschaftlichen Beziehungen des spanischen und des portugiesischen Königshauses führten dann 1580 dazu, daß Philipp II. beide Länder miteinander vereinigte.
Die ausführliche Darstellung der vermeintlichen Gründung des Deutschritterordens durch Bremer und Lübecker vor Akkon dürfte wohl auch mehr zu bedeuten haben als eine weitere Facette in einer ruhmredigen Selbstdarstellung Bremens. Seine Bürger stehen danach durch ihr Verdienst mit Adligen auf einer Stufe. Bedenkt man die Affäre um den Ordenskomtur Rolf von Bardewisch, dann war seine Ermordung durch Bremer Bürger nicht mehr als gotteslästerlicher Aufstand niederer Stände gegen den Adel anzusehen — der Bauernkrieg war ja gerade erst wenige Jahre vorbei und hatte mit der grausamen Bestrafung aller Aufständischen geendet —, sondern die Tat wurde zu einer nicht ganz legalen Bestrafung eines Schuldigen durch ihm Ebenbürtige, die, wie geschehen, durch die finanzielle Entschädigung der mitbetroffenen Familienangehörigen des Ermordeten aus der Welt zu schaffen war. —
Der Text unter dem Bilde Willehads berichtet vom Zehnten, mit dem die Priester von den Sachsen unterhalten wurden, diese sonst aber von Abgaben an den Kaiser befreit waren. Sie wurden ohne Belastung in den sieben freien Künsten unterrichtet. Was kann der Text außer dem Hinweis enthalten, daß nur Freie die sieben freien Künste ausüben konnten? Bezieht man diese Stelle typologisch auf die Situation der sich stabilisierenden neuen Kirche, so weist der Text vielleicht darauf hin, daß die Sachsen ihre Priester selber besolden und damit auch bei ihrer Einsetzung mitwirken dürfen. Gerade dies war ja ein Punkt auf dem 2. Speyrer Reichstag gewesen, der zur Protestaktion der Reformationsanhänger geführt hatte. Der Hinweis auf die Künste läßt sich auf die Schulen beziehen, die nach der Ermahnung Luthers die Städte einzurichten hätten, damit das Verständnis für das Wort Gottes wachse[387]. 1528 wurde in Bremen im ehemaligen Katharinenkloster eine Gelehrtenschule eröffnet. Um die Bildung hatten sich die Städte bis dahin nur in Ausnahmefällen gekümmert. Nicht die Schrift Luthers wird zur Begründung angeführt, sondern die Taten Karls d. Gr. und Willehads werden zur Legitimation dieser Aktivitäten seitens der Stadt herangezogen. —
Das Karl-Willehad-Fresko und das Schriftbild daneben gehören auf das engste zusammen. Sie bilden eine Einheit. Die Gestalten der Domgründer und eigentlichen „Schutzpatrone" der Stadt halten den Dom als Abbild der Stadt. Die Verbindung vom Bild zur Schrift wird durch die Bilderschrift der Pfeiler und der Wappengruppe hergestellt. Die Texte darunter beziehen sich auf die Figuren darüber. Der Text neben dem Bild müßte unter dem Dom und dem Wappen stehen. Der fehlende Platz macht ein Ausweichen zur Seite nötig.
Die Geschichte der Stadt und die Entwicklung ihrer „fryheit" durch die „gudicheit" von Kaisern und Königen und durch eigenes Verdienst werden von der „dunklen" Vorzeit (Mauer hinter den Figuren) bis zur Gegenwart des Jahres 1532 (Jahreszahl) so dargestellt, wie die politischen und religiösen Ereignisse es erforderten. Es hat sich herausgestellt, daß Bild und Text erst tatsächlich sinnvoll entschlüsselt werden können, wenn man Karl V. als den neuen Karl d. Gr. versteht. Vor allem die Texte beziehen sich auf ihn. Dabei stehen die Belange der Stadt immer an erster Stelle. —
So relativ einfach sich bei den zusammengehörigen Fresken die Beziehung ihres Inhaltes zu ihrer eigentlichen Bedeutung herstellen läßt, so wenig ersichtlich ist das beim Salomonurteil. Bedeutet das Bild eine Ermahnung an den darunter sitzenden Rat der Stadt zur Gerechtigkeit? Sicher liegt hier der offenkundige Bildsinn. Er soll ins Auge springen. Gleichzeitig ist es aber auch eine Rechtfertigung des Rates. Hatte doch die Petition der Gemeinde in Sachen Bürgerweide 1530 die nicht zu überhörende Mahnung enthalten, daß es die göttliche Pflicht des Rates sei, jedem zu seinem Recht zu verhelfen. Darin lag versteckt der schwere Vorwurf der Parteilichkeit. Dem galt es in Zukunft vorzubeugen. Die Gerechtigkeit des Rates durfte nicht noch einmal angezweifelt werden. Wer würde das noch wagen, wenn man darauf hinweisen konnte, daß es bei der Rechtsprechung für den Richtenden um das eigene Seelenheil ging und daß dieser Hinweis dem Rat ständig vor Augen war?
Doch scheint das Bild einen weiteren, uns heute noch verborgenen Sinn zu enthalten. Denn mit einem König und seiner Gerechtigkeit konnten sich Ratsherren einer Stadt doch nicht so ohne weiteres identifizieren. In dem Spruch über dem Thron wird der König direkt angesprochen. Das ist kaum auf den Rat einer Stadt zu übertragen. Hinzu kommt die Tatsache, daß die Personen, die relativ nahe dem Hauptgeschehen sind, offensichtlich Porträts darstellen. Es drängt sich die Vermutung auf, daß auch Salomo ein Porträt sein könnte. Er trägt graue Handschuhe und zeitgenössische Tracht. Läge dieser Szene eine zeitgenössische Begebenheit zugrunde, könnte es sich eigentlich nur um Ferdinand von Österreich handeln, König von Böhmen und Ungarn und seit Anfang 1531 auch Römischer König und Verwalter des Deutschen Reiches, wenn Karl V. nicht zugegen war[388].
Es gibt aus dem engsten Dürerumkreis ein Flugblatt, das in einem Holzschnitt von 1526 den sogenannten „Teppich von Michelfeld" abbilden soll[389]. Die allegorische Darstellung zeigt den Betrug als Richter, vor ihm die Frömmigkeit als Kleinkind mit geschlossenen Augen fest bis zum Hals eingewickelt und in einer Wiege angebunden. Daneben sind die Gerechtigkeit in einem Block eingeschlossen, die Arme an einen Stock gefesselt, die Wahrheit mit einem Schloß vor dem Munde und die Vernunft mit festgeklemmten Fingern. In diesem Flugblatt finden wir das genaue Gegenteil unseres Gerechtigkeitsbildes. Das Gemeinsame beider Bilder ist das kleine, vor dem Thron auf dem Boden liegende Kind. Laut Beschriftung des Holzschnittes verkörpert es die Frömmigkeit. Nehmen wir auch für das Bremer Salomobild die gleiche allegorische Bedeutung für das Kind an, dann würden das tote und das lebende Kind die „tote" und die „lebendige" Frömmigkeit versinnbildlichen. Dann wären die wahre und die falsche Mutter auf dem Bremer Fresko als die Personifizierung des wahren und des falschen Glaubens oder der wahren und der falschen Kirche anzusehen[390]. Ferdinand hätte dann wie Salomo zu entscheiden, so wie er es auf dem 1. Speyrer Reichstag von 1526 getan hatte, an dessen Beschluß sich die Protestanten noch immer gebunden fühlten. Auf ihm basierten die Gründung von Landeskirchen. Vorstellbar wäre im Salomonurteil als zweiter Bildsinn auch eine Darstellung des Augsburger Reichstages von 1530, an dem der Bremer Erzbischof Christoph persönlich teilnahm, während die Interessen der Stadt vom lüneburgischen Kanzler wahrgenommen wurden. Eindeutig ist auf dem Bilde der falschen Mutter eine Dreiergruppe zugeordnet, in der der Bärtige in vornehmer Tracht sicher als Porträt aufzufassen ist. In ihm könnte man den Erzbischof vermuten. Der knienden echten Mutter ist eine Fünfergruppe zugesellt — ihre rechte Hand zeigt auf sie —, deren erster von seiner Tracht her ein Hofmann ist. In den beiden einander zugekehrten, dunkel gekleideten Männern können wir auf jeden Fall am ehesten die Auftraggeber des Bildes vermuten. Der Spruch am unteren Bildrand gibt zwar eine allgemeine Wahrheit wieder, doch wer könnte leugnen, daß er sehr genau auf die Auseinandersetzung zwischen Erzbischof und Stadt vor dem höchsten Reichsgericht paßt?
Vergleiche mit Porträts Ferdinands von Österreich, etwa dem Kupferstich von Barthel Beham von 1531[391], mit dem Kopfe Salomos zeigen zwar eine Reihe von Ähnlichkeiten, doch fehlen andererseits auch typisch habsburgische Gesichtszüge. Andere Bildnisse Ferdinands[392] um das Jahr 1530 zeigen jedoch größere Ähnlichkeit, vor allem die im Nacken gerundete Haartracht, die Form der Nase und der Augen. Im Bremer Bild fehlen der meist geöffnet dargestellte Mund und das vorspringende Kinn der Habsburger, das aber bei Ferdinand nach den Bildzeugnissen bei weitem nicht so ausgeprägt war wie bei seinem Bruder. Vielleicht wollte man die Ähnlichkeit doch nicht so deutlich ins Auge springen lassen. Allerdings ist nicht feststellbar, wie weit die Porträts auf dem rauhen Putz der Wand durch die vielfachen Übermalungen etwa gelitten haben bzw. verändert wurden. Es fällt auf, daß an der vorderen Thronlehne Salomos als Ornament zweimal die gleiche Fischform in der Höhe des Kopfes und des Oberschenkels besonders deutlich sichtbar ist. Das mag Zufall, rein ornamentales Beiwerk sein. Doch wir haben inzwischen erkannt, daß auch den Bremer Bildern, wie weitverbreitet in der Kunst der Renaissance, diesen dekorativ wirkenden Formen ein lesbarer Sinn innewohnt. Ferdinand I. ist am 10. März 1503 unter dem Zeichen der Fische geboren.

Abb. 87—89 *Links: Kopf des Salomo; Bartel Beham, Ferdinand I., Kupferstich 1531 (seitenverkehrt); Süddeutscher Meister, Ferdinand I., nach 1530 (nach Hilger)*

Haben wir es hier tatsächlich mit einem Bildnis Ferdinands in der Gestalt Salomos zu tun, bekommt der Spruch über dem Thron: „Barmherzigkeit und Wahrheit behüten den König, und durch Milde wird sein Thron gestärkt“ eine ganz aktuelle politische Bedeutung. Ungewöhnlich ist die Verpackung eines politisch-aktuellen Geschehens in eine religiöse Handlung jedenfalls nicht[393]. — Sucht man andere Köpfe des Bildes zu identifizieren, so fällt die verblüffende Ähnlichkeit des Kopfes direkt über der Haartracht der falschen Mutter mit den Bildnissen des Rudolf Agricola von Lucas Cranach, entstanden um 1530, auf. Rudolf Agricola (1443—1485) wird als „Vater des nordischen Humanismus“ genannt und stand weithin in hohem Ansehen. Sein Bild schmückt eine Seite des Wittenberger Matrikelbuches von 1532 neben Erasmus, Melanchthon und Luther[394]. Der Kopf mit dem breitkrempigen Barett links neben dem erhobenen Ellenbogen des das Schwert ziehenden Kriegsknechtes hat in Haltung und Gesichtsschnitt große Ähnlichkeit mit Franz von Sickingen auf der Silbermünze von Deschler aus dem Jahre 1521. Franz von Sickingen (1481—1523) wurde durch Hutten für die Reformation gewonnen, ergriff Reuchlins Partei gegen die Kölner Dominikaner und gewährte den Anhängern der neuen Lehre Zuflucht auf seiner Eberburg. Als Haupt der schwäbischen und rheinischen Ritterschaft griff er 1522 den Erzbischof von Trier an, wurde dann aber auf seiner Burg Landstuhl belagert und fiel dabei. —

Das Salomobild hat mit dem Karl-Willehad-Fresko direkt keine Verbindung. Das zeigt schon der weite räumliche Abstand der Bilder voneinander. Von ihrer Bedeutung her ist eine Verbindung durch andere Darstellungen — die, wie man auch vermutet hat, geplant, aber nie ausgeführt wurden — nicht unbedingt nötig. Damit wäre die Frage, ob für den Rest der Wand auch Malereien geplant waren und nur nicht ausgeführt wurden, soweit sich das aus dem Vorhandenen ablesen läßt, zu verneinen. —

Das Bild enthält mehrere Bedeutungsebenen. Die erste, offensichtliche, ist die Illustration des berühmten Urteils des Königs Salomo, das ihn zum Vorbild für Weisheit und Gerechtigkeit machte. Der evokative Charakter des Bildes wird durch die alttestamentarischen und römischen Rechtslehrer und ihre Hinweise für ein gerechtes Regiment deutlich. Der Adressat ist der Rat der Stadt, der im Ratsstuhl direkt unter dem Bilde zu Gericht saß. Im weiteren Kreise werden alle Bürger der Stadt angesprochen. Darüber hinaus muß ein dritter, nicht ohne weiteres erkennbarer Bildsinn angenommen werden. Wahrscheinlich zeigt das Bild Ferdinand I., den Römischen König und Bruder Kaiser Karls V., vor der unlösbar scheinenden Entscheidung, welche Kirche die rechte Frömmigkeit habe. Vielleicht ist mit dem Bilde der 1. Speyrer Reichstag von 1526, möglicherweise aber auch der Augsburger von 1530, der die Bremer noch direkter anging, gemeint. So wie sich das Bild inhaltlich aus seiner Raumtiefe im Zeitablauf nach vorne entwickelt, kann man schließen, daß die Figuren hinter der Barriere solche Männer darstellen, die die „rechte Frömmigkeit“ schon „vorher“ unterstützt und gefördert haben. Während der Kaiser als der neue Karl d. Gr. gepriesen wird, gerät sein Bruder Ferdinand in die Rolle Salomos durch die politische Notwendigkeit, den Streit um die Rechtmäßigkeit des Glaubens entscheiden zu müssen. Von seiner Entscheidung hängt nicht nur das politische Schicksal Bremens ab, sondern auch dadurch, daß die Stadt unverrückbar dem neuen Glauben anhing, ihre innere Existenz. —

### 6.2. *Die Beischlagwange mit dem Bild Karls des Großen*

Die „Typographia Saxoniae inferioris“ des Matthäus Merian aus dem Jahre 1653 zeigt auf S. 63 eine „Abbildung Caroli Magni imp. vff dem Marcktplatz zu Bremen zusehen“[395]. Der ganzseitige Stich bildet offensichtlich eine Beischlagwange ab. In einer flachen, gerundeten Nische steht ein deutscher Kaiser, gepanzert und in seiner Rechten den Reichsapfel, in seiner Linken das Schwert haltend. Die Krone auf seinem Haupte ist deutlich als die deutsche Kaiserkrone Ottos I. von 962 zu erkennen, die bis ins 19. Jh. fälschlich als Krone Karls des Großen galt. Ein weiter, bodenlanger Mantel wird über der Brust von einer Schließe zusammengehalten. Die Haartracht des Kaisers reicht bis auf seine Schultern. Er trägt einen langen Bart. Ein stark gedrückter, krabbenbesetzter Spitzbogen schließt die Nische nach oben ab. Das Bremer Wappen, fast liegend, ist als erhabenes Flachrelief auf dem bis zum Boden reichenden Nischensockel angebracht. Auf dem als halben Achteck nach oben abschließenden Stein ist in ein regelmäßiges Achteck ein von zwei Löwen gehaltenes Wappen eingearbeitet. Der schräg nach links zeigende Schild ist geteilt und weist auf der linken Hälfte den halben doppelköpfigen Reichsadler, rechts dagegen drei übereinandergesetzte Lilien auf.

Ein Aquarell in Peter Kosters Stadtchronik von 1685 vermittelt uns auch den Aufstellungsort[396]. Gezeigt wird das Rathaus von NW her. An seiner NW-Ecke, an einem in kleinem Abstand stehenden Zaun, ist nach Westen blickend eine Beischlagwange zu sehen, die als die im Merian abgebildete zu erkennen ist. Allerdings ist dort auf derem oberen Teil mit den Löwen noch ein dritter Aufsatz zu erkennen, der im Merianstich aber wohl aus Platzgründen weggelassen wurde. Einzelheiten dieses Teiles sind auf dem Aquarell nicht zu erkennen. Das Relief mit Karl d. Gr. ist nach diesem Bilde nur eine von mindestens vier Beischlagwangen, die ursprünglich am Rathause aufgestellt waren. Von allen anderen hat sich keine Spur erhalten. Beim Bau der Börse 1686 soll nach den Denkmalen die Beischlagwange mit Karl d. Gr. abgerissen worden sein.

Das Vorbild für die Figur des Kaisers ist in der Darstellung Karls am Ratsstuhl zu suchen. Bis auf Kleinigkeiten sind Haltung und Kleidung die gleichen. Da die Urkunden keinen Hinweis auf die Entstehungszeit des Reliefs geben, sind wir auf stilkritische Untersuchungen angewiesen. Der Typ der auf dem Relief gezeigten Rüstung ist bis zum Ende des 15. Jh. verwendet worden. Der Nischenabschluß nach oben erinnert an die spätgotischen Formen, wie sie etwa an der Orgelempore im Bremer Dom anzutreffen sind. Der mit Rüstung, Fahne und Schild bewehrte Heilige an ihr trägt allerdings schon einen Typ von Rüstung, die sich von der Karls vor allem durch die am Anfang des 16. Jh. in Mode gekommenen breiten Schuhe auszeichnet. Die Beischlagwange muß also vorher entstanden sein. Die Rüstung Karls weist burgundische Züge auf, so z. B. die spitzen Schuhe, die Kniekacheln und ihr auf beiden Beinschienen gekehlter Ansatz sowie ähnliche Beintaschen und der ebenfalls gekehlte, gerade abschließende Panzer[397]. Eine ähnliche Rüstung trägt Karl als einer der neun Helden auf einem Holzschnitt eines unbekannten Meisters, der um 1465/70 entstanden ist[398]. In der Stiftskirche von Waldsee zeigen zwei Grabmale, die 1471 und 1490 ausgeführt wurden, sehr ähnliche Rüstungen. Vor allem das jüngere, das des Truchsessen Jörg v. Waldburg, weist eine große Ähnlichkeit zur Rüstung Karls auf[399].
Die alte Reichskrone auf dem Kopfe Karls malt auch Dürer auf seinem Bild des Kaisers von 1512. Er verwendet auch das gleiche Wappen. Dieses verbindet in seinen beiden Teilen das deutsche kaiserliche Wappen mit dem zweiköpfigen Adler und dem französischen Lilienwappen. Dieses zweigeteilte Wappen galt während des Mittelalters bis weit in die Neuzeit hinein als das Wappen Karls und wird noch heute als das Wappen des Aachener Domkapitels geführt[400]. Karl beherrschte ja nicht nur Deutschland, sondern vor allem auch als Kerngebiet seines Reiches Frankreich. Die Verbindung beider Staaten, die schon bald nach Karls Nachfolger Ludwig zerbrach, wurde durch die Ehe Kaiser Maximilians I. mit der Erbin des burgundischen Reiches 1477 wieder in den Blickpunkt politischen Interesses gerückt. Wenn damit auch nicht Frankreich als Ganzes in den Herrschaftsbereich des Kaisers gelangte, so waren die burgundischen Gebiete doch ein stattlicher Teil davon. Daß auch Maximilian die Beziehung zu Karl und seinem Reiche herstellte, erhellt aus der Tatsache, daß er Karl d. Gr. in die Galerie seiner Ahnen einreihte[401]. Dadurch wird die Entstehungszeit auf die letzten zwei Jahrzehnte des 15. Jh. eingegrenzt. Damit hatte der Rat auch nach außen hin das Rathaus und mit ihm die Stadt unter den Schutz des hl. Karl gestellt und seine Herrschaftsansprüche von ihm hergeleitet. —
Der Bildsinn dieses Reliefs ist, wie schon bei anderen besprochenen Teilen des Rathauses, mehrdeutig. Mit dem Bilde Karls „über" dem Stadtwappen stellt sich die Stadt „unter" den Schutz ihres politischen Lokalheiligen. Der Beischlag, der links des Westportals gegenüber dem Hopfenhause[402] an das Rathaus anschloß und von der Karlswange begrenzt war, diente den Bürgermeistern als Sitz bei gerichtlichen Vergleichsversuchen oder Rechtsberatungen[403]. So wie der Bürger in seinen Mußestunden im Gespräch mit Nachbarn und Vorübergehenden sich zu unterhalten pflegte, so verweilten die Bürgermeister bei gutem Wetter, wohl zu festgelegten Stunden, auf dem Beischlag des Rathauses, um in Sachen des öffentlichen Interesses, die sich aber nicht zur Verhandlung vor dem Ratsstuhl eigneten, sich mit den dazu Geladenen zu besprechen[404]. Der Beischlag befand sich etwa an der Stelle, an der vor dem Rathause zu Beginn des 15. Jh. die „vier Bänke" des Vogtgerichts gestanden hatten[405]. Diese hatten das Vorbild zum Ratsstuhl abgegeben. An traditionsreicher Stelle befand sich der unter freiem Himmel stehende Sitz der Bürgermeister. So ist es nicht verwunderlich, daß auch hier, wie am Ratsstuhle selbst, Karl d. Gr. auftritt. Die eigentliche, volle Bedeutung des Reliefs ließe sich erst aufzeigen, wenn die dazu gehörige zweite Beischlagwange bekannt wäre. Das Aquarell in Kosters Chronik zeigt auf einem quadratischen, wohl leeren Unterteil vier bildhafte Reliefteile. Diese rechte Begrenzung des Beischlags erscheint auf der Abbildung größer als die Karlswange. Die Kleinheit der Darstellung und die Detailungenauigkeit verbieten aber jede Vermutung auf den abgebildeten Inhalt.
Die Bedeutung des Males war so groß, daß noch anderthalb Jahrhunderte später, kurz nach der Anerkennung der de-facto-Reichsunmittelbarkeit Bremens im Westfälischen Frieden von 1648, die Stadt in die Beschreibung Niedersachsens die ganzseitige Abbildung Karls d. Gr. — nicht etwa die des Rolands — lancierte. Die politische Auseinandersetzung um Bremens „Freiheit" war noch nicht beendet. 1686 wurde das Relief in den Weinkeller gebracht, da nahe an der Westseite des Rathauses die Börse entstand. Von dort verschwand es[406].

Abb. 90 *Karl der Große, Beischlagwange von der Westseite des Rathauses, Stich von Matthäus Merian*

### 6.3. *Die Tafel von 1491*

Die älteste erhaltene Inschrift des Rathauses befindet sich über dem Zugang zur Alten Wittheitsstube. Die Türumrahmung selber stammt vom Anfang unseres Jahrhunderts, als Poppe die Obere Rathaushalle mit Gestühl und Vertäfelung ausstattete. Ursprünglich betraten die Ratsherren die Obere Rathaushalle von der Alten Wittheitsstube her, in der der gesamte Rat, die sogenannte Wittheit, unter Ausschluß der Öffentlichkeit tagen konnte und von der aus man dann direkt neben dem Ratsstuhl in die Halle gelangte. Auf der Tafel sind in neun Zeilen in lateinischen leoninischen Hexametern Regeln für die, die die Geschicke der Stadt leiten, in gotischer Textura niedergeschrieben. Die Tafel ist ein farbig gefaßtes Steinrelief. Unter dem Text wächst aus einem Hügel, von einem Wappenschild verdeckt, ein sich verzweigendes Gerank, an dem vier Wappenschilde aufgehängt sind. An ihren Enden mit Lederriemen befestigt, tragen sie die Wappen der Bürgermeister des Jahres 1491: Links oben befindet sich das von Hinrick Kreye, darunter das von Hinrick Stenouw und auf der rechten Seite diejenigen von Borchert Vagel und Hinrick Schorhar. Die mittlere Wappentartsche läßt heute kein Wappen erkennen. Vielleicht hat sie ursprünglich das Bremer Wappen getragen. Daneben ist die Jahreszahl „1491" zu lesen. Der obere Rand der Platte wird von einem geraden Stab mit Astansätzen und sich darum wickelnden Blättern abgeschlossen.

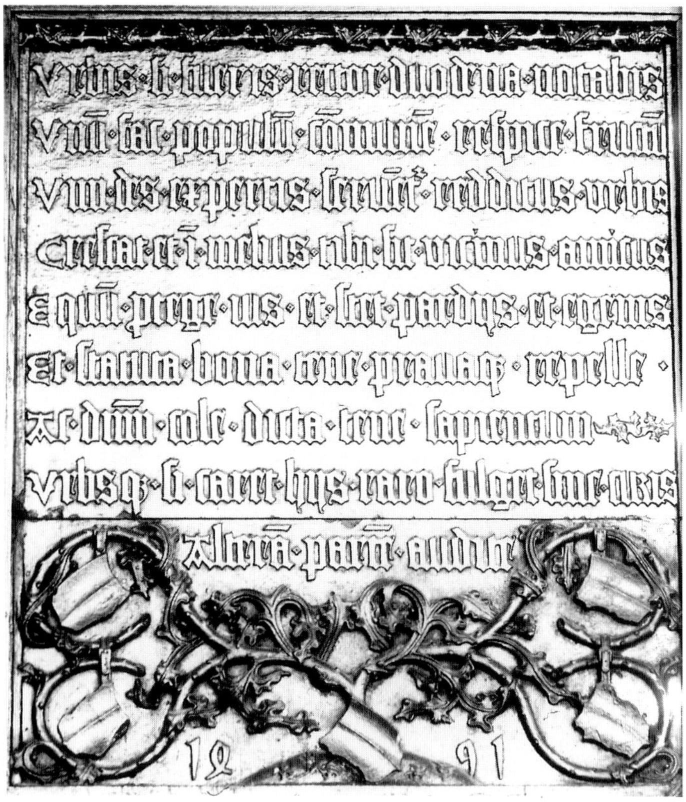

Abb. 91 *Obere Rathaushalle, Tafel von 1491*

Die Worte innerhalb der Zeilen sind durch Punkte voneinander getrennt. Zeile sechs endet mit einem Punkt, Zeile sieben mit einem Blatt. Bei den anderen fehlt dafür der Platz. Die Buchstaben „u" und „v" werden, wie damals üblich, am Wortanfang beide als „v", in der Wortmitte beide als „u" geschrieben[407]. Die Buchstaben, die durch Auslassungskürzel im Text angezeigt werden, sind in der Abschrift in Klammern ( ) gesetzt. Die Inschrift lautet:

Vrbis.si.fueris. rector.duodena.notabis
Vnum.fac.populu(m).co(m)mune(m).respice.fructu(m)
Vim.des.expertis.serue(n)t(ur).redditus.vrbis
Crescat.et.i(n).melius.tibi.sit.vicinus.amicus
Equu(m).p(ro)tege.ius.et.stet.pardijs.et.egenis
Et.statuta.bona.tene.prauaq(ue).repelle.
Ac.d(o)m(i)n(um).cole.dicta.tene.sapientum –
Vrbsq(ue).si.caret.hijs.raro.fulget.sine.curis
Altera(m).parte(m).audite
1491

Der Text ist bei E. H. Meyer[408] und Börtzler[409] untersucht. Wichtig ist, daß Meyer in den „Weisen Regeln" für die Stadtobrigkeit der mecklenburgischen Stadt Ribnitz aus dem Jahre 1456 zwölf Regeln fand, die fast eine wörtliche Übersetzung unserer lateinischen Hexameter darstellen. Offen bleibt indes, ob der Bremer Text eine lateinische Übersetzung aus der älteren deutschen Vorlage ist, oder, wie Börtzler versucht hat nachzuweisen, der lateinische der ältere ist. Möglicherweise gehen beide auf eine gemeinsame ältere Quelle zurück. Der ein Menschenalter früher liegende deutsche Text ist aber geeignet, die Bedeutung des lateinischen an einigen Stellen zu erhellen. Die vorliegende Übersetzung versucht möglichst wortgetreu zu sein:

1. Wenn du Lenker der Stadt sein wirst – wirst du dir zwölf merken:
2. Mach das Volk zu einem – achte auf den gemeinsamen Nutzen
3. Die Gewalt gib den Erfahrenen – das, was die Stadt empfangen hat, soll bewahrt werden
4. Und sie möge zum Besseren hin zunehmen – dir sei der Nachbar ein Freund
5. Schütze wohlwollend das Recht – es steht den Panthern[410] und den Hilflosen bei
6. Und die guten Gesetze halte – und die verkehrten stoße um
7. Ehre den Herrn – halte fest an den Sprüchen der Weisen
8. Und wenn die Stadt diese entbehrt – glänzt sie selten ohne Sorgen
9. Höret den anderen Teil an
1491

Die eigentlichen zwölf Regeln sind von einer einführenden Zeile (1) und einer Schlußzeile (8) begrenzt. Nur die kurze letzte Zeile (9) scheint nicht zum Text zu passen. Während die Zeilen fünf bis sieben jeweils ein antithetisches Regelpaar enthalten, liegt in Zeile zwei der Gegensatz mehr im Sprachlichen (unum – communem) und in der darauf folgenden Reihe mehr in der logischen Verknüpfung. Die Hälfte der Regeln widmet sich der Innen- und Außenpolitik der Stadt. Einigkeit in der Stadt – die politischen, wirtschaftlichen und sozialen Auseinandersetzungen, mit denen der Rat immer wieder zu kämpfen hatte, machen verständlich, daß dies die oberste Aufgabe einer Stadtführung zu sein hatte. Der gemeinsame Nutzen ist der Hauptantrieb, der die unterschiedlichen Interessengruppen einigen kann. Erfahrenen Männer die politische Macht in die Hand zu geben und Freundschaft mit den Nachbarn zu halten, erscheinen als Gemeinplätze. Doch war die Einhaltung dieser Regeln sicher damals ebenso schwierig, wie sie es heute noch ist. Beides trifft sicher auf die Ratsherren der Stadt zu und muß als Versuch verstanden werden, deren Herrschaft zu stützen. In Zeile drei bleibt offen, was „redditus" genau bedeutet. Das Ribnitzer Stadtbuch spricht an der Stelle von „ingeld", womit wohl die Einkünfte der Stadt gemeint sind. Das mag auch hier die Wortbedeutung treffen, doch könnten ebensogut die Rechte der Stadt, die sie sich im Kampf um die Reichsunmittelbarkeit mühsam erstritten hat, gemeint sein. Die erste Hälfte der nächsten Zeile spricht den Wunsch eines Wachstums zum Besseren hin aus. Das kann sich nur auf das Vorhergegangene, die „fryheit", vielleicht auch die Einkünfte der Stadt beziehen.

Die nächsten drei Zeilen zielen auf das Recht und seine Anwendung. Das Recht bedarf einerseits des Schutzes, andererseits ist es für Starke und Schwache gleichermaßen da. Die sechste Zeile enthält viel politischen und rechtlichen Sprengstoff. Wer entscheidet, ob ein Gesetz gut oder schlecht ist, ob der Rat es halten oder versuchen soll, es außer Kraft zu setzen? Allerdings gibt die folgende Zeile darauf zum mindesten eine halbe Antwort. „Ehre den Herrn" – hier ist Gott gemeint und nicht wie im Ribnitzer Stadtbuch der Landesherr –, „indem du seine Gebote hältst" muß wohl sinnvollerweise ergänzt werden. Daneben stehen die Sprüche der Weisen. Beides hat für die Bürgermeister und Ratsherren als Richtschnur zu dienen. Wie am Ratsstuhl sind hier die Hinweise auf religiöse, philosophische und historische Aussagen zum Recht gemeint, die zu beherzigen seien. Die gleiche Gegenüberstellung wird ein Menschenalter später am Salomobild des Bartholomäus Bruyn d. Ä. vorgenommen. Zeile acht weist auf die Unentbehrlichkeit dieser Regeln für jede Stadt hin.

Die letzte Textzeile paßt sprachlich, von ihrer Länge und ihrer Bedeutung nicht recht zu den vorhergehenden Hexametern. Sie wurde immer als besondere Form eines in vielen deutschen Rathäusern vorkommenden Spruches „Audiatur et altera pars" verstanden, der darauf abzielte, daß vor Gericht beide Parteien gleichermaßen um der Gerechtigkeit willen gehört werden müssen. Der Spruch scheint in dieser Bedeutung hier nicht recht am Platz zu sein. Ein ähnlicher Hinweis fehlt auch am Ende der zwölf Ribnitzer Regeln. Das Verb spricht die Mehrzahl an. Bezieht man die Zeile streng auf den Text, erlangt sie einen anderen als den bisher angenommenen Sinn. Angesprochen sind alle, die Urbis rector sind (und seien werden) und an die sich der Text richtet. Die Zusammenstellung der Regeln erfolgt in antithetischer Gegenüberstellung. Bezieht man die letzten Worte darauf, so bedeuten sie, daß man nicht nur eine der beiden nebeneinander stehenden Regeln beachten darf, sondern immer beide im Auge haben muß. –

Die ornamentale Gliederung der restlichen Tafel unter dem Textfeld geschieht durch einen Baum, der sich direkt über dem Wappen, hinter dem er hervorwächst, teilt und horizontal ausbreitet. Die freien Flächen werden von überlangen, sich immer wieder verzweigenden Blättern gefüllt. Die horizontalen Stammenden teilen sich abermals und biegen sich kreisförmig zurück zur Form von liegenden Herzen. In den von den Astenden gebildeten Flächen erscheinen die Wappenschilde der vier Bürgermeister von 1491. Sie hängen an breiten, sehr genau dargestellten Riemen so an den Ästen, daß deren gebogene Form durch ihr Gewicht bis zu einem gewissen Grade erklärt ist. Der Baum steht auf einem Hügel. Die erste Abbildung der Tafel in den „Denkmalen“[411] zeigt auf ihm fünf vierzackige Sterne. Tatsächlich sind es Blumen.

Zweifellos hat die Darstellung Beziehung zu Geschlechterbäumen, wie sie in ganz ähnlicher Form vielfach, z. B. in der Schedelschen Weltchronik von 1493, verwendet wurden. Dort stehen an Stelle der Blätter oder Blüten Halbfiguren, denen zuweilen auch noch Wappen beigegeben sind. Auch reine Wappenbäume sind zu der Zeit nichts Ungewöhnliches. Der Ursprung dieser Bildform liegt in der mittelalterlichen Wurzel-Jesse-Vorstellung. Nach der alttestamentarischen Vision des Jesaja[412] wächst der Stamm aus dem liegenden, oft schlafend dargestellten Jesse, dem Vater Davids, hervor. In den Zweigen erscheinen die weiteren Vorfahren Christi. Bekrönt wird der Baum oft von Christus als Salvator mundi. Die Darstellung der Wurzel Jesse als Lebensbaum[413] ist auf das engste mit dem spätmittelalterlichen Marienkult verknüpft. Dieser hat in Bremen wiederum, wie oben beschrieben, auf die Gestaltung des Rathauses eingewirkt.

Versucht man unter diesen Aspekten das Relief abzulesen, dann hat es neben seiner ornamentalen etwa folgende ikonographische Bedeutung: Der Baum ist der Lebensbaum der Stadt. Er ist wie die Stadt in vier Abschnitte gegliedert, wobei jedes Quartier der Stadt einen Bürgermeister stellt. Die Riemen verdeutlichen, anders als bei einem Geschlechterbaum, daß die Wappen und damit ihre Träger als Bürgermeister auswechselbar sind. Der Grund der Stadt, ihr Ursprung, bleibt im Ungewissen, ist verdeckt. Der Schild am Fuße des Baumes ist ohne Wappen. Die letzte Textzeile „Alteram partem audite“ ist zwischen die beiden oberen ausladenden Äste geschrieben. Allein ihre Stellung weist darauf hin, daß die Wappenträger, die Bremer Bürgermeister von Anno 1491, angesprochen sind. Die zwölf Regeln sind über dem Baum plaziert. Stellung und Farbe — falls das Blau der ursprünglichen Farbgebung entspricht — assoziieren für diese Bildstelle „Himmel“. Die zwölf Regeln stehen „über“ der Stadt, ihrem Lebensbaum und denen, die für sie zu sorgen haben. Sie sind nicht von Menschenhand gemacht, sondern himmlischen Ursprungs. In der Auffassung von Geboten und Gesetzen als unumstößlich und göttlich erkennen wir noch das Mittelalter. In der Auffassung, daß verkehrte Gesetze geändert werden müssen, läßt sich das neue Zeitalter erspüren. —

Die Form des Baumes und die das Relief oben abschließende Astwelle sind im norddeutschen Raum in der Plastik eine Besonderheit, da das Ast- und Laubwerk in der Kunst des ausgehenden 15. Jh. fast ausschließlich auf den Raum südlich der Mittelgebirgsschwelle hinweist. Einzig das 6 m hohe Sakramentshaus der Lübecker Marienkirche von 1476 verwendet es. Der Einfluß der Niederlande war in Norddeutschland sehr stark[414]. Leider wird eine Klärung dieser Stilfrage kaum zu erwarten sein, da die meisten Kunstschätze der Zeit, vor allem im Bereich der kirchlichen Kunst, den Säuberungsaktionen der sich dem Kalvinismus zuneigenden bremischen Kirche im letzten Viertel des 16. Jh. zum Opfer fielen. —

Der von beiden Ecken am oberen Rand zur Mitte laufende Ast mit Ansätzen und Blättern fand in ähnlicher Form schon zu Beginn des Jahrhunderts an den Portalen des Rathauses Verwendung. Wie dort mag seine Bedeutung hier ebenfalls dem Symbol der Erkenntnis von Gut und Böse entsprechen. Vielleicht können wir darin auch ein Kürzel für eine Form der Laube sehen, wie sie normalerweise um 1490 für die Fassung von Altären verwendet wurde und dabei in Zusammenhang mit dem himmlischen Garten auf den Himmel hinwies[415].

Der dürre Ast ist von dreimal drei Blättern umwunden. Es ist nicht abwegig, wenn man darin einen Hinweis auf die Dreieinigkeit sieht. In neun Zeilen sind die Regeln für die Rectores urbis gefaßt. Eigentlich sind es acht zusammenhängende und eine für sich stehende Zeile. Die Zahl „8“ ist auf die Auferstehung Christi bezogen und gilt als im Jüngsten Gericht verwirklicht und damit ein Symbol kosmischer Vollendung[416]. Die Zahl „9“ ist in der christlichen Vorstellung zur Zahl der Engel geworden. Die Engelscharen ordnen sich in drei Hierarchien zu neun Chören. Ihre Spitze berührt Gottes Thron, während ihr Fuß von dem die Messe zelebrierenden Priester erreicht wird[417]. Die Verknüpfung der Zahlensymbolik mit dem Textinhalt und seiner formalen Darstellungsweise ist zu eng, als daß man den Zufall dafür verantwortlich machen könnte[418]. Die Zahl „12“ — die Anzahl der Regeln — ist nicht nur durch den astronomischen Zeitrhythmus, sondern vor allem durch ihr häufiges Auftreten im A. T. und N. T. eine heilige Zahl. Zwölf Ratsherren saßen im Rat, zwölf in der Wittheit. —

Zusammenfassend ist zu der Texttafel von 1491 zu sagen: Vom Inhalt und von der Textform greift der Rat der Stadt bei einem an so exponierter Stelle in der Oberen Rathaushalle angebrachten Dokument auf bekannte und altbewährte Inhalte zurück. In der bildhaften Gestaltung werden gängige und immer wieder verwendete Symbolformen und -zahlen verarbeitet. Und doch gelingt es, die allgemeinen religiösen und politischen Anschauungen der Zeit der besonderen Situation der Stadt anzupassen und dadurch zu Neuem zu gelangen. Der Baum ist Lebensbaum der Stadt mit dem Hinweis auf seine Veränderung durch die Wappen der Bürgermeister und gleichzeitig Gewächs des himmlischen Gartens[419] als Abbild des Paradieses. Politische und religiöse Vorstellungen verknüpfen sich auch noch im auslaufenden 15. Jh. zu einer kaum auflösbaren Einheit. Die Vorstellung von der Machbarkeit guter und der Verwerfung schlechter Gesetze weist allerdings schon auf die anbrechende Neuzeit hin. Daß sich die Hälfte der Regeln allein mit dem Gesetz befaßt, zeigt, daß noch an der Wende zum 16. Jh. der Absolutheitsanspruch des Rechtes und der Gesetze, dem sich alles als der eigentlichen, im Religiösen verankerten Ordnungsmacht unterzuordnen hat, in einer Stadt wie Bremen unverändert stark ist.

### 6.4. *Portale und Fenster*

#### 6.4.1. *Die Kämmereitür in der Unteren Rathaushalle*

Ursprünglich verband diese Tür die Untere Rathaushalle mit dem Untergeschoß des Anbaues, den der Rat zwischen 1545 und 1550 an die NO-Ecke des Rathauses anfügte. Beim Neubau des Neuen Rathauses von 1909 wurde diese Tür dann eine Nische weiter westlich versetzt. Während die Tür noch den spätgotischen Konsolsturz aufweist, gehören die Schmuckformen der Renaissance an. Auf dem Türsturz halten drei geflügelte Putten zwei Medaillons mit je einem Brustbild eines Kriegers vor einem Blattkranz zwischen sich. Die Köpfe sind im Profil einander zugewandt. Die Sturzkonsolen tragen je einen ungeflügelten Putto. Der linke ist fast unbekleidet, mit einem Vogel in der Rechten und einer Kugel (Apfel?) in der Linken. Der rechte ist mit einem Gewand bekleidet und hält in seiner rechten Hand ebenfalls eine Kugel. Hinter beiden steigt zur Ecke ein palmartiger Pflanzenwedel auf. Im abgeschrägten Türgewände hängen an beiden Seiten Trophäen in Form von Spießen, Helm und Panzer. Darunter ist, oben und unten von Fruchtgehängen eingeschlossen, je ein Wappenschild mit einem nach außen gewendeten Kopf angebracht. An dieser Türe fehlen, ganz im Gegensatz zu den anderen Bauteilen am Rathaus, die Wappen der Bürgermeister des Jahres. So ist, da auch eine Jahreszahl fehlt, eine genaue Datierung der Tür nicht möglich.

Die kriegerische Attitüde des Portalschmucks fällt auf. Vergegenwärtigt man sich aber die Entstehungszeit der Tür, die zwischen 1545 und 1550 anzusetzen ist, dann waren diese Jahre von entscheidender militärischer und politischer Bedeutung. Im Schmalkaldischen Krieg sah sich Bremen auf protestantischer Seite in die militärischen Auseinandersetzungen hineingezogen[420]. Unter der zeitweiligen Beratung von Graf Christoph von Oldenburg verteidigte sich die Stadt hartnäckig 1547 gegen ein kaiserliches Heer. Von Übergabe und Rückkehr zum katholischen Glauben wollten die Bürger nichts wissen. Diese erste Belagerung durch Oberst Christoph von Wrißberg und den kaiserlichen Statthalter von Seeland, Jobst von Cruningen, stand die Stadt erfolgreich durch. Ein zweites kaiserliches Heer unter Herzog Erich von Braunschweig-Calenberg vereinigte sich mit dem ersten und belagerte wenige Wochen später die Stadt erneut. Weitere Übergabeforderungen lehnte die Stadt ab. Inzwischen waren die Protestanten am 24. April 1547 an der Elbe bei Mühlhausen von Karl V. geschlagen und Kurfürst Johann Friedrich von Sachsen gefangen genommen worden. Diese den Schmalkaldischen Bund beendigende Nieder-

Abb. 92 *Kämmereitür, Untere Rathaushalle, 1547/48*

lage führte allerdings ein Kontingent protestantischer Truppen unter dem kursächsischen Oberst Wilhelm von Thumbshirn zu dem sich bei Einbeck versammelnden Entsatzheer für Bremen, das unter der Führung der Grafen Albrecht von Mansfeld und Christoph von Oldenburg bis dahin für eigene Aktionen viel zu schwach war. Das vergrößerte Heer zwang nun Herzog Erich am 22./23. Mai 1547 zur Aufhebung der Belagerung von Bremen. In der Nähe der Drakenburg (Kreis Nienburg) trafen beide Heere aufeinander. Der Sieg der Protestanten führte dazu, daß in der Folgezeit Norddeutschland weitgehend protestantisch blieb. Bremens Truppen hatten an der Schlacht bei der Drakenburg nicht teilgenommen, doch schlugen sie ein kaiserliches Kontingent unter Oberst von Wrißberg bei Bassum und besetzten die Burg Langwedel. Am Pfingstsonntag, dem 28. Mai 1547, fand die Siegesfeier im Schütting statt. Der Sieger, Albrecht von Mansfeld, operierte noch ein Jahr lang im Erzstift Bremen und im Stift Verden, mußte sich jedoch dann zurückziehen und residierte 1548 für einige Zeit in Bremen. Schließlich siedelte er nach Magdeburg über und konnte erst 1552 in seine Grafschaft zurückkehren.

Auf dem Augsburger Reichstag 1548 forderte der Kaiser von der Stadt Gehorsam und 100 000 Gulden Buße. Bremen lehnte ab, und die Reichsacht drohte. Weiteren Forderungen mußten ihre Vertreter nachgeben. Doch der Rat verweigerte ihnen wie dem „Augsburger Interim" seine Zustimmung. Die Stadt verstärkte ihre Befestigungen, als Herzog Erich 1550 erneut mit einem Heer bei Verden stand. Bremen und Magdeburg waren die einzigen Städte, die sich dem Kaiser noch widersetzten. Der Reichstag zu Augsburg im Oktober 1550 führte zu verschärften Bußforderungen des Kaisers. Die Mehrzahl des Rates lehnte sie jedoch wiederum ab. In erster Linie war man nicht bereit, in Sachen des Glaubens Zugeständnisse zu machen[421]. Karl V. konnte abermals seine Forderungen nicht durchsetzen. 1554 kam dann durch Vermittlung der Regentin der Niederlande, einer Schwester des Kaisers, ein für Bremen sehr vorteilhafter Vertrag mit diesem zustande, in dem die Stadt im wesentlichen nur auf die Lehnshoheit über das Harlingerland verzichten mußte.

Die Bedeutung, die Graf Albrecht von Mansfeld für Bremen und die evangelische Sache zugemessen wurde, zeigt sich darin, daß Renner in seiner Chronik[422] seinem Schicksal mehrere Seiten widmete. Fast hört es sich so an, als ob Bremen den aller seiner Lehen und Einkünfte beraubten Grafen, der der Retter der Stadt war, in die Stifte Bremen und Verden einsetzte, um ihn, der seines Glaubens wegen verfolgt wurde und alles verloren hatte, zu entschädigen. Hätte die Ritterschaft der Stifte mitgespielt, hätte Bremen sich einen bedeutenden protestantischen Heerführer verpflichtet und fast als Lehnsherr eines Gebietes, das seinem Erzbischof gehörte, dagestanden. –

Die Kämmereitür hat den Charakter einer Triumphpforte. Die Trophäen der Gewände machen das deutlich. Was liegt näher, als in den beiden von einem Blattkranz umgebenen Köpfen auf dem Türsturz die Sieger der einzigen Schlacht zu sehen, die die protestantische Sache im Schmalkaldischen Kriege errungen hatte. Sie gewann für die Beteiligten und die Stadt noch mehr an Bedeutung, da kurz zuvor der Kurfürst von Sachsen dem Kaiser unterlegen war und die Unterwerfung Philipps von Hessen wenig später erfolgte. So blieb neben Magdeburg nur noch Bremen, das nach dem Abfall aller Verbündeten die Fahne des neuen Glaubens hochhielt. Die Bedeutung, die Albrecht von Mansfeld für die evangelische Sache als noch einzig handlungsfähiger Heerführer darstellte, zeigt sich darin, daß er 1548 mindestens zweimal im Holzschnitt dargestellt wurde: einmal stehend in fürstlicher Kleidung von Lucas Cranach d. J.[423] und von einem Meister aus seiner Werkstatt in Rüstung zu Pferde, begleitet von Landsknechten. Gesichtsschnitt und Barttracht vor allem auf dem Cranachschen Schnitt machen es wahrscheinlich, daß in dem rechten Kopf mit den Federn am Helm der Mansfelder zu sehen ist. Der linke Krieger könnte dann Christoph von Oldenburg sein. Ein Vorbild war für den Bildhauer nicht nötig, da er beide mit ziemlicher Sicherheit aus eigener Anschauung kannte. Beide stehen im Schutze der Engel Gottes. Trifft diese Deutung zu, dann wäre auch die Entstehung des Portales genauer festgelegt. Es müßte in der zweiten Jahreshälfte 1547 oder Anfang 1548 gearbeitet worden sein. Wenn der Rathausanbau 1545 oder

Abb. 93 *Kämmereitür, Türsturz, wohl mit Bildnis Christoph von Oldenburgs (links) und Albrecht von Mansfelds*

1546 begonnen wurde, dann stimmt dieses Datum mit der Baugeschichte gut zusammen.

### 6.4.2. *Die Tür zur ehemaligen Neuen Wittheitsstube in der Oberen Rathaushalle*

Die Tür befindet sich an ihrer ursprünglichen Stelle. Sie verband in dem Rathausanbau von 1545/50 die sogenannte Neue Wittheitsstube mit der Oberen Rathaushalle. Ihre Umrahmung stößt etwas in das Schriftbild zu König Josaphat, das wiederum zum Salomobild gehört[424]. Bemerkenswert ist die Türumrahmung. Auf glatten Quadern stehen die eigentlichen Sockel der beiden rahmenden Säulen. Die Stirnseiten zeigen ein Blattgebinde mit Früchten. Die Säulenschäfte wachsen aus Arkanthusblättern heraus und enden oben mit Fruchtgehängen. Geflügelte Engelsköpfe schließen den Säulenschaft, und über ihnen erheben sich die korinthischen Kapitelle. Der Architrav zeigt über den Säulen links einen Engel, der das Wappen des Ratsherrn Albert Lowe (seit 1512 im Rat, gestorben 1559) hält, und rechts einen, der das von Gosslich Wulff, der seit 1544 Ratsherr war, präsentiert. Im mittleren Teil über der Tür halten zwei Putten das Bremer Wappen, hinter dem nach beiden Seiten Blattranken mit Früchten und Blüten herauswachsen. Das Tympanon darüber wird von einer Muschelform ausgefüllt und zeigt in der Mitte einen bärtigen, behelmten Männerkopf in Schrägsicht nach rechts. Direkt unter ihm ist die Zahl „1550“ zu lesen. Drei Putten ohne Flügel akzentuieren die Ecken der flachen Bedachung. Der linke stützt das Wappen von Daniel von Büren d. J. (geboren 1506, seit 1538 Ratsherr, 1544 zum Bürgermeister gewählt und bis 1590 im Amte, gestorben 1593). Der Putto auf der Spitze hält links das Wappen von Johann Haveman (seit 1524 im Rat, 1547 Bürgermeister, gestorben 1560) und rechts das von Eler Esich (seit 1547 Ratsherr, 1548 zum Bürgermeister gewählt, gestorben 1554). Das letzte Wappen ist das von Dirich Hoyer, der seit 1531 Bürgermeister war, 1540 den Feldzug gegen den Junker Balthasar von Esens leitete und am 22. Juni 1550 starb[425]. Damit steht fest, daß das Portal in der ersten Hälfte des Jahres 1550 fertiggestellt sein muß. Der Stadt stand zu dem Zeitpunkt eine ungewisse Zukunft bevor. Mit Mühe hatte sie auf dem Reichstag zu Augsburg 1548 so verhandelt, daß sie die Bedingungen des aufgebrachten Kaisers nicht angenommen und doch gleichzeitig die Reichsacht vermieden hatte. Sie befand sich noch immer im latenten Kriegszustand gegenüber Kaiser und Reich. Stolz vermeldet Renners Chronik[426], daß außer Magdeburg nur Bremen sich gegen den Kaiser behauptete, während alle anderen protestantischen Städte bzw. Mitglieder des Schmalkaldischen Bundes „ihm zu willen wurden“. Gleichermaßen unerschütterlich hielt sich auch trotz Gefangenschaft und Bedrängung der politische Führer der Evangelischen, der Kurfürst von Sachsen, Johann Friedrich der Großmütige, gegen alle Versuche, ihn von seinem Glauben abzubringen. Das Beispiel seiner Standhaftigkeit im Glauben wurde seinen Glaubensgenossen Beispiel und Vorbild. So mag die Vermutung gestattet sein, daß dieser Kriegerkopf ein Bildnis des Führers des Schmalkaldischen Bundes ist, dem Bremen ja von Anfang an seit 1532/33 angehört hatte. Zahlreiche Holzschnitte, in der Hauptsache von Lucas Cranach d. J. und der Werkstatt seines Vaters, haben sein Aussehen überall, vor allem in den protestantischen Gegenden, bekannt gemacht. Typisch sind für ihn der runde kurze Vollbart mit dem abgesetzten Oberlippenbart und relativ kleine Augen in einem vollen Gesicht. In den meisten Fällen wird er so gezeigt, daß der Kopf schräg nach rechts gerichtet ist. Der Holzschnitt von 1547 zeigt ihn in voller Kriegsrüstung, um die Beine Dornen und angreifendes Getier, als gerüsteter hl. Antonius in der Versuchung. Doch trägt er dort ein Federbarett statt eines Helmes[427]. All das trifft für den Kopf der Tür von 1550 auch zu, ohne daß man von einem bestimmten Vorbilde in der Grafik sprechen könnte.

Die Muschelform des Tympanons ist mehr als nur dekorativer Hintergrund für den Kopf, bei dem alle Linien auf ihn zuführen. Sie ist seit der Spätantike ein Symbol für die Auferstehung. Auf antiken Sarkophagen bildet sie oft den Hintergrund für das Bildnis des Verstorbenen. Die Muschel ist damit Auferstehungssymbol und wurde in diesem Zusammenhang Zeichen der Pilger zum Heiligen

Abb. 94 *Tür zur ehemaligen Neuen Wittheitsstube von 1550, Obere Rathaushalle*

Grabe[428]. In der Renaissance wird das Motiv der Muschelnische wieder aufgenommen. In Malerei und Plastik bildet die Muschel meist den Hintergrund für Köpfe von Heiligen oder Personen, die besonders hervorgehoben werden sollen.

Das Wappen, d. h. die Stadt Bremen, wird von Engeln gehalten. Heute erscheinen diese uns nur niedlich. Doch werden sie, als geflügelte Putten durch Lucas Cranach d. Ä. in die deutsche Kunst eingeführt, als Boten Gottes und Verkörperung seines Wortes angesehen. Das phantastische Pflanzenornament zeigt Blätter, Blüten und Früchte gleichzeitig. In einer Zeit wie der, in der die Stadt fast alleine gegen Kaiser und Reich um des Glaubens willen stand, ist es kaum denkbar, daß bei einem offiziellen Bauwerk solche Dinge nur dekorativen Charakter haben können. Johannes beschreibt in seiner Offenbarung[429] das Paradies, in dem vor dem Stuhle Gottes der Strom des lebendigen Wassers fließt und an dessen Seiten das „Holz des Lebens“ steht, das „alle Monate Früchte bringt“ und dessen Blätter zur „Gesundheit der Heiden“ dienen. Dem sind auch die beiden Säulen zuzuordnen. Nicht zum ersten Male wird am Rathaus auf die Ewigkeit und das Paradies verwiesen. Treffen diese Bedeutungen zu, dann müßte die Gestalt dieser Tür, die im Rathaus an der wichtigen Stelle neben dem Ratsstuhl direkt zu ihm führt und in das große Gerechtigkeitsbild über ihm hineinragt, etwa so zu lesen sein: Zu beiden Seiten des Stromes (Tür) steht das Holz des Lebens (Säulen und Pflanzenornament über der Tür). Vor dem Thron Gottes steht die Stadt, gehalten von den Dienern Gottes unter der Führung des unerschütterlichen Kämpfers für den rechten Glauben (behelmter Kopf). Gemeint sein kann damit eigentlich nur der sich 1550 in kaiserlicher Gefangenschaft befindliche sächsi-

Abb. 95 *Fenster von 1551 an der Westseite*

sche Kurfürst Johann Friedrich der Großmütige. Damit würde die erste Vermutung über die Persönlichkeit, die mit dem Kopfe dargestellt wird, bestätigt sein, auch wenn die äußere Ähnlichkeit über eine allgemeine nicht viel hinausgeht. Er blickt auf den unter ihm tagenden Rat und scheint ihn zum Ausharren im Glauben durch sein Beispiel zu ermuntern. Die Textstelle des Salomobildes, in das die Tür mit ihrem oberen Teil hineinragt, erscheint wie auf seinen politischen Fall zugeschnitten:
„Sehet zu, was ihr tut: Denn ihr haltet nicht das Gericht eines Menschen, sondern das des Herrn . . .". Die Stadt und ihr Glaubensvorbild sehen sich dem weltlichen Gericht gegenüber und können wie 1532 nur auf ein gerechtes und weises Urteil hoffen. Doch ihr Richter, der Kaiser, muß sich auch vor Gottes Thron mit seinem Spruch verantworten. Wie immer es kommen mochte — die Verhandlungen von 1550 standen noch aus, und von 1548 her war Bremen noch eine gewaltige Bußlast auferlegt worden, doch hatte die Stadt den kaiserlichen Spruch wegen des Interims abgelehnt — die Führer des Rates und der Stadt, ihre Verantwortlichen und Bürgermeister, wußten sich „in Gottes Hand" in Gestalt der Engel, die ihre Wappen halten. —
Über den Meister, der die Tür geschaffen hat, wissen wir nichts. Dettmann schreibt ihm ein Epitaph von 1564 in der Ansgariikirche zu[430]. Er vermutet in ihm auch den Steinhauer, der das Fenster von 1551 auf der Westseite des Rathauses schuf. —
Durch einen glücklichen Umstand können wir uns ein Bild wenigstens einer Seite des Türblattes machen, das den Durchgang von der Oberen Rathaushalle zur Wittheitsstube schloß[431]. Ein Aquarell aus dem 18. Jahrhundert zeigt die Wand der Wittheitsstube zur Oberen Halle hin. Das Türblatt zeigt oben abgerundete Ecken. Sechs Felder mit Faltwerk, wie es um die Mitte des 16. Jahrhunderts üblich war, gliedern die Fläche. Den Abschluß nach oben bilden zwei halb so hohe Felder, die in Blattornamentwerk zwei in Kreisen einander zugewandte Köpfe zeigen. Über ihr Aussehen und ihre Bedeutung kann trotz der Genauigkeit des Aquarells nichts festgestellt werden. —

### 6.4.3. *Die Fenster der Westseite von 1551*

An der Westseite des Rathauses war Ende des 15. Jh. über dem Eingang zum Ratskeller eine Laube erbaut worden, die von Säulen getragen wurde. Denkbar ist, daß sie gleichzeitig mit dem Beischlag und dem Bild Karls d. Gr. entstanden ist. Das Portal zur Unteren Rathaushalle wurde jedenfalls rechts von der Laube und links vom Beischlag flankiert. Von der Laube aus wurde alljährlich am Sonntag Lätare die Kundige Rolle verlesen, die die Grundgesetze der Stadt enthielt und die jeden Bürger betraf. Im Jahre 1551 wurden nun zu beiden Seiten der Portale zur Unteren Rathaushalle die Fenster erweitert. Während die Fenster der Ostseite eine einfache Rahmung erhielten, wurden der Bedeutung der Stellen unter den Fenstern entsprechend die der Westseite sehr viel reicher gegliedert. Ob das linke Fenster, das ja damals wohl den Zugang zur Laube enthielt, auch verbreitert wurde, bleibt ungewiß.

Das linke Fenster ist in der linken Metope neben dem Stadtwappen mit „1551" datiert. Die Jahreszahl steht auf einem schwebenden Band, während das Wappen Mittelteil eines Blatt- und Fruchtgehänges ist. Die nächsten drei Metopen zeigen je zwei Wappen, die in der Mitte von einem Putto gehalten werden. Während die beiden rechten Putti ganzfigurig kniend jeweils nach links und rechts gewendet sind, endet der Oberkörper des linken in einem Blattornament. Die Wappen gehören von links nach rechts zu den Bürgermeistern Daniel v. Büren d. J., Johann Haveman, Eler Esich und Lüder von Bellmer (seit 1539 Ratsherr und seit 1550 Bürgermeister als Nachfolger von Dirich Hoyer) sowie den Ratsherren Albert Lowe und Gosslich Wulff als amtierenden Bauherren. Die Wappen der Bürgermeister sind nach ihrem „Dienstalter" von links nach rechts angeordnet. Die Pilaster dazwischen tragen Blüten und Blattmasken im Flachrelief. Ein flacher Dreiecksgiebel schließt das Fenster nach oben ab. Das Tympanon wird durch eine dem Dreieck angepaßte Muschel ausgefüllt, deren Rippen hinter einem bärtigen, behelmten, nach rechts gewendeten Kriegerkopf zusammenlaufen. Die Form des Kopfes ist der der Tür von 1550 in der Oberen Rathaushalle sehr ähnlich. —
Die seitliche Wendung des Kopfes und die Anordnung des Stadtwappens lassen erwarten, daß zu dem Fenster noch ein Pendant gehört. Wie es ausgesehen hat bzw. welche Wappen und welchen Kopf es getragen hat bzw. ob der Türabschluß der Laube ähnlich gearbeitet war, wissen wir nicht. Denkt man allerdings an den Kopf der Tür zur Wittheitsstube, der auch ohne Gegenstück nach rechts gewendet ist, dann ist das Fenster auch ohne Pendant denkbar. Die Laube wurde jedenfalls im Zuge der Rathausrenovierungen von 1825—1827 abgebrochen[432]. Das Fenster rechts des Westportals wurde damals neu gestaltet. Es wurde dem linken Fenster weitgehend angepaßt. Die Wappen gehören von links nach rechts zu Friedrich Wilhelm Heineken (1787—1848), Heinrich Gröning (geboren 1774, 1821 Bürgermeister, 1839 gestorben), Johann Smidt (geboren 1773, 1821 Bürgermeister, gestorben 1857), Simon Hermann Nonnen (geboren 1777, seit 1822 Bürgermeister, gestorben 1847) und Michael Duntze (geboren 1779, 1824 Bürgermeister, 1845 gestorben)[433]. Das sechste Wappen ist das der Stadt.
Der vor der Muschel im Giebel stehende, nach links gewendete Kopf ist nach der Dürermedaille von Hans Schwarz aus dem Jahre 1520 gearbeitet. Die Dürerverehrung des frühen 19. Jh. erklärt die Wahl dieses Kopfes. Sie nahm fast die Form von Heiligenverehrung an[434]. Sie schlug sich in unterschiedlichen Denkmälern, die Dürer anläßlich der 300. Wiederkehr seines Todestages am 6. April 1828 errichtet wurden, nieder. Die Medaille von Hans Schwarz ist damals verschiedentlich verwendet worden[435]. Dürer mag auch für die Bremer der Zeit zur Verkörperung all der geistigen Potenz geworden sein, aus der heraus Bremens Stellung erwachsen war. Es war protestantisch und der Freiheit zugewandt. Beides vereinigt sich für das frühe 19. Jh. in Dürers Gestalt. 1823 war der Kunstverein gegründet worden, dessen Träger Vertreter der Bremer Oberschicht waren und z. T. bedeutende Privatsammlungen ihr eigen nannten. Dies alles zusammen dürfte zu der Ehrung Dürers am Bremer Rathaus geführt haben. —

Abb. 96—97 *Fenster von 1826/27 an der Westseite über dem Eingang zum Ratskeller; Hans Schwarz, Dürermedaille, 1520*

Der behelmte Kopf vor der Muschel des linken Fensters hat mit dem des Wittheitsstubenportals große Ähnlichkeit. Auffällig ist allerdings die Teilung des Bartes, der nach beiden Seiten in langen Spitzen ausläuft. Wenn die Annahme stimmt, daß die Kriegerköpfe dieser Jahre bestimmte Persönlichkeiten der militärisch-politischen Szene auf seiten der Protestanten darstellen, dann ist das auch in diesem Falle anzunehmen. Der jüngere Cranach hat den sächsischen Kurfürsten während seiner Gefangenschaft 1551 in einem Holzschnitt porträtiert[436]. Sein Bart ist darauf deutlich geteilt. Doch ist eine Ähnlichkeit nur in sehr groben Zügen festzustellen. Denkbar ist es allerdings, daß die Stadt nach der nochmaligen Ablehnung der kaiserlichen Forderungen auch an der Außenseite ihres Rathauses dokumentieren wollte, daß sie den gefangenen Kurfürsten wegen seiner Glaubensfestigkeit als ihren Führer und ihr Vorbild betrachtete. —

Erstaunlich bleibt auf jeden Fall, daß die Stadt in der Zeit der größten Bedrängnis ihrer Geschichte die Ruhe und vor allem auch die Mittel fand, das Rathaus durch einen doch nicht unbedeutenden Bau zu erweitern. Es ist schon auffallend, daß einer der heftigsten Gegner des Rates, Erzbischof Christoph, der 1545 gerade in Köln gegen Bremen rüstete, doch gegen geringe Gegenleistung erlaubte, daß dieser Rathausanbau, der auf seinem Grund am Palatium hineinragte, errichtet wurde[437]. Die Gründe für den Rat, den Bau durchzuführen, mögen die unterschiedlichsten gewesen sein. 1537/38 hatten die Kaufleute sich von Johann den Buschener den Schütting neu bauen lassen. Von ihm stammt z. B. der Westgiebel. Dieser neue Bau entsprach damals modernen Anforderungen und Repräsentationsbedürfnissen. Der sich ausweitenden Politik des Rates mit ihrem stark gestiegenen Schriftverkehr war der gotische Rathausbau nicht mehr gewachsen. Nach der glücklich beendeten Auseinandersetzung mit dem Junker Balthasar von Esens 1540 und dem Privileg Karls V. für die Stadt vom Regensburger Reichstag 1541 mag der Beschluß für den Bau vom Rat gefaßt worden sein. Seine neue Position als Haupt der Kirche hat sicher ebenfalls damit zu tun. Trotz der außerordentlich hohen Kosten für die neu angelegten Befestigungen und stehenden Truppen schon vor 1545 und während des 1546 ausbrechenden Krieges wurde das Bauprogramm durchgeführt. Damit wird die Bedeutung, die der Rat dem Bau beimaß, unterstrichen. Leider hat sich von diesem Teil des Rathauses außer den beschriebenen Teilen nichts mehr erhalten, so daß über seine Funktion hinaus nur aus den wenigen Resten auf seine ikonologische Bedeutung geschlossen werden kann.

### 6.4.4. *Das sogenannte „Braunschweiger" Portal*

Die Nordwand der Oberen Rathaushalle wird von einem weiteren Portal aus dem 16. Jh. durchbrochen. Seine Herkunft und Errichtung sind archivalisch belegt. Als 1587 die alte Collectenkammer — vergleichbar mit dem heutigen Finanzamt — eingerichtet wurde, setzte man das „Türgericht" (= das an der Tür Gerichtete) des Meisters Adam Liquier Beaumont in die Verbindung dieses Raumes mit der Oberen Halle[438]. Der Hofbildhauer des Herzogs Julius von Braunschweig-Lüneburg hatte dieses Geschenk seines Herrn an den Rat der Stadt Bremen geschaffen und dann selber 1578 in der Rathaushalle aufgerichtet, wie das Dankesschreiben des Rates vom 13. November 1578 berichtet[439]. Der Grund der Schenkung war ein Darlehen des Rates im Jahre 1573 an den Herzog in Höhe von 5000 Talern auf fünf Jahre[440]. Fast ein Dezennium später war dann erst die geeignete Stelle für das „Türgericht" gefunden, wo es bis heute seiner Funktion als Portalumrahmung dient.

Über den Meister des Portals, Adam Liquier Beaumont, ist an anderer Stelle ausführlich berichtet[441]. Erst als Schüler, dann als Nachfolger des Niederländers Elias Godefroy aus Cambrai in der Bildhauerwerkstatt am Kasseler Hofe des Landgrafen von Hessen war sein Landsmann Liquier aus Beaumont, ganz in der Nähe Cambrais, tätig. Nach Auseinandersetzungen mit seinem Dienstherrn trat er 1572 auch in die Dienste des Herzogs von Braunschweig-Lüneburg, für den er seit 1575/76 dann ausschließlich arbeitete. 1576/77 muß dann die Bremer Portalumrandung entstanden sein. Es ist das einzige belegte erhaltene Werk Liquiers im norddeutschen Raume, das nicht nur auf Grund von Zuschreibungen seine Arbeit dokumentiert[442]. Liquier starb 1586 in Wolfenbüttel. —

Das rundbogige Portal wird von korinthischen Säulen, die wie alle anderen Teile aus Alabaster gefertigt sind, flankiert. Sie tragen das vorkragende Hauptgesims, unter dem sich zwischen zwei Masken eine Tafel mit folgender Inschrift befindet: „EX MUNIFICENTIA: ILLUSTRIS · PRINCIPIS AC DOMINI DOMINI IULII · DUCIS · BRUNSVICENSIS · ET LUNEBURGENSIS · ETc" (Aus Freigiebigkeit des berühmten Fürsten und Herren, des Herrn Julius, Fürst von Braunschweig und Lüneburg etc.). Über den Säulen halten Löwen die fürstlichen Wappenschilde. Dazwischen, von geschweiften Konsolen gerahmt, zeigt ein Relief in Breite der Tür drei Frauenfiguren, die das Bildfeld völlig ausfüllen. Sonne und Mond krönen die beiden Konsolen. Der flache Giebel zwischen ihnen zeigt das Monogramm des Meisters. Ineinander verschlungen, sind die Buchstaben A L v (liegend) C als Adam Liquier von Cambrai zu lesen. Die Giebelspitze ist mit einem Löwenkopf zwischen Voluten besetzt.

Die Gewände des Portals zeigen zu beiden Seiten in etwa gleichen, stark plastischen Kartuschen mit Rollwerk je eine Frauengestalt mit Attributen. Das leere Kartuschenfeld unter den Figuren hat ursprünglich vielleicht einmal auf einer hölzernen Tafel wie die über dem Portal einen Hinweis auf die Bedeutung der Figuren enthalten. Der weiche Alabaster hat dazu verführt, daß über die Jahrhunderte hinweg Unzählige ihre Initialen, oft mit Jahreszahl, hier eingeritzt haben, so daß Figuren und Attribute stark beschädigt sind. Der Türbogen ist mit einer Reihe stark plastischer Rosetten auf Beschlagwerk in immer neuen Variationen besetzt. —

Die in ihrer Einzelbedeutung und ihrem Sinnzusammenhang zu untersuchenden ikonografischen Einzelheiten sind Sonne und Mond, die drei Allegorien des Hauptreliefs und die der Gewände. Die Allegorien der Gewände sind leider stark beschädigt. Das gilt vor allem für die beigefügten Attribute. Die rechte Figur hat rechts neben sich einen Adler, der eine Kugel mit den Klauen hält. Das Tier links neben ihren Beinen ist wohl ein Löwe[443]. Die Frauenfigur ist fast unbekleidet und hält nur einen weiten Umhang mit den Armen. Möglicherweise hielt sie ein weiteres Attribut in den Händen. Um den Hals trägt sie eine Kette mit einem Schmuckstück.

Der Adler ist normalerweise Attribut der Justitia, der Löwe der Mäßigkeit, Tapferkeit, Beharrlichkeit und Stärke. In Aldegrevers Stichfolge der Tugenden und Laster von 1552 sind allerdings der Superbia neben anderen auch Löwe, Adler und Schmuck um den Hals als Attribute beigegeben. Wir haben es hier also entweder mit dem Laster der Superbia zu tun oder möglicherweise auch mit einer Verkörperung der Potestas, der Herrschergewalt, die Gerechtigkeit, Stärke, Beharrlichkeit und Tapferkeit in sich vereinigt.

Die im linken Gewände stehende Frau hat hinter ihrem Bein einen Schild oder eine Kartusche stehen. Das Tier an ihrer rechten Seite ist nicht mehr identifizierbar. Es ist wohl ein Vogel, vielleicht eine Taube. Links neben ihr liegt ein Tier mit einem lockigen Fell, wohl ein Lamm. In ihrer rechten Hand hält sie einen Anker. Ihr linker Arm ist abgebrochen. Ein Stich nach Marten van Heemskerk mit einem Triumph der Patientia[444] vereinigt alle diese Attribute. Die „Geduld" trägt über ihrem Arm einen Schild. Zu ihren Füßen liegt das Lamm. Ihr Wagen wird von Spes und Desiderium gezogen. Jene trägt den Anker über der Schulter. So kann trotz aller Beschädigungen wohl gesagt werden, daß die allegorische Frauenfigur des linken Portalgewändes die Patientia versinnbildlicht.

Über dem Rundportal zeigt das Relief drei nur um Schoß und Beine bekleidete, sitzende Frauen. Sie sind von der Erde in die Wolken erhoben, die unter ihren Füßen deutlich zu erkennen sind[445]. Die linke Figur hält auf ihren Knien eine Tafel und, dem Betrachter zugewendet, ein aufgeschlagenes Buch. Das Buch ist auf ihrem rechten Bein „vor" die Tafel gesetzt. Die Tafel ist mit den Gesetzestafeln Moses zu vergleichen, die jedoch immer paarig auftreten. Form und Seitenzuordnung[446] können nur Altes und Neues Testament für beide Attribute bedeuten. In ihnen verkörpern sich Gesetz und Gnade. Die Gegenüberstellung von Gesetz und Gnade ist durch die Bilder Lucas Cranach d. Ä. für die Kunst des Protestantismus zum Kardinalthema geworden[447]. Dabei stellt Cranach in einem Bilde die bedeutsamsten Momente der Heilsgeschichte entsprechenden Szenen aus dem Alten Bunde gegenüber. Damit schließt er zwar formal an die mittelalterliche Typologie an, doch „wird der Alte Bund des Gesetzes als der Menschheit Verderben bringend bezeichnet"[448]. So kann die linke Allegorie eigentlich nur den Glauben darstellen. Der Fides werden hier nicht die traditionellen Attribute Kelch, Kreuz, Lamm oder andere zugeordnet, sondern wir finden hier wohl den protestantischen Glauben speziell versinnbildlicht.

Ihr gegenüber thront die Justitia mit Schwert, Binde vor den Augen und der Waage, deren Schalen auf dem Gewand liegen. Zwischen beiden hält die dritte in ihrer Rechten einen Zweig und in ihrer erhobenen Linken einen Lorbeerkranz. Einen weiteren Kranz trägt sie um das Haupt. Eine Kette mit Anhänger liegt um ihren Hals. Wie an der Außenfassade im linken Zwickel des letzten Arkadenbogens haben wir es hier mit der „Victoria" zu tun[449]. Es ist die Versinnbildlichung des Sieges, den der erringt, der versucht den Himmel zu gewinnen und die ewige Glückseligkeit erreicht hat[450].

Sonne und Mond, die den krönenden Abschluß auf den Ecken des Reliefs bilden, sind hier sicher nicht in ihrer tageszeitlichen Bedeutung gemeint. Nach den „Denkmalen" sollen sie früher die Inschrift: „Anderen dienende verzehre ich: 1577" getragen haben. Vergleichbar dem Buch und der Tafel ist die Bedeutungszuordnung von Sol Gratia, Ecclesia und Vita, die von Luna Lex, Synagoge und Mors[451]. Sonne und Mond erscheinen in Dürers Apokalypse bei der Eröffnung des sechsten Siegels und bei der Kreuzigung seiner Großen Passion. Beidesmal steht die Sonne auf der linken Bildseite, also rechts vom göttlichen Geschehen. Sie ist auf der Seite der Geretteten bzw. den Frauen und Johannes nahe. Der Mond ist der Seite der Verdammten bzw. des Hauptmannes und eines Juden unter dem Kreuz zugeordnet. Wie auf den Grafiken Dürers wiederholen Sonne und Mond die im Relief angeklungenen Hinweise auf Gnade und Gesetz.

Zwischen beiden erscheint in dem kleinen Giebelfeld das Künstlermonogramm. Es steht an herausragender Stelle und macht die besondere Stellung eines vom Fürsten begehrten Künstlers am Hofe deutlich. Im Gegensatz dazu steht der Künstler in einer Stadt wie Bremen, wo er noch sehr viel mehr Handwerker ist. Diese Signatur ist die einzige auf all den zahllosen plastischen und malerischen Werken bis ins 17. Jh. hinein, die uns im und am Rathaus erhalten sind. –

Abb. 98 *Adam Liquier Beaumont, Braunschweiger Portal, 1578, Obere Rathaushalle*

Die Gesamtbedeutung des Portals ließe sich danach etwa folgendermaßen lesen: Der Mensch, der dieses Portal durchschreitet, steht zwischen Patientia auf der einen und Potestas[452] auf der anderen Seite. Im Himmel über ihm werden dann Justitia und die Gnade des Evangeliums über ihn entscheiden und ihn als Lohn mit dem Lorbeerkranz der Victoria dafür, daß er die ewige Seligkeit gewonnen hat, krönen. Von unten bis oben zieht sich der Gegensatz zwischen dem Gesetz auf der linken Seite (vom Portal aus!) und dem Evangelium und der Gnade Gottes auf der rechten Seite hindurch.

Nur auf den ersten Blick überrascht das fürstliche Portal mit einem religiösen Programm als Geschenk an die Stadt Bremen. Hatten doch die Hardenbergschen Unruhen mit dem Streit über die Abendmahlslehre die politische Macht des Rates angegriffen. Auch nach diesen Unruhen nahmen die Religionsstreitigkeiten in Bremen kein Ende[453]. 1569 kam, wohl von Julius von Braunschweig-Lüneburg geschickt, der Theologe Jacob Andreae nach Bremen, um mit der bremischen theologischen Richtung zu einer gemeinsamen Glaubensplattform zu gelangen. Doch der Riß zwischen den lutherischen und den sich an Melanchthon orientierenden und kalvinistisch beeinflußten Predigern wurde immer tiefer. Im Sommer 1571 versuchte Herzog Julius noch einmal, die bremischen Geistlichen an lutherische Glaubensbekenntnisse zu binden. Der Kontakt in religiösen Fragen zwischen dem Herzog und der Stadt war deshalb eng. So ist es nicht verwunderlich, daß das fürstliche Dankesgeschenk an den Rat die religiösen Fragen in künstlerischer Form erneut aufwirft.

Die Grundlage des ikonologischen Gehaltes des Liquier-Portals kann wohl bei Luthers Lehre von den zwei Reichen, vor allem aber in seiner Schrift „Von weltlicher Obrigkeit, wie man ihr Gehorsam schuldig sei" von 1523 gesucht werden[454]. Luther stellt dort eindeutig fest, daß Gott zwei Regimente verordnet hat, „das geistliche, welches Christen und fromme Leute macht durch den Hl. Geist,

Abb. 99—100 *Kartuschen der Gewände des Braunschweiger Portals*

unter Christo, und das weltliche, welches den Unchristen und Bösen wehret, daß sie äußerlich müssen Frieden halten . . ."[455]. Beide Regimente müssen getrennt werden, doch ist eines ohne das andere nicht denkbar. Das weltliche Regiment könnte fehlen, wenn alle Menschen Christen seien und danach handeln und leben würden. Doch ohne das geistliche Regiment könnte das weltliche nicht existieren. „Wo nun weltlich Regiment oder Gesetz allein regieret, da muß eitel Heuchelei sein . . . Denn ohne den Hl. Geist wird niemand recht fromm, er tue, wie feine Werke er mag."[456] Aus dieser Sicht könnte die Allegorie der rechten Gewändeseite sehr wohl die Superbia darstellen.

An dem Braunschweiger Portal des Bremer Rathauses erfolgt eine Gegenüberstellung von geistlichem und weltlichem Regiment im Sinne Luthers. Ihre Erhöhung erfahren beide im Gewinn des ewigen Lebens. Nimmt man noch Luthers Hinweise auf die Art der fürstlichen Rechtsprechung hinzu, dann wird der ikonologische Sinn des Portals zu einer eindeutigen politischen Aufforderung an den Rat der Stadt. Luther sagt: „Darum muß ein Fürst das Recht so fest in seiner Hand haben als das Schwert, und mit eigener Vernunft messen, wann und wo das Recht der Strenge nach zu brauchen oder zu lindern sei, also daß er allzeit über alles Recht regiere, und das oberste Recht und Meister allen Rechten bleibt die Vernunft. Das sage ich darum, daß man nicht meine, es sei genug und köstlich Ding, wenn man dem geschriebenen Recht oder Juristen-Räten folgte. Es gehört mehr dazu."[457] Ein Fürst kann nur zu Gott beten, um über Menschen und Bücher zur rechten Einsicht zu gelangen.

Die politische Seite des Dankgeschenkes des Herzogs an den Rat der Stadt kann etwa so formuliert werden: „Bleibt auf jeden Fall bei der lutherischen Lehre! Ihr seid nur Gott und der Vernunft verantwortlich. Damit ist die Möglichkeit — vom Worte Luthers her — zu straffem Durchgreifen in religiösen und politischen Händeln der Zeit in eure Hand gelegt!" Die Notwendigkeit einer einheitlichen Glaubenshaltung, die den Grund für das landesherrliche Gottesgnadentum darstellte, stand hinter dieser Aufforderung. Jede Glaubensabweichung, vor allem im nahen Umkreis, gefährdete die landesherrliche Stellung nach innen wie nach außen gegenüber Kaiser und Reich sowie der katholischen Kirche.

Die Antwort des Bremer Rates war ein Dank an den Herzog und die Versicherung, „sollich Thürgesprenge mitten auff unser Rathaus, in conspicuo loco, ... setzen lassen"[458]. Darüber hinaus gehend hat sich der Rat aber nicht geäußert. Annahme und Aufstellung des Bildwerkes in der Oberen Rathaushalle — in conspicuo loco — sind wohl eher als diplomatische Geste denn als Rückkehr zum orthodoxen Luthertum zu verstehen. Im Religiösen bleiben Rat und Stadt nach außen hin bei der Verpflichtung des Jahres 1568 zur Augsburger Konfession, die damals die Einigung zwischen der Partei Daniel von Bürens d. J. mit den ausgezogenen Ratsmitgliedern und Bürgern ermöglicht hatte.

### 6.4.5. *Das Außenportal an der Nordseite des Rathauses*

Durch den Anbau von 1545 wurde die Alte Wittheitsstube nicht mehr gebraucht und dann später zur Collectenkammer umgestaltet, zu der das Liquier-Portal führte. Die darunter liegende, ursprünglich offene Halle wurde zur Ratskanzlei umgebaut und erhielt einen Zugang von außen. Dieses Außenportal wurde am Schoppensteel beim Bau des Neuen Rathauses durch Gabriel von Seidl wiederverwendet, als man die Ratskanzlei für diesen Neubau abreißen mußte.

Gewände und Archivolte sind diamantiert. Der Architrav wird von Konsolen, die aus Löwenköpfen bestehen, getragen. Der flache Dreiecksgiebel über dem Gebälk trägt im Tympanon in einem runden Wulst das Stadtwappen. Im Gebälk darunter sind in rundem Beschlagwerk vier Wappen angebracht. Von links nach rechts sind es die von vier Bürgermeistern: Das erste gehört Daniel v. Büren d. J. Dann folgt das von Erich Hoyer, der 1562 Consiliarius (Berater) von Erzbischof Georg, Herzog von Braunschweig-Lüneburg, wie auch von Herzog Julius aus dem gleichen Hause war. 1564 trat er an die Stelle des Bürgermeisters Dethmar Kenkel, der mit den Orthodoxen die Stadt verlassen hatte. Er starb 1597. Das nächste Wappen gehört zu Eler Havemann, der 1564 in den Rat gewählt wurde und 1567 das Bürgermeisteramt übernahm. Er starb 1584. Das vierte Wappen ist das von Carsten Steding, der 1562 Schulaufseher war und 1574 zum Bürgermeister gewählt wurde. Das linke Wappen über dem Bogen gehört zu Borchert Hemeling, der von 1562 bis 1605 Ratsherr war. Das sechste ist das von Sweder Schulte, der 1564 Ratsherr wurde[459]. Damit ist die Datierung dieses Portals auf die Jahre zwischen 1574 und 1584 eingeengt. Stein nennt 1579[460]. –

Die Verwendung von Diamantquadern[461], einer Sonderform der Rustizierung, kommt in Italien im letzten Viertel des Quattrocento auf und reicht bis in den Barock. In Deutschland werden in der Architektur Diamantquader seit der 2. Hälfte des 16. Jahrhunderts verwendet, vor allem an Repräsentationsbauten wie Rathäusern und Schlössern. Ein Beispiel ist der Rathausanbau in Lübeck von 1570/71. Wie weit man in Bremen mit der Verwendung der Diamantform nur moderne Bauformen der Zeit verarbeitete oder ob damit auch ein Bedeutungssinn verbunden war, ist nicht mehr eindeutig feststellbar. In der Emblematik der Zeit ist der Diamant jedenfalls das Zeichen für Unzerstörbarkeit und Stärke[462]. Nach dem Physiologus können ihm weder Feuer noch Eisen etwas anhaben. Das Haus, in dem sich ein Diamant befindet, wird nicht vom Unheil bedroht[463]. Außerdem ist er ein Christussymbol. So kann nur vermutet werden, daß eine oder mehrere dieser Bedeutungen bei der Wahl des Diamanten als Schmuckform für das Nordportal des Rathauses mitgespielt haben. –

Abb. 101 *Außenportal von der Nordseite, zwischen 1574 und 1584*

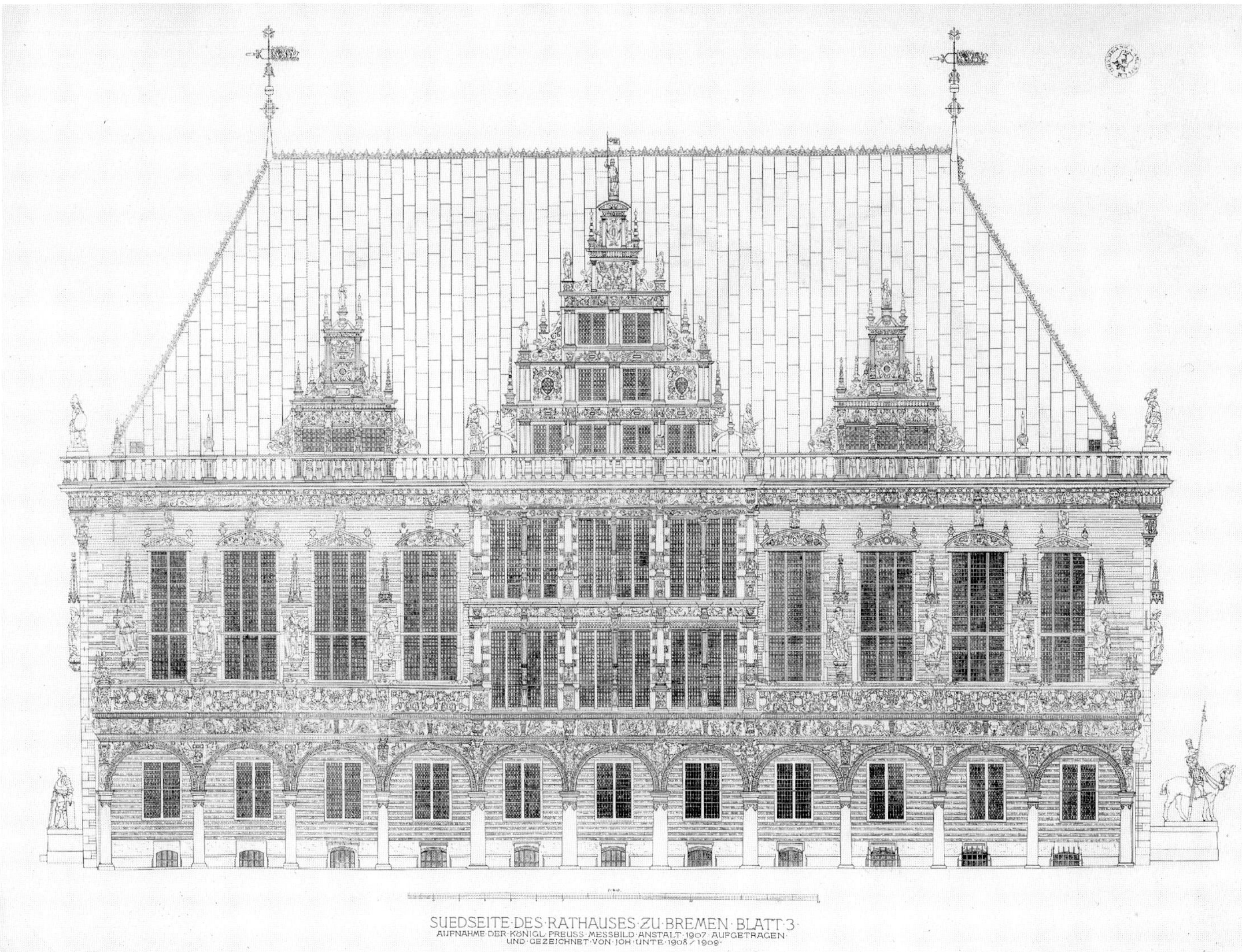


Abb. 102 *Marktseite des Rathauses, umgestaltet 1609/12*

## 7. *Die neue Rathausfassade Lüder von Bentheims*

### 7.1. *Die Gestaltung des Mittelrisalits und der Arkaden*

#### 7.1.1. *Die Figuren in den Zwickeln über den Arkaden*

Die Archivolten der Rathausarkaden, die jeweils in einem als Kopf gearbeiteten Schlußstein enden[464], bilden mit dem ihnen aufliegenden Architrav Zwickel, in die Figuren eingepaßt sind. Diese als Hochreliefs gearbeiteten Figuren passen sich jeweils halb liegend, halb sitzend den Bögen an. Der Architrav wird stellenweise von ihnen überschnitten, was ihre plastische Wirkung verstärkt. Schon Jacopo Sansovino benutzte dieses aus der antiken Triumphbogenarchitektur stammende Motiv nicht nur an seiner Loggetta am Fuße des Campanile auf dem Markusplatz in Venedig (erbaut 1536—1540, mit Figuren versehen bis 1560), sondern auch an der etwa gleichzeitig daneben entstandenen Libreria di S. Marco. Zwickelfiguren über Bögen, deren Schlußsteine als Köpfe ausgearbeitet sind, verwandte auch Wilhelm Vernuicken an der Vorhalle des Kölner Rathauses (1569—1573). In der Gestaltung von Grabmalen und Epitaphien wird das Motiv der Zwickelfiguren über Bögen seit der 2. Hälfte des 16. Jahrhunderts in zunehmendem Maße aufgegriffen. Verschiedene Epitaphien des Bremer Domes aus dieser Zeit sind ein Beispiel dafür. Die Vorbilder dazu dürften in niederländischen Grafiken zu suchen sein[465]. Die über den vorgegebenen Architekturrahmen hinausdrängende Figur, Merkmal eines Stiles, der die klassischen Bildgesetze der Renaissance verläßt, tritt z. B. am Lettner der Kathedrale von Tournai, von Cornelis Floris um 1570 geschaffen[466], schon ein gutes Menschenalter vor dem Rathausumbau auf. In der Folgezeit verstärkt sich dieses barocke Stilmerkmal immer mehr. —

Die Figuren der Bremer Rathausarkaden sind jeweils so angeordnet, daß die einem Bogen zugehörigen auch einander zugewandt sind. Die Figurenpaare werden durch flache vorgeblendete Hermen, die als Fortsetzung der Säulen erscheinen, voneinander getrennt. Unter dem Güldenkammerrisalit treten die Wappen der vier Bürgermeister des Jahres 1612 an ihre Stelle.

Alle 22 Figuren sind meist nur wenig bekleidet, einige sind völlig unbekleidet. Allen sind bestimmte Attribute zugeordnet. Schon im ersten Deutungsversuch[467] wird erkannt, daß hier allegorische Darstellungen vorliegen. Noch Börtzler[468] folgt dieser ersten Auslegung in wesentlichen Teilen. Dabei wurde die Paarigkeit in der Anordnung schon festgehalten. Die durchlaufende, gleiche formale Behandlung aller Frauenfiguren legt den Schluß nahe, daß vergleichbare Abstrakta als Allegorien einander gegenübergestellt wurden und es damit zu einer Reihung von Begriffspaaren kommt. Da die Darstellungen rechts des Mittelrisalits zum Teil als Kardinaltugenden erkannt waren, ist es naheliegend, in den anderen Figuren ebenfalls Tugendallegorien zu vermuten. Dies wird um so wahrscheinlicher, als Folgen von Tugenddarstellungen in der Kunst des 16. und 17. Jahrhunderts ein beliebtes Thema sind.

Zu dieser Zeit ist der Tugendbegriff umfassender verstanden worden, als das heute der Fall ist. Heute versteht man unter „Tugend" im wesentlichen die Ausrichtung des Willens auf das Sittlich-Gute. Cesare Ripa z. B. sieht in seiner 1603 erschienenen „Iconologia" in den Tugenddarstellungen Sinnbilder, die bloße Eigenschaften verkörpern, ohne etwa zu bejahen oder zu verneinen. Für ihn gehören nicht nur die Tugenden, sondern als deren Gegensätze auch die Laster ebenso dazu wie Affekte und menschliche Sitten, die sich aus menschlichen Eigenschaften gebildet haben[469]. Allegorien dieser Art werden durch Attribute determiniert. Dabei sind die Attribute nicht unbedingt auf *eine* allegorische Deutung festgelegt. Erst mehrere Attribute zusammen bezeichnen in ihrer besonderen Zusam-

Abb. 103—104 *SW-Ecke, 1. Arkadenbogen: Philosophie und Wahrheit*

menstellung eine menschliche Figur als eine bestimmte Allegorie. Hinzu kommt, daß die ikonographische Bestimmung dadurch erschwert wird, daß die Künstler die gleichen Allegorien mitunter mit verschiedenen Attributen versehen haben, je nachdem, von welchem Vorbild sie ausgingen, in welchen Zusammenhang sie diese stellten oder welche Absicht sie verfolgten. —

Die erste Zwickelfigur zeigt eine gekrönte Frau, die in ihrer Rechten ein Zepter hält, während der Kopf dem offenen Buch in ihrer Linken zugewandt ist. Dieser Arm und ihre linke Brust sind unbedeckt. Hinter ihr bauscht sich das Gewand. In der Grafik des 16. Jh. findet man vergleichbare beschriftete Darstellungen[470]. Aus ihnen wird deutlich: Eine thronende gekrönte Frau, mit Zepter und Büchern in den Händen, ist die Allegorie der „Philosophie". Eine ganz ähnliche Darstellung erscheint am ehemaligen Gymnasium in Braunschweig von 1592. —

Die zweite Figur des ersten Bogens, eine halb entblößte Frau, weist mit einer Sonne auf ihr Gegenüber hin. Ihre Linke hält eine Fackel oder Kerze. Auf dem wallenden Haar liegt eine Muschel. Die Attribute der einander zugewandten Figuren entsprechen sich: Zepter und Kerze, Buch und Sonne, Krone und Muschel. Nacktheit, Sonne und Kerze, Fackel oder Lampe sind Attribute der „Veritas", der Wahrheit. Die Nacktheit ist als Zeichen dafür anzusehen, daß die Wahrheit nichts zu verbergen hat[471]. Die Sonne wird für die Unveränderbarkeit der Wahrheit Gottes verwendet[472]. Ihr Gegensatz ist die immer wechselnde Gestalt des Betruges, verkörpert durch den Mond. Die brennende Kerze, Fackel oder Lampe wird als Erhellung des inneren Auges, des Verstandes, wie auch des äußeren, das die Wahrheit erkennt, verstanden[473]. Tobias Stimmers „Veritas" in Nicolaus Reusners „Aureolorum Emblematum" von 1591 trägt ebenfalls eine Kerze und eine Sonne hinter dem Kopf als Attribute. Die Sonne als Wahrheitsattribut findet sich ebenso bei Dürer[474], Hendrik Goltzius[475] wie auch bei Theodor de Bry[476]. Bei Ripa ist allerdings die „Cognitione" mit brennender Kerze, Muschel hinter dem Kopf nebst der auf ein offenes Buch weisenden rechten Hand dargestellt. Die „Sapienza" stellt Ripa mit Lampe und offenem Buch, seine „Dottrina" mit Sonnenzepter und offenem Buch, die „Verità" unbekleidet, mit Sonne in der Linken und Buch in der Rechten nebst anderen Attributen dar.

Zwei ganz ähnliche Allegorien finden sich am Rathaus noch einmal. Die erste entdeckt man auf der untersten Reliefreihe des Mittelrisalits links neben den Evangelisten[477]. Die zweite dieser Darstellungen ist sogar beschriftet: Es ist die „Sapientia" auf dem ersten Gemälde der Güldenkammerwand. Eine hübsche junge Frau mit entblößten Schultern und Brüsten trägt ein Sonnenzepter. Neben ihr steht ein großes Buch.

Nimmt man noch Holtzwarts Emblem Nr. VI („Quae doctum efficiant" = Was einen Gelehrten ausmacht) hinzu[478], so finden wir auf dem dazugehörigen Holzschnitt von Tobias Stimmer eine Frau mit offenem Buch, Laterne und der Sonne hinter ihrem Kopf neben einem alten Gelehrten. Der Text dazu besagt, daß, wer den ewigen Ruhm der Sapentia (Weisheit) erwerben will, große Fähigkeiten haben muß, die er durch unermüdliche Anstrengungen — „... spath und fru" — zu vermehren suchen muß. Von Sonnenaufgang (Sonne) bis in die Nacht (Laterne) muß er bis ins Grab (umgedrehte Muschelschale) sich um Weisheit bemühen.

Die Attribute von Veritas und Sapientia sind also fast identisch. Das ist nicht verwunderlich, da die Weisheit die Erkenntnis der Wahrheit mit einschließt. Ripas „Cognitione" und „Sapientia" sind zwar auch fast identisch, und das Bild an der Güldenkammer weist ebenfalls darauf hin, doch darf nicht übersehen werden, daß die Attribute sich eben doch nicht ganz decken. Ähnlich wie die vorliegende Allegorie hat z. B. Albert von Soest im Lüneburger Rathaus die „Veritas" ebenfalls mit Sonne und Zepter in den Händen dargestellt[479].

Eine emblematische Darstellung kann vielleicht zur endgültigen Klärung beitragen. Hadrianus Junius hat in seinem Emblem „Veritas temporis filia"[480] den Saturn als Verkörperung der Zeit dargestellt, der seiner Tochter Veritas aus einer Höhle ans Tageslicht hilft. Neid, Verleumdung und Zwietracht, zum Teil mit Fackeln versehen, sehen zu. Überträgt man die Aussage dieses Emblems mit seinen Einzelattributen auf die Allegorie am ersten Rathausbogen, so ergäbe sich folgende Deutung: Die „Veritas" ist zur Hälfte bekleidet, zur anderen Hälfte nicht, als Symbol für die göttliche und die irdische Wahrheit[481]. Aus dem Dunkel der Laster (Fackel) führt sie über das Grab (Höhle = Muschel) ans Licht (Sonne) der unverrückbaren göttlichen Wahrheit. —

Der zweite Rathausbogen enthält die wohl populärsten bildlichen Darstellungen der ganzen Fassade. Wer kennt in Bremen nicht die Sage von der Henne mit den Küken, die den Anstoß zur Gründung der Stadt gegeben haben soll. So erfahren es noch heute die Kinder in der Grundschule im Heimatkundeunterricht. Die Sage ist aber erst auf Grund der vorhandenen Figuren von Wagenfeld erfunden und 1845 in seinen Bremer Volkssagen veröffentlicht worden[482]. Die Gluckhenne mußten einst Bremer Handwerksburschen kennen, um sich in der Fremde als Bremer auszuweisen[483].

Im linken Zwickel hält eine kaum bekleidete Frau in ihrer rechten Hand eine Kugel mit einem Hahn darauf. Unter ihrem linken Arm ist ein Hund zu erkennen. Das Haar ist eigenartig kurz. Es ist unter das Tuch hinter dem Kopf geschoben, so daß ein Ohr frei sichtbar ist. Ein angestrengtes Blicken und Horchen wird durch die Falten auf der Stirn verdeutlicht. Börtzler tut sich schwer, in dieser Figur ein männliches Prinzip zu erkennen[484]. In den „Denkmalen" wird der Hahn richtig als Symbol der Wachsamkeit genannt, ohne daß auf die anderen Attribute eingegangen worden wäre[485]. Der Hahn ist das Hauptattribut für die „Vigilantia", die fürsorgliche Wachsamkeit[486]. Der Hund als Sinnbild für Treue[487] und Wachsam-

Abb. 105—106 *2. Arkadenbogen: fürsorgliche Wachsamkeit und wachender Schutz*

keit[488], das Auge für die visuelle[489] und das Ohr für die auditive Wachsamkeit[490] vervollständigen die Attribute der „Vigilantia". — Wie Hahn und Henne mit Küken zusammengehören, so liegt es nahe, die beiden Allegorien als eng zusammengehörig anzusehen. Diese ins Auge fallende enge Beziehung wurde schon in den „Denkmalen" erkannt. Tardel deutete Hahn und Henne als Symbole der Fruchtbarkeit und Liebe. Die weiblichen Gestalten ließ er unberücksichtigt[491]. Der allegorischen Frauenfigur sind zwei Attribute beigegeben: Mit ihrem rechten Arm umfaßt sie eine Henne über einer Anzahl Küken, die sich in einem Nest aus Stoff zusammendrängen. Die Frau ist vollständig bekleidet. Bei genauem Hinsehen fällt auf, daß sie einen Waffenrock trägt, der an den auf die Oberschenkel fallenden Lederstreifen kenntlich ist. Das seine Küken schützende Huhn ist ein in der Emblematik häufiger auftretendes Bild[492]. Christus als Schutz wird bei Hoefnagel als Henne auf einem Nest mit Küken symbolisiert[493]. Typotius schreibt zum Symbol der ihre Küken deckenden Henne: „Non dormit qui custodit" (Es schläft nicht der, der wacht)[494]. Stellvertretend für weitere Quellen seien hier die Emblemata Politica[495] genannt, die uns im Zusammenhang mit den Gemälden an der Güldenkammer noch beschäftigen werden. Das Lemma zu dem Bilde heißt dort: „Alit et protegit" (Sie nährt und schützt). Der Kommentar in Form eines Sechszeilers erklärt in der deutschen Übersetzung den symbolhaften Bildsinn. Wie das Tier seinen Jungen, so gibt die Obrigkeit ihren Untertanen Schutz („Custodia")[496]. Die Rüstung macht deutlich, daß dazu notfalls auch Waffen gehören. „Vigilantia" und „Custodia", Wachsamkeit und bewachender Schutz, waren Tugenden, die die Bürger besonders in den unruhigen Zeiten des angehenden 17. Jh. von ihrer Obrigkeit forderten. —

Rätsel gibt die Bedeutung der folgenden unbekleideten Frauenfigur auf. Ihre Rechte ist auf einen Spaten gestützt, ihr linker Arm umfaßt ein Gerät, das auf den ersten Blick nicht erklärbar scheint. Auf der Vorderseite, zum Teil vom Arm verdeckt, trägt es eine Sonne oder einen Stern. Am Querarm scheinen an Haken an den Enden Gewichte zu hängen (z.T. beschädigt). Die Nacktheit der Figur und das aus der Frisur herabflatternde Tuch könnten weitere Attribute sein. Der Spaten erscheint bei Pieter Brueghel d.Ä.[497] und auch bei Heinrich Vogtherr d.Ä.[498] als Attribut der „Spes" (Hoffnung). Rubens' „Triumphbogen Ferdinands II." enthält u.a. eine allegorische Frauengestalt mit Spaten und Kugel, die als „Providentia regis" (Fürsorge des Königs) bezeichnet ist. Normalerweise erscheint der Spaten als Symbol mühevoller Arbeit und in diesem Sinne als das Attribut des Schutzpatrons der Gärtner[499].

Nun zeigt Boissardus in seinem Emblembuch[500] als XXV. Emblem u.a. einen Krieger mit einem Gerät, wie es am Rathaus im linken Arm der Frau zu sehen ist. Es ist eine Waaguhr, wie sie im 15. und 16. Jh. aktuell war[501]. Auf dem senkrecht stehenden Tragarm ist der eingekerbte Waagbalken mit den Gewichten zu erkennen. Der Stern deutet das Zifferblatt an. Das Lemma dazu lautet: „Labor omnia vincit" (Die Arbeit besiegt alles). Boissardus schreibt zu diesem Emblem: „Gott gibt uns alles durch Arbeit. Nichts ist so schwer, daß man es nicht durch hartnäckige Arbeit erreichen könnte ... Wenn du etwas mit Arbeit machst, geht die Arbeit vorüber, aber das Ansehen bleibt zurück." Die Uhr steht hier also als Zeichen des Vergänglichen, aber nicht im Bereich des Negativen, des Todes oder der Vergänglichkeit aller Dinge. Sie soll dem Betrachter die Hoffnung vermitteln, daß die Arbeit selber zu Ende geht, während die Früchte der Anstrengung bleiben. Eine ähnliche Bedeutung gibt Rollenhagen im 18. Emblem seines „Nucleus Emblematum" der Uhr[502]. In der deutschen Übersetzung heißt es da: „... er was denckwürdigs thut begehn dessn nam vnd lob bleibn ewig stehn". Der Spaten dazu symbolisiert einmal die Arbeit, zum anderen aber auch die Hoffnung. Da „Labor" jedoch durch eine Männerfigur dargestellt wird, haben wir es hier wohl mit der „Industria", dem „Fleiß", zu tun[503].

Peitsche, Stundenglas und Sporn legen es nahe, die kaum bekleidete Frauenfigur gegenüber der „Industria" mit der Zeit in Verbindung zu bringen[504]. Doch auf dem sogenannten „Briotkrug" finden wir eine allegorische Darstellung mit den gleichen Attributen, die mit „Solertia", der „Kunstfertigkeit", eindeutig benannt ist[505]. Da von Briot außerdem mindestens noch eine Arbeit als Vorbild für die Rathausfassade benutzt wurde[506], können wir annehmen, daß auch der Briotkrug bekannt war und seine Deutung übernommen wurde. Allerdings werden die gleichen Attribute sonst meist der „Diligentia", der „Sorgfalt", in die Hände gegeben, nicht nur bei Aldegrever[507], Goltzius[508] oder Typotius[509], sondern vor allem bei Wendel Dietterlin, der die „Diligentia" auf dem Titelblatt des 5. Buches seiner „Architectura" den Handwerkszeugen der Steinmetzen und Bildhauer als Symbolen für „Labor" gegenübersetzt. Doch ist „Labor" bei ihm nicht allegorisiert[510]. Ganz sicher hat Lüder von Bentheim Dietterlins Architekturbuch gekannt. „Solertia" und „Diligentia" deckten zu der Zeit wahrscheinlich weitgehend die gleichen Begriffsbereiche ab. —

Der letzte Bogen links vor dem Mittelrisalit beginnt mit einer kaum bekleideten Frau, die ein Tuch nur um die Hüften und ihre linke Schulter geschlungen hat. In ihrer Rechten hält sie einen Beutel, aus dem Münzen herausfallen, mit der Linken streut sie welche aus. Diese Attribute sind auch heute noch ohne weiteres als die von „Reichtum" (Divitiae) oder „Überfluß" (Abundantia) verständlich. Aldegrever stellt in seiner Tugendreihe die „Divitiae" 1549 mit einem Geldbeutel in der Hand und umgestürzten Geldsäcken zu ihren Füßen dar[511].

Dennoch erscheint die Darstellung des „Reichtums" in dieser Reihe, vor allem gegenüber der „Fortitudo", wenig sinnvoll. Bisher bezogen sich alle gegenüberstehenden Tugenddarstellungen eng

Abb. 107—108 *3. Arkadenbogen: Fleiß und Kunstfertigkeit*

aufeinander. Die das Geld streuende Hand weist denn auch eher auf die „Liberalitas", die „Freigiebigkeit", hin[512]. Coornhert schreibt als Lemma über das Bildnis seiner „Liberalitas"[513]: „Liberalitas coercetur ut ditetur haeres" (Die Freigiebigkeit soll beschränkt werden, damit du am Geben festhältst). Die „Liberalitas" soll also maßvoll gehandhabt werden. Das Lemma wird durch den Satz „Wer dem Armen gibt, wird nicht Mangel leiden: wer den Bittenden verachtet, unterstützt die Not!" ergänzt. Die Hand, die den Geldsack zuhält, aus dem aber doch einige Münzen herausfallen, scheint zusammen mit der Geberhand geradezu eine genaue Illustration des Lemma zu sein.

Auf einem Stich von Jost Amman mit dem Bildnis des Siegmund Feierabend ist eine der Assistenzfiguren mit den gleichen Attributen der Bremer Figur so ähnlich[514], daß man fast von einem Vorbild sprechen kann. Leider ist die Figur bei Amman nicht beschriftet. Beinhaltung, Bekleidung und Frisur ähneln dem Relief sehr. Die andere Armhaltung könnte sich aus der flacheren Zwickelform ergeben haben. —

Der letzte Zwickel links vor dem Mittelrisalit und die drei sich dahinter anschließenden Arkadenbögen tragen die Personifikationen der Kardinaltugenden. Sie sind eines der Hauptthemen der Kunst der Spätrenaissance und des Manierismus. An Architektur werden sie besonders gerne als Malereien oder auch in plastischen Darstellungen verwendet. Außerdem gibt es nur wenige Themen, die in der Grafik als zusammenhängende Folgen häufiger Verwendung gefunden haben.

Meist werden die Tugenden in zwei Gruppen zusammengefaßt. Fides, Spes und Caritas (Glaube, Hoffnung und Liebe) bilden die Gruppe der theologischen, Prudentia, Temperantia, Fortitudo und Iustitia (Klugheit, Mäßigkeit, Stärke und Gerechtigkeit) die der vier Kardinaltugenden.

Der „Liberalitas" gegenüber ist mit Säule, Kapitell, Helm und Waffenrock die „Fortitudo" dargestellt. Ihre Attribute haben unterschiedliche Ursprünge, die dann in der Renaissance diese Allegorie determinieren: Die Säule ist das Sinnbild tragender Kraft[515], Helm und Waffenrock symbolisieren den Schutz vor Angriffen und im übertragenen Sinne vor Anfechtungen. Auf der rechten Seite des Güldenkammerrisalits folgt dann mit Kelch (Abendmahl), Kreuz (Kreuzestod Christi) und dem nach oben weisenden Zeigefinger (Hinweis auf Gott) die „Fides", der Glaube. Ihr ist mit Anker und Taube die „Spes" zugeordnet. Die dritte theologische Tugend ist die mit den zwei Kindern dargestellte „Caritas". Als Vorbild für diese Figur könnte ein Stich von I. Sanredam nach Goltzius vorgelegen haben[516]. Der Bildhauer paßte die Figur dem vorgegebenen Rahmen an und ließ das dritte Kind weg.

Der „Caritas" gegenübergestellt ist eine gepanzerte Frauenfigur

Abb. 109—110 *4. Arkadenbogen: Freigebigkeit und Stärke (Durchhaltevermögen)*

Abb. 111—112 *8. Arkadenbogen: Glaube und Hoffnung*

Abb. 113—114 *9. Arkadenbogen: Liebe und Gerechtigkeit*

Abb. 115 *Caritas, Stich von J. Saenredam nach H. Goltzius*

mit nach oben weisendem Zeigefinger. Offensichtlich hielt sie ein weiteres Attribut in ihrer erhobenen linken Hand[517]. Es muß eine metallene Waage gewesen sein. Eine andere Allegorie als die der „Iustitia" wäre in diesem Zusammenhang auch gar nicht denkbar. Es folgen die Wasser dem Wein zugießende „Temperantia" und die mit Spiegel und Schlange gekennzeichnete „Prudentia". Beide Attribute werden auch für die „Luxuria" verwendet. Der Zusammenhang ergibt, daß hier die Klugheit der Schlangen gemeint ist[518] und der Spiegel nicht als Instrument der Selbstbespiegelung, sondern der Selbsterkenntnis verwendet wurde. —

Die linke Figur des letzten Arkadenbogens trägt in ihrer rechten Hand einen Palmzweig. Mit der anderen scheint sie etwas hochgehalten zu haben[519]. Mittelsdorf stellt in seinem Heft über das Rathaus in Bremen diese Allegorie mit einem Lorbeerkranz in der erhobenen Hand dar[520]. Das Portal des Ottheinrichsbaues (1556—1559) des Heidelberger Schlosses trägt als Zwickelfiguren zwei Darstellungen, deren linke der Bremer Figur sehr ähnlich ist. Palmzweig und Lorbeerkranz sind seit der Antike Attribute der Siegesgöttin Nike. Mit „Victoria" ist ein Kupferstich von Lucas Kilian überschrieben, der einen Engel mit diesen Attributen zeigt[521]. Ein Schild trägt die Aufschrift „Rapiet violentia Coelum" (Mit Heftig-

Abb. 116—117 *10. Arkadenbogen: Mäßigkeit und Klugheit*

keit ergreift er den Himmel). Dieser Satz erklärt die Bedeutung der „Victoria". Sie versinnbildlicht den Sieg, den einer erringt, der mit allen Kräften versucht hat, den Himmel zu gewinnen. Am Epitaph der Gebrüder v. Gahlen (gest. 1601/02) im Bremer Dom erscheint die „Victoria" als Zwickelfigur mit dem Lorbeerkranz ebenfalls in doppelter Ausführung[522]. Sie hat hier ganz sicher die gleiche Bedeutung.

Allerdings ist der Palmzweig auch häufig ein Attribut für die „Pax", den Frieden. Doch da am Rathaus die Hinweise auf den besiegten Krieg, der Fuß der „Pax" auf Rüstung oder Helm oder die Fackel an Waffen, fehlen, dürfen wir in dieser Figur die Verkörperung des Sieges sehen, den der erringt, der im Himmel die Seligkeit erhält. Vicomte de Prezel nennt Palmzweig und Lorbeerkranz als Zeichen des Sieges und der Glückseligkeit[523]. Am Schluß einer Reihe von Tugenddarstellungen liegt es nahe, daß dieser Allegorie eben diese Bedeutung zukommt. —

Die letzte Allegorie bestätigt die Deutung der „Victoria". Posaune, Flügel, Helm und Waffenrock sind Attribute der „Fama", die den guten Ruf laut, schnell und ohne Hindernisse zu kennen verbreitet. Sie wird häufig auf Porträts der Zeit neben anderen Allegorien gezeigt. Im Sinne Ripas[524] ist die „Fama" die höchste Tugend, die den Sieg in der Gewinnung des ewigen Lebens verkündet. In ganz ähnlicher Form erscheint die „Fama" auf dem Epitaph des Segebade von Hude (gest. 1578) im Bremer Dom[525]. —

Wir sind der Reihe der Kardinaltugenden gefolgt und haben feststellen müssen, daß sie die Zwickelfiguren unter dem Mittelrisalit überspringen bzw. daß diese eingeschoben sind. Auf den ersten Blick deutet nichts auf eine Unterbrechung der Reihe hin, was auch Börtzler veranlaßt hat, für die „Fortitudo" nach einer anderen Deutung zu suchen.

Auffällig an diesen sechs mittleren Allegorien ist, daß allen ein Tier als Attribut zugeordnet ist. Das war bei den übrigen nur gelegentlich der Fall. Außerdem werden diese Figuren durch den vorspringenden Bau der Güldenkammer und die vier Wappen besonders betont. Beim Studium des zeitgenössischen Materials stellte sich heraus, daß Allegorien mit den hier verwendeten Attributen vergleichsweise selten anzutreffen sind.

Die erste Figur links ist eine mit Waffenrock und Kronhelm bekleidete Frau, die sich sitzend an einen Löwen lehnt. Ihr rechter Arm hält ihr linkes Bein, das sie angezogen hat, umfaßt, während sie in der ausgestreckten Linken ein Zepter hält. Sie stützt sich auf einen Reichsapfel. Auf dem Brustpanzer ist ein Cherubskopf abgebildet. Die untere Gesichtspartie ist abgebrochen und erneuert.

Ripa zeigt seine „Ragione" (Vernunft) zwar mit Kronhelm, Panzer und Löwe, doch hält sie diesen am Zügel und trägt ein Schwert in ihrer Rechten. Auch die Zahlen auf ihrem Panzer machen es un-

Abb. 118 *Jost Amman, Prudentia, Holzschnitt aus „Kunst- und Lehrbüchlein. . .", 1580*

wahrscheinlich, daß Ripa als Vorbild für diese Allegorie gedient hat. Der Löwe ist nach Valerianus[526] der Sitz der Gerechtigkeit. Die Begründung dafür liegt in der Beschreibung des Thrones Salomos[527], der Idealgestalt des gerechten Herrschers und Richters. Waffenrock, Zepter, Krone und Reichsapfel sind die Insignien kaiserlicher Macht. Der geflügelte Cherubskopf ist das Zeichen des Himmlischen[528]. Im Schriftenmusterbuch für Georg Bocsaky setzt der Illustrator Joris Hoefnagel zum Reichsapfel auf griechisch den Zusatz „monadi"[529]. Damit ist die Einheit der Völker durch den Kaiser unter dem Kreuze gemeint. Die Allegorie könnte die „Potestas" darstellen. Die kaiserliche Macht und Amtsgewalt, Sitz der Gerechtigkeit (Löwe), die sich auf die Einheit der Völker unter dem Kreuze stützt, ist eine göttliche Einrichtung (Cherubskopf).

Ein Stich des Cornelis Cort von 1560 nach dem Entwurf von Frans Floris ermöglicht schließlich eine genaue Deutung, die allerdings mit der „Potestas" eng verwandt ist. Bei Floris thront eine Frau auf einem Löwen, ein Zepter haltend und auf dem Kopf eine dem Re-

Abb. 119—120 *11. Arkadenbogen: Sieg und (guter) Ruf*

lief sehr ähnliche Krone. Es ist die „Magnanimitas", die „Hochherzigkeit"[530]. Es ist die Tugend, die den Herrschenden, allen voran dem Kaiser, zuerkannt wird. Alle die angesprochenen Eigenschaften kulminieren in ihr. Möglicherweise hat dem Bildhauer ein Nachstich der Invention von Frans Floris oder eine davon inspirierte Arbeit vorgelegen, da das Relief seitenverkehrt zum Stich von Cort komponiert ist. —

Gegenüber der „Magnanimitas" liegt eine nur mit einem Tuch bekleidete Frau auf dem Arkadenbogen. Auf ihrer linken Hand hockt flügelschlagend eine Krähe. Mit der Rechten hält sie einen Köcher mit Pfeilen. Zur Darstellung der Jagd, wie Börtzler in Anlehnung an die „Denkmale" annimmt[531], fehlen sicher noch einige Attribute, ganz bestimmt aber der Bogen zu den Pfeilen[532]. Das Pfeilbündel allein ist das Attribut der „Concordia"[533], der „Einheit". Auf dem Güldenkammerbild „Sapientia ducit Concordia" ist diese ebenfalls mit einem Köcher als Attribut ausgestattet. Die Krähe wird seit dem Altertum auf Grund ihrer Beschreibung im Physiologus als einehig angesehen und daraufhin in den Emblembüchern zum Symbol der Treue und Einigkeit schlechthin[534]. Frans Floris fügte in seinem Entwurf der „Concordia" den Vogel als einziges Attribut der weiblichen Gestalt zu. Diese Tugendgestalt gehört der gleichen Serie an wie die „Magnanimitas". —

Die Nacktheit der folgenden Figur will so gar nicht recht zu dem Kreuz in ihrer rechten Hand und der angeketteten Linken passen. Ihren rechten Arm stützt sie auf ein Lamm. Die „Denkmale"[535] bezeichnen sie als die gefesselte protestantische Kirche, die Figur ihr gegenüber als befreite Kirche. Demgegenüber zeigt ein Stich aus Aldegrevers Tugendfolge[536] eine Frau mit den gleichen Attributen, der als „Patientia", die „Geduld", beschriftet ist. Das gleiche gilt z. B. für den Triumph der „Patientia" von Marten van Heemskerk. Das Lamm (Christus) nimmt in Geduld das Opfer auf sich, der, der in Geduld ausharrt, sein Kreuz. Die Fesseln sind bei den „Spes"-Allegorien von Brueghel, Vogtherr und Hans Sebald Beham[537] wichtiges Attribut der „Hoffnung". Durch die Fesseln umfaßt der Begriff der „Patientia" nicht nur den Bereich des Duldens, sondern schließt auch das Ausharren und die Hoffnung auf Erlösung mit ein. —

Die der „Patientia" zugewandte, in ein langes Gewand gehüllte Frau mit offenen Haaren hält in ihrer rechten Hand einen Lilienstengel mit drei Blüten. Ihre Linke legt sie auf ihr Herz. Vom Wappen fast völlig verdeckt, richtet sich rechts der Figur ein Storch auf. Der Blütenzweig scheint auf die „Misericordia" hinzuweisen. Sowohl auf einem Stich von Goltzius[538] wie von Marten de Vos[539] führt die „Misericordia" (Dei), in der Hand einen Zweig mit drei

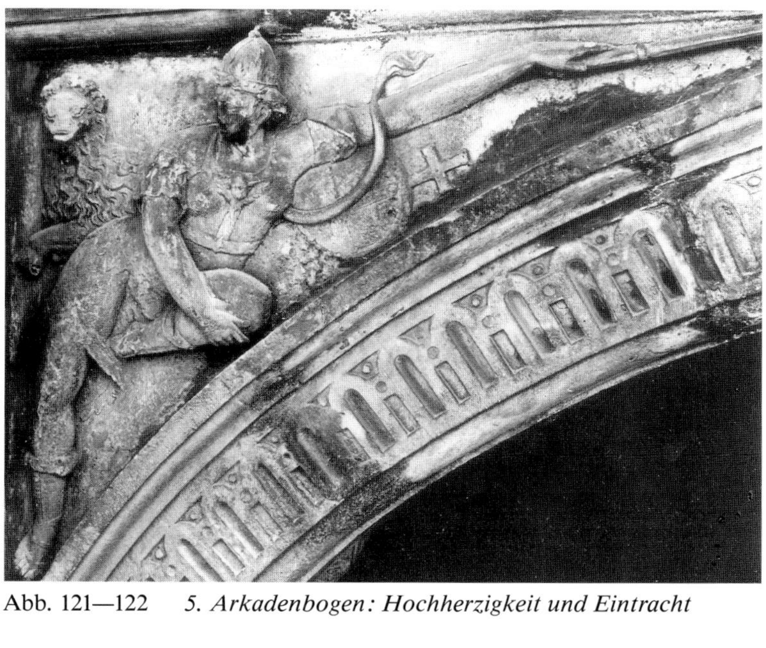

 Abb. 121—122 *5. Arkadenbogen: Hochherzigkeit und Eintracht*

Abb. 123—124 *6. Arkadenbogen: Geduld und Keuschheit/Uneigennützigkeit*

Blüten, den reuigen Sünder dem Gericht Gottes zu. Der Storch ist ein Symbol für die Liebe zu den Eltern, da man im Altertum glaubte, daß er auf seinen Flügen seine ermatteten Eltern auf dem Rücken mit sich trage[540]. So scheint hier gegenüber der „Patientia" die „Misericordia" dargestellt zu sein, die die Liebe und Milde gegenüber den Alten mit einschließt, zu der man um deren Liebe und Verdienste — auch gegenüber dem Staat — verpflichtet ist. Auch in diesem Fall ermöglicht die Tugendreihe des Frans Floris eine eindeutige Bestimmung der Allegorie. In dieser Folge ist die „Castitas", die „Reinheit" oder „Uneigennützigkeit", mit den gleichen Attributen ausgestattet wie das Relief. „Misericordia" und „Castitas" decken weite Teile des gleichen Tugendbereiches ab. —
Über dem nächsten Arkadenbogen sitzt eine unbekleidete Frau rittlings verkehrt auf einem Delphin. Den Schwanz des Tieres hält sie mit ihrem linken Arm umklammert. In ihrer Rechten schwingt sie einen großen Schlüssel. Über die rechte Schulter ist ein Umhang geschlungen. Das Haar ist unter einer Haube verborgen, das linke Ohr wird deutlich sichtbar. Sie und ihr Gegenüber sind die einzigen Rückenansichten in dieser Reihe.
An der Deutung der Gruppe als „Brema" wurde bis heute festgehalten. In ihr sah man die Personifizierung Bremens und der Seefahrt. Die Deutung fand vor allem im Schlüssel ihre Begründung. Ein Wappenzeichen wird jedoch selten in einem anderen Zusammenhang benutzt. Auch zeigt ein einfacher Vergleich mit dem Schlüssel des Wappens in der Spitze des Mittelgiebels die unterschiedliche Form beider. Der Wappenschlüssel muß außerdem noch eine bestimmte Richtung aufweisen, damit dieses häufig benutzte Zeichen nicht mit dem anderer Wappen verwechselt werden kann[541].
Der Schlüssel wird als Attribut im 16. und 17. Jh. meist der „Dialectica" beigegeben[542]. Nach Valerianus bedeutet der Schlüssel Schutz und Sicherheit (sospitamentum)[543]. Vasari hat die „Religion" in der Cancelleria in Rom neben anderen Attributen mit einem Schlüssel versehen. Bei Ripa ist der Schlüssel u. a. Attribut der „Autore o potesta" und der „Fede nell amicitia". Bei Giardia[544] trägt die „Historia" zwei gekreuzte Schlüssel in der Hand.
Sucht man nach Darstellungen, in denen Menschen auf Fischen sitzen oder reiten, so findet man im 16. Jh. einige immer wiederkehrende Themen: Der den Sänger Arion ans sichere Ufer tragende Delphin ist ein Symbol des rettenden Christus[545]. Venus wird ebenfalls verschiedentlich auf einem Fisch stehend oder reitend dargestellt. In den Büchermarken des Verlegers Siegmund Feierabend aus Frankfurt/M. (1528—1590) stellt Jost Amman neben der „Fama" immer wieder eine nur mit einem Tuch oder einem wehenden Segel versehene Frau dar. Eines dieser Signets ist umschrieben: „Wer Dvgendt vnd Ehr erlangen wil mus alle zeit thvn wachen vil." Tugend und Ehre sind der „Fama" zugeordnet, die sie in alle Welt verkündet. Das viele Wachen bezieht sich auf die „Fortuna", auf die man wachsam harren muß, um sich ihr, wenn sie kommt, wie ein Schiff dem Wind wagemutig anvertrauen zu können[546]. Dennoch kann diese Deutung hier nicht zutreffen. Eine weitere Möglichkeit eröffnet Vicomte de Prezel[547]. Er deutet eine Figur mit Delphin und Schlüssel als „Portumnus": Portumnus, Gott des Meeres ... Man sieht ihn ... unter der Gestalt eines verehrungswürdigen Alten, so sich auf einen Delphin lehnet, und einen Schlüssel in der Hand hält." Hier ist offensichtlich der Ursprung der Deutung der Figur als „Brema" zu suchen.
Bocchius[548] zeigt als 106. Symbol seines 4. Buches eine auf einem Delphin reitende Frau mit der Inschrift „Cognosce — elige — matura" (Prüfe — wähle — handle rasch) und dem Lemma „Acumine, ratione diligentia bearier quivis potest" (Durch Scharfsinn, Verstand und Umsicht kann jeder glücklich werden)[549]. Es ist hier wohl die Prudentia angesprochen, doch spielt der Bereich von „Fortuna" und „Occasio" hier offensichtlich mit hinein.
Aber weder „Brema" noch eine Kybele[550] oder eine Venus passen in den vorliegenden Zusammenhang. Auch die mögliche Stichvorlage für das Hochrelief hilft nicht weiter. Bei Hendrik Goltzius findet sich in der Folge von Schöpfungstagen auf Blatt „Dies V" die Allegorie des Wassers in gleicher Haltung und Frisur mit einem großen Fisch unter dem Arm[551]. Der Stich gibt die Figur allerdings seitenverkehrt. Erst eine Dreizeilennotiz zur „Sobrietà" bei Ripa[552] läßt endlich des Rätsels Lösung erkennen. Dort wird die „Enthaltsamkeit" als Frau mit einem Schlüssel in ihrer Rechten beschrieben, die die Füße auf einen Fisch setzt. Auf einen Entwurf von Frans Floris geht ein Stich des Cornelisz Cort zurück, der schon vor Ripa die „Sobrietas" mit den Attributen Schlüssel und Fisch allegorisiert[553]. Der Schlüssel steht hier für die Gewinnung des Himmelreiches. Diese Tugend wird jedoch im 16. und 17. Jh., je nachdem, welcher Bereich der „Enthaltsamkeit" betont wird — z. B. allein bei Ripa abstinenza, continenza, continenza militare, sobrietà —, mit sehr unterschiedlichen Attributen ausgestattet. Mit der „Sobrietas" ist sicher nicht nur die Enthaltsamkeit von dem Mißbrauch weltlicher Macht und Ehre, sondern auch von Hoffahrt und sündiger Sinnenlust gemeint. —
Die letzte der Allegorien unter dem Mittelrisalit hat die Gestalt einer bekleideten Frauenfigur, die in ihrem linken Arm eine Tafel mit den Zahlen von 1 bis 11 hält. Links stützt sie sich auf ein Buch, rechts schaut unter ihrem Arm ein Hund hervor. Die Frisur zeigt kurzes Haar, das hinten von einem Schmuckstück zusammengehalten wird. Das eine Ohr ist deutlich sichtbar. Zur Bogenmitte hin ist der Zwickel mit Büchern gefüllt.
Wir haben es hier ebenfalls mit einer Frauenfigur zu tun und nicht, wie Börtzler meint[554], mit einem Jüngling. Als Zahlen Schreibende wird häufig die „Arithmetica" dargestellt. Doch dann erscheint auf ihrer Tafel eine Rechnung oder mathematische Aufgabe und nicht eine einfache Zahlenreihe[555]. Eine Schreibende ist nicht nur bei Goltzius[556], sondern auch bei Jost Amman[557] Personifika-

Abb. 125—126 *7. Arkadenbogen: Enthaltsamkeit und Geschichte*

tion der „Historia". Bei Sambucus[558] wird der „Historia" ein geflügelter Hund als Attribut hinzugefügt. Dort wird sie folgendermaßen beschrieben: „Sie ist einfach, Hüterin der Zeit und Mutter des Wahren, die den Guten den Ruhm zuteilt ... Sie richtet nicht ... Es geschieht in einfacher Reihenfolge, was sie erzählt." Damit dürften wohl kaum Zweifel bestehen, daß wir es hier mit der „Historia" zu tun haben: Ihr Blick ist zurück gerichtet, sie ist einfach (Kleidung und Haartracht), in einfacher Reihe erzählt sie alles von Anfang an (Zahlen von 1 bis 11). Es ist vielleicht nicht abwegig anzunehmen, daß auf ihrer Tafel die Jahreszahlen von der Planung des Rathausumbaues bis zur Fertigstellung der Figur gemeint sein könnten (1601—1611)[559]. Treu und wachsam[560] hütet sie das, was im Ablauf der Zeiten sich ereignet hat, in den Büchern, in denen sie alles aufschreibt. Darüber hinaus ist das Ohr betont, das seit der Antike als Sitz des Gedächtnisses angesehen wurde[561]. Noch Vicomte de Prezel beschreibt die Historia als Tochter der Äastra und des Saturn, die Augen zurückgewandt, einen Griffel in der Hand und in einem Buche schreibend[562].
In der Tugendreihe des Cornelisz Cort nach Frans Floris erscheint die Schreibende mit dem Hund als „Memoria"[563]. Beide Begriffe, „Memoria" und „Historia", werden in der Zeit fast abwechselnd gebraucht. Da im Relief noch zusätzlich Bücher als Attribut erscheinen, wird hier der etwas umfassendere Begriff der „Historia" gemeint sein. —
Nehmen wir die Reihe der Allegorien in den Arkadenzwickeln des Lüder-Baues als Ganzes, so wird deutlich, daß es sich nicht um eine reine Aufzählung von Tugenden handeln kann. Daß jeweils zwei Figuren eng zusammengehören, hat sich schon bei den ikonographischen Untersuchungen gezeigt. Offensichtlich ergibt ein Ablesen ihrer Reihenfolge von links nach rechts auch keinen Sinnzusammenhang. Nun ist die ganze Fassade auf die Mitte hin komponiert. Auch in der Reihe der Tugendkämpfe über den Arkaden gibt es keine einfache Reihung, sondern diese sind auf die Mitte, die Bilder der Evangelisten, ausgerichtet. So ergibt auch in der Arkadenzone ein Ablesen von der Mitte nach beiden Seiten eine sinnvolle Ordnung. Ausgehend vom Zentrum des Glaubens führen „Geduld" und „Eintracht" zur „Magnanimitas", „Uneigennützigkeit" und „Enthaltsamkeit" aber zur „Historia". Mit der „Magnanimitas" einerseits und der „Geschichte" andererseits sind offenbar Ziele desjenigen angesprochen, der die Geschicke des Staates, hier der Stadt, zu leiten hat. Der Gewinnung der „Hochherzigkeit" unter Beachtung der Tugenden von „Geduld" und

Abb. 127 *Jan Muller nach H. Goltzius, Stich aus einer Folge von „Schöpfungstagen"*

Abb. 128 *Cornelisz Cort nach Franz Floris, Sobrietas, Stich, 1560*

Abb. 129—130 *Zwei der Fruchtgehänge, die die Reliefs der Tugendallegorien in den Bogenzwickeln voneinander trennen*

„Einigkeit" steht das Ziel gegenüber, durch „Uneigennützigkeit" und „Enthaltsamkeit" zu erreichen, daß die „Geschichte" den Menschen und seine Taten bewahrt und als Vorbild für die Nachfolgenden aufzeichnet.
Die rechte Seite der Arkaden beginnt mit dem „Glauben". Er ist die Grundlage für „Hoffnung" und „Liebe" und die folgenden Kardinaltugenden „Gerechtigkeit", „Mäßigkeit" und „Klugheit". Wer diese Tugenden übt, dem wird die „Victoria" Palmzweig und Lorbeer des ewigen Lebens überreichen. Die „Fama" verbreitet den Ruf der Seligen ebenso wie den derjenigen, deren Taten die „Historia" des Aufzeichnens für wert befunden hat.
Die „Fortitudo" leitet nicht zufällig die Tugendfolge nach links hin ein. Was der Glaube für das ewige Leben bedeutet, das ist die „Stärke" der Entscheidung für das Streben nach dem höchsten irdischen Gut, der „Wahrheit". Das Problem der Stärke, die vor der Entscheidung steht, entweder den leichten, aber sündhaften, oder den steilen, aber tugendhaften Weg zu gehen, ist ein in der Kunst des 16. und 17. Jh. oft auftretendes Thema[564]. Es wird an der Güldenkammer noch zu behandeln sein. „Fortitudo" bedeutet aber nicht nur die Stärke, die man bei einer solchen Entscheidung braucht, sondern auch das Durchstehvermögen, den einmal eingeschlagenen steilen Weg der Tugend durchzuhalten. Der erste Schritt dazu wird in der „Liberalitas" gesehen. Sie hat sicher, wie auch andere Allegorien, eine mehrschichtige Bedeutung. Im Zusammenhang mit der Entscheidung für den Weg zur Wahrheit liegt es nahe, an das Gleichnis vom reichen Jüngling zu denken: „ . . . gehe hin, verkaufe, was du hast, und gib's den Armen, und folge mir nach!"[565] Darüber hinaus bedeutet die „Liberalitas" Freundlichkeit und Freigiebigkeit als Gegensatz zum Laster der Armut, das durch Haß, Faulheit und anderes entsteht. „Sorgfalt" und „Fleiß" kennzeichnen den Weg der Tugend, hinzu kommen „wachender Schutz" und „Wachsamkeit". Nur wer diese Tugenden einzusetzen hat, wird das höchste Ziel, die „Wahrheit", erreichen. Das weltliche Ziel, das dem himmlischen entspricht, ist hier die „Philosophie". Ziele und Tugenden des Staates werden eingerahmt von dem weltlihen und geistlichen Ziel, das der einzelne anstreben soll, und den Tugenden, die dazu notwendig sind. Ziel und Ergebnis beider Bereiche entsprechen sich. Ebenso verbinden sich „Historia" und „Fama" einerseits und „Magnanimitas" und „Philosophia" auf der anderen Seite. Die beiden ersteren werden nicht selten zusammen dargestellt[566]. Hoher Mut und Geist aber stellen für die Zeit eine ideale Verbindung dar. Alciatus demonstriert das in seinem CX. Emblem durch Odysseus und Diomedes: „... Wie rat on sterck, vnd sterck on rat, Schwach seind: aber zu sam gesellt, Gewinnen den syg in aller that."[567]
Die Fruchtgehänge zwischen den Zwickeln bedeuten die „Früchte, an denen ihr sie erkennen sollt". Die gelebten Tugenden sind diese Früchte, die ein „guter Baum", d.h. ein tugendsam Lebender, hervorbringt. An dieser Stelle wird ein weiteres Mal auf das Ziel hingewiesen. —

### 7.1.2. *Tugendkämpfe und Evangelisten*

Besondere Aufmerksamkeit haben von jeher die gut sichtbaren und wegen ihrer Größe und Stellung am Mittelteil der Rathausfassade auffallenden Tugendpaare über den mittleren Arkaden erregt. In ihrer Bedeutung sofort verstehbar sind die an ihren Attributen erkennbaren Evangelisten in den beiden Mittelfeldern. Markus mit dem Löwen folgt nach links hin Matthäus mit dem Engel und nach der anderen Seite schließen sich Lucas mit dem geflügelten Stier und Johannes mit dem Adler an. In ihrer Gesamtheit stellen sie das Wort Gottes dar. Die Figuren sind so auffällig in den zur Verfügung stehenden Freiraum gepreßt, daß sie sicher keine Erfindung des Bildhauers, der sie ausführte, gewesen sind. Vorbilder für sie sind wohl in der zeitgenössischen Druckgrafik zu suchen. Sie sind im Stile der Evangelistenstiche von Jaques de Gheyn und Hendrik Goltzius gearbeitet, ohne daß bisher ein genaues Vorbild gefunden worden wäre[568]. —
Bei den rechts und links von den Evangelisten erscheinenden Paardarstellungen haben schon Schecker und Börtzler[569] auf den Zusammenhang mit den Tugendkämpfen der „Psychomachia" des Prudentius hingewiesen. Auf diesem Dichter fußend ist vom frühen Mittelalter an der Kampf zwischen Tugenden und Lastern Gegenstand künstlerischer Gestaltung gewesen. Noch die Gebrüder Wierx haben eine Folge von Stichen geschaffen, in der in ähnlicher Weise wie am Rathaus Tugenden und Laster gegenübergestellt werden, und zwar ebenfalls pro Blatt in zwei Gruppen[570]. —
Beginnen wir von innen nach außen. Vor dem Matthäus sitzt eine fast unbekleidete junge Frau in graziöser Haltung auf einer kriechenden Figur, hinter ihrem Kopf eine Sonne. Die Kriechende trägt nicht nur vor dem Gesicht eine Maske, sondern vor ihr liegen noch zwei weitere. Eine unbekleidete Frau mit einer Sonne hinter dem Kopf ist die Personifizierung der „Veritas", der Wahrheit. An der kriechenden Figur ist das Geschlecht nicht feststellbar. Es ist „Mendacium" (ein Neutrum!), die Lüge und Täuschung[571]. Sie kriecht, ihren Körper verhüllt, über den Boden, bald die eine, bald die andere Maske benutzend. „Veritas" thront triumphierend über ihr. Sie wirkt strahlend, leicht und hat in ihrer Nacktheit nichts zu verbergen. —
Daneben setzt eine Frau mit wehendem Gewand, Stab und Buch ihr rechtes Knie auf den Rücken einer Liegenden. Diese schwingt ein Schwert. Eine Kappe ist über ihre Augen gerutscht, und sie ist damit blind. Unter ihr liegen mehrere Bücher, eines hält sie im linken Arm. Sicher kommt Börtzler[572] mit seiner Deutung des *einen* Rechtes über die „uneinsichtig" nach vielerlei Recht waltende Justitia der Bedeutung des Reliefs sehr nahe. Bezieht man beide Figurengruppen auf das Wort Gottes in der Mitte, dann geht es um den Sieg der „Wahrheit" Gottes ebenso wie um den seines Rechts und seines Gerichts, dessen Grundlage *das* Buch bildet, das Neue Testament. Den Ausgangspunkt dieser Vorstellung könnten die „Loci Communes" Melanchthons gebildet haben. Diese Schrift ist Pflichtlektüre der Studenten des Gymnasium illustre in Bremen gewesen[573]. Melanchthons Gedanken sind also im protestantischen Bremen zu Beginn des 17. Jh. als bekannt vorauszusetzen. In dem Abschnitt „De Abrogatione legis" wird das Gesetz durch die Freiheit des Geistes außer Kraft gesetzt. Die Freiheit äußert sich in der spontanen Erfüllung der Gebote Gottes und führt zu einer Verdammung der Gesetze. Beides ist die Frucht des Geistes[574]. Auch Luther hat ja in seiner Abhandlung über die weltliche Obrigkeit in gleicher Richtung geschrieben, wenn er das geistliche Regiment, das die Menschen durch den Heiligen Geist fromm macht, von dem weltlichen trennt, das die Aufgabe hat, dem Bösen zu wehren[575].
Allerdings ist noch eine andere Bedeutung dieser Gruppe denkbar. Heinrich Kreffting, der als Bürgermeister bis zu seinem Tode 1611 die Geschicke der Stadt entscheidend mit beeinflußt und geleitet hat, war sehr daran gelegen, das gewachsene Recht der Stadt durch das römische Recht abzulösen. Der Jurist Kreffting versuchte, das zu seiner Zeit gültige Recht in Form der „Statuta Bremensis nova" von 1433 und die „Niewe Eendracht" von 1534[576] mit dem römi-

Abb. 131—132 *Reliefs über dem mittleren Arkadenbogen; von links: die Evangelisten Matthäus, Markus, Lukas, Johannes*

schen Recht zu verschmelzen und die Stadt damit an die im Reiche geltende Rechtsprechung anzuschließen. 1606 wurden seine „Statuta Reipublicae Bremensis"[577] vor dem Rat verlesen. Eine Annahme dieses Gesetzeswerkes erfolgte aber nicht. Auch wurden seine Statuta nie gedruckt. Bezöge sich die Figurengruppe auf diesen Bereich, würde es bedeuten, daß Kreffting am Rathausbau versuchte, seiner Vorstellung des einen römischen Rechts, das sich gegenüber dem vielfachen Stadtrecht durchsetzen müsse, Nachdruck zu verleihen.

Gehen wir vom Bildbestand aus, so ist eindeutig klar, daß die unterliegende Figur die „Ungerechtigkeit" verkörpert. Ripa hat sie mit mehreren Büchern und Schwert dargestellt. Mit einem Stab und beschriebener Tafel charakterisiert er die „Intelligenza"[578], die Einsicht und Vernunft als Weltprinzip vertritt. In ähnlicher Weise beschreibt Vicomte de Prezel die „Gelehrsamkeit" mit Stab und Buch[579]. So liest sich die behandelte Figurengruppe folgendermaßen: Die Vernunft — vielleicht auch Klugheit —, die das eine Recht besitzt, triumphiert über die Ungerechtigkeit in ihrer Blindheit, die das Schwert der Gerechtigkeit falsch führt und vielerlei Recht kennt, statt des *einen*. Gemeint ist wohl die „Intelligenza", die aus Eigenem, in Anlehnung an Luther und Melanchthon, die göttlichen Gebote als Recht befolgt gegenüber dem Recht, das ohne den Glauben nur nach dem geschriebenen Buchstaben urteilt. Es bleibt offen, ob damit auch das sich durchsetzende römische Recht angesprochen werden sollte. —

Die nach links sich anschließende Gruppe ist seit jeher diejenige gewesen, über deren Deutung kein Zweifel bestanden hat. Es ist die den Wein verdünnende „Temperantia", die mit wallendem Gewand auf einer auf allen Vieren dahinkriechenden Gestalt reitet. Vor einer Flasche übergibt sich diese. In dieser drastischen Form wird dem Betrachter die „Gula", die Trunk- und Freßsucht, dargeboten. Diese Gruppe hat der Bildhauer sehr ähnlich dem im 16. Jh. sehr beliebten Thema der auf dem Philosophen Aristoteles reitenden Phillis behandelt. Dort besiegt die Sinnlichkeit die Weisheit, hier haben wir bei fast gleicher formaler Behandlung eine Umkehrung des Themas vor uns[580]. —

Die anschließende Gruppe erweist sich als sehr vieldeutig. So einleuchtend der Bildbestand auf den ersten Blick erscheint, so schwierig wird er bei genauerer Untersuchung. Das liegt zum Teil auch daran, daß das Relief nach links hin verkürzt wurde. Eine mit Panzer und Umhang bekleidete weibliche Figur thront mit ausgebreiteten Armen und nach links gewandtem Kopfe über einer muskulösen weiblichen Figur ohne Bekleidung und mit eingefallenen Backen. Sie umfaßt das rechte Bein der Thronenden, das auf ein Buch gesetzt ist. Neben dem linken Fuß der Gepanzerten liegt eine Bettrolle. Leider ist diese wie auch die Finger der linken Hand und ein Teil des Gewandes durch eine eingezogene Stütze abgeschnitten, so daß ein weiteres Attribut wie auch das, das die erhobene Rechte gehalten haben muß, verloren gegangen sind.

Börtzler[581] schließt sich in seiner Deutung den „Denkmalen" an, wenn er hierin eine Darstellung von Gesundheit und Siechtum sieht. Und ein Holzschnitt von Hans Holbein d. J. scheint das auch zu bestätigen: Es ist der Triumphzug des Arztes Jacobus Castricus, der Krankheiten als unbekleidete Figuren darstellt, die vom Triumphwagen der Heilkunde überrollt werden. Doch liegen sie kraftlos und wie tot da. Die Allegorie der Medizin ist ohne Waffen oder Rüstung abgebildet.

Wahrscheinlicher ist, daß das Relief das in der Renaissance oft literarisch und künstlerisch behandelte Thema von „Virtus und Voluptas" verkörpert[582]. Es geht dabei um die Entscheidung des Herkules, der zwischen dem einfachen und bequemen Weg der „Voluptas" und dem steinigen und steilen der „Virtus" zu wählen hat. Diese Entscheidung, die auch die Bibel beschreibt[583], tritt in Gestalt von zwei Frauengestalten vor ihn hin, die „Tugend" und „Laster" symbolisieren. Die „Tugend" wird oft in Rüstung, manchmal auch mit einem Buche dargestellt[584]. Das „Laster" ist oft eine unbekleidete schöne Frau, die versucht, Herkules auf ihre Seite zu ziehen. Da hier „Tugend" und „Laster" sich alleine gegenüberstehen, ist es nicht verwunderlich, wenn das „Laster" in seiner wahren, häßlichen Gestalt dargeboten wird. Die Gruppe hat demnach folgende Bedeutung: Die „Virtus", gerüstet wie Minerva, die Göttin der Wissenschaften und Tugenden, die Symbolfigur für die richtige Entscheidung des tugendhaften Weges, „fußt" auf einem Buch (Bibel oder auch Symbol für Wissenschaft). Die weiteren Attribute, die sie sicher noch in den Händen trug, lassen sich nicht mit Sicherheit rekonstruieren. Sie könnte in ihrer rechten Hand noch eine Lanze gehalten haben. Die „Voluptas" ist nicht die schöne Frau, die Herkules verführen will, sondern eine häßliche Alte, als die sich das „Laster" später herausstellt. Sie will die „Tugend" auf ihr Lotterbett (Kissen) ziehen und vom rechten Weg abbringen. Das erklärt auch den von ihr weggewandten Kopf der „Virtus". Sehr drastisch wird die „Voluptas" hier als alte Hure in enger Nachbarschaft mit der „Gula" dem Betrachter vor Augen geführt. —

Abb. 133—134 *Reliefs über dem 5. Arkadenbogen, von links: Tugend vom Genuß bedrängt, Mäßigkeit auf der Gier sitzend, Vernunft über Ungerechtigkeit und Wahrheit auf der Lüge sitzend*

Abb. 135—136 *Reliefs über dem 7. Arkadenbogen, von links: Wut mit Sanftmut, Klugheit auf der Trägheit sitzend, Demut über den Hochmut hinwegsteigend und die über der durch Gewalt erzwungenen Knechtschaft thronende Freiheit*

Die Darstellungen rechts neben den Evangelisten beginnen mit einer wenig bekleideten Frau, die ihre rechte Hand auf die Brust legt und mit ihrer Linken im Schoß ein Lamm hält. Sie sitzt auf einer Frau mit wild flatternden Haaren, die versucht, ein Kind an den Beinen auseinanderzureißen. Vorbild für dieses schreckliche Bild könnte die falsche Mutter im Salomonurteil sein, die zulassen will, daß das lebende Kind geteilt wird. Seit den „Denkmalen" ist in dieser Allegorie die „Ira", die Wut, gesehen worden[585]. Wer ist nun ihre Gegenspielerin? Schecker[586] vermutet in ihr die „Patientia", vielleicht auch die „Acedia", Börtzler die „Tolerantia"[587]. Doch eine Frau mit einem Lamm auf dem Schoße stellt die „Mansuetudo", die „Sanftmut", dar. Das völlig Gegensätzliche dieser beiden Verhaltensweisen wird auch in der Komposition deutlich, in der nicht nur Ruhe und Bewegung einander gegenüberstehen, sondern die beiden Frauen auch voneinander abgekehrt gezeigt werden. —

Durch ein pilasterartiges Architekturteil ist diese Gruppe von der rechts daneben getrennt. Die zum ersten Bild sich kontrapostisch verhaltende Komposition zeigt rechts eine ganz ruhig Daliegende als Entsprechung zur wildbewegten „Ira", während die auf ihr sitzende, unbekleidete Frau in einer starken Körperdrehung in einen Spiegel schaut. Die liegende Frau hat ihre Augen geschlossen. Sie wird immer so beschrieben, als ob sie mit ihrer rechten Hand einen Geldbeutel an sich raffte. Bei genauer Bilduntersuchung wird deutlich, daß, während der schlafende Kopf auf ihrem linken Arm ruht, ihr rechter Arm das Knie des angezogenen Beines umfaßt. Damit wird die Deutung dieser Figur als „Geiz" unhaltbar[588]. Es ist vielmehr die „Acedia", die „Trägheit" oder „Faulheit"[589]. Die auf ihr sitzende und sich im Spiegel betrachtende Schöne ist die „Prudentia", die „Klugheit", der Typotius[590] ebenfalls einen Reiher, der einen Stein im angezogenen Bein hält, als Attribut beigibt. Der Reiher ist das Sinnbild der Wachsamkeit. Seit dem Altertum wird von ihm berichtet, daß einer der Schar über die anderen wacht. Schläft er doch ein, fällt der Stein aus seiner Kralle, und er erwacht und wird munter. Dieses Bild wird in der Emblematik immer wieder verwendet. Die unserem Relief zukommende Bedeutung könnte aus Reusners Emblembuch stammen[591]: „Cura sapientia crescit" (Durch wachsame Sorge wächst die Weisheit). Weiter schreibt Reusner unter sein Emblem mit dem einen Stein haltenden Kranich: „. . Tugend besteht auf die Dauer nur durch wachsame Anstrengung . . . Wen die Liebe zur Wissenschaft treibt, der fliehe die Trägheit."[592] Der Spiegel ist nicht Zeichen der Selbstbespiegelung, sondern der Selbsterkenntnis. Klugheit erwächst aber nicht nur aus Selbsterkennen, sondern aus dem wachen und dauernden Arbeiten an sich selber in der Ausbildung der von Gott gegebenen Fähigkeiten. Die Klugheit bewahrt Vergangenes, erkennt Gegenwärtiges und schaut Zukünftiges[593]. —

Das rechte Feld scheint durch das Zusammenspiel der beiden Frauen mit Reichsapfel und Krone eine gemeinsame Handlung darzustellen, eine Annahme, die durch die beiden Herrschaftsinsignien noch verstärkt wird. Doch darf man nicht vergessen, daß an allen Reliefs die antithetische Komposition ein immer wiederkehrendes Gestaltungsprinzip ist.

Die linke Gruppe zeigt eine Frau mit freier Brust, um den Hals einen kreuzartigen Schmuck hängend. In ihrer rechten Hand hält sie einen Reichsapfel. Sie steigt über die unter ihr auf Knien und Ellbogen kauernde Figur, der sie mit leichter Hand das Schwert wegnimmt. Jene ist ganz bekleidet, mit einer Tiara auf dem Haupte, einem Schlüssel in ihrer linken Hand. Über ihr wird ein mächtiger Löwenkopf sichtbar. Aus ihrem After ragt das dreifache Papstkreuz. Börtzler ordnet der siegreichen Gestalt den Löwen zu und kommt zum Gegensatz der weltlichen Reichsstände über die kirchliche Macht[594]. Sicher spielt der Gegensatz von Papsttum und Kaiser und Reich in diese Allegorie mit hinein. Doch die eigentliche Bedeutung wird durch einen Kupferstich von Heinrich Aldegrever offenbar. In seiner Tugend- und Laster-Reihe von 1552 stellt er die „Superbia"[595], den Hochmut, als eine auf einem Roß thronende Frau dar, die Fahne und Schwert in den Händen hält und auf ihrem Kopf eine Tiara trägt. Ihr zu Füßen liegt ein Löwe. Aldegrever schreibt folgende Zeilen auf Lateinisch unter seinen Stich: „Die lasterhafte Superbia ist die Mutter aller gottlosen Dinge und der ewig sprudelnde Quell von allerlei Schlechtem." Über die am Boden kriechende „Superbia" steigt siegreich die „Humilitas", die „Demut", hinweg. Ripa[596] gibt ihr eine Kugel in die Hand und läßt sie auf eine Krone treten. Die „Humilitas" nimmt der „Superbia" das Schwert aus der Hand und damit die Macht. In der Hand hält sie das Symbol für die Herrschaft über die Welt unter dem Zeichen des Kreuzes. Sie trägt das Diadem des wahren Glaubens, das Kreuz um den Hals. Die Angriffe auf das Papsttum, die sich in der Identifizierung dieser Institution mit der „Superbia" spiegeln, haben schon vor der Reformation begonnen. Für Luther war der Papst der Antichrist schlechthin, und die Kunst hat dies übernommen[597]. Der Gegensatz der Konfessionen war zu Beginn des 17. Jh. noch lange nicht ausgetragen, wie das Relief am Rathaus demonstriert. —

Die dazugehörige Figurengruppe besteht aus einer geharnischten Frau, die vor einem zusammengeknoteten Vorhang thront und in ihrer Rechten eine Krone, in ihrer Linken ein Zepter hält. Der rechte Fuß ist auf die Kehle einer fast ganz nackten Frau gesetzt. Die Lage des Kopfes am unteren Bildrand, während der Körper schräg nach oben zeigt und die Beine angewinkelt sind, verstärkt die Wirkung des auf den Hals gesetzten Fußes. Wahrscheinlich haben wir es hier mit der Gegenüberstellung von „Libertas" und „Servitus" zu tun. Ripa beschreibt die „Liberta" mit ihren Attributen Zepter und Hut sowie Katze[598]. Der Hut wird bei ihm als Kardinalshut dargestellt. Das war natürlich im protestantischen Bremen nicht möglich. Hier wurde die „Fryheit" als Reichsfreiheit verstanden, und deswegen wurde die „Libertas" auf einem „offenen" freien Thron sitzend dargestellt mit einer Krone statt einem Kardinalshut in der Hand. Die liegende Figur müßte dann die „Knechtschaft" bedeuten, vielleicht die, die Ripa „Servitu per forza" nennt[599]. Jedenfalls erscheint das äußere Bild so eindeutig durch den auf den Hals gesetzten Fuß und den durch das andere Bein der Thronenden festgelegten Arm und die offensichtlich gefesselten (nicht sichtbaren) Füße, daß kaum eine andere Deutung einen Sinn ergibt. —

Abb. 137 *Mitte des Mittelrisalits: Sinne, Gesicht und Gehör*

## 7.1.3. *Sinne und Künste*

Der Relieffries über der ersten Fensterreihe des Mittelrisalits enthält sechs Relieffelder mit je zwei Figuren. Die Konsolen des darüber liegenden vorkragenden Gesimses, die als Sockel für die über ihnen stehenden Säulen dienen, trennen die Felder voneinander. Die Konsolen tragen Engelköpfe und bilden gleichzeitig die Verbindung zu den darunter befindlichen Säulen.

Die fünf ersten in den drei linken Feldern, halb liegenden und halb sitzenden Frauenfiguren stellen die Personifikationen der Sinne dar[600]. Dieses Thema ist weder in der Antike noch im Mittelalter in dieser Form behandelt worden. Erst im 16. Jahrhundert wurde es zum künstlerischen Vorwurf[601]. Die beginnende kritische Haltung des Renaissancemenschen gegenüber seiner Umgebung, von der er sich mit Hilfe seiner Sinne in den damals entstehenden Naturwissenschaften ein Bild zu machen suchte, erklärt die steigende Beachtung, die die Sinne auch im einzelnen erfahren. In den Niederlanden scheint Frans Floris das Thema in einer Stichfolge[602] erstmals in die Grafik eingeführt zu haben. Im norddeutschen Raume ist es dann unter niederländischem Einfluß verschiedentlich an Architektur verwendet worden[603]. Die enge Verbindung des Themas zur Architektur wird auch in einer Stichfolge des H. Hondius nach Paul Vredeman de Vries deutlich, der den fünf Säulenordnungen die fünf Sinne zuordnet[604].

Trotz der maskulinen lateinischen Bezeichnungen der Begriffe werden die Sinne in der allegorischen Darstellung meist durch Frauenfiguren versinnbildlicht. Im Laufe des 17. Jahrhunderts wird dann in Holland in Grafik und Malerei das Thema der Sinne immer mehr in die Form von Genredarstellungen gekleidet. Ihr allegorischer Gehalt gerät dadurch schnell in Vergessenheit. —

Die linke Frauenfigur des ersten Feldes auf der linken Seite stützt sich auf ihren linken Arm, während die Hand einen reich gerahmten Spiegel hält. Mit ihrer Rechten umfaßt sie die Flügel eines Adlers. Der Blick in den Spiegel und der scharfäugige Adler sind Attribute der „Visus“, der Personifikation des Gesichtssinnes. Da der Spiegel auch der „Prudentia“ und der „Luxuria“ zugeordnet ist, ermöglicht erst der Adler eine eindeutige Bestimmung der Allegorie. Die entblößte Brust darf nicht als modisches Beiwerk verstanden werden. Sie zieht die Aufmerksamkeit des „Gesichts“ auf sich und wird ebenfalls als Attribut verwendet. —

Ihr gegenüber lagert eine nach links gerichtete Lautenspielerin, der ein Hirsch beigegeben ist. Die Attribute der „Auditus“, des Gehörs, sind leicht verständlich. Die Musik spricht diesen Sinn an, und der Hirsch gilt als Tier mit außerordentlich feinem Gehör. Besonders deutlich wird das Ohr herausgearbeitet. Sorgsam vermeidet der Bildhauer, daß es durch die Frisur verdeckt wird. —

Im zweiten Feld ist die linke Frau nur mit einem Tuch über den Hüften bekleidet und hält eine große Blumenvase im Arm. Ihr rechter Arm ist um den Hals eines Hundes gelegt. Diese Zusammenstellung trägt damit den Charakter einer Genredarstellung. Doch können Tier, Vase und Nacktheit der Frau nur als Attribute einer Allegorie verstanden werden. Der hervorragende Geruchssinn des Hundes, der Duft der Blumen und des unbekleideten Körpers[605] sind einleuchtende Symbole für die „Odor“, den Geruchssinn. —

Die der „Odor“ kontrapostisch zugeordnete Figur greift aus einem großen Obstkorb eine Frucht und reicht einem hinter ihr stehenden Affen[606] einen Apfel. In der mittelalterlichen Kunst bedeutet der Affe eine Personifizierung des Satans, eines Sünders, der Unkeuschheit und der Unbeständigkeit[607]. Im 16. Jahrhundert wird die Darstellung von Affen in menschlichen Tätigkeiten zum Symbol für menschliche Torheiten[608]. Auf unserem Relief greift der Affe nicht nur mit beiden Händen nach der dargebotenen Frucht, sondern hält auch noch eine weitere in seinem linken Fuß. Gleichzeitig wird der noch eng mit dem Glauben verbundene Betrachter des 17. Jahrhunderts natürlich an den Sündenfall erinnert[609]. Eva reicht die verbotene Frucht Adam, und der nimmt sie in seiner Torheit an. Der Gruppe zugeordnet ist ein mit vielen Früchten gefüllter Korb. Diese Attribute sowie die Schönheit des weiblichen Körpers determinieren diese Allegorie als die des „Gustus“, des Geschmacks. —

Die ebenfalls nur mit einem Tuch um die Lenden bekleidete fünfte Frauenfigur hält auf der ausgestreckten Hand einen pickenden Vogel. Mit dem anderen Arm stützt sie sich auf eine Schildkröte. Die Nacktheit wird auch hier zum Attribut. Der ganze Körper empfindet „Tactus“, Gefühl. Die Schildkröte, Tier der Venus Urania, bezeichnet nach Kauffmann[610] gesittetes Liebesgefühl. In den Emblembüchern des 16. Jahrhunderts ist sie ein immer wiederkehrendes Zeichen der ehelichen und hausfraulichen Tugend. Die tugendsame Frau entfernt sich, wie die Schildkröte, nicht aus ihrem

 Abb. 138 *Mitte des Mittelrisalits: Sinne, Geruch und Geschmack*

Abb. 139 *Mitte des Mittelrisalits: Sinne und Künste, Gefühl und Grammatik, getrennt durch ein Symbol für Selige*

Haus[611]. So ergänzen sich in diesem Bilde zartes Gefühl, symbolisiert durch die an der Brust liegende Hand, sowie Härte (Schildkröte) und schmerzhafte Empfindungen durch den hackenden Vogel einander zur Allegorie der „Tactus". Wie weit hier der „Takt" der Ehefrau, die das Haus nicht alleine verläßt, hineinspielt, mag offen bleiben.

Die Komposition der Felder ist jeweils so angelegt, daß die einzelnen Figuren oder ihre Attribute sich nicht berühren. Sie gehören zwar eng zusammen, haben aber doch keine gemeinsamen Berührungspunkte. Von den anderen abgesondert — weil in seinem Feld die Künste beginnen — ist das „Gefühl" als der Sinn, der nicht allein durch ein Organ, sondern durch den ganzen Körper repräsentiert wird. —

Zwischen der „Tactus" und der nächsten Figur ist eine weibliche Büste eingefügt, mit einem kunstvollen Haarschmuck und einer umgedrehten Muschel auf dem Kopf und einer Perlenkette mit einem Anhänger in Kreuzform um den Hals. Sie bildet sicher das Markierungszeichen zwischen beiden Figurenreihen. Warum hat man gerade diesen Kopf gewählt und nicht irgendeine andere Form?

Es liegt nahe, in der Büste eine Verbindung zwischen den beiden unterschiedlichen Themen, wie sie „Sinne" und „Künste" darstellen, zu suchen. Denn beide Themen sind formal sehr ähnlich behandelt. Die Anregung zu der Kopfform dürfte in den maskenartigen Köpfen der Temperantiaschale[612] zu suchen sein, die dort als Bindeglied zwischen jeweils zwei Kartuschen mit Allegorien der Künste verwendet wurde. Der zwischen der Minerva und der „Grammatica" stehende Kopf der Temperantiaschale hat mit dem hier verwendeten die größte Ähnlichkeit. Die Federn, die Tücher an den Seiten, die Kette um den Hals und die runde Gesichtsform sind übernommen, während die Muschelschale fehlt. Während die vier Masken an der Temperantiaschale durch ihre Attribute die vier Temperamente — wohl in Verbindung mit den Elementen — versinnbildlichen, bekommt der am Rathaus verwendete Kopf durch weitere Attribute eine andere Bedeutung. Der Fuß der „Tactus" verbindet diese Zwischenform mit den körperlichen Sinnen. Andererseits ist der Kopfputz den aus den Felsen springenden Fontänen der „Grammatica" formal so ähnlich, daß er die Verbindung über ihre Füße noch unterstreicht. Die Bedeutung dieser Zwischenform könnte etwa so abgelesen werden: Die Sinne sind Funktionen des Körpers. Ihre Anwendung bedarf des Geistes (Kopf) und wird in den Künsten sichtbar. Gleichzeitig ist dem Körper und damit auch den Sinnen das Kreuz als Zeichen des Todes und der Vergänglichkeit zugeordnet. Die Muschel dagegen ist ein Auferstehungssymbol, und die Tücher seitlich am Kopf sind ein Zeichen für Selige[613]. Damit ist dieser schön geschmückte Frauenkopf nicht als rein formales Trennungszeichen zwischen zwei Themenreihen zu lesen, sondern er ergibt erst den Sinn ihrer Gegenüberstellung: Der Mensch ist durch seine Sinne sündhaft und daher sterblich. Wenn er sie vernünftig einsetzt und sich in den Künsten übt, wird er zu den „Versiegelten" vor Gottes Thron gehören. „Ars victrix naturae" — die Kunst ist Siegerin über die Natur — schreibt Reusner im 15. Emblem seiner „Emblemata". Diese Aussage wird hier erweitert und auch auf den Glauben übertragen. —

Pauli[614] hat die sieben folgenden Figuren als die sieben Künste erkannt. Die Vorbilder zu ihnen finden sich an der Temperantiaschale des François Briot, die um 1585/90 entstanden sein muß, oder in den gemeinsamen Vorbildern[615]. Briot errang nicht nur den größten Ruhm unter den französischen Zinngießern, er wird als der Hauptmeister des Reliefzinns überhaupt bezeichnet[616]. Gegen 1550 in Damblain, einer Ortschaft in Lothringen, geboren, ließ er sich 1580 in Montbeliard in die Zunft der Schmiede, die auch die Zinngießer umfaßte, eintragen. 1585 wurde er zum „graveur de Son Excellence" des Grafen von Montbeliard (Mömpelgard), des späteren Herzogs Friedrich Wilhelm von Württemberg, ernannt. Zu dieser Zeit ist Heinrich Kreffting, der spätere Bürgermeister der Stadt, in Heidelberg. Er studiert dort und erwirbt 1587 den Doktorgrad und wird zum Professor der Universität Heidelberg und zum kurfürstlichen Rat ernannt[617]. Es ist wohl anzunehmen, daß er Briot gekannt hat. Vielleicht hat er, als er 1590 nach Bremen zurückgerufen wurde, sogar ein Exemplar dieser berühmten Temperantiaschale mitgebracht. Dieses schon zu seiner Zeit berühmte Kunstwerk wurde von Caspar Enderlein zweimal kopiert. Er schnitt 1609/10 und 1611 jeweils eine neue Form, die geringfügig vom Original abwich. Sein Ruhm als Zinnschneider begründete sich in diesen Kopien. Die geringen Formabweichungen, die gerade in den Bremer Reliefs fehlen, und die späte Entstehung der Kopien schließen sie als Vorbild für das Rathaus mit ziemlicher Sicherheit aus.

Der äußere Rand der Temperantiaschale trägt acht Kartuschen mit

Abb. 140 *Mitte des Mittelrisalits: Künste, Dialektik und Rhetorik*

Abb. 141 *François Briot, Temperantiaschale, um 1585/90*

der Minerva und den sieben Künsten in Gestalt von Frauen. Vier Masken und vier Ornamentformen trennen die Kartuschen voneinander. Sie beziehen sich einmal auf die Elemente, die auf dem Boden der Schale das Bild der Temperantia umgeben, nach der das Kunstwerk benannt ist. Zum anderen stellen die vier Masken möglicherweise die vier Temperamente dar. Alle „Künste" sind mit Attributen versehen und posieren vor einem landschaftlichen Hintergrunde.
Schon ein oberflächlicher Vergleich zeigt, daß die Bremer Künsteallegorien denen des Briot sehr ähnlich sind. Nimmt man die Minerva als Patronin der Künste bei Briot als erste Figur der Folge, dann reihen sich alle von der „Grammatica" bis zur „Astrologia" in der gleichen Weise in Bremen aneinander. Dort wie hier sind sie paarweise einander zugeordnet. Die erste Figur, die „Grammatica", ist dort der Minerva, in Bremen der letzten Figur der vorhergehenden Reihe zugewandt. Am Rathaus werden die Attribute bis auf zwei oder drei reduziert. Auch der malerisch wirkende Landschaftshintergrund Briots bleibt unbeachtet. Das erklärt sich allein schon aus der anderen Technik. Denn in Zinn läßt sich bedeutend differenzierter arbeiten als in Stein. Ein anderer Grund liegt sicher in der Größe der Reliefs und ihrem Platz an der Fassade. Weitere Details wären gar nicht mehr erkennbar. Die Figuren in Bremen sind in ihrer Haltung etwas flacher, da die zur Verfügung stehenden Bildfelder nicht den Medaillons der Temperantiaschale entsprechen. –
Bei der „Grammatica" bleiben als Attribut der Felsen mit den sieben Strahlen einer Quelle und ein Buch, auf das sich die Figur stützt, von der Vorlage übrig. Vielleicht ist das Vorbild für die Quelle mit den sieben Wasserstrahlen in dem Brunnen mit den sieben Gaben des Heiligen Geistes auf dem Genter Altar der Gebrüder van Eyck zu suchen[618]. Unter dem rechten Arm der Figur liegt statt einer Tafel mit dem ABC wie bei Briot ein Buch. Das Tuch ist ebenso wie auf der Schale über die Beine geschlagen, nicht aber bei der Kopie Enderleins. –
Die hockende Stellung der „Dialectica" bei Briot wird aus Platzmangel zu einer sehr ungeschickt wirkenden, halb liegenden Haltung. Buch, Schlüsselbund und Schriftrolle sind an den vorgegebenen Stellen verblieben. Das leichte, faltenreiche Gewand bei Briot ist vereinfacht und geringfügig verändert. Die Figur scheint gegenüber den anderen gröber, von anderer Hand gemeißelt zu sein. –
Die Haltung der „Rhetorica", das flammende Herz in ihrer Rechten, während die Linke auf der Brust liegt, und das aufgeschlagene Buch sind von Briot übernommen. Da die Figur etwas flacher ist, hat der Bildhauer ihr als Stütze ein Buch unter ihren linken Arm gelegt. Der Saum des Gewandes wird hier stark betont. –
Die Figur der „Musica" ist gegenüber der der Temperantiaschale leicht verändert. Die Laute in der Hand bleibt zwar ebenso wie Tisch, aufgeschlagenes Notenbuch und Flöte. Doch das Buch hält hier die „Musica" in der Hand, während die Flöte statt auf dem Boden auf dem Tische liegt. Auch hier haben die zu Verfügung stehenden Raumverhältnisse zu der Veränderung geführt. –
Ihr gegenüber in einer fast spiegelbildlich gleichen Haltung lagert die „Arithmetica". Ihr zu Füßen steht ein Stundenglas, und in der Hand hält sie eine Uhr mit einem Läutewerk darauf. Die Rechentafel, auf die sich die „Arithmetik" der Zinnschale stützt, ist hier zu einem kleinen Eckchen mit einigen Zahlen zusammengeschrumpft. Die Zahlen 9, 10–13, 14–17 sind lesbar. Während, wie an der Briotschen Arbeit, das Gewand die linke Brust freiläßt, sind ausgestrecktes und angezogenes Bein vertauscht. Auch hierbei spielt sicher die Notwendigkeit mit, der etwas anderen Körperhaltung eine glaubhafte Stütze zu geben. –
Die „Geometria" wird liegend statt sitzend und nur wenig statt ganz bekleidet, sonst aber in der gleichen Haltung dargestellt. Als Attribute sind Zirkel und Winkelmaß, ein zugehauener Quader unter dem sich aufstützenden Arm und unter dem Fuß ein Winkelmesser vom Vorbilde übernommen. –
Den Abschluß bildet die „Astronomia". Bei Briot lautet die Unterschrift „Astrologia". Beide Bereiche dürften Anfang des 17. Jahrhunderts in vielen Teilen noch als zusammengehörig betrachtet worden sein. Jost Amman bezeichnet seine mit den gleichen Attributen versehene Allegorie als „Astronomia"[619]. Die Haltung der Frau, Sextant, Astrolabium und die Kommode mit der Sanduhr sind sehr genau von der Temperantiaschale übernommen. –

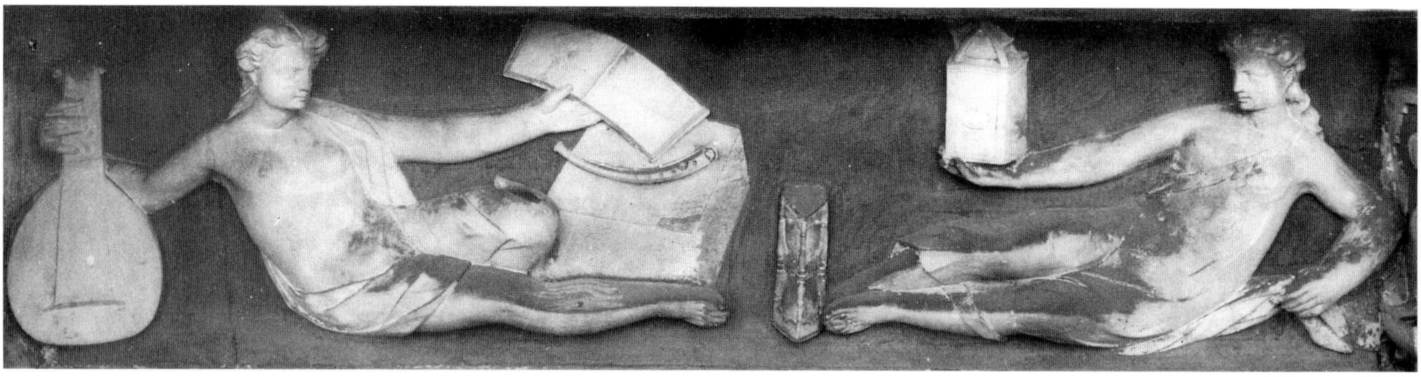

Abb. 142 *Mitte des Mittelrisalits: Künste, Musik und Arithmetik*

Die sieben freien Künste sind seit der Antike die Wissenschaften, Künste und Fertigkeiten, in denen sich der freie Bürger im Gegensatz zum Sklaven üben und weiterbilden durfte. Sie bilden das gesamte Mittelalter hindurch den gültigen Kanon der Wissenschaften. Auch als sich seit der Renaissance neue Wissenschaftsgebiete entwickelten, stellten die sieben Künste noch lange den Bildungskanon höherer Schulen und Akademien, wie auch der in Bremen[620], dar. –

### 7.1.4. *Tugendpaare und Elemente*

Die oberste Reihe der Reliefs unter dem Dachsims des Mittelrisalits enthält in ebenfalls sechs Bildfeldern je zwei allegorische Gestalten. Die vier Felder von links aus enthalten Tugenden, die paarweise einander zugeordnet sind. Es sind das von links nach rechts „Caritas" und „Fides", „Prudentia" und „Spes". Es folgen „Justitia" und mit dem Palmzweig die „Pax" sowie „Fortitudo" und „Temperantia". Es sind die sieben Kardinaltugenden, zu denen noch der „Friede" dazugekommen ist. Warum wiederholen sich hier die Themen noch einmal, die ja in den Arkadenzwickeln und zum Teil neben den Evangelisten schon ein- oder zweimal dargestellt sind? Die Annahme, daß es sich dabei eben doch „nur" um Dekoration eines besonderen Baues handelt, lag nahe.
Bei allen bisherigen Beschreibungen dieser Tugendgruppen wurde jedoch übersehen, daß die Figuren nicht in der üblichen Reihenfolge geordnet und jeweils paarweise auf ein Mittelteil hin konzipiert sind. Am auffälligsten ist das am „Justitia-Pax"-Feld. Beide Figuren stützen sich, einander zugewandt, auf ein Füllhorn[621]. Ihre Haltung entspricht sich genau, nur dreht sich die „Justitia" dem Betrachter zu, während die „Pax" ihm den Rücken zuwendet. Beide gehören also eng zusammen. Sie stützen sich auf das Symbol des Überflusses. Zwar ist das Füllhorn manchmal auch Attribut der „Pax", doch hier ist es offensichtlich nicht nur der rechten, sondern beiden Figuren zugehörig. Die Deutung dieses Reliefs könnte also lauten: „Gerechtigkeit" und „Friede" schützen den Reichtum. Durch sie wird er erst ermöglicht. „Gerechtigkeit" und „Friede" werden im Alten Testament verschiedentlich nebeneinander genannt[622]. Liest man die Figuren wie einen geschriebenen Text, so wäre dieses Bild die wörtliche Darstellung der Jesajastelle: „Und der Gerechtigkeit Frucht wird Friede sein ...". –

Auch „Fortitudo" und „Temperantia" sitzen, fast völlig symmetrisch ihre Attribute haltend, auf Kissen. Sie sind voneinander abgewandt, da sie eigentlich etwas Gegensätzliches verkörpern. Ihre Rücken sind an eine Kartusche gelehnt. Sie zeigt einen großen Cherubimkopf. Diese Engelwesen mit zwei Flügelpaaren decken mit dem einen ihren Körper. Und „bei einem jeglichen Cherubim (war) ein Rad ... gleichwie ein Türkis."[623] Unter dem Engelkopf ist ein halbrunder Knauf, der wie ein großer, rundgeschliffener Edelstein aussieht. Die Cherubim haben Wächterfunktion und treten vor allem an der Paradiesespforte, vor dem Hause oder dem Throne Gottes sowie an der Bundeslade auf[624]. Nicht vergessen werden darf, daß das Relief nach beiden Seiten mit einem Baum abgeschlossen wird. Der linke Baum trägt nur Blätter, der rechte Blätter und Früchte. Die Bäume können hier eigentlich nur das Paradies symbolisieren. Der rechte Baum mit den Früchten ist der Apfelbaum des Sündenfalls, dem der Lebensbaum der Erlösung im neuen Paradiese gegenübersteht[625]. Das Relief ist vielleicht so zu deuten: Durch „Stärke" und „Beharrlichkeit" zum Baum des Lebens hin und mit „Mäßigkeit" vor dem Baum der Erkenntnis gewinnt man das Paradies. –
„Klugheit" und „Hoffnung" drehen sich ebenfalls zu einer Kartusche, auf der ein Kopf mit einer Frisur ähnlich der „Spes" und einer offenen Muschelschale zu sehen ist. In diese Schale scheint ein Tropfen zu fallen. Doch vorläufig bleibt diese Gruppe in ihrer Bedeutung ebenso rätselhaft wie die mit „Caritas" und „Fides". Zwar fällt auf, daß das zweite größere Kind der „Caritas" für sich kniet, die Hände gefaltet hat und sich zum Betrachter und nicht wie gewöhnlich zur Mutter dreht. Über das Kind ragt das Kreuz der „Fides". Da Tugendpaare und Elemente sicher nicht zufällig nebeneinander gestellt sind, ergibt die Behandlung der Elementenfolge vielleicht einen Hinweis auf die Klärung dieser Gruppen. –
Entsprechend dem Geschlecht der lateinischen Begriffe für die Elemente sind zwei davon als Männer, zwei als Frauengestalten allegorisiert. Die Reihe beginnt mit „Ignis", dem „Feuer", der in der Hand eine Feuerkugel hält. Seine Haare sind entflammt, und vor ihm ist ein Feuer mit einem Salamander zu erkennen. Die „Aqua" neben ihm liegt, nur wenig bekleidet, auf eine Amphore gestützt, aus der Wasser fließt. Mit ihrer Rechten hat sie einen Fisch ergriffen. Hinter ihren Beinen ist Schilf zu erkennen. Das letzte Feld enthält links die „Terra" mit einem Korb voll Früchten und einem Spaten in den Armen. Sie stützt sich auf einen Berg aus Früchten. Ihr

Abb. 143 *Mitte des Mittelrisalits: Künste, Geometrie und Astronomie*

Abb. 144 *Mittelrisalit, Relief unter dem Dachsims: Liebe und Glaube*

Abb. 145 *Mittelrisalit, Relief unter dem Dachsims: Klugheit und Hoffnung*

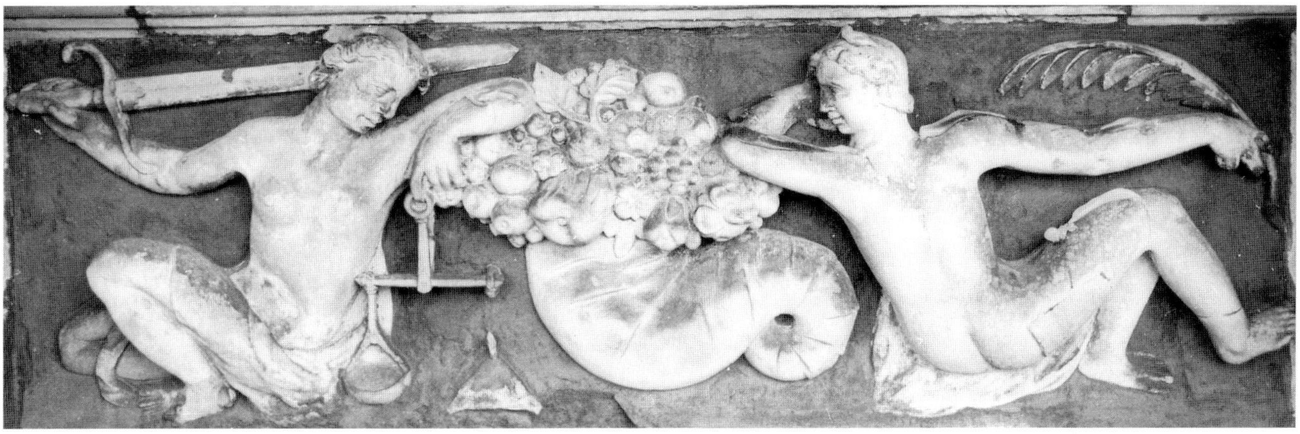

Abb. 146 *Mittelrisalit, Relief unter dem Dachsims: Gerechtigkeit und Friede*

Abb. 147 *Mittelrisalit, Relief unter dem Dachsims: Stärke und Mäßigkeit*

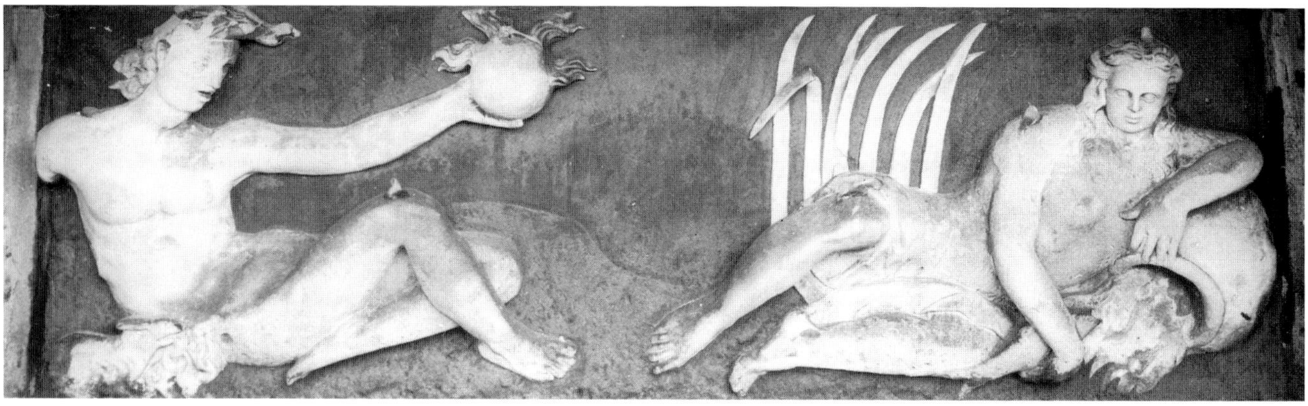

Abb. 148 *Mittelrisalit, Relief unter dem Dachsims: Elemente, Feuer und Wasser*

gegenüber ist auf einer Unterlage aus Wolken „Aer“, die „Luft“, gelagert. Wolken bilden auch sein Haar, und auf seiner ausgestreckten Rechten sitzt ein flügelschlagender Vogel. „Terra“ und „Aer“ berühren sich, wie sich ja Erde und Luft auch berühren. Dagegen ist zwischen Feuer und Wasser als unversöhnlichen Elementen ein erheblicher Zwischenraum freigelassen. Entsprechend dem Schilf als Attribut des „Wassers“ sind hinter der „Erde“ zwei sich überkreuzende Baumstämme zu sehen. Überraschenderweise sind die Äste abgehauen, und es ist kein Blatt an ihnen erkennbar. Die Darstellungen der vier Elemente deuten bis jetzt aber mit keinem Hinweis auf einen Zusammenhang mit den Tugendpaaren der gleichen Reliefreihe. Erst über die zeitgenössische Grafik wird ein Zusammenhang erkennbar. Die vier Elemente sind ein beliebtes Thema gewesen. In vielen Fällen, wie etwa bei Adriaen Collaert[626] und Hendrik Goltzius[627], sind die Allegorien mit ihren Attributen in eine für sie passende Landschaft gesetzt. In beiden Reihen sind nun als Ergänzung Szenen aus der Bibel beigefügt. Das sind beim „Feuer“ das Brandopfer, beim „Wasser“ die Taufe Christi durch Johannes den Täufer, bei der „Erde“ das Paradies mit der Erschaffung Adams und bei der „Luft“ die Auferstehung Christi bzw. die Ausgießung des Heiligen Geistes. Es muß angenommen werden, daß der Bezug der Elemente zum Glauben immer mitgedacht wurde. Hinzu kommt sicher die Freude des manieristischen Künstlers am Herstellen verdeckter Beziehungen, die der Betrachter auf den ersten Blick und als Nichteingeweihter nicht erkennen kann. Nehmen wir an, daß die Reihenfolge der Tugendpaare der der Elemente und ihrer Attribute entspricht, ergibt sich folgende Möglichkeit des Zusammenhanges: Dem Brandopfer bei „Ignis“ entspricht der betende Knabe unter dem Kreuz. Christus hat *das* letzte und größte Opfer in seiner Kreuzigung aus „Liebe“ und „Glauben“ gebracht. Die Raffinesse der Bilderfindung liegt darin, daß der kniende Knabe normalerweise der „Caritas“ zugehört und somit auf diesem Bilde eine Doppelfunktion hat. Außerdem ist er „unter“ das Kreuz gesetzt.

Der Kopf auf der Kartusche des nächsten Feldes erinnert stark an den der „Aqua“ auf dem Stich von Goltzius, auf dem mit Zöpfen eine Muschelschale festgebunden ist. Aus einer Wolke über der Taufe Christi neben der Figur der „Aqua“ erscheint der Heilige Geist als Lichtschein, der auf die Taufgruppe einen Strahl sendet. Damit könnte sich die rätselhafte Kartusche zwischen „Prudentia“ und „Spes“ lesen lassen. Die Kartuschenspitze wölbt sich über dem Kopf nach vorne, und aus einem Einschnitt in ihr quillt ein großer Tropfen hervor in die Muschel auf dem Kopfe. Möglicherweise haben wir es damit mit einer Kurzform der in diesem Zusammenhang dargestellten Taufe Christi zu tun. Das Feld hätte als Bedeutung, daß „Klugheit“ und „Hoffnung“ — nicht nur bei Johannes dem Täufer, sondern auch bei uns — zur Taufe führen.

Das Füllhorn im nächsten Relieffeld ist nicht nur Attribut des „Überflusses“, sondern auch der „Terra“. Der Sinn beider geht ineinander über. Die Bildbedeutung könnte auch hier, ähnlich wie beim ersten Feld, eine doppelte sein: „Justitia“ und „Pax“ schützen die „Erde“ und den „Reichtum“, den jene uns gibt.

Die schon gefundene Deutung des letzten Tugendpaares wird aus dem Zusammenhang der Grafikfolge bestätigt. „Fortitudo“ und „Temperantia“ derer, die den Heiligen Geist empfangen haben — wie auf dem Goltziusstich —, werden das Himmelreich gewinnen. Damit wären die Schöpfung Gottes in Gestalt der Elemente und die Kernsätze des Glaubens in eine Verbindung mit den Kardinaltugenden gebracht. Aber erst im großen Zusammenhang des Bildprogramms der ganzen Rathausfassade wird zu erkennen sein, ob diese Interpretation angemessen ist. —

### 7.1.5. *Der sogenannte Tritonenfries*

Über den Arkaden zu beiden Seiten des Mittelrisalits ist ein Bilderfries angebracht, der jeweils zwei einander zugewandte Figuren oder Gruppen durch breite, geschuppte Voluten voneinander trennt. Die Figuren enden von der Mitte des Körpers ab abwechselnd in Fischschwänzen oder aber in Pflanzenranken. Ihre Anordnung ist auf die Mitte der Fassade hin ausgerichtet: Jeweils über den äußersten Arkadenbögen sind Tritonen, beiderseits des Mittelrisalits enden die Figuren in Ranken.

Im Anschluß an Waldmann[628] sieht auch Stein in diesem Fries „reine Dekoration“. Doch es scheint widersinnig, daß bildnerischer Schmuck, der in so enger Beziehung zu solchem mit allegorischer

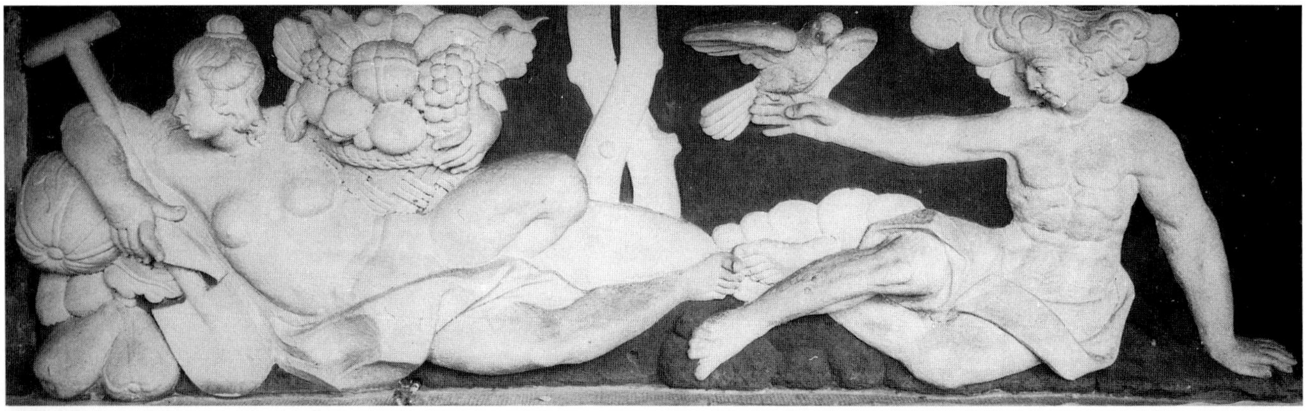

Abb. 149 *Mittelrisalit, Relief unter dem Dachsims: Elemente, Erde und Luft*

Abb. 150—151 *Tritonenfries über dem 1. Arkadenbogen: Juno und Neptun*

Bedeutung steht und darüber hinaus mit die beste künstlerische Qualität der ganzen Fassade aufweist, so völlig ohne inhaltliche Bedeutung sein soll. —

Konrad Lange hat gezeigt, daß „man in jener Zeit (16. Jh.) an die wirkliche Existenz derartiger Meeresungeheuer glaubte“[629]. Die Darstellung von Fischmenschen ist in der Renaissance nicht nur eine gedankenlose Übernahme antiken Formgutes zur rein ornamentalen Gestaltung. Ein Blick in das „Thierbuch“ des Albertus Magnus[630] zeigt dem Leser Mischwesen mit Fischschwanz in vielerlei Form, auch in Verbindung mit dem menschlichen Körper. Die Verbindung menschlicher Körper mit Pflanzen ist besonders im niederländischen und deutschen Ornamentstich beliebt. Jamnitzers Groteskenbuch von 1610[631] endlich macht klar, daß bekannte allegorische und mythologische Themen mit Hilfe solcher Mischwesen bildlich dargestellt wurden. Es kam sicher dem Geschmack der Zeit entgegen, bekannte Themen in neuen, nicht für jedermann ablesbaren Formen zu präsentieren. —

Dem Versuch, diesen offensichtlich verschlüsselten Figurenfries in seiner Bedeutung zu enträtseln, kommen einige Reliefs auf den ersten Blick entgegen. Die erste Gruppe rechts des Mittelrisalits erinnert in auffälliger Weise an Monats- und Jahreszeitendarstellungen. Doch andere Teile des Frieses scheinen mit diesem Themenbereich nicht das Geringste zu tun zu haben. Auch ein einfaches Zählen der Figuren ergibt weder eine sinnvolle Zusammenstellung eines Viererzyklus' für die Jahreszeiten noch einen Zwölferzyklus für Monatsdarstellungen, da wir es mit 2 x 8 Reliefs zu tun haben. Allerdings weisen zwei Figuren auf mögliche Tierkreiszeichen hin: die zweite des Frieses als „Fische“, die drittletzte auf der rechten Seite auf das Zeichen des „Schützen“. Ihre Stellung innerhalb der Folge, liest man sie von links nach rechts ab, legt den Versuch nahe, ihn doch als Darstellung des Zodiakus zu begreifen. Dann müßten allerdings einige Figurenpaare als zusammengehörig betrachtet werden. Ein erster Überblick läßt das bei den beiden über dem zweiten und dem vorletzten Bogen als sinnvoll erscheinen.

Nehmen wir als Arbeitshypothese an, daß eine Folge von Tierkreiszeichen das Thema des Frieses bildet, so ist sicher, daß dies hier dann weder in der üblichen Form der Monatsarbeiten noch alleine mit Hilfe der Tierkreiszeichen geschieht. Lüder von Bentheim müßte hier Vorstellungen und Lebensbereiche, die man den einzelnen Monaten bzw. Tierzeichen zuordnete, miteinander vermengt haben. Sicher wurde das schon durch den strengen Wechsel von Fisch- und Pflanzenmenschen und innerhalb dieses Bereiches wieder durch die Gegenüberstellung von Mann und Frau nötig. Den folgenden Ausführungen liegen die Illustrationen zu Julius Hyginus' Werk von 1578 zugrunde, wie sie dem astrologischen Hauptwerk des Marcus Manilius beigegeben sind[632]. Dort wird deutlich, daß den einzelnen Tierkreiszeichen nicht nur bestimmte Planeten, sondern auch antike Götter neben den Gliedmaßen des menschlichen Körpers zugeordnet sind. Männliche und weibliche Stufen der astrologischen Zeichen sind dort ebenso verzeichnet wie die Zuordnung verschiedener Schicksalsbereiche unter die Sternzeichen des Zodiak. —

Beginnen wir mit dem Relief an der linken Ecke der Rathausfassade. Ein weibliches Mischwesen mit menschlichem Oberkörper und pferdeartigen Beinen und eigentümlichen Hufen endet in zwei riesigen Fischschwänzen mit großen, gefiederten Schuppen. Über seine Schulter gießt es eine riesige Muschel aus. Der Bezug zum Sternzeichen des Wassermannes liegt nahe, da dieser oft mit Fischschwanz und Krug, aus dem Wasser fließt, dargestellt ist. Dem „Wassermann“ ist die Göttin Juno zugeordnet. Das würde die weibliche Figur erklären.

Die Gegenfigur ist mit dem Dreizack unschwer als Neptun zu erkennen. Er ist dem Tierkreiszeichen der Fische beigeordnet. Der Fisch in seiner Linken ist Hinweis darauf und gleichzeitig Attribut für den Gott. Eine sehr ähnliche Gestalt finden wir auf Delaunes Blatt für den Monat Februar in der Rahmung gleich zweimal wieder[633]. Die Figur und ihr Gegenüber sind vom Äußerlichen her so ähnlich und von ihrer Haltung so aufeinander bezogen, daß der unbefangene Betrachter einen inhaltlichen Zusammenhang zwischen beiden zu vermuten geneigt ist. Offensichtlich sind in unserer Reihe Monatszeichen und Götter miteinander vermengt. —

Die Zusammengehörigkeit der Figuren über dem nächsten Bogen drängt sich geradezu auf. Eine Frau mit einem Kind auf dem Arm einerseits und ihr gegenüber ein Mann wachsen aus Pflanzen, die teils in Blüten, teils in Frucht- und Samenständen enden. Ein ähnliches Herauswachsen von Menschenleibern aus Pflanzen kennen wir aus Kunstwerken der ausgehenden Gotik zu Anfang des 16. Jahrhunderts, wie das etwa in besonders schöner Art an der berühmten Wurzel Jesse von Heinrich Douvermann im Xantener Dom erreicht wurde. Auf die engen Beziehungen der Kunst der Spätgotik zum Manierismus sei hier nur hingewiesen. Die Verbindung vom Anfang des 16. zum Beginn des 17. Jahrhunderts für diesen Formenkanon bildet der Ornamentstich der sogenannten

 Abb. 152—153 *Tritonenfries über dem 2. Arkadenbogen: Fortuna mit dem Plutoknaben und nach dem Glück greifender Mann (März)*

Abb. 154—155 *Tritonenfries über dem 3. Arkadenbogen: Jagd (?) und Fischfang (April)*

deutschen Kleinmeister. So hat die Frau mit dem Kind eine enge Verwandtschaft zu einem ähnlichen Stich von Aldegrever nach Beham[634]. Doch unter der Tarnung der ornamentalen Pflanzendarstellung und der so offensichtlichen familiären Bindung der Figuren ist die eigentliche Bedeutung beider Reliefs verborgen. Dem Sternbild Widder ist die Göttin Minerva zugeordnet. Doch nicht sie wird in unserem Bilde verkörpert, sondern das Geschick, das über diesem Monat herrscht, die „Fortuna", das Glück. Die „Fortuna" aber wird mit dem Plutoknaben auf dem Arme dargestellt.[635]. Der Mann ihr gegenüber versucht vergeblich, „Fortuna" zu erfassen, aber er gelangt nicht zu ihr. Welche Bedeutung zu dieser Zeit dem Thema „Fortuna" bzw. „Occasio" zugemessen wurde, geht aus einem 1605 in Antwerpen erschienenen Buche von Johannes David „Occasio arrepta . . ." hervor[636]. Darin geht es darum, daß man das „Glück" oder die „Gelegenheit" — beide Begriffe werden damals in fast gleicher inhaltlicher Bedeutung verwendet[637] — ergreifen muß, nicht nur um Ruhm, sondern auch um das ewige Leben zu gewinnen. Das Thema ist ja bereits mehrfach am Rathaus bildhaft angesprochen worden und wird an der Güldenkammer noch einmal behandelt werden müssen. —
Dem April unter dem Sternzeichen des Stieres ist die Venus zugeordnet. Auf sie mögen die unverhüllte Nacktheit der Nereide und die Muschel in ihrem Haar hindeuten. Die diesem Monat zustehende Arbeit ist immer die Jagd gewesen. Daß diese in ein Horn blasende Nereide darauf hinweist ist ebenso einleuchtend wie die Fische als Jagdbeute, die in Bremen als Handelsartikel ja außerordentlich wichtig waren.

Der Triton ihr gegenüber mit seinen Löwenpranken endet in einem gewaltigen, groß geschuppten Fischleib. Er hält die Arme so, als wolle er mit einem — wohl abgebrochenen — Dreizack Fische speeren. Körper, Kopf und Handhaltung sind einer Illustration zu einem Emblem des Alciatus[638] außerordentlich ähnlich — allerdings erscheint dieses seitenverkehrt —, ohne daß man unbedingt von Vorlage sprechen könnte. Weder die Zuordnung des Sternbildes der Zwillinge zu Apollo noch ihre Lage unter dem Planet Merkur ergeben hier einen sinnvollen Hinweis. Vielleicht sind hiermit die bürgerlichen Tätigkeiten gemeint, „negotia civilis". Das wäre für Bremen mit dem Fischfang nicht so ganz auszuschließen. Doch ist hierbei eine eindeutige Aussage wohl nicht möglich. —
Der Rückendarstellung einer weiblichen Figur, deren Beine in Pflanzenformen übergehen, ist einem bärtigen Mann gegenübergestellt. Die Frau küßt einen puttenartigen Kopf. Über den Mann beugt sich eine kleinere weibliche Figur. Die Schicksalsdeutung gibt für das Sternbild des Krebses u. a. „Beliebtheit" (gratia) an. Für das Sternzeichen des Löwen stehen Liebschaften an erster Stelle. Sieht man unter diesen Aspekten die Reliefs an, liegt die Deutung der Frauenfigur als Venus, die Amor küßt, nahe. Die kleine weibliche Figur, die sich dem Mann zuneigt, wäre dann die Allegorie der „Gratia". Treffen diese Annahmen zu, dann sind beide Sternzeichen aber in ihrer Reihenfolge vertauscht. —
Die Fortsetzung der Reihe auf der rechten Seite des Mittelrisalits bringt die Reliefs, die einer Interpretation als Monats- oder Sternkreiszeichen am nächsten kommen. Der ornamentale Rhythmus ändert sich, so daß wir hier jetzt ebenfalls Wesen aus Mensch und

Abb. 156—157 *Tritonenfries über dem 4. Arkadenbogen: Venus küßt Amor (Liebe) und Genius küßt bärtigen Mann (Beliebtheit)*

Abb. 158—159 *Tritonenfries über dem 8. Arkadenbogen: Traubenlese und Kornernte (Ceres)*

Abb. 160—161 *Tritonenfries über dem 9. Arkadenbogen: Vulcan und Venus von Mars und Fama bedroht (Sternbilder Waage und Skorpion)*

Pflanze vor uns finden. Der linke Teil enthält zwischen Ranken mit Weintrauben eine männliche Figur mit fast maskenhaftem Gesicht und riesigen Ohren. Aus einer Blüte wächst eine kleinere satyrartige Figur mit Hörnern im Haar und ebenso langen Ohren wie die der Hauptfigur heraus. Der Satyr beißt in eine Traube. Die gegenüberstehende weibliche Figur ist mit dem Ährenkranz im Haar, dem überquellenden Füllhorn im Arm und der Sichel in der Linken als Ceres, die römische Göttin des Ackerbaues, zu erkennen. Unter dem Sternbild der Jungfrau, dem die Ceres zugeordnet ist, müssen wir die Monatsdarstellungen von August (Kornernte) und September (Traubenlese), wie sie seit dem Mittelalter üblich sind, erkennen. Allerdings sind auch sie in der Reihenfolge vertauscht.
Dem Sternbild der „Waage" ist der antike Gott Vulcan zugeordnet. Die „Sorts astrologiques traditionels" führen unter diesem Sternkreiszeichen „Pericula. Alea vitae" (Gefahr. Wagnis des Lebens) auf[639]. Unser Relief zeigt einen alten Tritonen und eine Frau in der Umarmung. Es liegt nahe, in dem bärtigen Gesellen den griechischen Gott der Schmiede und des Feuers zu sehen und in der Schönen seine Frau Venus, die Göttin der Liebe. Die Gefahr droht durch den Tritonen des nächsten Reliefs, der einen Tierschädel wie einen Schild erhebt und mit einer Keule zum Schlag ausholt. In seinem Schwanz sitzt ein Putto, der in ein geschwungenes Horn bläßt. Da dem Sternzeichen des Skorpions der Kriegsgott Mars zugeordnet ist, Mars wiederum mit Venus und Vulcan wegen einer Liaison mit der Göttin der Liebe eng verbunden ist[640], wird die Bedrohung für das Paar links sinnvoll. Der posaunende Putto stellt die „Fama" dar, die unter dem Skorpion zu Bedeutung gelangt.

Die beiden Figuren über dem vorletzten Bogen gehören offensichtlich zusammen. Die aus den Ranken herauswachsende Frau wendet sich angstvoll von dem Bogenschützen rechts ab. Ihr rechter, hinter der Ranke kaum zu erkennender Arm ist wie schützend vor das Gesicht gehoben. Sie blickt angstvoll über die Schulter zurück. Ihre Stellung in der Mitte der Ranke ist mit der vierten Figur vergleichbar. Zweifellos zielt der Bogenschütze auf sie. Es gibt in der Kunst nur ein Thema, das damit gemeint sein kann. Diana und Apollon töten mit Pfeil und Bogen die Kinder der Niobe. Niobe, die Gemahlin des Königs Amphion von Theben, prahlt gegenüber Leto mit ihren sieben Söhnen und sieben Töchtern, während die Göttin nur je ein Kind habe, nämlich Apollo und Diana. Die beiden nehmen für die Kränkung ihrer Mutter fürchterliche Rache, und der Gott tötet mit unfehlbaren Pfeilen die Töchter, Diana die Söhne der Niobe. Das Thema ist im Manierismus z. B. bei Caravaggio, Tintoretto, Bloemaert u. a. sehr beliebt[641]. Dem Tierkreiszeichen des Schützen ist die Diana zugeordnet.
Dem letzten Tierkreiszeichen, dem Steinbock, müßten folglich die beiden Darstellungen ganz rechts gewidmet sein. Beide zeigen Tritonen, die Frauen mit Trinkhorn und Obstschale liebevoll umarmen. Alle Monatsbilder, die den Januar darstellen, zeigen Paare beim üppigen Mahl. Unter dem Steinbock kommen Sitte und Familie zu besonderer Bedeutung. Nimmt man beide Bereiche zusammen, so erscheinen diese lebensfrohen Szenen ohne Zweifel als Darstellungen des letzten Tierkreiszeichens, des Steinbocks. —
Erst die Untersuchung aller Bilder zeigt, daß hier wohl tatsächlich eine Darstellung des Zodiak vorliegt. Bildliche Vorstellungen, mit

Abb. 162—163 *Tritonenfries über dem 10. Arkadenbogen: Apollo schießt auf Niobide (Sternbild Schütze)*

 Abb. 164—165 *Tritonenfries über dem 11. Arkadenbogen: sich umarmende und tafelnde Tritonenpaare (Sternbild Steinbock)*

denen man einzelne Monate charakterisierte, antike Götter, die den Sternzeichen zugeordnet sind, und wichtige Lebensbereiche, die unter den Sternzeichen nach astrologischen Vorstellungen Vorrang erhalten, sind miteinander vermengt worden. Die Verschleierung des Themas, die einmal durch unterschiedliche inhaltliche Akzente und zum anderen durch eine strenge Ornamentierung erreicht wird, hat sicher mehrere Gründe: „. . . auf der einen Seite strebt er (der Manierismus) nach dem Dogma der ‚Systematisierbarkeit alles künstlerischen Schaffens' . . .; auf der anderen Seite proklamiert er die unumschränkte schöpferische Freiheit des Individuums"[642]. Nicht nur Arcimboldi komponiert Menschenköpfe aus Tieren, Pflanzen oder Gegenständen, sondern auch Lüder von Bentheim setzt hier aus den verschiedensten Richtungen eines Themas unter Einhaltung einer strengen, vorgefaßten Form eine Bildfolge zusammen. Nicht mehr das Tierkreiszeichen wird zum Thema der Darstellung, sondern Bereiche und Inhalte, die ihm zugeordnet oder verwandt sind. Mitunter wird das Zeichen unter einer parallelen Bedeutung verborgen, wie bei Zeichen des Schützen Apollo mit dem Bogen als Bruder der dazugehörigen Diana. Der Drang nach hieroglyphischer Verschleierung[643] wird auch am Bremer Rathaus spürbar.

Wenn man den ikonologischen Zusammenhang im Auge behält, wird ein zweiter Grund für eine solche Verschleierung faßbar. Der Zyklus des Zodiak steht über der Tugendreihe und den Zielen, die der Mensch mit der Ausbildung dieser Tugenden anstreben soll. Nun ist der Glaube an den Einfluß der Sterne auf die Geschicke des Menschen, an die Prädestination seines Schicksals durch ihren Lauf zur Zeit des Rathausumbaues noch allgemein üblich gewesen[644]. Möglicherweise spielt hier die Auseinandersetzung um die Prädestinationslehre, die Bremen auch eng berührt hat, mit hinein[645]. Wie Gott den Lauf der Gestirne bestimmt, so bestimmt er auch den Gang des menschlichen Schicksals. Schon seit alters her hat die Astrologie beides miteinander in Verbindung gebracht. So erscheint es nicht als Zufall, daß die Darstellungen der Tierkreiszeichen und der Tugenden auch räumlich eine enge Beziehung aufweisen. Das Bild des irdischen Glücks im Zeichen des Steinbocks ist dem des himmlischen Glücks in Gestalt von „Victoria" und „Fama" gegenübergestellt. „Klugheit" und „Mäßigung" stehen neben dem Ergebnis ihrer Nichtachtung im Zeichen des Schützen. Irdische Liebe in Gestalt von Vulcan und Venus steht neben der himmlischen Liebe der „Caritas". Die „Hoffnung" ist der Ernte und die „Wachsamkeit" der „Fortuna" im Sternbild des Widders gegenübergestellt. Weinlese und Abendmahlskelch ergänzen sich ebenso wie „Liebe" und „Gerechtigkeit" einerseits und das Liebespaar und der „ungerechte Rächer" darüber. —

### 7.1.6. *Die Brüstung über dem Tritonenfries*

Die Brüstung, die den Vorsprung der Arkaden vom eigentlichen Rathausbau her abschließt, ist in die architektonische Gliederung mit einbezogen. Jeweils über den Säulen in Fortsetzung der Voluten, die die Tritonenpaare voneinander trennen, bilden Pfeiler in Gestalt von teigigen Ungeheuern auf jeder Seite vier Felder, die durch je ein Feld an der Schmalseite der Arkaden abgeschlossen werden. Stein[646] setzt die Entstehung dieses Arkadenabschlusses an das Ende des Bauabschnittes der Außenfassade in die Jahre 1613/14. Das erste Auftreten des sogenannten Ohrmuschelstiles manifestiert sich hier zum erstenmal in Bremen an dieser Stelle in so ausgesprochener Form. Dieser Stilrichtung sind auch die Umrahmungen der Wappen am Güldenkammerrisalit zuzurechnen. Tatsächlich heben sich diese Formen von der übrigen Gestaltung der Fassade als andersartig ab.

Auf jeder Seite ergeben sich zum Marktplatz hin je vier Brüstungsteile, von denen auf jeder Seite je zwei von ihrer Form und ihrem Inhalte her zusammengehören. Ebenfalls sind die beiden Brüstungsteile der Schmalseiten vergleichbar. Die Teile, die sich an den Risalit anschließen, und die beiden übernächsten nach außen hin ergeben durch die Abbildungen von je zwei Engelköpfen einen Zusammenhang. Unter dem Abschlußsims erscheinen in jedem Brüstungsteil je drei Löwenköpfe, eigenartigerweise zum Teil mit Hörnern. Ihre Pranken entdeckt man rechts und links der regelmäßigen Sechsecke in der Mitte und an den Rändern des Bildfeldes. Zu jedem Kopf gehören am unteren Rand auch zwei Hinterläufe. Die Körper der Tiere enden wie die der Engel in Ohrmuschel- oder geometrischem Ornament. Die beiden äußeren Felder gehören dadurch zusammen, daß rechts und links der Mittelform mit einer Kopfmaske reine Negativrundformen erscheinen, die vom Ohrmuschelornament nicht überschnitten werden. Bei den beiden anderen Bildfeldern, die ihnen sonst entsprechen, ist das nicht der Fall. Die Anregungen für diese Formen, speziell aber die Löwen ohne eigentlichen Körper, sind vielleicht in Jamnitzers Groteskenbuch[647] zu suchen. Der Bildhauer hat die dort gebotenen wuchernden vegetabilischen Formen seiner inhaltlichen Vorstellung und der zur Verfügung stehenden Fläche angepaßt.

Der Ansatzpunkt für die inhaltliche Deutung sind die geflügelten Engelsköpfe. Sie verkörpern Cherubim, bei denen ein Paar Flügel den Körper verdecken und ein zweites Paar zum Fliegen ist. Unter den Köpfen erscheinen auch die ihnen eigentümlichen Räder, von denen Hesekiel schreibt, daß sie auch „der Wirbel" genannt wurden[648]. Das wird in einfacher und überzeugender Weise formal hier gelöst. Nehmen wir die phantastisch-genaue Beschreibung der Cherubim bei Hesekiel, Kap. 10, zu Hilfe, dann wird deutlich, daß jeweils ein Brüstungsteil einen Cherub abbildet. Es ist das in die Fläche geklappte Relief einer dreidimensionalen Figur: „Und es erschien an den Cherubim gleichwie eines Menschen Hand unter ihren Flügeln (V.8)." Das entspricht den Löwentatzen. „... siehe, vier Räder standen bei den Cherubim, bei einem jeglichen Cherub ein Rad" (V.9). „Und die Räder wurden genannt der Wirbel ..." (V.13). Dargestellt sind jeweils zwei Räder in Form von „Wirbeln". Alles an ihnen ist voller Augen (V.12). Diese Augen erscheinen in Form der „Teigkringel", einer verschobenen Volutenform, die, bedenkt man eine farbige Akzentuierung der höchsten ovalen Fläche, sehr wohl an Augen erinnern, auch wenn diese Formen nicht horizontal, sondern vertikal ausgerichtet sind. „Ein jeglicher hatte vier Angesichter; das erste Angesicht war eines Cherubs, das andere eines Menschen, das dritte eines Löwen, das vierte eines Adlers (V.14)." Am Rathaus sind nur Engelköpfe (Cherub und Mensch) und Löwenköpfe verwendet, wobei die gehörnten Löwenköpfe wohl auf die Beschreibung der Offenbarung hinweisen[649], wo statt von Cherub von Kalb die Rede ist. „Wenn sie gehen sollten, so konnten sie nach allen ihren vier Seiten gehen, und mußten sich nicht herumlenken, wenn sie gingen, sondern wohin das erste ging, da gingen sie nach ..." (V.11). Diese Beschreibung erklärt die Stellung der Beine, die genau wie die Räder nur in zwei Paaren vorhanden sind. Die angeschnittenen Figuren an den Rändern lassen sich nur so erklären, daß das Wesen dort wie auseinandergeschnitten ist und die beiden Löwenköpfe in den Ecken bei einer rundplastischen Zusammensetzung eines Brüstungsteiles zu einer vollplastischen Cherubgestalt würden. Die dazwischen liegenden Brüstungsteile mit dem einzelnen Kopf in der Mitte, aber unter Verwendung ganz ähnlicher ornamentaler Formen, mögen eine Wiederholung der Cherubsgestalt sein, wie sie Hesekiel immer wieder beschreibt: „Und die Cherubim schwebten empor. Es ist eben das Tier, das ich sah am Wasser Chebars" (V.15). Daß die geschwungenen, mit blattähnlichen Formen überzogenen und in einem „Teigkringel" endenden Details als Flügel zu interpretieren sind, zeigen die Grafiken Jamnitzers, wo die Flügel noch deutlicher zu erkennen sind. Die runden Negativformen sind hierbei wohl als Rad anzusehen, das durch das aufgesetzte Ornament in Bewegung gerät. Entsprechend der Möglichkeit des Hin- und Herfahrens ohne zu wenden, ist jeweils nur eine Hälfte des Rades „in eine Richtung gedreht". —

Die die Brüstung teilenden Pfeiler sind wie aus Teig geformte Wesen, deren „Füße" nach vorne in einem ovalen Anschnitt enden. Zwischen den „Beinen" wachsen federartige Formungen hervor. Die maskenartigen Köpfe, die sich zum Teil aus tierischen, z. T. aus menschlichen und pflanzlichen Teilen zusammensetzen, sind auf beiden Seiten von volutenartigen „Teigkringeln" bedrängt, die an die Flügelformen der eigentlichen Bildteile erinnern. Über dem Abschlußbalken, der an der Stelle vorkragt, wird die Volutenform der „Räder" wieder aufgenommen und von einem Fächer gekrönt. Möglicherweise wird hier ein drittes Mal versucht, die „Tiere", die Hesekiel beschreibt, plastisch zu formen. Auch hierbei dürften die

Abb. 166—169 *Teile der Brüstung über dem Tritonenfries und dem 1. bis 4. Arkadenbogen, Darstellung von Cherubim*

Abb. 170 *Brüstungsteil über der Schmalseite der Arkaden nach Westen*

Abb. 171 *Christoph Jamnitzer, Groteske, 1610*

Abb. 172—174 *Drei der die Brüstung teilenden zehn Pfeiler mit Masken*

Formideen von Jamnitzer stammen[650]. Die Vorlagen zu den Köpfen sind jedoch zum Teil in den Florismasken zu suchen. Das ist auf beiden Seiten der Brüstung bei den äußersten und innersten Figuren zu erkennen[651]. –

7.1.7. *Die Kopf- und Maskenfolgen am Mittelrisalit*

Alle Bögen der Rathausarkaden enden in einem Schlußstein, der als Kopf gearbeitet ist. Elf Köpfe schauen zum Markt und je einer an den Verbindungsbögen zum Hauptbau in Richtung Dom und zur Obernstraße hin. Bei der Gestaltung dieser Schlußsteine scheint der Bildhauer seiner Phantasie freien Lauf gelassen zu haben. Tier und Mensch, die Kombination von beiden und von Mensch und Pflanze bilden die verschiedensten Physiognomien und schauen über den vor dem Rathause Stehenden hinweg. Ein Engelkopf, ein Löwenhaupt sind zu erkennen. Das pausbäckige Gesicht des letzten Schlußsteines mit Weinlaub und -trauben statt Haaren läßt sich als Bacchus identifizieren, der fünfte als Satyrkopf, der siebte kann durch die Muschel im Haar als Neptun angesehen werden. Welche Bedeutung kann diese Reihe in so enger Nachbarschaft mit den Tugenden und den Sternkreiszeichen gehabt haben?
Ein Emblem[652] bietet eine Lösung an. Sein Lemma heißt: „TΩN ΛOTIKΩN ΛLΛ∅OPΛ". Der Text dazu verrät die Bedeutung des Emblembildes: „Jupiter steht in der Mitte des Himmelsraumes. Bei ihm sitzt die übrige Schar der himmlischen Götter ... Eine andere Schar bahnt sich einen Weg ... zum Himmel und bemüht sich, in die Versammlung aufgenommen zu werden. Unten blicken die bocksfüßigen Satyrn mit erhobenem Gehörn hinauf. Doch sie bleiben immer auf der Erde. Dies sind die drei Geschlechter: die Menschen, die Heroen, die Götter ... Die höchste Ruhe und Betrachtung ist den Göttern eigen, strahlende Tugend führt die halbgöttlichen Helden zu den Sternen. Doch die, deren Leidenschaften am Irdischen haften, sehen nur die Sterne, aber erreichen sie nicht."[653] Der Text trifft so genau den Zusammenhang, in den die Köpfe gestellt sind, daß der Gesamtsinn wohl vom Emblem hierauf übertragen werden kann. Verbindet man die Schlußsteine noch im einzelnen mit den Figuren daneben oder darüber, ergibt sich noch manche engere Beziehung. Der erste Kopf könnte der des Saturn sein, der zu seiner Tochter „Veritas" sich hinwendet. Der Engelkopf neigt sich der „Fortitudo", der achte, der Löwenkopf, befindet sich zwischen „Fides" und „Spes". Nun ist der Löwe das Christussymbol schlechthin. „Gesiegt hat der Löwe vom Stamme Juda."[654] Glaube und Hoffnung führen zu Christus, dem Sieger. Daß der Gott des Weines unter den beiden zechenden Tritonenpaaren erscheint, ist nicht verwunderlich. Neptun, der siebte Kopf, mag zu der Gestalt der „Sobrietas" als Reiterin auf einem Fisch in Beziehung gesetzt worden sein. Sollte das ganze Konzept auch Raum für Humor haben? Jedenfalls ist der einzige wirkliche Satyrkopf (Nr. 5) den politischen Tugenden der „Magnanimitas" und der „Concordia" zugeordnet. Nun ist der Satyr eine Verkörperung des Teufels. Es scheint nicht zu weit hergeholt, wenn man in diesem Zusammenhang an die verschiedenen Einigungsbestrebungen auf reformierter Seite denkt, bei denen sowohl Kreffting wie Pezelius mitwirkten, wie auch an die Versuche des Bürgermeisters in bezug auf Hanse und Städtebund, die letztlich alle scheiterten. Nur der Teufel konnte das verhindern. Dieses Thema wird an der Güldenkammer wieder aufgegriffen. Wer nur die politische Macht und die Einigkeit als Einzelziel anstrebt, bleibt ein Mensch. Er sieht die Sterne, kann sie aber nicht erreichen. Humor oder Resignation, wer mag das heute noch entscheiden? Dem Dome und damit dem erzbischöflichen Landesherrn ist der am wenigsten schmeichelhafte Kopf zugedreht. Die Mundwinkel sind mehr als zweifelnd hinuntergezogen, hinter dem phantastischen Kopfputz werden lange Eselsohren sichtbar. –
Zu den eindrucksvollsten plastischen Schöpfungen der Rathausfassade Lüder von Bentheims gehören die vier Halbfiguren über den Wappen der vier Bürgermeister von 1612. Sie trennen die Felder der Tugendkämpfe und Evangelisten voneinander. Geschuppte Volutenbänder laufen über ihre Schultern. Unterhalb der Brust tragen sie einen starken Balken, der mit Diamantformen besetzt ist. Damit sind diese menschlichen Halbfiguren stark in die Architektur eingebunden. Ihr dienender Charakter wird durch diese Einbindung ebenso deutlich wie ihre Funktion als Konsolen, die die darüber stehenden Säulen zu tragen haben.
Das Löwenfell über dem ersten Kopf weist seinen Träger als Herkules aus. Seine Stellung Anfang der Reihe mag auf den ersten Blick durch das Paar „Virtus" und „Voluptas" bedingt sein, die direkt daneben um den antiken Heros werben[655]. Doch die Gestalt mit dem über den Kopf gezogenen Fell verkörpert auch den „Winter". Die anderen Konsolfiguren erhärten diese Deutung. Sie stellen die übrigen Jahreszeiten dar.
Neben dem Herkules als „Winter" erscheint eine junge Frau mit Schleife und Blüten im Haar. Sie ist die Allegorie der „Ver", des „Frühlings". Ihr folgt ein abgehärmt wirkender älterer Mann mit Früchten und Weinlaub statt Haaren. Er verkörpert den „Autumnus", den „Herbst". Den Schluß bildet eine reife Frau, die in ihren Haaren eine große Blüte und Früchte eingeflochten trägt. Sie allegorisiert die „Aestas", den „Sommer".
Was bedeuten die Jahreszeiten an dieser Stelle der Rathausfassade

in Verbindung mit Tugendkämpfen und Evangelisten? Auf den ersten Blick scheint Waldmann doch Recht zu behalten, wenn er Lüder von Bentheim eine wahllose Anhäufung von gängigen Themen unterstellt, die nur dem Schmuck der Fassade zu dienen haben. Es ist noch nicht einmal eine sinnvolle Reihung der Jahreszeiten abzulesen, weder von links nach rechts noch, in Anlehnung an die Tugenddarstellungen der Zwickel, von innen nach außen. Häufig werden in der zeitgenössischen Kunst die Jahreszeiten in Verbindung mit den Lebensaltern dargestellt. Doch auch eine Folge: Jugend — Reife — hohes Mannesalter — Greisentum könnte zwar auf die ersten drei Jahreszeiten zutreffen, aber die Gestalt des „Winters" in der Figur des Herkules wird eindeutig jünger dargestellt als die des „Autumnus". Ein Vergleich mit der anderen Jahreszeitenfolge an der Fassade, nämlich in den Giebeln der Fenster der linken Fassadenseite, zeigt diese nicht nur in der „richtigen" Reihenfolge von links nach rechts, sondern auch „Hiems", den „Winter", als sich am Feuer wärmenden Greis mit langem Bart[656]. Ein Anbringen der Konsolen in verkehrter Reihenfolge vielleicht schon beim Bau oder nach Abnahme einzelner Bauteile zur Sicherung und Renovierung in späterer Zeit ist zwar bei der Fülle der Figuren nicht ganz auszuschließen, aber doch sehr unwahrscheinlich.

Da die Jahreszeiten nicht selten mit den vier Himmelsrichtungen in Zusammenhang gebracht wurden, wie z. B. von Dürer auf seinem Holzschnitt „Philosophia"[657], liegt es weiter nahe, die vier Konsolfiguren zu den unmittelbar darunter befindlichen Wappen der vier Bürgermeister, von denen je einer einen der vier bremischen Gohe im Rat vertrat, in Verbindung zu setzen[658]. Doch schon das erste Wappen, das des Bürgermeisters Zobel, der Obervieland vertrat, zeigt, daß diese vermutete Verbindung zu dem über ihm angebrachten „Winter", der für den Norden stehen müßte, nicht zutreffen kann.

Nun findet sich bei Luther eine Textstelle, die schlaglichtartig das Problem erhellt. Er schreibt in seinen „Dictata super Psalterium", in den Erklärungen zum 1. Psalm[659]: „Der Winter ist die Zeit des Gesetzes und der Synagoge. Der Frühling aber, die lieblichste Zeit des Jahres, ist die Zeit der Urkirche, da der Hl. Geist die lieblichste Zeit in Blüten, Früchten usw. hervorbringt ... Der Sommer aber bedeutet die Fülle und das Wachstum der Kirche, in dem die Klarheit größer geworden ist und die Wahrheit des Glaubens allgemein sich verbreitet hat, so daß sie zur Kenntnis aller gelangt ist. Der Herbst aber steht noch aus und ist jetzt schon ganz nahe, in dem die Ernte und die Weinlese des jüngsten Gerichtes gehalten werden." Luther hat sich sehr intensiv mit der Geschichte der Welt auseinandergesetzt. 1541 erschien seine „Supputatio annorum mundi", die „Berechnung der Jahre der Welt". In ihr wird deutlich — übrigens nicht viel abweichend von der Geschichtsauffassung seiner Zeit überhaupt —, daß er die Dauer der Welt mit 6000 Jahren berechnet. Dies entspricht den sechs Schöpfungstagen Gottes für die Welt: „Denn tausend Jahre sind vor dir wie der Tag, der gestern vergangen ist."[660] Luther berechnet das Jahr 5500 der Welt als das Jahr 1540 nach der Geburt Christi, das Jahr, in dem er das Buch schrieb. Die verbleibenden 500 Jahre bis zum Hereinbruch des Jüngsten Gerichts gilt es, nach Luther, für die Erneuerung der Kirche durch die Reformation zu nützen und den Kampf gegen die Unterdrückung und Verfolgung durch den Antichristen in der Gestalt des Papstes zu führen. Diese Vorstellung vom Papsttum als der Verkörperung des Antichristen hat ihren Niederschlag in der Gestalt der „Superbia", der „Mutter allen Übels", in der Reihe der Tugendkämpfe gefunden. Nun hat Luther diese letzte noch verbleibende Zeit der Geschichte als erheblich kürzer als 500 Jahre angesehen. So wie Christus nicht drei volle Tage im Reiche des Todes verblieben war, so wird, seiner Meinung nach, der letzte Tag der

Abb. 175—180 *Sechs der dreizehn Schlußsteine der Arkadenbögen: im 1. Saturn, im 4. ein Engel, im 11. Bacchus, im 7. Neptun, im 5. ein Satyr, im Bogen an der Schmalseite zum Dom eine Maske mit Eselsohren*

Abb. 181 *Jahreszeiten über den Säulen des Mittelrisalits: Winter (Herkules)*

Abb. 182 *Jahreszeiten über den Säulen des Mittelrisalits: Frühling*

Abb. 183 *Jahreszeiten über den Säulen des Mittelrisalits: Herbst*

Abb. 184 *Jahreszeiten über den Säulen des Mittelrisalits: Sommer*

Abb. 185 *Mittelrisalitteil über den Arkaden mit Tugenden, Tugendkämpfen, Evangelisten und Jahreszeiten*

Geschichte, d.h. die letzten 1000 Jahre, erheblich verkürzt sein. Luther hat der Welt nicht mehr als 100 Jahre gegeben, ohne sich allerdings auf einen genauen Termin für das Ende aller Dinge festzulegen. Das hat zur Folge gehabt, daß weit bis ins 17. Jh. hinein sich Kirche und Historiker sehr intensiv mit eschatologischen Fragen auseinandergesetzt haben. Dabei haben sich die Bremer Reformierten offensichtlich eher an Luther als an Calvin orientiert.
Die Jahreszeitenreihe am Rathaus beginnt zwar mit Winter und Frühling, endet dann aber mit Herbst und Sommer nach rechts hin. Sie bekommt nur die von Luther gegebene Reihenfolge und damit u.U. die damit verbundene Bedeutung, wenn sie jeweils von außen nach innen gelesen wird: von links: Winter – Frühling, von rechts: Sommer – Herbst. Die Mitte dieser so abgelesenen Reihe bilden die Evangelisten. Sie verkörpern die vier Bücher des Evangeliums, die Dokumente für die Existenz Christi. Determiniert werden sie durch die ihnen beigegebenen Attribute. Die bedeuten: der Engel des Matthäus die Menschwerdung Christi, der Stier des Lucas seinen Opfertod, der Löwe des Markus die Auferstehung und der Adler des Johannes die Himmelfahrt[661]. Das heißt, anders formuliert: Diese Reliefs können sehr wohl nicht nur das Wort Gottes in der Gestalt des Neuen Testamentes meinen, sondern mindestens genausogut Christus selber, den Johannesvers von dem „Wort, das unter uns Fleisch ward" illustrierend[662]. Die Begründung dafür liegt in der Größe der Evangelistenattribute. Sie sind von der Bedeutungsgröße her als fast ebenso wichtig wie die Evangelisten selber anzusehen. Diese Paarigkeit in der Darstellung verbindet sie mit den Tugendkämpfen zu ihren Seiten. –
Nimmt man diesen Deutungsversuch als Arbeitshypothese, so ergibt sich aus ihrer Nähe zu den Tugendkämpfen und der Reihe der Tugenden in den Zwickeln[663] ein deutlicher Sinnzusammenhang. Dabei ist vom inhaltlich Wichtigsten, den Evangelisten mit ihren Symbolen, auszugehen. Diese sind eine Umschreibung der Person Christi, und zwar nicht in der in der Kunst immer wieder dargestellten Form etwa des Gekreuzigten. Sie umfassen Gottes Sohn, der unter Menschen gelebt hat, wie auch den Christus des Jüngsten Gerichts. Sind die Jahreszeiten die Symbole für eine Visualisierung der Weltgeschichte, wie sie Luther beschrieb, dann wird Christus – die Evangelisten und ihre Symbole – links begrenzt durch den „Frühling", die Verkörperung der Zeit seiner Geburt und des frühen Christentums. Rechts neben dem Verfasser des letzten Evangeliums wie auch der Offenbarung, der Beschreibung der letzten Dinge, ist der Herbst dargestellt als Allegorie der letzten Zeitepoche, an deren Ende Christus wieder erscheinen wird.
Es liegt nahe, die Tugendkämpfe, d.h. je ein Feld, den ihnen benachbarten Jahreszeiten zuzuordnen. Damit erhalten auch die die einzelnen Felder voneinander trennenden Pilaster nicht nur eine formale, sondern auch eine inhaltliche Bedeutung. Daß der Winter, in dessen Gestalt sich nach Luthers Vorstellung die Zeit des Alten Testaments – aber auch der Antike – verkörpert, als Herkules gestaltet ist, nimmt in der Spätrenaissance in einer Hochschulstadt nicht wunder. „Virtus" und „Voluptas" sind direkt neben ihm plaziert, die „Virtus" wendet sich ihm zu. An dieser Stelle haben wir es mit einer ikonologisch interessanten Variante des zu der Zeit immer wieder auftretenden Themas der Wahl des Herkules zwischen dem steinigen und steilen Weg der „Virtus" und dem bequemen und einfachen der „Voluptas" zu tun. Hier steht er nicht wie üblich zwischen den beiden Frauenfiguren, sondern – fast genrehaft dargestellt – die „Voluptas" als altes, häßliches Weib versucht, die jüngere, schöne „Virtus" von einer Zuwendung zum Helden hin abzuhalten. Vergegenwärtigt man sich, daß Herkules und seine Taten als typologisches Vorbild zu Christus und seinen Wundertaten angesehen wurden, dann wird dieses Bild noch mehr verständlich. Dieser Gruppe ist der handfeste Gegensatz von „Mäßigkeit und Gier" zugesellt.
Dem Frühling als Allegorie der Zeit Christi auf Erden und der frühen Kirche ist nicht nur die „Wahrheit" in ihrem Sieg über die „Lüge", sondern auch die Überwindung der „Ungerechtigkeit" durch die „eine Gerechtigkeit" zugeordnet. Ganz offensichtlich ist hier das Thema „Gesetz und Evangelium" in einer unüblichen Ausformung präsentiert. Oft wird dieser Gegensatz durch den dürren Baum des Todes als Verkörperung des Gesetzes, des Alten Testaments, und dem grünen Baum des Lebens als Christus oder als Evangelium dargestellt. Durch die Menschwerdung Christi wird das Gesetz des Volkes Israel überwunden. Diese Deutung korrigiert bis zu einem gewissen Grade den isolierten Deutungsversuch als „Intelligenza und Iniustitia"[664].
Dem Sommer in seiner Bedeutung als „Fülle und Wachstum der Kirche, in dem die Klarheit größer geworden ist und die Wahrheit des Glaubens allgemein sich verbreitet hat, so daß sie zur Kenntnis aller gelangt ist ...", wie Luther schreibt, sind herrscherliche Gestalten zugeordnet. Die „Freiheit" hat die „Knechtschaft" überwunden. Gemeint sind hier ganz sicher nicht in erster Linie die Begriffe in der Bedeutung, wie sie heute etwa politisch, wirtschaftlich oder auch sozial verstanden werden. In dem vorliegenden Zusammenhang kann eigentlich nur die Freiheit gemeint sein, unter der Wahrheit des Glaubens und in der Fülle der Wahrheit und der Gemeinschaft der Gläubigen leben zu können. Paulus hat in seinen Briefen dies immer wieder beschrieben. Seine Worte im Galaterbrief scheinen durch das Relief geradezu illustriert zu sein: „So bestehet nun in der Freiheit, zu der Christus uns befreit hat, und lasset euch nicht wiederum in das knechtische Joch fangen."[665] Die „Unfreiheit" bedeutet hier im Sinne des Glaubens die Gefangenschaft im alten Leben, im alten Gesetz, in einem Leben, das mit der unentrinnbaren Knechtschaft des Todes endet. Aus der „Freiheit" des Glaubens heraus gelingt es der „Humilitas" (Demut), der „Superbia" (Hochmut) in der Gestalt des päpstlichen Antichristen die Macht – symbolisiert durch das Schwert – aus der Hand zu nehmen und das Zeichen der Herrschaft über die Welt unter dem Kreuz hochzuhalten.
Die beiden Tugendpaare, die dem „Herbst" als der letzten Zeitspanne vor dem Ende aller Zeiten sich zuordnen, scheinen wie eine Illustration der Beschreibungen in der Offenbarung des Johannes zu sein. Er beschreibt dort, wie „Wut" und Gewaltakte gegenüber den Gläubigen sprunghaft zunehmen. Diese können nichts tun, als sich in „Geduld" zu üben und wie die klugen Jungfrauen aus dem Gleichnis wachsam das Ende erwarten und es nicht schlafend ver-

Abb. 186—189 *Vier der zehn Masken von den Säulensockeln zwischen den Fenstern des Mittelrisalits*

Abb. 190—193 *Vorbilder aus der Maskenfolge von Cornelis Floris, um 1548, gedruckt 1555*

passen wie die törichten Mädchen, die auf den Bräutigam warten sollen[666]. Für diesen Gegensatz stehen „Prudentia" und „Acedia" (Klugheit und Trägheit). —

Bezieht man noch die Tugendreihe über den Arkaden in diese Zusammenhänge mit ein, so verwundert es nicht, daß neben den großen Heros der Antike die „Fortitudo" und die „Magnanimitas", der „hohe Mut", gestellt sind. In der Zeit vor Christus, der Zeit des Judentums und vor allem auch der Antike, ist das Ziel aller tugendhaften Bemühungen die Erkenntnis der „Wahrheit", die in der „Philosophie" zu finden ist. Beide stehen am Ende dieser Reihe. Doch diese Reihe ist nach links hin orientiert, es ist nicht die richtige, die „rechte" Richtung. Daß neben dem „Sommer" als der Hoch-Zeit des Glaubens die „Fides" (Glauben) verkörpert ist, erscheint nur folgerichtig. Die übrigen Kardinaltugenden führen den Gläubigen zur „Victoria", zum „Sieg" dessen, der das Himmelreich gewonnen hat. Diesen Sieg verbreitet die „Fama", der „gute Ruf", überall hin im Himmel und auf Erden.

Auch die Tugendallegorien unter dem Mittelrisalit lassen sich, ohne daß man ihre Bedeutungsaussagen verbiegt, den Jahreszeitendarstellungen zuordnen. Der alttestamentarischen Zeit steht die „Magnanimitas", die kaiserliche, aber auch die göttliche „Hochherzigkeit", nahe. In dieser Zeitspanne hat nicht nur Gott seinen „Großmut" in Wundern am Volke Israel bekundet, sondern auch der des Kaisers, entstanden aus seiner Machtfülle, wurzelt noch in diesem Zeitabschnitt der Geschichte. Als ihren Begründer sah man Caesar an, einen der neun „guten Helden". Daß die Zeit Christi und die Leidens- und Märtyrerzeit der Urkirche sich nahe der „Patientia" mit ihren symbolischen Hinweisen Lamm, Kreuz und Fesseln befinden, verwundert ebensowenig wie das Heranrücken der „Concordia" an diese Zeit.

Die „Historia" unter der Allegorie der Zeit des Glaubens und der Kirche blickt einerseits über ihre Schulter zurück, um die Geschichte zu erkennen; andererseits — und das ist sicher kein Zufall — schaut sie zur Endzeit in der Gestalt des „Herbstes" hin. Denn die intensive Beschäftigung mit der Geschichte, vor allem der Weltgeschichte, hat für den Gläubigen der Reformationszeit vor allem den Sinn, festzustellen, an welchem Punkt des zeitlich begrenzten Weltlaufes er sich selber befindet, um auf das mit Sicherheit erwartete Ende der Zeiten vorbereitet zu sein. „Castitas" und „Sobrietas" ordnen sich dieser letzten Zeit vor dem Ende der Welt zu. Der Gläubige, der mit „Enthaltsamkeit" — besser vielleicht übersetzt mit „Nüchternheit", verstanden im direkten und im übertragenen Sinne — diese letzte Zeit der Geschichte zu bewältigen in der Lage ist, wird mit „hohem Mut" dem Jüngsten Gericht entgegensehen können. —

Die Konsolen der zweimal vier toskanischen Säulen des Mittelrisalits tragen auf der Stirnseite, zum Markte hin, jeweils flaches Beschlagwerk, aus dessen Mitte sich im Hochrelief eine Maske vorwölbt. Die beiden äußeren Säulensockel der oberen Reihe zeigen jeweils auch noch seitlich nach außen je eine Maske, so daß im ganzen zehn Kopfmasken verwendet wurden. Die anderen beiden äußeren Sockelseiten tragen jeweils einen Stein in Diamantschliff in der Mitte des Beschlagwerkes.

Die Masken entstehen, z. T. ähnlich denen auf den Schlußsteinen der Rathausarkaden, aus einem Zusammenspiel von menschlichen, tierischen, vor allem aber pflanzlichen Elementen. Während fast alle Köpfe über das Beschlagwerk hinauswuchern, sind die äußeren der unteren Reihe durch dieses eingerahmt. Bei dem Löwenkopf fällt auf, daß er der einzige der ganzen Reihe ist, der nicht aus unterschiedlichen Elementen zusammengesetzt ist. Das ist in ganz ähnlicher Weise auch bei dem entsprechenden Schlußstein der Arkadenbögen der Fall. Beide befinden sich auch fast übereinandern.

Für alle anderen Köpfe dieser Reihe finden sich die Vorbilder in einer Stichfolge von Masken. Hedicke[667] weist auf Grund von Stiluntersuchungen Cornelis Floris als „Erfinder" dieser Reihe aus, die um 1548 entstanden sei, aber erst um 1555 von Hans Liefrinck verlegt wurde. Die Serie enthält im ganzen 18 Stiche einschließlich

Abb. 194—195 *Zwei der vier Engelköpfe über den Säulen zwischen der ersten Fensterreihe des Mittelrisalits*

eines Titelblattes mit der Inschrift: „Pourtraicture ingenieuse de plusieurs façon de Masques, fort vtile aulx painctres, orfeures, Taillieurs de oierres, voirriers et Taillieurs dimages“[668]. Diese unter anderem auch ausdrücklich für Steinmetzen als Vorlage gedachte Stichserie ist mehrfach, auch von Italienern, nachgestochen worden und erfuhr sogar noch im Rokoko eine Umarbeitung. Sie muß über den direkten Floriskreis hinaus[669] außerordentlich beliebt gewesen sein, wie ihre häufige Verwendung in der Bauornamentik der folgenden Jahrzehnte beweist. Als Beispiele seien hier nur der Friedrichsbau (1601—1607) des Heidelberger Schlosses und das Philippsepitaph in der Marienkirche zu Kassel von Elias Godefroy und Adam Liquier[670] genannt.

Die Masken der Säulenkonsolen sind meist sehr genaue Übersetzungen der grafischen Vorlage ins Plastische. Der rechte Kopf der oberen Reihe ist offensichtlich aus zwei Stichen (X, 13 und XI, 10) zusammengesetzt, und für den zweiten von links in der unteren Reihe müssen wir das gleiche annehmen. Die Vorlage für die zweite Maske von links in der oberen Reihe ist, eine Ausnahme in der Stichserie, im Profil gestochen. Hier wird sie mit vielen Details, z. B. den Voluten und dem Lorbeerkranz im Haar, von vorne gegeben. Das Vorbild für die Maske seitlich oben rechts und für die unten links ist das gleiche. Die Vorlage ist bei der letzteren leicht abgewandelt. —

Eine Anzahl der als groteske Masken ausgearbeiteten Schlußsteine der Arkadenbögen ist ebenfalls nach dieser Stichserie gearbeitet worden. Nr. 1, 4, 8 halten sich sehr eng an die Vorlage, Nr. 6, 7, 10 und 11 verwenden Elemente verschiedener Stiche. Das gleiche gilt für die Pfeiler der Brüstung über den Arkaden[671]. Die Verwendung der gleichen Vorlage für ähnliche plastische Gestaltungen an verschiedenen Stellen und in unterschiedlichen Zusammenhängen läßt für die ikonographische Analyse nur zwei Möglichkeiten zu. Da für die Schlußsteine eine Sinngebung erkannt wurde, kann die Verwendung gleicher Formen nur bedeuten, daß die beiden anderen Reihen in gleicher oder ähnlicher Bedeutung gedacht waren. Als zweite Möglichkeit ist denkbar, daß die Stichvorlagen bedeutungsfrei entwickelt wurden und es ihrem Benutzer dadurch freigestellt war, sie in unterschiedliche ikonographische Zusammenhänge so einzubauen, daß sie hineinpaßten[672]. Diese zweite Möglichkeit kann hier am Rathaus als die wahrscheinlichere angesehen werden, da bei den Brüstungspfeilern und den Schlußsteinen unterschiedliche Bedeutungen vorzuliegen scheinen. Zwar ist es naheliegend, den Sinn des Löwenkopfes in der Konsolreihe als Symbol für Christus analog zu den Schlußsteinen zu sehen, doch bleibt die Bedeutung der anderen Masken ungeklärt. Vielleicht können die Reliefs der Säulenschäfte eine Klärung herbeiführen. —

Im Bereich des Güldenkammerrisalits schließen sich an die Maskenserie der Säulensockel verschiedene Reihen von Engelköpfen an. Die vier toskanischen Säulen zwischen der ersten Fensterreihe tragen ein verkröpftes Gebälk. Diese kämpferartige Form zeigt nach vorne hin jeweils einen von einem Flügelpaar umgebenen Engelkopf und zu beiden Seiten einen muggelig geschliffenen Stein in Fassung. Unter ihnen wird eine Leiste mit je sieben Glöckchen sichtbar. Der zwischen den Engelköpfen verlaufende Fries der Sinne und Künste wird durch drei vorkragende Konsolen weiter unterteilt, auf denen in der Mitte ein Engelkopf mit nach unten zeigenden Flügeln, links eine Löwenmaske und rechts eine weitere anthropomorphe Maske erscheinen. Direkt unter diesen werden in dem durch schmale ionische Säulen gestützten Fenstersturz drei weitere geflügelte Engelköpfchen sichtbar. Über ihnen ist ein Stab mit je fünf Glöckchen angebracht. Über den entsprechenden Säulchen der oberen Fensterreihe springt das Gebälk konsolartig vor und trägt drei weitere geflügelte Engelköpfe, während der Rest der Konsole als mit Federn bedeckter Engelleib ausgebildet ist.

Versteht man die Engel nicht nur als Träger einer ornamentalen, sondern auch einer ikonographischen Ordnung, was nach dem bisher Erkannten anzunehmen ist, dann ist ein Zusammenhang zu suchen, in dem zweimal drei Engel und ein weiterer im Zentrum erscheinen sowie eine Gruppe von vier gleich gestalteten. Die Stätte der Engel ist vor dem Throne Gottes[673]. Nur in der Offenbarung des Johannes treten Engel in dieser Kombination vor dem Throne Gottes auf. Sie findet sich in der Vision der sieben Engel, die mit ihren Posaunen das Jüngste Gericht einleiten[674]. Johannes berichtet von fünf posaunenden Engeln und den Strafen für die Menschheit, die sie auslösen. Der sechste Engel erhält den Befehl, die vier Engel zu lösen, „die gebunden sind an dem großen Wasserstrom Euphrat“[675]. Diese töten durch ihre Macht ein Drittel der Menschheit. Im 10. Kapitel berichtet Johannes dann von der Vision eines starken Engels, der vom Himmel herabgekommen sei, „der schrie mit großer Stimme, wie ein Löwe brüllt; und da er schrie, redeten sieben Donner ihre Stimme“[676]. Er verkündet, daß keine Warte-

Abb. 196—198 *Fortsetzung der Fenstersäulchen der Güldenkammer*

Abb. 199—202 *Konsolen unter dem Kranzsims des Mittelrisalits über den Säulen zwischen den Fenstern: Altersdarstellungen*

zeit mehr übrig sei, sondern daß, wenn der siebente Engel seine Stimme erhöbe, das Geheimnis Gottes vollendet werde.

Legt man diese zusammenhängenden Textstellen einer Deutung zugrunde, dann wären die Engel über den ionischen Säulchen die Engel der ersten sechs Posaunen. Die Engelköpfe über der unteren Reihe der toskanischen Säulen entsprächen aus dieser Sicht den vier am Euphratstrome losgebundenen Engeln. Der „starke Engel vom Himmel" müßte dann der zwischen den beiden ersten „Künsten" sein. Denkbar wäre, daß der Löwenkopf und die andere Maske mit dem aufgerissenen Munde und den Haarsträhnen rund um den Kopf eine Illustration seiner Stimme wäre: „ . . . er schrie, . . . wie ein Löwe brüllt; und da er schrie, redeten sieben Donner ihre Stimme". Denkbar wäre auch, daß beide Masken die Schrecken der vier losgebundenen Engel symbolisieren könnten: „Und die Häupter der Rosse waren wie Häupter der Löwen . . . und ihre Schwänze . . . hatten Häupter, und mit denselben taten sie Schaden."[677]

Die aus dem Zahnschnitt entwickelten Schellenstäbe sind so auffallend, daß man sie kaum als reinen Zierat verstehen kann. Schellen sind Bestandteil der alten jüdischen Priesterkleidung und damit Symbol des Zeugnisses. Sie läuteten, wenn der Hohepriester das Heiligtum betrat oder wieder daraus hervorschritt[678]. Trifft diese Deutung zu, dann mögen die gefaßten Edelsteine beiderseits der vier großen Engelköpfe auch mit dem Ornat des Hohenpriesters zusammenhängen. Auf den Schultern trägt er je einen geschliffenen und gefaßten Onyx, auf dem je sechs Namen der Stämme Israels eingraviert sind[679]. Aaron soll ihre Namen vor dem Herrn auf seinen Schultern zum Gedächtnis tragen. Aaron, der erste Hohepriester Israels, ist Typus für Christus als Hoherpriester; Aarons Söhne sind ein Typus der Gläubigen als Priester im Zeitalter der Gemeinde[680]. Vielleicht sind diese Symbole den Engeln des Jüngsten Gerichtes beigegeben, um sie als Priester vor dem Throne Gottes auszuweisen. Sie sind Zeugnisse der Macht Gottes und könnten verdeutlichen, daß die Gemeinde und ihre Gläubigen vom Gericht verschont werden. Erst der ikonologische Zusammenhang wird klären, ob die angenommene Deutung beibehalten werden kann. —

Das vorkragende Dachgesims des Mittelrisalits wird von Konsolen getragen, bei denen sich architektonische und anthropomorphe Formen durchdringen. Sie sind als ionische Kapitelle konzipiert,

Abb. 203—205 *Drei der dreizehn Löwenkonsolen des Kranzsimses; links Christus als „Löwe aus Juda" auf dem Thron Salomonis*

die mit menschlichen Halbfiguren als Atlanten verbunden sind. Über den vier großen ionischen Säulen erkennen wir männliche Halbfiguren, die, wie unter einer schweren Last gebeugt, die Köpfe nach oben drehen. Form und plastische Gestaltung stellen sie neben die Personifikationen der Jahreszeiten. Beide Reihen sind gradlinig miteinander verbunden. Kompositorischer Zusammenhang und formale und inhaltliche Entsprechungen — über den beiden jungen Frauen befinden sich die Figuren junger Männer, und die bärtigen Alten beider Reihen stehen ebenfalls übereinander — lassen einen engen thematischen Zusammenhang vermuten. Nimmt man noch die altersmäßige Darstellung hinzu, so drängt sich die Vermutung auf, hier die Allegorien der Lebensalter des Menschen vor sich zu haben. Jugend, frühes und hohes Mannesalter und endlich das Alter selber hätten dann an dieser Stelle Gestalt gewonnen. In der Grafik des 16. und 17. Jahrhunderts sind Folgen von Darstellungen der Menschenalter zahlreich zu finden. Meist werden sie im Siebener- oder auch im Zehnerzyklus geboten. Aber auch der Viererzyklus im Vergleich zu den Jahreszeiten kommt vor. Gerade diese Verbindung finden wir am Rathaus. Auch die Kombination von Tugend- und Altersdarstellungen ist nichts Ungewöhnliches. Als ein Beispiel seien die Wandmalereien von Tobias Stimmer im Schloß von Baden-Baden genannt[681]. Entsprechen die Altersdarstellungen den Jahreszeitenallegorien über den Bürgermeisterwappen, dann wäre die Reihenfolge von links nach rechts: Allegorie des Alters, der Jugend, des reifen und des frühen Mannesalters. Im Zusammenspiel mit den sich zwischen ihnen befindenden Tugend- und Elementenpaaren bieten sich ebenfalls ikonologische Zusammenhänge an. Mit der Erde in Gestalt der Elemente schuf Gott auch den Menschen. Verbindet der Mensch mit dem Blick auf Gott Glaube und Tugenden, so winken ihm im Alter nicht nur irdischer Ruhm, symbolisiert durch den Lorbeerkranz, sondern auch das Ewige Leben, da er vor dem Throne Gottes und seinem Gericht bestehen kann.

Nebenbei sei darauf hingewiesen, daß die Temperamente des Menschen mit den Elementen in Zusammenhang gebracht wurden[682]. Äußerlich ist kein direkter Hinweis erkennbar, daß diese Beziehung auch hier gemeint ist. Doch ist es auffällig, daß Kopfform und -haltung der beiden jugendlichen Gestalten große Ähnlichkeit mit den Köpfen von „Aer" und „Ignis", aber auch der „Aqua" der Elementenserie von Hendrik Goltzius[683] haben. Die Gesichtstypen der Konsolen lassen sich durchaus mit den dazugehörigen menschlichen Temperamenten vergleichen. Das würde auch das „Durcheinander" der Reihe, die ja nicht von links nach rechts ablesbar ist, erklären. Dennoch bleibt dieser Zusammenhang weitgehend Vermutung. —

Zwischen die Altersallegorien eingeschoben und als Kombination von Tier und ionischem Kapitell gearbeitet erscheinen über den dünnen Säulchen zwischen den Fenstern drei halbfigurige Löwen. Der mittlere ist dadurch herausgehoben, daß er wie die menschlichen Figuren ein breites Band über den Schultern trägt und mit den Vorderbeinen einen mit Diamantquadern besetzten Querriegel vor der Brust hält. Die beiden anderen sind von Voluten beiderseits des Kopfes eingeschlossen. Ein weiterer Blick genügt um festzustellen, daß sich die Löwenreihe an den Schmalseiten des Güldenkammerrisalits und weiter unterhalb des Dachsimses bis an die Ecken der Marktseite des Rathauses fortsetzt. Zu beiden Seiten des Mittelrisalits halten je vier Löwen in ihren Tatzen Kugeln. So ähnlich diese acht Löwen auf den ersten Blick erscheinen, so erkennt man bei genauer Betrachtung doch, daß alle unterschiedlich gearbeitet sind. Eine Reihe von zwölf Löwen ist also symmetrisch auf den dreizehnten in der Mitte hin zugeordnet. Die Zwölfzahl der Löwen verbindet sich mit den Stufen des Thrones Salomos[684]. Nirgends aber erscheint die Zahl „Dreizehn" im Zusammenhang mit dem Löwenthema. Nähme man noch die zwei Löwen an der Lehne des Salomonthrones hinzu, ergäbe das die Zahl „Vierzehn", nicht aber Dreizehn.

Nun ist durch die Engelköpfe der Blick schon auf die Offenbarung gelenkt. Johannes schreibt im 5. Kapitel, Vers 5—7: „Siehe, es hat überwunden der Löwe, der da ist vom Geschlechte Juda, die Wurzel David, aufzutun das Buch und zu brechen seine sieben Siegel. Und ich sah mitten zwischen dem Stuhle (Gottes) und den vier Tieren und zwischen den Ältesten ein Lamm . . . und es nahm das Buch aus der rechten Hand des, der auf dem Stuhle saß." Die zentrale Stelle, an der der mittlere Löwe oberhalb genau in der Mitte zwischen den „vier Tieren", die in ihrer Gestalt den Attributen der vier Evangelisten gleichen, direkt in der Mitte über den Arkaden einerseits und der Spitze des Giebels über dem Mittelrisalit andererseits plaziert ist, gibt einen ersten Hinweis darauf, daß dieser Giebel ein Abbild des Thrones Gottes sein könnte, wie er in der Offenbarung beschrieben wird. Die zweimal sechs Löwen zu beiden Seiten wären dann das Symbol der sechs Stufen des Thrones Salomos, des Sinnbildes der Gerechtigkeit und Weisheit. Hinter den beiden Kriegern, die den Mittelgiebel flankieren, tragen zwei hockende Löwen das unterste Paar Obelisken. Sie könnten sehr wohl den Armlehnen des Salomonthrones entsprechen. Trifft diese Deutung zu, dann wären in die Gestaltung des Thrones Gottes nach der Beschreibung der Offenbarung Formzusammenhänge des alttestamentlichen Typus des Thrones der Weisheit und Gerechtigkeit mit übernommen. Die formale Bildung des Löwen in der Mitte, sein Zusammenhang mit den menschlichen Halbfiguren ihm zur Seite und seine Stellung in der Gesamtkomposition des Mittelrisalits und seines Giebels „mitten zwischen dem Stuhle und den vier Tieren" sind zu auffällig, als daß über die Deutung von Christus als „Löwe vom Geschlecht Juda" auf den Stufen des Thrones Gottes hinweggegangen werden könnte. Damit verdichtet sich auch die Vermutung über die Bedeutung bisher beschriebener Einzelteile der Fassade, die in Richtung dieses Themas zielt. —

Die mittlere Löwengestalt ist in Haltung und Verbindung zu den Architekturteilen mit den vier Lebensaltern in der Form menschlicher Halbfiguren aufs engste verbunden. Damit wird zwischen Christus, „dem Löwe aus dem Stamme Juda", und dem sterblichen Menschen eine sehr enge Verbindung geknüpft. In seiner Gestalt ist Gott Mensch geworden, er nahm menschliches Altern, menschliches Temperament auf sich. Damit würden die Alters- und Tempe-

Abb. 206 *Mittelrisalit*

ramentsdarstellungen zur Symbolisierung seiner Gott-Mensch-Gestalt beitragen. Es ist schon festgestellt worden, daß die Anordnung der Lebensalter denen der Jahreszeiten entspricht. Auch sie sind auf die umschriebene Gestalt Christi in der Mitte des Risalits ausgerichtet. Vielleicht darf die Allegorisierung der Geschichte in den Jahreszeiten auf das „Alter" Christi übertragen werden. Christus und Gott sind eins. Sie sind vor seiner Geburt schon da. Christus, als Mensch gewordener Gott, erlebte Jugend und reifes Mannesalter, dann wurde er gekreuzigt. Die Stützkonsolen wären bei dieser Deutung ebenso wie die Jahreszeiten auf Christus, den Löwen in der Mitte, hin zu lesen: von links zur Mitte und von rechts zur Mitte. Damit würde auch diese Serie einer vielschichtigen Bedeutung unterliegen. –

Diese Deutung der Löwenkonsole als Christus auf dem Thron Salomonis und die enge formale und kompositorische Verbindung zu den Jahreszeitenallegorien als Bild der Geschichte lassen die Vermutung aufkommen, daß bei den Allegorien der Menschenalter noch eine andere Bedeutung vorliegen könnte. Überraschenderweise ergibt sich eine enge Verbindung von der bildhaften Geschichtsvorstellung Luthers zu der Calvins, des Vaters der reformierten Kirche[685]. Dieser sieht einen engen Zusammenhang zwischen dem Ablauf der Geschichte und dem Schicksal der Gemeinde. Da die Gemeinde durch ihr zunehmendes Alter auf Gott hin zuwächst, kommt er zu dem Vergleich der Zeitalter mit den Lebensaltern des Mannes. Er nennt den Alten Bund, das Zeitalter des A. T. und die Zeit des Volkes Gottes unter dem Gesetz das „saeculum puerile", das Zeitalter der Jugend oder auch der Unmündigkeit. Die Zeit des Neuen Bundes aber, das Zeitalter der Erfüllung und der Gemeinde seit dem Erdenleben Christi, wird ihm zum „saeculum virile", dem männlichen Zeitalter, dem der menschlichen Reife. Das erstere reicht von der Schöpfung bis zur Menschwerdung Christi, das zweite von da an bis zu seiner erneuten Wiederkehr. Dabei unterteilt er das erste Zeitalter nochmals in die Geschichtsperiode der ersten Menschheit, die in der Sintflut ihr Ende fand, während die erste Epoche des darauffolgenden „saeculum puerile" nach Calvin von Noah bis zum Bunde Abrahams und die zweite von da bis zur Geburt Christi dauerte. Das „saeculum virile" versteht er ebenfalls geteilt. Seine erste Epoche reicht bis Luther und die zweite von der Reformation bis zum Jüngsten Gericht, wenn Christus wiederkommt. In diesem Zeitabschnitt entstand der Rathausumbau. Durch diese Geschichtsvorstellung Calvins klären sich auch schlagartig Inhalt, Form und Komposition dieser Konsolenreihe. Wie in der unteren Reihe ist Christus, der „Löwe aus Juda", das Zentrum, hier allerdings versinnbildlicht bei seinem zweiten Kommen als Richter. An ihn schließen sich nach links die zweite Epoche des „saeculum puerile" an, an derem Ende Christus Mensch wurde, und nach rechts, wie ein Sieger mit dem Lorbeerkranz bekrönt, die Epoche der Gegenwart des Jahres 1612, die Christus in nächster Zukunft erwartete. Deshalb ist sie ausgezeichnet vor allen anderen. Rechts davon schließen sich die Allegorie der Zeit bis Abraham an und ganz links die Zeit der Urkirche bis Luther. Calvin versteht Geschichte also primär als Geschichte der Gemeinde, und so gehört für ihn, anders als bei Luther, die Zeit bis zur Sintflut nicht mit dazu. Die Deutung dieser Allegorien nach der Geschichtsvorstellung Calvins erklärt die fast identische Darstellung der beiden jugendlichen Halbfiguren, den Lorbeerkranz und die völlig gleiche Einbindung in das ornamentale „Tragwerk", das beide Figurengruppen gemeinsam haben. Vor allem macht es aber die sonst kaum verständliche Anordnung und Reihenfolge der Konsolsteine verständlich. Die beiden äußeren Figuren gleichen vom Typ her den entsprechenden der unteren Reihe, nicht jedoch vom Inhalt her. Damit wird die Beziehung im Punkt der Altersdarstellung zur unteren Reihe korrigiert. Sie bleibt nur bei äußerlicher und formaler Betrachtung bestehen.

Die Darstellung zweier Geschichtsvorstellungen am Rathaus kann nicht als Wiederholung verstanden werden. Für Bremen gibt es in diesem Bereich kein „richtig" oder „falsch". Calvin „fußt" mit seiner Vorstellung auf der Luthers. Bei Luther manifestiert sich Weltgeschichte, wenn auch primär vom Glauben und von der Kirche her verstanden. Calvin versteht Geschichte als Weltgeschichte der Gemeinde des Herrn, deren Endpunkt das Jüngste Gericht ist, das Auftreten der Gemeinde vor dem Richterthron des „Löwen aus Juda". Das Zeitalter, die Gemeinde und diejenigen Gläubigen, die das direkt erleben dürfen, sind in besonderer Weise ausgezeichnet[686]. –

Durch diese Deutung der Konsolfiguren erhalten auch die Reliefs zwischen ihnen[687] in ihrer Anordnung einen neuen Sinn. Der Christuskonsole zunächst erscheinen „Pax" und „Fortitudo". Christus bringt durch seine göttliche Stärke bei seinem erhofften Kommen Frieden. Dazu gehören noch „Justitia" und „Temperantia", die Tugenden des weisen Richters. Zwischen den beiden bärtigen Konsolfiguren sind alle Tugenden angeordnet. Es sind die der christlichen Gemeinde. Zwischen erstem und letztem Zeitabschnitt erscheinen die Elemente. Sie verkörpern die Existenz der Welt vom Anbeginn bis zu ihrem Ende. –

### 7.1.8. *Die Reliefs der Säulen*

Die acht Säulen, die die Güldenkammerfenster flankieren, tragen am unteren Drittel ihres Schaftes Reliefs. Diese figürlich wie ornamental gestalteten Reliefs werden zum glatten Säulenschaft hin durch einen Reifen abgeschlossen, auf dessen Beschlagwerk abwechselnd runde und eckige Steine gesetzt sind. Thematisch und formal sind diese acht Reliefs als Einheit zu betrachten. Je zwei oben und unten zeigen ganzfigurige Putten oder Engel, die anderen anthropomorphe Wesen mit pflanzlichen und tierischen Gestaltelementen. Das linke Relief der oberen und das zweite von links in der unteren Reihe sind gleich. Alle anderen zeigen ein eigenes Bild. Je vier Reliefs sind im Bilde ganz um die Säule herumgeführt, auch wenn die Hauptansicht nach vorne zeigt. Die anderen laufen von der Frontansicht nach hinten ornamental aus. Die Säulen selber sind vollplastisch und stehen direkt vor der Wand.

Der Inhalt der Säulenreliefs scheint ähnlich verschlüsselt zu sein, wie das schon am Tritonenfries festzustellen war. Die ornamentale Gestaltung der in Fischschwänzen oder Pflanzenranken mit Blüten und Früchten auslaufenden Figuren stellt rein formal diese Beziehung her. Das Bild der oberen rechten Säule läßt sich ikonographisch auflösen. Vier Engelknäblein stehen, jeweils von einer Blumenvase getrennt, um den Säulenschaft. Der eine stützt sich auf einen auf einem Säulchen liegenden Totenschädel. Er hält die Augen wie im Schlaf geschlossen. Beides ist eines der am häufigsten auftretenden Todessymbole des 16. Jahrhunderts. In Verbindung mit der Gestalt eines Kindes ist diese Todes- und Vanitasallegorie Thema der Grafik etwa bei Hans Holbein d. J. oder Bartel Beham gewesen[688]. Auch die Vasen mit abgeschnittenen Blumen sind ein Symbol der Vergänglichkeit[689]. Das gleiche gilt für Musikinstrumente. So wie ein Ton der Laute ertönt und schnell wieder verklingt, ist auch des Menschen Leben[690]. Die beiden rückwärtigen Engel sind teilweise verdeckt, so daß über sie nichts ausgesagt werden kann.

Doch mit dieser Einzelerkenntnis ist noch kein Verständnis für die Inhalte der übrigen Reliefs im einzelnen oder im Gesamtzusammenhang gewonnen. Da auf fünf der Darstellungen Engel vorkommen, ist es naheliegend, ihre Inhalte als verschlüsselte Informationen über die Offenbarung zu verstehen, wie auch schon die Engelköpfe über den Säulen auf diese Thematik hinzuweisen scheinen. Dabei vermag nur der optische Befund Ausgangspunkt eines Deutungsversuches zu sein. Bestimmte Bildteile können dabei als genaue Übernahmen aus dem Text verstanden werden.

Die zweite Säule links unten und die linke der oberen Reihe zeigen Engel mit weiblichem Oberkörper, einem breiten Gürtel um die Hüften und blattartigen Formen, die den Unterkörper verdecken, der dann in zwei Fischschwänzen endet. Zwischen ihnen, z. T. von den Flügelfedern verdeckt, hängt aus einer Schleife ein Zingulum herab. Das Auffällige an diesen Engeln sind in erster Linie wohl ihre Fischschwänze. Nun bietet die Offenbarung zwei Stellen an, die dafür eventuell eine Erklärung bieten könnten. Der Engel der sechsten Posaune bekommt den Befehl: „Löse die vier Engel, die gebunden sind an dem großen Wasserstrome Euphrat!"[691] Diese töten dann ein Drittel der Menschheit. Die enge Verbindung mit dem Strome würde die Fischschwänze erklären. Die Schleifen mit den herunterhängenden Zingula und die Gürtel wären dann als Fessel der Engel zu verstehen. Doch bliebe beim Bezug zu dieser Textstelle offen, warum das Bildthema doppelt auftritt.

Eine zweite, sehr ähnliche Vision des Johannes könnte auch in Frage kommen[692]. Dort werden die Engel der sieben Plagen beschrieben. Sie haben ihren Platz vor dem Throne Gottes. Diese Stelle sieht Johannes „wie ein gläsernes Meer". Die Engel sind „angetan mit reiner heller Leinwand und umgürtet an ihren Brüsten mit goldenen Gürteln". Im Gegensatz zu den als Putten erscheinenden Engeln der anderen Reliefs sind diese hier als Frauen dargestellt, die einen Gürtel tragen. Die reine, helle, im Text beschriebene Gewandung symbolisiert die Gerechtigkeit[693]. Das auf dem Relief erscheinende Zingulum trägt eine ganz ähnliche symbolische Bedeutung. Mit ihm verbinden sich Tugend allgemein und Keuschheit im engeren Sinne[694]. Es ist sehr wohl denkbar, daß hier die Engel der sieben Plagen gemeint sind. Doch auch der Bezug zur anderen Textstelle ist denkbar. Für den Gesamtzusammenhang ist unerheblich, welche die richtige ist, denn in beiden Fällen geht es um Gerichtsengel, die für die Menschheit das letzte Gericht einleiten.

An der linken unteren Säule steht ein ungeflügelter Putto in einer Art Kartusche vor einem Schild. In der Hand hält er einen Spieß. Zu beiden Seiten seines Kopfes sitzen flügelschlagende Vögel. Die Kartusche entwickelt sich aus einem um die ganze Säule führenden Beschlagwerk, vor dem nach hinten hin Fruchtgehänge angebracht sind. Der Putto ist im Kontrapost gegeben, seine Rechte stützt er in die Hüfte. Er erinnert an eine verniedlichende Darstellung des Gottes Mars, wie sie etwa Christoph Jamnitzer in seinem „Neuw Grottessken Buch" von 1610 publizierte. Vorbild für dies Relief könnte ein Gefäßentwurf gewesen sein, den der Stecher Hans Sibmacher (gestorben 1611) in seinem Vorlagenwerk „Fysirungen" veröffentlicht hat[695]. Das Relief findet in Offenbarung 12,5 eine es erklärende Stelle. Das „Weib mit der Sonne bekleidet ... gebar einen Sohn, ein Knäblein, der alle Heiden sollte weiden mit eisernem Stabe. Und ihr Kind ward entrückt zu Gott und seinem Stuhl." Die Vögel stellen wahrscheinlich Krähen dar. Sie sind ein Symbol der Treue. Der Physiologus vergleicht sie mit Jerusalem, der Synagoge, die nur einen Herrn hat, den Messias, den sie aber getötet hat. Dazu wird das Psalmwort zitiert: „Denn der Wächter Israels schläft noch schlummert nicht."[696] Sowohl Bibel- wie Physiologusstelle finden in dem Relief ihre wörtliche Darstellung.

Auf der dritten Säule der unteren Reihe halten zwei Engel eine Kartusche mit einem schönen Frauenkopf. Die Kleidung geht in die Kartuschenform über, Schmuck hängt um ihren Hals. Vor dem Kopfschmuck trägt sie auf der Stirn eine Muschel. Diese ist normalerweise das Zeichen der Venus, der dem Meer entstiegenen Göttin der Liebe. Doch ist die Muschel gleichzeitig auch ein Symbol der Auferstehung und Zeichen göttlicher Gnade[697]. Wir haben es hier mit dem um die Mitte des 16. Jahrhunderts entwickelten „Kürzel" für die Seligen zu tun, die mit weißen Gewändern angetan und mit der Krone des Lebens auf dem Haupt vor dem Thron Gottes sind[698]. In dieser Form treten die Tuchschleifen seitlich der Ohren als Symbol der weißen, im Blut des Lammes gewaschenen Gewänder an die Stelle der Flügel an den Engelköpfchen. Die beiden En-

gel präsentieren in dieser Kartusche sozusagen das Bild des (protestantischen) Heiligen, wie es die Offenbarung des Johannes beschreibt. Daß dies in den meisten Fällen, wie hier, in der Gestalt einer jungen Frau geschieht, findet seinen Grund darin, daß diese „aus allen Heiden und Völkern und Sprachen vor dem Stuhl" Stehenden als „Jungfrauen" bezeichnet werden. „Diese sind erkauft aus den Menschen zu Erstlingen Gott und dem Lamm."[699]
In diesem Zusammenhang bekommt auch das Säulenrelief in der oberen Reihe rechts einen anderen Akzent. Zwar sind die Engel mit Todes- und Vanitassymbolen dargestellt, doch bedeuten Blumen in einer Vase auch „den Geruch der guten Tat"[700]. Die Laute spielenden Engel verkörpern mit diesem Musikinstrument auch die Harmonie[701] des Himmlischen.
Einen offensichtlichen Gegensatz zu der „Heiligen" bildet das Relief der rechten Säule der unteren Reihe. Es stellt einen Mann dar, der eine sich nur wenig sträubende Frau in seine Arme zieht. Beide Figuren tragen eigenartige Kronen auf ihren Köpfen und enden in Ranken mit Blüten und Früchten. In der Offenbarung zeigt ein Engel Johannes Babylon, „die große Hure, mit welcher gehurt haben die Könige auf Erden", die von sich sagt: „Ich sitze als Königin und bin keine Witwe." Als dieses Babylon zerstört wird, beklagen die Menschen seinen Fall unter anderem mit den Worten: „Und das Obst, daran deine Seele Lust hatte, ist von dir gewichen." Auch das Bild von Braut und Bräutigam, das zur Beschreibung Babylons und seiner Verehrer gebraucht wird, trifft hier noch zu. Direkt darüber wird der Tod dargestellt. „Und das Blut der Propheten und der Heiligen ist in ihr gefunden worden und aller derer, die auf Erden erwürgt sind."[702]
Die zweite Säule von rechts in der oberen Reihe zeigt eine Frau mit einem ähnlichen Kopfputz, wie ihn die Schöne unter ihr trägt. Der Kopfputz endet nach vorne in einer Stirnplatte, auf der Steine in Form eines Kreuzes angeordnet sind. Zwei ungeflügelte Putten drängen sich an sie heran. Der eine faßt an ihre Brüste, die Hand des anderen drängt in Richtung ihrer Scham. Die Darstellung mutet wie eine Perversion der Caritas-Allegorie an. Sie erscheint als wörtliche Illustration „des großen Babylon, der *Mutter* der Hurerei ...". Johannes sieht das „Weib trunken vom Blut der Heiligen und vom Blut der Zeugen Christi"[703]. Der halb geöffnete Mund, die schielenden Pupillenvertiefungen der Augen und der Schmuck in Kreuzform auf der Stirn scheinen das zu bestätigen. Außerdem ist von dem Tier, das sie trägt, die Rede. Der Unterkörper der Frau endet, wie rechts darunter der der Frau, in Pflanzenranken mit Blüten. Doch das Ende der Ranken läuft auf beiden Seiten in scheußlichen Vogelköpfen aus. Im Ornamentstich des 16. Jahrhunderts ist das Thema sehr ähnlich, z.B. bei Enea Vico[704], so behandelt, daß man die Vorlage einem Säulenrund anpassen könnte. Doch kann man nicht direkt von einem Vorbilde sprechen.
Das letzte Relief links daneben zeigt wieder zwei Engel, die ähnlich denen schräg unter ihnen von dem, was sie präsentieren, ihr Haupt abwenden. Sie halten einen Lorbeerkranz, auf dem ein flügelschlagender Vogel sitzt. Herabhängende Tuchbahnen sind durch den Kranz gezogen und enden in Fruchtgehängen. Von hinten drängen sich auf beiden Seiten zwei ungeflügelte Putten an sie heran. Die Bedeutung des Bildes läßt sich aus dem Text der Offenbarung nicht ohne weiteres ablesen. Die Engel halten hier wohl die Zeichen des Siegers, der Christus folgt, die unvergängliche Krone[705]. Auf dem Lorbeerkranz sitzt ein Vogel, wahrscheinlich eine Krähe, das Symbol der Treue zu dem einen. An den durch den Kranz geschlungenen Tüchern, den weißen Gewändern der Heiligen vor dem Throne Gottes, ist ein Fruchtgehänge befestigt, wohl „die Frucht zum ewigen Leben"[706]. Die Putten hinter den Engeln versuchen, die weißen Gewänder zu erfassen. Mit ihnen sind wohl die Gläubigen gemeint, die nach den Siegeszeichen des ewigen Lebens greifen.
Die Einzelanalyse hat gezeigt, daß man wohl annehmen kann, daß die Reliefs der acht großen Säulen des Mittelrisalits die Bild- und Symbolsprache der Offenbarung des Johannes offensichtlich zum Teil wörtlich ins Bild umsetzen. Sie erfahren dadurch eine weitere Verschlüsselung. Neben den Gerichtsengeln steht der Knabe, der mit eisernem Stab alle Heiden weiden wird, ein weiterer Hinweis auf die Unerbittlichkeit der Endzeit. Neben der Hure Babylon, einem Bild für Rom und das römische Weltreich, werden die Siegeszeichen für den Gläubigen gezeigt, der seinen Weg treu mit Christus geht, und wie er dann, nach seinem Tode, unschuldig wie eine Jungfrau vor dem Throne Gottes stehen wird. Dabei wird der Tod als ewiger Tod in Gestalt des Totenschädels und eines Engels mit geschlossenen Augen gezeigt, während die anderen Todessymbole seine Verbindung zum Reiche Gottes aufzeigen. Deren Engel haben geöffnete Augen.
Die Reliefs werden durch die übrigen Säulenteile ergänzt und machen sie verständlich. Die acht Säulen symbolisieren „die sieben Berge, auf welchen das Weib sitzt, und sind sieben Könige", zu denen noch ein achter hinzukommt[707]. Dieser achte ist „das Tier, das gewesen ist und nicht ist", und „sein Mund ist wie eines Löwen Mund"[708]. Die phantastischen Reliefs der Säulensockel bekommen damit ebenfalls eine Sinngebung. Der Löwenkopf auf dem rechten, unteren Sockel, der so gar nicht in die Reihe der Kopfmasken hineinpaßt, erhält plötzlich einen Sinn. Acht Köpfe sind zum Markte hin sichtbar. Tatsächlich sind es aber zehn, denn die beiden

Abb. 207—214 *Reliefs der Säulen zwischen den Fenstern des Mittelrisalits: Anordnung der Bilder wie am Bau*

äußeren Sockel oben außen tragen ebenfalls Masken, die auf den Säulenpodesten darunter durch gefaßte Steine ersetzt sind. In der Johannesoffenbarung werden nach den sieben Königen und einem achten die zehn Hörner des Reittieres der „Hure Babylon" als zehn Könige gedeutet, „die das Reich noch nicht empfangen haben". Die sieben und eine plus zwei Masken der Säulensockel haben offensichtlich doppelt abbildhafte Bedeutung. Sie stellen die sieben Könige, denen noch einer „mit dem Maul eines Löwen" folgt, wie auch die zehn, „die das Reich noch nicht empfangen haben", dar. Dadurch wird auch verständlich, warum ein Vorlagenstich doppelt verwendet werden konnte. –

Es bleiben noch in diesem Zusammenhang die kleinen, kannelierten ionischen Halbsäulen mit ihren Reliefs zu untersuchen, die die großen Fensterflächen des Güldenkammertraktes teilen. Die untere Reihe zeigt drei sehr ähnliche weibliche Halbfiguren, deren Unterkörper in Pflanzenranken enden. Daraus hängen zu beiden Seiten Fruchtgehänge herab. Ihre Arme greifen nach unten und halten die Ranken. Die beiden oberen Säulchen rechts zeigen sehr ähnliche Figuren, doch sind deren Arme erhoben. Der ersten Figur der Reihe sind Flügel und ein Kopfputz beigegeben. Ihre Hände halten die Fruchtgehänge an großen Ringen. Ihre Gehänge sind besonders sorgfältig und gleichmäßig gebunden. Ein Zingulum mit einem Glöckchen hängt vor der Figur herunter. Die mit Blüten besetzten Blattranken fehlen. Wahrscheinlich haben wir es hier mit denen zu tun, die „Gott Frucht bringen", die „ihre Frucht haben, daß sie heilig werden, das Ende aber das ewige Leben"[709]. Die Figuren oben weisen mit überlangen Zeigefingern beider Hände auf das Schmuckstück im Haar. Es sind die, die „nach dem vorgesteckten Ziel, nach dem Kleinod, welches vorhält die himmlische Berufung Gottes in Christo Jesu", jagen[710]. Sie werden angeführt von einem Engel, der „die Frucht" und das „Kleinod", in deutlicher Form und wörtlichem Sinne, vor Gott trägt.

Die durchaus gängigen Formen der Gebrauchsgrafik der Zeit werden durch geringfügige Abänderungen und in neuen Zusammenhängen zu Bildgestaltungen, von denen festzustellen ist, daß kaum eine Einzelform ohne eine ikonologische Bedeutung bleibt. Die

Abb. 215—217 *Reliefs von drei der sechs Fenstersäulchen des Mittelrisalits*

zahlreichen Grafikvorlagen in Stichserien und Vorlagenbüchern haben in ihrem meist rein ornamentalen Charakter dazu beigetragen, für lange Zeit den Eindruck entstehen zu lassen, als ob auch die plastische Durchformung des Rathausumbaues von Lüder von Bentheim sich in der Übernahme dekorativer Vorlagenelemente erschöpfe. —

### 7.1.9. *Die Rustikaquader und das Weinrankenornament über den Stürzen der oberen Fensterreihe*

Die zwei Reihen mit je vier Säulen, die die Fensterflächen des Güldenkammerrisalits voneinander trennen, stehen vor einem vorspringenden glatten Grund, der in der Länge der Säulen durch Rustikaquader gegliedert ist. Vom Markt aus ist kaum zu erkennen, daß diese Rustikasteine durch Rahmen gefaßte Reliefs tragen. Erst die Fotografie erschließt den Bilderreichtum. Hinter den Säulen, genau in ihrer Breite, liegen je vier Reliefs, die durch je zwei schmalere, die etwas zurückversetzt sind, flankiert werden. Die Rustikasteine greifen um die Kanten des Risalits auch auf dessen Schmalseiten über. Oben finden sich Doppelreliefs, während die Rustikaquader darunter nur die halbe Breite haben. Allerdings fehlt bei ihnen der Rahmen nach innen hin, so daß angenommen werden muß, daß sie ebenfalls die Breite der Reliefs über ihnen haben sollten oder daß die hintere Hälfte der Bilder später entfernt worden ist. Eines der wenigen Beispiele einer ähnlichen Rustikagestaltung findet sich in der im gleichen Jahre 1608 wie der Bremer Rathausumbau begonnenen evangelischen Hauptkirche Wolfenbüttels „Beatae Mariae Virginis", deren erster und maßgebender Baumeister Paul Francke war. Allerdings nennen die „Denkmale" ein Gebäude von 1602, an dem ähnliche Steine verwendet wurden[711]. Bildwerke, die vom Erdboden aus kaum erkannt werden können,

Abb. 218—221 *Rustikaquader vom Mittelrisalit*

Abb. 222—226 *Reliefs der Fensterstürze der oberen Fensterreihe des Mittelrisalits; von oben: Christus als „Zweig" in der Verkörperung der Evangelisten Matthäus, Johannes, Markus, Lukas und die Gemeinde als Weinstock*

ja die in ihrem Hauptteil sich sogar hinter Säulen befinden, wurden sicher nicht als reine Dekoration erschaffen. Sie müssen eine Bedeutung im Gesamtkonzept des Baues gehabt haben. 112 größere und kleinere Reliefs stellen ein Bildprogramm dar, das leider auch für uns heute noch nicht ablesbar ist, da seine wichtigsten Teile von den Säulen verdeckt sind. Die Möglichkeit, sie zu fotografieren, wird sich erst ergeben, wenn im Zuge einer Restaurierung die Säulen einmal entfernt werden müssen. Die erkennbaren Teile lassen aber vermuten, daß das irdische Leben in vielfacher Art in ihnen Gestalt gewonnen hat: Mann und Frau, Hahn und Henne, Steinmetz und Bildhauer, zwei fechtende Landsknechte, ein Eingeborener mit dem Bogen auf Jagd nach einem Schuppentier — wohl die Allegorie für den Erdteil Afrika —, Tiere, Fruchtgehänge, ein seine Notdurft verrichtender nackter Mann, ein Hirte, ein Jäger, die Kundschafter Israels, die die Riesentraube aus dem Lande Kanaan zurückbringen. Die Vielfalt der Themen ist groß. Die schmalen Bilder treten paarig auf, ohne sich völlig zu gleichen. Anscheinend sind die Lebenskreise Mensch, Tier und Pflanze dargestellt. Das menschliche Leben erscheint in seiner ganzen Breite vom Helden mit dem Schwert vor der Feuerlohe bis zum „Scheißer", vom Hirten bis zum Künstler, vom Eingeborenen bis zu vornehmen Männern und Frauen in zeitgenössischer Tracht. Von Inhalt und Form her wirken alle Bilder stark bewegt, unruhig, aggressiv. Dennoch wird ein ikonologischer Zusammenhang ohne die Hauptteile nicht erkennbar. Bezieht man jedoch die Säulenreliefs und die Engelköpfe davor und darüber und ihren Sinnzusammenhang auf diese Bilderfolge, dann kann vermutet werden, daß hier die Vielfalt des Lebens der Welt dargestellt wird, über die das Letzte Gericht hereinbrechen wird. Die Rustikareliefs spiegeln die Vielfalt der Erde und dessen, was sie trägt, zum Teil wohl auch allegorisch und symbolisch verschlüsselt, wider. Wir wissen nicht, ob das Nicht-Erkennen-Können der Bilder zu ihrer Bedeutung mit hinzugehört. Wenn auch hier die Beziehung zur Offenbarung des Johannes und seiner Beschreibung des Jüngsten Gerichtes besteht, dann wäre das sehr wohl möglich. Denn das Herannahen des Endes der Welt wird nach Johannes Worten von vielen Menschen nicht erkannt oder sie wollen ganz bewußt die Zeichen nicht verstehen. —

Auf der Ebene der Rustikaminiaturen befinden sich über den Stürzen der oberen Fensterreihe des Güldenkammerrisalits schmale Reliefs, die Ranken mit Weintrauben zeigen. Sie haben die Länge der über ihnen vorspringenden Tugend- und Elementenpaare. Zu ihnen gehören auch die beiden Reliefs an den Schmalseiten des Risalits unter den Puttenpaaren. Vier der Reliefs stellen je zwei Weinstöcke dar, von denen aus sich nach rechts und links je ein Zweig mit Blättern und Trauben ornamental entwickelt, während ein zweiter Zweig bei beiden abgeschnitten ist und die Stümpfe sich umeinandergelegt haben. Die Mitte der vier anderen Reliefs nimmt je eine groteske Maske ein, aus deren Mund nach beiden Seiten sich ein Zweig ornamental ausbreitet. Die Zweige sind Phantasiegebilde, z. T. sogar mit Blüten, doch werden sie durch die Trauben eindeutig als Zweige der Weinrebe gekennzeichnet. Es überwiegt bei den Masken mit ihren pflanzlichen und tierischen Elementen der anthropomorphe Zug.

Der Weinstock hat zwei wichtige Symbolfunktionen. Einmal steht er für das Volk Gottes[712], später auch für die Gemeinde. Zum anderen verkörpert sich in ihm Christus[713]. Der Weinstock, der beschnitten ist, findet sich bei Hesekiel[714] als Gleichnis von dem Weinstock, dessen Holz zu nichts mehr nütze ist, so daß man es verbrennt. Ebenso will Gott mit den „Einwohnern zu Jerusalem" umgehen, die ihn verschmähen. In ähnlicher Weise äußert sich Jesaja[715]. Andererseits stellt Christus im Bilde vom Weinstock und den Reben die enge Verbundenheit zwischen sich und seiner Gemeinde dar[716]. Er ist der wahre Weinstock im Gegensatz zum Volke Israel. „Ich bin der rechte Weinstock und mein Vater der Weingärtner. Eine jegliche Rebe an mir, die nicht Frucht bringt, wird er wegnehmen; und eine jegliche, die da Frucht bringt, wird er reinigen, daß sie mehr Frucht bringe." Dieses Gleichnis vom Weinstock, dessen unfruchtbare Triebe ausgeschnitten werden, dessen fruchtbare aber um so besser gedeihen, liegt wohl den Reliefs der Güldenkammer zugrunde. Das Bild des Schneidens der falschen Trauben und ihrer Kelterung in „der großen Kelter des Zornes Gottes" erscheint ähnlich auch in der Offenbarung[717] im Zusammenhang mit dem Fall Babylons. Das Bild des Weinstockes mit seinen fruchtbaren und unfruchtbaren Zweigen findet sich in ähnlicher Weise in dem seit den Darstellungen Lucas Cranachs d. Ä. viel gebrauchten Bilde vom Baum des Lebens und des Todes. Unter seinen verdorrten Zweigen spielen sich die Geschehnisse des Sündenfalls und des Lebens unter dem Gesetz des A.T. ab, während sich unter seiner lebendigen grünen Hälfte die Geschehnisse des Evangeliums entwickeln[718]. Hierin verkörpert sich für den protestantischen Glauben die Fortführung der mittelalterlichen Typologie. —

Aus den Mündern der Masken geht nach beiden Seiten *ein* Zweig mit zwei Enden hervor. Der „Zweig" ist ein Name Christi. „In der Zeit wird des Herrn Zweig lieb und wert sein und die Frucht der Erde herrlich und schön bei denen, die erhalten werden in Israel" verkündet Jesaja im Zusammenhang mit dem Letzten Gericht[719]. „Zweig", der Name Christi, wird in der Bibel in vierfacher Weise gebraucht: Er ist der „Zweig des Herrn", der nach seiner Rückkehr dem bekehrten Israel erst völlig offenbart wird; er ist der „Zweig" Davids[720], der Messias, der aus dem Stamme Isais erwächst; er ist des Herrn „Knecht Zamech" (= Zweig), der sich erniedrigt und bis zum Tode gehorsam ist[721]; er ist der „Mann, dessen Name ist Zamech" (= der Zweig), der als Priesterkönig seine Herrschaft ausüben wird[722]. Matthäus ist das Evangelium des Zweiges Davids, Markus das des Knechtes des Herrn, Lukas ist das Evangelium des Mannes, dessen Name „Zweig" ist, und Johannes das des Zweiges des Herrn. Die Kopfmasken weisen nun Attribute der Evangelistensymbole auf: Die unter den Putten mit den Palmzweigen zeigt Merkmale eines Löwenkopfes, eine andere trägt Hörner, eine weitere Flügel statt Haare, und die letzte zeigt einen menschlichen Kopf ohne andere Zutaten. Die Evangelistensymbole sind Mensch (oder Engel), Adler, Stier und Löwe für Matthäus, Johannes, Lukas und Markus. Trifft diese ikonographische Verbindung hierfür zu, dann ist in diesem Fries, der sich für den Betrachter der Rathausfassade vom Markte aus kaum unterscheidet, einerseits Christus, der „Zweig" in vierfacher Gestalt, wie er im A.T. geweissagt wurde und durch die vier Evangelien für seine Gemeinde seine Gestalt bewahrt hat, dargestellt. Die Gemeinde findet daneben Gestaltung in den fruchttragenden Trieben des Weinstocks, während sein Volk, im Unglauben verharrend, im Jüngsten Gericht wie die unnützen Triebe des Weinstocks abgehauen wird. —

Dieser Gegensatz von A.T. und N.T., von Gesetz und Evangelium, von Tod und Leben wiederholt sich in den seitlichen Puttenpaaren. Auf der linken Seite sitzen zwei ungeflügelte Putten, die zwischen sich den Lorbeerkranz, Zeichen des Ruhmes, erheben. Daran hängt ein Bündel mit Früchten. Außerdem halten sie in den Händen kleine Blumensträußchen hoch. Alles aber sind Zeichen, die auf ewiges Leben hinweisen. Auf der gegenüberliegenden Seite erheben sich zwei Putten. In der einen Hand halten sie Palmzweige, die Zeichen des Sieges über den Tod. Mit der anderen schlagen sie Tücher zur Seite, auf denen sie liegen. In ihnen darf man wohl Leichentücher vermuten. Aus ihnen erheben sich die vom Tode Auferstehenden. Leben, das zur Vergänglichkeit, und Tod, der zur Auferstehung führt, werden hier miteinander verknüpft. Die Tugendpaare über den Weinranken setzen das angeschlagene Thema fort bzw. führen dazu hin. Die menschlichen Lebensalter als Abbild der Geschichte und die Elemente dagegen verkörpern das Vergängliche. —

## 7.2. ***Die Giebel der Hauptfassade***

### 7.2.1. *Die Kriegerfiguren*

Die Dachzone der Marktseite des Rathauses mit ihren drei Giebeln muß als Einheit betrachtet werden. Schon rein äußerlich wird dies durch die alle baulichen und plastischen Teile zusammenfassende Balustrade erreicht. Ein weiteres zusammenschließendes Element bilden die etwa lebensgroßen Kriegerfiguren und die etwas kleineren Figuren der Tugendfolge. Das Gleiche gilt für die an allen Teilen auftretenden Zierobelisken. Andererseits wird die Dachzone vom eigentlichen Baukörper durch das vorspringende Dachsims, das immer eine stark trennende Schattenlinie entstehen läßt, deutlich abgehoben und auch dadurch zu einer Einheit zusammengezogen. Der Giebel des Mittelrisalits wird allerdings durch die weitergeführten Achsen, die von den Mittelstützen der Arkaden über die Säulen der Fensterzone in den Doppelsäulchen des Mittelgiebels enden, an den Güldenkammertrakt angebunden. Damit besteht eine enge optische und formale Verbindung zwischen den vorspringenden Bauteilen der Rathausfassade und seiner Dachzone. Daher liegt es nahe, auch einen ikonologischen Zusammenhang zu vermuten. —

Die Kriegerfiguren sind diejenigen Teile, die durch ihre exponierte Stellung an den jeweiligen Bauecken dem Betrachter zuerst auffallen. Den ehemals vier Kriegergestalten auf den Eckpfeilern der Balustrade zum Markt hin wurde, wahrscheinlich bei den Restaurierungen 1928/30, eine weitere hinzugefügt. Sie stellt den Übergang vom Altbau zum Neubau her. Sie gehört aber damit nicht zum ursprünglichen Figurenprogramm.

Die beiden Figuren an den Ecken des Rathauses waren im Laufe der Zeit so stark beschädigt, daß sie im Zuge der Restaurierung in den Jahren 1856 bis 1865 durch neue ersetzt wurden. Der Bildhauer Kropp schuf die beiden Figuren neu. Sie lehnen sich zwar im Stile an die alten an, doch sind es keine Kopien, sondern Neuschöpfungen[723]. Aufschluß über das ursprüngliche Aussehen der beiden Figuren geben nur ältere Abbildungen, vor allem solche aus der ersten Hälfte des 19. Jh. Den vielleicht genauesten Zustand der Figuren vor der Restaurierung vermittelt eines der frühesten Fotos des Rathauses, das dem ersten Band der „Denkmale" beigegeben ist[724].

Die vier römischen Kriegergestalten sind primär der Ersatz für die von Lüder von Bentheim weggenommenen Ecktürmchen des Rathauses. So wie diese eine Schutz- und Wächterfunktion zumindest in abbildhafter Weise verdeutlichen sollten — sie besaßen diese

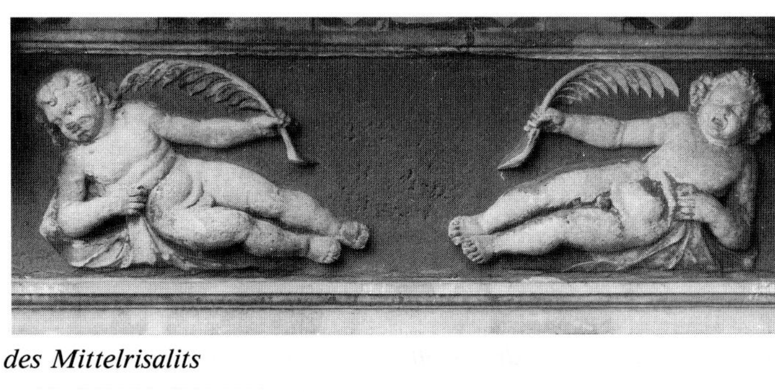

Abb. 227—228 *Reliefs unter dem Kranzsims an den Schmalseiten des Mittelrisalits*

Abb. 229—231 *Linker und rechter Krieger sowie Fahnenträger vom Mittelgiebel*

Aufgabe vielleicht sogar tatsächlich —, so wurden diese Funktionen nun allegorisch dargestellt. Da an der NW-Ecke das Türmchen belassen wurde und das an der NO-Ecke schon dem Anbau von 1545/50 weichen mußte, bestand für Lüder von Bentheim keine Veranlassung, an diesen Stellen ebenfalls Figuren zu postieren. Die Vorbilder[725] zu den Kriegerfiguren fand er in einer Stichserie römischer Helden von Hendrik Goltzius aus dem Jahre 1586[726]. Zwei der acht Krieger sind zu Pferde dargestellt[727]. Die Figuren sind formatfüllend vor eine Landschaft mit niedrigem Horizont gestellt, in der das historische Ereignis, um dessentwillen diese Römer zu Helden ihres Volkes wurden, sich abspielt. Die rechte, den Güldenkammerrisalit bekrönende Kriegerfigur ist eine plastische Umsetzung des Blattes 3 der Serie. Das spiegelt sich vor allem in der Körperhaltung wider. Nach den beigefügten Distichen von F. Estius stellt das Blatt Gaius Mucius dar, den sagenhaften Urvater des plebejischen Geschlechtes der Mucier, der bei der Belagerung

 Abb. 232—234 *Hendrik Goltzius, Stichfolge römischer Helden, 1586*

Roms durch Porsenna im Jahre 508 v. Chr. versuchte, diesen zu ermorden. Er wurde dabei aber gefangen und soll als Zeichen seiner Furchtlosigkeit seine rechte Hand im Altarfeuer verbrannt haben. Seitdem wird er Scävola, d.h. Linkshand, genannt. Während der Bildhauer einzelne Teile wörtlich übernahm, z.B. Fußbekleidung und Barttracht, veränderte er die Rüstung in einigen Teilen. Es fehlt auch, aus naheliegenden technischen Gründen, der wallende Umhang. Die Körperhaltung hält sich eng an die Vorlage.
Das Pendant zu diesem Krieger trägt auf den älteren Abbildungen keinen Schild. Doch die Körperhaltung, vor allem der vorgestreckte Arm, läßt vermuten, daß die Wiederanbringung des Schildes die ursprüngliche Form wieder hergestellt hat. In Details der Rüstung ähnelt dieser Krieger sehr dem Blatt 1 der Serie von Goltzius. Kopf und Helm und z.T. die Körperhaltung könnten vom 2. Blatt der Serie übernommen worden sein.
Die beiden Eckfiguren sind heute nach außen gerichtet und drücken in dieser Stellung eine Schutz- und Wächterfunktion für das Gebäude aus. Ursprünglich waren sie aber in Bewegung und Zielrichtung nach innen gewendet, so daß sie mit den beiden anderen auf einen imaginären Punkt vor dem Güldenkammertrakt ausgerichtet waren. Die Fotos von vor 1865 zeigen deutlich, daß für den Krieger auf der SW-Ecke in Stellung und Waffenhaltung mit ziemlicher Sicherheit als Vorbild Blatt 2 der Stichserie maßgebend war. Es stellt Publius Horatius Cocles dar, der beim Angriff des schon genannten Etruskerfürsten Porsenna auf Rom die Tiberbrücke allein gegen die Feinde so lange verteidigt haben soll, bis seinen Kameraden ihr Abbruch geglückt war.
Die letzte Figur stellt Friedrich Loos auf seinem schönen Bilde des Rathauses von 1853[728] noch mit einem Schild am ausgestreckten Arme dar. Dieser scheint wenig später abgebrochen zu sein, denn bei allen späteren Abbildungen ist von diesem Arm nur noch ein Stumpf zu erkennen. Körper- und Waffenhaltung lassen vermuten, daß das Vorbild für diese Skulptur das Blatt 8 der Goltziusserie gewesen ist. Der Stich stellt Calphurnius dar, der ebenfalls durch seine Tapferkeit zum römischen Nationalhelden wurde. –
Für den Fahnenträger, der auf der Spitze des Mittelgiebels steht, mit seiner Linken einen Schild mit aufgerollten Enden haltend, in seiner Rechten die Lanze mit einem in Form eines Schlüssels durchbrochenen Fähnlein aus Blech, mag als Vorbild ebenfalls Blatt 1 der Stichserie von Goltzius gedient haben. Details an Rüstung und Kleidung ähneln ihm jedenfalls sehr. Dargestellt wird in diesem Stich der Überlebende der Drillingsbrüder der Horatier, die unter dem sagenhaften römischen König Tullus Hostilius gegen die Drillinge der Curatier die Herrschaft Roms über Alba Longa erkämpften.
Die vier Kriegerfiguren auf der Balustrade gehören thematisch zusammen. Die Anlehnung an die Darstellung der römischen Helden in den Stichen von Goltzius ist so eng, daß angenommen werden kann, daß nicht nur die äußere Form, sondern auch die Bedeutung übernommen wurde. Hinzu kommt, daß Blatt 4 der Serie, Marcus Curtius, der sich zum Wohl des Staates aufopfernd in den Feuerschlund stürzt, für das Relief über dem Güldenkammerportal in der Oberen Rathaushalle ebenfalls Verwendung fand[729]. Es ist auch nicht das erste Mal, daß Gestalten des alten Rom für den Stadtstaat an der Weser zum Vorbilde dienten. Bremen sieht in der Stadt Rom – nicht in der Kaiserstadt, sondern im frühen republikanischen Rom – sein Vorbild. Der Vergleich bietet sich auch an: die gemeinsame Lage an einem bedeutenden Strom, an der Spitze des Staates dort zwei Konsuln und der Senat, hier zwei Bürgermeister und der Rat. Die Helden der Frühzeit der Stadt am Tiber wehrten die Angriffe der Nachbarn auf die städtische Freiheit mit letztem persönlichem Einsatz ab. Nicht anders sieht sich Bremen in seinem Existenzkampf um die Glaubensfreiheit, der ja zu Beginn des 17. Jh. noch nicht ausgestanden war. Dazu gehört, daß es sich gegen jeden, der seine Freiheit bedroht, militärisch wehren darf – das dürfen nur reichsfreie Stände – und, wie Kreffting im 20. Kapitel seiner „Beschreibung der Stadt Bremen" ganz klar formuliert, das Recht hat, „ohne Jemandes Einrehde die Statt thoren verwahren, offenen und verschließen laße und ihr Zeüg- und Rusthaus halte"[730]. Die Kriegerfiguren des Rathauses müssen in ihrem thematischen Anklang an die Helden des alten Rom als nachahmenswerte Vorbilder für die protestantischen Bürger der Stadt und ihre Glaubensfreiheit verstanden werden. Sie versinnbildlichen allegorisch all die Rechte, die einem freien Reichsstand für die Verteidigung seiner Glaubensfreiheit zustanden.
Doch ist dies nur eine Seite ihrer ikonographischen Bedeutung. Sie stehen in einem größeren ikonologischen Zusammenhang, der die ganze Dachzone der Rathausschauseite umfaßt. Erst wenn dieser geklärt ist, kann der ganze Sinn der Kriegerfiguren erfaßt werden.

### 7.2.2. *Die Tugenden*

Die zweite Serie vollplastischer Figuren an den Giebeln des Rathauses stellen die Kardinaltugenden dar. Sie sind etwas kleiner als die Kriegergestalten. Sie bekrönen am Hauptgiebel jeweils die „Stufen" an ihren Enden und bilden den Abschluß der Seitengiebel. In der Mitte stehen unten links „Fortitudo" mit der Säule und rechts die den Wein mit Wasser vermischende „Temperantia". Darüber erscheinen links mit Spiegel und Schlange die „Prudentia" und ihr gegenüber mit Waage und Schwert, das allerdings verlorengegangen ist, die „Justitia". Alle Figuren sind nur teilweise oder gar nicht bekleidet und tragen ein Diadem im Haar. Die Skulpturen verraten hohes bildhauerisches Können. Ein Vergleich zeigt, daß die beiden Figuren der Seitengiebel sehr viel weniger virtuos gearbeitet sind. Für sie müssen wir einen anderen Bildhauer annehmen als bei den Figuren des Mittelgiebels.
Die Spitze des linken Giebels bildet die „Fides", die Personifikation des Glaubens. Mit der Rechten drückt sie ein aufgeschlagenes Buch, die Bibel, gegen ihre Brust. In der herunterhängenden Linken trug sie ursprünglich wohl ein Kreuz. Das Loch in der Armbeuge rührt anscheinend von dem Verbindungsstück her, das Arm und Kreuz miteinander verband. Die Figurengruppe auf der Spitze des rechten Giebels zeigt eine Frau mit einem Kind auf dem Arm und einem an der Hand. Es ist die „Caritas". In der Folge der Kardinaltugenden fehlt nun noch die „Spes". Man sucht sie vergebens. Da sich an den Giebeln nirgendwo ein den anderen Standorten vergleichbarer Platz findet, auf dem sie einmal gestanden haben könnte, muß angenommen werden, daß diese Tugend von Anfang an in dieser Reihe fehlte. Der symmetrische Aufbau der Giebelzone läßt für eine weitere wichtige Figur auch eigentlich keinen Platz mehr. Andererseits hätte man für die „Spes" sicher, wenn es für die Gesamtkonzeption sich als nötig erwiesen hätte, einen Standort gefunden. Damit stellt sich die Frage, warum diese Tugend gerade an dieser Stelle fehlt. Damit verbunden ist die Frage, warum die Kardinaltugenden überhaupt ein drittes Mal thematisch an der Rathausfassade dargestellt wurden. Diese Fragen lassen sich isoliert nicht lösen. Ihre Beantwortung kann sich nur aus dem ikonologischen Zusammenhang, der vermutlich die verschiedenen Formen und Themen aller drei Giebel verbindet, ergeben. –
Auch diese Figurenreihe ist keine bildhauerische Eigenschöpfung. Das Vorbild für die „Fides" findet sich in einer Stichserie von Hendrik Goltzius[731]. Wenn auch dort auf Blatt 1 der Folge bei der „Sancta Fides" die Körperhaltung in der Bewegung stärker ausgeprägt ist, so sind doch Gesichtsschnitt, Gewandung, Schleife vor der Brust und die Haltung des Buches so genau übernommen, daß der Stich wohl als Vorbild angesehen werden kann. Den weltlichen Kardinaltugenden des Mittelgiebels liegen zum großen Teil Stiche von Anton Eisenhoit von 1591 zugrunde[732]. Bei der „Fortitudo" sind Haltung, Bekleidung, Haarschmuck und Attribute im wesentlichen von der Vorlage übernommen. Das gleiche gilt von der „Temperantia", bei der die Stichvorlage wörtlich, allerdings im Gegensinne, in Stein gearbeitet wurde. Bei der „Justitia" sind nur Schwert und Waage vertauscht und die im Kupferstich abstehenden Teile besser dem Steinblock angepaßt. Sonst geht bei dieser Figur die Übereinstimmung mit der Vorlage bis in die seitlichen, großen Gewandfalten. –

Abb. 235—238 *Tugendallegorien vom Mittelgiebel: von links: Stärke, Klugheit, Gerechtigkeit, Mäßigkeit*

Abb. 239—241 *Anton Eisenhoit, Stichfolge von Tugenden, 1591, von links: Stärke, Gerechtigkeit, Mäßigkeit*

Abb. 242—243 *Tugenden von den Seitengiebeln: Glaube und Liebe*

Abb. 244 *Hendrik Goltzius, Sancta Fides, aus einer Stichfolge von Tugenden*

### 7.2.3. *Die Karyatiden und die Wangen der Zwerchgiebel*

Das Gebälk des ersten Geschosses der Zwerchgiebel wird von je vier Karyatiden getragen. Sie wachsen mit ihrem Oberkörper aus einer Herme heraus, deren Stirnseite eine Tier- oder Menschenmaske trägt. Durch Mund oder Backen ist bei jeder ein Zingulum geführt, das nach beiden Seiten in ein Fruchtgehänge ausläuft. Den oberen Teil der Herme bildet die menschliche Halbfigur, über der die Stütze dann in ionischen Voluten endet. Die Karyatiden sind zu Paaren geordnet. Je eine männliche und eine weibliche Figur gehören durch Haltung und Attribute zusammen. Aus einem um sie gelegten Gewandstück wachsen die Körper unbekleidet empor. Am linken Giebel trägt das linke Paar statt Haaren einen Kranz aus Früchten und stützt das Kapitell mit untergesetzten Armen. Der Mann des rechten Paares kreuzt die Arme vor der Brust, eine abwehrende oder wie schützend wirkende Gebärde. Die Frau faßt in auffälliger Weise mit der einen Hand an ihre Brust. Sie trägt eine kunstvolle Frisur und Schmuck auf der Stirn und um den Hals. Das linke Paar des anderen Giebels ist ebenfalls besonders gekennzeichnet. Der Mann trägt einen Lorbeerkranz im Haar und hält eine Blüte in seiner Rechten vor die Brust. Die Fau hat Früchte und Blätter ins Haar gewunden und hält in ihrer rechten Hand eine Frucht (Apfel?) hoch. Der Mann des letzten Paares faßt in seinen Bart, eine Geste der Unsicherheit. Die Frau, ein Schmuckstück in Form eines Herzens um den Hals, hält ängstlich die Arme vor der Brust gekreuzt. —

Die Verwendung von Karyatiden an Bauten war im ausgehenden 16. und im 17. Jahrhundert sehr beliebt. Hans Vredeman de Vries hat in seiner umfangreichen Stichserie das Thema „Karyatide" in immer neuen Ausformungen variiert und als Musterbuch herausgegeben[733]. Fast alle sind als Halbfiguren, die aus einer Herme aufwachsen, gegeben. Die Verwandtschaft zu den am Rathaus entstandenen Karyatiden ist groß, doch kann man nicht von einem direkten Vorbild sprechen.

Wenn bei der Verwendung von Karyatiden an Bauwerken mehr als nur ornamental-schmückende Gesichtspunkte maßgebend waren, dann lehnte sich ihre Bedeutung an das an, was Vitruv über die Entstehung und Bedeutung von Karyatiden berichtet[734]. Über wundene wurden in der Pracht ihres Schmuckes und ihrer Gewänder an den Gebäuden der Sieger in dienend-tragender Haltung dargestellt als Zeichen der Bestrafung, um die Feinde in Furcht zu halten oder um die eigenen Bürger anzuregen, sich immer für die Verteidigung der Freiheit einzusetzen. Die große Bedeutung, die Vitruv noch lange bis ins 17. Jahrhundert als theoretische Grundlage für Architekturpraxis und Architekturtheorie zukam, macht es sehr wahrscheinlich, daß in diesem Punkte seine Deutung der Karyatiden auf die zeitgenössischen Bauten übertragen wurde.

Bezieht die ganze Rathausfassade Lüder von Bentheims sich in ihrer Thematik auf das Letzte Gericht, so liegt es nahe, in den vier Menschenpaaren die Menschen vor dem Throne Gottes und seinem Gericht zu sehen. Die Träger der Früchte könnten dann eine Illustration der Worte: „An ihren Früchten sollt ihr sie erkennen!"[735] sein. Dies träfe auf die beiden linken Paare jedes Zwerchgiebels zu. Sie haben „Frucht gesammelt zum ewigen Leben"[736]. Die beiden anderen Paare haben nichts vorzuweisen als Furcht, ausgedrückt durch ihre Gebärden, ihren Schmuck und ihre Schönheit als Zeichen der Vergänglichkeit und Nichtigkeit. Das Wort zum Lobe der Weisheit: „Meine Frucht ist besser denn Gold ..."[737] scheint eine genaue textliche Entsprechung in der plastischen Darstellung erhalten zu haben. —

Die Seitenwangen der Zwerchgiebel scheinen diese Deutung zu bestätigen. Jeweils ein Engel mit hochgereckten Armen wächst aus einer Volute heraus, an den sich ein auf einem Sockel sitzender Knabe klammert. Haltung und Gebärden der Kinder sind so, daß sie genrehafte Züge enthalten. Die Jungen scheinen auf den Giebel geklettert zu sein, sitzen nun dort auf einem kleinen Absatz und halten sich krampfhaft fest. Ihre Füße nutzen jede Abstützung, um aus dieser schwindelnden Höhe herunterschauen zu können. Der Zusammenhang aber macht deutlich, daß an eine genrehafte Szene nicht gedacht werden kann. Es liegt nahe, in ihnen die „Kinder Gottes" zu sehen: „... alle die, so durch waren glauben Christo eingeleibt, und geheyliget sindt mitt dem geist der kindschafft

Abb. 245 *Karyatiden des linken Zwerchgiebels*

Abb. 246 *Karyatiden des rechten Zwerchgiebels*

Gottes, und vorsigeldt mit dem Heyligen geist ... bis auff den tag der erlösung, .. und, wann sie ettwa fallen, der gnedigen vorzeyhung ihrer Sünden ..., als auch der ewigen herrligkeit inn Christo gewiß sein sollen“[738].
Die Engel tragen kurze, stabartige Gebilde in den Händen, die als Siegel verstanden werden können. Sie könnten dann die vier Engel darstellen, die auf den vier Ecken der Erde stehen und die Winde halten. Sie sollen, ehe sie die Erde beschädigen, die Knechte Gottes versiegeln[739]. Der Mensch in Tod und Auferstehung, genauer gesagt seine Seele in Gestalt flügelloser Putten, ist uns an den Seitenreliefs des Güldenkammerrisalits unter dem Dachsims schon einmal begegnet[740]. Das Thema Auferstehung wird offensichtlich an den Seitenwangen der Zwerchgiebel in sehr enger räumlicher Verbindung zu den genannten Reliefs thematisch weitergeführt. –

### 7.2.4. *Die Maskenfolgen am Mittelgiebel*

Der über den Doppelsäulen des Mittelgiebels vorspringende Architrav trägt jeweils als Hochrelief gearbeitete Masken vor flachem Rahmen, der vielfach überschnitten wird. Die erste Serie umfaßt fünf Frauenköpfe mit stark gewelltem Haar und einem Schmuckstück darin. Die Köpfe werden von einem vorhangähnlichen Gewandstück umgeben. Die zweite Serie bilden vier Tiermasken mit unterschiedlich anthropomorphen Zügen. Die linke Maske der mittleren Reihe wurde schon in fast genau gleicher Form auf dem Schlußstein des siebten Arkadenbogens und auf dem Sockel der zweiten Säule von links in der oberen Reihe zwischen den Fenstern der Güldenkammer verwendet[741]. Ihr liegt Blatt 8 der Stichfolge des Cornelis Floris zu Grunde. Auch der Löwenkopf mit dem geflügelten Bart, der rechte der mittleren Maskenreihe, tritt in ähnlicher Form als Schlußstein des zehnten Arkadenbogens schon einmal auf. Die beiden letzten Köpfe dieser Serie sind eigenartigerweise fast völlig gleich. Sie haben ihr Gegenstück auf dem Schlußstein des dem Dom zugewandten Arkadenbogens. Zwei geflügelte Engelköpfe schließen diese Serien ab. Um den aus Flügeln gebildeten Hals tragen sie an einem Tuch ein Schmuckstück, und aus den Flügeln hängen seitlich Fruchtgehänge mit Blättern und Blüten herab. An den Seitengiebeln füllt je ein Paar geflügelter Engelköpfe die Metopen über der Jahreszahl. Die mittleren Seitenwangen des Hauptgiebels zeigen je ein kreisrundes Loch, aus dem ein behelmter Kriegerkopf mit riesigem Knebelbart blickt. Alle Maskenserien sind so verteilt, daß sie symmetrisch zur Mittelachse geordnet sind. Nach dem bisher Erkannten darf vermutet werden, daß diese Teile ebenfalls nicht ausschließlich ornamental-dekorative Funktionen zu erfüllen haben. Es liegt nahe, die Engel in der Offenbarung des Johannes zu suchen. Engel, die einen vergleichbaren Schmuck tragen, sind nur die der sieben Plagen[742], „umgürtet an ihren Brü-

Abb. 247—249 *Die drei anthropomorphen Masken in der Mitte des Mittelgiebels*

sten mit goldenen Gürteln". Da hier die Engel nicht ganzfigurig dargestellt werden konnten, hat man sich damit beholfen, ihnen die Gürtel umzuhängen. Der himmlische Tempel, aus dem sie hervortreten, könnte durch das Gehänge aus Blättern, Blüten und Früchten symbolisiert sein, deren gleichzeitiges Vorhandensein nur an diesem Orte beschrieben wird[743].

Die geschmückten Frauenköpfe mit den umgehängten Tüchern scheinen eine bildhafte Darstellung der „Versiegelten" zu sein, die vor dem Throne Gottes stehen, angetan mit weißen Kleidern[744]. Sie sind unbefleckt, werden als Jungfrauen bezeichnet und stehen unsträflich vor dem Stuhle Gottes[745]. Sie erscheinen an anderer Stelle am Rathaus ebenfalls[746].

Das Auffallende bei den vier anthropomorphen Tiermasken ist, daß zwei sich fast völlig gleichen. Das scheint, wie das verschiedene Auftreten an anderen Stellen der Fassade, für den reinen Dekorationscharakter dieser Schmuckteile zu sprechen. Dennoch findet sich für die Duplizität der Köpfe eine einleuchtende Erklärung. Johannes sieht in seiner Vision[747] ein Tier aus der Erde aufsteigen, „das hatte zwei Hörner gleich wie ein Lamm und redete wie ein Drache". Dieses Tier verführt die Menschen dazu, daß sie sich ein Abbild von ihm herstellen. Diesem Bilde haucht es Leben ein und zwingt alle, es anzubeten. Der grimmige Blick, der fürchterliche Mund, die Ohren sowie seine fast identische Wiederholung könnten auf dieses Ungeheuer und sein zum Leben erwecktes Ebenbild hinweisen. Die abgebildeten langen Eselsohren tragen z.B. „Häresie"[748] und „Impietas"[749]. Gerade diese Laster aber werden als wichtige Eigenschaften des Tieres beschrieben.

Die beiden anderen Masken müßten dann die Ungeheuer sein, die Johannes vorher, im 12. und 13. Kapitel seiner Offenbarung, beschreibt. Es ist einmal der Satan in Gestalt eines Drachen, der dem Kinde, das das Weib geboren hat, nachstellt. Mit seiner Macht stattet er das Tier aus, das dem Meere entsteigt und dessen „Mund wie eines Löwen Mund ist". Die Beziehung zum Meer wird durch die Muschel auf dem Kopf der linken Maske hergestellt, während der Mund an das Maul eines Löwen erinnert. Während an diesem wie surreal wirkenden Kopf noch eine Beziehung zum Text herstellbar ist, ist das bei der Löwenmaske mit dem gefiederten Bart kaum mehr möglich. Zwar erscheint die Siebenzahl in ihrem Kopfschmuck — der Drache trägt sieben Kronen —, doch außer dem gefiederten Bart erinnert formal kaum etwas an einen Drachen. Allerdings wird der Satan auch als brüllender Löwe beschrieben[750]. Vielleicht ist auch hier der Teufel, der Drache der Endzeit, in Löwengestalt als Gegenspieler Christi dargestellt, der ja ebenfalls in dieser Form Gestalt gewinnt. Diese Gegenüberstellung wird in den Giebelfeldern über den Fenstern der Oberen Rathaushalle in ähnlicher Weise wieder aufgenommen[751]. Erst aus dem thematischen Gesamtzusammenhang der Giebelzone wird sich erkennen lassen, ob die Deutung der einzelnen Maskenserien zutrifft.

### 7.2.5. *Die Giebel der Marktfassade als Thron Gottes*

Die Gestaltung der architektonischen Form sowie die Stellung der Krieger und der Kardinaltugenden zwingen den Betrachter dazu, den Giebel über dem Mittelrisalit und die beiden Zwerchgiebel als zusammengehörig zu betrachten. Die Untersuchung der Details hat gezeigt, daß, abgesehen von den Kriegergestalten, dem Stadtwappen und den Jahreszahlen, alle ikonologisch deutbaren Formzusammenhänge eine sinnvolle Deutung nur in Verbindung mit der Offenbarung des Johannes erfahren. Da dieser Zusammenhang

Abb. 250—252 *Mittelgiebel: einer der zwei Engelköpfe, einer der fünf Frauenköpfe, anthropomorphe Maske über der von Abb. 248*

sich schon bei der Analyse des Mittelrisalits, der Arkaden und der Brüstung über ihnen aufdrängte, kann wohl trotz des Fehlens jeglicher schriftlicher oder bildnerischer Quellen mit ziemlicher Sicherheit angenommen werden, daß der thematische Zusammenhang des überreichen figürlichen wie ornamentalen Schmucks der Rathausfassade in diesem Buch der Bibel zu suchen ist.

Dem scheinen allerdings einige Tatsachen entgegenzustehen. Die römischen Helden passen ebensowenig in diesen Gesamtzusammenhang wie die Verwendung von Musterbüchern und Grafikfolgen sowie die Tatsache, daß bestimmte Formen — z. B. einzelne Masken — bis zu dreimal in gleicher Form in unterschiedlichen Zusammenhängen erscheinen. Die selbstverständlich wirkende Verwendung des bremischen Wappens sowie die wiederholte Anbringung der Jahreszahl der Fertigstellung der Fassade an auffallender Stelle in akzentuiertem Rahmen erschweren die Annahme der Deutung ebenso wie die Schwierigkeit, für den heutigen Betrachter festzustellen, wo die Grenzen zwischen ikonographisch-ikonologischer Bedeutung, ornamentaler Gestaltung und dem Einfluß des Geschmackes und des Stiles jener Zeit verlaufen.

Einige dieser Gegensätze lösen sich auf, wenn man die Vorliebe des Manierismus für die *Mehr*deutigkeit von Kunstwerken oder ihrer Teile bedenkt. Die verschiedenartigen Bedeutungsebenen, die z. B. eine Skulptur ausfüllt, schließen eine *ein*deutige Interpretation aus. Die Musterbücher des ausgehenden 16. und beginnenden 17. Jahrhunderts sind mit dem erklärten Ziele geschaffen, Künstlern aller Arbeitsbereiche formale und auch inhaltliche Anregungen an die Hand zu geben, die dann je nach Bedarf in sehr unterschiedliche Zusammenhänge eingefügt werden konnten. Damit wird es erklärlich, daß der gleichen künstlerischen Form in verschiedenen Zusammenhängen unterschiedliche ikonographische Bedeutung zukommen kann. —

Der Versuch, die drei Giebel in ihrer Gesamtbedeutung als Darstellung des Thrones Gottes zu begreifen und der apokalyptischen Vorgänge, die sich nach der Offenbarung des Johannes vor ihm abspielen, vermag nicht alle, aber doch ihre wesentlichen Teile in diesen Zusammenhang zu stellen. Der Thron Gottes wird von Hesekiel beschrieben: „... am Himmel über dem Haupt der Cherubim war es gestaltet wie ein Saphir ... gleich anzusehen wie ein Thron“[752]. Ähnlich beschreibt Johannes den Thron Gottes und den, der darauf sitzt, „wie den Stein Jaspis und Sarder“[753]. Um den Stuhl ist ein Regenbogen. Die Spitze des Mittelgiebels, des höchsten Punktes der gesamten Fassadenarchitektur, zeigt nun, flankiert von zwei Säulen, in einer Kartusche einen hochstehenden, langovalen Stein. Ähnliche Kartuschen kommen am Mittelgiebel darunter noch sechsmal vor, doch keine ist so groß und hat, abgesehen von ihrer Querlage, eine derart herausgehobene Stelle in der Gesamtkomposition. Form, Stellung innerhalb der Gesamtkomposition sowie der Abschluß in Gestalt eines Segmentgiebels mit in das Tympanon eingefügter Muschelform legen es nahe, in dieser Kartusche und ihrem Abschluß nach oben den Thron Gottes zu erkennen, der als Edelstein mit einem Regenbogen beschrieben wird.

Unter der Kartusche halten, ebenfalls von Säulen flankiert, zwei nach außen blickende, Schweif schlagende Löwen das Wappen mit dem Bremer Schlüssel. Das Wappenschild ist mit der darunter befindlichen Kartusche verknüpft, die als Jahr der Fertigstellung der Fassade die Zahl „1612“ trägt. Würde das Wappen an dieser Stelle ausschließlich Macht und Ruhm der Stadt verkünden, wäre der ikonologische Zusammenhang unterbrochen. Ist das nicht der Fall, dann muß diese Ausformung des Stadtwappens auch noch Träger einer anderen Sinngebung sein. Es ist direkt unter der höchsten, wichtigsten Stelle, dem „Stein Jaspis und Sarder“, plaziert, flankiert von den Tugenden der „Gerechtigkeit“ und der „Klugheit“. Nun beschreibt Johannes[754] des Menschen Sohn als Richter des Letzten Gerichts, der zu ihm spricht: „... Siehe, ich bin lebendig von Ewigkeit zu Ewigkeit und habe die Schlüssel der Hölle und des Todes.“ Jesus Christus, des Menschen Sohn, ist aber „der Löwe aus dem Geschlecht Juda“[755]. Die Verdoppelung einer nicht vollplastischen Figur findet sich schon in der Balustrade über den Arkaden seitlich des Mittelrisalits. Die Löwen gleichen sich bis ins Detail. Das ist für Wappen haltende Figuren nicht ungewöhnlich. Doch auch die Illustration zum Text des Johannes läßt sich in dieser Gestaltung ablesen. Christus ist „lebendig von Ewigkeit“ — der linke Löwe blickt „zurück“ in die Ewigkeit — „zu Ewigkeit“, der rechte Löwe blickt „vorwärts“ in die Ewigkeit. Der Bremer Wappenschlüssel ist an dieser Stelle nicht mehr der Schlüssel Petri, als der er einmal in das Stadtwappen gelangt war, sondern bedeutet den Schlüssel, den der richtende Christus in Händen hält, um Hölle und Tod unschädlich zu machen.

Der Thron Gottes wie der „Stein Jaspis und Sarder“ und davor der „Löwe, der da ist aus dem Geschlecht Juda“, mit dem Schlüssel werden flankiert von den vier Kardinaltugenden. „Gerechtigkeit und Gericht ist deines Stuhles Festung ... Gnade und Wahrheit sind vor deinem Angesicht . . .“ singt der Psalmist[756]. „Das Lamm, das erwürget ist, ist würdig zu nehmen Kraft und Reichtum und Weisheit und Stärke und Ehre und Preis und Lob“ sprechen die Engel, die „Tiere“ und die Ältesten vor dem Throne Gottes[757]. Damit erklären sich die Tugenden um den Thron Gottes. Hier zeigen sie sich in ihrer ganzen Gestalt, unverhüllt. Die Dialektik zwischen der körperlichen Schönheit der Frau auf der einen Seite und höchster Erfüllung einer Tugend andererseits, verknüpft in einer künstlerischen Gestaltung, fand gerade im Manierismus ihre Bewunderer. Die Tugenden „Gerechtigkeit“, „Klugheit“ (als Weisheit), „Kraft und Stärke“ als „Fortitudo“ und Gnade und Wahrheit als „Temperantia“ kann das Lamm, Christus, „der Löwe aus dem Geschlecht Juda“, für sich in Anspruch nehmen.

Die geistlichen Kardinaltugenden bekrönen die Zwerchgiebel. Allerdings fehlt die dritte, die „Spes“. Oberflächlich gesehen ist für sie kein Platz mehr da; ein entsprechender Standort, der dem von „Fides“ oder „Caritas“ entspräche, ist nicht mehr vorhanden. Allerdings ist vom Thematischen her gesehen eine Darstellung der „Hoffnung“ vor dem Throne Gottes unsinnig. Denn vor ihm erfüllen sich alle Hoffnungen der Gläubigen. Hoffnung ist eine Tugend für den die Erlösung und Auferstehung erwartenden Menschen, sie erfüllt sich im Angesicht Gottes und hört damit auf, als Tugend zu bestehen. —

Die je zwei korinthischen Säulen, die Gebälk und Giebel als Sockel für die beiden geistlichen Kardinaltugenden tragen, weisen in der unteren Hälfte des Säulenschaftes Reliefs auf. Aus in Blüten endenden Pflanzenornamenten wachsen unbekleidete weibliche Figuren heraus, die ein Schmuckstück im Haar tragen und in den ausgestreckten Händen Zingula und Fruchtgehänge halten. Um den Leib haben sie breite Gürtel gewunden. Diese Attribute weisen sie als Erlöste aus; ihre Attribute erscheinen in ähnlicher Weise bei den Karyatiden der Pilasterhermen direkt unter ihnen wie auch bei den Versiegelten des Mittelgiebels. Nicht nur durch die Reliefgestaltung und ihren Inhalt, sondern auch durch die korinthische Säulenordnung, die an den Giebeln sonst nicht mehr vorkommt, sind diese vier Säulen besonders hervorgehoben. Nun schreibt Christoph Pezelius im „Consensus Ministerii Bremensis Ecclesiae“ von 1595 im Kapitel „Von der bestendigkeit der Heyligen im Glauben“[758]: „... die heilige schrifft setzt ... vier unbewegliche seulen, darauff der glaube gewiß und sicher biß ans ende bestehet“. Die erste ist die Wirkung des Opfers Christi, die zweite die Fürbitte Christi für alle Gläubigen, die dritte ist die allmächtige Kraft und Herrschaft Christi zur Rechten Gottes über Sünde, Tod, Teufel und Hölle und die vierte ist „Gottes ewige lieb und gnadenwahl. ... alle die, so durch waren glauben Christo eingeleibt, und geheyliget sindt mitt dem geist der kindschafft der erlösung ... der gnedigen vorzeyhung ihrer sünden ... als auch der ewigen herrligkeit inn Christo gewiß sein sollen“. Text und bildhaft-architektonische Gestaltung decken sich: Die vier Säulen stehen für die Gewißheit der Erlösung, auf denen zum einen die „Fides“ und zum anderen die „Caritas Dei“, die Liebe Gottes zu den Menschen, sicher ruhen, die durch den Heiligen Geist „versiegelt“ sind. Das Siegel tragen die Frauenfiguren in Form des Schmuckstückes auf der Stirn. —

Johannes beschreibt den Thron Gottes weiter: „Und vor dem Stuhl war ein gläsernes Meer, gleich dem Kristall ...“[759]. In der Mitte der beiden Zwerchgiebel entdeckt man einen großen, kristallin geschliffenen Stein, an dessen Ecken Halbkugeln gesetzt sind, die im Zusammenhang mit dem Kristall wie Perlen wirken. Ergänzt wird das „gläserne Meer“, das einem Kristalle gleicht, durch zwei Kartuschen am rechten Giebel, die zwei große Muschelschalen zeigen. —

An der gleichen Stelle des westlichen Giebels erscheinen in den ent-

Abb. 253 *Der linke Zwerchgiebel*

Abb. 254 *Der rechte Zwerchgiebel*

sprechenden Kartuschen in der Mitte „Wirbel", die auch an anderer Stelle der Fassade als Zeichen für „Cherubim" verwendet sind. Hesekiel beschreibt die Cherubim[760]: Jeder hatte vier Gesichter: das eines Cherubims, das eines Menschen, das eines Adlers und das eines Löwen. Johannes berichtet Ähnliches von den vier Tieren vor dem Throne Gottes[761], allerdings nimmt ein „Kalb" die Stelle eines Cherubims ein. Adlerköpfe flankieren die Zwerchgiebel neben den Versiegelten auf den vier korinthischen Säulen. Auf dem Architrav darüber sind je zwei Cherubimköpfe abgebildet. In der Mitte unter dem Kristall erscheint in einer Kartusche auf beiden Seitengiebeln ein Löwenkopf. Am Mittelgiebel entwickeln sich aus Voluten neben den Figuren von „Fortitudo" und „Temperantia" eigenartig gefiederte Löwenköpfe. Direkt neben ihnen erscheinen auf dem Beschlagwerk zwei behelmte Kriegerköpfe. Das Auseinanderliegen der Einzelteile wird dann verständlich, wenn man die Ortsbeschreibung der „vier Tiere" bei Johannes mit beachtet: „... mitten am Stuhl und um den Stuhl ...". Diese Wesen sind gleich den Cherubim[762]. So erhalten diese, auf den ersten Blick wirklich nur als ornamental wirkenden und etwa auf den Architekturstichen von Hans Vredeman de Vries immer wieder auftretenden Architekturschmuckteile eine inhaltlich sinnvolle Bedeutung. Sie wird um so verständlicher, als die Teile für den Betrachter vom Markt aus im einzelnen nicht mehr erkennbar sind. Ihre Verwendung an dieser Stelle muß also einen anderen Grund haben als den, den Bau nur zu schmücken. —

Die Darstellungen des Drachen und des ersten und zweiten Tieres vor dem Jüngsten Gericht finden am Mittelgiebel in den vier Ungeheuermasken ebenso ihre Gestaltung wie die Versiegelten, die in ihren weißen Gewändern „wie Jungfrauen" sind. Die zwischen ihnen sich befindenden schmalen Felder im Querformat sind mit Kartuschen gefüllt, die der in der Giebelspitze sehr ähnlich sind. Allerding sind sie kleiner, und sie dehnen sich in der Breite aus. Ihre formale Verwandtschaft mit dem „Thron Gottes" verweist sofort auf die vierundzwanzig Stühle um ihn, auf denen in weißen Gewändern ebensoviele Älteste sitzen[763]. Die vorhandenen sechs Kartuschen lassen sich mit der Zahl 24 jedoch nicht in Einklang bringen. Dennoch ist es denkbar, daß diese Beziehung besteht. Die „Ältesten" stellen die Gemeinden dar[764]. Möglicherweise hat sich hier Bremen — in Gestalt seines Wappens — an der Spitze der großen reformierten Gemeinden analog zu den sieben Gemeinden, denen in der Offenbarung die Botschaft des Johannes gilt, dargestellt. Damit hätte sich Bremen im Kreise der großen reformierten Gemeinden als Antitypus zu den Adressatengemeinden der Offenbarung verstanden. Nimmt man die großen Bekenntnisschriften für die einzelnen Länder — sprich Gemeinden —, dann ergibt sich dafür ebenfalls die Zahl „7": der Genfer Katechismus von 1542/45, der in die „Confessio Helvetica posterior" von 1566 Eingang fand, für die Schweiz, die „Confessio Gallicana" von 1559 für die französischen Hugenotten, die „Confessio Scotica" von 1560 für das reformierte Schottland, die „Confessio Belgica" von 1561 für die französischen und deutschen Niederlande, die „39 Articles of Religion" von 1562 für das elisabethanische England, der „Heidelberger Katechismus" von 1566 für die Pfalz und die seinem Bekenntnis nahestehenden anderen Teile Deutschlands und schließlich der „Consensus Ministerii Bremensis Ecclesiae" von 1595. Pezelius nennt in seinen ersten Zeilen die Grundlagen des „Consensus"[765]: Nächst dem Wort Gottes bekennen sich die Bremer zu den „alten" Bekenntnissen, dem apostolischen, dem nicenischen und dem athanasianischen. An dritter Stelle erscheint die Augsburger Konfession von 1530, die vor allem wegen ihrer politischen Bedeutung für die Reichsstände, im besonderen aber für Bremen mit seiner rechtlich nicht ganz einwandfreien Stellung zu Kaiser und Reich außerordentlich wichtig war. Und dann nennt Pezelius die „anderen Reformirten Euangelischen Kirchen Confessiones" vor allen anderen Glaubensschriften und -erklärungen. Trifft diese Deutung zu, dann erhält das Wappen in der Giebelspitze eine neue und wichtige Bedeutung, die sowohl politisch wie religiös als auch historisch verstanden werden muß. —

Die Obelisken, die in sehr unterschiedlicher Gestalt die Giebel seitlich flankieren und außerdem die Balustrade zum Markt und nach Westen und Osten zieren, sind in der Vielfalt ihrer Formen in den Architekturentwürfen des Hans Vredeman de Vries ähnlich zu finden. Über ihre ornamentale Bedeutung hinaus symbolisieren sie den Weg der Tugend und die Beständigkeit, diesen zu verfolgen. In einer ganzen Reihe von Emblembüchern des 16. Jahrhunderts finden sich Embleme, die diese Aussagen enthalten[766], z. B.: „Ein rechter Mann gleicht ... einem standhaften Obelisken. Er fürchtet Schicksalsschläge kaum, kein Mißgeschick verletzt ihn, ... er bleibt standhaft."[767] Die Dauerhaftigkeit und Unvergänglichkeit der Pyramiden — Pyramiden und Obelisken wurden in der Renais-

Abb. 255 *Der Mittelgiebel*

sance gleichgesetzt – sowie ihre Beziehung zum Wissen der alten Ägypter und ihre Eigenschaft als Grabstätten von Königen führen zu dieser Symbolbedeutung. Auf dem Bremer Rathaus stehen sie wohl für den tugendhaften und unbeirrbaren Glaubensweg derer, die vor dem Throne Gottes und im Angesicht des Letzten Gerichtes bestehen können. –

Auch die Zahlensymbolik muß in die Überlegungen zu einer Gesamtdeutung der Dachzone mit einbezogen werden. Der Giebel über der Güldenkammer hat acht fast quadratische Fenster, die in sich noch einmal in acht mal acht kleine Scheiben unterteilt sind. Die „8" ist die Zahl der Vollkommenheit. Die acht Seligpreisungen weisen dem Gläubigen den Weg vor Gottes Thron. Die „8" bezieht sich ebenfalls auf die Auferstehung Christi und ist damit Symbol des ewigen Lebens, das Sinnbild der ewigen Seligkeit in der Unendlichkeit des Kosmos[768]. Damit verbindet sich diese Symbolik der Zahl „8" mit einer ganzen Reihe von ikonographischen Details des Mittelgiebels. Die Zahl „3" als Symbol der Trinität spiegelt sich in den je drei Fenstern der Zwerchgiebel. –

Einen eindeutigen Bezug zur römischen Antike haben die vier Kriegerfiguren auf der Balustrade. Doch auch hier zeigt die zeitgenössische Druckgrafik einen weiteren Bezugspunkt auf. In römischen Rüstungen – allerdings mit einer Reihe zusätzlicher Attribute und Symbole – hat z. B. Johan Wierix[769] in einer Stichfolge Kriegergestalten geschaffen, deren jede eines der vier Weltreiche allegorisiert. Unter diesen Weltreichen verstand man das babylonische, das persische, das griechische und das römische Reich. Sie gehen dem „Reich des Himmels" voraus. Diese Geschichtsauffassung findet sich schon bei Daniel[770] und wird in der Offenbarung erneut angesprochen[771]. Die Eigenschaften der ersten Reiche vereinigen sich im letzten[772]. Das Tier, in dessen Gestalt Johannes das römische Reich schaute, wird tödlich verwundet, „und seine tödliche Wunde ward heil. Und der ganze Erdkreis verwunderte sich des Tieres." Im Wiedererwachen des römischen Kaiserreiches in der Gestalt des „Heiligen Römischen Reiches Deutscher Nation" glaubte man dieses dem Meer entstiegene Tier, das Johannes beschrieb, zu erkennen. Historie und Glaubensaussagen des letzten Buches der Bibel prägen die Geschichtsauffassung des Jahrhunderts der Glaubensauseinandersetzungen. „Und ihm – dem Tier – ward gegeben zu streiten mit den Heiligen und sie zu überwinden."[773] Versteht man dieses Tier als „zweites" römisches Reich, das die Eigenschaften der drei anderen Reiche in sich vereinigt, und nimmt den zitierten Vers hinzu, dann bekommen die in voller Kampfaktivität dargestellten römischen Krieger, die sich alle auf den Raum „vor" dem Mittelgiebel, dem Throne Gottes, ausrichten, eine ganz andere als für die Stadt vorbildhafte Bedeutung. Dann stellen sie den politischen und Glaubensgegner dar, mit dem Bremen sich immer wieder auseinanderzusetzen hatte. In dieser Bedeutung verkörpern die Krieger das Gegenteil von Schutz für Rathaus und Stadt. Daniel

Abb. 256 *Abschlußkartusche des Mittelgiebels mit dem „Saphir" als Thron Gottes*

deutet den Traum Nebukadnezars als das Ende des vierten Reiches und was darauf folgt: „Aber zur Zeit solcher Königreiche wird der Gott des Himmels ein Königreich aufrichten, das nimmermehr zerstört wird; sein Königreich wird auf kein anderes Volk kommen. Es wird alle diese Königreiche zermalmen und zerstören; aber es selbst wird ewig bleiben."[774] Ein Stein hat von oben herab alle diese Reiche zerstört. Das genannte ewige Reich könnte in der bekrönenden Kriegerfigur seine allegorische Darstellung gefunden haben. Unter ihm befindet sich der Stuhl mit dem, der anzusehen war „wie der Stein Jaspis und Sarder". Der Stein hat alle Reiche zermalmt. In der Fahne des Kriegers des ewigen Reiches ist der „Schlüssel der Hölle und des Todes". Wer möchte in diesem Zusammenhang noch vom Bremer Schlüssel in der Fahne des obersten Kriegers sprechen? Tatsächlich fehlt ihm auch die heraldisch notwendige Stellung innerhalb der Fahne. —

Die formale Betonung und die dreifache Wiederholung der Jahreszahl der Beendigung der Umgestaltung der Fassade sind ungewöhnlich. Normalerweise wird eine solche Zahl nur an einer, oft genug dazu noch unauffälligen Stelle eines Baues dieser Art angebracht. Diese Tatsache und die bisherigen Überlegungen führen dazu, nach einer Begründung dafür zu suchen. Im 13. Kapitel der Offenbarung beschreibt Johannes nach dem Tier aus dem Meere das Tier, das aus der Erde steigt und alle Macht des ersten Tieres ausübt. In ihm hat die Reformationszeit den Antichrist in Gestalt des Papstes gesehen. Nicht nur in kämpferischen Glaubensschriften der Zeit, sondern auch in der Kunst erscheint der Papst als Antichrist immer wieder[775]. Johannes gibt eine geheimnisvolle Kennzeichnung des „Tieres": „Die Zahl des Tieres ist eines Menschen Zahl, und seine Zahl ist 666."[776] Das Tier und sein Abbild, das lebendig wird, töten alle Menschen, die es nicht anbeten. Diejenigen, die es anbeten, erhalten ein Malzeichen an Stirn oder Hand. Damit ergibt sich eine Entsprechung zu den „Versiegelten" Gottes. Das Tier und sein Abbild haben am Mittelgiebel Gestalt gewonnen. In genau gleicher Höhe sind die Zahlen „1612" an den beiden Seitengiebeln angebracht. Am Mittelgiebel befindet sich die Zahl direkt über dem „Tier". Damit erscheint die „6" dreimal an der Marktseite des Rathauses. Damit nicht genug. Alle „1" ergeben zusammen eine Sechs, ebenso alle „2". —

Abb. 257 *Stadtwappen mit Löwen am Mittelgiebel, Symbol für den „Löwen aus Juda", der die „Schlüssel der Hölle und des Todes" hält*

Direkt unter den Zahlen auf den Kartuschen der Zwerchgiebel umrahmt eine weitere Kartusche je ein kreisrundes Loch. An das Beschlagwerk der Kartusche sind mit Bändern Engel gefesselt. Diese haben aber hängende Brüste, das Paar des linken Giebels sogar Bocksfüße. Hier haben wir es nicht mit den Engeln, die den Thron Gottes umgeben, zu tun, sondern mit denen des Drachens[777]. Der Erzengel Michael und seine Scharen streiten gegen sie und besiegen sie, „auch ward ihre Stätte nicht mehr gefunden im Himmel. Und es ward geworfen der große Drache, die alte Schlange, die da heißt Teufel und Santanas, der die ganze Welt verführt, und ward geworfen auf die Erde, und seine Engel wurden auch dahin geworfen." Weiter berichtet Johannes, daß der Drache während des tausendjährigen Reiches gefesselt in den Abgrund gestoßen und dieser versiegelt wurde. Das Gleiche geschieht mit dem Tier und seinem Abbild[778]. Die schwarzen Fensterlöcher und die darum gebundenen Engel der teuflischen Mächte können sich eigentlich nur darauf beziehen. Doch noch — im Jahre 1612 — ist es nicht so weit. Das tausendjährige Reich und das Ende des Tieres, des Antichristen, erwarten die Menschen des beginnenden 17. Jahrhunderts in naher Zukunft. In Gestalt der Karyatiden wird ihnen vor Augen geführt, wie der Mensch vor dem Throne Gottes und in seinem Gerichte steht und wie die gläubige Seele sich an die Engel klammert. Darunter, unter den Fenstern der kleinen Giebel, ist als eine Art Vorhang die „reine und schöne Leinwand" zu sehen, die in ihrer Köstlichkeit „die Gerechtigkeit der Heiligen" symbolisiert[779]. —
Die drei Giebel gehören in ihrem ikonologischen Zusammenhang offensichtlich zu den Bildwerken des Mittelrisalits. Das Gesamtthema sind die Geschehnisse des Endes der Zeiten und des letzten

Abb. 258 *Linker Zwerchgiebel: Reliefs an den Säulen und die gefesselten Engel des „Drachen"*

Abb. 259—262 *Wappen der Bürgermeister des Jahres 1612 über den Arkadensäulen des Mittelrisalits, von links: Heinrich Zobel, Dirich Hoyer, Johan Brand, Arendt Gröning*

Gerichts vor dem Throne Gottes. Dem an der Gegenwartskunst geschulten Betrachter muß die Gestaltung der Giebel wie von einem Surrealisten entworfen vorkommen. Auf die enge geistige Verbindung des Surrealismus mit dem Manierismus ist immer wieder hingewiesen worden[780]. Gerade der Manierismus gefiel sich in der Verwendung von Bilderrätseln, von überraschenden Gestaltungseffekten und ungewohnten thematischen Zusammenstellungen. Hinzu kommen die Freude am Geheimnisvollen und die Verwendung vielschichtiger Bedeutungsebenen an einem Kunstwerk. Die geheime Offenbarung des Johannes kam diesen Vorstellungen und Neigungen der Zeit von ihrem Inhalt und ihrer Sprache her sehr entgegen. Auch wenn noch an einigen Details und ihrem ikonographischen Sinn Zweifel bestehen oder sie in ihrer Bedeutung noch gar nicht geklärt sind, so kann doch mit einiger Sicherheit gesagt werden, daß ein grundsätzlich anderer thematischer Zusammenhang vergleichsweise wenig wahrscheinlich ist. Dazu stimmen zu viele Einzelteile, ihre formale Gestaltung und ihr inhaltliches Zusammenspiel sowie die enge Beziehung zum biblischen Text, die an vielen Stellen aufgezeigt werden konnte, überein. Inwieweit diese Themenstellung am wichtigsten Gebäude der Stadt ihre Grundlagen in der Politik Bremens, seinen theologischen Glaubenssätzen und dem historischen Selbstverständnis eines reformierten Gemeinwesens findet, wird noch zu untersuchen sein. —

### 7.2.6. *Die Wappen*

Die vier Wappen der Bürgermeister des Jahres 1612 sind heute die einzigen Teile der Fassade, von denen wir mit einiger Sicherheit annehmen können, daß ihre farbige Fassung der ursprünglichen ähnelt. Bei der Restaurierung hat man darauf geachtet, daß die Wappenfarben „richtig" eingesetzt wurden. Außerdem dürften die Wappen, möglicherweise zusammen mit der Balustrade über den Arkaden, als letzte Teile der Fassade gearbeitet worden sein. Beide Teile stammen offensichtlich auch von der gleichen Hand, wie ein Vergleich der Masken der die einzelnen Balustradenfelder teilenden Pfeiler mit denen unter den Wappen leicht deutlich macht.

Die Wappenreliefs sind, ähnlich den Monatsdarstellungen, von links nach rechts ablesbar und nach dem „Dienstalter" ihrer Träger geordnet. Das aus dem Wald hervorspringende Tier ist das Wappentier Hinrich Zobels, 1539—1615, der 1583 zum Ratsherrn und 1597 zum Bürgermeister gewählt wurde[781]. Ihm folgt mit den drei Eichenblättern das von Dirich Hoyer, der, bevor er 1597 Ratsmitglied wurde, „Secretarius Reipublica Bremensis" war. 1608 wurde er Bürgermeister. Er starb 1625[782]. Als dritter folgte der erst 1611 zum Bürgermeister gewählte Johan Brandt, der das Amt des Mitte des Jahres verstorbenen Johan Klamp übernahm, der den Umbau des Rathauses tatkräftig gefördert hatte. Er war seit 1597 Ratsherr und starb 1615. Der jüngste Bürgermeister war der an die Stelle des von der Pest 1611 hingerafften Heinrich Kreffting[783] getretene Arendt Gröning, dessen Wappen drei gekrönte Löwen zeigt. Seit 1602 Ratsherr, starb er noch vor Fertigstellung des Innenausbaus 1617.

An den Wappen fallen einige Besonderheiten auf. Alle Helme tragen an einer Kette einen Anhänger in Kreuzform. Er gehört nicht unbedingt zum normalen heraldischen Beiwerk, sondern er weist in diesem Zusammenhang auf den Glauben des Wappenträgers hin. Das erscheint im ikonologischen Kontext der Fassade nicht mehr verwunderlich. Die Wappenschilde selber mit ihren Helmbekrönungen und den wallenden Helmdecken stützen sich je auf eine Volute, die sich nach unten zu einer Maske entwickelt. Helmdecken und Masken ergeben zusammen eine stark bewegte Rahmung der Wappenschilde und werden durch den Gegensatz von farbiger Fassung und Naturstein als Einheit gesehen. Doch haben die Masken mit den Wappen nichts zu tun. Sie ähneln in sehr starkem Maße vom Stil und auch in der Einzelform den Masken des Geländers über den Arkaden. Vom Typ her sind alle Köpfe gleich. Der erste und dritte stimmen fast völlig überein, der vierte ist geringfügig abgewandelt, während der zweite mit seinem geschlossenen Maul etwas anders aussieht. Alle vier tragen über der „Stirn" einen vorstehenden, mit Buckeln versehenen Reifen. Man kann ihn inhaltlich eigentlich nur als Kronreif verstehen. Die Frage nach der ikonographischen Bedeutung der Masken lenkt den Blick auf den Mittelgiebel, auf dem sich vier ähnliche Masken befinden, die zwar in der bildnerischen Form anders sind, aber in ihrem Aussehen untereinander in der gleichen Beziehung stehen. Sie wurden als der Drache, das Tier aus dem Meer, das aus der Erde und dessen Abbild verstanden[784]. Es liegt nahe, an dieser Stelle die gleiche Aussage zu vermuten, die mit der Zeitangabe, wie sie sich in den Wappen ausdrückt, in Verbindung zu setzen ist. Darüber hinaus verstehen sich offensichtlich die Bremer Bürgermeister, unter deren Regiment der Bau vollendet wurde, als Ritter des Glaubens (Helm und Kreuzanhänger), denn nirgendwo sonst am Rathaus wurden vorher oder nachher die Wappen von Ratsherren oder Bürgermeistern in dieser heraldisch zwar durchaus üblichen, aber auch aufwendigen Form abgebildet. Sie „stehen über" Satan und seinen Helfern.

Abb. 263—265 *Wappentragende Engel von den Konsolen der Krieger an den Ecken des Rathauses, von links: Wappen von Johan Herden (SW-Ecke), Dirich Dickhoff und Harmen Müller (SO-Ecke), Johann Lange und Christian Schöne (NO-Ecke, entstanden um 1930)*

Im Zusammenhang mit den direkt über den Wappen angebrachten Allegorien der Jahreszeiten müssen jene wohl auch als Zeichen der Vergänglichkeit verstanden werden. Das schließt die mit ihnen verbundenen Masken mit ein. Denn Satan und sein Gefolge mit ihrer Herrschaft über Erde und Menschen bewegen sich nach der Offenbarung und dem Geschichtsverständnis der Zeit ihrem Ende entgegen und sind damit auch der Vergänglichkeit unterworfen, da sie vor der ewigen Herrschaft des dreieinigen Gottes vergehen.
Eine letzte Auffälligkeit bei der Gestaltung der Wappen sei noch kurz vermerkt. An den oberen Ecken der Wappenschilde bilden die Helmdecken eine Art Wirbel, die vor allem bei Sonnenlicht zusammen mit den „Kronen" der Masken so stark an Augen und Mund erinnern, daß das gesamte Wappen mit Masken als weiteres maskenartiges Gebilde wirkt. Ähnliche Formerfindungen liegen auch den Masken des Frans Floris zugrunde. Zumindest an einer Stelle am Rathaus, über den Fenstern des Anbaues von 1683, erscheinen ähnliche Gestaltungen[785]. Ob unter Umständen hier an ein „memento mori" gedacht war, muß allerdings offenbleiben. —
Eingefügt in die Konsolen für die Krieger auf den Ecken der Fassade, an der Stelle, wo am gotischen Bau die Ecktürmchen mit ihren Stützfiguren ihren Platz hatten, ist heute je ein stehender Engel zu erkennen, der mit jedem Arm einen Wappenschild hält. Die Schilde stehen im rechten Winkel zueinander, so daß zwei Wappen zum Markt und je eines zum Dom und zur Obernstraße gerichtet sind. Unter den Engeln wurden als Konsolsteine gotische Werkstücke verwendet, wohl diejenigen, die ursprünglich unter den Stützfiguren der Türme ihren Platz hatten.
Beginnen wir mit dem Wappen an der Westseite des Rathauses. Es ist das von Johan Schlichting, Eltermann des Schütting und seit 1600 Mitglied des Rates. Er bekleidete von 1615 bis 1635 das Amt des Bürgermeisters und starb drei Jahre, nachdem er es niedergelegt hatte. Zum Roland hin blickt daneben das Wappen mit dem Schäfer. Es ist das von Johan Herden, ebenfalls Eltermann, der erst, als der Rathausumbau schon begonnen hatte, 1609 Ratsmitglied wurde. Auch er wurde 1615 zum Bürgermeister gewählt und bekleidete dieses Amt bis zu seinem Tode 1632. Beide hatten 1611 das Amt des Mauerherrn inne und konnten deshalb am Bau ihr Wappen anbringen lassen. Der Engel an der anderen Ecke der Marktfassade hält links ein Wappen, das drei Bäume, von einem Weidenzaun umgeben, zeigt. Es ist das von Dirich Dickhoff, der seit 1597 dem Rat angehörte und 1624 verstarb. Das vierte Wappen ist das von Harmen Müller, 1572—1628, der erst 1612 in den Rat gewählt wurde. Er übernahm dann gleich mit Dickhoff zusammen das Amt des Mauerherrn für das laufende Jahr.

Engel als Wappenhalter treten zum ersten Mal am Rathaus am Portal zur Neuen Wittheitsstube von 1550 auf. Sieht man sie in ihrem ikonologischen Zusammenhang an der Fassade, dann wird deutlich, daß sie auch hier mehr als nur heraldische Zier sind. Als Boten Gottes und als Verkünder seines Willens „halten" sie durch die Wappenschilde die Mitglieder des Rates, die direkt mit dem Bau und seinem Glaubensprogramm zu tun haben. Es heißt nichts anderes, als daß der Bau und die für ihn Verantwortlichen in Gottes Schutz und „der Hand der Engel" stehen. —
Wohl bei der großen Restaurierung des Rathauses und seiner Fassade zwischen 1928 und 1930 entstand der Krieger auf der NO-Ecke zum Neuen Rathaus hin. Auf seinem Sockel wurde ebenfalls ein wappentragender Engel plaziert. Links hält er das Wappen des Ratsherrn Johann Lange (1662—1739), der seit 1716 dem Rat angehörte. Bei dem rechten Wappen handelt es sich wahrscheinlich um das des Eltermannes Christian Schöne (1702—1788), der 1765 in den Rat gewählt wurde. Die Bedeutung gerade dieser Wappen an dieser Stelle bleibt allerdings unklar. —

## 7.3. ***Die Seitenteile der Rathausfassade***

### 7.3.1. *Die Göttergestalten über den Fenstern*

Schon 1595 vergrößerte Lüder von Bentheim die Fenster der Oberen Halle des Rathauses. Nur die beiden äußeren der Reihe behielten ihre ursprüngliche Breite. Das Maßwerk wurde entfernt, und die Fenster erhielten einen geraden Abschluß. Diesen Zustand zeigt der Stich des Rathauses in der Dilichschen Chronik von 1604. Beim weiteren Ausbau der Fassade stattete Lüder von Bentheim die Fenster dann abwechselnd mit Dreiecks- und Segmentgiebeln aus. Die Tympana erhielten Reliefs, und die Giebel wurden mit je einer Figur bekrönt. Die seitlichen Giebelenden wurden mit Akroterien in Gestalt von Blumenvasen bzw. mit in Beschlagwerk gefaßten Kugeln besetzt. Auf der rechten Seite tragen diese Kugeln noch einen Aufsatz mit einer Spitze und sind damit z. T. den Pyramiden der Dachbalustrade vergleichbar.
Die Figuren auf den Fenstergiebeln reichen bis ans Dachgesims. Es sind, entsprechend der Anzahl der Fenster, je zweimal vier sitzende Männergestalten, die als Hochreliefs ausgearbeitet sind. Durch ihre Attribute sind sie als römische Götterfiguren identifizierbar. Die linke Figur an der SW-Ecke des Rathauses wird durch den Stiel einer Sense als „Saturn" gekennzeichnet. Der Dreizack weist die Figur auf dem Giebel daneben als „Neptun" aus. Ihm folgt mit brennender Fackel in der Hand „Pluto", der Gott der Unterwelt

und des Totenreiches. An dem Hammer und dem Helm, die er in Händen hält, erkennt man den Gott der Schmiede und des Feuers, „Vulcan", der Waffen für die olympischen Götter verfertigte. Auf der rechten Seite des Mittelrisalits folgt dann mit Zepter und Sonnenscheibe in der Hand der römische Sonnengott „Sol". Der geflügelte Hut und die geflügelten Schuhe sowie der von zwei Schlangen umwundene und ebenfalls geflügelte Botenstab, der Caduceus, weisen den nächsten Gott als „Merkur", den Götterboten, aus. Neben ihm sitzt „Bacchus" auf einem Weinfaß, einen Sturzbecher in der Rechten, den Fuß auf einen Weinkrug gesetzt und Weinranken um die Hüften und mit Trauben auch um den Kopf geschlungen. Den Abschluß bildet der über seinem Adler stehende, Blitze schleudernde „Jupiter".

Die Vorlagen für fast alle Figuren fand Lüder von Bentheim in dem umfangreichen Stichwerk des Hendrik Goltzius. In einer Stichserie von acht Blättern stellt er in fast der gleichen Reihenfolge — nur Merkur und Jupiter sind vertauscht — diese Götter in Konchen stehend und von Pilastern gerahmt dar[786]. Die Serie ist 1592 datiert. Der dem ersten Blatt der Stichfolge beigefügte Text erklärt die Herkunft der Figuren. Auf seiner Reise durch Deutschland und Italien kam Goltzius 1591 auch nach Rom und fand auf dem Quirinalshügel die von Polidoro Caldara auf eine Wand gemalten Götterfiguren und zeichnete sie ab. Von dem Fassadenmaler Caldara ist wenig bekannt. Vielleicht war er Schüler Giulio Romanos. Er genoß bis ins 18. Jahrhundert hinein großes Ansehen. Möglicherweise hat nicht einmal das Werk des großen Stechers Goltzius den Rathausfiguren als Vorbild gedient, sondern ein weiterer Nachstich nach Goltzius. Denn die Götterfiguren des Rathauses erscheinen jeweils genau spiegelverkehrt zu den Stichen. Denkbar, allerdings wenig wahrscheinlich, wäre auch, daß die Originalzeichnungen, die Goltzius in Rom angefertigt hat, oder vielleicht Nachzeichnungen nach ihnen als Vorbilder gedient haben. Die vier Götter auf der linken Seite weichen nur in Kleinigkeiten von den Vorlagen ab. Allerdings sind sie sitzend gegeben. Der Grund dafür liegt in dem geringen Platz, der für die Figuren zur Verfügung stand. Durch die sitzende Haltung konnte der Bildhauer die Körper erheblich in ihrer Länge verkürzen und sie trotzdem so groß gestalten, daß sie vom Markt aus noch zu erkennen sind. Die Disproportionierung der Körper entfällt durch die perspektivische Verkürzung, die sich aus der Untersicht ergibt.

Bei den Göttern rechts des Risalits ist die Goltziusvorlage nur zum Teil zu erkennen. Bei „Sol" fällt eine starke Ähnlichkeit des Kopfes mit dem des entsprechenden Stiches auf, während Körperhaltung und Gewandführung aus dem Jupiterblatt entnommen zu sein scheinen. Allerdings sind die Attribute verändert. Sie lehnen sich stark an die Apollo-Darstellungen Dürers an[787]. Offensichtlich ist sowohl für Dürer wie für Caldara/Goltzius der berühmte Apoll von Belvedere Vorbild gewesen[788]. Von der nach dem griechischen Original in der Spätantike angefertigten Kopie — oder einer genauen Abbildung davon — ist z. B. der Baumstamm, allerdings ohne die Schlange, übernommen. Die Körperhaltung bei „Merkur" ist gegenüber der Vorlage stärker verändert, doch Gewand und Attribute lassen auch hier die Stichvorlage erkennen.

Dagegen hat der „Bacchus" sicher in dem Werke des Goltzius nicht seinen Ursprung gehabt. Allerdings steht die ausgeführte Figur auch nicht ohne Vorbild da. Sie stellt eine fast wörtliche Übersetzung eines Holzschnittes aus einem Vorlagenbuch von Jost Amman in die Reliefform dar[789]. Körperhaltung, Attribute und Gesichtsausdruck sind sehr genau übernommen.

„Jupiter" weicht auffällig von den anderen Figuren ab. Während alle anderen Götter thronend dargestellt sind, steht er über seinem Adler, so daß Kopf und Körper zwangsweise kleiner sein müssen als bei den anderen Figuren. Demgegenüber thront er als einziger bei Goltzius. Während der erhobene, Blitze schleudernde Arm und der bärtige Kopf[790] und z. T. auch der Adler von dort übernommen sein könnten, weichen Haltung und Bekleidung doch völlig von dieser Vorlage ab. Unter Umständen mag auch für diese Figur das entsprechende Blatt aus Ammans Kunstlehrbuch als Anregung gedient haben[791]. —

Die Frage nach der Bedeutung römischer Götter am Bremer Rathaus wird allerdings durch das Aufspüren der Vorbilder nicht gelöst. Sie zeigen nur eindeutig, daß die Götter Roms, nicht etwa die griechischen, gemeint sind. Auffällig ist, daß die Zahl „8" bei Kaiser und Kurfürsten darunter ebenfalls auftaucht. Auch ihre Aufgliederung ist ähnlich: Dem Kaiser, drei geistlichen und vier weltlichen Kurfürsten stehen Saturn, drei seiner Söhne (Jupiter, Neptun, Pluto) und vier Söhne des Jupiter gegenüber (Vulcan, Apollo/Sol, Merkur, Bacchus). Ein Emblem Reusners[792] scheint den Schlüssel zur Auflösung zu geben: Der Rat der olympischen Götter wird als Vergleich für den römischen Senat herangezogen bzw. für die Ratsversammlung eines Kaisers, und das wird wiederum auf den kaiserlichen Rat Sigismund Vieheuser bezogen. Das Bild dazu zeigt die olympischen Götter auf Wolken über einer Stadt thronend, während in ihrer Mitte Jupiter steht. Das gleicht der Stellung der Bremer Figuren. Nimmt man die Stellung Bremens zu Beginn des 17. Jahrhunderts, so gibt es ein Problem, das neben den tagespolitischen Fragen die bremische Politik immer wieder bewegt hat: die Stellung der Stadt zu Erzbischof und Kaiser, die durch die Glaubensfrage doppelt wichtig geworden war. Heinrich Krefftings Beschreibung der Stadt Bremen und ihrer Rechte von 1602[793] zeugt von der Notwendigkeit, immer wieder dafür einzutreten. Daß außerdem sich selbst regierende Städte in der Renaissance und später sich auf das Vorbild des alten Rom berufen, ist allgemein üblich. Die Bedeutung der Götterfiguren wäre demnach etwa so abzulesen: Wie der Rat der Götter, so ehrwürdig war der Rat der Stadt Rom und nach dessen Vorbild ist es der der Stadt Bremen. „Und diese des Kaisers und der Stadt würdige Treue macht ihn — den Rat — Götter und Königen willkommen."[794] Trifft diese Annahme zu, dann ist am Rathaus ein weiteres Mal die Stellung Bremens definiert: Es ist eine freie Stadt, unabhängig von irgendwelchen Fürsten — vor allem von ihrem nominellen Landesherrn —, klug und treu wie der Rat der römischen Senatoren, aber auch so frei, dem Kaiser ergeben. —

Vergleicht man die Götterfiguren und ihre Zuordnungen in der antiken Mythologie mit den entsprechenden, ihnen nahestehenden gotischen Figuren, dann stellen sich unter religiösem Aspekt Beziehungen her, die zu offensichtlich sind, als daß sie als zufällig angesehen werden könnten. Der römische Gott Saturn herrscht, darin dem griechischen Kronos gleich, in den Gefilden der Seligen[795]. Unter seiner Herrschaft haben die Menschen das glückliche, sorgen- und schuldfreie goldene Zeitalter erlebt. Dennoch ist er auch der Gott, der von seinem Sohn Jupiter seiner Macht beraubt und in den Tartaros gestürzt wird. Saturn ist nun am Rathaus der gotischen Kaiserfigur nahe. Das Kaisertum ist aber in Bremen, wie wir erkannt haben, aufs engste mit der Person des ersten Kaisers, mit Karl d. Gr., verknüpft. Er hat die christliche Welt beherrscht, er setzte Recht. Unter seiner Herrschaft waren — in den Augen der Nachfolgenden — die Menschen glücklich; er selber war milde, gerecht und gnädig, wie die Texte in der Oberen Rathaushalle bestätigen. Er wird aus der Folge der Kaiser des neuen römischen Reiches in die Gemeinschaft der Heiligen erhoben.

Aus der Sicht des protestantischen Bremen steht allerdings der Kaiser im Augenblick der Erschaffung der Götterfiguren auf der Seite der Glaubensgegner. Seit der Reformation ist der deutsche Kaiser für Bremen nicht nur Herr der Stadt, sondern auch religiöser Widersacher und mächtiger Gegenpart der Stadt. Damit ist die Stellung der Stadt, die aus religiösen Gründen unbedingt reichsfrei sein muß und damit den Kaiser als Herrn über sich hat, den Repräsentanten des Heiligen Römischen Reiches Deutscher Nation und mächtigsten Vertreter der alten Religion in Deutschland, in einer außerordentlich zwiespältigen Lage.

Der Gestalt des Kaisers schließen sich nach rechts die geistlichen Kurfürsten des Reiches an. Sie erscheinen unter dem Aspekt der Glaubensauseinandersetzung als Anhänger des Antichristen, des Papstes. Als konstitutioneller Bestandteil des Reiches waren ihre Ämter für die auf Reichsunmittelbarkeit angewiesene und darauf hinstrebende Stadt von ihrem Rathaus nicht wegzudenken. Ihnen sind diejenigen römischen Götter zugeordnet, die die Herrschaft unter der Erdoberfläche haben: Neptun regiert in den Tiefen des Meeres; Pluto ist der Herrscher der Unterwelt. Aus seinem Reiche gibt es keine Rückkehr. Nur Herkules gelingt dies, indem er den Gott verwundet. Deshalb ist er auch ein Vor-Bild für Christus, der ebenfalls in das Reich des Todes hinabgestiegen ist und dessen Macht gebrochen hat. Der vierte in der Reihe ist Vulkan, der Gott

Abb. 266—268 *Römische Götterfiguren über den Giebeln der Fenster der Oberen Rathaushalle, linke Seite, von links: Saturn, Neptun, Pluto*

des Feuers. Dieser Sohn des Jupiters wird wegen seiner mißratenen Gestalt vom Olymp gestürzt. Die Schmiede des Vulkan lokalisierte man in den vulkanischen Gebieten Unteritaliens und Siziliens. Daß das Christentum Teufel und Hölle mit ihm und seiner Wohnstatt verglichen hat, liegt nahe. Es bleibt festzustellen, daß diese drei Götter sich von dem Herrscher über das goldene Zeitalter abwenden und auch dieser von ihnen wegschaut. Diese formale Feststellung gewinnt erst im Zusammenhang der Götterfiguren mit den Gestalten von Kaiser und geistlichen Kurfürsten aus der Sicht des reformierten Bremens sinnbildhafte Bedeutung.

Demgegenüber blicken Apollo, Merkur und Bacchus zum Herrscher des Olymps hin. Apollo, Sohn des Zeus und der Leto, ist Schutzgott der Griechen und Römer wie auch ein Heil- und Sühnegott. Er ist ebenso der Gott der Wiedergeburt und des Frühlings[796]. Seit dem 6. Jahrhundert v. Chr. ist seine Verehrung als Helios (Sol) nachweisbar. Apollo/Sol ist der Garant sittlicher Ordnung für die antike Welt. Der Apollo-Kult in Italien war mit dem Orakel der Sybille von Cumae verbunden. Diese Sybille wurde z. B. von Michelangelo an der Decke der Sixtina als Gegenüber des Propheten Hesekiel gemalt. Das humanistische Zeitalter war der Auffassung, daß sie aus heidnischer Sicht u. a. die Geburt Christi visionär geschaut habe[797].

Merkur ist nicht nur Götterbote, sondern er geleitet auch die Seelen vom Diesseits ins Jenseits. Er sendet als Schlafgott den Menschen

Abb. 269—271 *Hendrik Goltzius, Stichfolge römischer Götter, 1597, linke Seite, von links: Saturn, Neptun, Pluto*

Abb. 272—274 *Römische Götterfiguren über den Giebeln der Fenster der Oberen Rathaushalle, von links: Vulkan; rechte Seite: Sol, Merkur*

die Träume. Er ist ebenfalls Gott der Hirten. Sein Bild als „guter Hirte" mit dem Schaf auf den Schultern wurde im frühen Christentum auf Christus, den „guten Hirten", übertragen. Bei den Römern war Merkur der Gott des Handels und des Verkehrs. Nach dem Glauben der Spätantike offenbarte Hermes „Trimegistos", der „Dreimalgrößte", in verschiedenen Schriften eine gnostische Weltentstehungs- und Erlösungslehre.
So wie der Bildhauer den Gott des Weines hier dargestellt hat, trägt er schon fast karikaturhafte Züge. Bacchus ist der Sohn des Jupiter, der sich der sterblichen Semele unter Blitz und Donner näherte. Beider Kind trägt er dann selber bis zur Geburt aus. In Delphi war das Grab des Dionysios/Bacchus, dessen Wiedergeburt alle zwei Jahre auf dem Parnaß gefeiert wurde. Trotz seiner fast karikaturhaften Darstellung wird er im 16. Jahrhundert mit Wahrheit — in vino veritas — und Weisheit in Verbindung gebracht[798].
Jupiter thront im Olymp als Herrscher über Götter und Menschen. Er erscheint als Hort und Inbegriff aller Rechtsordnung, als Schutz des Hauses und der Familie, der Schutzsuchenden und Vertriebenen. Er ist der Schutzherr aller Verfassungsformen. Im Kampf mit seinem Vater Saturn und den Titanen reißt er die Herrschaft an sich und stürzt seinen Vater und dessen Anhängerschaft in den Tartaros. Im Kampf gegen die Giganten siegt er mit Hilfe des Herkules. Diesen, seinen, mit Alkmene, der Gemahlin des Amphitrion, gezeugten Sohn nimmt er daraufhin in die Runde der Götter auf. —

 Abb. 275—277 *Hendrik Goltzius, Stichfolge römischer Götter, 1597: Vulkan, Sol, Merkur*

Abb. 278—279 *Römische Götterfiguren über den Giebeln der Fenster der Oberen Rathaushalle, rechte Seite: Bacchus und Jupiter*

Es ist sicher einigermaßen merkwürdig, daß am Bremer Rathaus und seiner neuen Fassade, die sich offensichtlich ikonologisch mit dem Thron Gottes und mit dem Jüngsten Gericht auseinandersetzt, römische Götter auftauchen. Wenn man jedoch bedenkt, daß „die griechischen Vorbilder als Urbilder oder vielmehr als schrankenlos bewunderte Beispiele dafür, die Urbilder sichtbar zu machen“[799], in der Renaissance galten, dann wird ihr Erscheinen in einem christlich-theologischen Zusammenhang schon eher verständlich. Die Antike wird als „Vor-Bild“ genommen. Es geht nicht so sehr um ihre Wiedergeburt, man benutzt sie eher zur Darstellung seiner selbst und seiner Probleme. „Die zum neuen Eigenleben erweckte antike Götter- und Dämonenwelt wird nicht durch bloße Auslegung christianisiert ..., sondern bei voller Wahrung ihrer mythischen Lebendigkeit unmittelbar in den Wirkungszusammenhang des christlichen Kosmos hineingestellt.“[800] Unter diesen Aspekten erscheint es nicht mehr abwegig, die an der Bremer Rathausfassade auf einer Ebene sich befindenden Figuren, nämlich die gotischen Skulpturen sowie die Reliefs in den Fenstergiebeln und unter dem Kranzgesims, mit den Götterbildnissen in Verbindung zu setzen. Götter zwar, aber doch mit negativem Vorzeichen, präsentieren sich auf der linken Fassadenseite. Mit ihnen auf gleicher Ebene erscheinen Kaiser und geistliche Vertreter des Reiches, die eine Hälfte der Repräsentanten des Reiches. Aber aus der religiösen Sicht des reformierten Bremens hängen sie dem päpstlichen Antichristen und seiner Lehre an. Den „positiven“ Göttern der rechten Seite der Fassade sind die weltlichen Kurfürsten zugeordnet, die sich mit ihren Ländern alle dem „wahren“, dem evangelischen Glauben geöffnet haben. Seit dem Jahre 1609 hatte auch Böhmen auf Grund des sog. Majestätsbriefes von Rudolph II. freie Glaubenswahl erhalten. Vielleicht ist darin auch der Grund zu suchen, daß Lüder von Bentheim unter die Konsole des Böhmenkönigs eine zweite Konsole hat setzen lassen[801], die den Repräsentanten des Landes Böhmen zusätzlich stützt.

Leider wissen wir nicht mehr, was die Absicht des „Erfinders“ dieser Götterreihe, des Polidoro Caldara, und der Sinn dieser ganz speziellen Zusammenstellung nur männlicher Götter waren. Ganz offensichtlich aber wurde diese durch die Stiche von Goltzius verbreitete Götterversammlung für das Bremer Rathaus umgebaut. Das zeigt einmal die Vertauschung von Jupiter und Merkur und die Tatsache, daß der erste der Götter als einziger stehend dargestellt

Abb. 280—281 *Jost Amman, Bacchus und Jupiter, Holzschnitte aus „Kunst- und Lehrbüchlein ...“, 1580*

wurde. Vielleicht vermögen die Fenstertympana den Sinnzusammenhang weiter aufzuhellen. –

### 7.3.2. *Die Tympana der Fenstergiebel*

Die seitlichen Fenster der Rathausfassade zum Markt hin erhielten beim Umbau 1609/12 über ihrem geraden Abschluß, den sie seit 1595 trugen, von Lüder von Bentheim Fenstergiebel, wobei sich Dreiecks- und Segmentgiebel von außen nach innen abwechseln. Ihre Tympana sind mit Reliefs ausgefüllt. Formal und deswegen wohl auch inhaltlich gehören je zwei Giebel zusammen. In den beiden äußeren, kleineren Dreiecksgiebeln halten je zwei ungeflügelte Putten eine Kartusche mit einem gefaßten Stein als Mitte. Die beiden anderen dreieckigen Giebelfelder zeigen in einer Rollwerkkartusche einen Löwenkopf. Vorbilder für Kartuschen dieser Form sind bei Hans Vredeman de Vries zu finden[802]. Das gleiche gilt für die Puttenfiguren, wie sie Vredeman de Vries in ganz ähnlicher Form in seinen Stichvorlagen für Grabmale verwendet hat und wie sie auch an Bremer Epitaphien der 2. Hälfte des 16. Jahrhunderts erscheinen[803]. Die Felder der beiden linken Segmentgiebel gehören offensichtlich zusammen. Auf einer Rollwerkskartusche wird je ein männliches und ein weibliches Brustbild in modischer Kleidung dargeboten, die von Allegorien der Jahreszeiten flankiert werden. Das entsprechende Giebelpaar auf der rechten Fassadenseite zeigt links ein in Pflanzenranken und Blüten endendes Menschenpaar, das eine Kartusche mit einem gefaßten Stein hält. Im rechten Segmentgiebel zeigen zwei Engel eine Kartusche mit einem geschmückten Frauenkopf. –

Am meisten Aufmerksamkeit haben bisher die beiden Segmentgiebel der linken Seite erhalten, da in ihnen die vier Jahreszeiten als Assistenzfiguren zu erkennen sind. Zwei unbekleidete Frauenfiguren, der „Frühling" mit Blumen, der „Sommer" mit Ähren und Früchten, flankieren die Kartusche mit dem ovalen Bild eines hochmodisch gekleideten jungen Mannes. Zwei Männergestalten, der unbekleidete „Herbst" mit Weintrauben als Attribut und der in Mantel und Pelzhaube vor einem Feuer hockende Alte als „Winter", füllen das Giebelfeld mit dem entsprechenden weiblichen Bildnis. Offensichtlich gehört das Paar zusammen. Die modische Kleidung läßt zwar an Porträts denken, doch der übrige Bildzusammenhang unterstützt dies nicht. Die Jahreszeiten signalisieren Vergänglichkeit. Die Blumenvasen als Akroterienschmuck der beiden Giebel unterstützen diese Deutung[804]. Die Jesajaverse, die diesem Bilde zu Grunde liegen[805], vergleichen den Menschen „und alle seine Güter" mit den schnell welkenden Blumen. So liegt es nahe, in dem jungen Paar eine Allegorie auf die vergängliche menschliche Liebe zu sehen. Ein Stich von Jan Saenredam, dessen Vorlage wahrscheinlich Hendrik Goltzius gezeichnet hat[806], zeigt in der Mitte ein Liebespaar, das in Typus und Kleidung mit dem der Giebel starke Ähnlichkeit hat. Die Frau auf dem Stich tritt die Heilige Schrift mit Füßen. Allein diese Tatsache demonstriert, daß die wahrscheinliche Vorlage für die Reliefs in die gleiche Richtung der Aussage zielt. Der Stich zeigt junge Paare in verschiedenen Situationen. Während der Jüngling in der Mitte sein Weinglas schwenkt, schreitet seine Begleiterin achtlos über ein aufgeschlagenes Buch hinweg, das mit „Biblia sacra" eindeutig bezeichnet ist. Der dem Bild zugefügte Text besagt, daß der Mensch in der Liebe sich über Gesetze und Gott hinwegsetzt. Der Stich spricht in verdeckter Form das in der Zeit so häufig in der Kunst behandelte Thema der Vergänglichkeit, der Vanitas, an. Die Tympana sind also so zu verstehen, daß sie die Vanitas des Lebens an der Vergänglichkeit der Jahreszeiten, am Menschen, der wie eine schnell welkende Blume ist, und an der menschlichen Liebe, die Gesetz und Gott vernachlässigt und dadurch der Vergänglichkeit anheimfällt, aufzeigt. –

Beide Felder schließen den Dreiecksgiebel mit dem in einer Kartusche gefaßten Löwenkopf ein. Deutlich sind das fletschende Maul und große Ohren zu erkennen. Bei seinem Pendant auf der anderen Seite fallen gerade diese Teile nicht auf. Zwar sind beide ornamentalen Rahmungen fast gleich, doch ist die Unterscheidung der einzelnen Löwenköpfe auffällig. Setzt man noch die jeweiligen darüberstehenden Götterfiguren zu ihnen in Beziehung, dann ist festzustellen, daß über dem linken Löwenkopf Pluto, der Gott der Unterwelt und des Totenreiches, und über dem rechten der göttliche Bote der olympischen Götter, Merkur, zu finden sind. Somit ist die rechte Löwenmaske unschwer als Symbol für Christus, den Sendboten Gottes an die Menschen, zu deuten. Christus in der Gestalt eines Löwen bzw. eines Löwenkopfes ist an der Rathausfassade schon verschiedentlich dargestellt worden[807]. Der linke Löwenkopf ist dann unschwer in Beziehung zum Teufel zu setzen, dem Herrn der Finsternis und des Todes, der brüllend umherläuft und den Menschen verschlingen will[808]. Umgeben ist der Teufel in Gestalt des Löwen von den Symbolen der Vergänglichkeit in den Allegorien der Jahreszeiten und dem jugendlichen Paar, das formal so eng zusammengehört, daß man es als Verkörperung der menschlichen, der vergänglichen Liebe, die nicht auf Gottes Wort achtet, ansehen muß.

In ähnlicher Weise wird auf der rechten Rathausseite der entsprechende Löwenkopf als Symbol für Christus gerahmt. Rechts halten zwei Engel, die Lorbeerkränze im Haar tragen, eine Kartusche mit einem Frauenkopf. Im Haar trägt die Frau ein Diadem in Form eines Kreuzes, und hinter dem Kopf wird ein strahlenförmig abgerundetes Gebilde sichtbar, das an eine Krone erinnert. Zu beiden Seiten des Gesichtes hängen Tücher herab. Um den Hals ist eine Perlenkette mit einem runden, medaillonartigen Schmuck daran geschlungen. Es ist die Figuration eines der Versiegelten vor dem Throne Gottes, wie sie an den Giebeln des Rathauses mehrfach dargestellt sind. Sie tragen die im Blute des Lammes gewaschenen weißen Gewänder[809]. Die Versiegelten in dieser künstlerischen Gestalt erscheinen überall dort, wo in der Zeit um 1600 das Thema der Seligen angesprochen wird, etwa an Epitaphien und Kanzeln. Als ein Beispiel sei hier nur die Kanzel der Martinikirche in Bremen von Hermen Wulff von 1597 genannt.

Die Engel mit den Lorbeerkränzen im Haar, die die Kartusche halten, gehen mit den antiken Nikedarstellungen, die in der Renaissance in Form und Bedeutung wieder aufgenommen wurden, eine enge Verbindung ein. Sie krönen denjenigen, der vor dem Throne Gottes bestehen kann. Sie sind in enger Verbindung mit der „Victoria" in der Tugendreihe der Rathausarkaden zu sehen[810]. Über diesem Tympanon ist der römische Gott Bacchus dargestellt, der für die Renaissance die Verkörperung der Weisheit ist.

Das dazugehörige Relief im ersten Segmentgiebel zeigt ein Menschenpaar, das eine Kartusche mit einem muggelig geschliffenen Stein in der Mitte hält. Das ihn umgebende Beschlagwerk zeigt eine Perlenkette mit runden und barocken Perlen und vier Blüten an den Auslaßstellen des Beschlagwerkes. Seitlich endet die Kartusche in architekturähnlichen Formen. Der Körper der Figuren geht von der Mitte an in Pflanzenranken über, die gleichzeitig Blüten und Früchte tragen. Die Formen schließen sich denen des sogenannten Tritonenfrieses über den Arkaden an. Der Mann ist mit wehendem Bart dargestellt. Entsprechen sich die Reliefs der Segmentgiebel beider Fassadenseiten, müßte dieses Relief eine Entsprechung zu den Engeln mit dem „Versiegelten" sein. Nun beschreibt Jesaja in seiner Prophezeiung das Volk des Himmlischen Jerusalem: „Und dein Volk sollen eitel Gerechte sein; sie werden das Erdreich ewiglich besitzen, als die der Zweig meiner Pflanzung ...; daß sie genannt werden Bäume der Gerechtigkeit, Pflanzen des Herrn zum Preise."[811] Ganz ähnlich beschreibt der Psalmist den Gerechten: „Der Gerechte wird grünen wie ein Palmbaum ... Die gepflanzt sind in dem Hause des Herrn, werden in den Vorhöfen unseres Gottes grünen. Und wenn sie gleich alt werden, werden sie dennoch blühen, fruchtbar und frisch sein."[812] Genauer könnten diese Worte kaum illustriert werden, wenn sich die Kartusche selber als Zeichen für das „Haus des Herrn" oder das Himmlische Jerusalem erweist. „Der Strom des lebendigen Wassers, klar wie Kristall, ging aus vom Stuhle. Mitten auf ihrer Gasse beiderseits des Stromes stand das Holz des Lebens, das trug zwölfmal Früchte und brachte seine Früchte alle Monate."[813] Die Gassen der Stadt sind lauteres Gold „wie durchscheinend Glas", und die Tore sind von Perlen. Der in der Mitte der Kartusche plazierte Stein ist wie ein Kristall gefaßt, Perlen umgeben ihn; auf beiden Seiten ist das Holz des Lebens verkörpert, das immer Früchte und auch Blüten trägt. Den vergänglichen Früchten und Blüten der Jahreszeiten auf der gegenüberliegenden Fassadenseite wird hier der ewig blühende und Früchte tragende Lebensbaum gegenübergestellt.

Abb. 282—285 *Tympana der Fenstergiebel, linke Seite: Puttos mit Kartusche, Jahreszeitenallegorien mit Köpfen eines jungen Paares und Löwe als Teufelssymbol*

Den Abschluß bilden nach beiden Seiten die Reliefs der Dreiecksgiebel über den schmaleren Fenstern der Oberen Rathaushalle. Sie zeigen beidesmal das gleiche Motiv: Zwei ungeflügelte Putten mit einer Kugel in der einen Hand halten eine Kartusche mit einem großen, gefaßten Edelstein. Der einzige Unterschied liegt in der Armhaltung. Das linke Puttenpaar hält seine Arme vor die Kartusche, das rechte hinter sie. Die Kugel, die jeder von ihnen mit einer Hand umfaßt, ist das Symbol der Vollkommenheit. Der gefaßte Stein, den diese, das Symbol der Vollkommenheit haltenden Geschöpfe flankieren, kann eigentlich nur ein Symbol für Gott sein: Das Licht der Herrlichkeit Gottes gleicht einem hellen Jaspis, dem alleredelsten Stein[814]. Der Thron Gottes und der, der darauf sitzt, werden ähnlich beschrieben[815]. Dem Symbol für Gott ist auf der linken Seite der antike Schöpfergott Saturn zugeordnet, auf der rechten Seite der Fassade der oberste der olympischen Götter, Jupiter. Arm und Körper der Putten links bilden jeweils fast eine Gerade; in den Winkel, der dadurch entsteht, ist der Stein gesetzt. Rechts ist das volle Rund des Steines sichtbar. Es liegt nahe, in dieser formalen Gestaltung Buchstaben zu vermuten[816]. Gott sagt zu Johannes: „Ich bin das A und O, der Anfang und das Ende ..."[817] Die Deutung als „A" und „O" würde die unterschiedliche Gestaltung des gleichen inhaltlichen Themas erklären[818]. —

Getrennt durch den Mittelrisalit sind die Fenstertympana einander gegenübergestellt: Gott als Schöpfer und Vollender, Teufel und Christus, Erde und Himmel in Gestalt des Himmlischen Jerusalem, Vergänglichkeit und Ewigkeit. Diesen Aussagen werden in typologischer Form die antiken römischen Götter zugeordnet. Vermutlich ergab sich der Bezug zur Gegenwart des beginnenden 17. Jahrhunderts durch die Gestalten der Kurfürsten und des Kaisers, die in der Auseinandersetzung des Protestantismus — in Bremen der „rechte" Glaube — und des Katholizismus als Vertreter beider Seiten erscheinen und gleichzeitig, in ihrer alten Stellung am Rathause belassen, ebenso auch die ursprüngliche Bedeutung beibehielten. Die Umsetzung des Baldachins des Kaisers von rechts außen zur Mitte macht deutlich, daß zu ihrer ursprünglichen Sinngebung diejenige hinzukam, die die Reichsfürsten nach ihrer glaubensmäßigen Ausrichtung beurteilte. Dabei nimmt der König/Kaiser, ihm zugeordnet der Saturn als antiker Schöpfergott und dem alttestamentarischen Gott der Schöpfung vergleichbar, eine Sonderposition ein. —

Abb. 286 *Stich von Jan Saenredam nach H. Goltzius: lebenslustiges Paar, das die Bibel mit Füßen tritt*

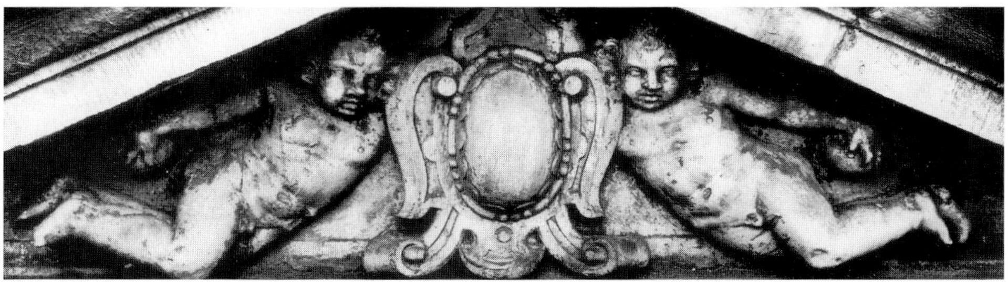

Abb. 287—290 *Tympana der Fenstergiebel, rechte Seite: „grünende Gerechte" mit dem Zeichen für das „Haus des Herrn", Löwenmaske als Christussymbol, Kopf einer Seligen, Putten mit gefaßtem Stein*

7.3.3. *Der Relieffries unter dem Kranzgesims — Marktseite*

Wie am Mittelrisalit sind an den Seiten der Rathausfassade zwischen die vorkragenden Stützkonsolen des breiten Kranzgesimses Reliefs gesetzt. Ihre sehr unterschiedliche Thematik, die von Seeungeheuern über Engel, Putten und paarweise angeordneten Menschengestalten bis hin zu Verbindungen aus Mensch und Pflanze und Mensch und Tier reichen, scheint auf den ersten Blick einen nur ornamentalen Zusammenhang zu haben. Die Reliefs beider Fassadenseiten sind achssymmetrisch auf den Mittelrisalit hin angeordnet. Daß diese symmetrische Komposition dann doch nicht ganz eingehalten wird, ist ein erster Hinweis darauf, daß die Reliefs, ähnlich wie beim sog. Tritonenfries, eine ikonographische Bedeutung haben, die sicher nur im größeren Gesamtzusammenhang zu verstehen ist. Unter den seitlichen Zwerchgiebeln ändern sich, bedingt durch die Stützen der Balustrade, nicht nur die Abstände der Konsolen, sondern auch die Breite der Reliefs. Sie sind, zumindest formal, auf die Giebel bezogen. —
Es ist das Verdienst Gustav Paulis, für die Mehrzahl der Reliefs die Vorlagen aus den Stichwerken verschiedener Meister der zweiten Hälfte des 16. Jahrhunderts nachgewiesen zu haben. Wie weit diese Vorlagen zum ikonographischen Verständnis der Reliefs beitragen, wird von Fall zu Fall zu untersuchen sein. In erster Linie läßt sich aus ihnen ihr Inhalt genau ablesen, da stellenweise, vor allem an den Schmalseiten des Rathauses, die Reliefs schon so verwittert sind, daß einige Details kaum mehr zu erkennen sind. Die Detailkenntnis ist jedoch für eine Deutung unerläßlich.
Die Vorlagen für die Meeresungeheuer der Frontfassade fand Pauli[819] in einer Vorlagenserie des Römers Giovanni Andrea Maglioli, die von dem Nürnberger Adam Fuchs zu Beginn des 17. Jahrhunderts nachgestochen wurde und damit im Gegensinne vorlag. Diese Nachstiche haben dem Bildhauer offensichtlich vorgelegen. Sie konnten zur Zeit des Rathausumbaues als das Allerneueste auf diesem Gebiete gelten. Aus der Folge von 13 Stichen[820] sind neun als Vorlagen verwendet worden. An der Hauptfassade wurden sechs von ihnen verwendet. Außerdem sind dort noch vier Reliefs zu erkennen, die jeweils zwei menschliche Figuren zeigen. Ergänzt werden sie durch ein Figurenpaar, das in Pflanzenranken endet, und ein Putten- und ein Engelpaar. Hinzu kommen zwei geflügelte Engelköpfe und zwei Köpfe, die von Harpyen bedrängt werden. Die beiden äußersten Reliefs zeigen je einen geschliffenen Stein, der an den Ecken von Perlen gerahmt wird. Kartuschen in ähnlicher Form finden sich auch an den beiden Zwerchgiebeln.
Da die römischen Götterfiguren zu den Darstellungen in den Giebelfeldern der Fenster in Beziehung stehen, die Reliefs unter dem Kranzgesims mit diesen wiederum auf einer Ebene liegen, kann man vermuten, daß sie in vergleichbarer Beziehung zu den ihnen am nächsten stehenden Götterbildnissen zu setzen sind. Desgleichen liegt es nahe, diese Reliefs wie die der Fenstergiebel unter typologischem Aspekt zu untersuchen.
Beginnen wir von innen mit den Reliefs beiderseits des Güldenkammertrakts. Ein Mann und eine Frau enden von der Leibesmitte ab in Pflanzenranken, an deren Ende Blüten aufgehen. Der bärtige Mann bläst in ein Horn, ein Hase springt von ihm weg. Diese beiden Attribute deuten auf den Herbst, für den die Jagd sinnbildhaft gesetzt wird. Die Frau trägt in ihrem Haar als Schmuck eine Muschelschale. Ist das Pendant eine Allegorie des Herbstes, dann kann man in ihr „Ver", den Frühling, oder Flora, die Göttin der Blüten und Blumen, die Frühlingsgöttin, sehen. Andererseits ha-

Abb. 291—299 *Reliefs unter dem Kranzsims links des Mittelrisalits; die Anordnung der Abbildungen von oben nach unten gibt die Reihenfolge am Gebäude von links nach rechts wieder*

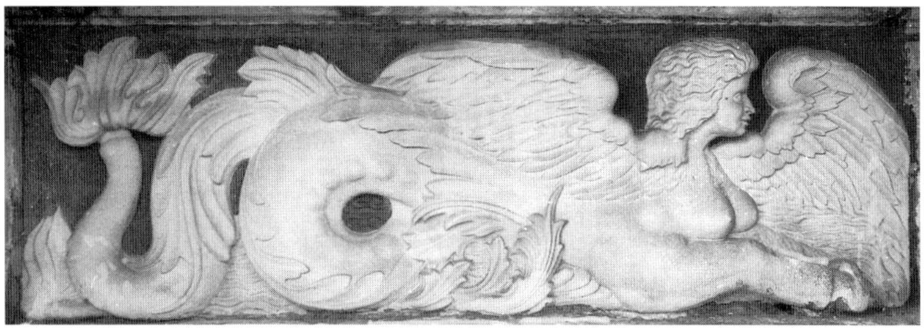

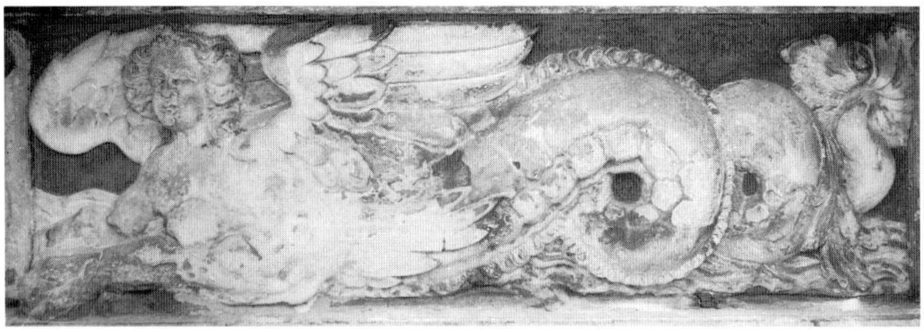

Abb. 300—303 *Adam Fuchs, Meeresungeheuer aus einer Stichfolge nach G. A. Maglioli, Anfang 17. Jh.*

ben wir für ganz ähnliche Bildungen in dem Segmentgiebel unter Apollo/Sol die Bedeutung „Gerechte“[821] festgestellt. Darüber hinaus ist die Muschel Symbol für die Auferstehung wie auch Attribut für Venus, die Liebes- und Frühlingsgöttin. Ein bergauf laufender Hase ist Hinweis auf die vom Teufel gejagten Sünder, die beim Felsen Christus Schutz suchen[822]. Er ist Gegenpart zum Löwen. Andererseits wird der Hase der Venus geopfert[823] und auf Venusdarstellungen der Renaissance oft als Attribut der Liebe dargestellt. Venus ist zum weiteren die Frau Vulkans, der direkt unter dem linken Relief seinen Platz hat. Der Frühling wiederum bedeutet die Wiedergeburt Apollos, des Sonnengottes, nach dem Winter[824]. Er steht rechts dem Relief sehr nahe.

Die Bedeutung dieser beiden Bilder muß sicher als mehrschichtig verstanden werden. Frühling und Herbst weisen durch sich und ihre Attribute auf die ihnen benachbarten römischen Götter Vulkan und Apollo/Sol. Beide Jahreszeiten beziehen sich aber auch auf das Kommen Christi einerseits als Mensch, andererseits als Richter am Ende der Zeiten[825], wenn sie nämlich als Teilstücke der Geschichte verstanden werden. Wie beiderseits der Evangelisten in der Mitte über den Arkaden beide Jahreszeitenallegorien auf Christus hinweisen, geschieht das in dieser Zone ebenfalls. Er hat an dieser Stelle zwischen ihnen als „Löwe von Juda“ auf dem Throne Salomos Gestalt gefunden[826]. Darüber hinaus weisen beide Darstellungen auf die Auferstehung und die „Gerechten“ vor dem Throne Gottes. —

Auf der rechten Fassadenseite schließt sich an die Flora eine symmetrisch angeordnete Figurengruppe an. Es sind zwei kaum bekleidete Frauengestalten, die in ihren Armen Früchte halten. Erst bei genauer Untersuchung erkennt man, daß sie mit Früchten gefüllte Hörner halten, deren Enden sich um die Beine schlingen. Als Vorbild für dieses Relief diente offensichtlich ein Stich Pieter van der Heydens nach Jacob Floris[827]. Es ist das Titelblatt der „Compertimenta Pictoriis Flosculis ...“ von 1567, die Jacob Floris entwarf und bei Hieronymus Cock in Antwerpen drucken ließ. Die beiden Figuren am unteren Rand sind fast wörtlich übernommen. Allerdings hat der Steinmetz sie vertauscht, um das Rechteck der Reliefform besser füllen zu können. Das dürfte auch der Grund sein, warum beide Frauen einen Arm mit Zweigen, an denen Früchte hängen, nach außen strecken. Über das Füllhorn, das „cornu copia“, gibt es mehrere Versionen in der antiken Mythologie[828]: Herakles bricht im Kampfe dem Flußgott Acheloos ein Horn ab und gibt dieses den Hesperiden. Diese füllen es mit Früchten und nennen es das Horn des Überflusses. Die zweite Version mag unserem Relief zugrunde liegen: Zeus wird von der schrecklichen Ziege Amaltheia genährt und bricht ihr ein Horn ab. Er legt in dasselbe einen solchen Segen, daß es sich mit allem, was man sich wünscht, anfüllt. Dann übergibt er es den Töchtern des Melisseus, Astradeia und Ide. Da Amaltheia als Fischungeheuer in dieser Reliefreihe noch erscheint, ist wohl an diese Mythenversion zu denken. Der Sonnengott ermöglicht das Füllen des Hornes. Ihm ist dieses Relief zugeordnet. Der Bezug zum Relief des sich unter ihm befindlichen Segmentgiebels liegt nahe. Oben die antike Version der immerwährenden Fülle, hier diejenige des christlichen Glaubens, die in den Gerechten des Herrn solche sieht, die immer Frucht tragen und grünen. —

Die drei folgenden Reliefs gehören schon von ihrer äußeren Form her zusammen. Ein Cherub wird von zwei unbekleideten Putten flankiert, die in ihrer Hand eine Palme tragen und mit ihrer anderen ein Tuch hochhalten, das in einem Feston endet. Es sind die Versiegelten „aus allen Heiden und Völkern und Sprachen“, die zusammen mit den Engeln vor Gottes Thron stehen, „angetan mit weißen Kleidern und Palmen in ihren Händen“[829]. Ihre Darstellung in diesem Bereich der antiken Mythologie ergibt sich wohl aus dem Hinweis: „Heiden und Völker und Sprachen“.

Die entsprechenden drei Reliefs unter dem linken Zwerchgiebel zeigen in der Mitte einen sehr ähnlichen Cherub mit einem Schmuck in Kreuzesform um den Hals. Dieser hat nur den Kopf leicht nach links geneigt. Er zeigt einen gequälten Gesichtsausdruck. Zu beiden Seiten sind ähnliche Köpfe zu erkennen, seitlich und unten von Tüchern umrahmt. Im Haar sind als Schmuck nach außen zeigende Muscheln angebracht. Die Köpfe werden von je zwei Ungeheuern gerahmt. Vogelköpfe und Flügel sitzen auf einem weiblichen Oberkörper, der in einem schlangenartigen Hals endet. Die Beine sehen fast wie die von Rindern aus. Die Deutung dieser Ungeheuer ist insofern schwierig, als mindestens zwei Auslegungen möglich sind. Sehr ähnlich dargestellt wird der Basilisk, allerdings normalerweise ohne Frauenbrüste, der allein durch seinen Blick zu töten vermag[830]. Durch den Blick in einen Spiegel tötet sich der Basilisk selbst[831]. Die andere, allerdings ähnliche Sinngebung weist auf die Harpyen. Aello und Okypete, Töchter des geflügelten, schlangenfüßigen Gottes Typhon, sind Mischgestalten aus Mensch und Vogel. Schnell wie Vögel und Winde halten sie sich, neben anderen Ungeheuern, an der Türe zur Unterwelt auf. Von den Göttern werden sie zur Strafe zu Phineus geschickt. Von seinem immer wieder sich füllenden Tisch rauben sie einen Teil der Speisen, den Rest verunreinigen sie. Auf der Argonautenfahrt befreien die Söhne des

Boreas, Kalais und Zetes, Phineus von dieser Plage und vertreiben die Harpyen. Diese ziehen sich auf Inseln zurück, die seitdem den Namen Strophaden tragen. In der Renaissance verkörpern die Harpyen ganz allgemein die Verderbtheit oder auch böse Nachbarn[832]. Gelegentlich scheinen sie mit den Basilisken zu verschmelzen und stehen dann für Gottesfrevler, die sich selber umbringen[833]. Diese Deutung erscheint hier die angemessene, denn als Vorbild hat wohl, wie bei der Gestaltung des Hornes des Überflusses, das Titelblatt der „Compertimenta Pictoriis Flosculis ..." des Jacob Floris[834] gedient. Dort halten sie in ihren Klauen Spiegel. Das Vorbild für die menschlichen Häupter, die sie bedrängen, ist in dem gleichen Stichwerk zu finden. Der Gesichtstyp in einer großen, ihn rahmenden Kartusche ist bis ins Detail genau wiedergegeben. Es fehlen lediglich die dort vorkommenden seitlichen Muscheln.

Die Bedeutung dieser Reliefs schließt sich der der entsprechenden Gruppe rechts an. Dargestellt sind diejenigen aus der großen Zahl von Völkern und Heiden, „die gekommen sind aus großer Trübsal und haben ihre Kleider gewaschen und haben ihre Kleider hell gemacht im Blute des Lammes"[835]. Mit „großer Trübsal" ist die große Not gemeint, die durch die Dämonen des Satans über die Menschen kommen wird[836]. Die hier dargestellten Harpyen haben durchaus Ähnlichkeit mit den Heuschrecken der 5. Plage, die die Menschen so fürchterlich quälen, daß sie den Tod suchen, aber ihn, wie Phineus, nicht finden können. Diese Quälgeister haben Menschengesichter, Weiberhaare, Löwenzähne, stählerne Flügel und Schwänze wie die von Skorpionen[837]. Statt menschlichem Antlitz und Haar wird an den Reliefs der weibliche Oberkörper dargestellt. Damit ist an dieser Stelle der Rathausfassade nicht nur eine weitere, wenn auch nicht sofort ablesbare Illustration vom Throne Gottes und dem Ende der Zeiten gegeben, sondern auch eine für den Gläubigen der Zeit relativ genaue Zeitangabe im Ablauf der zu Ende gehenden Geschichte der Welt. Die Reliefs sind genau über dem Beherrscher des Totenreiches der antiken Mythologie und dieser wiederum genau über dem Teufel als „brüllendem Löwen" angebracht. „Und hatten (die Heuschrecken) über sich einen König, den Engel des Abgrundes, des Name heißt auf hebräisch Abbadon ..."[838] –

Auf der linken Fassadenseite folgt nun ein Relieffeld, dessen Bedeutung auch heute noch wenigstens zum Teil verstanden wird. Es ist neben den Seeungeheuern ein erster Hinweis darauf, daß der Relieffries unter dem Kranzgesims Themen der griechisch-römischen Mythologie zum Inhalt hat. In einer Landschaft mit Bäumen im Hintergrund liegen zwei Frauen mit einladend zurückgeschlagenem Gewand. Der Linken nähert sich in sehr drastischer Weise ein Schwan. Leda mit dem Schwan ist nicht nur in der Antike[839], sondern auch während der Renaissance und des Barock ein in der Kunst beliebtes und immer wieder behandeltes Thema gewesen[840]. Vielleicht ist für das Relief ein Stich Hans Sebald Behams[841] oder ein Nachstich im Gegensinne Vorbild gewesen. Zeus wohnte Leda in Gestalt eines Schwanes bei und zeugte mit ihr Polydeukes und Helena. In der gleichen Nacht empfing Leda von ihrem Gatten Tyndareos Kastor und Klytämnestra. Damit empfängt und gebiert eine Frau gleichzeitig sterbliche und unsterbliche Kinder.

Die andere Schöne des Reliefs legt ihre Linke auf die Brust und berührt mit der Rechten ein eigenartiges Gebilde, das nach oben hin flammenartig aussieht. Das Ganze ähnelt sehr den Blitzen, die in der Kunst Jupiter in die Faust gegeben werden. Die der Leda ähnliche Gestaltung und Nähe weist auf ein ähnliches Thema. Zeus liebte Semele, die Tochter des Kadmos. Als er sich ihr auf ihren Wunsch hin in seiner wahren Gestalt als Blitz und Donner näherte, starb sie und wurde zur Göttin erhoben und in den Olymp versetzt. Sie ist die Mutter des Bacchus. Roscher berichtet von einer Darstellung, in der Bacchus seine Mutter aus dem Hades zum Olymp heraufholt[842]. Colonna beschreibt in seiner Hypnerotomachia[843] direkt hintereinander den Triumph der Leda, den der Semele und den des Bacchus. Die Illustrationen dazu sind die schönsten des ganzen Buches. Das Buch erlebte nach seiner Herausgabe 1499 im 16. Jahrhundert mehrere Auflagen in Paris, die letzte 1600. Der Einfluß der Hypnerotomachia auf Architektur, Architekturtheorie, Gartenbaukunst und Buchkunst im 16. und 17. Jahrhundert ist vor allem in Italien und Frankreich sehr groß.

Abb. 304—305 *Adam Fuchs, Meeresungeheuer aus einer Stichfolge nach G. A. Maglioli, Anfang 17. Jh.*

Abb. 306 *Pieter van der Heiden nach Jacob Floris, Titelblatt zu „Compertimenta ...", 1567*

Abb. 307—315 *Reliefs unter dem Kranzsims rechts des Mittelrisalits; die Anordnung der Abbildungen von oben nach unten gibt die Reihenfolge am Gebäude von der Rathausecke nach innen wieder*

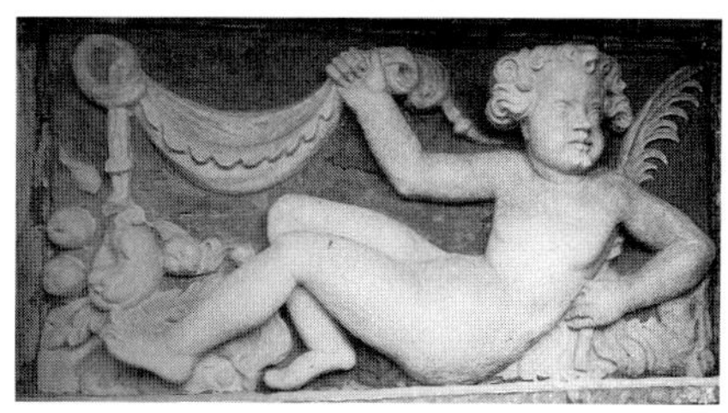

Welche Bedeutung gewinnen nun die Liebschaften des Zeus im Zusammenhang mit den auf den christlichen Glauben ausgerichteten Darstellungen der Rathausfassade? In Leda ist, wenn auch in derbdrastischer Form, die Vor-Bildung für Maria zu sehen, die, wie die Schönheit der antiken Mythologie, Mutter eines Gottessohnes wie auch der Kinder ihres Mannes Joseph ist. Für Semele gilt auch, daß sie als Sterbliche einen Gott empfängt, doch scheint bei ihr als Typus für Maria eher das Gewicht darauf zu liegen, daß sie als Sterbliche in den Olymp versetzt wurde. Sicher ist auch die mythologische Variante bekannt gewesen, daß ihr göttlicher Sohn sie aus dem Hades herausgeholt hat. Kann die typologische Verknüpfung Leda-Maria akzeptiert werden, dann erscheint sie wie ein mögliches Beispiel für das Wesen der Menschwerdung Christi, mit dem Pezelius 1595 seinen Consensus Bremensis nach der Einleitung beginnt. Pezelius legt dort dar, daß die göttliche und die menschliche Natur Christi „ohne vormischung und vorwandlung unaufflößlich, und unzerstörlich voreinigt sindt und bleiben, Also auch für und für ein jede Natur an sich ihre wesentliche Eigenschaften ..."[844]. Damit setzt sich Pezelius gegen die Ubiquisten und Schwenkfeldianer ab.

Trifft die typologische Verbindung der mythologischen Frauengestalten zu Maria tatsächlich zu, dann gewinnt das Relief des Segmentgiebels unter dem Bacchus eine neue Bedeutung. Der Frauenkopf in der Kartusche, der von Engeln gehalten wird und eine der Versiegelten darstellt, könnte sehr wohl zwischen dem Symbol für Gott-Vater (gefaßter Stein rechts) und Gott-Sohn (der Löwe aus Juda links) Maria sein. Damit wiche diese Mariendarstellung von jeder bekannten ab, sei es als Jungfrau, Mutter Gottes, Maria lactans oder Himmelskönigin. Trifft die Deutung zu, dann ist am Rathaus in Bremen, im Gegensatz zur Kunst der katholischen Kirche, eine Form gefunden, die durch Inhalt und thematischen Zusammenhang alle bis dahin in der Kunst gestalteten Seinsweisen der Maria zusammenfaßt. —

Das daneben liegende Relief eines zähnefletschenden Seeungeheuers scheint auf den ersten Blick nicht das Geringste mit dem Vorhergehenden zu tun zu haben. Es ist eine getreue Übernahme aus der Stichserie des Adam Fuchs[845], allerdings im Gegensinne. Am sogenannten Tritonenfries über den Arkaden wurde schon deutlich und aus der zeitgenössischen Grafik belegt, daß es offensichtlich eine Vorliebe der Kunst um 1600 war, bestimmte, vor allem auch mythologische Themen in Gestalt von Seetieren zu präsentieren. Da die meisten dieser Seeungeheuer ähnlich gestaltet sind, z. B. mit Hufen, schlangenartigem Fischschwanz und Flügeln, verlangen Kopf und Oberkörper im Hinblick auf eine ikonographische Deutung besondere Aufmerksamkeit. Hier liegt offensichtlich ein Ziegenkopf mit bösartigem Gebiß vor[846]. In der antiken Mythologie wird von einer Ziege berichtet, deren Anblick so schreckerregend ist, daß die Titanen ihren Anblick fürchten. Es ist die Ziege Amaltheia, die den Zeusknaben säugt. Als Zeus ihr ein Horn abbricht, legt er einen solchen Segen hinein, das es sich mit allem, was man sich nur wünscht, füllt. Das Horn des Überflusses und seine Besitzerinnen sind am Anfang der Reliefreihe zu sehen. Damit gehört diese Darstellung schon zu der Jupiter-Figur über dem letzten Fenster der Fassade. Nimmt man Amaltheia als Nährerin und bezieht diese Darstellung wie die daneben auf Maria, dann müßte jene als Typus der Maria lactans verstanden werden. —

Das Gegenstück zur als Seeungeheuer gestalteten Amaltheia stellt ein sehr ähnliches Tiermonstrum mit Hirschkopf dar. Hinter ihm ist das Weibchen zu erkennen. Der Bildhauer orientiert sich auch hier bis in die Einzelheiten an einem Stich des Adam Fuchs[847]. Direkt darunter thront Jupiter. Unter Aurelian wurden dem Jupiter Hirschopfer dargebracht[848]. Der Bezug zur Bibel ergibt sich über das Hohelied. Dort wird immer wieder der Bräutigam mit dem Hirsch verglichen[849]. Eine Auslegung sieht in dem Liede den Ausdruck der Liebe Gottes — des Bräutigams — zu seinem Volke, der Braut[850]. Der Hirsch symbolisierte dann Gott, die Hindin das auserwählte Volk[851]. Allerdings wird der Hirsch auch als Sinnbild der Erlösung und Taufgnade Christi aufgefaßt, während die Hindin dann die nach der Taufe dürstende Seele ist[852]. —

Dem Paar Hirsch-Ungeheuer folgen zwei sich einander zuwendende Frauen. Die linke legt eine Hand auf ihre Brust. Hinter ihr bauscht sich das Gewand auf und gibt den Blick auf den Körper frei. Die rechte schlägt ihr Gewand auseinander und gibt ihren Körper damit auch den Blicken preis. Die Frauen wenden sich die Köpfe zu. Beide lehnen sich an einen Baumstumpf. Die Bedeutung dieser Gruppe bliebe unklar, wenn man nicht ihre Plazierung direkt über Jupiter mit einbezöge. Ovid erzählt sehr ausführlich in den Metamorphosen[853], wie Jupiter sich Kallisto, der jungfräulichen Jagdgefährtin Dianas, zu nähern versucht. Er verwandelt sich schließlich in Diana selber. Als offenbar wird, daß Kallisto ein Kind erwartet, wird sie in eine Bärin verwandelt und später unter die Sterne versetzt. Das Thema Jupiter, Diana und Kallisto war seit der Renaissance bis ins 18. Jahrhundert hinein sehr beliebt[854].

Im Zusammenhang mit dem christlichen Glauben kann sich dieses Bild ebenfalls nur auf Maria beziehen. Zweifellos geht es hier ebenfalls um die Jungfräulichkeit der Mutter des Sohnes Gottes. Ob in dem Zusammentreffen zweier Frauen sich ein typologischer Hinweis auf die Verkündigung durch den Engel ablesen läßt, mag dahingestellt bleiben. Die Bärin aber, die ihr unfertig geborenes Junges zum Leben leckt, ist jedenfalls seit dem späten Mittelalter ein wenn auch seltener anzutreffendes Symbol für Maria[855]. Der Baumstumpf auf dem Relief kann wohl nicht als Zeichen für Wald verstanden werden, in dem Jupiter Kallisto in Gestalt der Diana täuscht. Er bezieht sich wohl eher auf den christlichen Antitypus der Darstellung. Der Stumpf endet oben in drei Teilen, wie sie ähnlich in den Gabelkreuzen wiederzufinden sind. Das Baumkreuz ist eine bis in die Renaissance hinein verwendete Kreuzesallegorie, die im Kreuz Christi den wahren Baum des Lebens sieht. Baumstumpf und Kreuz weisen gleichzeitig auf den Baum des Sündenfalls, den Baum des Todes[856]. Aus oder über ihm „entsteht" der Sohn Gottes und einer Jungfrau als Retter. —

Das letzte Relief des Frieses zum Dom hin zeigt einen eckig geschliffenen Stein, der von vier Halbkugeln umgeben ist, die wie Perlen wirken. In fast gleicher Form beginnt auf der linken Seite der Rathausfront der Fries. Sie findet sich ebenfalls genau in der Mitte der beiden Zwerchgiebel. Dort symbolisiert sie das „gläserne Meer" vor dem Throne Gottes[857]. Unter dem Kranzgesims könnte der Hinweis auf den Okeanos gemeint sein, in dem alle Götter und alle Lebewesen ihren Ursprung haben und der die ganze Welt umgürtet[858]. Diese Deutung würde auch verständlich machen, warum in diesem Relieffries immer wieder Meerestiere auftreten. Die Beziehung zwischen Saturn als Schöpfergott und Gott als dem Schöpfer weist ebenfalls darauf hin: „Der Geist Gottes schwebte auf dem Wasser" berichtet die Bibel[859]. Der Stein in der Reliefkartusche über Saturn ist auch anders gesetzt als der am Südende der Fassade. Der Bogen spannt sich also vom Okeanos als dem Ursprung allen Lebens bzw. dem „Wasser", über dem Gott, der Schöpfer, schwebt, bis zu Jupiter als der heidnischen, typologischen Vor-Bildung des Gottes des Jüngsten Gerichts, vor dessen Thron das „gläserne Meer" sich ausbreitet. —

Auf der linken Fassadenseite flankieren zwei Seeungeheuer den Cherubim mit den beiden Versiegelten. Rechts erkennt man ein geflügeltes Pferd mit Fischschwanz und ein ähnliches Ungeheuer mit Hundekopf (?). Beide haben ihre Vorderhufe auf Land gelegt, das durch Pflanzen gekennzeichnet ist. Als Vorbilder dienten Stiche aus der Serie von Adam Fuchs[860]. Der „Hund" mit den Löwentatzen erinnert an den Höllenhund Kerberos, den Sohn des schlangenfüßigen Typhon und der Echidna. Das Ungeheuer bewacht den Zugang zur Unterwelt, dem finsteren Reich des Todes unter der Herrschaft Plutos. Er läßt jeden hinein, aber niemanden wieder hinaus. Das Tier des Reliefs wendet sich der Gestalt des Pluto über dem Fenstergiebel zu.

Das geflügelte Roß kann nur Pegasos meinen, den Abkömmling von Neptun und Medusa. Es trägt Bellerophon in seinem Kampfe gegen das Ungeheuer Chimaira. Nach dem Todessturz des Bellerophon steigt Pegasos als Sternbild zum Himmel empor. Erst in der Neuzeit wird Pegasos zum Dichterroß, da aus seinem Hufschlag die Roßquelle auf dem Musenberg Helikon entstand. Durch Körperstellung und Kopfhaltung wird von beiden Ungeheuern die Beziehung zu Pluto, dem Herrscher über das Reich der Toten, hergestellt. Die typologische Verbindung ergibt sich zu dem, der auf einem weißen Pferde saß „und hieß Treu und Wahrhaftig, und er richtet und streitet mit Gerechtigkeit, und aus seinem Munde ging ein scharfes Schwert"[861]. Er besiegt das „Tier" und tötet dessen

Abb. 316 *Westseite, Relief unter dem Kranzgesims an der SW-Ecke*

Gefolgschaft[862]. Für den Kerberos steht als Antityp offensichtlich das „Tier aus dem Meer", dem der Drache seine Macht gegeben hat. „Das Tier ... war gleich einem Parder und seine Füße wie Bärenfüße und sein Mund eines Löwen Mund."[863] Damit scheint diese Reliefdarstellung so genau beschrieben, daß man sie als Illustration zu dem Text auffassen kann. Hinzu kommt der Hinweis, daß es vom Meer ans Land kommt, was ebenfalls im Relief zum Ausdruck kommt. „Und ihm ward gegeben zu streiten wider die Heiligen und sie zu überwinden."[864] Direkt vor ihm werden die Heiligen von den Harpyen gepeinigt. —

Die beiden folgenden Seeungeheuer sind mit Kopf und Oberkörper einer Frau verbunden. Sie sind einander im Gegensinne wie das vorhergehende Paar zugeordnet. Auch für sie ist das Vorbild in Adam Fuchs' Stichserie zu finden[865]. Bis auf die Kopfhaltung der linken Figur ist die Vorlage sehr genau übernommen. Pausanias beschreibt ein Tempelbild der Eurynome, die bis zu den Hüften als Frau und von da ab als Fisch gestaltet ist[866]. Eurynome ist Tochter des Okeanos und von Jupiter Mutter der drei Grazien. Diese bringen Menschen und Göttern Anmut, Schönheit und Festesfreude und symbolisieren damit das Glück des goldenen Zeitalters unter der Herrschaft Saturns. Eurynome selber verkörpert die unfruchtbare Periode der Erde, als sie nur von Wasser bedeckt war[867].

Ihr gegenüber erhebt sich aus den Fluten des Okeanos die geflügelte Eos, die Göttin der Morgenröte. Sie wird vom Morgenstern begleitet. Einen wie einen Stern gestalteten Schmuck trägt die rechte Figur im Haar[868]. Eos verkündet den Aufstieg Sols, des Sonnengottes. Die strahlend schöne Morgenröte wird in der Bibel als Gleichnis für die Allmacht Gottes verwendet[869], während Christus von sich selber als vom Morgenstern spricht[870].

Den beiden unbekleideten Frauen als letztem figürlichem Relief auf der rechten Seite der Fassade entsprechen nach links zwei geflügelte kleine Knaben, die einen Lorbeerkranz zwischen sich halten. In diesem Zusammenhang kann hier eigentlich nur Eros Gestalt gewonnen haben. Der Gott der Liebe verjüngte sich in hellenistischer Zeit immer mehr und wurde schließlich zum verspielt tändelnden Knaben oder auch zum vorwitzigen Spitzbuben. Der zweite könnte sein Bruder und Gespiele Anteros sein. In der Renaissance und im Barock wurden Eroten häufig paarweise dargestellt. Normalerweise wird Eros als Sohn der Venus und des Mars, verschiedentlich auch des Merkur oder des Zeus angesehen. Eine andere Richtung, wie sie z.B. auch Aristoteles wiedergibt[871], sieht in ihm den ersten der Götter überhaupt, der dem Weltenei entschlüpfte und ohne den keiner der anderen hätte geboren werden können. Gleichzeitig bedeuten Engel mit Lorbeerkränzen aber auch „Victoria" oder „Gloria" im direkten oder übertragenen Sinne. So könnte diese Gruppe, vergleichbar den Attributen, die Eros als Verkörperung unterschiedlichster Formen der Liebe zugeordnet bekommt[872], bedeuten: „Victoria", der Sieg der Liebe, oder auch „Gloria", der Ruhm der Liebe. Damit stellte sich eine Beziehung her zu dem darunter stehenden Saturn, dem Gott des glückseligen, goldenen Zeitalters, zum Schöpfergott des Alten Testamentes und sogar zu Karl dem Großen als dem Schöpfer des Heiligen Römischen Reiches und dem „Gründer" der Stadt Bremen mit ihren Freiheiten und Privilegien, wie sie sich in der Figur der gotischen König-Kaiser-Gestalt darunter manifestieren. —

### 7.3.4. *Die Reliefs unter dem Kranzgesims — Schmalseiten*

Die Reliefreihe unter dem Kranzgesims setzt sich an beiden Schmalseiten des Rathauses fort. Die Bilder werden ebenfalls mit Hilfe von durch Köpfe geformten Konsolstützen voneinander getrennt. Auf jeder Schmalseite befinden sich fünf Relieffelder. Jeweils das mittlere Feld zeigt die Jahreszahl „1612" in einer Kartusche, die seitlich von Fischwesen gehalten wird. Mehrfigurige Darstellungen, z.T. symmetrisch gestaltet, schließen sich nach beiden Seiten an. Das erste Relief an der Süd-West-Ecke zeigt Eroten, die auf einem Hippokampen und einem Seeungeheuer mit Greifenkopf und Pferdehufen reiten. Die Vorbilder finden sich in der Stichserie von Adam Fuchs[873]. Pauli[874] weist auf die Verwandtschaft mit einem Kupferstich Sebald Behams hin, auf dem zwei Eroten in gleicher Haltung auf einem ähnlichen Ungeheuer reiten. Ziegenkopf und Frauenbüste lassen bei Beham aber erkennen, daß dort wahrscheinlich der Zeusknabe mit seiner Nährmutter, der Ziege Amaltheia, dargestellt sind. Auf die Vorliebe des Manierismus, antike mythologische Figuren in Gestalt von Eroten oder Putten auf Seeungeheuern zu zeigen, ist schon verschiedentlich hingewiesen worden. Der Putto auf dem verniedlichten geflügelten Hippokampen kann eigentlich nur Bellerophon auf seinem Flügelroß Pegasos darstellen, mit dem er die Chimäre im Kampfe tötet. Die Chimäre ist seit der Romanik ein in der bildenden Kunst immer wieder erscheinendes Monstrum. In frühchristlicher Zeit wird der

 Abb. 317—318 *Adam Fuchs, Hippokampen aus der Stichfolge nach G. A. Maglioli, Anfang 17. Jh.*

Abb. 319 *Westseite, Relief unter dem Kranzgesims, rechts der Mitte*

Kampf des Bellerophon mit der Chimäre in Beziehung zum Kampf des Engels mit dem Drachen gesehen[875].
Der Greif, ein Mischwesen aus Löwe und Adler, vereinigt in sich die Eigenschaften beider Tiere und wird daher zum königlichen Symbol und zum Symbol Christi als des „Königs des Himmels und der Erden"[876]. Mit Höllentieren kämpfend, wird er christologisch als Sieger verstanden. Bezieht man beide Teile des Reliefs auf den Glauben, dann wirkt das Bild wie eine — wenn auch verniedlichte und das heißt am Rathaus sicher verdeckte, nicht direkt verstehbare — Illustration des Alten und des Neuen Testamentes zum Thema: Kampf Gottes mit dem Drachen. Im A.T. wird im Hinblick auf ein neues Israel Gott verschiedentlich als derjenige angerufen, der den Drachen im Meer töten würde[877]. Die Offenbarung berichtet: „Und es erhob sich ein Streit im Himmel: Michael und seine Engel stritten mit dem Drachen ...", und der Drachen wird auf die Erde gestürzt[878]. —
Das folgende Relief ist stark verwittert. Die Formen sind so klein, daß man inhaltlich wenig erkennen kann. Erst dadurch, daß es gelungen ist, das Vorbild für dieses Relief in einem Vorlagenstich von Jacob Floris zu finden, ist es möglich, eine genaue Beschreibung zu geben[879]. Die Vorlage ist die obere Hälfte eines zweigeteilten Stiches, dessen untere Hälfte, wenn auch etwas verändert, den Vorwurf zu dem entsprechenden Relief an der Domseite des Rathauses abgab[880]. Aus einem Pflanzenornament wachsen, einander zugewandt, posaunende Engel. In der Bildmitte trägt eine Maske eine dickbauchige Amphore mit Ästen, an denen Früchte hängen. Aus den Ohren wachsen gerade Zweige mit Vögeln darauf. An die Schmalseiten stößt jeweils eine halbe Kartusche, auf der links ein Fisch, rechts ein Schwan zu sehen sind. Die Fahnen an den Posaunen tragen ein Bild von Skorpion und Mond. Der Ornamentstich ist so komponiert, daß er rechts und links zu einem Rund zusammengebogen werden könnte, etwa als Verzierung für ein Gefäß. Das erklärt wohl auch die schmale, langgestreckte Form.
Im ersten Ansehen erscheint der Inhalt wie eine Triumphszene, vor allem durch die posaunenden Engel, die an die „Fama" erinnern. Doch die Zeichen auf den Fahnen — unter der Annahme, daß auch sie ursprünglich auf dem Relief vorhanden waren — weisen auf die vierte und fünfte Posaune des Jüngsten Gerichtes hin[881]. Als der vierte Engel posaunte, war der dritte Teil von Sonne, Mond und Sternen verfinstert. Die Mondsichel wird im Stich dunkel, nach unten gebogen gezeigt. Durch das Blasen der fünften Posaune hervorgerufen, überfallen Heuschrecken, die wie Skorpione aussehen, die Menschen. Sie werden von ihnen fürchterlich gequält, aber nicht getötet. Die Kopfmaske in der Bildmitte macht das durch den im Schrei aufgerissenen Mund und die dornenartigen Äste, die sich in die Ohren bohren, deutlich. Die Bäume mit den Früchten, die nicht beschädigt werden sollten, stehen unberührt in der Vase auf dem Maskenkopf. Die beiden Köpfe über den halben Kartuschen am Rand — sie sind im Relief kaum mehr zu erkennen, besser noch die Hände — sind ebenfalls schmerzverzerrt. Fisch und Schwan sind beides Christussymbole und die seiner Todesnot[882]. Der Fisch kann nach Augustin als Christus am Tisch des Herrn gespeist werden. Er ist aber auch Taufsymbol im Bilde des Fischfanges, durch den die Gläubigen aus dem Meer der Welt errettet werden[883]. Das Relief scheint also folgendermaßen zu lesen zu sein: Die vierte und fünfte Posaune des Jüngsten Gerichts bringen für die Menschen Entsetzen und Qualen, während die Pflanzen unversehrt bleiben. Die Christussymbole sollen darauf hinweisen, daß es Rettung durch den Tod Christi und die Taufe gibt. —
In der mittleren Relieftafel halten ein Triton und eine Nereide die Kartusche mit der Jahreszahl „1612". Die Vorlage aus Jacob Floris' „Compertimenta ..."[884] ist bis in fast alle Einzelheiten übernommen. Sogar die sich bei beiden Meeresgöttern um den Schwanz wickelnde Schlange, die im Stich nur bei sehr genauer Betrachtung erkennbar wird, ist mit ins Relief übertragen. Schon bei der Hauptfassade wurde erkannt, daß die dreimalige Wiederholung der Zahl „1612" nicht nur auf das Datum der Fertigstellung des Rathausumbaues verweist, sondern zur Zahl des „Tieres aus der Erde"[885] in Beziehung zu setzen ist. Ob dieser Zusammenhang auch hier angenommen werden muß, kann noch nicht festgestellt werden. —
Das folgende Relief zeigt eine dramatische Kampfszene. Ein Triton hat eine Frau geraubt. Er wird von einem Mann auf einem geflügel-

Abb. 320 *Jacob Floris, Vorlagenstich, obere Hälfte als Vorlage für Abb. 319, untere für Abb. 332 verwendet*

Abb. 321 *Westseite, Relief unter dem Kranzgesims, Mitte*

ten Meeresdrachen mit einem Dreizack angegriffen. Dieser packt mit einer Hand die Frau am Fuß. Auf der rechten Seite bläst ein geflügelter Seekentaur in eine Posaune. Zwischen ihm und dem Tritonen ist der Kopf eines Ungeheuers zu erkennen, das eine Schlange im Maul hält (?), die wiederum den Tritonen zu beißen versucht. Pauli hat als Vorlage dafür einen Stich von Heinrich Ullrich nach Paul Mayr[886] gefunden. Die Bedeutung des Reliefs kann nur vermutet werden. Der Dreizack ist normalerweise Attribut des Poseidon. In der Antike wird er gelegentlich auf Seeschlangen reitend dargestellt[887]. Apollo und Poseidon bauen gemeinsam die Mauern von Troja. König Laomedon betrügt sie aber um ihren Lohn. Poseidon schickt als Strafe ein Ungeheuer, das Mensch und Tier verschlingt, Apollo die Pest. Aus der Posaune des geflügelten Hippokampen kommen — nur im Vorlagenstich erkennbar — Wolken, Abbild der Pest. Auf Grund eines Orakels muß der König seine Tochter Hesione dem Ungeheuer zum Fraße vorwerfen. Herakles kommt nach Troja, tötet das Ungeheuer und befreit Hesione. Herakles hätte dann, liegt dem Relief wirklich diese Sage zugrunde, die Gestalt des die Frau im Arm haltenden Tritonen.
Als typologisches Gegenstück wäre diese Szene nur zu dem Weibe in der Offenbarung zu sehen, dem der Drache nachstellt. Das Weib wird entrückt, und es kommt zum Kampf des Drachen mit dem Erzengel Michael. Der Drache wird auf die Erde geworfen. Dort verfolgt der Drache das Weib mit ihrem Knäblein weiter, und „die Schlange schoß nach dem Weibe aus ihrem Munde ein Wasser wie ein Strom, daß er sie ersäufte“. Der Strom ist im Relief deutlich dargestellt. Klar zu erkennen ist er im Vorlagenstich, wo offensichtlich nicht Flammen gemeint sind, die aus dem Rachen hervorbrechen. Der blasende Hippokamp könnte die siebte Posaune symbolisieren. Zwischen ihm und dem Tritonen erscheint der Kopf des Ungeheuers „aus dem Meer ... und sein Mund war wie eines Löwen Mund“[888]. „Und es tat seinen Mund auf zu Lästerungen ge-

Abb. 322 *Jacob Floris, Vorlagenstich aus „Compertimenta . . .“, 1567*

gen Gott.“[889] Dies kann durch die Schlange, die aus seinem Mund schaut, symbolisiert werden. Das Tier aus dem Meer bekommt von dem Drachen seine Macht. Albertus Magnus[890] beschreibt den „Draco Merinus, den MeerDrach,“ als Tier mit Schlangenleib und Federn (!), dessen Biß absolut tödlich sei wie der einer giftigen Schlange. Der illustrierende Holzschnitt stellt den Kopf des Meerdrachen in genau gleicher Weise dar wie das Relief. —
Das letzte Relief der Reihe zeigt gleichfalls drei Gestalten auf dem Meer. Rechts sitzt ein Knabe oder Mann auf einem Delphin. In der Mitte hockt eine Frau verkehrt herum ebenfalls auf einem Delphin. Zum linken Bildrand hin segelt eine männliche Figur auf einer Amphore und hält dabei eine Art Segel. Links von der Figur ist eine Seeschlange zu erkennen. Auffällig ist, daß die Figuren voneinander abgewandt sind. Offensichtlich geht es hier um das Nebeneinander verschiedener Begebenheiten der antiken Mythologie.
Die rechte Figur hat ihr Vorbild in einem Stich des Vorlagenwerkes „Veelderley Vanderinghe van grotissen ...“ von Cornelis Floris II.[891]. Als winziger Teil eines sehr viel größeren Stiches entdeckte Pauli das Vorbild für die beiden linken Figuren in Jacob Floris' „Compertimenta ...“[892]. Das Zusammenfügen verschiedener Vor-

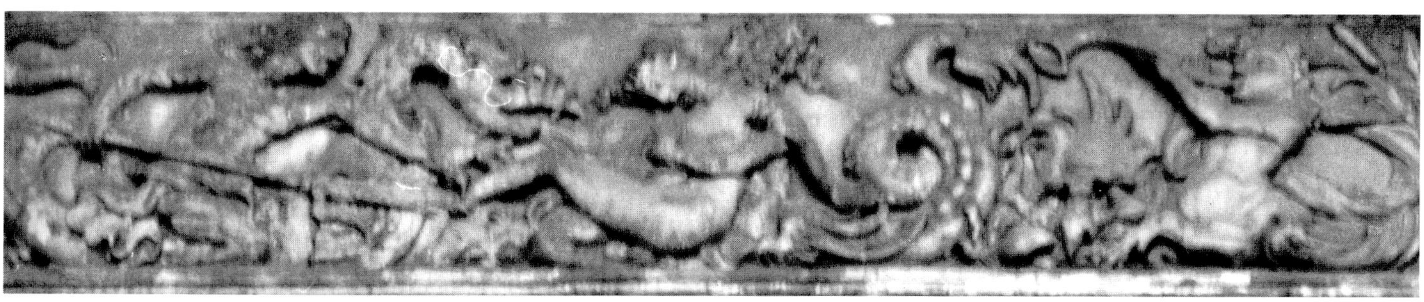

Abb. 323 *Westseite, Relief unter dem Kranzgesims, links von der Mitte*

Abb. 324 *Heinrich Ulrich, Stich nach Paul Mayr, 1608*

Abb. 325 *Westseite, Relief unter dem Kranzgesims, ganz links*

lagen zu einem Ganzen macht deutlich, daß die Figuren primär wohl nicht zu einem inhaltlichen Gesamtzusammenhang gehören. Die rechte Figur ist wohl Arion, ein griechischer Sänger und Dichter, der auf einer Schiffsreise von neidischen Matrosen bedroht wurde und über Bord sprang. Delphine trugen den Sänger der Sage nach abwechselnd auf ihren Rücken an Land.
Die Frau, die verkehrt auf einem Delphin sitzt, könnte Amphitrite sein, die vor Poseidon zu Atlas flieht. Von allen Kundschaftern, die der Meeresbeherrscher nach ihr ausgesandt hat, findet nur der Delphin sie und überredet sie zur Rückkehr. Der Delphin wird immer wieder bis in die Spätrenaissance hinein mit Christus in Verbindung gebracht[893]. Auch die Flucht des Propheten Jonas vor Gott über See, seine Opferung durch das Schiffsvolk bei einem Sturm und seine wunderbare Rettung durch einen großen Fisch scheinen gerade in diesen beiden mythologischen Begebenheiten ihre typologische Entsprechung zu finden.
Denkbar wäre allerdings noch eine andere Deutung, die auch die rechte Figur mit einschlösse. Der Knabe auf dem Delphin könnte Melikertes sein. Seine Mutter Ino und er werden von dem wahnsinnigen Athamos, König von Theben, dem Gatten und Vater, bedroht. Ino springt mit dem Knaben von einem Felsen ins Meer. Beide werden von den Nereiden freundlich empfangen und zu Seegottheiten erhoben. Als solche heißen sie Leukothea und Palaimon. Für die Römer waren sie Mater Matuta und Portunus. Melikertes wird auf einem Delphin sitzend dargestellt. Er hat Unrecht gelitten, ist gewaltsam gestorben und dann zum guten Schutzgeist der Schiffer geworden. Er verkörpert die fortlebende Seele[894]. Seine Mutter hilft als Leukothea dem auf den Trümmern seines Floßes sitzenden Odysseus und gibt ihm ihren Schleier als Schwimmgürtel, mit dessen Hilfe er die Insel der Phäaken erreichen kann[895]. Diese Szene könnte hier durchaus dargestellt sein. Die Frau auf dem Delphin wendet sich nach dem Mann links um und reicht ihm den sich hinter ihr bauschenden Schleier. Daß sie sich dabei abwendet, erklärt sich aus ihrer Scham. Denn sie gebietet Odysseus, daß, wenn er nach seiner Rettung den Schleier wieder ins Meer zurückwürfe, er sich abzuwenden habe. Die typologische Verknüpfung von Melikertes/Palaimon mit Christus, dem Menschen, der gelitten hat und auferstanden ist, um dem Menschen zu helfen, sowie von Ino/Leukothea mit Maria/dem Weib, das mit der Sonne bekleidet ist[896], und Odysseus als der Verkörperung des Sünders, der gerettet wird, erscheint nicht abwegig. —

Die Reliefs der dem Dom gegenüberliegenden Rathausseite sind in ähnlicher Weise wie die der westlichen Schmalseite symmetrisch auf das mittlere mit der Jahreszahl zugeordnet. Das erste Relief an der SO-Ecke zeigt vier Gestalten auf Formen sitzend, die nur als Wolken gedeutet werden können. Das kann nur so viel heißen, daß, wenn wir Gestalten der antiken Mythologie vor uns haben, diese Götter sind. Eine kniende, unbekleidete, geflügelte weibliche Gestalt greift mit ihrer Rechten in die Ecke des Bildes. Neben ihr, leicht zu ihr gedreht, lagert ein unbekleideter bärtiger Mann mit einem Lorbeerkranz im Haar. Ihm kontrapostisch gegenübergestellt, blickt eine Göttin nach rechts. Neben ihr sitzt ein langhaariger Mann, den Kopf nach oben erhoben. Er ist direkt von vorne gegeben. Wolkenberge schieben sich zwischen ihn und die Göttin. Eine Deutung ist an dieser Stelle nicht möglich, da die wenigen Attribute keinen Schluß auf eine mögliche Sinngebung zulassen. Ein graphisches Vorbild, aus dem sich eventuell eine Deutung ablesen ließe, ist bis jetzt nicht gefunden worden. —
Aus dem Leib zweier Satyrn — trotz des schlechten Erhaltungszustandes des Reliefs sind Bocksfüße, Schwänzchen, Bart und auf dem Kopfe Hörner zu erkennen — wachsen Pflanzenranken mit Blüten und Fruchtständen. An den traubenähnlichen Früchten picken Vögel. Die Satyrn halten eine Kartusche mit einem Löwenkopf und mit ihrer anderen Hand je einen Fisch am Schwanz. Die Fische sind so komponiert, daß sie als ornamentale Umrandung der Kartusche verstanden werden können.
Um zu einer Deutung zu gelangen, muß einerseits beachtet werden, daß Satyrn die ausgelassen lüsternen Begleiter des Bacchus sind und — allerdings erst im Barock — das Vorbild für die Gestalt des Teufels abgaben[897]. Andererseits haben sich die Satyrn aus dem Hirtengott Pan entwickelt. Pan ist der Verursacher des „panischen Schreckens", er bringt als Mittagsdämon Alpträume und ist andererseits der Hirte, der die versprengten Tiere der Herde sucht. Da-

Abb. 326 *Jacob Floris, Vorlagenstiche aus „Compertimenta . . .", 1567*

Abb. 327 *Cornelis Floris II., Vorlagenstich aus „Veelderley Vanderinge . . ."*

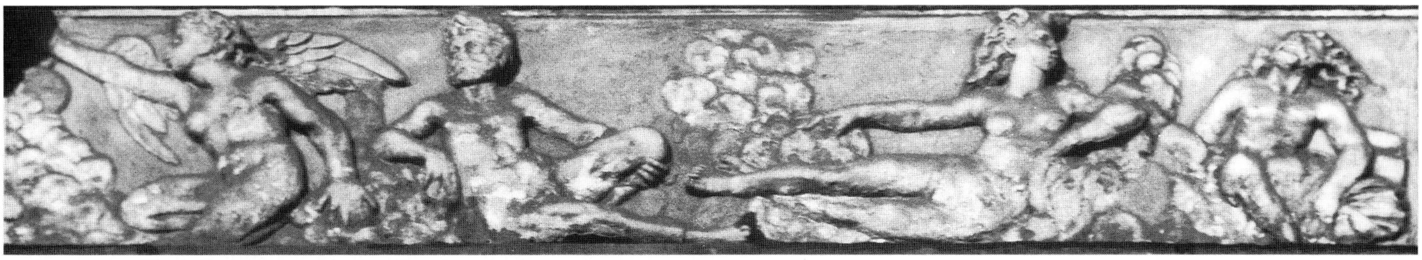

Abb. 328 *Ostseite, Relief unter dem Kranzgesims an der SO-Ecke*

Abb. 329 *Ostseite, Relief unter dem Kranzgesims links von der Mitte*

Abb. 330 *Ostseite, Relief unter dem Kranzgesims, Mitte*

durch wird er ein Bild für Christus, den guten Hirten. Eine ebenso ambivalente symbolische Bedeutung hat der Löwe. Das gleiche gilt für die Trauben pickenden Vögel. Sie werden einerseits als Räuber und Helfer des Bösen dargestellt[898], wie auch als Selige im Paradiese verstanden[899]. Es wurde jedoch festgestellt, daß Ranken mit Blüten und Früchten nur eine Darstellung des Paradieses sein können. Damit werden die pickenden Vögel zu Seligen. Die Pangestalten und die Fische sind symbolische Hinweise auf Christus, den „Löwen aus Juda". Denkbar wäre auch, daß die Pangestalten und die Fische in der Mehrzahl, wie auch die Vögel, auf die Hirten der Gemeinde hinweisen. Damit würden sie — typisch für den Manierismus — Gegensätzliches wie den Hirten, der das verlorene Tier zur Herde zurückzubringen sucht, und den Fischer, der den Fisch — ein anderes Bild für die Seele — für den Glauben und Christus einfängt, kombinieren. Die Kernbedeutung des Reliefs würde sich dadurch jedoch nicht ändern. —

Das mittlere Relief zeigt zwei geflügelte See-Löwen beiderseits der Kartusche mit der Zahl „1612". Sie sind der Stichserie des Adam Fuchs entnommen[900]. Das ist z.B. an ihrer rund geformten Schwanzflosse zu erkennen. Doch wird auch deutlich, daß die Köpfe, vor allem die Mäuler, verändert sind. Die Kartusche ist im Stile der Balustrade über den Arkaden gefertigt. Die Voluten der Seiten zeigen einen ähnlichen Federüberzug, wie er dort anzutreffen ist. Die beiden Löwenköpfe seitlich der Zahl halten, im Gegensatz zur entsprechenden Kartusche der gegenüberliegenden Seite, ein Fruchtgehänge. Offensichtlich haben wir es hier mit einer anderen Form des „Tieres aus dem Meer" zu tun, das am Mittelgiebel im Zusammenhang mit der Zahl „1612" schon einmal Gestalt gewonnen hat[901]. Das „Tier aus dem Meer war gleich einem Parder und seine Füße wie Bärenfüße und sein Mund wie eines Löwen Mund ... Und es ward ihm gegeben ein Mund zu reden große Dinge und Lästerungen."[902] Ein zweites Tier entsteigt dem Land, „und es übte alle Macht des Tieres vor ihm; und es macht, daß die Erde und die darauf wohnen anbeten das erste Tier ..."[903] Es zwingt die Menschen, vom ersten Tier ein Bild zu machen. „Und es ward ihm gegeben, daß es dem Bilde des Tieres den Geist gab, daß des Tieres Bild redete und machte, daß alle, welche nicht des Tieres Bild anbeteten, getötet wurden."[904] Keiner kann kaufen oder verkaufen, wenn er nicht des Tieres Namen oder seine Zahl trägt. Die Kartuschen der Schmalseiten enthalten diese Zahl oder einen Teil davon. Die kleinen Löwenköpfe darauf kann man durchaus als Bilder des Tieres verstehen. Damit werden auf der Westseite der Triton und die Nereide, die die Zahlenkartusche halten, verständlich. Sie stehen für die Menschen, die das Bild des Tieres anbeten und „haben". Auf der Ostseite des Rathauses werden das Tier aus dem Meer und sein Nachfolger (?) gezeigt, die dem Betrachter ihr Abbild und ihren Namen in Gestalt der Zahl zeigen. Die Vermutung stellt sich ein, daß, da die dritte notwendige Zahl wie an den Giebeln hier fehlt, der Name oder das Erscheinen des Tieres noch nicht vollständig oder noch nicht zu Ende gegangen ist und somit eine verdeckte Zeitangabe in bezug auf den Ablauf der Offenbarung in der Gegenwart des Jahres 1612 gemacht wurde. —

Das folgende Relief ist wieder, wie die beiden vorhergehenden, auf die Mitte hin komponiert. Diese nimmt ein Engel ein, der ab den Hüften in Pflanzenranken übergeht, die in Blüten und Früchten enden. Unter der Brust trägt er einen Gürtel. Der Ansatz der Ranken wird von Schlangen umwunden, die sich den beiden unbekleideten Frauen rechts und links zuwenden. Diese halten sich mit

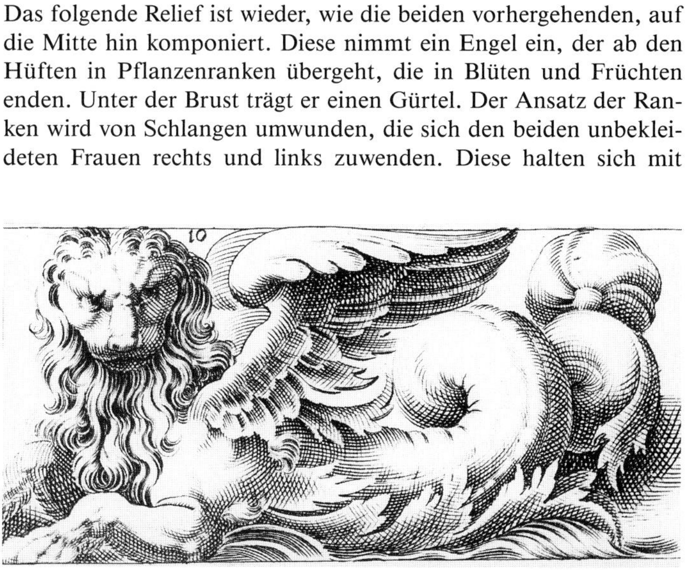


Abb. 331 *Adam Fuchs, Bl. 10 einer Stichserie von Meeresungeheuern nach G. A. Maglioli*

Abb. 332 *Ostseite, Relief unter dem Kranzgesims, rechts von der Mitte; Vorbild siehe Abb. 320*

einer Hand an den Ranken fest, die andere scheint durch das Gewand hinter dem Rücken gefesselt zu sein. Ihre Gesichter wenden sich je einer Adlerhälfte über einer dickbauchigen Amphore zu. Je eine Adlerklaue ist in einen Oberarm geschlagen. Schräg zur Mitte hinweisend sind hinter der Figur links ein Dreizack, rechts eine Hellebarde zu erkennen. Zwischen den Beinen steckt jeweils ein Schild. Die Komposition ist, wie beim zweiten Relief der Gegenseite, so, daß die Seiten sich zu einem Ganzen zusammenfügen. Das Vorbild ist dem gleichen Stich von Jacob Floris entnommen, der schon die Vorlage für das entsprechende Relief der Westseite abgegeben hat[905]. Doch hier wird besonders deutlich, daß Vorlagenstiche nur in soweit übernommen werden, wie sie für den Zusammenhang gebraucht werden können. Das spricht eindeutig gegen eine nur ornamental-schmückende Verwendung der Reliefs und eine gedankenlose Übernahme vorgefertigter Formen durch den Bildhauer. Der Stich zeigt nämlich in der Mitte eine Trophäe, die als antike einmal durch ein Gorgoneion auf einem der Schilde, zum anderen durch einen Wimpel mit den Buchstaben SPQR auf Rom hinweisend sich auszeichnet. Der halbe Adler trägt jeweils eine halbe Krone über dem Kopf, die den Doppeladler als Symbol für das Kaiserreich identifiziert. Auf dem Relief fehlt die Krone[906]. Der Stich zeigt in der Trophäe Kreuze. Die dargestellten nackten Figuren sind in ihrer Fesselung als Sklaven zu erkennen, wie sie in Triumphdarstellungen der Zeit üblich waren. Sie werden durch die Bemalung der Schilde zwischen ihren Beinen, die Blitze und Donnerkeile des Zeus und Gestirne zeigen, als Heiden gekennzeichnet. Es ist allerdings nicht mehr zu erkennen, ob die Schilde im Relief ebenfalls irgendeine Zeichnung getragen haben.

Die Deutung dieses mit vielen Symbolen befrachteten Reliefs ist vielschichtig. Der Adler, der einen Menschen nach oben trägt, erinnert an den Raub des Ganymed durch Zeus in Gestalt dieses Raubvogels. Gleichzeitig gelten nach dem Physiologus das Eintauchen des Adlers in eine Quelle als Sinnbild der Taufe — auf dem Relief möglicherweise das Aufsteigen aus der dickbauchigen Amphore — und der Flug zur Sonne als das der Himmelfahrt Christi[907]. Ganz allgemein gilt der Adler als Zeichen der Liebe Gottes, der Stärke und der Macht. Die unbekleideten Frauenfiguren mit den um die Arme geschlungenen Gewändern können in diesem Zusammenhange eigentlich nur die Seligen vor dem Stuhle Gottes „aus allen Heiden und Völkern und Sprachen"[908] sein, die aus großer Trübsal kommen „und haben ihre Kleider gewaschen und haben ihre Kleider hell gemacht im Blute des Lammes"[909]. Möglicherweise symbolisieren die dargestellten Waffen die „Trübsal", aus der sie kommen. Die unterhalb des Engels beidseitig horizontal sich um die Pflanzenstengel windenden Schlangen könnten die eherne Schlange des Moses in der Wüste bedeuten, die zum Typus der Kreuzigung Christi gehört[910].

Das Bild müßte demnach folgendermaßen abgelesen werden: Durch Taufe, Kreuzigung und Himmelfahrt Christi gelangen die Gläubigen aus großer Trübsal vor den Thron Gottes. Das Blut des Lammes hat ihre Kleider rein gewaschen. Der Engel könnte derjenige sein, der Johannes „das Holz des Lebens" zeigt und dessen „Blätter der Gesundheit der Heiden" dienen[911]. Beide Frauen halten sich an der Ranke fest. Durch einige Veränderungen wird die grafische Vorlage in ihrer Bedeutung erheblich abgewandelt und dem ikonographischen Gesamtzusammenhang angepaßt. —

Das letzte Relief stellt wieder, zumindest für den schnellen Betrachter, eine zusammenhängende Szene dar. Auf einem Löwen reitet ein geflügeltes menschliches Wesen nach rechts und bläst eine Posaune. In der Mitte sitzt eine unbekleidete Frauenfigur, an einen riesigen Fisch gelehnt, dessen Schwanz sie umfaßt. Auf der rechten Seite wendet sich ihr ein anderes geflügeltes, posaunendes Wesen zu, dessen Beine in Schlangenschwänzen enden. An einer Leine hält es einen Hund, der die Frau anspringt. Die Szene ist durch Schilf mit je einer Blüte darin gegliedert.

Die fledermausartigen Flügel der beiden Wesen rechts und links signalisieren, daß wir es mit teuflischen Gestalten und nicht mit himmlischen zu tun haben. Geflügelt und mit Schlangen statt Beinen wird immer Typhon dargestellt. Typhon steht gegen die Götter auf, die gezwungen sind zu fliehen. Venus flieht an den Euphrat und springt in den Fluß und wird von Fischen gerettet. Nach einer anderen Version verwandelt sie sich in einen Fisch. Andere Götter verwandeln sich in Hunde. Die Strafe für Typhon besteht darin, daß er in den Tartaros versenkt wird. Dort erblickt ihn Herkules unter den Büßern bei seinem Gang durch die Unterwelt. Das Relief gibt eine relativ genaue Illustration dieser Vorgänge. Rechts ist Typhon in seiner wirklichen Gestalt abgebildet. Seine Möglichkeit der Selbstverwandlung in andere Wesen wird in dem Löwen links sichtbar. Die Nacktheit der Frau ist ein Attribut der Venus. Das Überraschende ist, daß sie statt Haare Früchte auf dem Kopf trägt. Das ist eigentlich ein Attribut der Fruchtbarkeitsgöttin Ceres. Der Hund ist sonst ein Attribut der Diana, wenn er nicht, wie hier vielleicht, die sich in Hunde verwandelnden Götter darstellt. Der typologische Bezug zur Offenbarung erklärt diese mythologischen „Ungenauigkeiten". Die Venus der Typhonsage wird zum „Weib mit der Sonne bekleidet, und der Mond unter ihren Füßen"[912]. Für die Sonne stehen hier ihre Produkte, für den Mond das Attribut der Mondgöttin Diana, der Hund. Die römische Mondgöttin Luna vermischt sich mit der Göttin der Jagd und der Tiere, der Diana. Der Drache, die große Schlange, greift in der Gestalt Typhons das „Weib" an und „schoß nach dem Weibe aus ihrem Munde ein Wasser wie einen Strom, daß er sie ersäufte. Aber die Erde half dem Weibe und tat ihren Mund auf und verschlang den Strom ..."[913] Dieses Thema ist auf der Westseite des Rathau-

Abb. 333 *Ostseite, Relief unter dem Kranzgesims, ganz rechts*

ses in anderer mythologischer Gestalt schon einmal aufgetreten. Mythologie und Offenbarung des Johannes sind sich in ihrem Inhalt so ähnlich und gewinnen in dem Relief eine so glaubwürdige Gestalt, daß eine typologische Verbindung hier als ziemlich sicher angenommen werden kann. –

### 7.3.5. *Die Konsolsteine zu beiden Seiten des Mittelrisalits als Verleumdung des Apelles*

Die figürlichen Konsolsteine unter dem Kranzgesims gehören mit zu den schönsten bildhauerischen Teilen der ganzen Rathausfassade. Die Konsolen der Hauptfassade sind fast alle aus menschlichen Halbfiguren gebildet, die ein ionisches Kapitell tragen. Alle anderen Gesimsstützen sind Kopfdarstellungen mit dem gleichen ionischen Kapitell als Abschluß. Die Orientierung auf eine paarweise Anordnung der Konsolen entweder inhaltlich, Mann-Frau oder formal, ist durchgehend zu beobachten.
Es stellt sich die Frage nach der Bedeutung der zehn Konsolstützen der Hauptfassade beiderseits des Güldenkammertraktes. Die abwechselnd dazwischengesetzten Löwenkonsolen gehören, wie bereits festgestellt[914], zum Throne Salomonis, den der „Löwe aus Juda" eingenommen hat. Die vier menschlichen Konsolfiguren des Mittelrisalits heben sich durch ihre Anbringung so weit von den übrigen ab, daß sie gesondert betrachtet werden konnten. Sie verkörpern die Geschichte in menschlichen Altersstufen[915]. So wie die Reliefs zwischen den Konsolen, die übrigbleiben, „auf einer Ebene liegen", so kann vermutet werden, daß diese ebenfalls zusammengehören. Es fällt auf, daß sie nicht streng symmetrisch geordnet sind. Unter den Zwerchgiebeln stehen je zwei Konsolsteine direkt nebeneinander, ohne daß eine Löwenkonsole dazwischengesetzt wäre. Durch die bildnerische Form verstehen sich jeweils eine männliche und eine weibliche Konsolfigur als zusammengehörig.
Die ikonographischen Kenntnisse über eine mögliche Bedeutung dieser Reihe sind gering: 1. Die Figuren haben sicher, zumindest teilweise, negative Bedeutung. Fledermausflügel und Schlangenschwänze machen das deutlich. 2. Die vielleicht ausdrucksstärkste Darstellung, eine Alte mit verzerrten Zügen, Warze auf der Wange und ausgetrockneten, herabhängenden Brüsten muß, anders als wir heute solch eine expressive Gestalt deuten würden, als „Invidia", der „Neid", verstanden werden. Vergleichbare Darstellungen in der zeitgenössischen Grafik und Malerei gibt es viele. 3. Die mittlere Figur der rechten Fassadenhälfte ist nicht nur durch Fledermausflügel und schlangenartige Schwänze mit einer Art Widerhaken versehen, sondern sie trägt auch überlange, nach oben spitz zulaufende Ohren. Dies sind die Ohren des Midas, der in einem Sängerstreit zwischen Apollo und Marsyas zugunsten des Marsyas entschied und dafür von dem Gott mit Eselsohren gestraft wurde. Damit wurde Midas zum Bild des ungerechten Richters schlechthin. Allerdings haben wir es bei der Konsolfigur nicht mit einem Mann, sondern mit einer Frau zu tun. Midas kann also nicht dargestellt sein. 4. Die Reihe der Konsolsteine steht im Wechsel mit Teilen, die zum Throne Salomos, dem Thron der Gerechtigkeit, gehören. Denkbar wäre eine negative Entsprechung, die durch die schon aufgezählten negativen Attribute eine erste Unterstützung findet.
Unter den Gerechtigkeitsbildern der Renaissance[916], an deren Spitze das „Urteil des Salomo" steht, gibt es als Beispiel für Ungerechtigkeit, Voreingenommenheit und Unwissenheit die sog. „Verleumdung des Apelles"[917]. Das Thema, ein Gemälde, das nach der Vorstellung der Renaissance der berühmteste Maler der Antike, Apelles, der Hofmaler Philipps von Makedonien und seines Sohnes, Alexander des Großen, anfertigte, wird bei Lukian beschrieben[918]. Diese Abhandlung wurde im 15. Jahrhundert ins Lateinische übersetzt und von L. B. Alberti in seinem Werk „De Pictura" von 1435 übernommen und als Beispiel für Kraft und Wirkung einer guten, aber der künstlerischen Gestaltung noch ermangelnden „inventio" angeführt. Gegen Ende des 15. Jahrhunderts wurde dieses Thema dann in der italienischen Renaissancemalerei verschiedentlich behandelt. Am berühmtesten wurde Botticellis Gemälde aus den Jahren um 1496, das sich eng an die literarische Vorlage hält. Auch in Deutschland wurde der Vorwurf seit Beginn des 16. Jahrhunderts in der Grafik mehrfach behandelt. Bekannt ist Dürers Zeichnung, die als Entwurf für ein Gemälde im großen Saal des Nürnberger Rathauses bestimmt war. Die Wandgemälde nach Dürer wurden 1621 von Gabriel Weyer übermalt. 1609 bis 1611 malte Hans Bock im Vorzimmer des Rathauses zu Basel eine Verleumdung des Apelles[919]. Das Thema war zur Zeit des Bremer Rathausumbaues also durchaus noch aktuell.
Lukian beschreibt in seiner Abhandlung „De Calumnia", wie der Maler Apelles von Ephesos von einem neidischen Konkurrenten bei König Ptolemäus fälschlicherweise der Teilnahme an einer Verschwörung bezichtigt wurde. Erst das Zeugnis eines wirklichen Verschwörers bewahrte ihn vor dem Tode. Daraufhin schuf Apelles das allegorische Gemälde, das Lukian sehr genau beschreibt: Der Richter mit Midasohren streckt der personifizierten Verleumdung die Hand entgegen. Unwissenheit und Mißtrauen stehen neben ihm. Die Verleumdung in Gestalt eines wunderschönen, aber hitzigen Mädchens trägt in der Linken eine Fackel und zerrt mit ihrer Rechten einen jungen Menschen hinter sich her, der die Götter als Zeugen seiner Unschuld anruft. Begleitet wird die Verleumdung von einem Mann mit stechendem Blick, dem Neid. Arglist und Täuschung stehen hinter ihr. Reue und Wahrheit halten sich ganz im Hintergrund. Lukian beschreibt zehn Personen. Die Reihe der Konsolsteine umfaßt ebenfalls zehn. Häufig werden nur der Richter und der Angeklagte als Männer dargestellt, die Allegorien jedoch weiblich. Die Rathausfassade zeigt, von der Reihe der Konsolsteine einmal abgesehen, auch an vielen anderen Stellen, unabhängig vom Thema, eine durchgehend paarweise Anordnung der Figuren. Als Arbeitshypothese sei angenommen, daß die Verleumdung des Apelles das verbindende Thema der zehn Konsolsteine ist.
Unter dem rechten Zwerchgiebel ist mit den Midasohren offensichtlich die „Ignorantia", die „Unkenntnis", als Richter dargestellt. Sie ist ebenso wie der behelmte Mann neben ihr mit Fledermausflügeln und den Schwänzen der Harpyen ausgestattet. Dieser kann eigentlich nur die „Suspicio", der „Argwohn", sein. Lukian vergleicht den Argwohn mit Ares, dem Kriegsgott[920]. Die Harpyen stehen in der Emblematik für Verderbtheit und böse Nachbarn[921]. Das entsprechende Paar unter dem linken Zwerchgiebel müßte dann das Gegenüber des Richters bei Lukian sein: Die als wunderschön beschriebene „Calumnia" wird als solche hier auch dargestellt. Die wild flatternden Haare deuten das Hitzige in ihrem Charakter an. An einer dreifach um den Hals geschlungenen Kette hängt ein Schmuck in Kreuzform. Einen ähnlichen trägt sie im Haar. Vermutlich muß das als Anspielung auf das Evangelium in zweierlei Form verstanden werden, hinter der die Verleumdung des einzigen, des wahren Evangeliums lauert. Die in drachenschwanzähnlichen Formen auslaufenden Arme deuten auf das Teuflische der Gestalt hin.
Neben der „Calumnia" ist ein „häßlicher, bleichsüchtiger Mann mit stechendem Blick"[922] zu erkennen, der statt Arme Flügel besitzt und in Harpyenschwänzen endet. Nach Lukian muß dies der Neid und Parteienhaß sein, „Invidia", der Vater der „Calumnia". Hans Burgkmair stellt in einer Holzschnittserie von Tugenden und Lastern den „Neid" ebenfalls als Mann dar. Doch die Darstellung der „Invidia" als einer alten Frau mit wirren Haaren und hängenden Brüsten tritt in der Kunst des 16. und 17. Jahrhunderts so oft auf, daß die Konsole rechts neben der Verleumdung „Dolus", die Verkörperung von Heimtücke, Betrug und Hinterlist sein muß. Wahrscheinlich sind hier Lukians „Arglist" und „Täuschung" zu einer Allegorie zusammengefaßt.
Die Reliefs neben diesen beiden Konsolen zeigen „Versiegelte", die von Harpyen gequält werden. Direkt unter „Calumnia" und „Dolus" befindet sich mit einer Fackel in der Hand, wie sie als Attribut auch der „Calumnia" zugeschrieben wird, Pluto, der Gott des Totenreiches, und unter ihm der Löwe als Symbol des Satans[923].
Die beiden Figuren ganz links nehmen die Form der Konsolsteine des Mittelrisalits wieder auf. Die breiten Bänder über den Schultern verdeutlichen das Tragen einer schweren Last, die sich aber durch die geschliffenen Steine, die sie in Händen halten, als sehr kostbar erweist. Auf ihren Rücken sind wie zur Polsterung gefaltete Tücher gelegt, die an beiden Seiten hinter den Armen herabhängen. Die unbekleidete Frau kann nur „Veritas", der nackte Mann neben ihr „Insons", der „Unschuldige", sein, die beide der Verleumdung und dem unwissenden Richter ausgeliefert sind.

Abb. 334—338 *Marktseite, Konsolen des Kranzgesimses in der Anordnung von der SW-Ecke zum Mittelrisalit, Verleumdung des Apelles: Unschuld, Wahrheit, Hinterlist, Verleumdung, Neid*

Die genaue Deutung der restlichen drei Figuren der rechten Seite bereitet Schwierigkeiten. Die geflügelte dicke männliche Gestalt ganz rechts endet ebenfalls in Harpyenschwänzen. Denkbar wäre, daß es die Allegorie der „Dummheit" ist. Sie könnte eventuell als Gegenpart zu Bacchus, dem Gott des Weines und der Weisheit, aufgefaßt sein. Auf jeden Fall vertritt diese Figur eine negative Eigenschaft.
Schwieriger wird es bei den beiden Köpfen, die zwischen Voluten herausschauen. Vor ihrer Brust sind ebenfalls geschliffene Steine wie bei „Veritas" und „Insons" angebracht. Hinzu kommt, daß die Konsolen seitlich in Blüten enden, aus denen Trauben herauswachsen. Diese Gestaltung wurde am Rathaus nur in Zusammenhang mit dem Paradies und seinen Bewohnern verwendet. Hinzu kommt bei beiden am unteren Ansatz der Konsole eine große Muschelschale. Sie ist Zeichen der Pilgerschaft[924], eine Erkennungsmarke derjenigen, die auf dem Weg zu heiligen Stätten sind. Bezieht man Dürers Bildentwurf mit ein, der auf seiner „Verleumdung des Apel-

Abb. 339—343 *Konsolen des Kranzgesimses vom Mittelrisalit zur SO-Ecke, Verleumdung des Apelles: Irrtum, Argwohn, Unkenntnis, Reue(?), Dummheit(?)*

les“ neben dem „Error“ noch zwei weitere Allegorien hat, anders als Lukian es beschreibt, dann erscheint eine Deutung beider Figuren möglich. Der bärtige Alte mit einer Kopfbedeckung, die einer spanischen Sturmhaube ähnelt, könnte dann „Error“, der „Irrtum“, sein. Zu ihm gehört die ernst blickende junge Frau, von deren Hals ein Tuch rechts und links herabhängt. Es könnte die auch bei Lukian beschriebene „Paenitentia“, die „Reue“, sein. Irrtum und Reue gehören für den Gläubigen eng zusammen. Die Reue über den begangenen Irrtum führt zur Erkenntnis der Wahrheit. Der Weg zum Paradies führt immer wieder zu Irrtum und zur Reue über ihn. Diese Deutung würde die positiven Attribute beider Konsolfiguren in diesem negativen Gesamtzusammenhang erklären. —
Die Deutung dieser Konsolreihe als „Verleumdung des Apelles“ fügt sich an so vielen Stellen in den Gesamtzusammenhang der Fassade ein, daß sie als relativ gesichert angenommen werden kann. Dem Thron Salomonis, dem Thron der Weisheit und Gerechtigkeit, wird der Thron der Unwissenheit oder auch Ungerech-

Abb. 344—346 *Westseite, Konsolfiguren vom Kranzgesims, von der NW-Ecke aus: Bacchus, Ceres, Midas*

tigkeit gegenübergestellt. Eine ähnliche Gegenüberstellung findet auch in den Reliefs der Fenstergiebel statt. Das Thema nach Lukian wurde nicht nur im Rathaus von Nürnberg nach Dürers Entwurf ausgeführt — und war in Bremen sicher bekannt —, sondern wird auch, kurz bevor die Skulpturen entstanden, im durch den reformierten Glauben mit Bremen eng verbundenen Basel am dortigen Rathaus künstlerisch gestaltet.

Zwar als Thema für ein Gemälde beschrieben, wird am Bremer Rathaus die „Verleumdung des Apelles" aber plastisch bearbeitet und darüber hinaus in einer verkürzt-chiffrierten Form, wie sie manieristischer Auffassung von Kunst entspricht. Damit wird an dieser Stelle nicht nur eine typologische Gegenüberstellung Antike—Gegenwart, sondern im Throne Salomonis mit dem „Löwen von Juda" darauf auch eine solche vom Alten zum Neuen Testament hergestellt. —

### 7.3.6. *Die Konsolsteine des Kranzgesimses an den Schmalseiten des Rathauses*

An jeder der beiden Schmalseiten des Gebäudes wird das Kranzgesims durch sechs Konsolsteine gestützt. Alle sind in Form von Köpfen oder Büsten ausgebildet, die ein ionisches Kapitell tragen. An der Westseite wechseln sich Männer- und Frauenköpfe ab. Drei von ihnen haben Früchte im Haar und um den Hals geschlungen. Seitlich hängen Zinguli herab. Die anderen haben Gewandteile um den Hals geschlagen. Die Enden hängen seitlich der Köpfe, aus dem Haar kommend, herab. Zwei Frauen haben Federn bzw. eine Blüte ins Haar gesteckt.

Zur Deutung der Köpfe lassen sich die etwa zur gleichen Zeit in sehr ähnlicher Form entstandenen Hermenkonsolen am Oldenburger Schloß heranziehen. Graf Anton Günther ließ es seit 1603 um- und ausbauen. Unter anderen arbeitete Ludwig Münstermann von 1607 bis 1612 unter der Leitung des Bremer Steinhauers Johan Prange an der Fassadengestaltung mit[925]. Vermutlich hat Münstermann zumindest einige der Gesimskonsolen in Gestalt von zwölf antiken Götterbüsten geschaffen[926]. Sie sind zu einem großen Teil durch ihre Attribute zu erkennen. Dort beginnt die Reihe mit Bacchus und Ceres. Die beiden linken Köpfe an der Westseite des Rathauses ähneln ihnen. Ähnlich wie Bacchus mit Weinranken und Früchten um den Hals, aber mit auffallend langen Ohren, ist ein weiterer bärtiger Kopf gestaltet. Dabei könnte es sich um den Begleiter von Bacchus, Satyr, handeln, ein Mischwesen mit Pferdehufen, -ohren und -schwanz. Die Pfauenfedern auf dem Frauenkopf rechts daneben weisen diesen als Bild der Juno, der Gemahlin des Jupiter, aus. Der andere Frauenkopf mit der Blüte im Haar ist wohl, ähnlich der Darstellung am Oldenburger Schloß, als Venus, die Göttin des Frühlings und der Liebe, anzusprechen. Der Männerkopf rechts neben Ceres zeichnet sich durch überlange Ohren als einzigem Attribut aus. Da keine weiteren Attribute zu erkennen sind, ist hier wahrscheinlich König Midas gemeint, der alles, was er berührte, in Gold verwandelte und zur Verkörperung des Reichtums schlechthin wurde. Die Eselsohren ließ ihm Apollo auf Grund seines aus Unkenntnis und Unverständnis erfolgten Richterspruches wachsen.

Die Reihe der als Köpfe gearbeiteten Gesimskonsolen ist von links nach rechts abzulesen: Bacchus — Ceres — Midas — Venus — Satyr — Juno. Die Zusammenstellung verwirrt. Sie kann kaum als Ergänzung der Götterreihe über den Fenstergiebeln der Hauptfassade verstanden werden. Bacchus erscheint hier z. B. zum zweiten Male. Auch die zusammengestellten Paare passen nur zum Teil zusammen. Daß der Gott des Weines der Göttin des Getreides und der Ernte zugesellt wird, leuchtet ein. Was haben jedoch König Midas und die Göttin der Liebe miteinander zu tun oder gar Satyr und die Gemahlin des Götterherrschers Jupiter? Es gibt für diese z. T. sehr ungleichen Paare nur einen Zusammenhang, der sich schon in den Attributen ausdrückt. Alle verbindet der Begriff von Fruchtbarkeit, der Reichtum und Liebe mit einschließt: die Göttin der Ähren neben dem Gott des Weines, der König, unter dessen Händen alles zu Gold wird[927], neben der Göttin der Liebe und des Frühlings. Daß Satyr oder Silen aus dem Gefolge des Bacchus, der lüstern allen weiblichen Wesen nachstellt, neben Juno, die Schutzgöttin der Ehe und Geburt, plaziert ist, kann durchaus auch als Witz verstanden werden. —

Die Allegorien der Fruchtbarkeit und Vermehrung bei Mensch, Tier und Pflanze stehen „über" den antiken Weisen und Philosophen als den Schutzpatronen und Mehrern des Wissens und der Weisheit. 1610 wurde das Gymnasium Illustre in Bremen vom Rat der Stadt neu organisiert und erhielt unter dem Rektorat von Matthias Martinius den Status einer städtischen Hochschule. Es liegt nahe, daß die „Umtaufe" der vier Propheten der Westseite des Rathauses nicht, wie angenommen, im ersten Drittel des 16. Jahrhunderts erfolgte, sondern zusammen mit den anderen Hinweisen auf die Antike, ihre Mythologie und Geschichte beim Umbau der Rathausfassade unter Lüder von Bentheim vorgenommen wurde. Sicher war die alte Beschriftung der Bänder, die die Propheten in Händen halten, kaum mehr leserlich, so daß diese Umtaufe nicht so gewaltsam geschah, wie es uns heute erscheint. Die Namen Plato — Aristoteles — Demosthenes — Cicero (von links nach rechts) stehen sicher nicht für die Fakultäten der Bremer Hochschule, son-

Abb. 347—349 *Westseite, Konsolfiguren vom Kranzgesims hin zur SW-Ecke: Venus, Satyr, Juno*

Abb. 350—352 *Ostseite, Konsolfiguren des Kranzgesimses, von der SO-Ecke aus: Pezelius, Engel, Luther(?)*

Abb. 353 *R. de Baudous, Christoph Pezelius, Stich von 1610*

dern eher für einzelne, wichtige Disziplinen, die dort gelehrt wurden. Plato verkörpert die Philosophie. Aristoteles muß als Vertreter der Dialektik und Demosthenes, der große griechische Redner, als derjenige der Rhetorik verstanden werden. Cicero ist hier wohl nicht, wie üblich, als Symbolgestalt für die Rhetorik anzusehen, sondern für die lateinische Sprache und den Stil in der Schriftsprache, die damals vorwiegend das Lateinische war. Ob diese Vertreter des antiken Geisteslebens in Beziehung zu den Propheten und zu Petrus an der Ostseite des Rathauses gesetzt wurden, ist nicht eindeutig zu erkennen. Jedenfalls entsprechen sich Plato und Moses sowie Cicero und Petrus allein von der Zeit ihres Auftretens her. —

Die sechs Konsolsteine an der Ostseite des Rathauses sind von der Form her ähnlich paarweise zusammengefaßt wie die der gegenüberliegenden Seite. Drei Männerköpfe stehen einer Frauenbüste und denen von zwei Engeln gegenüber. Neben den beiden Engeln gehören das äußere Paar und die beiden Männerköpfe mit den geöffneten Mündern und den seitlichen Fruchtgirlanden zusammen. Die Engel mit den Fruchtgehängen um den Hals und den seitlich herunterhängenden Zingula erscheinen in gleicher Form am Giebel des Mittelrisalits. Dort stellen sie die Engel der sieben Plagen dar[928]. Die Köpfe beiderseits des linken Engels sind als „Versiegelte" zu erkennen, die an ihren weißen Gewändern und an „ihren Früchten" erkannt werden. Beide haben einen Schmuck in Kreuzform um den Hals hängen. Auffällig sind der wie zum Schrei auf-

Abb. 354—356 *Ostseite, Konsolfiguren des Kranzgesimses zur NO-Ecke hin: Heinrich Kreffting, Engel, Elisabeth I. von England*

gerissene Mund, die zusammengekniffenen Augenbrauen und die wie im Schmerz nach oben gerichteten Augen.

Der Mann mit der helmartigen Kappe auf dem Haupte und dem über der Schulter zusammengehaltenen Mantel scheint bei genauerer Betrachtung immer mehr porträthafte Züge zu bekommen. Vergleicht man diese Skulptur mit dem ältesten erhaltenen unzweifelhaften Porträt eines Bremer Ratherrn von einem unbekannten Maler aus dem Jahre 1609, das den Bürgermeister Heinrich Kreffting darstellt, dann ergeben sich verblüffende Ähnlichkeiten. Neben einer übereinstimmenden Kopfhaltung, die den Vergleich natürlich erleichtert, fällt die genau gleiche Barttracht auf. Die Oberlippe ist vom Bart bedeckt, die Unterlippe in ähnlicher Weise sichtbar. Die vorspringenden Backenknochen stimmen ebenso überein wie die Augenpartie und die Falten seitlich der Nase. Allein die Haare, die unter der Haube hervorquellen, sind an der Konsole „expressiver“, bewegter gearbeitet. Die Übereinstimmungen sind so groß, daß mit relativ großer Sicherheit behauptet werden kann, daß hier ein Porträt des großen Bremer Bürgermeisters vorliegt. Kreffting starb am 1. August 1611 an der damals in der Stadt wütenden Pest. Das Porträt muß also in seinem letzten Lebensjahr oder aber kurz nach seinem Tode entstanden sein. Sein Wappen erscheint jedenfalls nicht mehr in der Reihe der Bürgermeisterwappen in der Mitte der Fassade über den Arkaden. —

Die dazugehörige Konsole zeigt eine Frauenbüste in kostbarer modischer Kleidung. Sie trägt einen mit Perlen besetzten Kronreif mit einer großen Blüte als Schmuck in der Mitte, von der ein Kreuz in die Stirne herabhängt. Um den Hals trägt sie eine Kette mit einem kreuzförmigen Anhänger. Eine große Amtskette hängt bis auf die Brust. Die modische Kleidung und die formale Zugehörigkeit zu Kreffting's Porträt lassen auch hier ein Porträt vermuten. Das einzige gekrönte weibliche Haupt, das damals für den Protestantismus von wirklicher Bedeutung war, war Elisabeth I. von England. Ein Stich von Crispin van de Passe d. Ä. nach einer Zeichnung von Isaac Oliver[929] zeigt die englische Königin im Staatsornat. Die Kleidung ist verblüffend übereinstimmend, der Schmuck um den Hals und von der Krone in die Stirne hängend erscheint an der Konsole ganz ähnlich, nur in einfacherer Form. Das gleiche gilt von der mit Perlen besetzten Krone. Der Gesichtstypus und die gerade Nase vervollständigen das Porträt, das, wenn auch idealisiert, mit ziemlicher Sicherheit als das der englischen Königin angesprochen werden kann. Auch wenn, wie bei Kreffting, die Haare stark bewegt und aufgelöst gegeben sind, ist der Stich von Crispin van de Passe d. Ä. als Vorlage durchaus denkbar. Er ist mit den Worten „POSVI DEVM ADIVTOREM MEVM“ — „Ich habe auf Gott als meinen Helfer gesetzt“ — überschrieben. Der Ehrentitel „Fidei Christianae Propugnatrix acerrima“ — „die sehr leidenschaftliche Vorkämpferin des christlichen Glaubens“ —, der ihrem Herrschertitel unter dem Stich beigefügt ist, hat für sie als Königin eines protestantischen Landes im Kampfe gegen die katholische Weltmacht Spanien unter Philipp II. eine neue Bedeutung gewonnen. Ursprünglich hatte ihr Vater, Heinrich VIII., diesen Ehrentitel vom Papst für sein Auftreten gegen Luther verliehen bekommen, noch bevor er sich von Rom trennte. Das Elisabethanische England ist der führende Staat unter den protestantischen Mächten Europas. Dies und das traditionell gute Verhältnis der Hansestädte zu England — am gotischen Rathause war auch das Wappen des Königs von England angebracht und wurde erst beim Umbau mit anderen entfernt — geben eine erste Erklärung für das Bildnis Elisabeths am Bremer Rathaus. —

Die erste Konsole der Reihe zeigt sicher einen Menschen, der „Frucht gesammelt hat zum ewigen Leben“[930]. Das Kreuz an der Kette verdeutlicht das noch. Es liegt nahe, auch in diesem Kopfe ein

Abb. 357
*Unbekannter Künstler, Heinrich Kreffting, 1609, Ausschnitt*

Abb. 358
*Crispin van de Passe, Elisabeth I. von England, Kupferstich, Ausschnitt*

Porträt zu vermuten. Ein Kupferstich von Robert de Baudous, datiert 1610, zeigt den „Ehrwirdigen undt hochgelarten Heer Doctor Christoffer Petzelius". Trotz der Amtstracht fallen die Ähnlichkeiten zur Skulptur auf: der zweigeteilte Bart, der Schnitt der Nase und die Falte an der Nasenwurzel, die Falten von der Nase zum Munde und die tiefliegenden Augen. Noch zu erklären bleiben der wie in einem Schmerzensschrei geöffnete Mund und die nach oben gerichteten Augen, die auch bei der Figur daneben zu sehen sind. Pezelius war der eigentliche Vater des reformierten Bekenntnisses bremischer Prägung. Er war der Verfasser des Consensus Bremensis von 1595 und der Organisator der bremischen Kirche. Ihn am Rathause abgebildet zu sehen, verwundert nicht. –

Die dazugehörige dritte Konsolbüste könnte auch als Porträt angesehen werden. Vorbilder für sie haben sich bisher nicht finden lassen, doch erinnern der schwere Hals, das bartlose, relativ volle Gesicht, die kurzen Haare und der Wulst an der Nasenwurzel an ein Bildnis Martin Luthers. Das schmerzverzerrte Gesicht und das relativ jugendliche Aussehen erschweren jedoch eine zweifelsfreie Bestimmung der Büste als Bildnis Luthers. Sollte dies doch der Fall sein, könnte Luthers Bild neben dem des „Gründers" der reformierten bremischen Kirche die besondere Stellung Bremens in einer rein lutherischen Umgebung markieren. –

Es bleibt noch die Frage nach dem Sinn dieser Reihe in ihrem Zusammenhang offen. Alle Dargestellten lebten nicht mehr, als sie hier abgebildet wurden, doch hatten sie die augenblickliche religiöse und politische Situation in Bremen um 1612 nachhaltigst beeinflußt und sogar bestimmt. Nimmt man als Ausgangspunkt die beiden Engel der Schalen des Zorns[931], dann gewinnen die Porträts nicht nur direkte Aktualität, sondern es wird über die Jahreszahl 1612 hinaus der Punkt innerhalb der Offenbarung markiert, von dem man damals annahm, daß er mit dem historischen Datum übereinstimmte. Der erste Engel gießt seine Schale auf die Erde, „und es ward eine böse und arge Drüse an den Menschen, die das Malzeichen des Tieres hatten und die sein Bild anbeteten". Luther (?) und Pezelius umgeben den Engel und klagen darüber. Sie haben diese „böse und arge Drüse an den Menschen" in Gestalt der Verfolgungen durch den Antichristen, den Papst, und seine Anhänger erleben müssen. Der zweite Engel gießt seine Schale ins Meer aus, das ganz blutig wird und in dem alle Menschen sterben. Es ist sicher nicht verwunderlich, wenn für jene Zeit der spektakuläre Sieg der Engländer über die spanische Armada 1588 und deren Vernichtung Anlaß gewesen sind, dieses historische Ereignis als Beginn der Ausgießung der zweiten Zornesschale Gottes zu verstehen. Es stellte ja nicht nur entscheidende machtpolitische Weichen für die weitere Entwicklung Englands zur Seemacht, sondern für den evangelischen Gläubigen wurde dieser Sieg in erster Linie als Sieg des wahren Glaubens über die Anhänger des Antichristen verstanden. Gleichfalls war der Befreiungskampf der Holländer gegen die katholisch-spanische Oberhoheit noch in vollem Gange und wurde in der Hauptsache zur See ausgetragen. Das Ende der Schrecken der zweiten Schale des Zornes war für den in eschatologischen Vorstellungen lebenden Gläubigen 1612 noch nicht gekommen. Kreffting's Bestreben war es immer gewesen, die protestantischen Kräfte politisch zu vereinen. Wie hoch Elisabeth I. von England dieses Bestreben einschätzte, ist an ihrem Vorschlag von 1602 abzulesen, Bremen als Verhandlungsort dafür zu nehmen[932]. Ein Jahr später starb sie. Den Einigungsbestrebungen Krefftings war kaum Erfolg beschieden. Der Kampf Hollands dauerte an, und für den Gläubigen färbte sich das Meer durch die zweite Schale des Zornes weiter blutrot. Die zwei Engel der Zornesschalen erscheinen auch am Mittelgiebel der Hauptfassade. Unter diesen Aspekten können sie auch dort nicht nur als theologisch-glaubensmäßige Aussage verstanden werden, sondern sie erscheinen dort als Zeitangabe „unter" der Zahl „1612".

Stellt man von den Porträts eine Verbindung zu den unter ihnen stehenden gotischen Figuren Petrus-Daniel/Jonas-Hiob-Moses her, dann ergeben sich interessante Gemeinsamkeiten. Elisabeth I. hat wie Moses ihr Volk nach der Vorstellung der Zeit aus der Knechtschaft des Katholizismus endgültig herausgeführt, und in der Vernichtung des ägyptischen Heeres im Roten Meer mag man durchaus eine typologische Entsprechung zur Vernichtung der spanisch-katholischen Armada gesehen haben. Aus dieser Sicht liegt auch der Vergleich des Petrus mit Pezelius nahe, dem „Fels", auf dem die neue bremische Kirche der zweiten Reformation gebaut ist. Kreffting mit seinen immer wieder gescheiterten politisch-religiösen Einigungsbestrebungen und sein Tod während der Pest werden mit dem großen alttestamentarischen Dulder Hiob verknüpft. Ist mit dem letzten Bildnis wirklich Luther gemeint, dann dürfte er eher mit Daniel als mit Jonas verglichen worden sein. Das würde auch einen Rückschluß auf die Bedeutung der Prophetenfigur zulassen, da Anfang des 17. Jahrhunderts die ursprüngliche Benennung noch bekannt gewesen sein dürfte. Daniel als Prophet und hoher politischer Ratgeber am babylonischen Hof in einer Zeit des Umbruches sowie seine visionäre Darstellung des Sieges des Gottesreiches durch den Menschensohn lassen viele Parallelen zu Arbeit und Wirken des Reformators zu. Interessant dabei ist, wie das reformierte Bremen seine Stellung zu der Pezels auffaßte. So abenteuerlich solche historischen Verknüpfungen uns heute anmuten, waren sie doch für herausragende Persönlichkeiten der Zeit durchaus üblich. –

Abb. 359 *Obere Rathaushalle, Blick nach Westen mit Einbau und Treppe*

## 8. *Der Einbau in der Oberen Rathaushalle*

Der Ausbau des Mittelrisalits an der Außenfassade des Rathauses zog eine vergleichbare Änderung innen zwangsläufig nach sich. R. Stein hat sicher Recht, wenn er vermutet, daß die Gestaltung der Innenseite des Mittelrisalits von vornherein mit geplant war[933]. Der Fußboden der „Güldenkammer", des unteren der beiden kleinen Räume, die durch den Ausbau entstanden, ist abgesenkt. Der Einbau in der Oberen Rathaushalle ist also sicher von vornherein doppelgeschossig angelegt gewesen. Immer wieder wird in der Literatur darauf hingewiesen, daß Lüder von Bentheim um dieses „Schmuckstückes" von Einbau und Treppe willen eine Verdunkelung der Oberen Halle in Kauf nahm. Durch die Rekonstruktion des ehemaligen Ratsstuhles und die Klärung seines Standortes unter dem Salomonurteil wird jedoch deutlich, daß die Obere Halle des Bremer Rathauses immer schon, zumindest optisch, geteilt war, so daß der Einbau Lüder von Bentheims keine grundsätzliche Veränderung des Raumes bewirkte. Die Teilung der Halle in den dem Ratsstuhl vorbehaltenen und den den Bürgern zugänglichen Teil wurde dadurch nur stärker betont. Die Obere Rathaushalle ist also normalerweise nicht in dem Sinne als Ganzes gesehen worden, wie wir sie heute geneigt sind zu verstehen und zu benutzen. Gegenüber dem Einbau war an der Nordwand auch kein Bild zu beleuchten. Außerdem wird die Zweiteilung des Raumes durch die beiden Hauptzugänge zu ihm deutlich, die von Anfang an vorhanden waren. Der eine für die Ratsherren führte zum Ratsstuhl, der andere, seit 1532 die Wendeltreppe an der Westseite, war für die Bürger bestimmt.
Lüder von Bentheim hat die Fertigstellung seines von ihm geplanten Einbaues in der Oberen Halle nicht mehr erlebt. Er starb 1612. Noch bis 1621 sind Zahlungen für Arbeiten an diesem Objekt erfolgt[934]. –
Vom Formalen her setzt sich der Einbau aus verschiedenen Teilen zusammen. Als Zentrum und bedeutsamstes Teil sind an der linken Seite die Treppe sowie deren Wandseiten anzusehen. Sie finden ihren Abschluß in der Außenseite der Tür zum oberen Raum, dem ehemaligen Ratsarchiv. Eine Ergänzung bilden die Innenseite der Tür und ein Teil der anschließenden Vertäfelung des Raumes. Als dritter Hauptteil des Einbaues ist die Portalumrahmung zur eigentlichen „Güldenkammer" anzusehen, deren Name 1688 zum ersten Mal auftaucht und der von der zwischen 1618 und 1620 angebrachten goldenen Ledertapete herrührt. Das heutige Türblatt entstand gemeinsam mit der im ähnlichen Stile wie die übrigen Schnitzereien 1903–1905 ausgeführten Vertäfelung und Bestuhlung der Oberen Rathaushalle[935]. Der vierte Teil sind die im oberen Geschoß mit Fenstern versehene Wand des Einbaues zur Halle hin und die rechte Schmalseite mit ihren architektonischen Gliederungen und Schnitzereien. Der vorspringende Anbau rechts, der ein kleines Gelaß enthält, scheint später angebaut zu sein. In die Wand eingelassen sind zwei Reihen von Gemälden, die zu der ursprünglichen Wandgestaltung gehören.

### 8.1. *Die Treppe*

Die Treppe[936] am Einbau in der Oberen Rathaushalle wird wegen ihrer Schönheit und ihres ornamentalen und figürlichen Schmuckes immer besonders gelobt und an erster Stelle genannt, wenn von dem inneren Teil des Rathausumbaues die Rede ist. Sie entstand auf dem Höhepunkt einer Entwicklung der hölzernen Wendeltreppe[937], die in Deutschland besonders in den norddeutschen Hansestädten, neben Bremen vor allem in Lübeck und Danzig, zu besonderer Blüte gelangte. Die Wendeltreppe in dieser Form wurde bevorzugt dort eingesetzt, wo es auf die öffentliche Darstellung von Reichtum und Kunstfertigkeit ankam. Die Treppe des Bremer Rathauses gehört dabei zu den am reichsten gestalteten überhaupt.
Die Holztreppe zum Alten Archiv ist eine linksläufige Wendeltreppe um einen als Säule ausgebildeten Mittelpfosten. Die Säule wird von der Gestalt des Löwenfell und Keule tragenden Herkules

Abb. 360 *Obere Rathaushalle, Treppe am Einbau zum „Alten Archiv“*

bekrönt. Das Geländer setzt unten rechts an. Die Außenwand der Güldenkammer dient der Weiterführung. Gegenüber dem Fenster links des Einbaues setzt das Geländer erneut an und wird mit seiner Außenseite sichtbar. Diese Außenseite ist architektonisch gegliedert. Ein breites Sockelband trägt Reliefs zwischen den konsolartigen Arkadenpfeilern darüber. Diese Pfeiler sind mit Halbfiguren besetzt. Die als Hermen geschnitzten Gestalten tragen im unteren Teil Gehänge, die in den meisten Fällen als Spolien gearbeitet sind. Diese Spolien sind zum großen Teil wörtliche Übernahmen aus einer Stichvorlage des Hans Vredeman de Vries von 1572, die der Stecher Gerard de Jode ausführte: „Panoplia seu Armamentarium ac ornamenta ...“ Die Vielfalt an Formen, die der Stecher in solch einem Spolium darstellen konnte, war natürlich für den Snitker nicht zu erreichen, doch blieben die Gestaltung der Schilde und Helme sowie die Art der sich hinter ihnen kreuzenden Waffen erhalten. Vor allem den Kriegergestalten sind die aus dieser Stichserie als Spolien gestalteten Gehänge zugeordnet.

In den Geländerbögen blicken sich Menschen- und Tierköpfe an. Sie wachsen aus Voluten heraus, an denen sowohl Zingula wie Blumen- und Fruchtgehänge erscheinen. Den Scheitelpunkt des Bogens bildet jeweils ein Löwenkopf. Der darüberliegende Architrav trägt Reliefs, in denen sich geflügelte Engelköpfchen zwischen Fruchtgirlanden und menschliche Halbfiguren, die in Pflanzen enden, abwechseln. Sie werden von aufgerollten Konsolen begrenzt, die den Handlauf stützen und mit Löwen- und Ungeheuermasken, aber auch geflügelten Engelköpfen besetzt sind.

Der rechte Handlauf wird an seinem unteren Anfang von einem bärtigen, gehörnten Satyrn gestützt, dessen Züge eher tierisch als menschlich ausgebildet sind. Seine Arme endigen in Voluten, desgleichen auch der Unterkörper, der als riesiges, das Maul aufreißendes Ungeheuer Gestalt gewinnt. Der linke Handlauf beginnt als dicker Pflanzenstengel, der sich an der Säule emporwindet. Er entspringt einer kostbaren Vase mit Blüten und Früchten am Fuße der Säule. Am oberen Säulenende läuft er in einem Fruchtstand aus. Dort endet auch die Treppe.

Das Geländerstück gegenüber der Tür zum Alten Archiv präsentiert sich heute leider nicht mehr in seiner ursprünglichen Form. Alte Fotos und Zeichnungen[938] zeigen, daß hier ursprünglich drei ganzfigurige Soldatengestalten standen. Heute sind nur noch die beiden rechten vorhanden. Statt der verschwundenen linken wurde die allegorische Darstellung der „Klugheit“ aus der Güldenkammerportalumrahmung rechts neben dem Relief des Marcus Curtius[939] dort angebracht. Ähnliches gilt für das Sockelrelief darunter. Es ist verschwunden, und an seine Stelle wurde ein Teil aus dem Wandpaneel, das Poppe 1903—1905 gestaltete, als Füllung dort eingesetzt. Für die ursprüngliche Darstellung, zwei einander gegenüberstehende, aus Stieren gebildete Seeungeheuer, um deren Vorderhufe sich Schlangen ringeln, hat schon Pauli[940] das Vorbild in einem Ornamentstich des Jacob Floris aus dem Vorlagenwerk „Veelderley cierlycke compertementen ...“ von 1564 gefunden.

Über der Treppe an der Wand der Güldenkammer zeigen zwei Kartuschen in einem mit runden Knäufen besetzten Kranz einen Frauen- und links einen Männerkopf. Die Köpfe sind einander zugewandt, beide tragen zeitgenössische Tracht. Der Mann hat einen Lorbeerkranz im wildgelockten Haar, die Frau eine Perlenkette und eine Art Krönchen. Seitlich über ihrem Ohr ist ein kleiner Blätterkranz zu erkennen. —

Der flache Handlauf endet oben an der Ecke des Einbaues in einer Phantasiegestalt. Ein Frauenkopf mit langem, wallendem Haar und offener Muschel darin wendet sich Herkules zu. Um den Hals hängt eine Perlenkette mit kreuzförmigem Anhänger zwischen den nackten Brüsten. An Stelle des linken Armes entfaltet sich ein Flügel. Die Gestalt wird durch eine Art Fessel um die Leibesmitte an die Wand gedrückt, auf der auf einem Vierpaß ein langohriger Hundekopf zu erkennen ist. Der gefiederte Unterleib endet in einer riesigen Klaue. Die Gestalt ist als solche nur von der Treppe aus zu erkennen und gehört ganz offensichtlich noch zu deren Programm. —

Die Tür zum Alten Archiv trägt eine bekleidete Frauengestalt, die durch die Kugel unter ihren Füßen und das über dem Kopf als Segel geblähte Tuch in ihren Händen sich als Allegorie der „Fortuna“ ausweist. Ein Männer- und ein Frauenkopf gehören zu ihrem Rahmen. Die Rahmung wird durch eine konsolartige Kartusche mit einem Ziegenkopf gestützt, der dem des Satyrn am Anfang der Treppe ähnelt. Den Abschluß des Türschmuckes nach oben bildet eine noch größere Kartusche, bei der Ohrmuschelornament, Menschen- und Tierformen eine kaum zu durchdringende Einheit bilden. Nach rechts und links blicken hundeähnliche Köpfe, die geflügelt scheinen. Der mittlere große Kopf in Vordersicht erinnert mehr an ein menschliches Haupt; von der Seite sieht er jedoch wie die ihn flankierenden aus. Als Mund hat er eine Art Kartusche, in der eine doppelt geschlungene Perlenkette zu sehen ist. Bart und riesige Ohren ergänzen den drohend scharfen Blick der Augen.

Die Tür wird seitlich von je einem stelenartig gebildeten Pilaster mit einem männlichen und einem weiblichen Kopf an der breitesten Stelle flankiert. Ein Putto, der in mit Fruchtständen besetzten Ranken endet und von Masken seitlich begrenzt wird — die linke fehlt —, bildet den Fries über dem Architrav. An der Schmalseite links der Tür ist in gleicher Höhe eine Kartusche mit einem von Blättern umgebenen Fruchtbündel ausgeführt. Wie schon an der Außenfassade ist auch hier die Jahreszahl der Fertigstellung dieses Teils des Einbaues „AN̄O 1616“ in besonderer Weise betont. Die Kartusche, die die Jahreszahl trägt, ist vor eine Art Rahmen gesetzt. Sie geht nicht nur über die gesamte Breite der Portalfront, sondern mißt auch in der Höhe ein Drittel der gesamten Fassade, während Portal, Architrav und Relief bis zum abschließenden Gesims nur zwei Drittel der Höhe betragen. Hinzu kommen die Umrahmung der Zahl durch einen Lorbeerkranz mit viermaliger Unterbrechung durch Perlen sowie die beiden seitlichen, durch „Diamanten“ besetzten Obelisken. Über der oberen Abschlußvolute war früher eine Kugel mit zwei echten (?) gewundenen Hörnern angebracht[941]. Beides fehlt heute. Ob diese Teile ursprünglich dazugehörten oder spätere Zutat sind, bleibt vorläufig ungewiß. —

Abb. 361—364 *Treppe, 1., 3., 5. und 7. Herme von unten, von links: Luna, Merkur, Venus, Sol*

Die Innenseite des Portals des Alten Archivs zeigt im Türblatt eine architektonisch-ornamentale Gliederung. Sie ist der der Außenseite ähnlich, doch sehr viel dichter im Ornament, so daß hier nicht nur eine andere ausführende Hand zu vermuten ist, sondern die Arbeit zeitlich wohl auch nach der Außenfront anzusetzen ist. Das Portal wird gerahmt von Hermen mit Frauenköpfen. Den unteren Teil der Gestalten bilden Ungeheuermasken. Das Relief über der Tür trägt in der Mitte eine fratzenhafte Maske, an die sich Fruchtgehänge anschließen. Sie werden am Ende von Putten gehalten. Heute ist am rechten Reliefrand ein Teil aus dem Treppenrelief eingesetzt, das aus der rechten Seite entnommen wurde, wo zwischen Geländer und Wand ein Fehlen nicht bemerkt wird. Die Lücke ist erkennbar, ebenso die Dübellöcher. Diese Frauengestalt mit einer Kugel in einer schrägen Rahmung gehört also an den rechten Seitenteil des Geländers[942].

Der Portalaufsatz wird von einem geflügelten Menschenpaar gehalten. Es hat den Anschein, als sei dieses Portal nie ganz fertiggestellt worden. Eine Darstellung zwischen beiden Figuren fehlt ebenso wie eine Vollplastik (?) auf dem Sockel, der die Bekrönung des Ganzen bildet. Die rauh geschnitzte Oberfläche in der Mitte des Portalgiebels läßt vermuten, daß hier noch irgendetwas geplant war. Die gesamte ornamentale Gestaltung zielt ebenfalls darauf hin.

Zum Portal gehört noch ein kleiner Teil des Paneels rechts der Tür. Seine ornamentale Gestaltung erinnert an die Außenseite der Güldenkammer, doch wird hier eine Weiterentwicklung des sogenannten Ohrmuschelstils deutlich. Deshalb müssen diese Teile des Schnitzwerkes am Einbau in der Oberen Rathaushalle als die am spätesten fertiggestellten angesehen werden. —

### 8.1.1. *Die Planetengottheiten*

Von den dreizehn Hermen in der Mitte des Treppengeländers sind sieben Figuren als Darstellungen der Planetengottheiten schon immer als solche erkannt worden. Allerdings ist ihre Identifizierung erst bei eingehender Betrachtung möglich, da sie im übrigen wie die dazwischengesetzten Figuren behandelt und an ihren Attributen zum Teil nur schwer zu bestimmen sind. Die Reihe beginnt am Wandpaneel unter dem Fenster mit einer weiblichen Figur und setzt sich, immer unterbrochen von einer Kriegergestalt, bis nach oben fort.

Die untere weibliche Figur hält in den Händen ein kleines Saiteninstrument. Der rechte Arm und die rechte Brust sind unbedeckt. Dem am unteren Teil der Herme sichtbaren Gehänge aus Flöten und Saiteninstrumenten hat wohl ein Teil aus Vredemans „Panoplia ..." als Vorbild gedient[943]. Die Deutung dieser Gestalt als „Luna" läßt sich vorerst nur aus dem Zusammenhang der anderen, besser zu bestimmenden Planetengötter ableiten. Nach ihren Attributen ist sie eher als „Musica" zu deuten. Die Attribute der „Luna" sind sonst Mondsichel, Lanze und Horn. Allerdings ist es möglich, daß eine Mondsichel von ihrem Kopfe abgebrochen ist. Ein Holzrest ist an dieser Stelle noch zu erkennen. —

Die übernächste Herme zeigt Hermes, der an seinem Caduceus eindeutig zu identifizieren ist. Er trägt eine römische Rüstung, und auch das Triumphgehänge unter ihm zeigt eine Rüstung und Waffen. Das Spolium ist bei Vredeman de Vries zu finden. Mit den gleichen Attributen wird Hermes in einer Planetenfolge des Hans Sebald Beham dargestellt. Dieser kleine Stich ist dem Relief so ähnlich, daß man ihn als Vorbild dazu ansehen könnte[944]. —

Die fünfte Herme zeigt eine unbekleidete Schöne, die durch die aus einem kleinen Gefäß züngelnden Flammen als Venus gekennzeichnet ist. Leider ist ihr rechter Unterarm abgebrochen. Vielleicht trug sie in der Hand einen Pfeil. Ergänzt wird die Darstellung durch einen hängenden Blumenstrauß. —

Die siebte Herme ist in ihrer Bedeutung ebenfalls eindeutig abzulesen. In römischer Rüstung mit einer Krone auf dem Haupt, die Sonne vor sich haltend, präsentiert sich uns „Sol", die Sonne. Leider fehlt auch hier der linke Unterarm, doch zeigt die Abbildung der Treppe in den „Denkmalen", daß diese Hand wohl kein weiteres Attribut hielt, sondern ebenfalls zur Sonne griff. Diese Darstellung ähnelt ebenfalls der in der Planetenfolge des Hans Sebald Beham. Ein Gehänge aus Musikinstrumenten ergänzt die Herme. Die Anregung dazu holte sich der Snitker aus verschiedenen Teilen der Vredeman-Stichserie. —

Die beiden folgenden Planetengottheiten sind in römische Rüstungen gekleidet. Beide Waffengehänge finden sich bei Vredeman de Vries. Da in der Planetenfolge „Mars" nach „Sol" und vor „Jupiter" kommt, wird wohl auch hier die Reihenfolge in dieser Weise eingehalten sein. An weiteren Attributen läßt sich dies jedoch nicht ablesen. —

Die letzte Figur am Ende des Geländers ist eindeutig als „Saturn" zu erkennen. Der Alte mit dem wehenden Bart hält eine lange Sense und gießt mit seiner Rechten einen Krug Wasser aus. Dies gilt

Abb. 365—367 *Treppe, 9., 11. und 13. Herme mit Mars, Jupiter und Saturn*

als Zeichen des Wassermanns. Dieses Sternbild ist neben dem Steinbock dem Saturn zugeordnet. Die Herme wird durch ein Fruchtgehänge ergänzt. —

Welchen Sinn haben nun die Planetengottheiten an dieser Stelle? Ihre Siebenzahl wird immer wieder anderen Siebenergruppen in der Allegorie zugeordnet, wie z. B. den Tagen der Woche bei Hans Sebald Beham oder den verschiedenen Lebensaltern bei Perriere[945] oder aber auch dem menschlichen Körper, wobei sie dann auf den Zusammenhang von Mikro- und Makrokosmos verweist[946]. Da die Folge hier nicht mit Saturn beginnt, sondern mit seiner Gestalt endet, scheidet die Planetenfolge als Darstellung des Jahres aus. Die Planeten können auch symbolisch für die Gesamtheit der Schöpfung stehen. Eine zentrale Stelle nehmen die Planeten natürlich in der Astrologie ein, die für die Menschen des 16. und 17. Jahrhunderts von hoher Bedeutung war. Die Entwicklung der Astronomie sowie ihrer mathematischen Grundlagen und der technisch-optischen Hilfsmittel dazu wie Fernglas und Teleskop entstand aus dem Wunsch des Menschen, aus dem Lauf der Gestirne sein Schicksal ablesen zu können. An der Treppe muß allerdings noch, solange die Bedeutung der anderen Bilderreihen nicht gelöst ist, die genaue Bedeutung der Planetengötter offenbleiben. —

Abb. 368—370 *Treppe, 2., 4. und 6. Herme mit Kriegern*

Abb. 371
*Hans Vredeman de Vries, Trophäe aus „Panoplia . . .", 1572*

8.1.2. *Die Kriegerfolge*

Das Treppengeländer enthält neben den sieben Planetengöttern noch zwölf Kriegergestalten. Die Reihe beginnt am rechten Treppenknauf, der von dem Satyr gebildet wird. In der Ecke zwischen Treppengeländer und Güldenkammerwand fallen drei der Figuren, die wie die Götter als Halbfiguren dargestellt sind und durch Gehänge ergänzt werden, kaum auf. Zwischen den Planetengöttern haben sechs weitere Krieger der gleichen Art Platz gefunden. Den Abschluß bilden drei ganzfigurige Soldatengestalten, die vor die Baluster des Geländers vor dem Portal zum Alten Archiv auf volutenartigen Sockeln postiert sind. Für die drei fand Pauli[947] die Vorbilder in einer Stichserie von Jacques de Gheyn. Diese Vorlage ist von Hendrik Goltzius entworfen und in der Folgezeit vielfach nachgestochen und auch verändert worden[948]. Sie enthält zwölf Stiche, die verschiedene Dienstgrade und Vertreter unterschiedlicher Fußtruppenarten darstellt. Hollstein nennt sie „Offiziere und Soldaten der Leibwache Kaiser Rudolphs II.". In unterschiedlicher Tracht und Bewaffnung sind sie jeweils vor einer Landschaft mit niedrigem Horizont postiert, auf der sie in ihren verschiedenen Aufgaben und Kampfarten erscheinen. Die Reihe reicht vom Hauptmann und seinem Leutnant über Trommler, Fahnenträger, Arkebusier, gepanzertem Lanzenträger und Schreiber bis zum Profoß. Nicht nur für die von Pauli genannten drei Figuren sind aus der Stichvorlage die Vorbilder entnommen, sondern der Snitker hat die gesamte Serie an der Treppe dargestellt. Dabei hat er eine Reihe der Figuren sehr genau in die hölzernen Hochreliefs umgesetzt. Bei anderen sind Teile der Mode, die ja zur Zeit der Entstehung der Treppe schon fast 30 Jahre zurücklag, der Zeit angepaßt worden. Das wird besonders an den Figuren der Balustrade deutlich. Für den mittleren wurde offensichtlich Blatt 4 der Stichfolge, der Fahnenträger, verwendet. Die gesamte Körperhaltung, besonders die Darstellung der rechten Hand machen das deutlich. Es fehlt ihm aber der sogenannte Gänsebauch, der um 1615 schon völlig aus der

Abb. 372—374 *Jacques de Gheyn, Bl. 2, 7 und 3 der Stichserie „Leibwache des Kaisers Rudolph II."*

Abb. 375—377 *Treppe, 8., 10. und 12. Herme mit Kriegern*

Mode gekommen war. Das gleiche gilt für andere modische Details wie Hose und Kragen. Die Fahne mußte aus Platzgründen weggelassen werden. Auch die reinen Rückansichten der Folge waren nicht zu verwenden. Der Bildschnitzer stellte die Figur in gleicher Haltung und Kleidung, aber von vorne dar. Das gilt für den Trommler und den Arkebusenträger mit der spanischen Sturmhaube, der ganz in der Ecke zwischen Geländer und Güldenkammerwand fast nicht mehr sichtbar ist.

Die Blätter der Stichfolge haben zu Beginn des 17. Jahrhunderts in Bremen verschiedentlich für Schnitzereien als Vorlage gedient. Blatt 2, 3, 5 und 7 sind für Figuren einer Truhenvorderwand von 1612 mit der Geschichte von Ahasver und Esther verwendet worden. Der Krieger von Blatt 5 erscheint auf einer kleinen Truhe der gleichen Zeit mit dem Thema des Salomonischen Urteils[949].

Alle Halbfiguren am Geländer zeigen auf ihrem Sockel „Panoplien", die den entsprechenden Kriegergestalten in ihrer Bewaffnung oder Tätigkeit entsprechen. Den Arkebusieren sind u. a. Feuerwaffen beigegeben, dem Trommler außer der Trommel auch Trompete und Pfeifen, dem Profoß neben den Waffen auch Profoßstäbe, dem Schreiber aber Musikinstrumente, da er als Gebildeter meist auch etwas von Musik verstand. Die Bildideen zu den Trophäen stammen aus der schon bei den Planetengöttern genannten Stichvorlage des Hans Vredeman de Vries von 1572. —

Trotz der Kenntnis der Vorlagen bleibt die eigentliche Bedeutung der Soldatenfolge an der Treppe in ihrer ikonologischen Sinngebung noch offen. Es fällt allerdings auf, daß die Ranghöchsten oben als ganze Figuren dargestellt sind. Der Hauptmann steht direkt an der Herkulessäule. Es folgen nach links Fähnrich und Leutnant. Am oberen Ende der Treppe erscheint neben dem Saturn der Profoß, der in der Stichserie allerdings den letzten Rang einnimmt. Ganz unten, halb verdeckt, sind aber Nr. 10 und 11 der Stichserie plaziert. Es bleibt also festzuhalten, daß weder die Planetengötter noch die Soldaten wahllos an den zur Verfügung stehenden Balustern verteilt wurden; andererseits wurde aber auch der Vorlage

 Abb. 378—380 *Jacques de Gheyn, Bl. 9, 5 und 12 der Stichserie „Leibwache des Kaisers Rudolph II."*

Abb. 381—382 *Beginn des Treppengeländers auf der rechten Seite mit Kriegerhermen*

nicht sklavisch gefolgt. Wenn auch Komposition und formales Detail Vorlagen entstammen, so wurden sie doch je nach den Absichten des Künstlers verändert und den Gegebenheiten angepaßt. —

8.1.3. *Sinne, Musen und Tugenden*

Der Sockel des Treppengeländers enthält auf dem rechten Teil drei und am linken Teil zwölf trapezförmige Reliefs. Ihre äußere Form ergibt sich aus dem Anstieg der Treppe. In einer Kartuschenumrahmung sind jeweils bekleidete Frauenfiguren mit Attributen dargestellt. Gegenüber der Rahmung ist das eigentliche Bildfeld sehr klein. Darin spiegelt sich ein Zug der Kunst kurz nach 1600 wider, der sich aber um 1620 schon wieder abschwächte, wie etwa bei der oberen Reihe der Gemälde an der Längsseite des Einbaues deutlich zu erkennen ist. Besonders eindringlich zeigt sich dieses Stilmittel in der Grafik wie auch in Wand- und Deckenmalerei sowie in Reliefdarstellungen in Verbindung mit Architektur oder Möbeln, Kanzeln oder, wie hier, bei Treppen. Dabei überschneidet das inhaltliche Thema vielfach den inneren, gelegentlich sogar den äußeren Rahmen der Kartusche. —

Die Reliefreihe beginnt am rechten Teil des Treppengeländers mit einer Darstellung der „Spes“. Eine vor einem Anker sitzende Frau erhebt bittend die Arme und blickt nach oben. Ihre beiden Hände sind abgebrochen. Vielleicht hielt sie hierin auch ein weiteres Attribut. Aber der klar erkennbare Anker läßt diese Allegorie eindeutig als „Hoffnung“ identifizieren. —

Das folgende Relief ist so nahe an der Güldenkammerwand, daß es kaum zu sehen und auch nicht zu fotografieren ist. Es zeigt eine nach rechts gelagerte bekleidete Frau, deren linker Arm und Kopf abgebrochen sind. In ihrer erhobenen Rechten hält sie einen Kelch. Es liegt nahe, in dieser Frauenfigur eine „Fides“ zu vermuten, da ihr Attribut auch der Kelch ist. Die Wahrscheinlichkeit dafür ist groß, doch fehlen die anderen Attribute zu einer zweifelsfreien Identifikation. —

Das dritte Relief direkt in der Ecke zwischen Geländer und Wand fehlt. Die Dübellöcher sind noch vorhanden. Dieses fehlende Relief befindet sich über der Innenseite des Portals zum Alten Archiv. Rahmung und besondere Form, die verstümmelt wurde, damit das Relief in den dort fehlenden Teil eingepaßt werden konnte, weisen diesen Teil als an die leere Stelle gehörig aus. Eine nach rechts gewandte Frauenfigur legt ihre linke Hand auf eine Kugel, auf der zwei parallel verlaufende Linien eingeschnitten sind. Ihre andere Hand hält einen Zirkel. Sehr ähnliche Darstellungen treten bei einer Stichfolge von Hendrik Goltzius aus dem Jahre 1592 auf, die die Musen zum Thema hat[950]. Auf Blatt 7 der Folge hält Erato, die Muse der Liebeslyrik, Zirkel und Kugel. Ihr zu Füßen liegen Winkel und Meßlatte sowie Bücher. Auf Blatt 9 zeigt Urania sich ebenfalls mit Zirkel und Kugel in den Händen, während zu ihren Füßen ein Astrolabium und ein Buch liegen. Da die Figur des Reliefs aber den Kopf nicht erhoben hat — ein für die Muse der Astronomie wichtiges Attribut —, scheidet diese Bedeutung hier wohl aus. Da das letzte Relief oben am Treppengeländer wörtlich aus der Goltziusserie übernommen wurde, liegt es nahe, auch für

Abb. 383 *Abschluß des Geländers vor der Tür zum „Alten Archiv“ in der ursprünglichen Form mit den Offizieren der Garde Rudolphs II. Der Hauptmann links und die Kartusche unten sind verloren gegangen*

Abb. 384—386 *Treppe, Reliefs in Kartuschen, dem Verlauf der Treppe folgend: Hoffnung, wohl Muse Erato (heute in der Innenseite des Portals zum „Alten Archiv" angebracht), der Geruch*

Abb. 387—390 *Treppe, Reliefs in Kartuschen, dem Verlauf der Treppe folgend: Astronomie oder Muse der Astronomie Urania, Muse Polyhymnia, möglicherweise Muse Melpomene, wohl Muse Euterpe*

diesen Teil das Vorbild in der genannten Stichserie zu suchen. Vermutlich haben wir es hier mit der Allegorie der Erato zu tun, doch ist diese Deutung nicht sicher. —

Das erste Relief am Fuße der linken Seite des Geländers, neben der „Luna", stellt eine Frau mit einer Blumenvase auf den Knien dar, an der ein Hündchen hochspringt, während sie sich einer zweiten zuwendet, aus der sie eine Blume entnimmt und daran riecht. Dieses Motiv ist am Mittelrisalit schon einmal verwendet worden[951]. Es ist die Allegorie des „Geruchs" in einer Folge der fünf Sinne. Die früheste Darstellung dieses Themas dürfte die Kupferstichfolge von Georg Pencz sein, die nackte Frauen mit Tieren als Attributen zeigt[952]. Wichtiger für alle in der Folgezeit auftretenden Darstellungen der Sinne ist aber die Folge nach Frans Floris von 1561[953]. An ihr orientieren sich viele Arbeiten, vor allem grafische Folgen, unter anderen die von Marten de Vos, deren Blatt „Odoratus" offensichtlich als Vorlage zu dem vorliegenden Relief gedient hat. Das wird an der nach rückwärts gerichteten Kopfhaltung, der Kleidung und dem hochgeschobenen Rock sowie dem Windspiel deutlich. Bei Frans Floris ist zwar die Haltung des Hundes die gleiche wie auf dem Relief, doch zeigt er langes Fell und einen buschigen Schwanz. Wahrscheinlich waren beide Serien in Bremen bekannt, ganz sicher aber die nach Frans Floris. Sie diente als Vorbild für eine Deckenmalerei aus dem Jahre 1580 im Hause Sandstr. 3[954]. —

Das folgende Relief zeigt eine Frau, die sich nach rechts oben wendet und in diese Richtung ihre linke Hand erhebt, während ihre Rechte auf einem Astrolabium ruht. Offensichtlich haben wir es hier mit der „Astronomia" oder aber der Muse der Astronomie, der „Urania", zu tun. Die zu den Sternen weisende Hand und der ebenfalls dorthin gerichtete Blick ergänzen diese Deutung. Damit dürfen wir auch annehmen, daß die andere Allegorie mit Kugel und Zirkel wohl als „Erato" zu deuten ist. —

Das folgende Relief zeigt eine Frau in wehendem Gewand und großer Armgebärde. Links neben ihr liegt auf einem Tischchen ein aufgeschlagenes Buch. Mit diesen Attributen stellt Goltzius „Kaliope", die Muse des Epos, dar. Mit Redegestus wird allerdings auch die Muse „Polyhymnia" ausgestattet. Bei Goltzius trägt sie darüber hinaus den Caduceus. —

Abb. 391 *Tobias Stimmer, Holzschnitt aus Reusners „Aureolorum Emblemata", 1591*

Die Allegorie daneben ist ähnlich gestaltet. Die an einem Tischchen sitzende Figur hat vor sich ein aufgeschlagenes Buch und hält mit ihrer Rechten ein Buch oder eine Tafel, auf der Linien zu erkennen sind. Mit ähnlichen Attributen stattet Tobias Stimmer in Reusners „Aureoloum Emblematum" von 1591 „Melpomene", die Muse der Tragödie, aus. Dennoch bleibt auch die Deutung dieser Allegorie unsicher. —

Auf dem fünften Relief spielt eine Frau Orgel. Diese Darstellung gleicht — allerdings seitenverkehrt — bis in viele Einzelheiten — z. B. das Kissen auf der runden Sitzgelegenheit — der „Euterpe" aus Reusners „Aureolorum Emblematum". So ist anzunehmen,

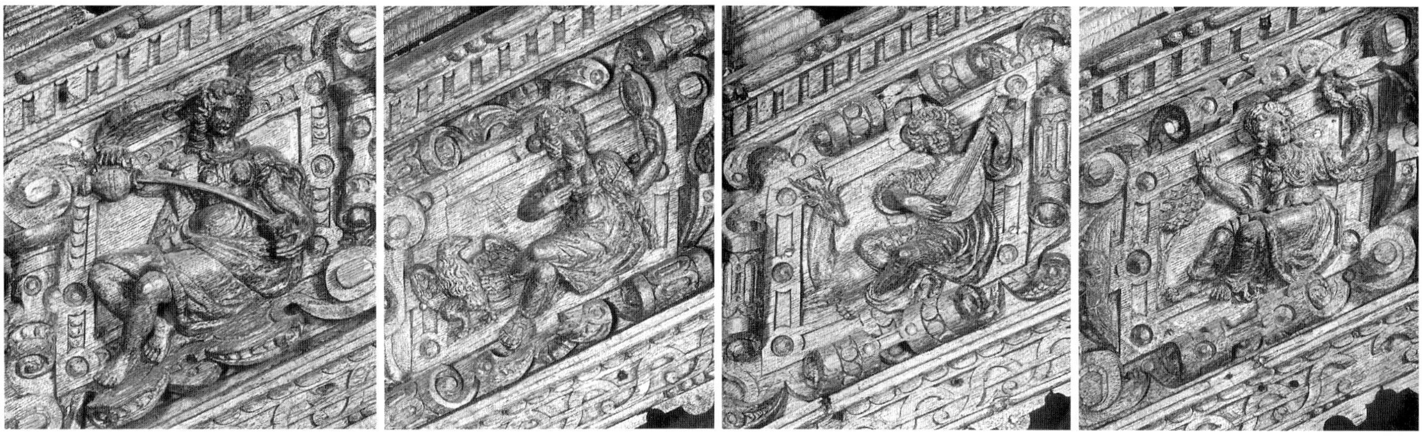

Abb. 392—395 *Treppe, Reliefs in Kartuschen, dem Verlauf der Treppe folgend: Mäßigkeit, das Gesicht, das Gehör, das Gefühl*

daß dieser Holzschnitt oder ein Nachschnitt als Vorlage gedient hat und daß damit auch die Bedeutung übernommen wurde. Bei Lucas Kilian wird allerdings die Muse der Geschichte, „Klio", an einem solchen Instrument gezeigt[955]. So bleibt auch hier die Sinngebung in der Schwebe. —

Das folgende Thema ist an der Außenfassade schon verschiedentlich verwendet worden. Die Wasser dem Wein beimischende Allegorie ist die „Temperantia". Für diese Schnitzerei hat möglicherweise Ammans Holzschnitt aus seinem Vorlagenbuch für Künstler gedient. Die Figur aus der Vorlage mußte nur dem Format angepaßt werden. —

Die vier folgenden Allegorien ergänzen die am Anfang begonnene Reihe der Sinne. Nach dem „Geruch" folgen hier mit Adler und Spiegel als Attributen das „Gesicht", mit Hirsch und Laute das „Gehör", mit dem pickenden Papagei auf der Hand das „Gefühl" und die Frau zwischen den beiden Fruchtkörben, die eine Frucht zum Munde führt, als „Geschmack". Für alle diente wohl die nach Frans Floris gestochene Folge der Sinne als Vorbild. Vermutlich lag dem Snitker auch die Stichfolge von Marten de Vos vor. Bei der Gestaltung der „Tactus" ist das Obergewand sehr genau nach seinem Stich wiedergegeben, während der Vogel wörtlich aus der Florisfolge übernommen wurde[956]. —

Die folgende Allegorie zeigt eine Frau mit entblößtem Oberkörper, die Arme im Redegestus haltend. Leider ist die rechte Hand ergänzt, so daß nicht auszumachen ist, ob diese nicht früher ein weiteres Attribut getragen hat. Zu ihren Füßen liegt ein Buch. Dieses Attribut und die nach oben weisende Hand sind u.a. Attribute für die „Rhetorik" wie auch für die „Polyhymnia". Allerdings liegen die Bedeutungen dieser beiden Darstellungen in der Zeit nicht sehr weit auseinander, wie der Text unter dem Goltziusstich besagt[957]. Vielleicht bildete er auch die Vorlage für das Relief. Körperhaltung und Gewand deuten darauf hin. —

Das letzte Relief konnte als einziges rechteckig gearbeitet werden. Es ist eine wörtliche Übersetzung des Blattes 6 der Musenfolge von Goltzius. Sogar die auf dem Boden liegenden Attribute sind sehr genau übernommen. Hier wird die Muse „Euterpe" gezeigt. —

Der nur teilweise als gelungen anzusehende Versuch, die Treppenreliefs ikonographisch im einzelnen zu deuten, hat den Gesamtzusammenhang der Reihe bisher nicht klären können. Musen und/oder Künste, Sinne und Tugenden ergeben in ihrer Zusammenstellung für uns heute wenig Sinn. Auffällig scheint nur die Stellung der Tugendallegorien zu sein. Die „Spes" leitet die Reihe rechts unten ein. Die „Temperantia" hat ihren Platz in der Mitte der Treppe.

Einen Schritt weiter hilft vielleicht das Temperantia-Blatt aus einer Tugend- und Lasterfolge, die nach Entwürfen von Pieter Brueghel d.Ä. 1558 gestochen wurde[958]. Auf diesem Stich ist die „Temperantia" mit ihren Attributen von Menschengruppen umgeben, die wie auf einer Bühne agieren. Im ersten Moment denkt man an eine Markt- oder Jahrmarktszene. Doch stellen die Menschengruppen die sieben freien Künste dar. Zwischen ihnen erschienen die „Artes mechanicae", wie z.B. Malerei, Bildhauerei, Architektur, Agrikultur u.a. Ergänzt wird dieses allegorische Zusammenspiel durch eine Darstellung der Musen, die als Tätigkeiten, nicht als Personifikationen dargestellt sind. Der beigefügte lateinische Text besagt, daß wir erkennen müssen, daß wir uns weder ausschweifenden Vergnügungen noch schmutziger und trüber Habgier hingeben dürfen. Der Text ist also keine Erläuterung zum Bild, sondern gibt eine wichtige inhaltliche Ergänzung. Das wird in dem durch den unteren Bildrand halbierten Mühlenflügel deutlich, auf dem die „Temperantia" steht. Die Aussage des Stiches lautet demnach etwa: Durch die „Mäßigung" seiner schlechten Triebe und Aktivitäten ist der Mensch in der Lage, Kräfte für den weiten Bereich der Künste einzusetzen, die Teil eines Gott gefälligen Lebens bilden.

Während noch die Texte, die den z.T. als Vorlage für die Reliefs dienenden Stichen nach Frans Floris beigefügt sind, sich mit dem anatomischen und dem geistigen Sitz der menschlichen Sinne auseinandersetzten[959], befassen sich spätere Darstellungen mit moralischen Hinweisen, die vor ihrem Mißbrauch warnen[960]. Das ist der Aspekt, der sie mit der „Temperantia" in Verbindung bringt.

Eine weitere Sinngebung wird aus dem Text zu einer Fünf-Sinne-Stichfolge von Jacob Matham[961] nach Hendrik Goltzius erkennbar. Der lateinische Text lautet in der Übersetzung: „Alles nehmen die Sinne wahr und dienen dem Geist: Die äußeren nehmen die Außenwelt wahr, wie beschaffen sie auch immer sei. Was auch immer die Erde, das Meer und der Himmel besitzen, die Sterne, die Luft, der Mond und die Sonne, sind diesen fünf zugänglich."[962] Damit wird eine erste Verbindung zu den Planetendarstellungen hergestellt. —

Dennoch bleibt der Sinn der Reliefreihe, vor allem der ihrer Reihenfolge, noch offen. Da nach der „Temperantia" die Sinne in der Reihenfolge der Stichserien angebracht sind, liegt die Vermutung nahe, daß die Darstellung des „Geruchs" nicht ihren ursprünglichen Platz einnimmt und vertauscht wurde. Auch ein doppeltes Auftreten der Muse Euterpe — einmal nach Reusner/Amman und einmal nach Goltzius — scheint wenig wahrscheinlich, wenn man

Abb. 396 *Cornelis Cort, Stichfolge der Sinne nach Frans Floris, 1561: Auditus, das Gehör*

Abb. 397—399 *Treppe, Reliefs in Kartuschen, dem Verlauf der Treppe folgend: der Geschmack, Rhetorik, Muse Euterpe*

die Allegorien nicht als reine ornamentale Füllsel ansehen will. So bleibt bisher als Ergebnis festzuhalten: Neben den Tugenden „Spes", „Temperantia" und wohl auch der „Fides" treten die fünf Sinne, Musen und vielleicht auch einige Künste auf. Das würde den Gesamtzusammenhang aber nicht wesentlich ändern. Als Vorlagen wurden Holzschnitte von Jost Amman und Kupferstiche von Hendrik Goltzius und solche nach Entwürfen von Frans Floris und Marten de Vos benutzt. Die Vorlagen beeinflußten die Gestaltung der sonst sehr ähnlich ausgebildeten Reliefs. Nach der Ausführung der Schnitzereien scheint aber die Treppe von einer Hand geschaffen zu sein. Die beiden Tugenden, vor allem die „Temperantia", sind hier nicht in der üblichen Folge von Tugenden dargestellt. In Verbindung mit Musen, Künsten und den Sinnen könnte ihre Bedeutung eine sehr spezielle sein. –

### 8.1.4. *Die Treppe als Bild der menschlichen Entscheidung zwischen „Virtus" und „Voluptas"*

Den Abschluß der Treppe zum oberen Raum des Güldenkammereinbaues in der Oberen Rathaushalle bildet eine farbig gefaßte[963] Holzskulptur des Herkules. Bis auf ein Lendentuch ist er nackt. Keule und Löwenfell als Bewaffnung und Kleidung sind vor allem als Attribute zu verstehen, durch die die Gestalt als Herkules erkennbar wurde. „Herkules" ist in Grafik, Malerei und Plastik eines der beliebtesten Themen der Renaissance und des Barock überhaupt[964]. Auch die humanistische Literatur hat sich seiner mehrfach angenommen[965]. Als Beispiel sei das Herkulesspiel des „Gregorius Arvianator" von 1515 genannt, dem eine Erzählung des griechischen Sophisten Prodikos, eines Zeitgenossen des Sokrates, zugrunde liegt. „Herkules am Scheideweg" spiegelt in seinen verschiedenen Versionen unterschiedliche Motive wider[966]. Das erste liegt in dem allgemein anerkannten Moralsatz, daß Tugend mühsam und entbehrungsreich, daß Laster dagegen einfach, bequem und lustspendend seien. Das zweite Motiv ist das des Vergleiches des Lebens mit den beiden Lebenswegen, deren einer zum Guten, der andere aber zum Schlechten führt. Dieses Bild des Lebensweges mit seinen beiden Richtungen und Zielen wird auch in der Bibel mehrfach benutzt[967]. Das dritte Motiv, das sich aus der antiken Literatur herausschält, ist das Streitgespräch zwischen „Virtus" und „Voluptas", zwischen „Tugend" und „Laster". Während Prodikos diese beiden Allegorien als Führerinnen des Herkules auf den beiden Wegen auftreten läßt, bilden bei Hesiod „Tugend" und „Laster" die Endpunkte der Wege. Die Behausung der ersten liegt auf einem hohen Berg, zu der ein schmaler, steiler Pfad führt, und die der zweiten auf einem niedrigen Hügel, die über einen bequemen, breiten Weg zu erreichen ist. In der Kunst treten an Stelle von „Virtus" und „Voluptas" gelegentlich andere Allegorien wie z. B. „Labor" für „Virtus" oder aber auch Athena für die „Tugend" und Venus für die „Voluptas".
Artverwandte Darstellungen des gleichen Themenkreises stellen das „Urteil des Paris" und „Die Entscheidung des jungen Scipio Africanus" dar. Vor allem das erstere hat sich in der Kunst der Renaissance, besonders im Deutschland des 16. Jahrhunderts, als ein beliebtes Bildthema entwickelt. Es sind Analogiedarstellungen zum „Herkules am Scheideweg". „Herkules entscheidet in erster Linie über sein eigenes Schicksal und urteilt nur mittelbar über die Frauen, die dieses sein Schicksal zu lenken beanspruchen. Paris urteilt in erster Linie über die Göttinnen und entscheidet nur mittelbar über sich selbst."[968] Beide Darstellungstypen ähneln sich, doch steht Paris den Göttinnen gegenüber, während Herkules zwischen den Frauen steht, die die Lebenswege darstellen. Sie verkörpern zwei Seiten des menschlichen Ich, das dieses „Inmitten" erklärt. –
Die Treppe in der Oberen Rathaushalle ist ein räumlich-plastisches Abbild dieser Entscheidung, die jeder Mensch, wie Herkules in der Fabel, zu fällen hat. Der Beweis für diese Behauptung soll im folgenden an Hand der gesamten Treppenanlage und ihrer bildnerischen Teile vesucht werden.
Derjenige, der die Treppe benutzen will, steht, wie Herkules in der Prodikos-Fabel, vor der Entscheidung, ob er den linken, steil aufwärts führenden, oder den rechten, aber sanft aufsteigenden Handlauf benutzen soll. Der linke wird aus einem Pflanzenstengel gebildet, der seinen Ursprung in einer Vase am Fuße der Säule hat. Dieser Blumenstengel-Handlauf endet erst kurz unter dem Säulenkapitell, auf dem Herkules steht. Normalerweise ist eine Vase mit Blumen ein Symbol der Vergänglichkeit[969]. Doch nach Vasari kann eine Blumenvase auch als Attribut der „Tugend" verwendet werden, da sie den Wohlgeruch bezeichnet, den die tugendhaften Handlungen verbreiten[970]. Außerdem ist die Vase nicht nur mit

Abb. 400 *Hendrik Goltzius, Euterpe, aus einer Stichfolge der Musen*

Blüten bestückt, sondern sie enthält auch Fruchtstände. Die Kombination von Blüten und Früchten kann aber nur im positiven Sinne mit Blick auf den Baum des Lebens gedeutet werden, der Blüten und Früchte zugleich tragen wird[971]. Daß wir es hier mit der Tugend-Seite der Treppe zu tun haben, wird an einem Stich von Giorgio Ghisi nach Giulio Romano deutlich, bei dem die „Tugend" in einer „Entscheidung des Herkules" eine Blumenvase umfaßt[972].
Der rechte Handlauf der Treppe beginnt dagegen über einem Faun. Die Volute, die an Stelle seines Unterleibes sich bildet, zeigt auf ihrer Vorderseite die Maske eines löwenähnlichen Ungeheuers, das gewaltig sein Maul aufreißt. Satyr wie Löwe können in dieser Zusammenstellung nur den Teufel symbolisieren. Über seinem Kopf beginnt der „einfache", leichte Weg in Gestalt des flach ansteigenden Handlaufs. Er endet bei einer phantastischen Gestalt, die, mit Flügel, weiblichem Kopf und Oberkörper ausgestattet, im unteren Teil in volutenartige Architekturteile übergeht und von ihnen an die Wand gefesselt zu sein scheint. Diese enden unten schließlich in einem mächtigen, krallenbewehrten Vogelfuß. Ähnliche Figurationen hat Hans Vredeman de Vries entworfen[973], ohne daß bei ihm ein direktes Vorbild zu finden wäre. Schönheit, Schmuck in Kreuzform und Flügel weisen zuerst einmal auf eine positive Bedeutung der Figur. Doch das Vogelbein erinnert sehr an die stymphalischen Vögel[974]. In dieser Figur haben wir die „Voluptas" zu erkennen. Gelegentlich ist in der Kunst der Zeit die „Voluptas" in ähnlicher Form dargestellt, nach vorne als schöne und geschmückte Frau, nach hinten aber als Laster. Diese Bildgestaltungen knüpfen an die spätmittelalterlichen ‚Fürst-dieser-Welt"- oder „Frau-Welt"-Darstellungen wieder an. Bei unserer Figur ist die Rückseite flach, nicht plastisch ausgeformt. Sie richtet sich nur zur Treppe hin aus.
Der Riesengürtel um den Leib der „Voluptas" zeigt einen Wolf mit großen Ohren[975]. Der Wolf aber ist als Attribut ein Tier mit negativer Bedeutung. Dies liegt in Matthäus 7,15 begründet: „Sehet euch vor vor den falschen Propheten, die in Schafskleidern zu euch kommen, inwendig aber sind sie reißende Wölfe." Diese Warnung läßt sich ohne weiteres auch auf die „Voluptas" übertragen. Ein Emblem bei Rollenhagen[976] bestätigt die Deutung als „Voluptas". Das Emblem Nr. 14 „Quo me vertam nescio" zeigt Herkules stehend zwischen einem Mönch auf seiner rechten Seite und der „Voluptas" in Gestalt einer gehörnten Hexe mit Schwanz, die sich eine Maske vor das Gesicht hält, geflügelt ist und deren Beine in Greifenklauen enden. Ihr ist neben dem Totenschädel auch eine Blumenvase als Vanitassymbol zugeordnet. Als Zeichen des Lebens steht neben Herkules eine blühende Blume. Es ist denkbar, daß

Abb. 401 *Herkules, gefaßte Holzskulptur als Krönung der Treppe*

Abb. 402 *Johannes Saedeler nach Friedrich Sustris, Huldigungsblatt für Maximilian I. von Bayern, 1595, Ausschnitt*

Abb. 403 *Blumenvase als Attribut der „Tugend" am Fuß der Säule, auf der Herkules steht*

Abb. 404 *„Voluptas" am Ende des flachen Geländers, zu Herkules hinblickend*

Abb. 405 *Beginn des „leichten" Weges in Gestalt des Teufels, Anfang des Treppengeländers rechts*

dieses Emblem als Anregung für die Gestaltung der Treppe und ihrer Sinngebung gedient hat. Die Positionen von Herkules und „Voluptas" entsprechen sich in Höhe und Haltung. Die Klaue der „Voluptas" ist ebenso vorhanden wie am Beginn des Handlaufes die Teufelsgestalt in Form des Satyrn, die von der Voluptasgestalt des Stiches getrennt wurde. Die Vase der Vorlage ist wörtlich an der Säule wiederholt, sowohl in der äußeren Form wie auch in der geringfügigen Aufsicht. Sie bekam allerdings dadurch, daß aus ihr die kräftig wachsende Blume an der Säule entspringt, eine positive Bedeutung und wurde zum Attribut der „Virtus" des Herkules.
Herkules selber ist offensichtlich nach einem Stich von Johannes Saedeler nach Friedrich Sustris entstanden, der als Huldigungsblatt für Maximilian I. von Bayern 1595 gestochen wurde[977]. Da die Holzfigur auf der Säule sich zum Stich allerdings seitenverkehrt verhält, kann auch ein Nachstich in Frage kommen. Vielleicht hat aber auch der Snitker die Details so verändert, daß sie zur Position des antiken Heros im vorgegebenen Zusammenhang passen. Körperhaltung, Lendentuch und Löwenfell entsprechen dem Stich jedoch in so vielen Details, daß man ihn als Vorlage ansprechen muß. Einzig Arm und Keule haben eine geringfügig andere Haltung. Die Idee der Wendeltreppe ist in diesem Stich durch einen gewundenen, steinigen Weg angedeutet, in den Stufen gehauen sind. Am Ende des Weges lagern im Schatten der Bäume die Musen. Sie erscheinen am Treppengeländer ebenso wie die Götter auf dem Stich in den Wolken. Der Pfauenfächer der „Voluptas" wiederholt sich an der entsprechenden Figur der Treppe hinter ihrem Kopf in einer nach oben hin offenen Muschel, dem Zeichen der Liebesgöttin Venus, die häufig an die Stelle der „Voluptas" tritt. Auch die Perlenkette um den Hals der „Voluptas" auf Stich und Skulptur scheint mehr als nur ein Zufall. –
Im Herkulesspiel des „Arvianator" wird am Schluß Herkules durch die Musen verherrlicht[978]. Dies erklärt auch das Erscheinen von Musendarstellungen an der Treppe. Sie symbolisieren harte geistige Arbeit, die dem bevorsteht, der den Weg der „Virtus" wählt. Genauso oft treten aber an ihre Stelle auch die sieben freien Künste. Hier mag das Vorlagenblatt ausschlaggebend gewesen sein. Jedenfalls wird dadurch deutlich, daß es sich bei den noch nicht einwandfrei geklärten Reliefs um Musenallegorien und nicht um solche der freien Künste handeln kann.
Die „Temperantia" und die „Sinne" in Verbindung mit den Musen mögen in diesem Zusammenhang so zu deuten sein: Mensch, der du dich für den Weg der Tugend entscheidest, strenge alle deine Sinne an und setze sie mit all deinen Begabungen ein im Hinblick auf das höchste Ziel; zügele dagegen ihre negativen Seiten! Überpointiert könnte sich daraus für uns die Warnung vor dem einseitigen Spezialistentum, das nur sich selber kennt, ableiten lassen. –
Welches Ziel hier nun wirklich gemeint ist, wird im oberen Teil des Geländers, in dem schmalen Reliefstreifen zwischen den Masken, deutlich. Unten links beginnt die Reihe mit einem geflügelten Engelkopf in einer Kartusche, die rechts und links mit Fruchtgehängen besetzt ist. Dem folgt die Gestalt eines Mannes, dessen Unterkörper und Arme in blühenden Pflanzenranken enden. Dem schließen sich wieder ein Engelköpfchen und dann eine weibliche Figur in gleicher Gestaltung an. Diese Folge wiederholt sich. Wie an der Hauptfassade zeigen diese Bilder Chiffren für Gläubige und Engel vor dem Throne Gottes. Den Abschluß über dem Saturn bildet eine löwenartige Maske, aus deren Maul nach beiden Seiten Ranken herauswachsen, die Blüten und rebenartige Fruchtstände tragen. Darin wird Christus abgebildet, der „Zweig"[979]. –
Die Planetengötter am Geländer haben in ihrer Sinngebung mit den Göttergestalten des Saedelerstiches wohl wenig gemein. Im Zusammenhang der Treppe bleiben nur zwei mögliche Ausdeutungen bedenkenswert. Eine Folge von Planetengöttern in ihrer strengen Reihenfolge und ihrem räumlichen Anstieg kann einmal das menschliche Leben symbolisieren, das dem steilen Weg der Tugend folgt. Zweitens könnte sie auf die Macht der Sterne hinweisen, die den Menschen in seinen Bahnen lenken. In ihrem Lauf versucht der Mensch sein Schicksal zu erkennen[980]. Ist diese Vorstellung zutreffend, dann ist in diesem Zusammenhang eine Visualisierung der für das damalige Bremen so wichtigen Glaubensfragen der Providenz- und Prädestinationslehre denkbar[981]. Denn im Glauben an den Ratschluß Gottes über den einzelnen, der sich im Laufe

Abb. 406 *Gabriel Rollenhagen, Emblem Nr. 14 aus „Nucleus Emblematum", 1615*

der Gestirne widerspiegeln soll, entzündete sich die Frage nach der Vorherbestimmung und den Möglichkeiten des Menschen, diese eventuell durch Verhalten und Taten zu beeinflussen. Die obere Reliefreihe mit Engeln und Seligen erscheint geradezu als Illustration zum Kapitel 5 des Consensus[982], wo von der Praedestination die Rede ist, die als göttliche Wahl der auserwählten Engel und Menschen zur Seligkeit beschrieben wird. Dazu steht als Ergänzung die Providenz, Gottes Regierung über „alle Creaturn, und alles ihres wesens und thuns ...", die wir in der unteren Reliefreihe sichtbar gemacht finden. Der Vergleich ließe sich noch weiter führen. Denkbar ist also, daß in dem Bildprogramm der Treppe diese Fragen mit gemeint waren. —

Die Deutung der zwölf Kriegerfiguren, die einen inneren Zusammenhang schon von ihrer Vorlage her haben, bleibt noch offen. In der Zwölfzahl könnten sich die zwölf Heldentaten des Herkules widerspiegeln. Vielleicht hilft der Titel der Stichfolge „Leibwache Rudolphs II." weiter.

Die Obere Rathaushalle besaß zumindest seit 1521 die Bildnisse des deutschen Kaisers und der Kurfürsten wahrscheinlich in den Fenstern zum Markt als Glasgemälde[983]. Die Fenster wurden 1595 umgebaut, die alten Fenster mußten sicher zum Teil durch neue ersetzt werden. So ist ein Bildnis Rudolphs II., der von 1576 bis 1612 deutscher Kaiser war, in einem Fenster der Südseite wohl denkbar. Wenn wir die Frage nach dem Standort des Kaiserbildnisses stellen, dann bleiben eigentlich nur zwei Fenster übrig, in denen es eingefügt gewesen sein könnte. Entsprechend der ursprünglichen Anordnung der gotischen Fassadenfiguren — allerdings im Gegensinne, da der Betrachter ja von innen nach außen blickte — kann die Kaiserfigur eigentlich nur im ersten Fenster links neben dem neuen Einbau oder aber im Fenster an der SO-Ecke des Raumes angebracht gewesen sein[984]. Beide Fenster waren vom Ratsstuhl her gut zu sehen. Kopfhaltung und vor allem die Blickrichtung auf dem noch im Focke-Museum vorhandenen Glasgemälde lassen das Fenster neben der Treppe als sinnvollen Standort erscheinen. Hinzu kommt, daß in diesem Falle die am oberen Teil des Geländers ganzfigurig dargestellten Offiziere der Leibgarde dann in nächster Nähe ihres Herrn gestanden hätten und ihre Anordnung und Stellung dort einen echten Sinn bekäme. Trifft dies zu, dann käme der Kaiserdarstellung, außer der Tatsache, daß er der erste innerhalb der Reichsfürsten ist, gemäß dem Rollenhagenemblem die Rolle der männlichen Figur mit Bart, Buch und Caduceus zu. Diese Figur ist an der Stelle die eigentliche Verkörperung der „Virtus", vielleicht auch der „Labor", der „Arbeit", die die Wahl des tugendhaften Weges mit sich bringt. Im Emblem Nr. 32 „Ex utroque Caesar"

Abb. 407—409 *Treppe, Reliefs zwischen den Hermen: Engel und Selige*

zeigt Rollenhagen den Kaiser — in starker Porträtähnlichkeit und gleicher Krone wie auf dem Glasgemälde — mit Schwert und Buch in Händen. Auf Waffen und Künsten begründeten sich seine Herrschaft und sein Ruhm, beides waren seine Liebe. Gerade Rudolph II. war für seine Kunstbegeisterung bekannt. Unter diesem Aspekt bekommt das Nebeneinander von Musen und Kriegern in bezug auf das Kaiserbildnis eine besondere Bedeutung. Darüber hinaus ist die enge Beziehung Rudolphs II. zur Astrologie bekannt, die in den Planetengottheiten ebenfalls vertreten ist.

Rollenhagens Emblembuch kam 1613 heraus. Wenn es tatsächlich als Vorbild gedient hat und gleichzeitig zwischen Treppe und Glasgemälde ein Zusammenhang besteht, ergeben sich daraus zwei sehr unterschiedliche Folgerungen. Lüder von Bentheim starb im Jahre 1612 und kommt zumindest für die Feinkonzeption der Treppengestaltung dann nicht mehr in Frage. Rudolph II. starb im gleichen Jahre. Meint Rollenhagen ihn oder seinen Bruder Matthias, der ihm im gleichen Jahre auf dem Throne folgte? Wen stellt dann das Bild dar? Wann ist es tatsächlich entstanden? Allerdings zeigt ein Vergleich der Porträts beider kaiserlichen Brüder, daß sie sich sehr ähnlich gesehen haben[985]. —

„Spes" und die Muse „Euterpe" sowie eine weitere Figur bilden den Anfang der Bildreihe, die sich am Geländer nach oben zieht. Die „Hoffnung" ist eine der Kardinaltugenden. Doch darf auf keinen Fall vergessen werden: Diese Reliefs sind nun wirklich „auf der Seite des Teufels", der „Voluptas". Und tatsächlich hat die „Spes" auch eine ausgesprochen negative Seite, die vor allem in einem Stich nach Pieter Brueghel d. Ä. zum Tragen kommt[986]. Dort nimmt das stürmische Meer, das Schiffe verschlingt, den größten Teil des Blattes ein. Ein im Sturm sinkendes Schiff wird auch in dem schon genannten Saedelerstich hinter der Voluptas erkennbar. Es bedeutet die gescheiterte, die törichte und vergebliche Hoffnung. Diesen ambivalenten Charakter hat die „Spes"-Darstellung rechts am Anfang des Geländers ebenfalls. Die Hoffnung, daß der, der den steilen Weg der Tugend gewählt hat, diesen Weg mit Gottes Hilfe auch schaffen wird, steht neben der vergeblichen Hoffnung, daß die einfachere Wahl, der „lieblichere" Weg, der von den Liebesliedern Euterpens begleitet ist, sich schon als der richtige herausstellen wird. Tatsächlich führt er ja hin zur „Voluptas" und zur wankelmütigen Fortuna, die von Zeichen des Todes umgeben sind, und schließlich zum Untergang der „Hure Babylon" in Gestalt der Tür zum Alten Archiv. Die in diesen Zusammenhang gesetzte „Fides" kann dann eigentlich nur den „falschen Glauben" bedeuten. Leider fehlen für eine eindeutige Bestätigung dieser Deutung weitere Attribute. —

### 8.1.5. *Das Portal zum Alten Archiv*

Das Türblatt des Portals zum Alten Archiv ist zur Treppe hin mit Reliefs besetzt. Es zeigt in der Mitte eine in S-Form stehende Frau, die ihren linken Fuß auf eine Kugel setzt und mit ihren Händen ein wie ein Segel sich blähendes Tuch über dem Kopf hält. Sie wird von einem männlichen und einem weiblichen Kopf flankiert, während Voluten und Beschlagwerk an die Stelle ihrer Körper treten. Den Abschluß nach oben bildet eine Groteskenkartusche mit einer anthropomorphen Maske in der Mitte und hundeähnlichen seitwärts blickenden Masken, die in Teigkringeln enden. Den unteren Abschluß des Türblattes bildet der Kopf eines Ziegenbockes auf einer Kartusche. Die Tür wird seitlich von ionischen Pilastern gerahmt, deren Kannelüren Rohre sind, aus denen Kugeln fliegen. Darüber befinden sich ein mit Ornamentwerk gerahmter männlicher und weiblicher Kopf. Der Architrav trägt ein Holzrelief mit einem Putto in der Mitte, der in Pflanzenranken mit Blüten und Früchten endet. Flankiert wird dieses Relief von zwei anthropomorphen Ungeheuermasken. Der stark vorspringende Sims trägt als Abschluß nach oben eine große, in einen Rahmen eingepaßte Rollwerkkartusche mit flankierenden, diamantierten Obelisken und mit Fruchtgehängen. Ihr Zentrum ist ein viermal durch ein Perlenband unterbrochener Lorbeerkranz mit der Inschrift „AÑO 1616".
Jede Deutung dieses Zusammenhanges muß vom bekannten Mittelteil des Türblattes ausgehen. Kugel und Segel in den Händen sind Attribute der „Fortuna". Das aus der Antike übernommene Motiv gewinnt in der Renaissance eine etwas veränderte Bedeutung[987]. Nicht mehr wie früher hält Fortuna selbst das Steuer und lenkt das Lebensschiff des Menschen, sondern die Glücksgöttin wird zum Mastbaum, den Fuß auf die ewig rollende und in ihrer Richtung unbestimmbare Kugel gesetzt. Hierin spiegelt sich Können und Selbstvertrauen des Renaissancemenschen wider, der den günstigen Wind durch das Segel einfängt und damit sein Schicksal bezwingt. Gegen Ende des 16. Jahrhunderts geht „Fortuna" immer mehr in die „Occasio" über und wird mit ihr im wesentlichen identisch. Sie ist die personifizierte „Gelegenheit", die es zu ergreifen gilt, wenn man sein Schicksal bewältigen will. „So findet Fortuna als glückverheißendes Symbol überall da Eingang, wo ein festes Vertrauen auf den eigenen Stern und das Gelingen der eigenen Unternehmungslust nach Ausdruck sucht: auf den Impresen italienischer Adliger und Kaufleute wie auf denen burgundischer Herzöge; auf Druckermarken vor allem als den Zeichen einer Kunst, die bisher völlig unbekanntes Land zu erschließen sich anschickte."[988] Die theologische Literatur kurz nach 1600 bedient sich ebenfalls des Bildes von „Fortuna/Occasio", um unter Hinweis auf das Jüngste Gericht[989] den Gläubigen anzuhalten, die „Gelegenheit" des Glaubens beim Schopfe zu packen — dieses Sprachbild kommt vom Schopf der „Occasio" —, um nicht nur Ruhm und Reichtum, sondern gegen den Teufel und seine Versuchungen auch das ewige Leben zu gewinnen[990].
Doch wird „Fortuna" auch unter negativen Aspekten dargestellt. Der Stich „Die Entscheidung des Herkules" von Jan Wierx nach Crispin van den Broek[991] zeigt Herkules zwischen „Labor" und „Voluptas" stehend, während über ihm die geflügelte „Virtus" und „Fortuna" miteinander ringen. Bei diesem Stich wird „Fortuna" nicht dem Tüchtigen zugesellt, sondern die Begriffspaare „Labor-Virtus" und „Voluptas-Fortuna" werden einander gegenübergestellt. Die der „Virtus" sich Ergebenden übernehmen harte Arbeit, während die der „Voluptas" Folgenden ihre Hoffnung auf das „Glück" setzen. Himmel und Hölle stehen auf dem Stich am Ende beider Wege. Ähnlich äußert sich Boissardus, wenn er ein Emblem „Expers fortunae est sapientia" überschreibt und auf dem Stich die „Sapientia" der „Fortuna" den Rücken zukehren läßt[992].
Die „Fortuna" am Portal zum Alten Archiv ist in dieser negativen Sinndeutung gemeint. Das wird durch den Kopf eines Bockes eindeutig determiniert. Der Ziegenbock ist ein aus der Antike in das Christentum übernommenes Symbol der Wollust, der „Luxuria" und der „Voluptas", und wird im weiteren Sinn auf den Teufel schlechthin bezogen[993]. Wie auf dem Stich von Jan Wierx stehen also an dieser Tür „Voluptas" in Gestalt ihres Symboltieres — oder auch der Teufel — und „Fortuna" übereinander.
Die Rollwerkkartusche mit den drei Tierköpfen scheint auf den ersten Blick nicht mehr als eine ornamentale Bekrönung des Türblattes zu sein. Dennoch gibt es in der Kunst der Renaissance und des Barock ein Gebilde, das dem vorliegenden ähnlich ist. Es ist das dem in der Spätantike verehrten Gott Serapis zugehörige Monster, das aus einer Schlange besteht, die einen Wolfs-, einen Löwen- und einen Hundekopf zusammenhält[994]. In der Renaissanceemblematik bekommt dieses Zeichen die hieroglyphische Bedeutung für „Klugheit", wobei das Signum triciput die „Zeit" symbolisiert. Der Löwe stellt die Gegenwart in ihrer Kraft und Glut unmittelbar dar, während der Wolfskopf die Vergangenheit in ihrem alles Leben vernichtenden Zerstörungstrieb verkörpert und der Hundekopf die Zukunft symbolisiert[995]. Cesare Ripa erklärt im Text zu seinem „Buon Consiglio" das Signum triciput als das Symbol der drei Zeitprinzipien[996].
Diese drei Tierköpfe sind in der im Ohrmuschel- und Knorpelstil geschnitzten Kartusche fast wie in einem Suchbild versteckt. Trotz der anthropomorphen Gestaltung des mittleren Kopfes erinnern „Maul" und Mähne aber doch sehr an einen Löwenkopf. Die beiden seitlich gegebenen Köpfe sind wohl um der Symmetrie willen fast gleich gestaltet. Obwohl ihre Unterkiefer zu einer ornamental verlängerten Ohrmuschelform ausgezogen sind, lassen sie sich doch als Hunde- bzw. Wolfskopf lesen. Möglicherweise ist das Signum triciput hier dahingehend verändert, daß neben dem Löwen nur der Hund als Zeichen der Zukunft, aber in doppelter Gestalt, erscheint.
Auffällig bleibt, daß das Löwenmaul als kleine Kartusche ausgeformt ist, in der eine doppelt geschlungene Perlenkette hängt. Beides zusammen assoziiert Rachen und Zähne. So wenig wie bei der größeren Form können wir hier annehmen, daß es sich nur um ornamentalen Zierat handelt. Im Alten Testament werden an verschiedenen Stellen Perlen immer wieder als Vergleich zur Weisheit und auch Tugend benutzt[997]. Weisheit und Tugend werden höher geschätzt als Perlen. Die „Voluptas" am Ende des Geländers trägt ebenfalls eine Perlenkette.

Die Bedeutung der Kartusche über der „Fortuna“ wäre demnach etwa so zu lesen: „Fortuna“ steht „zwischen“ Laster (Bock) und Zeit (Signum triciput). Die Gegenwart in Gestalt des Löwenhauptes bietet als Zeichen für Schmuck, Reichtum und Wohlleben Perlen an. Aber Weisheit und Tugend sind nach dem Worte Gottes besser als Perlen. Der Mensch – in Gestalt der beiden Köpfe seitlich der „Fortuna“ – ist an das „Glück“, das zwischen „Voluptas“ und „Zeit“ steht, im wörtlichen Sinne „gebunden“. Sein Körper besteht aus den an der Architektur des Rahmens verankerten ornamentalen Voluten. Das Tuch, das bei „Fortuna“ durch den günstigen Wind gebläht wird, hängt bei Mann und Frau schlaff herunter und kann sich dadurch, daß es sich hinter einem Art Haken verklemmt hat, auch nicht aufblähen. Es kann sich im Wind des Glücks nicht entfalten. Interessanterweise ist die Blickrichtung der Köpfe nicht die, wie man sie an derartigen Ornamenten normalerweise erwarten könnte, nämlich direkt zum Betrachter oder zur Seite. Der Mann blickt hier auf die „Fortuna“, die Frau aber zur „Voluptas“ an der Ecke des Einbaues.

Damit ist eindeutig geklärt, daß an dieser Stelle „Fortuna“ nicht in dem in der Zeit üblichen positiven Sinne dargestellt ist, sondern in dem Sinne gemeint ist, wie sie auf dem Stich von Jan Wierx (um 1549 – nach 1615) vorkommt. Das ist bei einem Bildprogramm, das so eng mit dem reformierten Glauben und der Bibel verknüpft ist, auch nicht weiter verwunderlich. –

Das Relief über der Tür mit der nackten menschlichen Figur, die in Pflanzenranken mit Blüten und Früchten ausläuft, ist eine Wiederaufnahme des Themas „Gläubige“. Auf den Pilastern rechts und links der Tür erscheinen noch einmal die Köpfe von Mann und Frau. Die Frau trägt einen Anhänger in Kreuzform. Auf jeden Kopf sind fünf Rohre gerichtet, aus denen Kugeln fliegen. Vor beide Köpfe schiebt sich allerdings eine zwölfblättrige Blüte. Daß auch hierin eine Sinnbedeutung steckt, liegt nahe, doch ist sie bisher aus der Kunst oder der Literatur nicht nachweisbar. Die Rohre mit den Kugeln davor erinnern an Hakenbüchsen: Der Mensch steht dem Tode gegenüber. Die Blume wird ebenfalls meist als Todes- oder Vanitassymbol verwendet. Die Bibel vergleicht immer wieder den Menschen und sein Leben mit der Blume, die schnell dahinwelkt[998]. Trifft diese Deutung zu, dann wäre die Tür von Zeichen des Todes gerahmt. –

Das Auffälligste an der Portalwand ist allein schon von ihrer Größe her die Kartusche mit der Jahreszahl „1616“ über der Tür. Größe, Rahmung und Flankierung durch diamantierte Obelisken heben sie in einer Weise hervor, die auf keinen Fall einer „normalen“ Datierung an einem Bauwerk entspricht. Sie erscheint noch auffälliger als die Zahlen „1612“ an den Außenseiten. Seitlich und nach oben hin ist die Kartusche gerahmt, während sie unten auf einem abgeschrägten, vorspringenden Sockel ruht. Ursprünglich war auf der mittleren Abschlußvolute oben eine Kugel mit zwei Hörnern angebracht[999]. Sie fehlt heute. Der Schluß liegt nahe, hierin ebenfalls wie an der Außenfassade das Tier aus der Offenbarung zu sehen, das der Erde entsteigt[1000]: „... das hatte zwei Hörner ... Und verführt die auf Erden wohnen um der Zeichen willen, die ihm gegeben sind zu tun vor dem Tier.“[1001] Das „Bild“ des Tieres könnte durchaus durch den Bilderrahmen gekennzeichnet sein. Obelisken und Lorbeerkranz sind die „Zeichen“ des Ruhmes. Alle, die des Tieres Bild nicht anbeten, werden getötet[1002] – die Zeichen des Todes an den Pilastern rahmen die Tür darunter. Die Zahl des Tieres ist eines Menschen Zahl und ist „666“. Zwei der Sechsen erscheinen in der Jahreszahl, die anderen Zahlen lassen sich durchaus zu „6“ ergänzen[1003]. Solche Zahlenspiele und -ergänzungen sind im Manierismus nichts Ungewöhnliches. Das Tier aus dem Meer und sein Abbild, das alle Menschen anbeten müssen, wollen sie nicht getötet werden, finden sich möglicherweise in den beiden fast gleichen Masken über den Pilastern beiderseits der Tür[1004]. –

Abb. 410 *Portal zum „Alten Archiv“ (nach Mittelsdorf)*

Abb. 411 *Kartusche mit der Zahl „1616“ als Bild des „Tieres“ über dem Portal zum „Alten Archiv“*

Abb. 412 *Türblatt des Portals zum „Alten Archiv" mit Fortuna, unten dem Laster, oben dem „Triciput", dem Sinnbild für die Zeit*

### 8.1.6. *Die Innenseite des Portals zum Alten Archiv als Bild der „Hure Babylon"*

Die Innenseite des Portals ist ornamental noch reicher gestaltet als seine Außenseite. Das Türblatt selber zeigt zwei leere Felder. Das untere ist durch einen mehrfach profilierten Rahmen umgeben. Darüber wölbt sich ein reich ornamentierter Bogen über Pilastern, der nach oben von einem Architrav abgedeckt wird, auf dem sich ein doppelt geöffneter Dreiecksgiebel mit einem Podest in der Mitte erhebt. Die Innenfläche der Blendarkade ist ebenfalls frei. Über der Tür erscheint auf dem Sturz entsprechend der Außenseite ein schmales Relief mit einer dämonischen Maske in der Mitte, seitlich mit Fruchtgehängen, die ganz außen von zwei Putten gehalten werden[1005]. Der giebelartige Aufbau über der Tür zeigt in der Mitte ebenfalls ein leeres Blendarkadenfeld. Links und rechts stützen ein Mann und eine Frau, die unten in schuppenartigen Voluten enden und jeweils Flügel und ein Kissen auf dem Kopfe tragen, mit den äußeren Armen ein vorkragendes Gesims. Es wird in der Mitte von einer Volute mit einem löwenähnlichen Ungeheuerkopf überfangen. Darüber erhebt sich ein leeres Podest. Die Tür ist von Pilastern in phantastischer Kompositordnung gerahmt. Auf den Pilastersockeln zeigen sich menschliche Köpfe mit Tüchern an den Seiten. Die Hälfte der Pilaster nimmt ein brüllendes Ungeheuer ein. Über ihm erscheinen beidseitig Kopf und Schultern einer schönen Frau. Das Kapitell ist in Form eines eisernen Korbes ausgebildet, der mit Früchten gefüllt ist. Über den Pilastern überbrücken Konsolen mit Ungeheuerköpfen die Architravzone bis zum Giebel. Auf ihnen stehen Deckelpokale. Auf der Höhe des Türsturzes erscheinen rechts und links zurückgesetzt noch einmal je eine groteske Maske.

Die ganz und gar phantastische Ornamentik und das Fehlen von in die Mitte gesetzten Bildwerken scheinen hier in noch stärkerem Maße eine Deutung im inhaltlich-symbolischen Sinne auszuschließen. Formen, wie sie hier verwendet werden, finden sich in den Werken der holländischen Vorlagenstecher der Zeit wie auch bei solchen aus dem deutschen Raum wie Christoph Jamnitzer und Wendel Dietterlin, um nur zwei zu nennen. Ihre zum Teil sehr ähnlichen Stichvorlagen führen denn hier auch zu keinerlei inhaltlicher Deutung. Von allen Formen bleiben die Frauengestalten hinter den Ungeheuerköpfen an den Portalseiten am auffälligsten.

Folgt man der Offenbarung des Johannes wie schon an der Außenseite des Portals, dann ergeben sich allerdings interessante inhaltliche Übereinstimmungen mit dem bildnerisch-ornamentalen Formenbestand. Johannes beschreibt im 17. Kapitel die Hure Babylon, sitzend auf einem Tier, das sieben Häupter hat. Diese sieben Häupter symbolisieren sieben Könige. Tatsächlich erscheinen sieben Köpfe am Portal, und zwar rechts und links je einer, die sich fast gleichen, und in der Gebälkzone fünf weitere. Das Gewand der „Hure Babylon" aus „Purpur und Scharlach" ist vor der Brust der beiden gleichen Frauenfiguren zu erkennen und verdeckt zum Teil den Kopf des „Tieres". Johannes sah „das Weib trunken vom Blut der Heiligen ..." Sie sind mit ihren weißen Gewändern[1006] und schmerzverzerrten Gesichtern auf dem Sockel der Pilaster zu erkennen. „Der goldene Becher in der Hand, voll Greuel und Unsauberkeit ihrer Hurerei ..." erscheint als Deckelpokal in der Verlängerung der Pilaster. Die Fülle und der Reichtum ihrer Erscheinung wird in dem Früchtekorb verdeutlicht, der, ähnlich dem positiv gewerteten Füllhorn, hier Symbol, Abbild und Kapitell zugleich ist. Die fast völlige formale Identität beider Frauenfiguren samt den Ungeheuern macht deutlich, daß hier nur die eine gemeint sein kann. „Fünf (der Häupter) sind gefallen (die fünf über dem Portal), und einer ist (das vor der Frau) und der andere ist noch nicht gekommen." Das Verblüffende daran ist, daß es, gefördert durch den Zwang zur Symmetrie, gelungen ist, sieben Köpfe des Tieres darzustellen und gleichzeitig sechs, wie es der Text erfordert. Das wird möglich, wenn beide Frauengestalten in ihrer formalen Gleichheit als eine erkannt werden: „Und das Tier, das gewesen ist und nicht ist, das ist der achte und ist von den sieben ..."[1007] Das achte Tier können wir in der obersten Maske erkennen, die sich zwischen den beiden Stützfiguren befindet. Sein Gewesensein und sein Nichtsein werden durch Maske und leeren Sockel ausgedrückt. Damit bekommt das scheinbar Unfertige des Portales einen Sinn und muß vom Inhaltlichen und vom Künstlerischen her als durch-

Abb. 413 *Innenseite des Portals des „Alten Archivs“ mit dazugehörigem Paneelstück*

aus „fertig“ angesehen werden. Die beiden unbekleideten Putten im Relief über dem Portal sind demnach als „Völker und Scharen und Heiden und Sprachen“ anzusehen, die sich bei der Hure Babylon befinden[1008]. Sie halten Fruchtgehänge, „sie sind trunken vom Wein ihrer Hurerei“[1009]. Das Engelpaar im oberen Teil des Portalaufbaues kann, wenn die Deutung des Portales als „Hure Babylon“ zutreffend sein sollte, nur als die beiden Engel verstanden werden, die Johannes das „Urteil der großen Hure“ zeigen und ihren Untergang verkünden[1010]. Dabei bleibt allerdings offen, warum sie als Paar dargestellt sind. —

Rechts neben der Tür existiert noch ein Teil Wandpaneel. Auf den ersten Blick erscheint es so, als ob die Vertäfelung des Raumes nicht weitergeführt sei. Nur ein einziges Bogenfeld zwischen Pilastern nimmt den Mittelteil des Türblattes wieder auf. Der Bogen selber ist diesem sehr ähnlich, nur ein Stück größer. Allerdings wird er durch auf der Hinterhand stehende Löwen getragen, deren Körper sich in Voluten und „Teigkringel“ auflösen. In die Bogenzwickel sind ebenfalls Köpfe gesetzt, die mit Tüchern behängt sind. Die seitlich abschließenden Pilaster werden im Architrav von Masken bekrönt, die gleichermaßen pflanzlich, tierisch, anthropomorph wie ornamental strukturiert sind und eine Art Nasenring tragen.

Ist der Bogen auf dem Türblatt tatsächlich eine Chiffre für Stadt — hier Babylon und in Verbindung mit der Frauengestalt die „Hure Babylon“ —, dann liegt es nahe, für das sehr ähnliche Paneelfeld daneben eine vergleichbare Bedeutung zu vermuten. Nun finden sich in Off.18,2 Zeilen, die geradezu eine Inhaltsangabe für das vorliegende „Bild“ geben können. Der Engel spricht: „Sie ist gefallen, Babylon, die große, und eine Behausung der Teufel geworden und ein Behältnis aller unreinen Geister ...“ Nun ist der Teufel in Gestalt eines Löwen am Rathaus schon mehrfach dargestellt worden. Teufel und unreine Geister verkörpern sich in den Masken des Bogens und vor allem über den Pilastern. Die „Versiegelten“ in Form der Köpfe mit den Tüchern, den „weißen Kleidern“, mit denen sie angetan sind, finden sich auch hier in den Zwickeln wieder, wie schon am Portal selber. „Und das Blut der Propheten und der Heiligen ist in ihr gefunden worden und all derer, die auf Erden erwürgt sind.“[1011] Dies alles macht deutlich, daß wir es hier aller Wahrscheinlichkeit nach ebenfalls mit einem „Bild“ zu tun haben. Das in dieser Art im weitaus größten Teil des Raumes nicht weitergeführte Paneel fehlt also nicht etwa oder wurde — aus welchen Gründen auch immer — nicht ausgeführt, sondern wir haben das Ende des Bildprogrammes an dieser Stelle vor uns. Könnte in seinem Inhalt der Grund zu suchen sein, warum der Raum für mehrere Jahrzehnte völlig ungenutzt blieb?

Abb. 414
*Bekrönung des Portals des „Alten Archivs"*

Abb. 415 *Innenseite des Portals des „Alten Archivs", linker Pfosten als „Hure Babylon"*

## 8.2. *Das Güldenkammerportal*

Vor allem das Güldenkammerportal zieht den Blick des Besuchers der Oberen Rathaushalle immer wieder auf sich. Das liegt an seinem außerordentlichen Formenreichtum und seiner ornamentalen Dichte. Bei dieser Betrachtung kann das heute existierende Türblatt nicht mit einbezogen werden, da es erst zu Beginn unseres Jahrhunderts geschaffen wurde. Es zeigt zwei lanzenbewehrte Kriegsknechte, unten in „Ohrmuscheln" endend, die den Bremer Schlüssel bewachen. Den Buchstaben „SPQB" — Senatus Populusque Bremensis — und dem römischen Gruß „SALVE" sind oben ein Medusenhaupt und unten ein Gehänge aus Waffen und Militärmusikinstrumenten zugefügt. Für die Deutung des gesamten Portalaufbaues wirkt sich das Fehlen der sicher ein Hauptbild tragenden Tür sehr nachteilig aus. Die Deutung der Tür zum Alten Archiv hat gezeigt, daß Dettmanns Vermutung nur wenig Wahrscheinlichkeit besitzt, wenn er äußert, daß jene Tür ursprünglich für die Güldenkammer bestimmt war und schon nach wenigen Jahren versetzt worden sei[1012]. Er ging dabei ausschließlich vom Vergleich der Stilelemente aus.

Das Portal ist in etwa drei gleich hohen Zonen aufgebaut, wobei jede dieser Zonen ein Sockelgeschoß hat. Vom untersten Sockel verläuft die ganze Komposition dreieckig, wobei die „Justitia" die Spitze bildet. Dabei fällt auf, daß der Sockelteil links der Tür größer ist als der auf der rechten Seite. Die unterste Sockelzone wird durch ein stark profiliertes durchgehendes Gesims nach oben abgeschlossen. Die eckigen Säulensockel tragen heute auf drei Seiten Arabesken in der Art von Beschlagwerk. Die beiden Frontseiten dieses Beschlagwerkes sind offenbar verloren gegangen, wie alte Abbildungen zeigen[1013]. Sie sind insofern interessant, als sich, fast aufgelöst im Ornament der Arabeske, in beiden der doppelköpfige Reichsadler befand. Zu beiden Seiten zeigt die Sockelzone darüber hinaus je eine Kartusche mit großen, grotesken Ungeheuermasken. Die beiden toskanischen Säulen, die den Portalaufbau tragen, sind im unteren Teil ebenfalls mit Beschlagwerk besetzt. Sie stehen vor Nischen, die mit dem gleichen Ornament gefüllt sind, das oben in einer Muschel endet. Nach beiden Seiten entwickeln sich dann einander sehr ähnliche, überaus reiche Ornamentformen, unten gestützt auf eine Tatze, oben in einem Löwenkopf endend. Die Mittelfläche wird jeweils durch reiche Waffengehänge gefüllt. Als Vorlage dafür hat wohl die Stichvorlage von Hans Vredeman de Vries gedient, die auch schon für das Treppengeländer verwendet wurde. Verschiedene Teile daraus wurden hier zu neuen Kompositionen zusammengefügt. Drei Auswüchse entwickeln sich unten zu einer Fratze, darüber zu einer menschlichen Halbfigur — links ein Krieger, rechts eine schön geschmückte Frau —, deren Arme in knorpeligen Voluten enden. Vor dem Löwenkopf steht jeweils ein Prunkgefäß mit einem obeliskartig auslaufenden Aufsatz.

Als Sockel für die folgende Zone dient das Gebälk über der Tür. In den Metopen erscheinen ornamentale Blüten und Bockschädel. Über ihr Gehörn und durch die Augenhöhlen sind Tücher gezogen. Sie stehen in der Hieroglyphik der Renaissance für „Arbeit". Dreimal sind statt der Triglyphen Stützkonsolen für das vorkragende Gesims verwendet. Auf ihnen sind in der Mitte eine Löwenmaske und rechts und links bärtige Gesichter mit Hörnern und an ihnen herunterhängenden Quasten zu sehen. An den Seiten, nach außen blickend, erscheinen auf ähnlichen Konsolen nochmals je eine Löwenmaske und stark plastisch ausgearbeitete Blumen. Die beiden gehörnten Schädel über den Säulen sind ursprünglich fast völlig von der als Volute gearbeiteten Überleitung zu den Sockeln der beiden Kriegerfiguren verdeckt gewesen[1014]. Die überhängenden Teile hat man dann vor 1862 angeschnitten, sicher um diese Masken sichtbar zu machen. Diese übergreifenden Konsolen tragen je eine weibliche Halbfigur, die in pflanzenartigen Wülsten enden. Die Haare sind mit Perlen und einer Muschel geschmückt. Zwischen den Brüsten hängt ein aus Perlen gebildetes Kreuz. Ähnliche Formerfindungen sind schon bei Barthel Beham zu finden[1015]. Die beiden Wächter sind farbig gefaßt. Sie tragen römische Rüstungen und in den Händen Lanze und Schild. Körperhaltung, Bewaffnung und Kleidung sind in vielen Teilen dem Blatt 1 der Stichfolge der römischen Helden von Hendrik Goltzius so ähnlich, daß dieser Stich vor allem für die linke Figur als Vorlage angesehen werden kann[1016]. Der Vergleich mit der bekrönenden Kriegerfigur des Mittelgiebels zeigt, daß die Formen die gleichen sind, die Haltung aber „barocker", bewegter ist. Das liegt sicher nicht nur in dem anderen Material, sondern vor allem in der späteren Entstehungszeit begründet. Hinter den Kriegern windet sich ein drachenartiges Ungeheuer mit pfeilspitzer Zunge und rüsselartiger Verlängerung des Oberkiefers. Tiererfindungen dieser Art finden sich in Grafikvorlagen von Gabriel Kramer, Christoph Jamnitzer und anderen um 1600 und wenig später. Die Wächter flankieren ein von Pilastern eingerahmtes Alabasterrelief, das den Sprung des Marcus Curtius zum Thema hat. Das farbig gefaßte Werk geht bis in viele Einzelheiten ebenfalls auf einen Stich aus Goltzius' Heldenfolge zurück[1017]. Der landschaftliche Hintergrund der Vorlage ist in eine Rauch- oder Flammenwand umgewandelt. Das Thema des Marcus-Curtius-Sprunges war in der Renaissancekunst sehr populär. Einen der vorliegenden Bildsituation und seiner Umgebung sehr ähnlichen Aufbau zeigt ein Kupferstich von Mathias Zündt von 1569[1018]. Vor einem architektonischen Aufbau um ein Wappen sind zwei römische Kriegergestalten postiert. Über dem Wappen halten zwei allegorische Frauenfiguren eine Kartusche mit dem Marcus-Curtius-Sprung und der Umschrift „PATRIAE ET AMICIS". Der Gesamtaufbau gleicht dem des Güldenkammerportals, denn ursprünglich waren die beiden seitlichen Pilaster mit zwei allegorischen Halbfiguren über Ungeheuerköpfen, die Fruchtgirlanden halten, besetzt. Die linke Figur ist verschwunden, die rechte am Geländer vor der Tür zum Alten Archiv an die Stelle der verloren gegangenen linken Kriegerfigur gebracht[1019]. Das Thema „Opfermut für den Staat" machte den Marcus-Curtius-Sprung zur gerne verwendeten Darstellung in und an Rathäusern. Als ein Beispiel sei hier nur das Holzrelief aus der Ratsstube des Lüneburger Rathauses von Albert von Soest aus dem Jahre 1567 genannt. Die Rahmung des Bremer Reliefs zeigt rechts und links eine anthropomorph gestaltete Pflanze in einer kostbaren Vase stehend. Darüber ist zwischen beiden ein Fruchtgehänge gespannt, auf dem ein Engel mit einem Lorbeerkranz liegt.

Das Gebälk darüber ist der Sockel für die beiden Lowen, die den Stein mit dem Schlüssel halten. Der Schlüssel ist nicht Teil eines Wappenschildes, sondern liegt auf einem gefaßten Edelstein. Darüber steht auf einem Sockel die farbig gefaßte Gestalt der „Justitia" mit Schwert und Waage. —

Die Deutung des Güldenkammerportals und seiner einzelnen ikonographischen Teile ist durch das fehlende Türblatt erschwert. Bis jetzt haben sich weder eine Abbildung noch eine Beschreibung aus der Zeit vor seiner Entfernung gefunden, die einen Anhaltspunkt hätten geben können. Eine Tür, die sehr ähnliche Stilmerkmale wie die Portalumrahmung und die Wand der Güldenkammer aufweist, die im 19. Jahrhundert in Privatbesitz war, kommt wegen der anderen Maße nicht in Frage[1020]. Vor allem die — nach den an Fassade und Treppe gewonnenen Erfahrungen — Mehrschichtigkeit auf ikonologischer Ebene, die auch beim Güldenkammerportal zu erwarten ist, macht das Fehlen des Türblattes noch gravierender.

Das Zentrum des Portalaufbaues bildet das Relief mit dem Todessprung des Marcus Curtius. Das wird schon in der Auswahl des anderen Materials deutlich. Um Rom zu retten, stürzte der Römer sich in voller Rüstung zu Pferde in einen sich öffnenden Erdspalt, um sich den Göttern zu opfern. Diese Tat stellte ihn in die Reihe der römischen Helden, die ihr Leben für den Staat hingaben und die dann auch für die Renaissance zum Vorbilde wurden. Das galt auch für einen Stadtstaat wie Bremen. Die ihn umgebenden Gefäße mit den anthropomorphen Blumen symbolisieren, ähnlich wie an der Treppe, die „Virtus", die „Tugend", ganz allgemein, während der Engel mit dem Lorbeerkranz und dem Fruchtgehänge „Ruhm" und Aufnahme in den Himmel anzeigt. Damit wird aber auch die Verbindung zum Glauben hergestellt. Es geht nicht nur um das antike Vorbild.

Die beiden Allegorien, die ursprünglich rechts und links das Relief flankierten, sind schon in den „Denkmalen"[1021] als „Weisheit" rechts — ursprünglich mit einem Spiegel in der Hand, dessen Stiel die Figur noch heute in der Hand hält — und links als „Eintracht" mit dem Pfeilbündel im Arm erkannt worden. „Concordia", „Sapientia"[1022] und ein Engel sind auch auf dem Gemälde gleich links daneben sichtbar.

 Abb. 416 *Güldenkammerportal (nach Mittelsdorf)*

Abb. 417 *Güldenkammerportal: Sprung des Marcus Curtius, Alabasterrelief*

Abb. 418 *Hendrik Goltzius, Marcus Curtius, aus der Stichfolge römischer Helden*

Die beiden Krieger erfüllen eine Wächterfunktion, wie sie vor allem an Portalen, Epitaphien und Wappen in der Renaissance allgemein üblich waren. Als ein sehr ähnliches Beispiel sei hier nur die Tür zur sog. „Kriegsstube" im Lübecker Rathaus genannt, die leider durch Feuer 1942 fast völlig zerstört wurde. Sie wurde um 1600 von Tönnies Evers d. J. geschaffen.
Durch Größe und farbige Fassung sind beide Kriegerfiguren in Beziehung zur „Justitia" darüber zu setzen. Bringt man diesen Portalabschluß in einen inneren Zusammenhang, so mag er etwa so zu lesen sein: Militärisch wachender Schutz, Eintracht und Klugheit sowie als Zentrum eine, die eigene Person nicht achtende Vaterlandsliebe bilden die Grundlage für das Gedeihen der Stadt Bremen, die sich im Schlüssel verkörpert. Über allem aber wacht die Gerechtigkeit. Der Bezug zum alten Rom ist an vielen Stellen des Rathausumbaues hergestellt worden. Diese Aussage paßt ausgezeichnet in eine Zeit, in der seit zwei Jahrzehnten die Stadt immer wieder von kriegerischen Verwicklungen bedroht war und gezwungen wurde, erhebliche Anstrengungen durch den Bau von Befestigungsanlagen zur eigenen Sicherheit zu unternehmen.
Die Ratsherren, die sich zur Beratung in die Güldenkammer begaben, mußten das Portal durchschreiten und wurden immer wieder an das Rom der republikanischen Zeit erinnert und an das große Vorbild gemahnt. Rom ist zu jener Zeit jedoch nicht nur Vor-Bild, Typus der sich selbst regierenden Stadt, sondern neben dem Ausgangspunkt und Kern des Heiligen Römischen Reiches Deutscher Nation — auch wenn die deutschen Kaiser ihr Kaisertum nicht mehr durch eine Krönung in der alten Kaiserstadt legitimierten — vor allem auch als Sitz des Papstes und Zentrum der katholischen Kirche für das protestantische Bremen der Sitz des Antichristen. Möglicherweise symbolisieren das die Drachenungeheuer, die hinter den farbigen Kriegern kaum auffallen und beim flüchtigen Hinblicken „nur" als ornamentale Ergänzung und Flächenfüllung gesehen werden. Auffällig bleibt jedoch das aufgerissene Maul mit der pfeilartig vorstoßenden Zunge.
Auch das Bremer „Wappen" berührt merkwürdig. Es ist nicht in der offiziellen Form mit dem Wappenschild gegeben. Die Löwen sowie der gesamte ikonographische Zusammenhang mit Kriegern und Tugenden weisen sehr stark auf die ähnliche Gestaltung am Mittelgiebel. Versteht man auch diese Formenwahl aus der Sicht des gläubigen Reformierten, dann kann das Güldenkammerportal als Visualisierung des richtenden Christus verstanden werden, der „die Schlüssel der Hölle und des Todes" besitzt[1023]. Die „Justitia" ist dann nicht nur die Verkörperung irdischer Rechtsprechung und Gerechtigkeit, verstanden im Sinne des 17. Jahrhunderts, sondern deutet auf das Letzte Gericht und die Gerechtigkeit Gottes hin. Der römische Nationalheld ist unter diesem Gesichtspunkt durch seinen Sprung in den sich unter Feuer und Schwefelwolken öffnenden Erdspalt der Typus für den zur Hölle hinabgestiegenen Heiland. Gleichzeitig kann er als Typus für den gelten, der auf einem weißen Pferd sitzt „und hieß Treu und Wahrhaftig, und er richtet und streitet mit Gerechtigkeit"[1024]. Der Schlüssel für Hölle und Tod ist eng verbunden mit dem „Stein Jaspis und Sarder".
Vielleicht ist es aber auch der Stein, der das große Bild im Traume Nebukadnezars zertrümmert[1025]. Daniel deutete dem babylonischen Herrscher den Traum, in dem die Macht Gottes in Gestalt eines bergegroßen Steines das vierte der Weltreiche zertrümmert, als das auch noch um 1600 das Römische Reich und in seiner Nachfolge das deutsche Kaiserreich angesehen wurden. Zertrümmerung des letzten Reiches und die Einkerkerung von Hölle und Tod würden dann hier zusammenfallen. Die Drachenungeheuer scheinen geradezu eine Illustration der anderen Danielvision des letzten Reiches in Gestalt eines Tieres zu sein, das „war greulich und schrecklich und sehr stark und hatte große eiserne Zähne, fraß um sich und zermalmte und das übrige zertrat's mit seinen Füßen". Das Tier wird weiter beschrieben: „... und siehe, dasselbe Horn hatte Augen wie Menschenaugen und ein Maul, das redete große Dinge"[1026]. Sieht man in dem rüsselähnlichen Gebilde das Horn, dann ist alles, wenn auch in abgekürzter Form, dargestellt: das redende Maul, der alles zermalmende Schwanz, das Auge, das Horn. Die Verdoppelung der Form tritt an verschiedenen Stellen um des symmetrischen Aufbaues willen auf. „Und ich sah das Horn streiten wider die Heiligen, und es behielt den Sieg wider sie. Bis der Alte kam und Gericht hielt für die Heiligen des Höchsten und die Zeit kam, daß die Heiligen das Reich einnahmen."[1027]
Die eigentliche Portalumrahmung seitlich und im Gebälk ist der Innenseite des Portals zum Alten Archiv bzw. dem Paneelabschnitt daneben sehr ähnlich, z. B. die „Hure Babylon" über den Teufelsköpfen, die sieben Häupter (sieben Köpfe im Gebälk) des „Tieres" mit zehn Hörnern sind vorhanden, „einer, der ist", und „der, der kommt" in der Gestalt der beiden sehr ähnlichen Kartuschen mit den fast identischen Ungeheuerschädeln. Das Zeichen des letzten Reiches, der kaiserliche Doppeladler, geht im Ornament fast unter. Da jedoch das wichtigste Stück, die Tür selber, fehlt, bleibt diese Deutung vorerst Vermutung.
Die grotesken Türrahmungen an den Seiten gehören offenbar zusammen. Dargestellt ist ein Ungeheuer mit Löwenkopf oben und

Abb. 419 *Justitia vom Güldenkammerportal*

Abb. 420 *Allegorie der Klugheit, ursprünglich rechts neben dem Curtius-Relief, heute am Geländer vor dem Portal zum „Alten Archiv“*

Abb. 421 *Güldenkammerportal, geschnitztes Beschlagwerk in der Nische hinter der linken Säule (nach Mittelsdorf)*

Löwentatzen unten. Die ornamentalen Teile dazwischen verweisen offensichtlich auf das Traumbild des Nebukadnezar, von dem schon die Rede war: „Des Bildes Haupt war von feinem Golde, seine Brust und seine Arme waren von Silber, sein Bauch und seine Lenden waren von Erz, seine Schenkel waren Eisen, seine Füße waren eines Teiles Eisen und eines Teiles Ton.“[1028] Das „Bild, das schrecklich anzusehen war“, scheint in der Portalumrahmung seine genaue Illustration zu haben. Zwar werden keine Farben dargestellt, doch sind „Brust und Arme von Silber“, hier in Gestalt von Prunkgefäßen mit obeliskartigem Aufbau, die wie silberne Tafelaufsätze aussehen. Bauch und Lenden waren von Erz, die Schenkel und ein Teil der Füße von Eisen. Beides wird hier als eines gesehen und in den Waffengehängen erkennbar, die fast bis auf die Grundlinie reichen. Der „tönerne Fuß“ ist als Löwentatze für sich sichtbar. Daß hier das Bild der vier Weltreiche dargestellt ist, wird eindeutig dadurch klar, daß die beiden Portalrahmungen nicht gleich breit sind. Beim flüchtigen Hinsehen fällt das nicht auf, doch ist die linke Seite eindeutig breiter als die rechte. Vor allem wird das in den Kartuschen mit den Masken im Sockelbereich erkennbar. Das „Bild“ aus den vier Stoffen verdeutlicht die vier Weltreiche, dessen letztes sich teilt und „zum Teil ein starkes und zum Teil ein schwaches Reich sein“ wird[1029]. „Und daß du gesehen hast Eisen und Ton vermengt: werden sie sich wohl nach Menschengeblüt untereinander mengen, aber sie werden doch nicht aneinander halten, gleichwie Eisen und Ton sich nicht mengen läßt.“[1030] Das „Menschengeblüt“ wird in der gekrönten weiblichen Figur und dem Krieger als Halbfigur am Portal sichtbar. Das starke und das schwache Reich aber bedeuten das Römische Reich, das sich in das Ost- und das Weströmische Reich aufspalten wird[1031]. Aus letzterem aber entsteht das Heilige Römische Reich Deutscher Nation, das in dem Doppeladler der Säulensockel erscheint. Hinzu kommt, daß das Emblem des kaiserlich-habsburgischen Hauses seit Karl V. zwei Säulen mit dem dazugehörigen Lemma „Plus ultra“ zeigt. Die zwei Säulen des Portals sind durch ihre besondere Ornamentierung auffällig herausgehoben.

Der untere Teil des Portals weist so viele formale und inhaltliche Bezüge zur Endzeitvision des Daniel auf, daß diese Deutung wohl als ziemlich sicher angenommen werden kann. Nun gehören die Danieldeutungen und die Visionen des Johannes in der Offenbarung nicht nur im Glauben, sondern auch in der Geschichtsdarstellung des 16. und des beginnenden 17. Jahrhunderts aufs engste zusammen[1032]. Damit kann mit einiger Sicherheit gesagt werden, daß das Güldenkammerportal in seiner Gesamtheit — trotz der fehlenden Tür — den Charakter einer Darstellung des endzeitlichen Gerichtes hat, in dem die alttestamentarischen Danielvisionen mit den neutestamentlichen eines Johannes zu einer Einheit verschmolzen sind.

## 8.3. *Die Wand des Güldenkammereinbaues*

Rechts neben dem Güldenkammerportal ist das Paneel in sieben Felder aufgeteilt. Auf einem doppelten Sockel sind in reichem Ornament Blendarkaden gesetzt, die durch Pilaster getrennt werden, die die Ordnung der Portalsäulen haben. Die Pilaster wie die Arkaden sind mit Beschlagwerk und Formen besetzt, die an gefaßte Edelsteine erinnern. In den Zwickeln erscheinen abwechselnd Blüten und Engelflügel. Darüber schließen Reliefs mit musizierenden Engeln und Masken in Kartuschen das Paneel ab. Getrennt

Abb. 422 *Güldenkammerportal, Bremer Wappen in ungewöhnlicher Form*

Abb. 423—424 *Rahmung beiderseits des Güldenkammerportals: symbolhafte Gestaltung des Traumes Nebukadnezars von den vier Reichen*

werden sie voneinander durch konsolenartige Voluten, die mit männlichen und weiblichen Köpfen besetzt sind. In genau gleicher Weise greift das Paneel auf die Schmalseite des Einbaues gegenüber der Wendeltreppe zur Unteren Rathaushalle über. An der rechten Seite schiebt sich heute die Wand um eine Füllung über die eigentliche Breite der Güldenkammerwand hinaus. Sie enthält eine kleine Tür, die zu einem winzigen Gelaß neben der Güldenkammer führt. Der Ansatz am Gesims, das anders gestaltete Relief und der stilistisch unterschiedliche Blendbogen scheinen zu bestätigen, was schon Mittelsdorf auf seiner Zeichnung vermutet hat[1033], daß nämlich dieser Anbau später durchgeführt wurde und nicht zum ursprünglichen Bestand gehörte. Vergleicht man diesen unterschiedlichen Formenbestand sowie die Maske, die den Restabstand des zweiten Reliefs bis zum Fensterpfeiler an der Schmalseite ausfüllt, mit den Formen des Portals zur sogenannten Sternkammer von Herman Varwer aus dem Jahre 1636, dann fällt die große Ähnlichkeit vor allem der Masken auf. Seit 1627 ist Varwer für den Rat tätig, so daß angenommen werden kann, daß der kleine Anbau zwischen 1627 und 1636 entstanden sein muß[1034].

Über der Paneelzone ist jeweils in der Breite von zwei Blendbögen eine Serie von vier Gemälden eingesetzt, zu denen auf der Schmalseite ein weiteres hinzukommt. Die Reihe wird hinter dem Portalaufbau fortgesetzt, so daß an der linken Seite ein weiteres erscheint, das aber, da es von einem Krieger verdeckt wird, auch nur halb bemalt ist. Portal und Wand gehörten also von Anfang an zusammen und waren aufeinander bezogen. Die Gemälde sind von breiten Pilastern getrennt, die ein vorspringendes Gesims stützen, dessen Konsolen über den Pilastern Ungeheuermasken tragen.

Die weitere Fortsetzung der Wand, die das Alte Archiv umschließt, stimmt mit der unteren Wandgliederung nicht mehr überein. Acht, heute verglaste, Fenster an der Längsseite trennen eine zweite Reihe von vier Gemälden vom unteren Teil der Wand in so unterschiedlicher Weise, daß sich der Verdacht aufdrängt, daß das Alte Archiv ursprünglich gar nicht als geschlossener Raum gedacht war. Das würde auch seine in der ersten Zeit nur zögernde und dann wechselnde Verwendung erklären. Hinzu kommt, daß die Malerei der Decke der Oberen Rathaushalle über diesen Raum hinweg bis hin zur Außenmauer geführt wurde. Das war nur sinnvoll, wenn die Malerei erheblich früher als der Einbau entstanden oder aber die Saaldecke gleichzeitig die des oberen, offenen Raumes war. Durch einen offenen Raum über der Güldenkammer wären auch die Lichtverhältnisse in der Oberen Rathaushalle besser gewesen. Das würde allerdings bedeuten, daß das Portal zum Alten Archiv frei gestanden hätte und die Justitia als Bekrönung des Güldenkammerportals ebenfalls. Diese veränderte Raumordnung ergäbe dann auch eine Erklärung dafür, daß das ursprüngliche Paneel im Alten Archiv nur rechts neben der Türe bis zur Außenwand reichte. Zweifellos ist die Ummantelung des Alten Archivs zu einem stärker geschlossenen Raum dann aber relativ bald erfolgt.

Eine andere Erklärung der so unterschiedlichen Wandgliederung läßt sich mit einer anderen ausführenden Hand erklären. Dann hätte sich der weiterführende Snitker nicht viel um das Bisherige gekümmert. Diese Theorie stützt sich auf die Auseinandersetzung des Ratszimmermannes Reineke Stolling und seines Gesellen Ronnich mit der Zunft der Snitker. Das Nicht-wieder-Aufnehmen der Gliederung des unteren Wandteiles könnte durchaus als bewußtes Absetzen gegenüber dem bei der Zunft verhaßten Ronnich und seinem Werke aufgefaßt werden[1035]. Dafür spricht die Kartusche über dem Portal zum Alten Archiv, die die Jahreszahl 1616 trägt, die formal ebenfalls vom Portal darunter erheblich abweicht.

SAPIENTIA DUCIT

### 8.3.1. *Die Reliefs*

Die Reliefs über den Blendbögen haben unterschiedliche Inhalte und Formen. Die Reihe beginnt rechts neben dem Güldenkammerportal mit einer Kartusche, die in einem rechteckigen Feld Früchte zeigt. Das „Bild" sieht fast wie ein in Holz geschnitztes Stilleben aus. Ein ganz ähnliches erscheint, in fast gleichem formalem Zusammenhang, über dem Bogen links der Tür des Alten Archivs. Früchte können sowohl den Herbst symbolisieren wie auch Attribute der „Erde" und anderer Allegorien sein oder auch die „Früchte", an denen man den Menschen erkennt, bedeuten. Die Sinngebung muß vorläufig noch offenbleiben.

Den Früchten folgt ein Engel, der Laute spielt. Sein Unterkörper endet in Pflanzenranken mit Blüten und Fruchtständen. Solche Engelgestalten, die unterschiedliche Musikinstrumente spielen, wechseln sich mit Kartuschen ab, die Masken mit tierischen, anthropomorphen und phantastischen Zügen tragen. An der Schmalseite setzt sich die Reliefreihe mit zwei musizierenden Engeln fort. Der Zugposaune spielende wird von zwei sich flöhenden Affen flankiert. Der singende Engel endet in Blüten, denen Hunde entspringen.

Lucas Kilian stach 1612 einen „Chorus Musarum"[1036], eine Folge von neun Musen mit einem Titelblatt. Alle Musen sind, leicht bekleidet, beim Musikspiel dargestellt. Auf zwei Blättern, bei „Polymnia" und „Euterpe", sind auch Tiere mit auf dem Bild, nämlich ein Hund und ein Affe. Der Affe symbolisiert in Zusammenhang mit einem Blumenstrauß ganz offensichtlich „Vergänglichkeit" bzw. „menschliche Torheit". Zwar kann man von dieser Stichserie kaum direkt als Vorlage für die fünf Reliefs sprechen, doch sind die Haltungen der Engel denen der Musen ähnlich. Verstehen wir die Musikinstrumente als Attribute wie bei Kilian, dann haben wir es von links nach rechts mit „Urania" (Laute), „Polymnia" (Baß), „Erato" (Violine), „Thalia" (Zugposaune) und singend „Calliope" zu tun. Bei den durch Lucas Kilian hinzugefügten Vierzeilern wird immer wieder und bei jeder Muse auf das Lob Gottes durch das Spiel der Musen hingewiesen. Darüber hinaus ist jeder Muse ein Putto beigegeben. Man kann also annehmen, daß dem Snitker die Stiche des Lucas Kilian wenn nicht direkt als Vorlage, so doch als Anregung für die musizierenden Engel gedient haben. Ihre Bedeutung wird damit klar: Engel spielen zum Lobe Gottes vor seinem Thron. Sie verdeutlichen gleichzeitig die Musen, deren Tätigkeit ähnlich ausgerichtet ist. Wer sich den Musen hingibt, tut das zum Lobe Gottes. Die mögliche Ambivalenz musischer Tätigkeit wird durch die Affen versinnbildlicht, die der Muse der Komödie zugesellt sind. Daß der Muse des Gesanges der Hund als Zeichen der Treue beigegeben ist, verwundert im streng reformierten Bremen nicht. –

Im Wechsel mit den musizierenden Engeln sind an der Güldenkammerwand drei prunkvolle Kartuschen eingesetzt, die unterschiedliche Masken tragen. Die linke zeigt einen bärtigen Mann mit riesigen Ohren und einer nach oben gedrehten Muschelschale auf dem Kopf. Auffällig sind die an den Seiten der Kartusche gefesselten Engel mit Brüsten und eigenartigen Hüten auf dem Kopf. Die mittlere Kartusche hat einen durch Grimassen verzerrten menschlichen Kopf zum Thema, der neben Hörnern auch einen kronenartigen Kopfschmuck trägt. Über den Hörnern hängen Tücher und Zingula. Die letzte Maske in dieser Reihe trägt einen gefiederten Bart und ohrenartige Auswüchse neben dem Gesicht. In Nachbarschaft zum Güldenkammerportal liegt es nahe, in der Maske mit der Muschel das „Tier aus dem Meer" zu sehen. Die mittlere Maske wäre dann „das andere Tier ... aus der Erde, das hatte zwei Hörner ..." Die dritte Kartusche zeigte dann folgerichtig „das Bild des ersten Tieres", das das „Tier aus der Erde" anfertigte und ihm Geist gab und das alle Menschen anbeten mußten. Dieses Bildnis konnte reden – die Maske ist mit redendem Munde dargestellt[1037].

Die Folge dieser Reliefs läßt sich als Bild des Letzten Gerichtes ablesen. Die Früchte des ersten Reliefs sind „die Früchte, an denen ihr sie erkennen sollt". Gleichzeitig sind es die „Trauben am Weinstock der Erde", die abgeschlagen und in die große Kelter des Zornes Gottes geworfen werden[1038]. Die Trauben neben den musizierenden Engeln sind diejenigen, die nicht der Hippe des Engels zum Opfer gefallen sind. Die gefesselten Engel am „Tier aus dem Meere" sind die Engel des Satans, die gefesselt sind. Das Tier und der „falsche Prophet" – er ist das „Tier aus der Erde" – werden „lebendig in den feurigen Pfuhl geworfen"[1039]. Schließlich muß ihnen noch der Satan folgen, „und sie werden gequält werden Tag und Nacht, von Ewigkeit zu Ewigkeit"[1040]. „Die Toten aber wurden gerichtet nach ihren Werken."[1041] Diese symbolisieren sich in den Früchten, während die verzerrten Züge der Masken die Qualen widerspiegeln. Die musizierenden Engel stehen für die Menschen, die sich zum Lobe Gottes den Musen verschrieben haben und das „Tier" und sein „Zeichen" nicht angebetet haben. Es sind die, „die den Sieg behalten hatten an dem Tiere und seinem Bilde und seinem Malzeichen und seines Namens Zahl ... und hatten Harfen Gottes und sangen das Lied des Mose ..."[1042]. Gleichzeitig zeigt sich an ihnen das „Holz des Lebens", das Blüten und Früchte zur gleichen Zeit trägt. Die Blendarkaden darunter, mit Edelsteinen, Blumen und Schmuck, können dann nur als Himmlisches Jerusalem verstanden werden.

Abb. 425—434 *Güldenkammerwand, Reliefs in ihrer Folge von der rechten Portalseite zur Schmalseite*

## 8.3.2. *Die Reihen der Konsolmasken*

Das Abschlußgesims der Vertäfelung der Güldenkammerwand ist durch Konsolen gestützt und gegliedert, die auf ihrer Oberseite Männer- und Frauenköpfe tragen. In ihrer Reihenfolge wechseln sie sich fast immer ab. Allerdings ist die Folge, so wie sie heute zu sehen ist (Nr. 1—12), wohl nicht vollständig die ursprüngliche. Legt man die Zeichnungen von Mittelsdorf[1043] und alte Fotos zugrunde, dann ergibt sich folgende Reihenfolge: 1—4, 8, 5—7, 10, 12, 11, 9. Diese Anordnung scheint wenigstens für die Frontseite zutreffend und die ursprüngliche zu sein, denn sie ergibt einen viermaligen Wechsel von Frauen- und Männerköpfen. Alle versetzten Köpfe weisen an ihrem oberen Rand Beschädigungen auf. Wenn man die Erweiterung des Einbaues um das sog. „heimliche Gemach" etwa 10 bis 15 Jahre später bedenkt, dann können eigentlich nur elf Konsolen als ursprünglich gelten. Tatsächlich läßt sich das auch erkennen. Der heute als letzter in der Reihe angebrachte Männerkopf besitzt sehr viel mehr den Charakter eines Porträts. Außerdem ist sein Hals so geschnitzt, daß Haut und faltiges Tuch eine Einheit bilden. Das wiederholt sich in dieser Form nirgends. Wahrscheinlich wurde dieser Kopf beim Ausbau dort eingeschoben, wo er nötig wurde, nämlich als neunter an der Längsseite der Wand. Der untere Teil der Konsole, der später dann wohl nicht mit versetzt wurde, zeigt ebenfalls eine geringfügig andere Form als alle anderen[1044].

Die Deutung der Köpfe kann bei Nr. 2 ansetzen. Er ist sehr ähnlich wie die als Ceres gedeutete Konsolfigur an der Westseite des Rathauses unter dem Kranzgesims gestaltet und kann wohl im gleichen Sinne verstanden werden. Es sieht so aus, als ob wir es hier mit einer Folge von römischen Götterdarstellungen zu tun haben. Einige der Köpfe sind durch ihre Attribute leicht zu identifizieren. Neptun (Nr. 3) ist an der nach oben gekehrten Muschel auf seinem Haupte zu erkennen. Das gleiche gilt für seine Gattin Amphitrite (Nr. 4), die ebenfalls eine Muschel als Attribut hat. An sechster Stelle (ursprünglich als Nr. 7) ist durch seinen Helm Mars als Kriegsgott eindeutig auszumachen. Der neben ihm plazierte Frauenkopf (heute Nr. 7, ursprünglich Nr. 8) stellt seine Geliebte Venus dar. Sie trägt eine Perlenkette mit einem Anhänger in Kreuzform. Dieser Schmuck ist auch der „Voluptas" am Ende des Treppengeländers eigen[1045], die ja in enger Verbindung zur Venus gesehen wurde. An dieser Stelle ist deutlich die Hand eines anderen Snitkers zu erkennen. Doch tritt diese Kopfform noch einmal in Haargestaltung, Ornament und Schmuck als Nr. 10 (ursprünglich Nr. 9) in dieser Reihe auf[1046]. Ist sie tatsächlich Venus, dann muß der neben ihr angebrachte Kopf auf jeden Fall Vulcanus sein, der Gott des Feuers und der Schmiede, ihr Gatte. Nun ist heute als Nr. 9 (früher als Nr. 12) ein gehörnter Männerkopf dargestellt, wie er ähnlich schon in den Schlußsteinen der Arkaden und den Säulensockeln des Mittelrisalits auftritt. In dieser Reihenfolge kann es nur Pan oder aber Vulcanus sein. Dieser Gott, der als Herrscher über das unter der Erde wütende Feuer gedacht wurde, wurde im beginnenden 17. Jahrhundert zusammen mit Pan, dem bocksfüßigen, gehörnten Gott der Hirten und der Mittagsstunde, in seiner Gestalt auf diejenige des Teufels übertragen. Von dieser Bildvorstellung der Zeit wäre eine Rückübertragung auf Vulcanus denkbar, der dann mit Hörnern ausgestattet wäre.

Die Köpfe würden in ihrer heutigen Anbringung dann etwa folgendermaßen zu deuten sein: Jupiter(?) — Ceres — Neptun — Amphitrite — Diana(?) — Mars — Venus — Apollo(?) — Vulcanus (Pan?) — Venus — Bacchus (Traubengehänge) — (?).

Auffällig ist, daß der letzte Kopf der Reihe, der wohl bei der Erweiterung entstand, nach dem Vorbilde von Nr. 8 geschaffen wurde. Der erste Kopf weist Ähnlichkeiten mit Nr. 3 auf, doch ist die Muschel auf seinem Haupte anders geformt. Der Schnitzstil ist ebenfalls ein anderer als bei den meisten anderen Köpfen. Es ist denkbar, daß die Köpfe Nr. 1, 8 und 12 für zerstörte und durch den Umbau neu notwendig gewordene, nach vorhandenen nachgearbeitet wurden und daß ursprünglich andere an ihrer Stelle gewesen sind. Daraus muß man allerdings auch schlußfolgern, daß schon nach relativ kurzer Zeit die Sinngebung nicht mehr recht verstanden wurde — vielleicht waren auch die grafischen Vorlagen nicht mehr vorhanden — und man die fehlenden Teile nur im Sinne des Ornaments ergänzte. Es soll eine Rekonstruktion in der „richtigen", ursprünglichen Reihenfolge versucht werden: Jupiter (?), vielleicht auch Pluto, Gott der Unterwelt(? — Kopf wohl Wiederholung von Nr. 3) — Ceres (Schwester von Jupiter und Pluto) — Neptun — Amphitrite — Apollo(? — Nr. 8) — Diana(? — Nr. 5) — Mars (Nr. 6) — Venus (Nr. 10 oder Nr. 7) — eingeschobener Kopf durch den Umbau, Nr. 12(?) — Venus (s.o.) — Bacchus — Vulcanus/Pan(?). Obwohl die Reihenfolge nicht eindeutig rekonstruierbar ist und auch eine zweifelsfreie Deutung aller Köpfe nicht gegeben werden kann, ist doch mit ziemlicher Sicherheit anzunehmen, daß an dieser Stelle der Güldenkammerwand eine Reihe römischer Götter abgebildet wurde. —

Eine zweite Reihe Konsolen mit Köpfen befindet sich über den reich gestalteten Pilastern, die die Gemälde der unteren Reihe voneinander trennen. Es sind im ganzen zehn Masken. Zum Teil sind es Köpfe mit Riesenohren, aufgerissenem Mund und teilweise heraushängender Zunge und als Wülste, Lappen oder Federn gebildeten Bärten. Die andere Hälfte hat als Grundform den Kopf von Löwen, die, mit anthropomorphen Zügen versehen, in ähnlicher Weise gestaltet sind. Sie sind zum Teil mit den Schlußsteinen der Rathausarkaden oder den Säulensockeln des Mittelrisalits vergleichbar, doch fehlen weitergehende Ähnlichkeiten. Das Gesims, das diese Konsolen stützen, verläuft in Höhe der Löwen mit dem Schlüssel unterhalb der Justitia.

Eine ikonographische Deutung ergibt sich erst, wenn man diese Köpfe in Zusammenhang mit der Bedeutung des Güldenkammerportals sieht. Dort erscheint unter anderem symbolhaft das Tier, das zehn Hörner hat[1047]. Daniel interpretiert diese zehn Hörner als zehn Könige, die aus dem vierten Reich entstehen. Diese zehn Königreiche bilden die Form, in der das vierte oder römische Reich existiert und das dann durch „den Stein, ohne Hände geworfen", d.h. durch Christus, vernichtet wird[1048]. Die Form der Voluten, auf denen die Masken sitzen, kann sehr wohl als Form eines Hornes verstanden werden. —

Abb. 435—446 *Reihe der Göttermasken am Abschlußgesims der Vertäfelung der Güldenkammer in ihrer Folge, von links: Jupiter (?) — Ceres — Neptun — Amphritite — Diana (?) — Mars — Venus — Apollo (?) — Vulkan (Pan ?) — Venus (?) — Baccus — (?)*

Abb. 447—448 *Zwei der zehn Masken über den Pilastern der Güldenkammerwand*

## 8.3.3. *Die Gerechtigkeitsbilder der Güldenkammerwand*

Abb. 449 *Gemälde links vom Güldenkammerportal: „Sapientia ducit concordia“*

Die untere Gemäldereihe enthält sechs Bilder. Das erste auf der linken Seite des Portals wird zur Hälfte von einem wachenden Krieger verdeckt. Doch die Konzeption des Malers kalkulierte dies mit ein und konzentrierte die Szene auf die sichtbare linke Bildhälfte. Daran wird deutlich, daß die Gemälde erst dann entstanden, als das Güldenkammerportal und die Wand schon fertig waren. Auf der rechten Portalseite folgen dann vier weitere Bilder, und die Schmalseite zur Treppe hin enthält eins. Diese fünf Bilder sind sogenannte Gerechtigkeitsbilder. Sie haben Aspekte der Rechtsprechung zum Inhalt.

Das gleiche gilt für die obere Bildreihe. Zu ihr besteht auf den ersten Blick kein architektonisch-formaler und auch kein inhaltlicher Bezug, läßt man außer acht, daß es sich hierbei auch um eine Art von Gerechtigkeitsbildern handelt. Vier von ihnen füllen die ganze Breite der Front des Einbaues. Auf der Schmalseite ist das Bild der „Justitia“ auf Grund der geringeren, zur Verfügung stehenden Fläche nicht ganz so breit wie die anderen. –

Die Komposition der einzelnen Gemälde der unteren Reihe nehmen aufeinander Bezug. Das Portal ist für die beiden Bilder zu seinen Seiten Mittelpunkt. Auf das dritte Bild (Manet altera reo) beziehen sich Bild zwei und vier, auf das fünfte (Pro meritis) Bild vier und sechs. Dadurch wird das Gemälde an der Schmalseite mit der Reihe verbunden und der Blick von ihm zur Hauptwand zurückgeleitet. Daran wird deutlich, daß die Bilder sich an ihrem ursprünglichen Standort befinden und im Zusammenhang konzipiert sind. –

Beginnen wir in der unteren Reihe beim linken Gemälde. Es ist nicht nur durch das Güldenkammerportal von der Folge der übrigen rein räumlich getrennt, sondern auch kompositionell und inhaltlich nicht mit ihnen vergleichbar. „SAPIENTIA DUCIT CONCORDIA“ heißt die Inschrift, „die Weisheit führt die Eintracht“. Zwei junge Frauen halten sich an der Hand, während hinter ihnen ein Putto heranschwebt mit einem Lorbeerkranz in seiner ausgestreckten Hand. Die erste, die Brust entblößt, mit kostbaren Gewändern und Schmuck angetan, hält ein Sonnenzepter in ihrer Rechten. Neben ihr steht ein großes Buch. Dies sind Attribute von „Wahrheit“ und „Weisheit“, die sich in der Allegorie der „Sapientia“ vereinigen[1049]. Die Unterschrift ermöglicht eine klare Deutung der Figuren. Die Frau daneben mit Blumen im Haar und einem Bündel Pfeilen im Arm ist die Personifizierung der „Concordia“. Auf dem Band, das die Pfeile zusammenhält, wiederholt sich das Wort „Concordia“. Seinen Ursprung hat dieses Gemälde in der emblematischen Literatur der Zeit, wo ähnliche Zusammenstellungen von Tugenden häufig sind[1050]. Beim flüchtigen Überlesen dieses Weisheitssatzes sind wir auch heute noch geneigt, dem ohne langes Überlegen zuzustimmen. Doch was bedeutet er damals und an dieser Stelle? Schoonhovius' Emblem Nr. 69 „Civilis discordia hostis victoria“[1051] erläutert von der negativen Seite her seine Bedeutung. Einigkeit setzt Weisheit voraus, damit der Feind nicht Sieger bleibt. Dieser Satz ist sicher in einer Zeit, die für Bremen so unruhig war wie die ersten zwei Dezennien des 17. Jahrhunderts, besonders einprägsam gewesen[1052]. Die direkte Nähe des Wächters auf dem Portal verstärkt die Sinngebung noch. Doch darf nicht übersehen werden, daß in vielen Emblemen und Sinnsprüchen der Zeit „Sapientia“ mit „rechtem Glauben“ gleichgesetzt wird. Das Buch und die Sonne verweisen auf die „Veritas“. Weisheit ist nötig, um die „Wahrheit“ des rechten Glaubens zu erkennen. Diese Aussage ist für das Zeitalter der Glaubensauseinandersetzungen nicht schwer zu verstehen. Und „Wahrheit“ ist für den protestantischen Gläubigen nur in *dem einen* Buch, der Bibel, zu finden. Bezieht man diese Bildaussage auf die für Bremen politisch, militärisch und wirtschaftlich in der Zeit so überaus notwendige Einheit auf religiösem Sektor, z. B. innerhalb des Lagers der Reformierten – Bremen lag als reformierte Insel mitten zwischen lutherischen Ländern –, dann bedeutet: „Sapientia ducit Concordia“: der rechte, wahrhaftige Glauben führt zur Einigkeit der Gläubigen. Der „Concordia“ wird der himmlische Siegeskranz aufgesetzt. Das Gemälde muß sicher als direkte politische Mahnung an die Ratsmitglieder verstanden werden, denen es, wenn sie im Ratsstuhle saßen, ständig vor Augen war: Führt die Gläubigen durch die Wahrheit der Bibel zur Einigkeit, dann ist euch der Lohn des Himmels sicher! Möglicherweise spiegeln sich hierin die bremischen Bemühungen, eine Koalition der reformierten Staaten zusammenzubekommen. Vielleicht ist das Bild auch eine Allegorie auf den Bund von Lübeck mit den Generalstaaten 1613, dem sich bald Braunschweig und neben anderen 1616 auch Bremen anschloß. Er war gegen die spanische Bedrohung gerichtet und kam gegen kaiserlichen Einspruch zustande[1053]. So scheinen in diesem Bilde politische und religiöse Zeitfragen eine allegorisch-emblematische Form gefunden zu haben. –

Die anderen fünf Bilder der Reihe ähneln sich im Inhalt. Auf allen bildet ein Thron mit einem König oder Herrschenden das Zentrum, umgeben von Gruppen von Hofleuten. Der Herrscher wendet sich einem oder mehreren Männern zu. Auf dem Gemälde rechts neben dem Portal übergibt ein mit einem Lorbeerkranz Gekrönter einem knienden Krieger ein Schwert. Rechts vorne sitzt ein Bewaffneter. Der Text heißt „SINE RESPECTU“. Der Sinn wird aus dem Bild nicht eindeutig klar.

Für dieses und die vier folgenden Bilder gibt es ein Emblembuch, das alle vorliegenden Bildunterschriften als Lemma zu den Picturae enthält. Es sind Peter Isselburgs (1568?–1630?) „Emblemata politica“ von 1617. In 32 Emblemen mit Lemma und lateinischen Epigrammen als Subscriptio von Georg Remus werden als Pictura Bilder wiedergegeben, die im großen Saal des Nürnberger Rathauses in den Fensternischen der Süd- und Ostwand gemalt waren. Isselburg hat die Embleme mit Bild, Lemma und Rahmung sehr genau – im Stich erscheinen sie seitenverkehrt – wiedergegeben. Während Mummenhoff[1054] die Gemälde der Renovierung von 1613 unter Paul Jouvenell, Georg Gärtner, Jobst Hanich und Georg Weyer zuordnet, hat Heusinger[1055] nachgewiesen, daß ein Teil der Südwand und die ganze Westwand erst 1621, also nach dem Umbau von 1616, nach Plänen von Jacob Wolff bemalt worden sein können. Damit kann auch ein Teil der Emblembilder erst dann als Wandgemälde entstanden sein. Das „depicta“ bei Isselburg kann also nur zum Teil stimmen. Allerdings sind die Emblemen sicher fertig konzipiert gewesen, als Isselburg 1617 seine Stichfolge herausbrachte. Als Nr. 30 erscheint in den „Emblemata politica“ das „Sine respectu“. Die Darstellung bezieht sich nach dem beigefügten Text auf die Gerechtigkeit des römischen Kaisers Trajan. Um ihn bildeten sich im Laufe der Zeit viele Legenden, die fast ausschließlich an seinen Gerechtigkeitssinn anknüpfen[1056]. Das führte soweit, daß man seine Christenverfolgungen vergaß und glaubte, daß er durch die Gebete Gregors des Großen schließlich in den Himmel gekommen sei. So wurde er fast zu einem Gegenstück des alttestamentarischen Salomo, des Vorbildes für Weisheit und Gerechtigkeit schlechthin. Der lateinische Text lautet in der freien Übertragung, wie sie Isselburg am Ende seiner „Emblemata“ gibt: „Trajanus seinem Hoffmeister reicht / Ein bloß Schwerdt / vnd darnebn anzeigt: Er solte solches recht gebrauchn / Wider jhn / wann er thätte strauchn. Richter / ohn ansehn der person / Richte das rechte Recht ohn lohn.“ Hier wird das Bild des gerechten Richters beschworen, der dem An-

Abb. 450—451 *Güldenkammerwand: „Sine respectu" und Vorbild aus Peter Isselburg, „Emblemata politica", 1617, Emblem 30*

führer seiner Leibwache befiehlt, das Schwert, wenn er selber fehlt, gegen ihn zu erheben. Wie außerordentlich aktuell diese Frage auch noch im 20. Jahrhundert sein kann, läßt sich an der Frage nach der Rechtmäßigkeit des Widerstandes gegen eine verbrecherische Staatsführung, wie sie sich in Deutschlands Vergangenheit bei der Bewertung des Attentates auf Hitler stellte, ablesen. —

Das folgende Gemälde zeigt einen Herrscher, den Kopf in eine Hand gestützt, thronend und zu beiden Seiten vor ihm zwei ähnlich gekleidete Männer mit je einem Krieger hinter sich und mehreren anderen Männern im Hintergrund. Die Bildunterschrift „MANET ALTERA REO" — „Das andere bleibt dem Angeklagten" — ist für uns heute selbst mit dem Bild nicht ohne weiteres verständlich. Nr. 28 der „Emblemata politica" macht deutlich, daß hier Alexander der Große abgebildet ist[1057]. Die Subscriptio zur Pictura lautet in der gereimten deutschen Übersetzung des Emblembuches: „König Alexandr im brauch hett / Wann einer bey jhm klagen thet / das er zuhielt das eine Ohr / Vnd behielt's dem beklagten vor. Mit vrtheil fellen niemand eil / Biß abgehört sindt beede theil. Oder: Eines Manns red ist ein halb red / Mann soll die part verhören beed." Die Grundlage dazu findet sich in der Lebensbeschreibung Alexanders bei Plutarch. Der Spruch, einer der wichtigsten Grundsätze mittelalterlicher und nachmittelalterlicher Rechtsprechung, ist im Rathause mehrfach aufgeschrieben worden. Am Ratsstuhl wird Sokrates eine ähnliche Formulierung in den Mund gelegt[1058], und das „Alteram partem audite" als letzte Zeile auf der Tafel von 1491[1059] spricht das gleiche aus. In ähnliche Richtung geht der Text von 5. Mose 16, der im Rahmen des Urteils Salomonis unter dem Bilde des Mose steht[1060]. —

Das vierte Gemälde der Reihe zeigt in der Bildmitte einen Mann mit goldenem Übergewand, der von einem Herrscher ein Schwert überreicht bekommt, dessen Klinge mit Lorbeerzweigen umwunden ist. Zu beiden Seiten des Herrschers sitzen, etwas niedriger, je ein Ratgeber. Die linke Bildseite ist mit Hofleuten gefüllt, bei denen sich auch zwei Kinder befinden. Die golden gerahmte Texttafel am unteren Bildrand enthält die Worte „CLEMENTIA RIGOREM TEMPERET", „Milde möge die Strenge mildern". In Isselburgs Emblembuch wird dieses Emblem als letztes aufgeführt[1061]. Das Bild zeigt dort einen Arm, der aus Wolken das Schwert mit den Lorbeerzweigen über einer Landschaft hält. Der Arm mit dem Schwert ist vom Maler wörtlich ins Bild übernommen. Der lateinische Vierzeiler lautet in der deutschen Übersetzung: Die Güte Caesars erregte den Zorn Catos, wenn er (Caesar) im Senat den Satz anfügte: Gerechtes und Gleiches mögen durch ein Mittel wirken: Dies machen kunstreich Schwert und Olivenzweig deutlich. Die Regel gibt der ins Deutsche übertragene Text der „Emblemata politica": „Den glinden Weg so viel sein kan / Allzeit ein Richter solle gan." Das Bild zeigt Caesar, der den zwar gerechten, aber durch Milde — den Ölzweig — annehmbar gemachten Richterspruch dem Angeklagten (?) in Gestalt des Schwertes übergibt. Damit ist der zur Linken Caesars sitzende Cato d. J. (95—46 v. Chr.), ein erbitterter Gegner Caesars, nicht einverstanden. Caesar wird also in freien Reichsstädten höher eingeschätzt als der strenge Republikaner Cato. Das wird nur verständlich, wenn man bedenkt, daß die Reichsfreiheit von Städten wie Nürnberg oder die Kaiserfreiheit Bremens auf dem Kaisertum, als dessen Begründer Caesar verstanden wurde, basierte. —

Das letzte Bild der Frontseite ähnelt in seinem Aufbau stark dem Alexandergemälde. Ein Herrscher vor einem roten Thronhimmel, der von zwei Säulen getragen wird, hält ein blankes Schwert in seiner Linken und reicht einem rechts Knienden ein Schriftstück mit angehängtem Siegel. Beidseitig des Thrones stehen je eine Vierergruppe junger und älterer Männer. Das Lemma „PRO MERITIS" — für Verdienste — wird im Bild selber ablesbar. Der Verdienstvolle wird vom Herrscher mit einer Urkunde ausgezeichnet, in der die durch seine Verdienste erworbenen „Rechte" und „Freiheiten" verzeichnet sind. Für uns heute mag gerade das nicht zur Rechtsprechung gehören. Damals ist es jedoch anders. Gerade auf Verdiensten beruhen die „Freiheiten", mit denen Bremen nach Reichsunmittelbarkeit strebt. Sie sind durch Leistungen, die die Stadt und ihre Bürger erbracht haben, begründet, wie sie etwa im Schriftbild von 1532 schräg gegenüber der Güldenkammer für jeden nachlesbar aufgezeichnet sind. In Isselburgs Emblembuch ist dies Emblem das 29. Der lateinische Text und das Bild dort machen deutlich, daß beides gemeint ist: Der gerechte Richter belohnt die Verdienstvollen, während der Böse seine verdiente Strafe erhält. Während dort der Richter in seiner Linken eine Peitsche hält, gab ihm der Maler des Güldenkammerbildes ein Schwert in die Hand. Es bleibt jedoch offen, ob in dem links des Thrones Stehenden der Bösewicht zu sehen ist. —

Das Bild der Schmalseite mit seinem „NE CORRUMPAR" — damit du nicht verdorben wirst — zeigt einen Knienden, der dem Thronenden einen kostbaren Deckelpokal reicht[1062]. Dieser hält jedoch abwehrend die Hände vor sich und wendet seinen Kopf rückwärts. Zu seinen Füßen liegt ein Hund, ein Symbol der Treue und Wachsamkeit. Hinter dem Throne wird eine Statue des blitzeschleudernden Zeus sichtbar. Isselburgs 26. Emblem, mit dem gleichen Lemma überschrieben, klärt durch den beigegebenen Text, daß mit diesem Bilde Fabricius gemeint sei, der alle Geschenke abgelehnt habe und sich nicht habe bestechen lassen, sondern alle, ob arm oder reich, gleich behandelt habe[1063]. Der Text gibt dafür das 6. Buch des Plinius über berühmte Männer an. Gemeint ist Gajus Luscinus Fabricius, der Anfang des 3. Jahrhunderts v. Chr. als Konsul Lukaner und Samniten bekämpfte und Roms Gegner König Pyrrhus vor dem Giftanschlag eines Verräters gewarnt haben soll. In späterer Zeit galt Fabricius als Vorbild von Redlichkeit und Sittenstrenge. —

Für die untere Reihe der Gerechtigkeitsbilder, denen das erste auf der linken Portalseite nicht zuzurechnen ist, hat der Maler die Embleme des Peter Isselburg zugrunde gelegt. Doch hat er sich nicht sklavisch an die Vorlagenstiche gehalten, sondern sie als Ausgangs-

Abb. 452—453 *Güldenkammerwand: „Manet altera reo" und Vorbild aus Peter Isselburg, „Emblemata politica", 1617, Emblem 28*

punkte für seine Kompositionen benutzt. Die Hauptkompositionsrichtung ist bei allen Gemälden beibehalten worden. Ähnlich übernommen sind auch die bühnenartige Darstellung der einzelnen Szenen und der jeweilige Ausblick auf eine Landschaft. Da das Emblembuch erst 1617 herausgegeben wurde, können die Bilder erst danach entstanden sein. Die Bilder des Nürnberger Rathauses oder auch deren eventuelle Vorbilder sind wohl kaum benutzt worden, da die Hauptblickrichtung jeweils von den Stichen, die die Vorlagen seitenverkehrt wiedergeben, übernommen wurde.

Bei der Reihe dieser fünf Gemälde handelt es sich um sogenannte „Gerechtigkeitsbilder". Als eine solche Folge sind sie schon bei Lederle-Grieger behandelt[1064]. Allerdings wird dort nur das Alexanderbild kurz inhaltlich erklärt. Die Gemälde leiten sich aus der Reihe der politischen und Gerechtigkeitsembleme her. Im Bereich der Emblemliteratur gibt es Titel zu den unterschiedlichsten Themen, die von Wappen- bis zu Liebesemblemen reichen. Das Nürnberger Rathaus mit seinen Gerechtigkeitsemblemen hat für die Bremer Bildreihe als Vorbild gedient. Doch hat auch das Wertheimer Rathaus zumindest einige Bildthemen dieser Reihe als Stuckreliefs besessen, die jedoch schon um 1600 entstanden sein sollen[1065].

Gemeinsam haben alle fünf Bilder, daß ihre Handlungen sich in der griechisch-römischen Antike abspielen. Die Gestalten von Alexander, Caesar und Cato, Fabricius und Trajan machen das deutlich. Für das Bild „Pro meritis" gibt der Text bei Isselburg Plato und Plutarch als Quellen an. In der Subscriptio des Emblems werden als Ort der Strafe die „scalae Gemoniae" genannt, eine Art Treppe am Kapitolin, wohin im alten Rom die Hingerichteten geschleift und dann in den Tiber geworfen wurden. Damit ist auch für dieses Gemälde der Bezug zur Antike hergestellt.

Durch die Gemäldereihe steht auch die Reihe der Köpfe römischer Götter und Göttinnen nicht mehr so isoliert an der Güldenkammerwand. Sie stehen räumlich „vor" dem Paneel mit den Reliefs zum Letzten Gericht und der Darstellung des Himmlischen Jerusalem. Die Güldenkammerwand kann als Ganzes dadurch etwa folgendermaßen „gelesen" werden: Schon „vor" der Ausbreitung des Glaubens, unter der Herrschaft der zehn Könige (Hörner) des Tieres und der antiken Götter, ist solch vorbildliches Rechtsverhalten möglich gewesen und ist verdienstvolles Verhalten „gerecht" belohnt worden. Um wieviel gerechter wird Gott im Letzten Gericht sein, und um wieviel reicher wird sein Lohn für die „Gerechten" sein. Zu dieser Reihe von Gerechtigkeitsbildern, die antike Rechtsprechung zum Thema haben, gehört auch der Sprung des Marcus Curtius über dem Güldenkammerportal. Er verhält sich Göttern und Menschen gegenüber „gerecht". So ist es nicht verwunderlich, daß er als Typus für den sich für alle Menschen hingebenden Christus gewählt wurde. —

Vier Gemälde über den Fenstern des Alten Archivs füllen, getrennt von kräftigen Pilastern, die ganze Breite des Einbaues. Dadurch sind sie erheblich größer als die der unteren Reihe. Ein etwas schmaleres schließt die Reihe an der Seitenwand ab. Auf jedem Bild der Frontseite sitzt eine Gruppe von vier oder fünf Männern. Es sind jeweils zwei oder drei ältere, das andere sind Jünglinge. In der rechten Bildhälfte wird jeweils ein Spruchband gehalten, auf das einer der Älteren hinweist. Auf allen Bildern sind Bücher zu erkennen. Die Szenen spielen jeweils in einem Innenraum, der aber auch

Abb. 454—455 *Güldenkammerwand: „Clementia rigorem temperet" und Vorbild aus Peter Isselburg, „Emblemata politica", 1617, Emblem 37* 

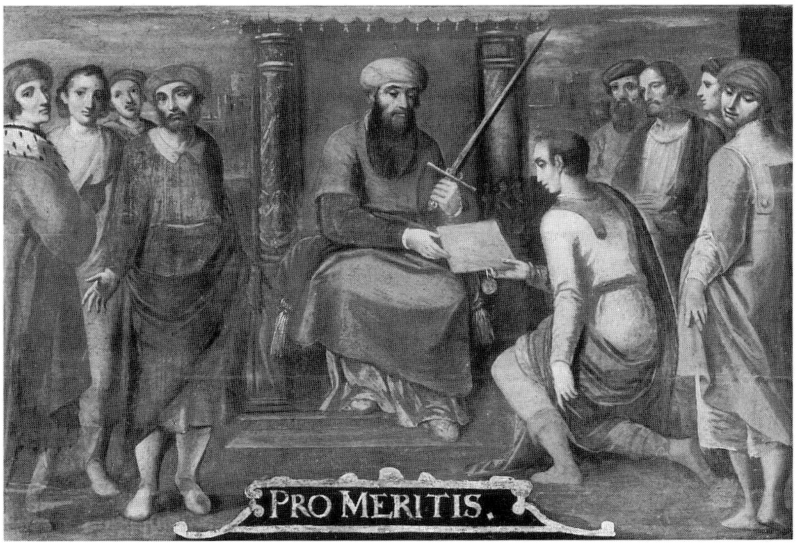

Abb. 456—457 *Güldenkammerwand: „Pro meritis" und Vorbild aus Peter Isselburg, „Emblemata politica", 1617, Emblem 29*

einen Blick nach außen freigibt. Die Spruchbänder sind so ins Bild gesetzt, daß eines an das andere anschließt und sich damit eine Art Wellenbewegung durch die Bildfolge ergibt. Die Bewegung endet auf dem fünften Gemälde an der Schmalseite.
Der bildnerische Inhalt der vier Gemälde der Frontseite scheint immer der gleiche zu sein. Alte, bärtige Männer, Weise und Gelehrte weisen andere auf die Weisheitssprüche hin, während Jünglinge zusehen und zuhören. Das Thema „Lehrer-Schüler" war in Bremen um 1617 durchaus aktuell, da die reformierte Gelehrtenschule seit 1610 den Status einer städtischen Hochschule erhalten hatte und ihren Aufschwung zu der Zeit der geographischen, politischen und religiösen Lage Bremens im norddeutschen Raum verdankte. Die Sprüche werden in dieser Gemäldefolge also nicht durch den Bildinhalt ergänzt und erläutert, wie das darunter der Fall ist, sondern sie verweisen auf ein ganz anderes Problem. Die Spruchbänder lauten:
„CUM ERRARIS MUTA CONSILIUM" — Wenn du irrst, so ändere den Beschluß.
„SUPPLICIB$_9$ MISERICORS ESTO" (Supplicib$_9$ = Supplicibus) — Gegen Flehende sollst du barmherzig sein.
„AGE QUAE IUSTA SUNT" — Tue, was recht ist.
„DELIBERA LENTE, QUOT DECREUERIS VRGE" (... quod decreveris urge) — Wäge langsam ab; was du (aber) beschlossen hast, führe tatkräftig aus. —
Das letzte Bild der Reihe ist nicht nur räumlich von den anderen abgesetzt. Es zeigt die thronende „Justitia" mit Lichterkrone, die Arme ausgebreitet, das Schwert in ihrer Rechten und die Waage in ihrer Linken. Von jeder Hand gehen zwei kurze Schriftbänder aus: „IUSTE IUDICATO" — Du sollst gerecht urteilen! Diese Worte enthält der 2. Vers des 58. Psalms. Unter dem Gerichtsschwert Justitias sitzt ein kleiner Engel mit den beiden Gesetzestafeln, die einst Moses erhalten hatte. Auf ihnen sind die Zehn Gebote verzeichnet. Der Engel unter der Waage hat ein Kreuz in seiner rechten Hand und ein Buch unter dem Arm. Er symbolisiert den Glauben des Neuen Testamentes. A.T. und N.T. sind hier einander gegenübergestellt. Beides bedeutet im Zusammenhang mit der Justitia das Leben „unter dem Gesetz", „unter" dem Schwert des Gesetzes und „unter" dem „Iuste". Die andere Seite symbolisiert das „Unter-der-Gnade-leben" und „-gerichtet-werden". Die Gegenüberstellung von Gesetz und Evangelium, der Glaube an ein Leben „sub lege" und an eines „sub gratia", unter Gericht und Gnade, ist eines der bevorzugten Themen der protestantischen Kunst des 16. und 17. Jahrhunderts.
Der Sinn des Bildes ist mehrschichtig. Der „einfache" Bildsinn zeigt die „Gerechtigkeit" mit dem Aufruf zur gerechten Rechtsprechung und schließt damit an die vorhergehenden Rechts- und Weisheitssprüche an. Auf einer zweiten Ebene wird die Gerechtigkeit Gottes sichtbar, die sowohl das Gesetz als auch die Gnade kennt. Diese Gegensatzteile ergänzen sich aber auch und sind ein Hauptbestandteil des protestantischen Glaubens. Die dritte Bedeutung verknüpft die beiden so unterschiedlichen Ebenen. So wie der ganze 58. Psalm Davids darauf hinweist, daß der ungerechte Richter Gottes Gericht noch zu erwarten hat, so spiegelt auch dieses Bild eine sehr ähnliche Sinngebung: Ihr weltlichen Richter richtet gerecht, denn ihr werdet vor Gottes Richterstuhl stehen, und seine Gerechtigkeit wird über euch richten! —

 Abb. 458—459 *Güldenkammerwand: „Ne corrumpar" und Vorbild aus Peter Isselburg, „Emblemata politica", 1617, Emblem 26*

Abb. 460—463 *Obere Reihe der Gemälde an der Güldenkammerwand von links nach rechts*

Vergleicht man die Bildinhalte der unteren Gemäldereihe mit denen der oberen, dann wird deutlich, daß die übereinander stehenden trotz des Fehlens einer formalen Verbindung doch in Beziehung zueinander stehen. Das „Cum erraris muta consilium" wird durch die Erzählung von der Gerechtigkeit Trajans illustriert und ergänzt. Wenn der Kaiser fehlt, ist der Führer der Palastwache aufgerufen, korrigierend einzugreifen. Alexander, der nicht nur den Kläger, sondern unvoreingenommen auch den Beklagten hört, dient als Beispiel für das „Supplicibus misericors esto". Das „Age quae iusta sunt" wird in besonderer Weise durch Caesars Milde und Catos Strenge akzentuiert. Das „Delibera lente, quod decreveris urge" ist durch ein „Dann wirst du auch für deine Verdienste den gerechten Lohn erhalten" ergänzt. Das „Iuste iudicato" wird am Beispiel der Unbestechlichkeit des Fabricius erläutert. Darüber hinaus kann die untere Gemäldereihe als Beispiel für das „Iuste" in der Hand der „Justitia" mit dem Schwerte stehen, während die obere Reihe entsprechend dem „Iudicato" und der Waage auf Möglichkeiten des „Abwägens" und Urteilens hinweist. Daß dabei immer wieder auf die Weisheit der Alten verwiesen wird, ist nur eine Weiterführung dessen, was am Ratsstuhle steht oder der Merksätze auf der Tafel von 1491. —

### 8.3.4. *Zur Ikonologie des Einbaues in der Oberen Rathaushalle*

Offensichtlich sind alle Bildwerke des Einbaues in der Oberen Rathaushalle zusammen konzipiert, so daß Bilder, Reliefs, Vollplastiken und architektonischer Aufbau unter einem zusammenhängenden Thema zu sehen sind. Im Zusammenhang mit ihrer Aufstellung und Ausrichtung in der Oberen Halle können zwei Aussagen gemacht werden. Zum ersten ist der gesamte Einbau mit seinem Bildprogramm auf den unter dem Salomonurteil stehenden Ratsstuhl ausgerichtet. Die Treppe, die Stellung von Herkules, Justitia und Krieger, das so stark nach links verschobene Güldenkammerportal und die Ausrichtung des Gemäldes „Sapientia ducit Concordia" weisen auf die NO-Ecke der Halle mit dem Ratsstuhl hin. Ganz offensichtlich ist also der Rat der Stadt primär der Adressat des bildnerischen Programmes.
Als zweiter Bezugspunkt kann das sog. „Braunschweiger" Portal angesehen werden[1066]. Es liegt der NW-Ecke des Einbaues genau gegenüber. 1578 vom lutherischen Herzog von Braunschweig-Lüneburg gestiftet, wurde es vom Rat erst 1587 als Portal zur Collectenkammer eingebaut. Wie sich herausgestellt hat, verkörpert es in bildhaft-symbolischer Form ein lutherisches politisch-religiöses Programm. Seine Errichtung durch einen inzwischen reformiert gewordenen Rat der Stadt Bremen im Jahre 1587 kann nur gewichtige politische Gründe gehabt haben. Versteht man den Einbau der Güldenkammer in der Oberen Rathaushalle nun als Antwort der glaubenseifrigen, reformierten Stadt gegen die lutherische Aussage des Portals, vielleicht sogar gegen den Stifter und seinen Nachfolger — Bremen stand zwischen 1600 und 1608 auf seiten der Stadt Braunschweig gegen Herzog Heinrich Julius von Braunschweig-Lüneburg —, dann wird deutlich, daß in erster Linie sicher nicht die Gewinnung von zwei relativ kleinen Räumen der Grund des Einbaues war, sondern daß Treppe und Wände primär Träger eines symbolhaften Bildschmuckes sein mußten und der Bau von Nebenräumen in der Oberen Halle nur ein Nebeneffekt war. Denn es wäre ja durchaus denkbar gewesen, daß der Umbau die Außenfassade einschließlich des Mittelrisalits umfaßt hätte und die Halle um diesen erweitert worden wäre. Für die Güldenkammer und das Alte Archiv bestand keine funktionale Notwendigkeit, als daß sie den Grund für so einen umfangreichen und kostspieligen Umbau hät-

Abb. 464 *Obere Reihe der Gemälde an der Güldenkammerwand, Schmalseite*

Abb. 465 *Obere Rathaushalle, Blick von der West- zur Ostseite, Zustand vor Beginn der Neuausstattung Ende des 19. Jh., in den Fenstern noch die Glasgemälde des Lübeckers Milde; links Braunschweiger Portal, rechts Güldenkammereinbau*

ten abgeben können. Versteht man den Einbau als großartige künstlerisch-symbolische Antwort auf die lutherische Glaubensaussage des „Braunschweiger“ Portals, dann ergibt sich daraus ein weiterer Punkt für die Begründung der Vermutung, daß das Konzept für Ein- und Umbau noch unter dem Regime des Bürgermeisters Daniel von Büren d. J., der 1593 starb, entworfen wurde. Es ist durchaus vorstellbar, daß aus der politisch notwendigen Errichtung des Liquier-Portals die Idee zu einer „alles überragenden“ Antwort auf religiös-politischem Sektor geboren wurde. Untersucht man die Entstehungszeit der am Umbau verwendeten Vorlagenstiche, dann stellt man fest, daß die weitaus meisten bis zu den Jahren 1590/92 entstanden sind, während beim Umbau selber nur einzelne „aktuelle“ Stichvorlagen verwendet wurden[1067].

In diesem Zusammenhang erhält der Abbau der hölzernen Überdachung über der Wendeltreppe von 1532 einen neuen Akzent. Der die Treppenspille bekrönende Krieger mit dem Schwert in der Hand stammt, nach der Behandlung seiner römischen Rüstung zu urteilen, aus der Zeit vor oder kurz nach 1600. Wahrscheinlich fällt die Zeit seiner Entstehung und der damit nötige Abbau der Treppenüberdachung in die Zeit des Rathausumbaues zwischen 1595 und 1620. Möglicherweise ist er in das Programm mit einbezogen[1068]. –

Faßt man die Sinngebung von Bilder- und Relieffolgen sowie der Vollplastiken am Einbau in der Oberen Rathaushalle zusammen, dann scheint das Gesamtprogramm etwa so gelautet zu haben: Der Mensch steht der Entscheidung zwischen Gut und Böse, dem steilen und dem gemächlicheren Lebenswege gegenüber. Im ersten Fall bringt ihn der Einsatz seiner Sinne in den Künsten zu Christus, als dessen Typus man Herkules am Scheidewege sowie seine Heldentaten verstand. Der Teufel dagegen führt in seiner Verlockung auf den sanfteren Weg und schließlich zur Voluptas, der Befriedigung der eigenen Sinne und Wünsche. Während am Ende des steilen Weges das Leben in der ewigen Stadt Jerusalem unter dem Baum des Lebens steht, sieht sich der Mensch bei der Entscheidung für Teufel und Voluptas den Launen von Fortuna und Occasio ausgesetzt, die ihm schließlich nur den Tod „unter“ dem „Tier aus der Erde“, dem Antichristen, bringen. Die „Rückseite“ von Glück und Antichrist aber ist der Untergang der „Hure Babylon“, der alle ihre Bewunderer mit sich reißt.

Der Aufruf zur Weisheit des rechten Glaubens und zur Einheit der Gläubigen bildet den Übergang zum zweiten Teil, dem Güldenkammerportal. Seine Seiten symbolisieren die Vier-Reiche-Vision des Daniel, von denen das letzte schließlich durch einen großen Stein zertrümmert wird. Stierschädel und Blütenformen im Gebälk über der Tür stehen als Zeichen für „Tod“. „Darüber“ erhebt sich der, der in das Reich des Todes und der Hölle hinabgestiegen ist in der Gestalt seines Typus, des Marcus Curtius. Flankiert wird er durch die Tugenden „Sapientia“ und „Concordia“. Vor dem Drachen des letzten Reiches der Danielvision stehen die beiden Wächter der Gerechtigkeit. Sie flankieren „den, der auf einem weißen Pferde saß“ und zum endzeitlichen Gericht wiedererscheint. In der Spitze verschmelzen Christus, der die Schlüssel zum Abgrunde hat, der „Löwe aus Juda“, und Gott, der den das Traumgebilde Nebukadnezars zerschmetternden Stein schleudert bzw. der „Stein Jaspis und Sarder“. Gott Vater und Sohn verschmelzen in der künstlerischen Form zur Einheit, zur „Gerechtigkeit“ Gottes „über“ dieser Form.

Die „Gerechtigkeit Gottes“ verbindet das Güldenkammerportal mit der Wand dahinter, auf der die Gerechtigkeitstaten der Alten als Vor-Bilder für die Rechtsprechung der Gegenwart des 17. Jahrhunderts und als Hinweis für das endzeitliche Gericht dienen. Lohn und Strafe sind nicht nur in den Beispielen irdischer Gerechtigkeit abgebildet, sondern auch in der Gegenüberstellung derjenigen, die über den „steilen Pfad“ zu Bewohnern des Himmlischen Jerusalem werden, mit denjenigen, die dem Antichristen anhängen. Die doppelten Aspekte göttlicher Gerechtigkeit, nämlich Gesetz *und* Gnade, schließen das Thema „Gottes Gerechtigkeit“ mit dem der Treppe zugewandten Bilde ab. Das Thema „Gerechter-Lohn-für-Verdienste“ an der Güldenkammerwand ist eine Paraphrase des Schriftbildes von 1532, während das Thema „Gerechtig-

keit-aus-Gnade" schon in dem Karl-Willehad-Gemälde an der Nordwand eine frühere Behandlung fand.
Der Weg des Menschen, persönlich und historisch verstanden, und Gottes Antwort in seinem Gericht auf diese Entscheidung, ebenfalls in bezug auf den einzelnen wie auf die Herrschaftsgebilde der erwarteten Endzeit, sind das zusammenhängende und in sich geschlossene Thema des Einbaues in der Oberen Rathaushalle. Dabei fällt auf, daß der Bildsinn fast immer ein mehrfacher ist. Darüber hinaus werden Vergangenheit, Gegenwart und Zukunft formal, inhaltlich und kompositionell miteinander verknüpft. Allerdings geschieht deren Verbindung nicht linear aus der Vergangenheit über Gegenwärtiges in erwartetes Zukünftiges, wie unsere Vorstellung von Geschichte zumeist geprägt ist. Die typologische Geschichtsvorstellung des Mittelalters ist noch lange nicht aufgegeben und beherrscht das Geschichtsdenken des beginnenden 17. Jahrhunderts weitgehend. Die Kenntnis der Vergangenheit wird als Vor-Bildung der Gegenwart verstanden und hilft mit, diese zu bewältigen. Gleichzeitig wird das gegenwärtige Tun und Handeln aber vom Wissen um die Zukunft, um das als nahe erwartete Gericht Gottes bestimmt, da dieses durch den Glauben und die Schrift klar festgelegt ist. Das historische Wissen hilft, den Plan Gottes im Ablauf der Geschichte zu erkennen und sich dadurch für das Kommende entsprechend zu verhalten. Das ständige Ineinandergreifen von Vergangenheit und Zukunft in der Gegenwart und die enge Verknüpfung von Einzelschicksal und Wegen der Völker und Herrscher unter der Gerechtigkeit Gottes spiegeln sich in dem architektonischen und bildhaften Kunstwerk des Einbaues in der Oberen Rathaushalle. Damit wird auch verständlich, daß an eine weiterführende Vertäfelung der Halle, wie sie dann zu Beginn unseres Jahrhunderts ausgeführt wurde, damals ganz sicher nicht gedacht war. In der nachempfundenen Erweiterung des 20. Jahrhunderts spiegelt sich die sinnentleerte Verwendung ornamentaler Formen zum Zwecke einer möglichst einheitlichen Dekoration, deren Ziel äußerliche Repräsentation war.
Das Programm des Innenausbaues nimmt das der Außenfassade wieder auf. Während jedoch an der Marktseite des Rathauses das Glaubensprogramm des reformierten Bremen und eine Ausdeutung der historischen Gegenwart des beginnenden 17. Jahrhunderts aus eschatologischer Sicht sich „unter dem Throne Gottes" manifestieren, werden innen die irdische Rechtsprechung und Gerechtigkeit zur Vor-Bildung und zum ersten Schritt hin auf Gottes Gerechtigkeit und sein Letztes Gericht. Dieses Thema bringt allerdings für das Rathaus nichts wesentlich Neues und setzt nur fort, was am gotischen Bau selber und am Ratsstuhl im Spätmittelalter sprachlich, bildnerisch und architektonisch formuliert wurde. —

### 8.4. *Die Decke der Oberen Rathaushalle*

Zum Umbau des Rathauses seit 1608 gehörte auch, daß die Decke der Oberen Rathaushalle[1069] neu eingezogen wurde. Der Neubau des Dachstuhles machte dies notwendig. 35 Balken überspannen ohne Stütze die ganze Breite der Halle. Sie liegen auf Sattelhölzern und Konsolen auf. An der Unterseite der Sattelhölzer hängen aus Holz gedrehte vergoldete Knöpfe und zwischen den Balkenfachen schließen je zwei vergoldete geschnitzte Rosetten eine gedrechselte und vergoldete Spindel ein. Diese sechs in den Balkenfachen hängenden Teile sind durch Malerei sternförmig herausgehoben. Die Decke mußte gegenüber dem ursprünglichen Ansatz der gotischen Decke abgesenkt werden, da außen die Mauerzinnen wegfielen und damit die Mauerhöhe sich verringerte. Das wird an den Gemälden der Nordwand deutlich, die oben durch die für die Balkenauflage notwendigen Einschnitte in der Mauer beschädigt wurden.
Die heutige Farbgebung der Decke kann als der ursprünglichen ähnlich angenommen werden, da 1964 im Zuge der Renovierung der Oberen Halle festgestellt wurde, daß oberhalb der Güldenkammer die ursprüngliche Farbigkeit noch erkannt werden konnte[1070]. Das bedeutet auch, daß die Decke vor der Fertigstellung des Einbaues bemalt gewesen sein muß. Das grenzt die Datierung der Malereien auf die Jahre zwischen 1609, der Fertigstellung des Dachstuhles, und 1612, dem Jahr der Beendigung des Außenbaues, an den sich der Innenausbau anschloß, ein. —

Die Balken sind an ihren drei sichtbaren Seiten mit beschlagwerkähnlichem Ornament, das plastisch wirkt, bemalt. Es wird fünffach abwechselnd durch achtblättrige Blüten im Rund und vierblättrige im auf die Spitze gestellten Quadrat gegliedert. Jeder zweite Balken trägt auf der Innenseite Pflanzenranken mit Blüten und Früchten. Die Balkenfachen sind beiderseits der Kaisermedaillons durch die sechsstrahligen Sterne dreigeteilt. Eine durchlaufende, plastisch wirkende gemalte Rahmung erweckt die Illusion einer Kassettendecke. Zwischen den Sternen entstehen oblonge Sechskantflächen, die abwechselnd Köpfe, die beidseitig in pflanzliches Ornament auslaufen, und Rankenwerk aufweisen.
Zu den Kaisermedaillons hin endet das Ornament teilweise in Masken. Die wesentlichen Farben sind neben dem Gold der Zierknöpfe am Beschlagwerk Grau, Braun, Blau und an den Pflanzenornamenten und Köpfen Blau, Rot, Braun und Ocker auf ursprünglich wohl goldenem Grund. Die Felder zwischen den Balkenkonsolen an den Wänden zeigen meist Köpfe in phantastischem Ornament. Die wenig fachgerechte Restaurierung der Decke in der Mitte des vorigen Jahrhunderts hat zwar die sehr viel qualitätvollere ursprüngliche Malerei im wesentlichen zerstört, doch wurden die äußeren Formen weitgehend übernommen[1071].
Den wichtigsten Teil der Decke bilden 33 Bildnisse deutscher Könige und Kaiser. Die heute sichtbaren Tondi entstanden 1858/59 im Zuge der Restaurierung der Kupferbedachung und der Decke der Oberen Halle seit 1853[1072]. Sie wurden von Wilhelm Steinhäuser in Leimfarbe auf Karton für 15 Taler pro Bild ausgeführt. Sie wiederholen jedoch die ursprüngliche Thematik[1073]. Die Bilder zeigen Bruststücke, die aber oft einen ausgesprochen ausschnitthaften Eindruck machen und dem Format wenig angepaßt sind. Das ergab sich aus den Vorlagen, die Steinhäuser sehr genau übernahm. Es waren dies die Bildnisse deutscher Kaiser im Kaisersaal des Frankfurter Rathauses, die zwischen 1838 und 1853 von Alfred Rethel, Philipp Veit, Karl Ballenberger und anderen geschaffen wurden[1074]. Nur vier dieser Bildnisse sind als Tondi ausgeführt; alle anderen sind hochformatige Ganzfigurenporträts mit spitzbogigem Abschluß nach oben. Schon 1847 wurden diese Bildnisse veröffentlicht und waren damit einer breiteren Öffentlichkeit auch außerhalb Frankfurts zugänglich. Steinhäuser verwandte diese zwar als Vorlagen, doch folgte er an der Decke der Oberen Rathaushalle der vorgefundenen Auswahl, Folge und Ausrichtung. Die Gemälde sind zur Ostseite hin ausgerichtet, d. h. sie waren vom Ratsstuhl aus anzuschauen. Die Ornamente dagegen richten ihre Grundlinie zur entgegengesetzten Seite aus. Die Reihe beginnt an der westlichen Schmalseite der Halle mit der Darstellung Karls des Großen und endet an der Domseite mit Kaiser Sigismund.
Das Vorbild für diese Folge von Kaisern ist wohl in der Decke des Fürstensaales des Lüneburger Rathauses zu suchen. Dieser Saal hat eine ähnliche Balkendecke wie die Obere Rathaushalle, allerdings mit einem durchlaufenden Unterzug. Sie ist 1607 datiert und stammt wohl von Daniel Frese. Frese hat auch die Wände des Saales bemalt; außerdem stammt von ihm eine ganze Reihe weiterer Bilder im Lüneburger Rathaus. Die Lüneburger Decke enthält 150 Bildnisse römischer und deutscher Kaiser von Augustus bis Rudolph II. Das beschlagwerkartige Ornament findet sich in sehr ähnlicher Form hier ebenfalls, auch mit dem Wechsel von Blüten in runden und quadratischen Feldern. Frese hat allerdings zu jedem Kaiserporträt eine kleine Texttafel hinzugemalt. Reinecke weist darauf hin, daß diese Decke als Vorbild für eine ähnlich gestaltete Balkendecke im dänischen Schlosse Frederiksborg auf der Insel Seeland benutzt wurde. Dort sind dänische Könige dargestellt[1075].
Seit dem ausgehenden 15. Jahrhundert sind Folgen von Herrscherbildnissen nicht selten. Schedel hat seine 1493 erschienene Weltchronik nicht nur mit durchgehenden Folgen von Päpsten und Herrschern anderer Länder illustriert, sondern auch mit Holzschnitten der römischen und deutschen Kaiser von Caesar bis Maximilian ausgestattet. Die Holzschnitte von Michael Wolgemuth und Wilhelm Pleydenwurff waren noch Phantasiebilder, einzelne Stöcke wurden sogar mehrfach benutzt.
Die genealogischen Interessen Kaiser Maximilians, sein Wunsch, als Erbe des Römischen Reiches direkt an die antiken Caesaren anknüpfen zu können und die von ihm inspirierte humanistische Geschichtsschreibung der Zeit[1076] sowie das in der Renaissance im-

Abb. 466 *Obere Rathaushalle, Decke aus der Zeit des Umbaues mit Kaiserbildnissen von 1853, nach Osten*

mer stärker wachsende Verlangen nach dem „vera effigies“ auch in diesem Bereich führten dazu, daß als Illustrationen zu Kaiserviten deren Bildnisse nach Münzen entstanden. Schon 1505 schuf Hans Burgkmair für das nie erschienene Kaiserbuch Konrad Peutingers „Imperatorum Augustorum ... annotiato“ eine ganze Reihe von Kaisermedaillons in ornamentaler Rahmung, von denen heute noch 20 bekannt sind[1077]. 1525 kam dann das Kaiserbuch von Johann Huttich mit Münzbildnissen in Straßburg heraus, 1534 eine weitere Ausgabe unter anderem Namen, und seit 1537 illustrierte Heinrich Vogtherr d. Ä. eine Chronik des Kaspar Hedio mit etwa 100 Kaisermedaillons, 1541 eine Kaiserchronik von Cuspinian[1078]. 1557 kamen die bis ins 17. Jahrhundert mehrfach aufgelegten „Bilder gar aller Keyser ...“ von Hubertus Goltzius auf lateinisch und deutsch heraus. Die meisten dieser Kaiserviten orientierten sich bei der Porträtdarstellung an Münzbildnissen, Goltzius auch an Siegeln. Erst den Kaiserbildnissen ab Maximilian kann man wirklichen Porträtcharakter zusprechen. Das hatte zur Folge, daß die meisten in Rundform direkt als Münzen oder aber in runder Kranzumrahmung erschienen. Diese Form wurde auch auf die Architekturdekoration übertragen. Da der Maler der Bremer Deckenbildnisse mit Sicherheit nach grafischen Vorlagen gearbeitet hat, ist die Rundform auch hier nicht verwunderlich. –

Welche ikonographische Bedeutung verknüpft sich mit der Bemalung der Decke der Oberen Rathaushalle? Farbigkeit, Pflanzenornamentik und Köpfe im Perlenschmuck mit Tüchern deuten auf eine Darstellung des Himmels hin[1079]. Die bemalte Decke, der Saal-„Himmel“, bildet nicht, wie schon wenig später so viele Deckengemälde in Kirchen, aber auch in Schlössern, den realen, den sichtbaren Himmel ab, der dann allerdings immer noch von Heiligen, Engeln oder Allegorien bevölkert wird. Hier gewinnt der Glaubenshimmel Gestalt. Seine Ausformung liegt zwischen dem goldenen Himmel gotischer Malerei und der realistischen Darstellungsweise, wie sie seit dem ersten Viertel des 17. Jahrhunderts in Italien und in Deutschland erst in der zweiten Jahrhunderthälfte in der Barockmalerei üblich wird. Sie steht allerdings auch nicht mehr auf der Stufe der Deckenmalerei im Hause Heineken, Bremen, von 1580. Während dort durch das goldene Beschlagwerk der Baum des Lebens, in lockerer Malweise und Komposition, sichtbar wird, beschränkt sich das Beschlagwerk hier auf die Balken, während die Fachen primär eine Kassettendecke zeigen, die in ihrem mittleren Teil den Ausblick auf Sterne eröffnet, gleichzeitig aber auch goldene Früchte und Blüten erkennen läßt, ebenso wie „Selige“ und verkürzte Chiffren des Lebensbaumes im Himmlischen Jerusalem, der gleichzeitig Früchte und Blüten trägt. Die gegenseitige Durchdringung von realer, wenn auch gemalter Kassettendecke, Himmel und „Paradies“ erweist sich bei dieser Deckenmalerei als das ikonographisch Besondere.

Es bleibt nach dem Sinn der Kaiserbildnisse zu fragen. Sie erscheinen „im Himmel“, genauer in der Zone, in der sich „Himmel“ und „Erde“ durchdringen. Die Kaiser sind nicht so sehr als Menschen in ihrer Individualität, mit ihren Fehlern und Vorzügen zu verstehen, sondern als Herrscher „dei gratia“. Die Institution des Kaisertums, das sich in seinen Vertretern manifestiert, ist auch noch für das beginnende 17. Jahrhundert gottgewollt. Deshalb hat sie ihren Platz an dieser Stelle der Halle. Die Folge kann in gewisser Weise mit den gotischen Figuren der Südseite unter ihren Baldachinen verglichen werden.

Warum wurden die Kaiser von Karl dem Großen bis Sigismund ausgewählt? Karl ist nicht nur derjenige, der das Römische Reich weitergeführt und unter christlichem Vorzeichen neu errichtet hat, sondern er steht auch als Gründer des Erzbistums Bremen und der „fryheit“ der Stadt für die damalige Zeit in einer besonderen Stellung. Das ist durchaus, vor allem in nächster Nachbarschaft mit dem großen Karl-Willehad-Gemälde von 1532, zu verstehen. Doch warum hört die Reihe mit Sigismund auf? Warum wird sie nicht wie in Lüneburg bis in die Gegenwart des beginnenden 17. Jahrhunderts weitergeführt? Die vordergründige Antwort ist die, daß der Platz für weitere Bildnisse fehlt. Doch ist es an einem Bau wie dem Bremer Rathaus bis dahin immer gelungen, ikonographische Vorstellungen, formale Gestaltung und den zur Verfügung stehenden Platz miteinander in Einklang zu bringen. So bleiben für uns, da Quellen nichts darüber verraten, nur Rückschlüsse aus dem bildnerischen Bestand und seinen ikonologischen Zusammenhängen. Sigismund, der von 1410 bis 1437 regierte, ist der Kaiser, unter dessen Herrschaft der gotische Rathausbau fertiggestellt wurde. So können die Kaiser seit Karl als Ahnenreihe der „fryheit" der Stadt verstanden werden, als die „mennich vorst", die nächst dem großen Karl der Stadt ihre Rechte immer wieder aufs neue bestätigten und neue hinzufügten. Seit das Rathaus existiert, wird diese symbolische Weiterführung reichsstädtischer Rechte durch die Skulpturen von König/Kaiser und Kurfürsten sichtbar gemacht. Sie sind bei der starken Veränderung der Fassade durch den Umbau unangetastet geblieben. Das bedeutet u. a., daß sich ihre Bedeutung nicht gewandelt hat. Heinrich Kreffting, Bremens bedeutender Bürgermeister jener Zeit, fand es notwendig, in seiner „Beschreibüng der Statt Bremen ..." aus dem Jahre 1602 auf „... insonderheit habender Hoch= Frey= ünd Gerechtigkeiten" hinzuweisen. Die politische Situation der Stadt zwang den Rat zu immer erneuten Anstrengungen, ihre — ja gar nicht vorhandene — Reichsunmittelbarkeit zu begründen und offenzulegen, da die freie Religionsausübung immer noch an die Zugehörigkeit zu einem Reichsstand gebunden war. Bremen hatte aber schon seit fast hundert Jahren von diesem Recht Gebrauch gemacht, ohne dazu eine eindeutige Rechtsgrundlage zu besitzen.

1612 kam ein heftiger Angriff auf bremische „Freiheiten" und Rechte durch die Forderungen Graf Anton Günthers von Oldenburg hinzu, der auf der Weser einen mäßigen Zoll zu erheben beantragte. Er suchte sich dazu die günstige Zeit der Kaiserwahl Matthias' in Frankfurt 1612 aus. Stadt und Erzbischof waren beide betroffen. Diese an sich primär wirtschaftliche Frage wurde für Bremen sofort auch zu einer Glaubensbedrohung, da ihr mühsam erstrittener Stand als Reichsstadt besonderer Art durch jedes Aufgeben von Rechten, gleich welcher Art, zu einer Glaubenskatastrophe hätte führen können. Der kaiserliche Kommissar stellte sich auf oldenburgische Seite, Bremen gewann die Unterstützung der Generalstaaten. Als 1619 Kaiser Matthias starb, hatte er allerdings noch nichts entschieden. Darüber hinaus war Bremen nicht nur indirekt in die spanisch-holländischen Auseinandersetzungen verwickelt, sondern auch durch den Versuch der Neubelebung der Hanse in die Streitsache zwischen Braunschweig und Herzog Heinrich Julius. In jedem Falle spielten auch Glaubensgründe mit, und zwar nicht nur zwischen den beiden großen Glaubensrichtungen, sondern auch z. B. im Städtebund zwischen Lutheranern und Reformierten. Das wiederum zwang Bremen, sich an die reformierten Generalstaaten anzulehnen. Damit wird verständlich, warum Bremen unermüdlich auf seine „Kaiserfreiheit" hinweisen mußte. Die Anregung für die Folge von Kaiserbildnissen wird wahrscheinlich aus Lüneburg gekommen sein. 1607 schlossen hier sechs Hansestädte ein Bündnis, unter ihnen Bremen. Im gleichen Jahr beendete Daniel Frese im Fürstensaal des dortigen Rathauses die Bemalung der Decke mit 150 Bildnissen römischer und deutscher Kaiser. Die Deckenbemalung der Oberen Rathaushalle mit ihren 33 Kaiserbildnissen muß von ihrer symbolisch-ikonologischen Bedeutung her als mindestens ebenso gewichtig angesehen werden wie die Figuren von 1410 oder die Gemälde von 1532. —

## 8.5. *Die Meister des Rathausumbaues von 1608 bis 1620*

### 8.5.1. *Die Maler*

Daß bis heute über den oder die Maler der beiden Bildfolgen an der Güldenkammerwand kaum etwas zu finden ist, liegt sicher nicht zuletzt an der immer wieder beschriebenen minderen Qualität der Bilder, die man am ehesten noch als dekorative Farbtupfer gelten lassen wollte. Dem schlechten Erhaltungszustand der Gemälde lag sicher Paulis Bemerkung zugrunde, daß glücklicherweise nicht viel von ihnen zu sehen ist[1080]. Heute sind sie jedoch restauriert und zeigen eine überraschend kräftige, wirkungsvolle Farbigkeit. Auf den Bildern wurden keinerlei Signatur, Handwerkerzeichen oder Datierung gefunden. Das ist allerdings bei allen zeitgenössischen Arbeiten an der Güldenkammer der Fall. Wahrscheinlich erklärt sich dieser Umstand daraus, daß zu dieser Zeit in Bremen Handwerk und Kunst in den meisten Fällen, vor allem bei den aus Bremen stammenden Handwerker-Künstlern, in einer Hand oder zumindest in einer Werkstatt lagen. Künstlerpersönlichkeiten beginnen sich erst im 2. Viertel des 17. Jahrhunderts in Bremen abzuzeichnen. Es gab hier noch nicht einmal eine Malerzunft. 1589 wurde ein erster Versuch dazu gestartet, der jedoch schon 1595 wieder zur Auflösung führte. Focke mag bis zu einem gewissen Grade recht haben, wenn er die Gründe dazu in den Schwierigkeiten sieht, Handwerk und Kunst zu trennen[1081]. Die nicht gerade kunstfördernde Atmosphäre der reformierten, vor allem im Religiösen bilderfeindlichen Stadt mag ein übriges getan haben. 1605 wird in einem Rollenentwurf für die Maler noch aufgenommen, daß Fremde, die „allein des Conterfeitens und nicht des gemeinen Mahlwerkss" ausführen wollten, nicht aufgenommen würden. Handwerker haben jedoch, solange sie sich nicht ausgesprochen als Künstler fühlten, ihre Arbeiten in den seltensten Fällen signiert. Damit bleiben wir für die Arbeiten an der Wand des Einbaues und die Decke der Halle auf die nicht sehr genauen und sicher nicht vollständigen Eintragungen in den Rhederbüchern angewiesen[1082]. Focke nimmt als Maler der Güldenkammerbilder entweder Johan Ludeman, tätig von 1595 bis 1627, oder Jürgen Landwehr, tätig von 1602 (?) bis 1646, an. Nach den bei Focke abgedruckten Angaben aus den Rhederbüchern ergibt sich eindeutig, daß Johan Ludeman viel im und am Rathause gearbeitet hat. Seit 1608 hatte er einen Dauerauftrag, der die jährliche Renovierung aller Bilder im Rathause und in der „nien Dornsen"[1083] zum Inhalt hat. Er wird zusammen mit Albert Blome, mindestens von 1589 bis 1633 tätig, 1614 für das Anstreichen der fertigen Rathausfassade bezahlt[1084]. 1621 erhielt er einen umfangreicheren Betrag unter anderem „wegen anderer Arbeit up dem nien gemake". Dieses „nie gemake" ist die Güldenkammer[1085], deren heutiger Name erstmals 1688 erscheint. Ludeman ist im wesentlichen Handwerker, er bemalt Stein- und Holzarbeiten und frischt auch Gemälde wieder auf, doch wird von ihm in keiner Rechnung berichtet, daß er Bilder gemalt habe.

Dagegen wird Jürgen Landwehr oft „der Conterfeiter" genannt. Von ihm stammt möglicherweise die mit I. L. W. bezeichnete älteste in Öl gemalte Ansicht der Stadt Bremen, die bis 1884 in der Oberen Rathaushalle hing und heute im Focke-Museum gezeigt wird. Sie ist 1602 datiert. Möglicherweise stammt von dem „Conterfeiter" auch das Porträt des Bürgermeisters Heinrich Kreffting von 1609, heute ebenfalls im Focke-Museum. Jürgen Landwehr erhält 1619 24 Taler „auf sein malwerck, so er auf dem Rathause verrichtet". Ein Jahr später erhält er zu dieser Summe „wegen etzlicher schilderey" noch einmal 80 Taler. Damit sind eindeutig Bilder gemeint. Da er wenig später „vor 31 bilden" in Öl für das Gewandschneiderhaus bezahlt wurde, dürfte kaum mehr ein Zweifel daran bestehen, daß Jürgen Landwehr nicht nur Handwerker, sondern auch Künstler war, während Johan Ludeman 1621 sicher für die Abschlußarbeiten am Einbau in der Oberen Rathaushalle, nämlich dem Fassen der Portalfiguren, des Curtiusreliefs und vielleicht auch für die farbige Gestaltung der Güldenkammer, bezahlt wurde. 1619 erhält Landwehr eine erste Bezahlung, sicher für die Reihe der unteren Bilder. Ein Jahr später ist dann auch die zweite Reihe fertig, und er wird für die gesamte Arbeit bezahlt[1086]. Stimmt diese Annahme, dann ist auch eine relativ genaue Datierung der Bilder zwischen 1618 und 1620 möglich. Vergleicht man die Preise für die künstlerische Arbeit und für das handwerkliche Anstreichen und farbiges Fassen, dann wird erkennbar, daß die handwerkliche Arbeit sehr viel höher eingeschätzt wurde. Dann wird auch eher verständlich, warum der ältere Meister — das ist in diesem Falle Johan Ludeman — die „wichtigere" und daher auch die einträglichere Arbeit bekam und der jüngere die weniger geachtete übernehmen mußte. Dabei ist weiterhin zu bedenken, daß die Reformierten wenig bilderfreundlich waren. „Der Creaturn bildniß" wird außerhalb von Kirchen nur geduldet, wenn es der Erinnerung historischer Ereignisse, zum politischen Gebrauch und zum Zierat dient[1087]. Daß sich unter solchen fast bilderfeindlichen Umständen die Malerei, etwa das Porträt, in Bremen nicht sonderlich entwickeln konnte, ist verständlich. Das wiederum macht bis zu einem gewissen Grade auch die Auswahl der Bildthemen erklärlich. Für sie gelten die im Consensus angegebenen drei Gründe, in denen bildhafte Darstellung zulässig ist. —

Über den Maler der Decke der Oberen Rathaushalle kann auf Grund der publizierten Rechnungen aus dem Rhederbuche nichts gesagt werden. Anfang 1613 erscheint allerdings ein nicht geringer Rechnungsposten, der dem Kramer Dirich Meier für Farben, Malmaterialien und Papier ausgezahlt wurde, doch ist deren Bestimmung nicht zu ersehen[1088]. —

### 8.5.2. *Die „Snitker"*

Der Frage nach der Urheberschaft des Schnitzwerkes an Treppe und Einbau in der Oberen Rathaushalle ist Johann Focke Ende des vorigen Jahrhunderts nachgegangen[1089]. Über seine Erkenntnisse hinaus ist auch Gert Dettmann nicht zu neuen Einsichten gelangt[1090].

Die Frage nach dem Meister der Schnitzereien führt uns mitten hinein in die fast über zwei Jahrhunderte währende Zunftauseinandersetzung zwischen der in Bremen mächtigen Tischlerinnung, eben den „Snitkern", wie die Mitglieder damals genannt wurden, und den Zimmerleuten. Dabei ging es in erster Linie um die künstlerischen Aufgaben, bildhauerische Arbeiten wie z. B. die Ausgestaltung von Schränken und Truhen, die die „Snitker" als ihr Privileg ansahen. Ihnen standen die Arbeiten der Zimmerleute gegenüber, die durch den Fachwerkbau und die seit der Mitte des 16. Jahrhunderts ständig zunehmende bildnerische und ornamentale Gestaltung solcher Bauten, vor allem an den Außenfronten, in den holzbildhauerischen Bereich vorstießen. Problematisch wurde es dort, wo beide Arbeitsbereiche aufeinander stießen, etwa in der hölzernen Ausgestaltung des Innenbaues, z. B. an Treppen und Geländern. Wer war für solche Arbeiten zuständig? In Bremen überwachte der Rat die Einhaltung der Zunftregeln, war aber, da sie in seinem Namen erlassen wurden, bei der Vergabe von eigenen Aufträgen nicht unbedingt an sie gebunden. Daraus ergab sich seit 1617 eine Folge von Beschwerden der „Snitker" beim Rat[1091], die die Frage der Urheberschaft der Schnitzereien erhellen können.

Der Rat hatte offensichtlich mit dem Einbau in der Oberen Rathaushalle den Ratszimmermeister Reinecke Stolling beauftragt. Dieser war 1611 oder 1612 Amtsnachfolger des Johan Stolling geworden, der den Dachstuhl des Rathauses 1608/09 völlig erneuert und wohl auch die Decke der Oberen Rathaushalle neu eingezogen hatte[1092]. Reinecke Stolling hatte nun nicht nur die durch den Einbau und Treppe nötige Zimmermannsarbeit geleistet, sondern auch mit seinem „Knecht" — d. h. Gesellen — Ronnich und mit weiteren Gesellen und Lehrjungen, die er den an dieser Arbeit nicht beteiligten „Snitkern" offensichtlich abgeworben hatte, die künstlerische Ausgestaltung übernommen. Dabei war wohl Ronnich der führende Holzbildhauer, denn gegen ihn richtete sich vor allem der Angriff der von diesem Auftrage ausgeschlossenen „Snitker". Hierin ist vielleicht auch ein Grund dafür zu suchen, daß an der Güldenkammer nirgends ein Hinweis auf den Künstler zu finden ist. Stolling hatte sicher persönlich den Hauptanteil am eigentlichen Einbau und der Konstruktion der Treppe. Dagegen muß Ronnich, wenn die Schlußfolgerungen, die aus den vorhandenen Akten hergeleitet wurden, stimmen, als der Hauptmeister des Schnitzwerkes angesehen werden, der allerdings — mit anderen — für Stolling arbeitete. Die Beschlagnahme der Werkzeuge Ronnichs — sicher viele eigens angefertigte Beitel, Stecheisen und Messer für das Bildschnitzen, die nicht so ohne weiteres ersetzt werden konnten — sowie das rabiate und pöbelhafte Auftreten Ronnichs und sein anstößiger Lebenswandel erhellen schlaglichtartig die Situation eines echten Künstlers, der in die Welt der Zünfte und ihrer strengen Regeln in einer Stadt wie Bremen nicht hineinpaßte und von den ansässigen Handwerkern als Bedrohung empfunden wurde. Hier stießen mittelalterliches Zunftwesen und der Künstler als frei und selbständig Handelnder, der sich nicht durch Zunftgesetze einschränken ließ, aufeinander. Da die Schnitzereien an der Treppe und der Außenwand des Einbaues im wesentlichen von einer Hand zu sein scheinen, müssen sie Ronnich zugeschrieben werden.

Die besondere Stellung Reinecke Stollings wird durch zwei Rechnungen in den Rhederbüchern vielleicht weiter erhellt, wenn man diese verhältnismäßig kleinen Beträge, die fast identisch sind, und die Auszahlungstermine, die am 27. und am 28. März 1612 liegen, miteinander verbindet[1093]. „Mherr Jeronimo van der Elste vor etliche stucke, so he tho des rahthuszes gebuwete affgereten hadde, ... 11 Mark, 14 Grote." Einen Tag später erhält Stolling ohne Angaben 11 Mark. Über Jeronimo van der Elste ist sonst fast nichts bekannt. Wahrscheinlich ist er Holländer und wohnte in Bremen. Wurzbach nennt eine Zeichnung von ihm, datiert 1595, signiert und dem Hinweis „Bremen"[1094]. Van der Elste hat offensichtlich Zeichnungen zum Rathausbau gemacht, und das konnten eigentlich nur solche zum Einbau in der Oberen Rathaushalle sein, da der Außenbau nun weitgehend abgeschlossen war[1095]. Da fast die gleiche Summe zur gleichen Zeit an Stolling gezahlt wurde, liegt die Vermutung nahe, daß, während der Ratszimmermeister die technischen Zeichnungen für Einbau und Treppe anfertigte, van der Elste für die Entwürfe des bildnerischen Schmuckes herangezogen wurde. —

Nach dem Rhederbuch bekamen die „Snitker" Evert Lange, tätig von 1602 bis 1648, und Servas Hoppenstede, nachweisbar ab 1618, gestorben 1652, im Jahre 1620 eine Zahlung von mehr als 78 Mark „vor schnitzwerk, bilder und andere Sachen auf dem Rathhause". Hier haben wir wohl die Meister des Innenportals des Alten Archivs vor uns. Dieses Portal kann stilistisch als die jüngste Arbeit am Einbau gelten. Damit wäre eine Datierung auf etwa 1619 möglich. Nicht ausgeschlossen, aber wenig wahrscheinlich wäre auch, daß die Bezahlung für Schnitzarbeiten in der Güldenkammer selber geleistet wurde, die dann später zerstört wurden[1096].

Servas Hoppenstede war aber nicht nur „Snitker", d. h. Holzbildhauer, sondern arbeitete auch in Stein[1097]. Als sein Werk wird das Alabasterrelief über dem Güldenkammerportal angesehen. —

### 8.5.3. *Die Steinhauer*

Der ausführende Meister des Rathausumbaues ist, nach allen Urkunden und Rechnungen zu schließen, Lüder von Bentheim, des Rates Steinhauermeister[1098]. Focke hat auf Grund archivalischer Forschungen einiges über sein Leben und seine Arbeit zusammenstellen können[1099]. Stein hat nachgewiesen, daß Lüder von Bentheim und nicht Lieven de Key den Umbau des gotischen Leidener Rathauses durchgeführt hat, zu dem er in Bremen die Hausteinarbeiten fertigte, die dann per Schiff nach Holland gebracht wurden[1100]. Damit wurden verschiedentliche Vermutungen, daß Lieven de Key der Meister des Bremer Rathausumbaues gewesen sei, endgültig widerlegt. Dem hatte allerdings auch schon Waldmann widersprochen[1101]. Außerdem sprachen die Rhederbücher dagegen. Diese Beziehungen nach Holland mögen ein Grund für die Tatsache sein, daß als Vorlagen für die Plastiken am Rathause in der Hauptsache Stiche holländischer Künstler verwendet wurden.

Lüder von Bentheim dürfen wir uns allerdings nicht als leitenden Architekten in unserem Sinne vorstellen. Diesen Beruf gab es damals noch nicht. Die eifersüchtig gehüteten Zunftgrenzen ließen solch einen, über allen Handwerkern und Künstlern stehenden Meister zu jener Zeit nicht zu. Doch kann man Lüder von Bentheim faktisch als solchen ansehen, da er für die wesentlichen Teile des Umbaues die Hausteinarbeiten zu liefern hatte und damit automatisch der führende Meister wurde. Alle Meinungen in der Literatur über das Rathaus stimmen darin überein, daß er nicht nur für den Außenbau, sondern auch für den Einbau in die Obere Rathaushalle das Konzept geliefert habe.

Es ist schwierig, wenn nicht gar unmöglich, die Eigenhändigkeit Lüders an einzelnen Werkstücken festzustellen. Wir müssen als sicher annehmen, daß er einen umfangreichen Werkstattbetrieb unterhielt, den er für den Rathausauftrag sicher noch vergrößern mußte. —

Den zweiten Steinhauer, der nach den Rhederbüchern neben Lüder von Bentheim für Steinhauerarbeiten am Rathause bezahlt wurde, ist Johan Prange. Sicher nicht zutreffend ist, wenn Focke vermutet, Prange sei noch zu jung und unerfahren gewesen, umfangreichere Arbeiten am Rathause übertragen zu bekommen. Nach den Beträgen zu schließen, die ihm ausbezahlt wurden[1102], hat er etwa 20—25 % der Steinhauerarbeiten am Umbau geleistet. Das ist bei dem Umfange der Arbeiten ganz ansehnlich. Da die ersten Zahlungen 1609 geleistet wurden, kann vermutet werden, daß Prange unter Umständen im Arkadenbereich mitgearbeitet hat. Er hatte schon Erfahrungen mit selbständig ausgeführten Bauten, so z. B. dem Schütting in Oldenburg zwischen 1605 und 1607[1103]. Seine Arbeit muß zur Zufriedenheit der Oldenburger ausgefallen sein, denn im April 1607 schließt Graf Anton Günther von Oldenburg mit dem Bremer Steinhauermeister einen Vertrag über den Bau des Oldenburger Schlosses, dessen Generalrechnung von 1612 datiert ist. Dort wird Prange als der führende Steinhauer vor drei weiteren genannt, unter denen auch Ludwig Münstermann zu finden ist. Die Gesamtleitung des Baues hatte aber offensichtlich Hauptmann Hans Maes. In ihm haben wir einen der Ingenieuroffiziere zu sehen, die vorwiegend in absolutistisch regierten Ländern für den Bereich der offiziellen Bauten die Stelle übernahmen, die heute Architekten ausfüllen. Bremen sicherte sich in dieser Zeit ebenfalls den Rat solcher in der Fortifikationsbaukunst erfahrenen Offiziere, ohne daß diese dann aber in der Stadt die Stellung von Architekten eingenommen hätten.

Der Rat verpflichtete Prange offensichtlich für die erste Phase des Rathausumbaues, als die Mitarbeit vieler Kräfte notwendig war oder vielleicht auch Lüder von Bentheim seinen Werkstattbetrieb noch nicht so erweitert hatte, daß er den umfangreichen Auftrag allein hätte durchführen können. Lange Zeit kann Prange allerdings am Rathaus nicht mitgearbeitet haben, da er 1610 schon wieder in Rechnungen zum Oldenburger Schloß erscheint. 1612 waren die Arbeiten daran beendet, im gleichen Jahre starb Lüder von Bentheim. Noch in diesem Jahre wurde Prange wohl sein Nachfolger im Amte des Ratssteinhauermeisters, was sein Auftreten in den Rhederbüchern 1613 verständlich macht[1104]. Es ist anzunehmen, daß er in oder mit der Bentheimschen Werkstatt den Bau zu Ende geführt hat, während Johannes von Bentheim, der Sohn Lüders, als nomineller Leiter der Werkstatt in den Rechnungen bis 1616 genannt wird. —

Die Zuweisung einzelner Skulpturen zu bestimmten Meistern ist bis heute kaum möglich. Auffällig ist allerdings, daß die Allegorien der Arkadenzwickel von Stil und bildhauerischer Qualität, soweit das heute überhaupt noch zu beurteilen ist, sich doch sehr unterscheiden. Demgegenüber erscheint der Tritonenfries darüber in Komposition und Ausführung sehr einheitlich zu sein. Auffällig ist an diesem Fries ferner, daß sich für ihn kaum direkte Vorbilder in der zeitgenössischen Grafik haben finden lassen, so daß die Vermutung berechtigt erscheint, ihn in Entwurf und Ausführung einem Meister zuzuordnen. Eine ähnlich hohe Qualität weisen die Stützkonsolen über den Bürgermeisterwappen von 1612 sowie die figürlichen Stützkonsolen des Dachsimses der Marktseite auf. Auch hierfür haben sich bisher direkte Vorbilder nicht finden lassen. Doch es bestehen offensichtlich Verbindungen zu anderen bildhauerischen Werken der Zeit in Bremen. Bremische Epitaphien, die Dettmann[1105] Johan Prange zuschreibt, zeigen eine sehr ähnliche Ornamentik, wie sie der Tritonenfries aufweist. Auf Grund stilkritischer Vergleiche hat schon Dettmann Prange als Schöpfer des Tritonenfrieses vermutet. Ein Vergleich mit den möglicherweise von der Hand Lüder von Bentheims stammenden Figuren vom Giebel der Marktfassade des Schüttings zeigt den großen stilistischen Unterschied, der sich nicht allein aus der Tatsache des zeitlichen Abstandes erklären läßt. —

Andere Steinhauer finden in den Akten nirgends Erwähnung. Wir kennen auch keine Namen aus der Bentheimschen Werkstatt. Ob die Steinhauer, die nach Johan Prange in den oldenburgischen Rechnungen genannt werden, auch in Bremen am Rathaus mit ihm zusammengearbeitet haben, muß offenbleiben[1106]. Nicht völlig auszuschließen ist die Mitarbeit von Hans Winter, einem Bremer Steinhauer, der über die Grenzen der Stadt hinaus bekannt war[1107]. Dettmann hat Winter eine ganze Reihe Epitaphien aus Bremer Kirchen zugeschrieben, deren letztes 1603 datiert ist. Über seinen Tod wissen wir nichts, doch vermutet Dettmann, daß er oder seine Werkstatt noch nach 1610 tätig war. Da er im wesentlichen Bildhauer war — die Bildhauer, sogenannte Freimeister, durften keine Hausteine für Bauten arbeiten[1108] —, ist es sehr gut denkbar, daß er unter Lüder von Bentheim gearbeitet hat und deshalb nicht in den Rechnungen erschien. —

Stein nimmt die Mitarbeit Johan Nackes in der Werkstatt Lüder von Bentheims an[1109]. Nacke wurde 1618 Meister und verwaltete ein Jahr später die Amtslade. Er begann den Bau des Wandschneiderhauses 1620, konnte ihn aber nicht zu Ende führen, da er schon im gleichen Jahre verstarb. Der unterste Fries am Wandschneiderhaus zeigt eine enge Verbindung zu den Formen des Rathausumbaues auf, auf der die Vermutung, er habe daran mitgearbeitet, beruht. —

Otto Gaul hat mit Ernst Crossmann noch einen weiteren Baumeister und Steinhauer mit dem Rathausumbau in Verbindung gebracht[1110]. Dieser ist der Sohn des Steinhauers Georg Crossmann aus Lemgo und hat offensichtlich in der Werkstatt seines Vaters gearbeitet. 1605 tritt sein Name zum ersten Mal urkundlich auf, als er anläßlich des Umbaues des Rathauses von Hannoversch-Münden eine besondere Vergütung erhält. An diesem Bau fällt eine Veränderung des Stiles bei Georg Crossmann auf. Diese ein wenig anders gestalteten Arbeiten seiner Werkstatt werden seinem Sohn Ernst zugeschrieben. Nach der Beendigung dieses Baues 1609 übernahm Georg Crossmann eine Erweiterung am Lemgoer Rathaus. Nach seinem Tode 1611 führte sein Sohn die Arbeit, vor allem an dem berühmten Apothekererker, der 1612 datiert ist, zu Ende. Die Verschlechterung der wirtschaftlichen Lage der Stadt bewog wohl Ernst Crossmann dazu, nach Bremen überzusiedeln[1111]. 1613 leistet er hier den Bürgereid, und sein Name erscheint 1614, 1618 und 1621 im Rhederbuch[1112]. Da er schon 1615 die Amtslade verwaltet, muß er großes Ansehen genossen haben. Nach dem Tode Johan Nackes wurde er mit der Weiterführung des Baues der Wandschneider beauftragt. Sein Werk sind die Giebel und wohl auch die Portalfiguren[1113]. Schon wenig später, 1622, starb er. Auf Grund stilkritischer Vergleiche wird ihm auch die 1618 entstandene Fassade des Essighauses in Bremen zugeschrieben.

Der Vergleich mit den bekrönenden Allegorien auf den Giebeln des Rathauses in Hannoversch-Münden sowie über seinem Portal mit der „Caritas" und der „Fides" auf den Zwerchgiebeln in Bremen sowie mit denen der Taufe aus der Lemgoer Marienkirche von 1592 und sogar mit den Figuren am Vorbau des Lemgoer Rathauses von 1589[1114] läßt es als sinnvoll erscheinen, wenn man für die Bremer Figuren Ernst Crossmann als Meister annimmt. Auch wenn die genannte Taufe und der Vorbau in Lemgo wohl Arbeiten seines Vaters sind, ist die Werkstattähnlichkeit zwischen beiden doch so eng, daß sie im Vergleich mit den Bremer Figuren über eine allgemeine Stilähnlichkeit einer Epoche weit hinausgeht. Das wird besonders in der Behandlung der Falten und den immer wiederkehrenden, unten ausgestellten Gewändern deutlich. Hinzu kommt die gleiche Auffassung bei den „Caritas"-Darstellungen, vor allem bei dem der Mutter zugewandten, stehenden nackten Kinde. Dabei müssen die Arbeiten des Jüngeren wohl als die künstlerisch bedeutsameren angesehen werden.

Vor allem die Karyatiden von der Auslucht des Rathauses von Hannoversch-Münden von 1604, die als Werk Ernst Crossmanns gelten, haben inhaltlich und formal eine so große Ähnlichkeit mit den entsprechenden Arbeiten an den Bremer Zwerchgiebeln, daß man diese ebenfalls als Arbeiten dieses Meisters ansehen kann.

Für die Evangelistenreliefs in der Mitte über den Arkaden ist eine andere ausführende Hand als für die daneben erscheinenden Tugendkämpfe vermutet worden. Ihre Form findet sich sehr ähnlich in kleinen Flachreliefs an der schon genannten Taufe in Lemgo von 1592. So läßt sich vermuten, daß vielleicht auch die Bremer Evangelistenreliefs von Ernst Crossmann stammen könnten.

Die Fertigstellung der Rathausfassade 1612 und das erste urkundliche Auftreten des Lemgoer Meisters in Bremen 1613 bei seinem Bürgereide stehen dem nicht entgegen. Denn sicher hat er schon eine gewisse Zeit vor seiner Einbürgerung in der Stadt gelebt und gearbeitet, bevor er in die Bürgerschaft aufgenommen wurde. Wahrscheinlich war er sofort nach Abschluß seiner Arbeit in Lemgo 1612 umgesiedelt. Das Fehlen seines Namens in den Rhederbüchern für die Jahre 1612 und 1613 erklärt sich am ehesten wohl damit, daß er zuerst in der Bentheimschen Werkstatt mitarbeitete, die ja auch nach dem Tode Lüders die Bauführung hatte, und daß alle Rechnungen über sie abgewickelt wurden.

Der Vergleich der „Fides" vom linken Zwerchgiebel der Marktfassade mit der „Justitia" über dem Güldenkammerportal legt die

Vermutung nahe, daß beide Arbeiten von der gleichen Hand stammen. Bezieht man in diesen Vergleich noch die „Justitia“ vom Hauptportal des Wandschneiderhauses (heute Gewerbehaus) mit ein, dann unterstützen Gesichtstypus, die Auffassung von Gliedern und Gewand und die Ausformung der Haare diesen Zusammenhang. Dabei liegt es natürlich nahe, daß das Holz eine bewegtere Formgebung zuläßt als der Stein. In diesen stilistischen Zusammenhang scheint auch der Herkules auf der Güldenkammertreppe zu gehören. Es ist kein Sonderfall, daß Steinhauer auch in Holz arbeiten, vor allem dann, wenn ihre Holzskulpturen nicht in direkter technischer und konstruktiver Verbindung mit Zimmermanns- oder Schreinerarbeit stehen. Damit ordnet sich eine Reihe von Plastiken am und im Rathaus in die Folge von relativ gesicherten Arbeiten Ernst Crossmanns aus Hannoversch-Münden und Lemgo und den Figuren am Hauptportal des Wandschneiderhauses ein. Es sind dies: die Tugenden auf den beiden Zwerchgiebeln sowie die Karyatiden daran, möglicherweise die Evangelisten über den Arkaden, die „Justitia“ und der Herkules am Einbau in der Oberen Rathaushalle sowie möglicherweise auch der Krieger auf der Spindel der Treppe in die Obere Rathaushalle. Die Nennung Ernst Crossmanns im Rhederbuch stützt auch urkundlich diesen Zusammenhang. –

## 9. *Versuch zur Rekonstruktion des ikonologischen Programms des Rathausumbaues von 1608 bis 1620*

### 9.1. *Die Geschichtsvorstellung im reformierten Bremen um die Jahrhundertwende*

Die Reformation beeinflußte die Vorstellung von Geschichte, von ihrem Sinn und ihrer Abfolge für das 16. und zum Teil auch noch für das 17. Jahrhundert wesentlich. Für die Lehre Luthers war der Bezug auf die Bibel in allen Teilen des Glaubens, der moralischen Wertvorstellungen und damit auch für die Geschichte lebensnotwendig. Er trat damit der Macht der katholischen Kirche und vor allem der des Papsttumes entgegen, die ihren Ursprung zwar ebenfalls im Neuen Testament fanden, doch war die weltliche Macht des Papstes historisch gewachsen, zum Teil gegründet auch auf Fälschungen, Gewalt und finanzielle Ausbeutung der Gläubigen. Die Lebensweise der Renaissancepäpste und ihr Auftreten als weltliche Machthaber, die ihre politischen Ziele mit allen Mitteln zu erreichen suchten, hatten die Entstehung ihrer Macht aus dem Glauben heraus völlig in den Hintergrund treten lassen. Luthers Angriff auf das Papsttum war notwendigerweise ausschließlich und für alle Lebensbereiche auf die Worte der Heiligen Schrift gegründet. Nur in ihr lag eine unantastbare Autorität. Eine andere Legitimation gab es für ihn nicht. Damit entdeckte die Reformation den lebendigen Gott der Bibel als Herrn und Richter der Geschichte wieder[1115]. Der Kommentar zum Buche Daniel von Hieronymus, der für das Weltbild und das Geschichtsdenken des ganzen Mittelalters bestimmend gewesen war, stellte auch jetzt noch das Schema für den Ablauf des irdischen Geschehens dar, dem die Historiographie im Zuge der Reformation bis weit ins 17. Jahrhundert folgte[1116]. Während die Weltchronistik der Tradition verhaftet blieb, wurde die Geschichte von der protestantischen Geschichtsschreibung vom Buche Daniel und der Offenbarung des Johannes, den endzeitlichen Darstellungen der Bibel, her gegliedert und interpretiert. Die Vorstellung, daß die Weltgeschichte aus drei Zeitaltern zu je 2000 Jahren bestände, war im 16. Jahrhundert noch allgemein: die Zeit „ante legem", der Abschnitt „sub legem" und die letzte Geschichtsphase „sub gratia"[1117]. Dieser dem Propheten Elia zugeschriebenen Weissagung über die Dauer der Geschichte[1118] lag nicht nur Carions „Chronica", sondern auch Luthers „Supputatio" zugrunde. Diese drei Geschichtsphasen wurden durch Abraham und das Erscheinen Christi auf Erden und sein Auftreten am Ende der Tage begrenzt. Der historische Stoff wurde um die vier Weltreiche gruppiert, wie sie Daniel im 7. Kapitel beschrieb. Dies ist das Gerüst der „Chronica" des Johann Carion, der sein Werk mit Hilfe Melanchthons[1119] 1532 herausbrachte. Dieses deutsch geschriebene Geschichtsbuch wurde bis 1564 neunzehnmal verlegt, 1537 ins Lateinische übertragen und dann mehr als dreißigmal nachgedruckt. Es erschien in allen damals wichtigen Sprachen[1120].
Luther veröffentlichte 1541 auf Drängen seiner Anhänger seine, ursprünglich nur für seine eigene Arbeit erstellte „Supputatio annorum mundi"[1121]. Er berechnete das Jahr 1540 als das 5500. Jahr der Welt. In seiner 1545 noch von ihm herausgegebenen Ausgabe der Heiligen Schrift gab er in der Vorrede zur Offenbarung[1122] einen kurzen Kommentar, der historische Ereignisse mit den Visionen des Johannes in Beziehung setzt. Babylons Untergang im 14. Kapital wird als Untergang des geistlichen Papsttums verstanden, die Zerstörung der Stadt als das Sacco di Roma von 1527. In Gog und Magog des 20. Kapitels sah er die Türken, und auf sie „folget flugs das Jüngste Gericht". Luther war jedoch so vorsichtig hinzuzufügen: „Doch muß die Rechnung nicht so genau alle Minuten treffen."
Melanchthon arbeitete die „Chronica" des Carion später nochmals völlig um. 1558 erschien der erste Band, der bis zur Geburt Christi reichte. Sein Schwiegersohn Caspar Peucer setzte das Werk bis Ferdinand I. fort. Auch Melanchthon sah in Gog und Magog die Türken. Seine Geschichtserwartung stand ebenfalls unter eschatologischen Vorzeichen. Er stellte sich die Welt als im Greisenalter befindlich vor. „Ohne den Glauben an Gottes Wirken in der Geschichte ist sie unverständlich. In doppelter Weise greift er in das irdische Geschehen ein: Er schenkt den Menschen Tugend und Tüchtigkeit, zum anderen gibt er ihnen das Glück des Gelingens. Nicht nur die ‚virtus' ist seine Gabe, sondern auch die ‚felicitas'."[1123] Den Begriff „fortuna" mied Melanchthon aber geflissentlich. Seine Historiographie mündete ein in die Erziehung zur Moral und den Ruf zum Gebet. Die Geschichte wirkt nach seiner Vorstellung ins Leben hinein, wird zur Sittenlehre und zur Predigt für den recht Hörenden. Es war daher nicht verwunderlich, daß Melanchthon der Geschichte einen wichtigen Platz in der Bildung der Protestanten zu verschaffen suchte.
Im protestantischen Bildungswesen nahm den vielleicht wichigsten Platz aber wohl Johann Sleidans Büchlein „De quattuor summis imperiis" ein. Mit seinen fast fünfzig lateinischen und zahlreichen Auflagen in anderen europäischen Sprachen war es bis zum Anfang des 18. Jahrhunderts das verbreitetste Schulgeschichtsbuch der Welt. Sein Aufbau gleicht der Chronica Carionis und den Ideen Melanchthons. Die Einteilung in die vier Monarchien wurde beibehalten. Sleidans Buch lag die Vorstellung zugrunde, daß der Gott der Bibel den Verlauf der Weltgeschichte vorausgesagt hat und daß ihre großen Veränderungen mit den biblischen Aussagen übereinstimmen. Sein Verdienst war es, kirchliche und politische Geschehnisse in eine engere Verbindung gebracht zu haben, als das vorher üblich war. Seine Forderung nach Wahrheit unter Vermeidung einer persönlichen Stellungnahme durch einfaches Berichten der Tatsachen und ihrer Abfolge hinderte ihn allerdings nicht, den Geschichtsverlauf vom Standpunkt des Glaubens aus zu betrachten. Der einzelne — gemeint sind natürlich Könige und Fürsten — war für Sleidan der Träger der Geschichte und ihrer Fortentwicklung. Er wertete eine Persönlichkeit mehr nach ihren Verdiensten um gelehrte Studien als etwa nach nationalen, politischen, wirtschaftlichen oder gar sozialen Gesichtspunkten[1124]. Vielleicht ist das einer der Gründe, die seinem Werk als Schulgeschichtsbuch eine so lang andauernde Beliebtheit verschafften. —
Moltmann hat in seinem Buch über Christoph Pezelius den Zusammenhang zwischen der orthodoxen, der philippistischen sowie der Geschichtsvorstellung, wie sie sich im reformierten Bremen entwickelte, dargestellt[1125]. Pezelius, der geistige Vater der reformierten Kirche in Bremen, war Mitarbeiter Caspar Peucers an der weiterführenden Bearbeitung der Chronica Carionis nach Philipp Melanchthons Tod 1560. Er nahm die Periodisierung der Weltgeschichte nach den Heilszeiten zu je 2000 Jahren in seine theologische Systematik und sein eigenes historisches Werk mit auf. Sein Geschichtswerk „Melleficium historicum" ist dreibändig angelegt. 1590 gab er den ersten Teil heraus, der die drei „Monarchien", die chaldäische, die persische und die griechische, enthält. Kurz vor seinem Tode konnte er 1603 noch den zweiten Teil fertigstellen, der die Geschichte Roms, der vierten Monarchie, bis Konstantin d. Gr. und weiter bis Mohammed behandelt. Seiner Arbeit legte Pezelius das Werk Sleidans „De quattuor summis imperiis" zugrunde. Er setzte jeweils einen kurzen Abschnitt des Sleidanschen Textes einem seiner Kapitel voran und schloß dann seine eigenen Überlegungen an. Das Sleidansche Geschichtsbuch war Pflichtlektüre der Bremer Studenten. Pezelius war als Professor an der Hochschule neben Theologie und Ethik auch für das Fach Geschichte zuständig[1126].
Den dritten Teil des „Geschichtlichen Honigbaues" bearbeitete dann Johann Lampadius[1127] nach dem gleichen Muster. Seit 1593 Rektor an der Schule zu Braunschweig und dann Professor für Geschichte in Heidelberg, kam er 1603 als Prediger an die Stephanikirche nach Bremen. 1613 wurde er Professor für Geschichte und Theologie in Bremen. Er starb 1621. Als Pezelius' beide Bände des „Melleficium historicum" in Marburg 1610 ein weiteres Mal erschienen, fügte ihnen Lampadius dann 1611 den dritten Band hinzu[1128]. Lampadius behandelt den zweiten Teil der vierten Monarchie, des Römischen Reiches, „complectens quinque ultimarum Periodum Novi Testamenti". Der erste Teil geht von Heraklius bis Karl d. Gr., der zweite bis Heinrich IV., der dritte bis Rudolph I., der vierte bis Karl V. und der letzte schließlich vom Tode Luthers „ad finem mundi, quae Apocalypsi cap. 14.17.18.19 praedicta est". Zwar legte Lampadius seinen Ausführungen auch, soweit möglich, den Sleidanschen Text zugrunde, doch schob er an geeigneter Stelle immer wieder Abschnitte ein, die Kommentare zur Offenbarung des Johannes enthalten und sie in bezug auf ihren historischen

Inhalt in Verbindung zur Zeitgeschichte bringen. In der Ausgabe von 1611 behandelte Lampadius die Zeit bis 1598. Für die Ausgabe von 1617 ergänzte er das Buch bis zum Jahre 1615[1129].

Lampadius hat in seinem Teil des „Melleficium" eine für uns heute eigenartig anmutende Kombination von Bibelauslegung und Geschichtswerk geschaffen. Seine Arbeit entstand unter dem Einfluß englischer und niederländischer Apokalypsenkommentare[1130]. Carolus Gallus weilte seit 1579 mehrfach in Bremen. In seinem „Clavis Prophetica"[1131] setzte er die Bilder von Siegel, Posaune, Zornesschale und Brief (des Johannes) gleich sieben Zeitabschnitten, die von den Aposteln bis zum Ende der Welt reichen. Der 7. Brief, das 7. Siegel, die 7. Posaune und Zornesschale entsprachen seiner Meinung nach der Zeit von 1519, der Wahl Karls V., bis zum Ende der Welt. Unter anderem deutete er das „Tier aus der Erde", ausgedrückt in eines Menschen Zahl mit „666", als den römischen Antichristen und seine Königsmacht, sichtbar in 666 Talenten Gold, am meisten aber durch 666 Myriaden Menschen, die die unendliche Menge der Anhänger der katholischen Kirche symbolisieren[1132].

Der Schotte Johannes Napeirus bezog in seine „Auslegung der Offenbarung Johannis"[1133] den Propheten Daniel mit ein. Er ging für seine Berechnungen von der Voraussetzung aus, daß jeder prophetische Tag ein Jahr bedeutet und jedes prophetische Jahr etwa 360 historischen Jahren entspricht. So kam er in seinen Berechnungen für den Tag des Jüngsten Gerichtes nach der Offenbarung auf das Jahr 1688, nach Daniel auf das Jahr 1700. Für ihn waren Gog der Papst und Magog die Türken. Der Name des Tieres, der sich in der Zahl „666" ausdrückt, war für ihn der Name (lateïnos), „latinus", die Bezeichnung für den römischen Kaiser[1134].

Für den Engländer Thomas Brightmannus[1135] war Rom der Sitz des Antichristen, die „große Hure Babylon". Zu Beginn seiner Auslegung setzte er in einer Synopse historische Tatsachen zu den Kapiteln der Offenbarung in Beziehung. Die Aktivitäten Elisabeths I. von England glaubte er von Johannes im 16. Kapitel seiner Offenbarung vorhergeschaut. In ihrem und anderer protestantischer Fürsten Wirken erkannte er die Ausgießung der ersten Schale des Zorns: „Effunduntur Phialae prima per Sereniß. nostram Reginam Elizab. et alios Princip. Protestant. qua totus grex Pontificius scatet ulcerosa invidiae ..." heißt es da[1136]. Die Worte zeigen, wie wenig zimperlich man mit dem politischen und vor allem mit dem Glaubensgegner umging. Bei Brightmannus wird natürlich besonders seine nationale Einstellung deutlich. Für ihn stand Elisabeth I. an der Spitze des Widerstandes gegen den Antichristen. Diese nationale Ausdeutung wird bei den meisten anderen Autoren ebenfalls erkennbar. –

So unterschiedlich diese Kommentare die Einzelheiten der Offenbarung auch auf die Zeitgeschichte beziehen, so haben sie doch einige Punkte gemeinsam. Sie verstanden ihre Zeit als die Endzeit der Weltgeschichte und erwarteten das nahe Ende. Um sich besser im Glaubensverhalten darauf einstellen zu können, unternahmen sie den Versuch, die in der Bibel niedergelegten Beschreibungen dieser Endzeit zu deuten. Die Forderung nach möglichst genauer geschichtswissenschaftlicher Arbeit lag darin begründet, daß ohne sie eine Auslegung des Wortes Gottes zu diesen Fragen als unmöglich angesehen wurde. Das Ziel der Historie war also, eine möglichst genaue Bestimmung des eigenen historischen Standortes in dieser letzten Phase der Weltgeschichte vornehmen zu können. Gelang dies, dann war nach der Vorstellung der Zeit auch eine Berechnung des Endes der Welt möglich. Auf dieses Ende konnte der Gläubige sich dann gezielt vorbereiten. Die Beschäftigung mit der Geschichte war also primär eine Frage des Glaubens.

Damit wird auch deutlich, warum an den Bildungsstätten Theologie und Geschichte so oft in einer Hand lagen, wie das in Bremen sowohl bei Pezelius als auch bei Lampadius der Fall war. Lampadius fußte im 3. Band des „Melleficium historicum" auf den Auslegungen des Carolus Gallus und des Johann Napeirus[1137]. Er hielt Napeirus allerdings für den genaueren Interpreten und folgte ihm, wenn er die siebte und letzte apokalyptische Periode mit dem Tode Luthers beginnen läßt. Diese Zeit verstand er als Zurüstung zur 7. Posaune und 7. Schale, die das letzte „Wehe" im 10. Kapitel der Offenbarung verkündet[1138]. Für Lampadius deckte sich das Sacco di Roma mit dem, was Johannes im 18. Kapitel der Offenbarung beschreibt[1139]. In das gleiche Kapitel ordnete er die große Seeschlacht zwischen der spanischen Armada und dem nach Seegeltung strebenden England von 1588 ein. Beides, Sacco di Roma und Untergang der Armada, wurde als Schlag gegen den Antichristen verstanden. Der Papst als Antichrist und Rom als das Babylon der Apokalypse waren für den Historiker und Theologen Lampadius historische Fakten und deckungsgleich. Sein Ziel war es, durch dieses Buch dem Gläubigen den Blick für die Zeichen der Zeit zu schärfen, daß er die Vergehen des Antichristen zu erwarten hatte und gleichzeitig auf die Belohnung hoffen konnte, die in der Erwartung des baldigen Kommens Christi dem wahrhaft Gläubigen ab Kapitel 19 der Offenbarung angeboten werden[1140]. –

Für die Frage nach der Ikonologie des Rathausumbaues bleibt festzuhalten: Die Geschichtsvorstellung im reformierten Bremen war um 1600 eschatologisch ausgerichtet. Das lag vor allem in dem Zuschnitt des reformierten Glaubens Pezelscher Prägung begründet, der sich damit erheblich vom Calvinismus abhob. Bei Calvin hatte die individuelle Ausrichtung der Eschatologie, die Frage nach der persönlichen Auferstehung nach dem Tode zu einer Verwerfung der Apokalyptik geführt. Jegliche Naherwartung des Endes der Zeiten war ihm fremd[1141]. Die Andersartigkeit des bremischen reformierten Glaubens gegenüber dem Calvinismus mag ein Grund dafür gewesen sein, daß an dem Gebäude, das die Stadt symbolisierte, diese Glaubensrichtung optisch-künstlerische Gestalt fand. Dabei ging es sicher nicht nur um eine Abgrenzung gegenüber den lutherisch ausgerichteten Ständen der direkten Umgebung und etwa im Verband der Hanse, sondern sicher auch um die Abhebung von eigenen Glaubensbrüdern anderer reformierter Prägung. Die ikonologische Deutung der Rathausfassade von 1612 als Thron Gottes und die Stationen, die den Menschen vor ihn führen, sowie des Einbaues in der Oberen Rathaushalle als Darstellung des letzten Gerichtes und des Weges des Menschen vor dieses Gericht finden ihre Bestätigung in dem apokalyptisch ausgerichteten Verständnis der Zeitgeschichte durch Theologie und Geschichtswissenschaft. Sie ist aufs engste mit dem reformierten Glauben, wie ihn Pezelius in Bremen eingeführt hat, verbunden[1142]. Diese eschatologisch ausgerichtete Glaubensrichtung hielt sich in Bremen bis in die zweite Hälfte des 17. Jahrhunderts, wie aus den Apokalypsenauslegungen und einem Danielkommentar des Johann Coccejus erkennbar wird. Diese Besonderheit des Bremer reformierten Glaubens brachte es mit sich, daß die ikonographischen Topoi, wie sie vor allem in den künstlerischen Werken der lutherischen Kirche ihre Ausprägung fanden, sich hier in heute der Kunstwissenschaft wenig bekannten Abwandlungen darstellen. Dazu gehören die verschiedenen Darstellungen Christi als „Zweig des Herrn", als „Löwe aus dem Geschlechte Juda", „der die Schlüssel der Hölle und des Todes hält", sowie in der Gestalt der Evangelistensymbole. Das Thema „Gesetz und Evangelium" fand in unterschiedlicher Weise eine Form, und die menschliche Entscheidung zwischen Gut und Böse wurde im „Herkules am Scheideweg" auf unterschiedliche, der reformierten Praedestinationslehre Pezels angepaßten Weise verarbeitet. Glaubensgrundsätze, alttestamentarische und römische Geschichte, Mythologie, Zeitgeschehen und ganz konkrete, die Stadt Bremen betreffende politische Probleme wurden mit dem erwarteten Ende aller Zeiten, dem Jüngsten Gericht und der erhofften Offenbarung der Herrlichkeit Gottes in einer für uns heute kaum nachvollziehbaren Weise verknüpft und in eine künstlerische Gestalt gebracht. Jedes Ornament, jede Relieffigur, jede Skulptur und jedes Bild erfüllten darin eine ganz bestimmte Aufgabe. Eine unsachgemäße Erneuerung, wie etwa die der äußeren Kriegergestalten auf den Rathausecken oder eine Umsetzung vermeintlich nur dekorativer Elemente oder gar ihr Verlust, wie z. B. der der Tugenden über dem Güldenkammerportal beiderseits des Curtiusreliefs, führen zu einer empfindlichen Störung des Gesamtkonzepts. Nur das kaum auflösbare Zusammenspiel von Glaube, spezieller politischer Situation der Stadt, Vorhandensein der Hochschule mit ihren geistigen Führern, den besonderen Vorstellungen der zeitgenössischen Kunst mit ihrer Vorliebe für Mehrdeutigkeit, Überfülle der Formen und Verschlüsselung inhaltlicher Aussagen sowie der Stellung der Gebrauchsgrafik als frei verfügbares Vorlagenmaterial für alle Bereiche der bildenden Kunst machten solch ein Werk überhaupt erst möglich. –

## 9.2. *Die politische Situation Bremens zu Beginn des 17. Jahrhunderts*

Die politische Situation der Stadt um und nach 1600 soll in wenigen Strichen skizziert werden, damit das erneuerte Rathaus mit seinem umfangreichen Bildprogramm darin seinen Platz finden und als Politikum verstanden werden kann.
Bremen konnte sich den großen europäischen Auseinandersetzungen selbstverständlich nicht entziehen und war immer wieder unter anderen Aspekten in sie verstrickt. In den großen Gegensatz zwischen protestantischen und katholischen Mächten, der in Deutschland noch mit der Ausdehnung landesherrlicher Macht auf Kosten des Reiches verknüpft war, war die Stadt ebenso verwickelt, wie sie in ihrer besonderen Lage als reformierte Insel zwischen lutherischen Gebieten besondere Probleme zu bewältigen hatte. Die Frage ihrer Reichsunmittelbarkeit, ihre Stellung als kaiserfreie Stadt, hatte seit 1522, dem Jahr, in dem die Reformation in Bremen Fuß faßte, nichts von ihrer Brisanz verloren. Die meisten politischen und wirtschaftlichen Entscheidungen wurden von dieser lebensnotwendigen Frage entscheidend mit beeinflußt. Das dritte bedeutende Problem stellte sich für Bremen in der Sicherung seines Handels und seiner Handelswege, die durch den allgemeinen Verfall der Hanse und die beiden oben genannten Problemkreise in Schwierigkeiten geraten waren.
Die Stadt mußte ihre Treue zum Kaiser einerseits eindeutig dokumentieren, um ihren nur halb gefestigten Status als reichsfreier Stand zu unterstreichen, der allein ihre Glaubensfreiheit sicherte, andererseits war der Kaiser im Glauben ihr Gegner und damit zum Teil auch im politischen und wirtschaftlichen Bereich. Der Kampf der reformierten Generalstaaten gegen Spanien machte vor Norddeutschland nicht halt, und 1591 und noch einmal 1598 standen spanische Truppen nicht weit von Bremen entfernt. Die gemeinsame Abwehr der Spanier brachte zwar den bremischen Erzbischof an die Seite seiner eigentlich gegen ihn stehenden Stadt, aber Kompetenzstreitigkeiten über Truppengestellung und Geleit durch stadtbremische Gebiete konnten sogar in diesen kritischen Momenten die Kluft zwischen Landesherr und Stadt nicht verdecken. Dennoch ist Erzbischof Johann Friedrich nicht mehr das Hauptproblem der Stadt, wenn es auch im „Discursus de Republica Bremensis“[1143] Johann Esichs, des Rektors des Gymnasiums in Bremen, so erscheint. Heinrich Kreffting überarbeitete dann diese Schrift[1144], in der vor allem die Rechte der Stadt gegenüber dem Landesherrn herausgestellt wurden. Auf dieser Grundlage erschien dann die vom Rat der Stadt unterstützte Chronik der Stadt Bremen von Wilhelm Dilich im Jahre 1604 in ihrer endgültigen Fassung[1145]. Mit ihr erschien die erste gedruckte Chronik Bremens und wurde damit für den Rat zu einem Politikum ersten Ranges. Konnte er doch mit ihr über die Grenzen des Stadtstaates hinaus Bremens Stellung als Reichsstand untermauern.
Nicht nur die drohenden Einfälle der Spanier, sondern vor allem die Ausdehnungsbestrebungen der Landesherren gegenüber den Städten und ihrer Macht gaben Kreffting beim Angriff Herzog Heinrich Julius' auf Braunschweig 1599 die Gelegenheit, sich als Wortführer einer neuen hanseatischen Einheit gegen absolutistisches Machtstreben zu profilieren. 1606 gelang ihm ein Sechsstädtebund — Lübeck, Hamburg, Lüneburg, Bremen, Magdeburg und Braunschweig —, der einen erneuten Angriff auf Braunschweig abwehren konnte. Aber auch hier spielte die Religion entscheidend mit hinein. Der gemeinsame protestantische Glaube verband zwar die Städte, doch als Kreffting 1608 versuchte, den Städtebund für einen Anschluß an die gerade gegründete Protestantische Union unter der Führung des Kurfürsten von der Pfalz zu gewinnen, da winkten die lutherischen Städte wegen des in dem Bündnis herrschenden Übergewichts der Reformierten ab. Diese Auseinandersetzungen, in die Bremen sich verstrickt sah, führten dazu, daß die Stadt seit 1601 ihre Stadtbefestigungen unter erheblichen Kosten, allerdings auch nur stückweise, modernisierte.
Die Stellung Bremens zu England war zwiespältig. Einerseits wurde Elisabeth I. von Historikern und Theologen des protestantischen, vor allem aber des reformierten Lagers als vornehmste Verteidigerin des Glaubens angesehen, da sie sich der spanischen Invasion widersetzte und den Angriff der Armada 1588 erfolgreich hatte abwehren können. Offensichtlich stand Gott auf ihrer Seite, der einen Sturm zu Hilfe geschickt hatte[1146]. Andererseits verbot der Kaiser dem protestantischen England Handel in Deutschland. Dem wollten allerdings süddeutsche wie auch einige Hansestädte nicht Folge leisten. Erst Hamburg und nach ihm auch Stade nahmen eine Niederlassung englischer Kaufleute auf. Im Laufe des 16. Jahrhunderts war die Hanse aller ihrer Privilegien in England verlustig gegangen, und die junge, aufstrebende See- und Handelsmacht war nicht willens, sie zurückzuerstatten, da diese die Entfaltung des eigenen Handels natürlich behinderten. Dadurch waren die Hansestädte und auch Bremen wieder stärker auf den Handel mit dem katholischen Spanien angewiesen, das wiederum mit den im Glauben verbundenen Generalstaaten im Krieg stand. Diese Schwierigkeiten und Widersprüchlichkeiten zwischen Handel, Politik und Glauben machen es verständlich, daß weder der große Versuch eines Bündnisses aller reformierten Staaten und Stände unter Einschluß Englands und Frankreichs zustande kam, das Kreffting nach Kräften unterstützt hatte, noch daß es dem Bremer Bürgermeister gelang, der Hanse zu neuer Macht und Ansehen zu verhelfen oder auch nur ein dauerhaftes Bündnis der von den Landesherren bedrohten Städte zusammenzubringen. Lübeck verbündete sich bald nach Krefftings Tod 1611 gegen den Einspruch des Kaisers 1613 mit den Generalstaaten. Braunschweig schloß sich unter dem Druck einer erneuten Bedrohung seitens seines Landesherrn an, und 1616 trat Bremen mit neun weiteren Städten diesem Bündnis bei.
1612 forderte Graf Anton Günther von Oldenburg anläßlich der Wahl Kaiser Matthias' für seine angeblich kostspielige Fürsorge für die Weser, Zoll auf dem Strom erheben zu dürfen. Dies griff nun direkt in bremische Interessen ein. Diese Forderung war nicht nur ein unmittelbarer Angriff auf Wirtschaft und Finanzen der Stadt, sondern traf vor allem auch ihre schwer errungenen „Freiheiten“ als kaiserfreie Stadt und ihre landesherrlichen Rechte auf des „Reiches Strom“. Gestattete sie dort Abstriche, geriet ihre mühsam aufgebaute Reichsfreiheit ins Wanken und in der Folge davon vor allem auch ihre Glaubensfreiheit. Diese war durch die Zunahme der Gegenreformation bedrohter denn je. 1609 hatte sich als Antwort auf die Gründung der Protestantischen Union die katholische Liga konstituiert. Die große Auseinandersetzung der Konfessionen begann sich abzuzeichnen. —
Daß in dieser Zeit unterschiedlichster Angriffe von außen die Stadt erhebliche Summen für den Umbau ihres Rathauses bereitstellte, ist erstaunlich. Offensichtlich hat der Bau trotz aller politischen Widrigkeiten bis zu seiner Fertigstellung keine wesentlichen Unterbrechungen erfahren. Das ist um so bemerkenswerter, als die Stadt gleichzeitig erhebliche Anstrengungen unternahm, um die Stadtbefestigungen zu modernisieren und zu ergänzen. Diese Arbeiten kamen jedoch immer wieder für Jahre zum Erliegen. Die Schlußfolgerung kann nur sein: Der Rathausumbau war für den Rat der Stadt das wichtigere Objekt, vor allem dann, wenn die äußeren, direkten Bedrohungen momentan abgewendet waren. Bei einer nur repräsentativen Vergrößerung des Rathauses wäre das kaum vorstellbar gewesen. Bedenkt man jedoch das Programm der Fassade und des Einbaues, dann wird die Haltung der Stadtväter schon eher verständlich. Die Dokumentierung der eigenen Glaubenssituation erschien offensichtlich dringender als — unter dem Aspekt des doch in absehbarer Zeit erwarteten Endes der Geschichte und des Glaubens an den Schutz Gottes für seine Gemeinde — die auf längere Zeiträume angelegten Fortifikationsbauten der Stadt. —

## 9.3. *Zur Ikonologie des Rathausumbaues*

Wie sah das ikonologische Programm des Rathausumbaues aus? Die Quellen schweigen bis jetzt darüber. Das folgende kann also nur als Versuch angesehen werden, das Programm, das vorhanden gewesen sein muß, aus dem baulichen und dem bildnerischen Bestand zu rekonstruieren.
Der Umbau Lüder von Bentheims hat den eigentlichen Bestand des gotischen Baues nicht angetastet. Daher kann mit einiger Sicherheit angenommen werden, daß auch seine ursprüngliche Bedeutung, nämlich architektonisches Abbild der Stadt zu sein, noch

nicht in Vergessenheit geraten war. Die Stadt hatte sich in den vergangenen zweihundert Jahren über die Weser hinweg nicht wesentlich ausgedehnt, doch machten die neue Kriegstechnik und die verbesserte Artillerie eine Befestigung der linken Weserseite unumgänglich. 1601 hatte der niederländische Festungsbaumeister Johann van Rijswijk einen Plan entworfen, der nicht nur die Modernisierung der alten Stadtbefestigung, sondern auch auf dem linken Weserufer eine moderne Festungsanlage mit sieben Bastionen vorsah. Das Abbild der Weser entlang der Stadt in Gestalt der Rathausarkaden erfuhr in Form der neuen toskanischen Säulen eine sicher primär bautechnisch begründete „Befestigung". So wie die Stadt begann, langsam über den Strom hinüber zu wachsen, wuchs die gotische Laube über den Arkaden zum großen Mittelrisalit, dem Kernstück der Umgestaltung des Rathauses. —

Während der gotische Bau noch allseitig konzipiert war, wenn auch mit besonderer Betonung der Ausrichtung zur Weser hin, so ist doch die einseitige Akzentuierung der Marktseite durch Lüder von Bentheim auffällig. An der Nordseite waren Veränderungen nur möglich, wenn man die dort angesetzten Gebäudeteile wieder abriß. Eigentlich ging es ja auch nicht um einen Um- oder Ausbau, eine Modernisierung im heutigen Sinne. Denn der tatsächliche Raumgewinn war doch minimal und hätte an anderer Stelle sicher einfacher und preiswerter erreicht werden können. Eine vielleicht notwendige Erweiterung des Rathauses hätte man doch z. B. zur Westseite hin vornehmen können. Bei der Umgestaltung ging es jedoch in erster Linie um die Darstellung eines Programmes, das nicht an beliebiger Stelle untergebracht werden konnte. Die Marktseite des Rathauses ist zur Weser hin ausgerichtet, und jenseits dieses Stromes lagen die Staaten, denen sich Bremen vor allem in Glaubensfragen verbunden fühlte und auf die seine Politik ausgerichtet war: die reformierten Generalstaaten, das England Elisabeths I., Frankreich mit den hugenottischen Glaubensbrüdern und alle reformierten deutschen Staaten, wie z. B. die Pfalz oder Nassau-Dillenburg, denen Bremen besonders eng verbunden war. Dorthin richtete sich die Stadt in Politik und Glauben aus. „In diese Richtung" wendete sie ihr „Gesicht", die Schauseite ihres Rathauses, das symbolhafte Abbild der Stadt selber. —

Das Bildprogramm des gotischen Baues blieb in seinem Bestand weitgehend erhalten. Nur die beiden Konsolfiguren der Ecktürmchen zum Markt mußten den Kriegerfiguren weichen. Der Mittelrisalit erzwang eine Verschiebung der acht Figuren von König/Kaiser und den Kurfürsten nach außen. Dabei wurden zwei Veränderungen vorgenommen, die auf den ersten Blick nicht ins Auge fallen. Es ist einmal die Umsetzung des kaiserlichen Baldachins über den dritten geistlichen Kurfürsten, den Erzbischof von Köln. Die zweite ist die Betonung des Königs von Böhmen durch eine zweite Konsole. Sie zeigt die gleichen Formen wie das Geländer über den Arkaden. Sie ist mit Flügeln bedeckt.

Beide Veränderungen deuten auf Entsprechungen in der glaubenspolitischen Situation der Zeit hin. In Köln trat zwischen 1546 und 1584 viermal ein Erzbischof vom Amte zurück, weil er heiraten oder protestantisch werden wollte. Der letzte, Gebhard Truchseß von Waldburg, wollte ebenfalls heiraten und wurde deshalb protestantisch und gab das evangelische Bekenntnis für sein Kurfürstentum frei. Mit diesem Konfessionswechsel ergab sich für den Protestantismus noch einmal die einzigartige politische Lage, daß von den sieben Kurfürsten des Reiches vier protestantisch waren. Diese politische Konstellation fiel mit Philippe de Duplessis-Mornays Betreiben einer „réconciliation" der französischen und englischen Kirchen mit den deutschen Fürsten zusammen. In diese Bestrebungen waren auch Pezelius und die Stadt Bremen verwickelt[1147]. Die katholische Seite reagierte jedoch schnell und hart. Der Truchseß von Waldburg wurde von Papst Gregor XIII. als Erzbischof und von Kaiser Rudolph II. als Kurfürst abgesetzt. Er versuchte mit Unterstützung der Pfalz und Nassaus eine Gegenwehr, doch mußte er, da die verbündeten Generalstaaten die ihm versprochene Hilfe nicht leisten konnten, da sie selber angegriffen wurden, nach kurzem Kampfe aufgeben. So standen sich in jener für beide Konfessionen so wichtigen Region Kaiser und Papst sowie die katholischen Reichsstände den Reformierten unter Führung der Pfalz und Nassaus mit ihren Verbindungen zu Frankreich und den reformierten Niederlanden gegenüber. Die lutherischen Fürsten und Reichsstände nahmen eine abwartende Position ein. Im Zusammenhang mit dieser offensiven Politik der Reformierten ist auch Pezelius' Entsendung durch Johann von Nassau nach Bremen 1580/81 zu sehen[1148].

Die Stellung des Kaisers zu dem in den Augen der Protestanten widerrechtlich abgesetzten Kurfürsten von Köln und die enge Beziehung, die zwischen Köln und Bremen seit jeher bestand, machen die Akzentuierung des Kölners an der Rathausfassade ebenso verständlich wie die entsprechende „Abwertung" der König/Kaiser-Figur. Gemeint sind dadurch offensichtlich nicht der katholische Erzbischof und Kurfürst, sondern die mindestens zum Teil protestantischen Einwohner Kölns und ihr „unrechtmäßig" vertriebener Landesherr. Pezelius stand zu ihm seit 1584 in Verbindung und beriet ihn in theologischen Fragen[1149].

Pezelius unterhielt auch enge Beziehungen nach Böhmen. Er war mit Graf Simon VI. zur Lippe[1150] befreundet, der 1593 als kaiserlicher Reichshofrat und Kammerherr nach Prag zog. In Böhmen gab es damals fünf größere Konfessionen: Utraquisten, Böhmische Brüder, Calvinisten, Lutheraner und Katholiken. Ein großer Teil des Adels und der städtischen Bürgerschaften war protestantisch. Ein nicht geringer Teil derer, die zur politischen Führungsspitze des Landes zählten, war calvinistisch. Das spiegelte sich später in der Wahl des reformierten Kurfürsten Friedrich V. von der Pfalz zum böhmischen König wider. 1609 mußte der damalige König von Böhmen, Kaiser Rudolph II., im sogenannten Böhmischen Majestätsbrief die von den Ständen vertretenen Religionsbekenntnisse respektieren. Da hier die Regel, daß der Landesherr die Konfession zu bestimmen habe, durchbrochen wurde, war Böhmen für die Stadt Bremen, deren Reichsunmittelbarkeit ja keineswegs gesichert war, natürlich sehr interessant.

Damit erhalten die gotischen Figuren von König/Kaiser und Kurfürsten neben der ursprünglichen Sinngebung eine weitere Bedeutung. Die protestantischen und gleichzeitig auch weltlichen Kurfürsten stehen auf der rechten Fassadenseite den katholischen geistlichen und dem katholischen Kaiser gegenüber. Dabei werden die besonderen Verhältnisse in Böhmen und Köln durch geringe, kaum wahrnehmbare Veränderungen ausgedrückt. Durch das Bildprogramm der Fenster werden sie in den Gesamtzusammenhang der Fassade mit einbezogen[1151].

Das gleiche geschah mit den Figuren der Schmalseiten des Baues. Hier vollzog sich „nur" eine Umbenennung der Propheten in „Cicero", „Demosthenes", „Aristoteles" und „Plato". Dabei spielt es für die ikonologische Deutung nur eine geringe Rolle, ob diese Umbenennung schon 1532 erfolgte oder vielleicht doch erst im Zuge des Umbaues von 1608/12. Die Namen antiker Gelehrter und Weiser stehen für humanistische Bildung, die nach der Bildungsvorstellung, die Pezelius hier in Bremen vertrat, vom Staate zu schützen war und alleine die Reinheit des Evangeliums garantieren konnte. Die Figurengruppen an den Schmalseiten des Rathauses bedeuteten zu Beginn des 17. Jahrhunderts, daß die Stadt die reine Lehre und die dafür nötige Bildung und auch die Bildungseinrichtungen besaß. Die Figuren an den Außenwänden des Rathauses demonstrieren sowohl den Besitz nach außen hin, wie auch den Schutz, den die Stadt beidem angedeihen ließ. Es ist heute nicht mehr eindeutig bestimmbar, ob die vier antiken Redner und Philosophen auch allegorisch für bestimmte Künste stehen oder ob sie etwa die Ziele des Unterrichts am Bremer Gymnasium um 1600 verdeutlichen[1152] oder einfach nur die wichtigsten antiken Schriftsteller nennen, die die Schüler in Bremen zu lesen hatten[1153]. —

Der eigentliche Kern des Umbaues sind der Mittelrisalit nach außen und der Einbau in der Oberen Rathaushalle innen. Dazu gehören die Rathausarkaden und die drei Giebel der Marktfassade. Auffallend ist, daß der Einbau in der Oberen Rathaushalle sowohl Innen- wie Außenbau ist, während die Arkaden Außen- wie Innenraum darstellen. Die Überfülle an Ornament gehört eher in einen Innenraum, die Arkaden sind architektonisch mehr Innenraum und signalisieren mit den Sternen im Gewölbeabschluß mehr Außenwelt und Blick auf den Himmel. Die Wand des Einbaues in der Oberen Rathaushalle ist Außenwand der beiden neuen Räume, für die Halle selber ist sie aber Innenwand. Das gleiche gilt für die Treppe.

Der gesamte Umbau stellt nichts anderes dar als die Stadt Gottes, das Himmlische Jerusalem mit dem Thron Gottes, für die innen und außen, oben und unten, Himmel und Erde als Beziehungspunkte nicht mehr gelten[1154]. Die zwölf Tore bilden sich in den elf Arkadenbögen und dem Gerichtsportal der Güldenkammer als zwölftem ab. Die beiden Bögen an den Schmalseiten der Arkaden sind hierin nicht einbezogen. Sie sind zwar ornamental, aber nicht inhaltlich der Marktfassade zugeordnet. Die Tore des Himmlischen Jerusalem stehen Tag und Nacht offen[1155]. Die Edelsteine der Mauern sind in der Vielfalt der in den Arkadenbögen dargestellten gefaßten Steine abgebildet, das Gold ihrer Gassen in der um 1620 angebrachten goldenen Tapete, die den Abschluß des Umbaues bildete und der „Güldenkammer" den Namen gab. Der „Thron Gottes" inmitten der Stadt, „die Hütte Gottes bei den Menschen", gewinnt im Mittelgiebel Gestalt. Dieser ist nicht etwa eine reine Verlängerung des Mittelrisalits, sondern ein Stück zurückversetzt, so daß er tatsächlich „inmitten" des Einbaues steht.

Der Mittelrisalit wirkt innen und außen vor dem vergleichsweise schlichten gotischen Gebäude wie ein umgehängtes Schmuckstück, dessen Kette außen der die Seitenwände umfassende Fries unter dem Dachsims bildet. Der Einbau in der Oberen Halle hebt sich mit seinem Reichtum an Formen und den farbigen, wie Juwelen dort eingesetzten Bildern sehr stark gegen den sonst wenig gegliederten Raum ab. Beides erscheint geradezu eine Illustration des Neuen Jerusalem zu sein, „von Gott aus dem Himmel herabgefahren, bereitet als eine geschmückte Braut ihrem Manne"[1156]. Dabei wäre der gotische Bau, herausgeputzt z. B. mit einem neuen Dach und neuer Außenbemalung, dem Bräutigam zu vergleichen, der die geschmückte Braut, den Mittelrisalit und Einbau, „umfängt". Die Verschmelzung von geschmückter Braut und Bräutigam kann bildhaft und architektonisch kaum eindrucksvoller realisiert werden als in diesem Bauwerk.

Die Frage der Glaubensgewißheit, der Prädestination, die Kernpunkt des bremischen reformierten Glaubens Pezelscher Prägung war, spielt hier mit hinein. Die Menschen rechten Glaubens, die in der Stadt wohnen, sind nicht nur Bürger der Stadt Bremen, sondern auch Heilige des Himmlischen Jerusalem. Dessen Kommen wurde zu der Zeit in nächster Zukunft geglaubt, erhofft, erwartet. Bremen und seine Gläubigen umfassen die himmlische, geschmückte Braut, das Neue Jerusalem, in sicherer Heilserwartung. Das Rathaus als Abbild der Stadt ist das Symbol dieser Glaubenshaltung. —

Ist das von Lüder von Bentheim umgebaute Rathaus immer noch symbolhaftes Abbild der Stadt Bremen, dann ist es auch Abbild des christlichen Staates, wie ihn sich die Protagonisten der zweiten Reformation, deren wichtigster in Bremen Pezelius war, vorstellten[1157]. Der Staat wird als „hospitium Ecclesiae, bonarum litterarum, disciplinae et aliarum artium" verstanden, als Herberge der Kirche, der guten Wissenschaften, der Schule und der Künste. Die Tugenden der linken Arkadenseite führen zur Philosophie, einem Geschenk Gottes und Schmuck der Kirche, solange sie nicht mit dem Evangelium vermischt wird[1158]. Am Rathaus ist beides auf die größtmögliche Entfernung dargestellt. An der einen Schmalseite, dem Dom gegenüber, stehen die Propheten und Petrus als die Vertreter des Wortes Gottes. Den antiken Weisheitslehrern an der Westseite ist die „Philosophia", den Vertretern des Wortes Gottes die „Fama", der „gute Ruf der Heiligen", nahe. Die Ausbildung der menschlichen Sinne in den sieben Künsten und die Zügelung der Temperamente durch die Tugenden führen — am Mittelrisalit — den Gläubigen vor den Richterstuhl Gottes in Gestalt des Thrones Salomos, auf dem Christus, der „Löwe aus dem Stamme Juda", thront.

Die Wege des Gläubigen auf den Pfaden der Tugenden, des Glaubens, der Wissenschaften und der Künste, standen nicht nur „unter" den Sternen — dem Tritonenfries als Darstellung des Zodiakus —, in denen die Wege Gottes und seine Ratschlüsse von Anfang der Welt verschlüsselt sind, sondern auch „unter" dem Einfluß von Zeit und Weltgeschichte, allegorisiert in den Menschenaltern und den Weltreichen. Die Menschwerdung Gottes auf Erden war dabei der „zentrale Punkt"", von dem alles ausging und auf dessen nahes, erneutes Kommen alles hinstrebte. Der Gläubige sah nicht nur am „alten Bau" des Rathauses die „alten Götter", das Gegeneinander von Gut und Böse, von Vergänglichkeit und Leben oder von Ungerechtigkeit und Gerechtigkeit im Thron Salomonis und der Verleumdung des Apelles am Dachsims oder über den Fenstern. Er erlebte „im Angesicht" des Himmlischen Jerusalem und des Thrones Gottes das letzte Wegstück der Geschichte, wie sie in der Apokalypse des Johannes geoffenbart worden war. Die letzten Geschehnisse dieser Welt, der „Untergang der Hure Babylon" und die Schlacht von Hermagedon enden dann ebenfalls vor dem Richterthron des „Löwen aus dem Stamme Juda".

Die Gegenüberstellung von Gesetz und Evangelium spiegelt sich nicht nur im Gegensatz von altem und neuem Bau und in den, an den verschiedenen Teilen des Baues dargestellten Themen, sondern wird auch in Einzelbildern variiert.

Der Thron Gottes in Gestalt des Mittelgiebels und der beiden kleineren Zwerchgiebel ist durch die Balustrade vom eigentlichen Baukörper eindeutig getrennt. „Vor" Gottes Thron versammeln sich die Allegorien der vier Weltreiche, und die Obelisken verkündigen seinen Ruhm. Christus erscheint mindestens dreimal an der Fassade: als Gott, der Mensch geworden ist, über den Arkaden; genau in der Mitte der Fassade als Typus Salomonis auf dem Throne der Weisheit und Gerechtigkeit und als derjenige, der „die Schlüssel der Hölle und des Todes" in Händen hält auf der obersten Stufe des Thrones Gottes. Das Bremer Wappen hat neben seiner heraldischen Aufgabe mindestens noch zwei weitere Bedeutungen. Es ist in einer ersten Bedeutungsebene Zeichen der Macht und des Reichtumes der Stadt, die dieses Gebäude hat errichten können. Darüber hinaus scheint sich Bremen als „oberste" der sieben Gemeinden der Offenbarung verstanden zu haben, dem Throne Gottes am nächsten stehend. Heilsgewißheit und die feste Überzeugung, die reine Lehre, den wahren Glauben in der Fülle der konfessionellen Richtungen zu vertreten, mögen zu dieser uns heute eher überheblich erscheinenden Einstellung geführt haben. —

Was am Anfang der ikonographischen Untersuchung als bloße Arbeitshypothese Verwendung fand, kann jetzt als verhältnismäßig sicher angenommen werden. Ein Glaube, in dessen Zentrum vor allem das geoffenbarte Wort Gottes steht[1159], wird, wenn dieses Wort bildlich dargestellt werden soll, auf große Genauigkeit in der bildhaften Gestaltung achten mussen. Allerdings war Pezelius entschieden gegen eine Abbildung Gottes, „das solches auff keinerley weiß geschehen soll oder möge"[1160]. Offensichtlich waren seine Worte vor allem gegen traditionelle Darstellungen Gottes in menschlicher Gestalt gerichtet, obwohl er auch das „einig gleichnis machen" ablehnt. Am Rathause wird denn auch Gott selber nicht dargestellt, sondern sein Thron. Andere Kreaturen und Geschöpfe Gottes dürfen aber dargestellt werden, wenn man das Ziel der Abbildung bedenkt. „Also können der Creaturn bildniß geduldet werden umb dieser dreyen endursachen willen: Eine, das sie entweder erinnerung sindt von beschehenen historien oder geschichten, oder das sie einem politischen brauch dienen, oder auch zum Zirath und schmuck gereichenn."[1161] Pezelius führte an dieser Stelle als Begründung an, daß Mose Cherubim gemacht hätte und Salomon eherne Ochsen und goldene Löwen. Er sah in Malen und Schnitzen von Gott verliehene Künste. Eindeutig sprach sich der Bremer Reformator aber gegen Kunstwerke in Kirchen aus, damit sie nicht angebetet werden könnten. So erfolgte die Darstellung Gottes am Rathause denn auch nicht direkt. Das Programm zwang dann aber doch dazu, daß die Vorschriften des Pezelius nicht ganz exakt eingehalten wurden und Gott doch als Gleichnis, nämlich als „Stein Jaspis und Sarder", Gestalt zu verleihen. Man bediente sich dabei einer in der Kunst der Zeit so gängigen ornamentalen Form, die zudem in fast gleicher Art und Weise an der Fassade in unterschiedlicher Bedeutung vorkommt, daß diese Verschleierung eine Deutung allein erst aus dem Kontext ermöglicht. —

Die Treppe und der Einbau in der Oberen Rathaushalle sind eindeutig auf den Ratsstuhl ausgerichtet. Anders lassen sich weder die Anordnung der Treppe noch das zur Ostseite hin verschobene Güldenkammerportal erklären. Die beiden regierenden Bürgermeister und die mit ihnen die Regierung bildenden Ratsherren blickten von ihren Sitzen direkt auf den Herkules als Verkörperung des Tugendweges. Ihm gegenüber wird der leichte Weg der „Voluptas" deutlich, der an der von den Zeichen des Todes umgebenen „Fortuna" endet. Hierin muß die von den Reformierten vertretene Auffassung von der in jener Zeit so überaus populären „Fortuna" erkannt werden, wie sie auch von katholischer Seite propagiert wurde. Unter dem Gesichtspunkt des Glaubensgegensatzes muß so manche völlig unübliche Behandlung kunsthistorischer Themen verstanden werden, die am Rathaus erscheint. Durchschreitet der, der dem Laster, verführt vom Teufel, auf dem falschen Wege gefolgt ist, das Tor des falschen, trügerischen Glücks, dann findet er sich unversehens bei der „Hure Babylon" wieder und ist mit ihr dem Untergang geweiht. Beide Portale zum Alten Archiv gehören also inhaltlich folgerichtig zusammen und verknüpfen die Lebensentscheidung des Menschen aufs engste mit dem Glauben, der eschatologisch ausgerichtet ist. Die Männer, die die Geschicke der Stadt leiteten, hatten dies immer ebenso vor Augen wie die Ermahnung zur Einigkeit. „Sapientia ducit Concordia" hört sich wie das Vermächtnis Heinrich Kreffings an, der zeit seines Lebens versucht hatte, über die trennenden innerkonfessionellen Grenzen hinweg Protestanten aus politischen Gründen zu einen. Auch Pezelius hatte seine Arbeit, soweit sie über Bremen hinaus politisch war, darauf ausgerichtet und dabei mitgeholfen, die Reformierten zu einem Bündnis zu vereinigen, wie es England und auch Frankreich zu seiner Zeit angestrebt hatten.

Eindringlich wird im Gerichtsportal der Güldenkammer das Bild der Welt und ihres Endes durch das Gericht des Herrn an Hand der Visionen des Daniel vor Augen geführt. Es ist direkt neben den Weg der „Voluptas" gerückt, der bei der „Hure Babylon" endet. Dazwischen ist die Mahnung zur Einheit gesetzt, damit der Feind nicht Sieger bleibt. Als Antitypus zum Gerichtsportal und zum abschließenden „Juste Judicate" an der Schmalseite des Einbaues ist die Gerechtigkeit „unter den alten Göttern" in den emblematischen Gerichtsbildern dargestellt. Die obere Bildreihe wiederholt in lehrhafter Art die Notwendigkeit, sich auf das Alte und Hergebrachte zu stützen und davon zu lernen. Damit wird das Thema der Hauptwand des Einbaues zu einer Wiederaufnahme und Ergänzung des Salomonbildes von 1532. Die Reihe der Kaiser von Karl d. Gr. bis Sigismund ergänzt das Karl-Willehad-Gemälde dadurch, daß es „Karl und mennich vorst vorwar", wie es der Rolandschild ausdrückt, d. h. die Kaiser, die die Privilegien der Stadt immer wieder bestätigt haben, „in den Himmel erhebt" und damit versucht, die Freiheiten der Stadt unanfechtbar zu machen. Damit wird erneut die angestrebte und fast erreichte Reichsfreiheit, Bremens „Kaiserfreiheit", in den Blickpunkt gerückt und auf sie hingewiesen. Sie geriet in der Zeit, als die Decke gerade entstanden war oder noch an ihr gearbeitet wurde, in Bedrängnis. —

## 9.4. *Zur Autorenschaft des Bildprogrammes*

Wer hat das Bildprogramm des Rathausumbaues von 1608/20 entwickelt? Aus Quellen gibt es auf diese Frage ebensowenig eine Antwort wie auf die Frage nach dem Programm selbst. Auch hier läßt sich eine Aussage dazu nur dadurch erreichen, daß man die dafür in Frage Kommenden mit dem Programm vergleicht und eine Zuordnung versucht. Wer ist in Bremen für die Entwicklung eines solchen Programmes kompetent, welche Stellung muß er in der Stadt haben, wer wird dafür gebraucht?

Den Umbau des Rathauses führte Lüder von Bentheim, des „Erbaren Rades Stenhower". Könnte er das Programm für das Rathaus entwickelt haben? Zweifellos war Bentheim Bremens größter Baumeister um 1600. Er hatte entscheidenden Anteil an der Weserrenaissance in der Hansestadt. Die architektonische Durchformung einer Fassade, auch die eines anspruchvolleren Baues, war ihm wohlvertraut. 1594 gestaltete er die Marktfassade des Schütting, deren Dachsims und Zwerchgiebel noch heute von seinem Können zeugen. Doch an dieser Stelle war das Bildprogramm vergleichsweise bescheiden gegenüber dem eines Baues wie dem Rathause. Stein hat nachweisen können, daß Lüder von Bentheim 1595/96 den Umbau des Leidener Rathauses und dessen neuer Fassade durchgeführt hat. Die beiden erhaltenen und vermutlich von ihm stammenden Entwürfe dazu[1162] zeigen zwar sein Können in bezug auf architektonische Gliederung einer Fassade und sein Geschick, vorhandene Bausubstanz mit einzubeziehen, doch von einem bildnerischen Programm ist nichts zu erkennen. In der Ausführung wurden dann einige Skulpturen mit einbezogen, doch von einem umfangreichen Bildprogramm kann auch hier nicht die Rede sein. Natürlich war das in erster Linie vom Auftraggeber abhängig. Ein überaus reiches, weitverzweigtes und dazu auch noch in weiten Teilen theologisches Programm, das häufig sogar von den gängigen thematischen Formulierungen, wie sie in der Kunst damals allgemein üblich waren, abwich, kann wohl kaum von einem Mann wie Lüder von Bentheim entwickelt worden sein. Er war ein Meister der Organisation, wie die Bearbeitung der gesamten Leidener Rathausfassade in Bremen beweist, die dann auf dem Seewege an Ort und Stelle transportiert wurde. Er war Großhändler mit Obernkirchener Sandstein. Seine engen Verbindungen nach Holland geben unter Umständen die Erklärung dafür, warum so viele grafische Vorbilder von holländischen Künstlern stammen. Bentheim hat möglicherweise die umfangreichen, notwendigen Vorlagen in der Hauptsache zusammengetragen. Und zweifellos ist durch seinen umfangreichen Betrieb die künstlerische Gestaltung des Rathausumbaues erst möglich geworden. Wahrscheinlich ist er bei den Planungen von Anfang an hinzugezogen worden. Denn ohne eine frühzeitige Zusammenarbeit von „Programmgestalter" und „Architekt" ist eine solche Arbeit nicht denkbar. Schon Stein hat auf eine lange vorher notwendige Planung des Rathausumbaues hingewiesen[1163]. Er beschreibt zwar direkt vorher den Umbau der Fenster der Südseite von 1595, begründet sie jedoch mit der kurz vorher fertiggestellten Schüttingfassade und nicht mit dem schon konzipierten Umbau. Eine Erweiterung der Fenster der Oberen Rathaushalle zu Renommierzwecken scheint aber doch wenig wahrscheinlich. Sehr viel eher ist anzunehmen, daß in dieser Arbeit der erste Schritt zum Rathausumbau zu sehen ist[1164]. Die kriegerischen und politischen Auseinandersetzungen, in die die Stadt dann aber geriet, stoppten das Unternehmen erst einmal zwangsweise. Stimmt diese Annahme, dann muß zumindest das erste Konzept für das Programm für 1595 oder sogar noch früher angesetzt werden. —

Ist das Bildprogramm des Rathausumbaues tatsächlich noch vor 1600 konzipiert worden, dann ist es sehr wohl denkbar, daß der in dem Jahrzehnt vor der Jahrhundertwende in Bremen bekannteste und bedeutendste Bildhauer, Hans Winter, für die Gestaltung des Bildprogrammes zu Rate gezogen worden ist. Er hatte nach 1594 den umfangreichen Epitaph des Herzogs Wilhelm d. J. von Braunschweig-Lüneburg für die Celler Stadtkirche gearbeitet. Die vielen ihm von Dettmann zugeschriebenen Epitaphien in Bremer Kirchen zeigen vor allem in der Ornamentik viele Übereinstimmungen mit der des Rathauses. Die Gestaltung umfangreicher Bildprogramme, vor allem auch im religiösen Bereich, war für ihn selbstverständlich. So ist seine Mitarbeit in der Gestaltung des plastisch-künstlerischen Entwurfes — des „Patrons" — durchaus als möglich anzunehmen[1165]. Allerdings fehlt für diese Annahme bis heute eine Bestätigung durch Quellen. —

Wenn das Rathausprogramm vor oder kurz nach 1600 entstanden ist, dann ist es kaum vorstellbar, daß nicht Christoph Pezelius, der Initiator und Kopf der sogenannten zweiten Reformation in Bremen, zumindest wesentlichen Anteil daran gehabt haben sollte[1166]. In den Auseinandersetzungen zwischen Lutheranern und Bürgern, die dem Calvinismus zuneigten und sich der Konkordienformel, der Bekenntnisschrift, die 1577 die Lehre der lutherischen Kirchen endgültig festlegte, widersetzten, rief der Rat der Stadt neben Friedrich Widebram auch Christoph Pezelius (1539—1604) aus dem reformierten Nassau als Schlichter nach Bremen. Die mit ihrer Hilfe erarbeitete Einigungsformel trug reformierte Züge. 1581 gelang es dann dem Bürgermeister Daniel von Büren d. J. (1512—1593), Pezelius endgültig nach Bremen zu holen. Trotz der Gegnerschaft des Erzbischofs Heinrich III. von Sachsen-Lauenburg und der benachbarten lutherischen Fürsten und Reichsstände konnte Pezelius die Organisation der bremischen Kirche im reformierten Sinne durchführen. Änderungen im Gottesdienst und ein radikales Vorgehen gegen die darstellende Kunst in Kirchen fanden die Unterstützung Daniels von Büren d. J. Nachdem Pezelius 1584 Superintendent wurde, versuchte er die Stellung des Ministeriums zu stärken, ohne daß es ihm gelungen wäre, diesem Kollegium stadtbremischer Prediger den Status einer geistlichen Behörde zu gewinnen. Doch pflegte der Rat das Ministerium in den meisten kirchlichen Angelegenheiten zu befragen. 1584 erweiterte Pezelius, ebenfalls mit der Unterstützung Daniels von Büren d. J., die bestehende Lateinschule um eine achte Klasse, in der sowohl die alten Sprachen weiterbetrieben wurden, wie auch die Anfangsgründe von Theologie, Jura und Medizin gelehrt wurden. Der Aufbau von Fakultäten in einem universitätsähnlichen Gymnasium erfolgte dann erst 1610. 1595 faßte Pezelius seine Ziele im Hinblick auf Lehre, Kultus und Kirchendisziplin in dem für die reformierte Kirche Bremens wichtigen „Consensus Ministerii Bremensis Ecclesiae" zusammen und verpflichtete alle Ministeriumsmitglieder darauf[1167]. Darüber hinaus war Pezelius Prediger an der Ansgariikirche und am Bremer Gymnasium Professor für Geschichte, Theologie und Ethik. Er verfaßte den bremischen Katechismus.

Es erscheint sinnvoll, auf wenigstens drei Punkte etwas näher einzugehen, die zum Bildprogramm des Rathauses eine direkte Beziehung haben könnten: die reformierte Auffassung vom Staat, wie sie Pezelius hier in Bremen vertrat, seine Beziehung zur christlichen Bildung und sein Verhältnis zur Kunst.

Anders als Luther verstanden Melanchthon und in seiner Nachfolge Pezelius den Staat nicht nur als einen um der Sünden willen eingesetzten Notstand, sondern als naturgesetzliche Notwendigkeit[1168]. Die eschatologisch verstandene Theokratie war sein Ziel. Das Ideal von Staat und Kirche war das „regnum Christi". Das Evangelium sollte in der Welt durch staatliche Ordnung, humanistische Bildung und gesetzlich geförderte Sittlichkeit geschützt werden. Das Evangelium selbst war im Sinne der staatlichen Ordnung die Erfüllung des ersten Gebotes. Wo es in einem Staate anerkannt und rein gelehrt wurde, war die vornehmste Aufgabe der Kirche wie des Staates erfüllt. Fürsten und Magistrate der Städte waren verpflichtet, das Evangelium zu fördern und zu verteidigen, denn dazu hatte, nach Melanchthon, Gott die politische Ordnung bestimmt. Pezelius leitete daraus sogar verschärfend ein Widerstandsrecht gegen Kaiser, Papst und Bischöfe ab. Darin spiegelte sich bei ihm ebenso calvinistisches Gedankengut wie in der von ihm propagierten „Reich-Gottes-Politik" des christlichen Staates. Unter diesem Aspekt unterstützte er auf das nachhaltigste die Unionsbestrebungen Elisabeths I. von England wie auch solche von französischer Seite. Für Pezelius hatte der Staat die Kernbestimmung, Herberge der erwählten Gemeinde zu sein. Darin näherte er sich ebenfalls der calvinistischen Staatsauffassung.

Es liegt nahe zu untersuchen, ob diese Staatsauffassung sich im Umbau des Rathauses widerspiegelt. Tatsächlich lassen sich alle Hauptpunkte dort finden. Das Evangelium bildet sich in den Evangelisten in der Mitte über den Arkaden ab. Es wird von den „staatlichen" Tugenden — „Magnanimitas" bis „Historia" — durch den Sieg der Sittlichkeit in Gestalt der Tugendkämpfe zu beiden Seiten und durch die humanistische Bildung in Gestalt der sieben freien Künste — und eventuell der dazugehörigen Sinne — darüber im wörtlichen Sinne schützend umgeben. Das „regnum Christi" erscheint in den mehrfachen Darstellungen Christi im Bereich des Mittelrisalits und wird abgeschlossen durch den „Löwen aus dem Stamme Juda" auf dem Throne Salomonis an dem eigentlichen Baukörper des Rathauses, dem Sinnbild der Stadt, und am Mittelrisalit selbst. Damit geht das „regnum Christi" vom Himmlischen Jerusalem aus und reicht bis in die irdische Stadt. Der Thron Salomonis vereinigt das Abbild von irdischer Stadt — das gotische Rathaus und sein Baukörper als Bild von Stadt und Staat Bremen — und seine Durchdringung vom Bilde der himmlischen Stadt in Gestalt von Mittelrisalit und Arkaden als architektonisch-plastische Gestaltung des Ortes der Herrschaft Christi im Himmel und auf Erden. Der Staat als Herberge der erwählten Gemeinde wird in den verschiedenen Tugendwegen abgebildet, deren verschiedene Ziele sich in den Gestalten von „Philosophia" und „Fama" vor dem Thron der Gerechtigkeit und letztlich vor dem Throne Gottes in der Giebelzone manifestieren. Hierin spiegelt sich eine eschatologisch verstandene Theokratie, als welche sich der Rat der Stadt in seiner Herrschaftsform wohl verstand. Diese Themen werden im Einbau in der Oberen Rathaushalle nochmals in veränderter Gestalt aufgenommen. Durch das Wort von der „iustitia humana" als einer Führerin zu Christus lassen sich z. B. die Gerechtigkeitsbilder an der Güldenkammerwand unter dem Vorzeichen des Glaubens verstehen, was durch das „Juste Judicate" schon angedeutet wurde. —

Die Zielpunkte der zweiten Reformation umfaßten neben der Gottesdienstordnung, der Kirchenzucht und der neuen Vorstellung von Obrigkeit auch eine Schulreform. Der Staat war nicht nur „hospitium Ecclesiae", sondern auch „(hospitium) bonarum litterarum, disciplinae et aliarum artium"[1169]. Pezelius verstand den Staat also nicht nur als Herberge der Kirche, sondern auch als Förderer von Schule und Bildung. Religion und Pflege der Bildung in Sitte, Recht und Schule gehörten notwendig zusammen: „Ibi florunt litterae, ubi est vera Ecclesia". Ohne eine Blüte der humanistischen Gelehrsamkeit konnte für Pezelius — in der Nachfolge Melanchthons — die Reinheit des Evangeliums nicht gewahrt bleiben. Das zielte natürlich in allererster Linie auf die Beherrschung der alten Sprachen, in denen die biblischen Texte geschrieben waren, doch darüber hinaus auch auf alle Wissenschaftsdisziplinen und Künste. Pezelius sah „in der Verbindung von Kirche und Schule, von Evangelium und Humanität den providentiellen Knoten, mit dem Gott in der ‚Nacht der Barbarei' und der Unwissenheit das Licht der ‚doctrina coelestis' und der echten Humanität in Bildung und heroischen Tugenden hat aufleuchten lassen"[1170]. Pezelius verstand in Philosophie und Rechtslehre Analogien zur ewigen Weisheit Gottes, der das gesamte sittliche und geistige Leben der Kreatur zu entsprechen habe. Er sah in der Philosophie ein Geschenk Gottes und einen Schmuck der Kirche, sofern sie nicht durch ihre Vermischung mit dem Evangelium mißbraucht wurde.

Auf die enge Verbindung der Bildungsauffassung des Pezelius mit dem Bildprogramm am Rathause wurde schon hingewiesen[1171]. Unter diesem Aspekt bekommen die Gegensätze zwischen „Prudentia" und „Acedia" oder „Veritas" und „Mendacium"[1172] eine neue Bedeutung. Diese und andere Tugendkämpfe erscheinen, wenn auch in negativer Formulierung, in Daniel Meißners Emblembüchlein[1173] einige Jahre später. Das Emblem zeigt vor der Silhouette der Stadt Bremen einen Studenten, der der Prasserei, der blinden Liebe und der Schlafsucht verfallen ist. Diese drei Laster kommen am Rathause als „Voluptas", „Gula" und „Acedia" vor. Ob die Emblemata Meißners zu denen ihnen zugeordneten Städten einen Bezug haben, kann an dieser Stelle nicht untersucht werden. Meißner selbst verneint das in seiner Vorrede. In die „Nacht der Barbarei" bringt die „Veritas" am Rathause mit ihrer Fackel[1174] das Licht der „doctrina coelestis". Die Tugend- und Bildungswege in Verbindung mit den Glaubenspfaden haben in vielfacher Formulierung innen und außen am Rathause Gestalt gewonnen. In ihnen spiegelt sich die Bildungsvorstellung eines Christoph Pezelius ebenso wie die des Bürgermeisters Daniel von Büren d. J. —

Pezelius' Stellung zur Kunst ist immer äußerst zwiespältig behandelt worden. Das nimmt auch nicht wunder, da mit seinem Namen der größte Bildersturm, den Bremen bis zum Dritten Reich erlebt hat, verbunden ist, er aber andererseits einer der Väter des bremischen Bildungswesens gewesen ist. Seine Stellung zur Kunst ist unzweideutig im „Consensus" von 1595 niedergelegt, doch ist bisher eine Bearbeitung unter kunsthistorischen Aspekten noch nicht erfolgt. Sie kann auch hier nur in groben Zügen vorgenommen werden.

Die Reinigung der Kirchen, die „Emendation", von „götzenbildern und abgötterey" begann in Bremen mit dem Erscheinen Christoph Pezelius' 1581. Auf seine und Daniel von Bürens Anweisungen wandten sich Bürger gegen die Kunstwerke in Bremer Kirchen[1175]. 1581 wurden in St. Ansgarii einige Epitaphien und der Predigtstuhl demoliert. Ein Jahr später wurden vom Hochaltar von Liebfrauen die Tafel entfernt und ein großes Kruzifix zerstört. In der Martinikirche wurden Tafeln und Kreuz des Hochaltars beseitigt, ein Kruzifix zerschlagen, der Epitaph eines Bürgermeisters beschädigt und Apostelfiguren vernichtet. In Ansgarii wurde ein an Ketten hängendes Kruzifix abgenommen, und in St. Stephani konnten vergoldete Altartafeln vor einer ersten Zerstörung noch einmal bewahrt werden.

Post beschreibt in seiner Chronik zum Jahre 1586 die endgültige Säuberung der Kirchen von Altären, die den bisherigen Bildersturm überstanden hatten[1176]: „In diesem jahre sind die päbstlichen altäre wovon noch hin und wieder unterschiedene in den pfarr-Kirchen übrig geblieben gantzlich weggethan. Sonsten ist auß alten nachrichten, so Viel bekand daß eine große menge dieser altäre auß Heiliger andacht gestiftet sind, und die einkünfte so dabey geleget, mehrentheils von Bremischen bürgern hergerühret haben." Dann folgt eine Aufzählung[1177]: Im Dom werden 33 Altäre mit Namen benannt, für Liebfrauen 7, z. T. mit Stiftern und Stiftungsjahr (vom 14.–16. Jh.), für St. Martini 3 mit Stiftern und Stiftungsjahr aus der 2. Hälfte des 14. Jahrhunderts, für St. Ansgarii 23 (der älteste von 1299, die meisten anderen aus dem 14. Jahrhundert), aus St. Stephani werden schließlich 9 Altäre benannt. Während wir heute vor allem den unersetzlichen Verlust wohl meist bremischer Malerei und Plastik aus mindestens drei Jahrhunderten betrauern, werden aus den knappen Notizen zumindest zwei Gründe für die Zerstörung erkennbar. Zum einen waren für die Vorkämpfer der zweiten Reformation die Altäre in katholischen – oder doch ehemals katholischen – Kirchen des „Papstes Hoffarben und Feldzeichen“[1178]. Darüber hinaus waren mit ihnen häufig rechtliche und vor allem wirtschaftliche Vorteile und Zuwendungen für die Geistlichen, die an den Kirchen tätig waren, verbunden[1179]. Gerade gegen die Verknüpfung von Geld und Glauben war aber Luther mit seiner Reformation angetreten. Er hatte aus politischen Gründen auf eine radikale Lösung dieses Problems noch verzichten müssen. Außerdem waren die Familien der Stifter durch ihre Stiftungen nicht nur mit der Kirche, sondern vor allem mit der Tradition – und die war nun einmal katholisch – häufig noch immer eng verbunden. So scheint der Bildersturm des Pezelius und seiner Mitstreiter nicht nur ein Kampf gegen die nicht mit der Heiligen Schrift übereinstimmende Verehrung und „Anbetung“ von Bildern gewesen zu sein, sondern eine Radikalkur gegen die von Luther noch geduldeten vielfachen Verbindungen zur Lehre des „Antichristen“, die sich aus der gewachsenen Tradition der Stadt wie Bremen nun einmal ergaben, auch wenn ihre Bürger weitgehend überzeugte Protestanten waren.

Trotz der entschiedenen Einstellung gegen jede Kunst in Kirchen wurden die entstandenen Lücken bis zu einem gewissen Grade durch Epitaphien gefüllt, die in den Jahren zwischen 1580 und dem Anfang des 17. Jahrhunderts besonders zahlreich sind. Hinzu kamen bildhaft-künstlerische Darstellungen an Kanzeln, Orgelprospekten und Gestühl. Die bildnerischen Themen, vor allem an Kanzeln und Epitaphien, beschränken sich in der Hauptsache auf Tugendallegorien, Darstellungen des Todes und der Vanitas – als Beispiele seien die paarweise sich auf Totenschädel stützenden Putten genannt –, Engel und Evangelisten. An einer Reihe von Epitaphien wird das Zentrum von einer Illustration biblischer Geschehnisse, oft mit dem Zitat der Bibelstelle, gebildet. Alle Themen, die Möglichkeiten der Anbetung bieten konnten, fehlen völlig: Kruzifixe, Mariendarstellungen, Heiligenbildnisse sowie alle Themen aus Legenden. Der Grund dafür ist natürlich auch in der Ablehnung der Marien- und Heiligenverehrung der protestantischen Kirche zu suchen. Unter diesem Aspekt erscheint die „Umtaufe“ der Propheten an der Westseite des Rathauses in einem neuen Licht. Das gleiche gilt für die Tatsache, daß die Figuren der Domseite *nicht* umbenannt wurden. Ebenso wie die Darstellung biblischer Gestalten am Ratsstuhle schloß ihre Verbindung mit Rechtssprüchen die Gefahr einer Anbetung wohl aus.

Im „Consensus“ von 1595 legte Pezelius den Grund für die Abschaffung der Altäre eindeutig klar. Im Artikel „Von den abgöttischen Altarn das Babsttumbs . . .“[1180] führt er aus, daß die Einführung der Altäre und die Abhaltung des Abendmahles an geweihten Altären sowie die Anrufung der Heiligen vor ihnen „die Altarn mitt vielem heilthumb und götzenbildern erfüllet, und gleich als zu einer werckstatt vielfeltiger Abgötterey gemacht“. Er fährt fort, daß viele evangelische Kirchen als Zeichen dafür, daß „sie an den bepstischen greueln, so mitt dem Meßopfer und anruffung der heiligen getrieben worden, eine ernste abscheu hetten, die Altarn gentzlich abgeschafft . . .“ hätten und an deren Stelle bequeme Tische, mit einem Tuche bedeckt, zur Austeilung des Abendmahles benutzten. In Bremen ließ er „als ein Stück der Christlichen freyheit . . . nach abthuung des götzenwercks . . .“ das Mauerwerk der Altäre stehen und an Stelle der Flügelaltäre die Hauptstücke des Katechismus „mitt feinen leserlichen buchstaben geschrieben, und für augen gestellet werden“. Damit wird verständlich, daß Pezelius nicht kunstfeindlich gesinnt war, was bei einem „magister artium“ auch kaum denkbar war, sondern daß hier für ihn eine ganze Reihe schwerwiegender Glaubensgründe vorlag, die – für uns heute kaum mehr nachvollziehbar – ihre Ursache in der immer mehr sich zuspitzenden Auseinandersetzung zwischen den beiden großen Konfessionen, in Bremen darüber hinaus noch in dem Zwang, sich eindeutig gegenüber den umliegenden lutherischen Glaubenskirchen absetzen zu müssen, hatten.

Pezelius war offensichtlich gezwungen, das Thema „Von der Abschaffung der Bilder und Götzen aus den Kirchen“[1181] noch ausführlicher zu behandeln, da anscheinend noch nicht einmal alle Pastoren von der Notwendigkeit des Bildersturms überzeugt waren. In fünf Punkten behandelt er die Fragen der darstellenden Kunst. Erstens wird die Frage, ob man Gott abbilden dürfe, mit dem „Du sollst dir kein Bildnis noch irgendein Gleichnis machen . . .“ eindeutig verneint. Die Frage nach der Darstellung der Geschöpfe Gottes wird schon differenzierter behandelt. Pezelius kommt zum Schluß, daß sowohl nach der Lehre des Alten wie des Neuen Testamentes „der Creaturen bildniß geduldet werden“ kann, wenn „sie entweder erinnerung sindt von beschehenen historien oder geschichten, oder daß sie zu einem politischen brauch dienen, oder auch zum Zirath und schmuck gereichenn“. Darüber hinaus verurteilt er jede Bilderverehrung strikt. Daraus ergibt sich auch das Verbot, daß „bildnißen dahin gesetzet werden sollen, da der Gottesdienst fürnemlich gehalten und im schwanck gehen soll“. Dennoch dürfen Christus und die Heiligen „entweder zum gedechtniß ihrer historien, oder die heuser fürnehmer leuth zu schmücken, oder zu einer ehrlichen und zugelassenen lust der augen, so schöne und wolproportionierte bildniß gerne sehen, auch bey den Christen geduldet werden“. Der Begründung, warum Kunst in den Kirchen nichts zu suchen habe, gibt er breiten Raum. Die Verantwortung, daß anstößige Bildwerke und der Aberglaube vor ihnen abgeschafft werde, übertrug Pezelius in erster Linie den Pastoren und Lehrern, in den eigenen Häusern aber auch den Hausvätern. Wenn bei öffentlichen Gebäuden die Obrigkeit nicht einschreitet, gestattete Pezelius sogar auch „gemeyne leut“, dies zu übernehmen.

Betrachtet man den Text unter dem Aspekt, daß zur Zeit der Formulierung des „Consensus“ Pezelius eventuell mit Daniel von Büren d. J. und anderen schon das Programm des Rathausumbaues konzipiert hatte und vor allem auch von der Notwendigkeit, ein solches Programm am exponiertesten Ort der Stadt, nämlich am Rathause auch sichtbar anzubringen, überzeugt war, dann erscheint seine Begründung, warum menschliche Darstellungen geduldet werden könnten, geradezu als Begründung des bildhaften Programmes am Rathause und seiner Zielsetzung: Schmuck des Gebäudes und damit der ganzen Stadt, Erinnerung an historische Ereignisse und die Sichtbarmachung politischer Ziele der Staatsführung. Für sich allein genommen ist dies sicher keine ausreichende Begründung für eine Annahme einer so frühen Konzeption des Bildprogrammes, doch im Zusammenhang mit den bereits erwähnten Punkten erscheint es so, als ob das – vermutliche – Porträt des Pezelius an der Ostseite des Rathauses[1182] nicht nur dem Gründer der reformierten bremischen Kirche gilt, sondern auch als Ehrung desjenigen aufzufassen ist, der die geistige Vorarbeit für das Bildprogramm des Rathausumbaues geleistet hatte. –

Über den Anteil des Bürgermeisters Heinrich Krefftring am Umbau des Bremer Rathauses haben schon die „Denkmale“[1183] und im Anschluß daran auch Wilhelm von Bippen in seiner Geschichte Bremens[1184] Vermutungen angestellt. Der zwischen 1601 und 1607 entstandene Friedrichsbau des Heidelberger Schlosses soll Krefftring, der 1604 Heidelberg besuchte, angeregt haben. Darüber hinaus hatte Krefftring mehrere Jahre in Heidelberg als Student und Dozent gelebt, bevor er 1591 nach Bremen zurückging. Doch ist ein direkter Einfluß der Heidelberger Schloßbauten auf das Bremer Rathaus nicht nachweisbar. Allerdings hat der Ottheinrichsbau (1556–1559) ein bildnerisches Fassadenprogramm, das dem des Bremer Rathauses durchaus vergleichbar erscheint. Auf die verhältnismäßig enge Anlehnung des reformierten Bremen an den Führer der reformierten Stände im Reich, den Kurfürsten von der Pfalz, in der Person Kreffttings mag in diesem Zusammenhang noch einmal hingewiesen sein.

Wir kommen nicht umhin, Kreffttings Beteiligung am Rathausumbau als sicher anzunehmen, auch wenn die Quellen über diesen Punkt uns im Stiche lassen[1185]. Das liegt ganz einfach daran, daß der Umbau ein Politikum ersten Ranges war und ohne ausdrückliche Billigung des Führers der bremischen Politik des ersten Jahrzehnts des 17. Jahrhunderts kaum denkbar ist. Krefftring ging es beim Rathausumbau sicher nicht um Renovierung und „Verschönerung“ eines in Teilen baufällig gewordenen Rathauses. Sicher spielte dabei die Frage der Repräsentation eine Rolle, doch müssen der Umbau und sein Bildprogramm in erster Linie als religiös-politische Aussage verstanden werden, die dem Bremer Bürgermeister in seine politische Konzeption paßte und ihm notwendig erschien, wenn in Jahren, in denen nicht nur Seuchen die Stadt heimsuchten, kriegerische Verwicklungen zu kostspieligen Befestigungswerken zwangen und in denen Bremen und die Hanse vergeblich um ihre ehemaligen Handelsprivilegien in den Staaten des Westens, Nordens und Ostens Europas rangen, trotz allem erhebliche Geldsummen für solch ein Projekt zur Verfügung gestellt wurden. Kreffting prägte die Politik der Hansestadt schon in den Jahren, bevor er 1606 zum Bürgermeister gewählt wurde. Sein Ziel war das Zusammengehen aller protestantischen Kräfte, gleich welcher Glaubensrichtung. Die zurückhaltende und zum Teil sogar feindliche Haltung vor allem der lutherischen Stände verurteilte Kreffings Bündnispläne bei Hanse und freien Städten immer wieder zum Scheitern. Kreffting hat wahrscheinlich die Herausgabe der Zeitung „Aviso“ in Bremen gefördert und in ihr immer wieder auf einen Ausgleich zwischen den protestantischen Konfessionen hingearbeitet. Unter diesem Aspekt bekommen die Porträts von Luther und Pezelius an der Ostseite des Rathauses geradezu programmatischen Charakter. Was könnte die Ausgleichsbemühungen Kreffings besser verdeutlichen als das Nebeneinander des großen Reformators und des Mannes, der seine Reformation in Bremen dann weitergeführt hat?

Die erneute Exponierung Bremens auf Glaubensgebiet durch seinen 1581 endgültig erfolgten Übertritt zum reformierten Glauben machte die Frage der Reichsfreiheit und damit auch die Zuständigkeit der Reichsstände in Glaubensdingen für die Stadt hoch aktuell. Am Rathausbau spiegelt sich das am stärksten in dem Kaiserzyklus der Decke der Oberen Rathaushalle und in den Bildnissen von Kaiser und Kurfürsten in ihren Fenstern wider. Im „Discursus de republica Bremensis“ von 1602 versuchte Kreffting durch Zusammenstellung und Kommentierung aller Rechte und Freiheiten Bremens staatsrechtliche Stellung zu verbessern. In diesem Zusammenhang sind auch des Rates und Kreffings Bemühungen zu verstehen, die von Wilhelm Dilich 1602 herausgebrachte Beschreibung und Chronik der Stadt aufzukaufen und durch eine in ihrem Sinne redigierte Ausgabe im Jahre 1604 zu unterstützen. Noch als Heinrich Kreffting Bürgermeister war, erhielt das Bremer Gymnasium Illustre unter Martinius seine universitätsähnliche Stellung, die es für einige Zeit zu einem Zentrum reformierter Bildung in Deutschlands Norden werden ließ. Kreffings Stellung zur Kunst muß eine durchaus positive gewesen sein, hat er sich doch im Jahre 1609 in seiner Amtstracht malen lassen. Geradezu tragisch könnte man es nennen, daß Kreffting, auf dessen Initiative der Rathausumbau sicher vorangetrieben wurde, nicht mehr mit seinem Wappen unter denen der Bürgermeister vertreten war. Er starb kurz vor Fertigstellung der Fassade 1611 an der Pest. Um so mehr ist zu vermuten, daß die Gesimskonsole an der Ostseite tatsächlich sein Bildnis wiedergibt[1186]. –

Fassen wir zusammen: Für die Gestaltung des Bildprogrammes kann wohl kaum Lüder von Bentheim in Frage kommen, wenn er auch von Anfang an vor allem für die architektonische Planung unerläßlich gewesen ist. Die Planung des Umbaues ist mit Sicherheit vor 1602 anzusetzen, wahrscheinlich sogar noch vor 1595. Damit ist durchaus denkbar, daß u. U. Hans Winter für die künstlerische Planung mit in Betracht gezogen werden muß, da er um 1600 der bedeutendste Bildhauer in Bremen war, von dem wir wissen. Es ist kaum denkbar, daß nicht Christoph Pezelius am Bildprogramm des geplanten Rathausumbaues zumindest beratend hinzugezogen wurde, da dieses Programm, wie sich herausgestellt hat, in wesentlichen Teilen religiös und historisch ausgerichtet ist. Nach seinem Tode 1604 hat dann vermutlich sein Sohn Tobias die Ideen seines Vaters für das Programm weiterhin vertreten, so wie auch Lüder von Bentheims Sohn Johannes die Arbeit seines Vaters nach dessen Tod zu Ende führte. Für die Inangriffnahme des Baues ist sicher in der Hauptsache Bürgermeister Heinrich Kreffting verantwortlich, von dem man aber auch vermuten darf, daß er von Anfang an bei der Planung mit beteiligt war und, nachdem er 1606 Bürgermeister geworden war, den Bau sofort in die Wege geleitet hat. Der Rathausumbau und vor allem sein Bildprogramm müssen als Teil seines politischen Konzeptes verstanden werden. Dabei ergeben sich erstaunliche Parallelen zu Johannes Hemeling d. J., der in sehr ähnlicher Weise die Stellung Bremens und seiner Kaiserfreiheit zu sichern suchte. –

# 10. *Anhang*

## 10.1. *Der Krieger auf der Spindel der Wendeltreppe zur Oberen Rathaushalle*

Kaum eine bildliche Darstellung am und im Rathaus hat bisher weniger kunsthistorische Beachtung erfahren als der römische Krieger, der die Spindel der Wendeltreppe von der Unteren zur Oberen Rathaushalle krönt. Ursprünglich soll der Abschluß über der Treppe durch einen polygonalen Pavillon, der von zierlichen, geschnitzten Holzsäulchen getragen wurde, gebildet worden sein[1187]. Möglicherweise war die Verbreiterung der Fenster der Marktseite 1595 unter Lüder von Bentheim der Anlaß, diese Überdachung abzubauen. Noch näher liegt es allerdings, dies in Verbindung mit dem Einbau der neuen Decke 1609/10 beziehungsweise mit dem der Güldenkammer 1612/16 zu sehen. Ganz sicher war bei beiden Arbeiten schon aus technischen Gründen eine Wegnahme erforderlich. Darüber hinaus hätten beide Einbauten, Treppenüberdachung und Güldenkammer, sich Konkurrenz gemacht. Das Problem der Beleuchtung der Oberen Rathaushalle war schon durch den Güldenkammereinbau groß genug. So kann die Entstehungszeit der Kriegerfigur wohl kaum vor 1595, möglicherweise in die Jahre nach 1609, vermutlich aber erst nach der Fertigstellung des Einbaues 1616 angesetzt werden.

Die Figur stellt einen Krieger in römischer Bekleidung und Rüstung dar, wie sie in der Kunst seit der Mitte des 16. Jahrhunderts allgemein üblich war. Dabei sind Waffen und Kleidung nicht in unserem Sinne, d. h. kostümhistorisch getreu, römisch. Sie deuten häufig einfach auf eine längst vergangene Zeit hin. In der erhobenen Rechten hält der Krieger ein Schwert, seine Linke ist auf den Rücken gelegt. Kontrapostisch dazu macht er einen Schritt nach vorne. Er steht auf einer Halbkugel, die diesen Schritt allerdings sehr klein bleiben läßt. Als Sockel dient ein toskanisches Kapitell, das die Treppenspindel zur Säule werden läßt. Ähnlich ist auch die Spindel der Treppe zum Alten Archiv aufgefaßt, die den Herkules trägt. Die aus Holz geschnitzte Figur hat eine Höhe von etwa 180 cm und ist farbig gefaßt. Bei der 1973 erfolgten Restaurierung wurde die urspüngliche Bemalung freigelegt: Helm und Oberteil der Rüstung erscheinen in den Farben Blau und Gold, der Panzer ist rot und gold, der Rock grün. Irgendwelche Signaturen wurden nicht gefunden.

Vergleicht man diese Kriegerfigur mit gleichzeitig in Bremen entstandenen ähnlichen Arbeiten, dann entspricht die Körperauffassung bis zu einem gewissen Grade z. B. den Skulpturen am Mittelgiebel, doch wirken diese insgesamt gedrungener. Kaum vergleichbar und sicher von einem anderen Snitker sind die Krieger des Güldenkammerportals. Am ehesten läßt sich die Figur noch mit der Minerva des Hauptportals des Wandschneiderhauses von Ernst Crossmann vergleichen[1188]. Hier finden sich ähnliche Proportionen, relativ lange Glieder und ein vergleichsweise kleiner Kopf; die Auffassung von Gewand und Rüstung ist ebenso vergleichbar wie der sehr tief in die Stirn geschobene Helm und der bis an die Knie reichende Waffenrock. Damit rückt der Krieger von der Treppe in die Nähe der Arbeiten von Ernst Crossmann, der nachweisbar seit 1613 in Bremen arbeitete. –

Über die Bedeutung der Figur ist nichts bekannt. Eine sinnbildhafte Wächterfunktion scheint hier auf den ersten Blick kaum gegeben. Dem stehen der Standort, die Richtung, die die Figur einnimmt, sowie vor allem ihre Haltung mit dem erhobenen Schwerte entgegen. Diese Haltung wird in der zeitgenössischen Kunst bei Einzelfiguren meist bei namentlich genannten Fürsten, Kriegern oder Heldengestalten verwendet, von denen eine bestimmte Tat, ein Kampf, eine Eroberung oder ähnliches, oft durch einen Text daneben beschrieben, sinnbildhaften Ausdruck gewinnt. Als Beispiel unter vielen sei die Stichfolge römischer Helden von Hendrik Goltzius genannt, die als Vorbild für die Kriegerfiguren der Außenfassade benutzt wurde. Damit entfällt auch die gelegentlich geäußerte Vermutung, daß wir es hier mit einer Zweitfassung des Roland zu tun haben. Nicht unmöglich erscheint indeß, daß diese Figur zur Entstehung der Sage beigetragen hat, daß die Bremer im Ratskeller einen hölzernen Roland versteckt hätten, damit dieser für den Fall, daß der steinerne gestürzt würde, zur Aufrechterhaltung der Freiheit aufgestellt werden könne[1189]. –

Eine überraschende Ähnlichkeit in wichtigen Teilen der Figur findet sich allerdings in einer Illustration zu Martinus Hamconius' (1550–1620/21) „FRISIA“, die 1620 erschien[1190]. Die 53 Illustrationen darin, die ganzfigurige Phantasieporträts friesischer Adliger und Führerpersönlichkeiten zeigen, hat Petrus Feddes (1586– um 1634) geschaffen[1191]. Die Radierungen tragen die Namen der Fürsten und sind von einem Holzschnittornament mit dem Buchtitel umrahmt. Die Reihe beginnt mit Friso und der Gründung der Stadt Staveren an der Zuidersee im vierten vorchristlichen Jahrhundert und endet mit Albert und Isabella, Erzherzögen von Österreich und Burgund und Statthaltern in den habsburgischen Niederlanden. Zur Seite 38 wird in diesem Buche über die Geschichte Frieslands Adelbricus Adelen[1192] dargestellt, das Schwert schwingend, einen Schild am Arm, den Fuß auf einen schwedischen Wappenschild setzend. Kopf, Barttracht, Helm und Schwertarm stimmen mit der Bremer Holzfigur genau überein. Das gleiche gilt für die gesamte Körperhaltung mit der Beinstellung, die an der Treppe aus Platzgründen allerdings sehr viel enger ausfallen mußte. Die Rüstung ist allerdings anders, obwohl die Ornamente des Stiches sich an den Rändern der Rüstung der Skulptur wiederfinden. Der Schild fehlt völlig, dafür stützt der Krieger seine Linke in die Hüfte. Die Beinkleidung ist in eine „römisch“ anmutende, vorne offene Fußbekleidung verändert, doch kommt diese ähnlich bei einer ganzen Reihe der Textillustrationen vor. Auch Haltung, Gesichtstyp und Helm kommen bei mehreren Porträtstichen des Petrus Feddes in diesem Geschichtswerk vor[1193]. Körper- und Schwerthaltung, Kopf- und Helmform und die Barttracht sind in der grafischen und plastischen Kunst der Zeit in dieser Zusammenstellung aber so vergleichsweise selten, daß eine zufällige Übereinstimmung zwischen dem Feddes-Stich und der Bremer Kriegerfigur als wenig wahrscheinlich anzunehmen ist. Der einzige Widerspruch gegen diese Vermutung ist in der an römische Krieger erinnernden Rüstung zu sehen. Diese Art der Darstellung war allerdings außerordentlich beliebt und wurde auch bei Nichtrömern verwendet. Historische Treue in unserem Sinne kannten die Illustratoren zu der Zeit noch nicht. So sind auch die Krieger auf der Bremer Rathausfassade mit solchen Rüstungen angetan; doch hat sich herausgestellt, daß der tiefere Bildsinn eben nicht Römer meint. Eine ähnliche Doppelbedeutung könnte auch hier vorliegen. Allerdings ist für die Skulptur natürlich eine andere Vorlage denkbar, vielleicht sogar die, die auch Feddes für seine Illustrationen benutzt hat. Doch auch er hat sich nicht an historische Treue gehalten und Rüstungen, Kleidung und Waffen ohne die geringste Rücksicht darauf den einzelnen Bildnissen zugeordnet. Haltung, Gesichtstyp und Helm erscheinen denn auch bei den Illustrationen zur „Frisia“ an verschiedenen Stellen in mancherlei Variationen.

Unterstellt man, daß die Illustration tatsächlich als Vorbild für die Plastik gedient hat, dann erhebt sich sofort die Frage, ob nur ihre Form oder auch ihre inhaltliche Bedeutung übernommen wurde. Da andere Quellen fehlen, kann nur versucht werden, aus dem dazugehörigen Text einen möglichen Zusammenhang mit Bremen abzuleiten.

Martinus Hamconius, eigentlich Maarten Hamckema, hat seine Geschichte Frieslands Albrecht VII. von Österreich (1559–1621) gewidmet, der 1596 Statthalter der Niederlande wurde und der 1599 Isabella, Tochter Philipps II. von Spanien, Erbin der Niederlande und große Förderin von Peter Paul Rubens, heiratete. Unter ihrer gemeinsamen Regentschaft endete der Kampf gegen die rebellierenden Nordprovinzen 1609 mit einem zwölfjährigen Waffenstillstand. Bremen ging 1616 mit anderen Reichsstädten mit den Generalstaaten ein Bündnis ein[1194]. Hamconius' „Frisia“ ist also aus der Sicht des katholischen, habsburgischen Südniederländers geschrieben. Zweifellos haben die Selbständigkeitsbestrebungen der Nordprovinzen auch mit dazu beigetragen, daß seit dem ausgehenden 16. Jahrhundert eine ganze Reihe Geschichtswerke über Friesland herausgegeben wurde[1195]. Dem kann an dieser Stelle nicht weiter nachgegangen werden. Es sei nur darauf hingewiesen, daß Hamconius' Werk unter dem gleichen Titel zum ersten Mal 1607 in Münster erschien und in wenigen Jahren nicht weniger als sechs Auflagen, von denen zwei illustriert waren, erlebte[1196]. Die

Abb. 467 *Ernst Crossmann (Umkreis), Krieger auf der Treppenspindel, Obere Rathaushalle*

Abb. 468 *Petrus Feddes, Illustration aus Martinus Hamconius, „Frisia", 1620: Adelbricus Adelen, friesischer Edelmann und Bischof aus der ersten Hälfte des 9. Jh.*

Ausgabe von 1620 erschien zum ersten Mal mit den Illustrationen von Petrus Feddes.

Adelbricus war ein friesischer Edelmann, der 834 mit der bischöflichen Würde bekleidet wurde[1197]. An dieser Stelle geht es allerdings weniger um nachprüfbare historische Fakten als darum, wie dieser dritte der friesischen Fürsten des „neuen", d. h. mit Freiheiten von Karl dem Großen ausgestatteten Friesland von Hamconius beschrieben wurde. Seinem lateinischen Text sind zehn Hexameter vorangestellt[1198]. Sie nennen die wichtigsten Ereignisse seiner Herrschaft, deren Inhalt dann in Prosa wiederholt und ergänzt wird. Die wichtigsten Punkte sind folgende: 1. Adelbricus stammt aus königlichem Geblüt. 2. In einer blutigen Schlacht schlug er den Herzog der eingefallenen Schweden bei Collomium im Jahre 830. 3. Zwei Jahre später stiftete Hajo Camga den ersten silbernen Abendmahlskelch der Michaelskirche zu Almenum (?), weil er dort — wohl mit Hilfe der schreibkundigen Priester — die Bulle[1199], die die den Friesen von Karl dem Großen verliehenen und von Magnus Fortemannus — er ist der erste Fürst des „neuen" Friesland —, dem Großvater seiner Gattin, dort aufbewahrten Privilegien enthielt, abschreiben konnte. 4. Im Jahre 831 wurde der hl. Ansgar, der in Warden in Friesland geboren wurde, mit Zustimmung des Papstes und des Kaisers Erzbischof in Hamburg. Ihm war kirchlich das gesamte nordische Gebiet, vor allem Jütland, Dänemark und Schweden, unterstellt. Nach der Besetzung Hamburgs durch die Dänen verlegte Ansgar den erzbischöflichen Sitz nach Bremen, auf dem der hl. Rembert sein Nachfolger wurde. 5. Zu dieser Zeit blühte die friesische Stadt Stavoren[1200] auf, da sie zuerst mit nordischen Waren handelte und ein Zollprivileg, das bis auf den heutigen Tag besteht, besaß, das sie unermeßlich reich werden ließ.

Stellt man bei dem Text in Rechnung, daß er einmal aus einer ganz bestimmten politischen Situation heraus verfaßt wurde und daß das historische Verständnis der Zeit vor allem typologisch ausgerichtet war, dann bekommen diese Aussagen, vor allem auch in Beziehung zu Bremen, einen zeitgeschichtlichen Zusammenhang. Friesland wird — ähnlich wie Bremen sich sah — fast als Ausgangspunkt für die nordische Mission angesehen. Das geschieht einmal durch den militärischen Sieg des Adelbricus über die eingefallenen Schweden, personell dadurch, daß man den hl. Ansgar zum Friesen machte — er wurde tatsächlich in der Picardie geboren — und auf wirtschaftlichem Gebiet durch die Öffnung des Nordens für den friesischen Handel. Zum Teil wird das auch in dem Bildnis des Adelbricus sichtbar gemacht, hinter dem, fast „unter" seinem Schilde, ein geteiltes Wappen erscheint, das den halben Reichsadler und den Bremer Schlüssel zeigt. Vergleichbare Wappenverbindungen zum Reichsadler gibt es mehrere bei den Illustrationen. Das Reichswappen weist dabei auf die angeblichen Privilegien Karls des Großen hin, die die Friesen zu einem freien Teil des Reiches machten[1201] und die, wie wir wissen, gefälscht waren. Andererseits wird die Nordlandmission in Gestalt des Bremer Schlüssels, stellvertretend für den Sitz des hl. Ansgar und seiner erzbischöflichen Nachfolger, mit dem Reich und dem friesischen Schutz verbunden[1202]. Der Hinweis auf den Handel mit den nordischen Ländern verstärkt den friesischen Einfluß in diesem Zusammenhang noch weiter. Zeitgeschichtlich politisch wie auch religiös zu werten ist wohl auch der legendenhaft anmutende Hinweis, daß der durch den Handel entstandene ungeheure Reichtum zu Hochmut und schließlich dazu führte, daß Gott alles Getreide in Sand verwandelte. Hamconius hat ja aus der Sicht der katholischen Niederlande geschrieben. Den reformierten Nordprovinzen, durch den Waffenstillstand und ihren blühenden Handel zu Reichtum gelangt, wird eine kräftige, typologisch verbrämte Warnung zuteil. Dänen und Schweden waren zu der Zeit lutherisch und für den gläubigen Katholiken schlimmer als ehemals die heidnischen Wikinger. Der noch katholische Erzbischof von Bremen findet mit der Nennung von Kaiser und Papst Unterstützung. Der Hinweis auf die Privilegien Karls des Großen erinnerte die Generalstaaten eindeutig an

ihre Reichsfreiheit, aber gleichzeitig auch ganz klar an ihre Zugehörigkeit zu Kaiser und Reich. Das gleiche gilt auch für das reformierte Bremen, wenn auch nicht in der scharfen Form.
In welcher Beziehung stehen nun die aus katholischer Sicht geschriebene Geschichte Frieslands und das reformierte Bremen? Aus typologischer Geschichtsauffassung heraus spiegeln sich frühere Ereignisse in den gegenwärtigen, als deren Eckpunkte in diesem Falle wohl Christianisierung und Reformation zu verstehen sind. Der Text rückt Friesen und Bremen in ihrer Frühzeit in bezug auf die Nordmission in einen engen historischen Zusammenhang. Das, was sich im zweiten Jahrzehnt des 17. Jahrhunderts politisch und religiös zwischen der Stadt und den Generalstaaten abspielte, konnte sehr wohl als typologische Wiederholung der historischen Ereignisse der frühen Zeit verstanden werden. Nicht nur persönliche und Handelsbeziehungen waren außerordentlich eng; nach Bremen kamen viele reformierte Flüchtlinge aus den Niederlanden, und die bremische, universitätsähnliche Hochschule war gerade in diesen Jahren zu einem Zentrum reformierter Lehre und Bildung geworden.
Man muß davon ausgehen, daß das Geschichtswerk „Frisia" in Bremen bekannt war und die neue, bebilderte Ausgabe sicher sofort auch ihren Weg in die Hansestadt fand. So ist es zeitlich durchaus möglich, daß 1620 oder 1621 diese Kriegerfigur in der Oberen Rathaushalle nach dem Vorbilde des Adelbricus aus Hamconius' „Frisia" entstanden sein konnte, sogar dann, wenn man Ernst Crossmann als ihren Schöpfer annehmen will. Er wird im Rhederbuch von 1621 genannt[1203]. —
Die Aufstellung der Figur ist zwar durch die Treppenspindel innerhalb des Raumes festgelegt, doch erscheint es mehr als nur zufällig, daß er, auf der Höhe des Karl-Willehad-Gemäldes stehend, seinen Blick zum Bilde der menschlichen und göttlichen Gerechtigkeit an der Schmalseite der Güldenkammerwand richtet. Trifft die Hypothese zu, daß diese Figur nicht nur die formale, sondern auch die inhaltliche Bedeutung des Feddes-Stiches übernahm, dann ist ihre Aufstellung durch den Rat der Stadt um 1620 eine ausgesprochen politische Handlung, die den engen Anschluß der Stadt an die reformierten Generalstaaten auch bildlich sichtbar macht. „Unter" dem Schwerte der Friesen, wie zu Zeiten Ansgars, ist dem Bürger der Zugang zur himmlischen Braut in Gestalt des Einbaues in der Oberen Rathaushalle, die von den Gläubigen der Stadt Bremen, versinnbildlicht im gotischen Bau, „umfangen" wird, möglich. Es ist die typologische Widerspiegelung dessen, was sich 800 Jahre vorher unter der Herrschaft des Adelbricus schon einmal abgespielt hat. —

## 10.2. *Die Glasmalereien der Oberen Rathaushalle*

Während der plastische und der malerische Schmuck der Oberen Rathaushalle noch weitgehend erhalten sind, haben von den großen, einst mit Malereien versehenen Fenstern nur wenige Reste überdauert. Neben einer Reihe von Wappen aus der ersten Hälfte des 18. Jahrhunderts ist nur eine einzige figürliche Darstellung eines Kaisers, heute im Focke-Museum, erhalten. Hinzu kommen einige kleinere Bruchstücke. Dieses Glasgemälde, offensichtlich ein Bildnis, wurde von Deneken[1204] als Porträt Ferdinands III. bezeichnet, Rippe apostrophierte es als Bildnis Maximilians von Albrecht Dürer[1205]. Der Katalog des Focke-Museums nennt es, wohl in Anlehnung an Deneken, eine Arbeit Wilhelm von Rhenes um 1650, die Kaiser Ferdinand III. darstellt[1206]. Diese Angaben werden zu untersuchen sein.
Wilhelm von Bippen hat als Expertise zu Entwürfen für die neu anzufertigenden Fenster in der Oberen Rathaushalle 1908 eine knappe Darstellung der Entwicklung der Glasmalereien nach Quellen gegeben und eine Rekonstruktion ihrer Standorte versucht[1207]. Die erste Erwähnung von farbigen Wappenfenstern erscheint in Renners Chronik zum Jahre 1405. Dort werden vor allem die Wappen von Kaiser und Kurfürsten erwähnt. Ob diese Wappenscheiben schon beim Neubau des gotischen Rathauses eingesetzt wurden, ist nicht eindeutig feststellbar. Bippen erwähnt eine chronikalische Notiz zum Jahre 1521, die besagt, daß neben vielen bunten Glasfenstern Bilder des Kaisers und der Kurfürsten in das Rathaus gesetzt seien[1208]. Möglicherweise hat die Wahl Karls V. zum deutschen Kaiser dazu geführt, daß am Bremer Rathaus ein echtes Kaiserbildnis zusammen mit denen der Kurfürsten entstand. Die gotischen Figuren der Südfassade hätten damit in den Fenstern ihr Pendant gefunden, das nach innen gerichtet war. Für das 16. Jahrhundert werden immer wieder Namen von Glasermeistern genannt, die für das Rathaus gearbeitet haben[1209]. Daß der Umbau zu Beginn des 17. Jahrhunderts zu zumindest teilweise neuen Glasfenstern in der Oberen Rathaushalle geführt hat, wird an wenigstens einer Stelle in den Rhederrechnungen zum Jahre 1614 deutlich[1210]. Dierich Mentze wurde „fur oldt unde nhie finster up dat rathuesz . . ." bezahlt. Doch wird über die Art der Fenster oder ihre Malereien nichts mitgeteilt. Die „Denkmale" nennen für 1639 die Aufnahme vieler neuer heraldischer Bilder in die Fenster der Oberen Rathaushalle, ohne allerdings dafür eine Quelle anzugeben[1211]. 1648 kaufte Wilhelm von Rhene, „des Raths Glaser", Material für neue Fenster für das Rathaus. Diese aus den Rhederbüchern stammende Angabe ist wohl in der Hauptsache, gemeinsam mit der Bemerkung Denekens, für Benennung, Datierung und Zuschreibung des noch erhaltenen gläsernen Kaiserporträts verantwortlich. Am 22. September 1739 zogen dann die Katastrophe des durch Blitz entzündeten mächtigen Zwingerturms, der „Braut", und die Explosion der darin gelagerten Pulvervorräte sicher auch die Fenster der Marktfassade des Rathauses stark in Mitleidenschaft. Offensichtlich waren davon die Porträts von Kaiser und Kurfürsten so stark betroffen, daß man später die Reste dreier Kurfürstenfiguren ins Mittelfenster der Ostseite setzte, von wo aus sie mit anderen bildlichen Darstellungen aus den Fenstern der Schmalseiten der Oberen Rathaushalle durch den Baudirektor Schröder 1856 wegen ihrer Reparaturbedürftigkeit herausgenommen wurden. Allerdings hat 1793 der Glaser Hermann Porthusen die kaiserlichen und kurfürstlichen Wappen in acht Fenstern der Oberen Halle erneuert. Daraus kann geschlossen werden, daß zu der Zeit die Bildnisse noch intakt waren. Vielleicht sind sie in der Franzosenzeit zerstört worden, durch die wir auch den Verlust des Ratsstuhles zu beklagen haben. Die Jahre von 1856 bis 1860 sind dann angefüllt mit Versuchen, im Zuge der Restaurierung der Oberen Rathaushalle auch wieder Glasmalereien in die Fenster zu bringen. Die Entwürfe zu Bildnissen von Bürgermeistern von Simon Loschen wurden schließlich als historisch nicht getreu genug abgelehnt, und man verpflichtete dafür den Lübecker Maler Milde für diese Arbeiten[1212]. Im mittleren Fenster der Ostseite entstanden die Bildnisse von Daniel von Büren d. J., Heinrich Kreffting und Johann Wachmann. Diese Glasmalereien wurden dann im Zuge einer neuen Gestaltung der Fenster der Oberen Rathaushalle zwischen 1905 und 1908 durch Bürgermeisterwappen, die der Glasmaler Georg K. Rohde ausführte, ersetzt. Hinzu kamen noch Wappen des 18. Jahrhunderts aus abgebrochenen Häusern. Die heutige Verteilung der Wappenscheiben geht im groben noch auf den Plan Wilhelm von Bippens zurück[1213]. Die Angabe der Wappen geschieht mit der im Wappen stehenden Beschriftung. Die Beschreibung beginnt in der NO-Ecke bei dem Fenster am Salomonurteil, folgt den Fenstern nach rechts herum über die Marktseite und endet an der Westseite mit dem Fenster in der NW-Ecke:

*Fenster der Ostseite*[1214]:

H. Christ. Abraham Heineken
BurgerMeister VID 1792—1818

H. Johann Smidt
BurgerMeister VID 1821—1837

H. Franciscus Tidemann
BurgerMeister VID 1808—1824

H. Henricus Lampe
BurgerMeister VID 1803—1817

H. Simon Herm. Nonnen
BurgerMeister VID 1822—1847

H. Georg Gröning
BurgerMeister VID 1814—1821

+++

Stadtwappen

H. Michael Duntze
BurgerMeister VID 1824—1845

H. Isaac Herm. Alb. Schumacher
BurgerMeister VID 1847—1853

H. Joh. Dan. Meyer
BurgerMeister VID 1862

H. Joh. Daniel Noltenius
BurgerMeister VID 1839—1852

H. Carl Friedr. Gottfr. Mohr
BürgerMeister VID 1857

H. Didrich Meier
BurgerMeister VID 1845—1857

H. Arnold Dukwitz
BurgerMeister VID 1857

H. Friedr. Ludolf Grave
BurgerMeister 1874

+++

H. Friedr. Moritz Chr. Pfeiffer
BurgerMeister VID 1876

H. Steph. August Lürmann
BurgerMeister VID 1886

H. Albert Wilh. Gröning
BurgerMeister VID 1894

H. Carl Fr. Chr. Buff
BurgerMeister 1882

H. Alfred Dom. Pauli
BurgerMeister VID 1890

H. Friedr. August Schultz
BurgerMeister 1898

+++

*Fenster der Marktseite:*

Christian Meyer
Elter=Mann

Johann Gildemeister

H. Otto Gildemeister
Burgermeister Phil. D. 1871

+++

H. Herman Meyer
Elter=Mann

Volckard Mindeman̄
Secretari9

Niclas Jacobs
Elter=Mann Se(ni)or

+++

Des Ehrsamen Kaufman̄s
Wapen

H. Nicola9 Mindeman̄
VID et Syndicus

Lüder Tideman

H. Caspar9 von Rheden
VID et Richter

H. Johann Lange
Anno 1735

H. Christian Schöne
VID sit Rheder Herr

Herman Jacobs
Elter=Mann Senior

+++

H. Johan Wichelhausen
Anno 1735

H. Julius Reuter
Aeltermann 1735

Niclas Jacobs[1215]
Elter=Mann Sub Senior

Hendric$_9$ Klugkist
VID

Heinrich Lampe
Anno 1745

Henrique Olrichs
ElterMann et SchiffHerr

+++

*(Güldenkammer)*

+++

H. Meimer von Bo(r)ken

J. Johann Trupe
1512–1531

H. Arnd Esich
1539–1547

H. Diderich Hoyer
1531–1548

H. Daniel v. Büren a.a. 1500–1538
Daniel v. Büren a. 1544–1591

H. Diedr. Vasmer
1538–1549

H. Marten v(on) Heimborg
1512–1539

H. Johann Brand
1562–1611

Joh. Havemann
1547–1560

+++

H. Carsten Steding
1574–1594

H. Arnd Gröning
1611–1617

H. Nicolaus von Rheden
1639–1645

H. Liborius von Line
1649–1664

H. Heinrich Kreffting
UID 1605–1611

H. Hermann Wachmann
1632–1654

H. Heinrich Zobel
1597–1615

H. Hinrich von Cappeln
UID 1645–1648

H. Johann Schlichting
1615–1635

+++

H. Nicol. Regenstorp
UID 1635–1640

H. Hinrich Alers
UID 1673–1675

H. Lubert Formenoir
UID 1682–1696

H. Heinrich Meyer
UID 1654–1676

H. Melchior Schweling
UID 1689–1712

H. Wilh. v. Bentheim
1654–1679

H. Friedr. Casimir Tilemann Schenk
UID 1690–1721

H. Heinrich von Aschen
UID 1693–1711

+++

*(Letztes Fenster der Südseite ohne Wappen)*

*Fenster der Westseite:*

H. Dethard$_9$ Düsing
VID

Hermann$_9$ Meier
Secretari$_9$

H. Henricus Coch
VID

H. Herman̄ Backer
Anno 1735

+++

*(im Vierpaß)*
Christian Schöne

H. Hermann$_9$ Post
VID et Archivari$_9$

*(doppelt groß)*

H. Diedrich Smidt
Burger=Meister

H. Dideric$_9$ Meier
VID

H. Johann Lange
Anno 1735

H. Daniel Büren VID
BurgerMeist: et Visitor

H. Johann Duntze
Anno 1735

H. Werner Köhne
Burgermeister et Visit(or)

+++

H. Henricus Alers
Secretari$_9$

H. Johannes Rhode
VID

H. Albert$_9$ Gröning
VID

H. Johann Ter Hellen
Anno 1735



+++

Abb. 469 *Focke-Museum, Fenster aus der Oberen Rathaushalle, Kaiser Matthias (1612—1619)*

Abb. 470 *Aegidius II. Saedeler, Kaiser Matthias, Kupferstich, 1616, Ausschnitt*

Es bleibt die Frage nach der ursprünglichen Verteilung der Bildnisse von Kaiser und Kurfürsten auf die Fenster. Es ist ebenso naheliegend wie zwingend, daß die Glasgemälde entsprechend den gotischen Figuren der Außenfassade in die Fenster der Marktseite eingesetzt waren. Bippen rekonstruierte ihre Reihenfolge so, daß sie der äußeren Aufstellung folgten, aber eben nach innen gerichtet waren. Deshalb mußte nach Bippens Ansicht der Kaiser in dem dem Parlamentsgebäude zunächst liegenden Fenster der Marktseite seinen Platz gehabt haben, während der Kurfürst von Brandenburg an der SW-Ecke plaziert war. Er begründete seine Rekonstruktion mit dem schlüssigen Hinweis, daß damit das Kaiserbild der Bürgermeisterbank des Ratsstuhles am nächsten war. Tatsächlich hatten die beiden regierenden Bürgermeister ihre Plätze genau gegenüber am anderen Ende der Ostseite der Oberen Rathaushalle. Außerdem ist bei dem erhaltenen Glasgemälde die Körperhaltung bei diesem Standort nach innen zum Saal hin gerichtet, während der Blick des Kaisers hinüber zum Ratsstuhl geht. Ihm gegenüber war auch das Salomonurteil an die Wand gemalt. War Salomon tatsächlich als Porträt des Bruders Karls V. aufgefaßt, dann bekam dieser seinem kaiserlichen Bruder gegenüber — immer unter der Annahme, daß die Glasgemälde damals entstanden — einen besonderen Platz zugewiesen, wie er ihn in der Verwaltung und Regierung der deutschen Lande ja auch tatsächlich innegehabt hat. Möglicherweise hat die größere Breite dieses Fensters gegenüber dem an der SW-Ecke der Marktseite mit seiner Stellung als „Kaiserfenster" zu tun.

Das noch vorhandene Kaiserbildnis ist ein sog. Kniestück mit einer Höhe von 116 cm und der halben Breite und paßt damit in den Mittelteil der Fenster der Südseite in der Oberen Rathaushalle. Ob es ursprünglich ein Ganzfigurenbild gewesen ist, läßt sich nicht mehr feststellen. Bippen nahm an, daß die Bildnisse Kniestücke waren, zu denen am unteren Teil noch ein Wappen kam. Ob Dreiviertel- oder Ganzfigur, ohne ein Wappen ist solch ein Bildnis des 16. oder 17. Jahrhunderts auf keinen Fall denkbar. Es dürfte wohl die Größe von einem, eventuell auch zwei Quadraten (61,5 x 61,5 cm) gehabt haben und wohl, wie Bippen annahm, unter der Figur angebracht gewesen sein.

Das Glasgemälde trägt offensichtlich Porträtzüge. Welcher Kaiser hat hier Gestalt gewonnen? In seiner Rechten hält er das Zepter, in seiner Linken den alten Reichsapfel. Die Krone auf seinem Haupte ist die Habsburger Kaiserkrone, die Rudolph II. 1602 in Prag hatte anfertigen lassen. Der dreifache Spitzenkragen, die Rüstung und der noch vorhandene „Gänsebauch" am Brustpanzer deuten eher auf eine Darstellung aus den ersten zwei Dezennien als auf ein Porträt aus der Mitte des 17. Jahrhunderts. In Frage kommen Matthias, Kaiser von 1612 bis 1619, sein Nachfolger Ferdinand II. (1619—1637), Kaiser Ferdinand III. (1637—1657) oder möglicherweise doch schon Rudolph II., Kaiser bis 1612. Physiognomie und Rüstung schließen den letzteren aber eindeutig aus[1216]. Bei einem Vergleich der drei anderen möglichen Herrscher ergeben sich von Barttracht und Gesichtszügen her so starke Ähnlichkeiten mit Kaiser Matthias[1217], daß man annehmen darf, daß das Bremer Glasgemälde eben diesen Kaiser abbildet. Die Krönung von Matthias 1612 fiel nicht nur mit der Beendigung des Umbaues des Rathauses zusammen, sondern auch mit dem Angriff auf stadtbremische Freiheiten durch Oldenburg, der eine Anrufung des Kaisers auch seitens der Stadt notwendig machte. Was lag da näher, als daß die Stadt in diesem Streit ihre Kaisertreue demonstrierte und verbunden mit der persönlichen Huldigung sein Bildnis in ihr im neuen Glanz erstrahlendes Rathaus setzte. Da der Glaser Dierich Mentze 1614 für alte und neue Fenster für das Rathaus bezahlt wurde, liegt es nahe, in ihm den Meister dieses Glasgemäldes zu erkennen. Ob der Vorlagenstich dazu mit dem von Aegidius II. Saedeler identisch ist, der 1616 den Kaiser in Prag in sehr ähnlicher Weise festhielt, mag offen bleiben[1218]. Doch ist auch dieser Stich von Matthias ein sog. Kniestück; der Mantel ist, vor allem im Ornament,

Abb. 471—472 *Focke-Museum, Reste von Glasgemälden aus der Oberen Rathaushalle*

 Abb. 473 *Obere Rathaushalle, Fenster der Ostseite mit Wappenscheiben*

in großen Teilen identisch, doch trägt der Kaiser bei Saedeler einen Lorbeerkranz, während die neue Kaiserkrone neben ihm auf dem Tisch liegt. Allerdings ist auf dem Stich der Mantel über die Oberschenkel geschlagen, und die rechte Hand mit dem Reichsapfel liegt auf dem Tisch. Doch mag der Glasmaler diese Details dem Format der Scheibe angepaßt haben. Sollte tatsächlich dieser Stich als Vorlage gedient haben, wäre das Fenster nach 1616 zu datieren. Allerdings hatte Graf Anton Günther von Oldenburg kurz vorher, nämlich 1615, erneut bei Kaiser und Reich energisch wegen seiner Forderung nach Weserzoll interveniert. Bremen war also gezwungen, etwas zu unternehmen. So bleibt die Frage der Datierung des Glasgemäldes für die Zeit von etwa 1613 bis 1617 offen. —

Einige erhaltene Reste der alten Glasgemälde aus der Oberen Rathaushalle sind im Focke-Museum in einer Scheibe vereinigt[1219]. Sie zeigen drei Gesichter bzw. Teile davon. Sie stammen wohl von den Bildnissen der Kurfürsten, von denen z. B. Deneken berichtet. Ihre Größe entspricht dem des Kaiserbildnisses. Das nach links gewendete, nur noch zur Hälfte existierende, scheint seiner Malweise nach in die erste Hälfte des 16. Jahrhunderts zu gehören. Das würde den Hinweis auf Glasmalereien in Gestalt des Kaisers und der Kurfürsten im ersten Viertel des 16. Jahrhunderts erhärten. Ihre Entstehung könnte in dem sich seit 1524 in Bremen durchsetzenden reformatorischen Glauben und dem Reichstagsbeschluß von Speyer 1526 begründet sein, der den Reichsständen und nur ihnen die Wahl der Konfession zubilligte.

Der Bart des mittleren, zweigeteilt, aber nach unten zusammenlaufend, wurde häufig um die Mitte des 16. Jahrhunderts getragen. Der dritte Kopf scheint, in Barttracht und Haltung dem Kaiserbildnis vergleichbar, in das 17. Jahrhundert zu gehören. Neben einem Löwen aus einem Wappen — vielleicht dem des Kurfürsten von der Pfalz — und einer Hand, die einen Zeremonienstab (?) hält, existiert als umfangreichstes Fragment ein geflügelter Engelkopf, wie er in der Form etwa am Varwerportal von 1635 in der Unteren Rathaushalle anzutreffen ist. Der Zusammenhang, in dem er einmal gestanden hat, ist nicht mehr rekonstruierbar. Doch macht auch dieses Fragment deutlich, daß die Glasgemälde, die die Obere Rathaushalle einst schmückten, mit dem Raum und den Kunstwerken in ihm in einem ikonologischen Zusammenhang gestanden haben und wirkungsvoller Teil der politischen und religiösen Standortbestimmung waren, die der Rat der Stadt an seinem Hause demonstrierte. —

Das Focke-Museum hat zwei weitere Fragmente von Glasfenstern in seiner Sammlung[1220]. Beide zeigen geflügelte Engelköpfe, eingebunden in goldenes Beschlagwerk, durchsetzt mit Fruchtgehängen einmal und Blüten und Fruchtständen im anderen Fall. Die intensiven Farben sind auffallend. Ornament, Malerei und Farbgebung lassen auf eine Entstehung etwa im letzten Viertel des 16. Jahrhunderts denken. Doch finden solche Formen auch noch im ersten Viertel des 17. Jahrhunderts Verwendung. Die Herkunft der Fragmente ist nicht eindeutig geklärt, doch stammen sie wahrscheinlich ebenfalls aus dem Rathaus.

Das Focke-Museum besitzt schließlich noch die sehr umfangreichen Teile einer Scheibe mit dem Ratswappen mit Krone und Reichsapfel in Eichenlaub. Die Wappenscheibe ist 1793 datiert. Es ist anzunehmen, daß sie von Hermann Porthusen stammt, der im gleichen Jahr für Kaiser- und Kurfürstenwappen für die Fenster der Oberen Rathaushalle bezahlt wird. Es ist allerdings nicht eindeutig geklärt, ob dieses Ratswappen ebenfalls in die Fenster der Oberen Rathaushalle gehörte[1221].

## 10.3. *Die Veränderungen des 17. Jahrhunderts*

Mit der endgültigen Fertigstellung des Einbaues in der Oberen Rathaushalle um 1620/21 war der Umbau des Rathauses abgeschlossen. Das galt vor allem für den künstlerischen Bereich. Die wachsende Verwaltung der Stadt zwang zwar zu immer neuem Einbau von Räumen in die Untere Rathaushalle und zu Erweiterungen an der Nordseite, doch veränderte dies alles den baulichen und vor allem den künstlerischen Bestand des Rathauses nicht wesentlich. Von der Innenausstattung der damals entstandenen Räume ist fast nichts mehr erhalten. Geblieben sind allerdings ihre Portale. Eine ganze Reihe von ihnen ziert die Nordwand der Unteren Rathaushalle.

Das reichste Portal ist das im zweiten Stichbogen — von Westen aus gesehen — eingebaute. Mit großer Wahrscheinlichkeit hat es Hermen Varwer um 1635/36 für die „nien kamer" geschaffen[1222]. Dettmann hat dargelegt, daß damit nicht etwa die 1635 über dem Eingang zum Ratskeller erbaute Sternkammer gemeint sein kann, sondern die ebenfalls am westlichen Ende der Unteren Rathaushalle gelegene, schon 1506 erwähnte Niedergerichtsstube. Sie hat noch im vorigen Jahrhundert ihrem Zweck gedient.

Das Portal lehnt sich in Aufbau und Form eng an das Güldenkammerportal an. Auf einem Postament erhebt sich der eigentliche Portalaufbau. Zwei Säulen stehen vor einem ornamentalen, flach geschnitzten Grund, der, wie am Güldenkammerportal, in einer Muschelform endigt. Den Rest füllt jeweils eine Maske. Der Türbogen schließt mit einem fratzenhaften Kopf, während die Zwickel geflügelte Engelköpfe füllen. Das Türblatt selber ist nicht das ursprüngliche, sondern stammt etwa aus der Zeit um 1790[1223]. Der Architrav zeigt zwei Relieffelder mit aus pflanzenartigem Teigkringelwerk aufwachsenden Engelkörpern. Der Rahmen der Reliefs über den Säulen war ursprünglich ebenfalls wie die seitlichen Abschlüsse mit Masken im Ohrmuschelstil besetzt[1224]. Verkröpfte, ebenfalls mit Masken besetzte Konsolen tragen, auch darin dem Güldenkammerportal ähnlich, römische Kriegergestalten mit Spieß und Schild in den Händen, doch mit zeitgenössischen Sturmhauben. Seitlich hinter ihnen wenden sich ornamental gestaltete Ungeheuer nach außen. Die Wächter flankieren wie beim Güldenkammerportal ein in einem Rahmen gefaßtes Relief mit einer Kampfszene zwischen einem Reiter und wilden Tieren. An den Seiten bilden aus Ohrmuschelmasken wachsende weibliche Figuren den rahmenden Abschluß. Das nochmals mit Masken besetzte Gebälk darüber schließt das Portal nach oben hin ab.

Trotz — oder vielleicht gerade wegen — der engen Verbindung zum Güldenkammerportal wird der stilistische Unterschied deutlich erkennbar. Die Formenvielfalt weicht dem alle plastische Gestaltung überziehenden Teigkringel- und Ohrmuschelornament, wie es in der Vorlagengrafik eines Christoph Jamnitzer, Lucas Kilian und anderer im ersten Drittel des Jahrhunderts erscheint.

Die Deutung des Güldenkammerportals als endzeitliches Gerichtsportal mit seinen vielfältigen Aspekten zu diesem Thema legt es nahe, in dem Niedergerichtsportal des Hermen Varwer wegen der Verwendung ähnlicher Formen und Inhalte und eines fast gleichen Aufbaues auch eine ähnliche ikonologische Aussage zu vermuten. Das Zentrum des Portals ist, wie auch bei seinem Vorbilde, das gerahmte Relief[1225]. Es zeigt in der Mitte einen Krieger in römischer Rüstung auf bäumendem Pferd, das von vorne von einem Löwen angesprungen wird, während der Fuß des Reiters im Rachen eines weiteren wilden Tieres, vielleicht dem einer Löwin, steckt. Aus dem gleichen Loch, aus dem dieses springt, ringelt sich eine Schlange, die versucht, ein hirschähnliches Tier, das den Kopf wie zum Schrei in die Luft gereckt hat, zu beißen. Hinter dem Kopf des Hirsches (?) ist auf einem Felsen eine Burg zu erkennen mit Turm und einem Stück Mauer, das von Zinnen gekrönt ist. Die Reiterszene ist von zwei Bäumen gerahmt. Nach oben schließt das Relief mit ornamental gestalteten Wolken oder Rauch ab. Der landschaftliche Untergrund ist geteilt, auf jedem Stück wächst ein Baum. Pferd, Krieger und Hirsch stehen die drei wilden Tiere gegenüber. Allein das macht schon deutlich, daß wir es hier nicht mit der Darstellung einer Jagd wie etwa bei Rubens' berühmter Löwenjagd aus der Münchner Pinakothek zu tun haben.

Die ikonographische Deutung des Reliefs erschließt sich nicht aus der Herleitung bekannter Themen[1226]. Möglicherweise liegt ihr eine antike Heldensage zugrunde wie die des Marcus Curtius, doch konnte eine solche bisher nicht ermittelt werden. So bleibt als einzige Methode der Versuch, durch Analogie zum Marcus-Curtius-Relief und zur Befragung der Bibel nach möglicherweise passenden Zitaten, die hier vielleicht wörtlich abgebildet sind, zu einer Deutung zu gelangen. Danach wäre in dem Krieger derjenige zu erkennen, der auf dem weißen Pferde sitzt und die Heiden mit einem eisernen Stab schlägt. Dieser ist Christus bei seinem zweiten Kommen zum Endgericht. Er tritt mit den himmlischen Heerscharen zum Kampf gegen das Tier an, das „war gleich einem Parder . . .

Abb. 474 *Untere Rathaushalle, ehem. Niedergerichtsportal*

Abb. 475 *Niedergerichtsportal, Reiter im Kampf mit wilden Tieren, wohl Bild für den letzten Kampf zwischen Christus und Satan*

und sein Mund wie eines Löwen Mund" [1227]. Dieses Tier hat aber seine Macht von „der alten Schlange, die da heißt Teufel und Satanas, der die ganze Welt verführt [1228]". Stimmt dieser Zusammenhang, dann wäre in dieser „Jagdszene" chiffreartig Hermagedon, der letzte große Kampf zwischen Christus und Satan, dargestellt. Dazu paßt nun scheinbar überhaupt nicht das zweite Tier. Der Körper ist der eines Rehes oder Hirsches. Das gebogene Horn (?) läßt wiederum an einen Steinbock denken. Möglicherweise gehört diese „Horn"-Form auch zu dem landschaftlichen Hintergrund. Auch direkt vor dem Relief selber läßt sich das nicht einwandfrei erkennen. Die Deutung als Hirsch (oder Hindin) würde jedoch einen ikonographischen Zusammenhang deutlich werden lassen. In Psalm 42 wird das Bild des nach Wasser schreienden Hirsches für die nach Gott dürstende Seele gebraucht: „Ich sage zu Gott, meinem Fels: Warum hast du mich vergessen? Warum muß ich so traurig gehen, wenn mein Feind mich bedrängt?" [1229] Diese Worte scheinen in unserem Bilde eine fast völlige Entsprechung zu finden. Daß Gott nicht nur als Fels, sondern auch als Burg, als Stätte der Sicherheit angesprochen wird, verdeutlichen der 18. und der 91. Psalm [1230]. Noch enger aber ist die Beziehung zum 22. Psalm, einem Leidenslied „der Hindin, die früh gejagd wird". Dieses Bild wird als Hinweis auf die Leiden Christi verstanden. Der Beter schreit: „Sei nicht fern von mir, denn Angst ist nahe . . . Ihren Rachen sperren sie auf wider mich wie ein brüllender und reißender Löwe . . . Meine Kräfte sind vertrocknet . . ., denn Hunde haben mich umringt, und der Bösen Rotte hat mich umringt, sie haben meine Hände und Füße durchgraben . . . Errette meine Seele . . . von den Hunden! Hilf mir aus dem Rachen des Löwen . . .!" [1231] Trifft diese Deutung zu, dann wäre hier am Niedergerichtsportal versucht worden, Christus einmal in seinem Leiden und seiner Verfolgung, d. h. als Menschensohn in Gestalt der Hindin darzustellen und gleichzeitig als den Richter der Endzeit auf dem weißen Pferd. Das würde die fast spiegelbildliche Form von Pferd und Hindin und die Verschränkung ihrer Hinterläufe erklären. Möglicherweise ist gleichzeitig oder an Stelle Christi der Hirsch, der nach Gott und seiner Hilfe schreiende Gläubige, der schließlich vor den „Tieren" der Offenbarung in der zweiten Wiederkunft Christi endgültig errettet wird durch den, „der auf dem weißen Pferd sitzt".

Ergänzt das übrige ornamental-figürliche Programm des Portals diesen Deutungsversuch? Das Relief wird beidseitig gerahmt von weiblichen Halbfiguren, die Tugenden darstellen, wie das auch am Güldenkammerportal an der gleichen Stelle der Fall ist. Die rechte Figur erkennen wir an dem mit der Spitze nach oben gehaltenen Anker als „Spes", die „Hoffnung". Die linke Figur hält eine Art Stab in ihren Händen, der am oberen Ende rechts ein kleines Querstück zeigt. Seine Bedeutung als Attribut bleibt ungewiß, möglicherweise ist es eine beschädigte Fahne oder ein Kreuz, dessen andere Querbalkenhälfte abgebrochen ist. Sollte das der Fall sein, wäre die Figur die Allegorie der „Fides", des „Glaubens". Doch muß diese Deutung offenbleiben.

Am gesamten Portal fällt das Nebeneinander von Masken und Engeln auf. Nach dem, was am Güldenkammerportal bildhafte Gestalt gefunden hat, liegt es nahe, in den einen die himmlischen Heerscharen und den anderen die Könige und ihre Heere in der letzten Schlacht von Hermagedon zu sehen [1232]. „Der Drachen, die alte Schlange, welche ist der Teufel und Satan" [1233], wird gebunden und kann keinen Schaden mehr anrichten. Die beiden Ungeheuerköpfe hinter den Kriegern erinnern sowohl an Drachen wie an Schlangen. Die Fesselung wird in einer über den ganzen Hals gehenden Volute, durch die sich der Schwanz windet, erkennbar. Das starke und das schwache Reich [1234], das auch schon am Güldenkammerportal in Gestalt unterschiedlich großer Masken auftrat, erscheinen an diesem Portal in ganz ähnlicher Form auf den Voluten vor den beiden Kriegern mit unterschiedlich großen „Gesichtern". Wenn der „Gott des Himmels ein Königreich aufrichtet . . . wird es alle diese Königreiche zermalmen . . ." [1235]. Dies geschieht in der Schlacht bei Hermagedon. Die Krieger, die durch das Kreuz auf ihrer Brust als Streiter für den himmlischen König bezeichnet sind, haben zu ihren Füßen den besiegten Feind.

Die ikonographische Deutung des Niedergerichtsportals in der Unteren Rathaushalle könnte danach etwa so zusammengefaßt lauten: Die gläubige Seele schreit in ihrer Bedrängnis und Verzweiflung nach Christus. „Hoffnung" und „Glaube" (?) „stehen ihr zur Seite". Es sind diese die Tugenden der in Not schreienden Gläubigen. Christus reitet auf einem weißen Pferd zum Gericht aus dem Himmel hervor, um die Reiche des „Tieres" endgültig zu zerstören und sein Königreich zu errichten. Der „Drache, die alte Schlange", wird gebunden und unschädlich gemacht. Die Krieger des himmlischen Königs haben die beiden ungleichen Reiche „zu ihren Füßen". Die Engel drängen die Könige des Satans „an den Rand" des Portals. Das Thema des Güldenkammerportals scheint an dieser Stelle also wieder aufgenommen zu sein und um ein kleines weitergeführt. Der inzwischen mehr als ein Jahrzehnt tobende Krieg, in dem Bremen zwischen Kaiser und Schweden hin- und hergerissen wurde und mühsam versuchte, sich aus dem Kriegsgetümmel

Abb. 476 *Aquarellierte Zeichnung, 18. Jh.: Südwand der Wittheitsstube mit Sitzen und Paneel von Garlich Schürman 1648/49, mit der Innenseite des Türblattes der Tür zur Oberen Rathaushalle von 1550 und mit acht der zwölf Kaiserbildnisse von Franz Wulfhagen, 1666*

herauszuhalten, läßt es verständlich erscheinen, wenn ein auf die Endzeit ausgerichteter Glaube darin die Vorboten, wenn nicht schon den Beginn der letzten Schlacht von Hermagedon erblickte und erhoffte. –

Auffällig ist am Niedergerichtsportal, daß, wie bei der Güldenkammer, das als Zentrum der Darstellung erwartete Türblatt auch hier fehlt. Deswegen ist die Vermutung erlaubt, daß beide Portale bzw. Räume ursprünglich gar keine Türen besaßen. Der Türrahmen des Niedergerichtsportals zeigt am rechten Pfosten in Höhe des Bogenansatzes nur eine Einkerbung für ein Scharnier, vielleicht auch für eine Stange, mit der die Türöffnung versperrt werden konnte. Blieb der Blick auf die Gerichtssitzung durch das Portal frei, so traten irdisches und himmlisches Gericht in eine unmittelbare und gleichzeitig sichtbar werdende Beziehung. Darüber hinaus ist der vorliegende Deutungsversuch des Portals ein weiterer Beweis dafür, daß es tatsächlich für einen Gerichtsraum, nämlich die sog. Niedergerichtsstube, und nicht etwa für die Sternkammer angefertigt wurde. –

Das schon an anderer Stelle[1236] erwähnte Aquarell der sog. Neuen Wittheitsstube im Anbau von 1545/50 macht uns mit einer erst im 19. Jahrhundert verlorengegangenen Arbeit, vermutlich von Garlich Schürman, bekannt. Der Snitker wurde 1648 für einen „Schapf", d. h. für einen Schrank, für das Ratssilber und für eine neue Paneelung bezahlt. Offensichtlich mit ihm zusammen arbeitete der Drechsler Jürgen Meyer, der 1648 für Arbeiten am Rathaus und 1649 für die Mitarbeit an dem Paneel der Wittheitsstube entlohnt wurde. Er wird wohl die Säulchen beigesteuert haben, die die einzelnen Sitze der Ratsherren voneinander trennten[1237]. Die aquarellierte Zeichnung zeigt die Wand zur Oberen Rathaushalle hin, hinter der der Ratsstuhl stand. Zwölf Ratsherrensitze werden auf ihr erkennbar, vor allem an den Sitzkissen, von denen auch Deneken zu berichten weiß[1238]. Die Sitze selber stellen eine durchgehende Bank dar, während die Paneelfelder die einzelnen Plätze markierten. Das hohe Postament bildete eine Art Rückenlehne. Korinthische Säulen teilen zwölf kannelierte und in einer Muschel endende Nischen voneinander ab, die nochmals von kleinen Säulen gerahmt waren. In den Bogenzwickeln waren wie an den Rathausarkaden Figuren eingepaßt. Offensichtlich wiederholten sie sich über jedem Sitz. In der Architravzone fanden die korinthischen Säulen ihre Fortsetzung in Köpfen oder Masken, wie sie ähnlich schon an der

Abb. 477 *Aquarellierte Zeichnung, 18. Jh.: Westwand der Wittheitsstube mit Portal und Paneel von Garlich Schürman 1648, mit dem Ofen von 1729 und einer Standuhr*

Abb. 478 *Untere Rathaushalle, ehem. Portal zur Kriegskammer von Garlich Schürman, um 1650*

Abb. 479 *Untere Rathaushalle, Portal an der Nordseite des Rathauses von Johan Prange II., 1660*

Güldenkammerwand Verwendung fanden. In den sich dazwischen ergebenden Feldern erschienen Reliefs, wobei drei oder vier Motive sich im Wechsel wiederholten. Ihre Motive sind allerdings – trotz aller Exaktheit der Zeichnung – nur ungefähr zu erkennen, so daß eine inhaltliche Deutung nicht möglich ist. Es ist anzunehmen, daß die gegenüberliegende Wand ähnlich gestaltet war, da der Rat ja 24 Mitglieder umfaßte. –

Diese Zeichnung wird durch eine weitere ergänzt, die sich ebenfalls im Besitz des Focke-Museums befindet[1239]. Sie wird durch den auf ihr abgebildeten Ofen, der mit „1729" datiert ist, als Darstellung der Neuen Wittheitsstube charakterisiert, denn der Tischler Berend Rode wurde 1729 für Modeln für einen Ofen für diesen Raum bezahlt, so daß wir annehmen können, daß der abgebildete mit dem dort genannten identisch ist[1240]. In unserem Zusammenhang interessieren die vergleichsweise bescheidene Rahmung der Tür mit ihrer einen Seitenwange und die Pilaster des Paneels über dem Portal. Dettmann hat sicher mit Recht diesen Teil der Raumausstattung der Neuen Wittheitsstube Garlich Schürman und der Notiz im Rhederbuch von 1648 zugeschrieben[1241]. Die Tür wird von zwei korinthischen Säulen gerahmt, die, darf man dem relativ genauen Aquarell trauen, nicht beschnitzt, sondern bemalt waren. Die Kämpfer sind mit je einem Kopf mit seitlich herabhängendem Tuch besetzt. Ähnliche Formen erscheinen in der Mitte über der Tür und als Abschluß der Pilaster in der Paneelung darüber. Sie stellen Abkürzungen für Selige vor dem Throne Gottes dar. Die Portalwange zeigt über einer Maske einen Putto (?) vor einem Tier stehend und in der Hand einen Kranz haltend. Die Figur ist von Rankenwerk mit einem Engelköpfchen im Ohrmuschelornament umgeben. Auf den Pilastern sind Tugenddarstellungen zu erkennen, die denen, die das Relief des Varwerportals flankieren, außerordentlich ähneln. Es sind von links nach rechts: „Spes" mit dem Anker, „Justitia" mit der Waage und „Caritas" mit einem Kind. Die Figuren wachsen wie auf dem Niedergerichtsportal aus Masken auf. Eine weitergehende Deutung oder die Herstellung eines größeren Zusammenhanges ist aus naheliegenden Gründen nicht möglich. Wir können heute nur auf tiefste bedauern, daß Unverständnis und Rücksichtslosigkeit zur Zerstörung einer Innenraumgestaltung führten, die sicher zu einer der reichsten gehörte, die im norddeutschen Raum zwischen 1550 und 1650 entstanden. –

In der SO-Ecke der Unteren Rathaushalle hatte man im 16. Jahrhundert einen Raum eingebaut, der durch eine kleine Tür und eine Außentreppe unter den Arkaden betreten werden konnte[1242]. In dieser sog. „Kriegskammer" wurde einst von den Schottherren, den Mitgliedern des Rates, die für die Bewaffnung der Bürger zur Verteidigung der Stadt verantwortlich waren, ein besonderer Schoß, eine Art Verteidigungssteuer, erhoben. Dieser Raum bekam etwa um die Mitte des 17. Jahrhunderts auch einen Zugang zur Unteren Rathaushalle, wofür ein Holzportal geschaffen wurde. Dettmann schrieb diese Arbeit im Vergleich zur Wittheitsstube sicher mit Recht Garlich Schürman zu. Der Ohrmuschelstil ist hier noch weiterentwickelt. Das vergleichsweise noch kleinteilige Ornament des Portals von Hermen Varwer wird hier größer und großzügiger angelegt. Die gegenständlichen Formen nehmen weiter ab. Das Außengewände zeigt zu beiden Seiten einen geflügelten Engelkopf im Ohrmuschelornament. Über den schmalen korinthischen Säulen auf hohen Postamenten erscheinen im Gebälk und über der Türmitte kleine Köpfe mit Schmuck und herunterhängenden Tüchern. Auch hier handelt es sich um Chiffren für die Seligen vor Gottes Thron. Das schlichte Sturzgebälk wird von einem Bremer Wappen bekrönt, für dessen Gestaltung möglicherweise das Wappen über dem Güldenkammerportal als Vorbild gedient hat. Doch hat es sich inzwischen weiterentwickelt. Zum erstenmal – soweit wir heute wissen – tritt hier im oder am Rathaus der über dem Wappenschild nach links aufsteigende Löwe mit dem Schlüssel in seinen Tatzen auf. Zum erstenmal verwendete diese Wappenform Johann Wientjes, der 1617 bis 1624 in bremischen Diensten stehende Münzmeister[1243]. Aber erst etwa um die Jahrhundertmitte erscheint der aus einer Art Blütenkrone aufsteigende halbe Löwe mit dem Schlüssel in den Vorderpranken regelmäßig. Die neue heraldische Form ist auffällig und entsteht zur gleichen Zeit wie das schon in besonderer Weise gestaltete Wappen über dem Güldenkammerportal. Die Vermutung, daß es sich „nur" um den Versuch einer reicheren Gestaltung des Wappens handelte, geht am heraldischen Verständnis des 17. Jahrhunderts sicher vorbei. Es liegt nahe, daß aus dem neuen, dem reformierten Glauben erwachsenen Verständnis des Wappens, wie es sich am Rathaus außen und innen während seines Umbaues manifestierte, der neue, in heraldischen Fragen sicher sehr erfahrene Münzmeister Wientjes sich bemühte, eine eindeutigere Form zu schaffen. So kann das Portal zur Kriegskammer als in ikonologischer Folge zum Güldenkammer- wie zum Niedergerichtsportal stehend verstanden werden. Die Thematik beider Werke klingt hier noch einmal, wenn auch nur sehr bescheiden, in Cherubimgestalten und Seligen vor dem Thron Gottes an. Statt der „Justitia" über dem Wappen wie an der Gül-

Abb. 480—482 *Gewände zum Portal von 1660; Obere Rathaushalle, Portal zur Rhederkammer von Evert Behrens, 1662; Untere Rathaushalle, ehem. Portal zur Ratskanzlei, nach 1683*

denkammer erscheint hier der aus einer Art Blütenkrone aufsteigende Löwe mit dem Schlüssel, der über die heraldische Bedeutung hinaus als Abbild des „Löwen aus dem Stamme Juda" verstanden werden kann, der den Schlüssel zum Abgrund, in dem Hölle und Tod gefesselt liegen, in Händen hält. —

Ursprünglich noch ein bißchen weiter westlich stand das Sandsteinportal von 1660, das erst 1911 in die Achse der Blendnische gerückt wurde. Es führte zu dem Ausgang der Anbauten an der Nordwand des Rathauses, dessen Portal um 1579 entstand. Dettmann[1244] hat dieses Portal Johan Prange II. zugeschrieben, der als einziger Steinhauer der Stadt damals im Rathaus arbeitete. Toskanische Säulen auf Postamenten und ein kräftiges Sturzgebälk rahmen das Portal. Der deutlich vorstehende Schlußstein der profilierten, halbkreisförmigen Archivolte trägt nach vorne einen geflügelten Engelkopf, einen Cherubim, und nach innen eine Art gefaßten Stein, der von Beschlagwerk umgeben ist. Ähnlich ist der Bogen bis zum Kämpfersims gestaltet. An der Laibung entwickeln sich aus einem Beschlagwerk sehr fein gearbeitete Masken, umgeben von Ohrmuschelornament. In den Bogenzwickeln ist das Portal mit „ANO 1660" datiert. Die Möglichkeit einer Deutung der bildhaften Teile stößt sich, je weniger von ihnen verwendet werden, um so mehr mit der Annahme, daß die Formen ihre Bedeutung verloren haben und als ornamentale Versatzstücke allenthalben benutzt werden können. Tatsächlich wurde z. B. der Cherubimkopf auf Schlußsteinen von Portalbögen um die Mitte des 17. Jahrhunderts vielfach verwendet. Im Zusammenhang mit den beiden Masken und in der Folge der vorhergehenden Werke am Rathaus liegt es jedoch nahe, in ihnen den Engel zu sehen, der „den Drachen, die alte Schlange, welche ist der Teufel und Satan"[1245], bindet, in den Abgrund wirft und bewacht. Allerdings könnten auch „das Tier" und „der falsche Prophet" gemeint sein, die nach der Schlacht bei Hermagedon „in den feurigen Pfuhl geworfen" werden[1246]. Beide sehen sich außerordentlich ähnlich und sind am Rathaus schon mehrfach dargestellt worden. An diesem Portal sind beide Masken bis auf geringe Unterschiede gleich. Der 30 Jahre währende Krieg mit seinen unvorstellbaren Greueln war vorüber, und die eschatologisch ausgerichteten Glaubensgemeinden verstanden die Zeit als diejenige kurz vor dem endzeitlichen Gericht. Damit wird es vorstellbar, daß an diesem Portal das Thema, das der Umbau Lüder von Bentheims so gewaltig anstimmt, hier noch, wenn auch ausklingend, weitergeführt wird. —

Nur zwei Jahre später, 1662, wird die ehemalige Alte Wittheitsstube völlig neu ausgestattet und als Rhederkammer hergerichtet. In diesem Raume arbeiteten die Rheder, diejenigen Ratsmitglieder, die das „gemeine Gut" verwalteten, heute etwa mit dem Finanzsenator vergleichbar. Dettmann[1247] schreibt das Portal, das von der Oberen Rathaushalle zur Rhederkammer führt, Evert Behrens zu, dem damals ausschließlich vom Rat beschäftigten Snitker. Die Farbgebung spiegelt ein Steinportal vor, doch besteht es aus gefaßtem Holz. Das Ohrmuschelornament des Außengewändes enthält

Abb. 483—484 *Westseite, Fenstergiebel der Ratskanzlei, mit den Wappen der Bürgermeister des Jahres 1683*

auf jeder Seite einen kleinen Cherubimkopf. Die ganze Breite des Sturzgebälks nimmt das Bremer Wappen mit dem aus Helmfedern aufsteigenden halben Löwen ein. Ein eingetiefter Spiegel über der Tür trägt die Inschrift:

INGRESSU AFFECTUS OMNES ANTE OSTIA LINQUE
ET DIC JUDICII LIBERA VOTA TUI

(Beim Eintritt laß alle Gefühle vor der Tür zurück und sage aus freien Stücken die Urteile deiner Entscheidung). Es ist einer jener Rechts- und Weisheitssprüche, die an eine gerechte Rechtsprechung und Beurteilung gemahnten. Solche Sprüche waren noch an vielen Stellen im Rathaus angebracht, doch sind die meisten, vor allem die in der Niedergerichtsstube, vergangen[1248]. Das heutige Türblatt gehört zu den Arbeiten, mit denen Poppe zu Beginn unseres Jahrhunderts die Obere Rathaushalle ausstattete. —

1682 wurde mit der Erweiterung des Anbaues auf der Nordseite des Rathauses begonnen, so daß dessen Außenwand seitdem mit der Westfassade fluchtet. Die Fenster zeigen die beiden Geschosse unter dem Pultdach an. Die beiden unteren tragen über ihrer einfachen Sandsteinrahmung ein starkes Sims, auf dem in Form von ornamental gefüllten Dreiecken je zwei Wappen angebracht sind. Von links nach rechts sind es diejenigen von Dietrich von Cappel (1632—1687, 1665 Ratsherr, 1676 Bürgermeister), Casparus Barkey (1619—1690, 1672 Ratsherr, 1679 Bürgermeister), Nicolaus Zobel (1622—1693, 1672 Ratsherr, 1682 Bürgermeister) und von Lubertus Formanoir (1634—1696, 1668 Ratsherr, 1682 Bürgermeister). Es sind dies die Bürgermeister des Jahres 1683, in dem der Anbau fertiggestellt wurde. Erst bei genauem Hinsehen erkennt man, daß sich zwischen den Wappen je zwei Äste kreuzen, deren abgeschnittene Enden in der Mitte unten zu erkennen sind. Sie laufen nach rechts und links als Enden der Simsbekrönung in einem Blumengebinde mit verschiedenen Blüten aus, während in der Mitte oben Blätter und Blüten in ihrer Anordnung und den Negativformen dazwischen eine Maske bilden. Auf einem tuch- oder lederartig sich wellenden Untergrund sind die Wappenschilde so gesetzt, daß die Simsbekrönungen fast den Charakter eines Stillebens bekommen. Ob sie mit den betont gezeigten abgeschnittenen Enden der Zweige, den Blüten und der Maske die Bedeutung des „Memento mori" in sich tragen, sei als Möglichkeit nur angedeutet. —

Der an die Nordwand 1682/83 angefügte Bau enthielt im Untergeschoß die Ratskanzlei, deren Fenster oben besprochen wurden. Dieser Raum erhielt am Westende der Unteren Rathaushalle einen Zugang mit einem Holzportal. Toskanische Säulen auf Postamenten flankieren es und enden über dem verkröpften Sturzgebälk in Kugeln. Zwischen den Kugeln erhebt sich das Bremer Wappen, das ebenfalls den aus den Helmfedern aufsteigenden halben Löwen zeigt. Stein datiert das Portal um 1720[1249]. Doch rücken es die sehr starke Ähnlichkeit in der Ausbildung des Wappens und eine fast gleiche Profilierung des Gebälks eher in die Nähe des Rhederkammerportals, so daß eine Datierung kurz nach der Fertigstellung des Anbaues 1683 eher zutreffen mag. —

## 10.4. *Die Kaiserbildnisse*

Im Senatssaal des Neuen Rathauses hängen heute acht Kaiserbildnisse[1250]. Vier weitere befinden sich in dem Gang, der links vor dem Saal abzweigt. Ihre Maße sind 70,5 x 90,5 cm[1251]. Alle Bilder sind in Öl auf Leinwand gemalt. Sie weisen nur geringe Beschädigungen auf und sind relativ gut erhalten. Sie gehören offensichtlich einer zusammenhängenden Serie an. Acht der Bildnisse sind von einem ovalen Lorbeerkranz umschlossen, auf dem unten der betreffende Kaisername erscheint. Es sind dies: CAROLUS MAGNUS, MAXIMILIANUS II., CAROLUS V., FRIDERIC9, LEOPOLDUS (alle im Senatssaal) und auf dem Flur HENRICUS V., JOSEPHUS und FRIDERIC9 III. Das vierte Porträt stellt offensichtlich Joseph II. dar. Im Saal ist das Bild links von Leopold I. wohl Karl VII., rechts von ihm Franz I. Das Bildnis links des Portals gibt Leopold II. wieder.

Malweise, Lorbeerrahmung und Beschriftung lassen erkennen, daß alle Gemälde von Karl d. Großen bis Maximilian II. von einer Hand stammen. Bei Leopold I. und Joseph I. fallen die Lorbeerfrüchte auf den stärker plastisch herausgearbeiteten Kränzen auf. Auch fehlen den Herrschern die Lorbeerkränze im Haar. Die Namen sehen wie aus Stein gemeißelt aus. Sie sind in einer Kursiven gemalt, während die anderen in einer Antiqua erscheinen. Es ist anzunehmen, daß beide Bilder vom gleichen Künstler stammen. Das gleiche kann für die Porträts Karls VII. und Franz I. angenommen werden. Haare, Schmuck und Kleidermuster weisen denselben Pinselduktus auf. Die Farbigkeit, z. B. die Verwendung ähnlicher Rottöne, entspricht sich. Doch wirkt das Bildnis Franz I. qualitätvoller. Es läßt an eine Weiterentwicklung des Künstlers denken. — Die Kaiserbildnisse erwähnt Deneken in seiner Abhandlung über das Rathaus. Er hebt besonders das Bild Leopolds II.[1252] hervor. Außerdem nennt er das Josephs I. und „alle bis zum gegenwärtigen Kaiser", welches demnach das von Franz II., dem späteren Franz I. von Österreich, sein müßte. Gesondert nennt Deneken das Ganzfigurenporträt Karls VI., das einst in der Oberen Rathaushalle hing[1253]. Er vermutet, daß die neueren Kaiserbildnisse jeweils kurz nach der Wahl in Wien gemalt wurden.

Ehrhardt[1254] benennt bei der Beschreibung der Inneneinrichtung des Neuen Rathauses 13 Kaiserbilder, die, nachdem sie ursprünglich für die Neue Wittheitsstube gemalt, nach dem Bau des Stadthauses dort im Zimmer des Obergerichts aufgehängt wurden und nun, nach der Fertigstellung des Neubaues, ihren heutigen Platz im Senatssaal fanden. Er zählt die Bildnisse Karls d. Großen, Friedrichs II. (gemeint ist wohl das Friedrichs III., das noch existiert), Karls V., Matthias', Ferdinands II. und III., Leopolds I. und sechs weitere, nicht benannte, auf. Diese Aufstellung deckt sich allerdings nur zum Teil mit den heute noch existierenden Gemälden.

Die schon verschiedentlich angesprochene aquarellierte Zeichnung der Innenwand der Neuen Wittheitsstube zeigt über den Sitzen der Ratsmitglieder eine Reihe von acht Kaiserbildnissen. Diese sind so deutlich wiedergegeben, daß ohne Schwierigkeiten zu erkennen ist, daß die Bilder drei, vier und fünf (von links) mit den heute noch vorhandenen von Karl d. Großen, Karl V. und Friedrich I. identisch sind. Die übrigen lassen sich im Vergleich mit zeitgenössischen Bildnissen, vor allem aus der Druckgrafik, identifizieren. Von links nach rechts sind es: Ferdinand III., wahrscheinlich Rudolph II., wohl Matthias, anschließend die drei noch vorhandenen, dann wohl Ferdinand I. und Ferdinand II. Auf der gegenüberliegenden Wand haben demnach mindestens noch die vier im ovalen Lorbeerkranz gemalten gehangen, die heute noch vorhanden sind. Damit müssen zu den heute existierenden zwölf Kaiserbildnissen und dem großen Ganzfigurenporträt mindestens noch fünf weitere vorhanden gewesen sein. Es sind dies, entweder noch vorhanden oder bildlich nachweisbar alle Kaiser von Karl V. bis Leopold II., dazu Karl d. Große, Friedrich I. Barbarossa, Heinrich V. und Friedrich III. —

Die Bildnisse von Karl d. Großen bis Ferdinand III. sind offensichtlich als Serie von einem Maler geschaffen[1255]. Das kann nur in der Zeit Ferdinands (Kaiser von 1637 bis 1657) oder wenig später geschehen sein. Der Lorbeerkranz als ovale Rahmung von Herrscherporträts erfreute sich, gegen die Mitte des 17. Jahrhunderts aufkommend, zunehmender Beliebtheit. Zweifellos haben für die Bildnisse Druckgrafiken als Vorlagen gedient, so daß wir mit einiger Sicherheit sagen können, daß die Bildnisse bis Friedrich III. im wesentlichen Phantasieporträts darstellen. Für das Bild Karls V. hat vermutlich ein Stich aus der Rubenswerkstatt, der Lucas Vorstermann (1595—1675) zugeschrieben wird, die Vorlage abgegeben[1256]. Es ist ein undatierter Kupferstich nach einem Gemälde Tizians. Damit kann dem Bildnis Karls V. und allen folgenden Kaiserdarstellungen in zunehmendem Maße Porträtcharakter zugesprochen werden. Alle Kaiser seit Karl V. werden mit dem Orden des Goldenen Vlieses (gestiftet 1429 von Philipp dem Guten von Burgund) dargestellt. Alle Herrscher dieser ersten Gemäldeserie tragen einen Lorbeerkranz im Haar. Auf diese Art haben sich die Kaiser von Rudolph II. bis Ferdinand III. vor allem in grafischen Blättern immer wieder präsentiert. Dann wird diese ruhmredige „Mode" unmodern, während der rahmende Lorbeerkranz noch bis zum Anfang des 18. Jahrhunderts Verwendung findet.

Wilhelm Hurm zitiert in seinem Verzeichnis der Werke des Kunstvereins zu Bremen aus dem Rhederbuch zum Jahre 1666: „. . . Dito Mr. Franz Wulfhagen für 12 Schildereyn in der Wittheit-Stube, woruff einige Römische Kayser abconterfeyet à 4 Thaler 108

Abb. 485—487 *Franz Wulfhagen, Kaiserbilder für die Wittheitsstube, 1666, von links: Karl d. Gr., Friedrich I. Barbarossa, Heinrich V.*

Abb. 488 *Friedrich I., zweifarbiger Holzschnitt aus Hubertus Goltz, „Icones Imperatorum Romanorum . . .", 1557, weitere Auflage 1647*

Abb. 489 *Friedrich III., Stich aus Aquila, „Das ist Historische Beschreibung und Abbildung aller Römischen Kajser . . .", um 1660*

Abb. 490 *Karl V., Stich aus Aquila, „Das ist Historische Beschreibung und Abbildung aller Römischen Kajser . . .", um 1660*

Abb. 491—493 *Franz Wulfhagen, Kaiserbildnisse für die Wittheitsstube, 1666, von links: Friedrich III. der Schöne, Maximilian II., Karl V.*

Abb. 494—496 *Kaiserbildnisse aus der Wittheitsstube, von links: Leopold I., Joseph I., Karl VII.*

Abb. 497 *Franz I., Stich von Philipp Andreas Kilian nach Marten van Meytens*

Mark“ [1257]. Damit ist die Entstehung der ersten Serie der Kaiserbildnisse nicht nur auf die Jahre 1665/66 datierbar, sondern es ist auch der Künstler bekannt. Franz Wulfhagen [1258], 1624—1670, war Bremer. Seiner künstlerischen Entwicklung nach gilt er als Schüler Rembrandts. Er war Maler und Radierer und vor allem als Porträtist tätig. 1665 wurde er für Porträts und andere Arbeiten in der Niedergerichtsstube bezahlt, und 1669 schuf er das große Gemälde eines Wales für die Obere Halle des Rathauses.

Nach der Notiz im Rhederbuch umfaßte die erste Serie der Kaiserbilder zwölf Gemälde. Das sind alle schon genannten Bildnisse bis Ferdinand III. und ein nicht mehr bekanntes. Zwar entstand die Reihe unter der Herrschaft Leopolds I. (1658—1705), doch ist sein Bildnis offensichtlich nicht mehr von der Hand Wulfhagens geschaffen. Das läßt sich vor allem daran erkennen, daß Leopold nicht als junger Herrscher, sondern als älterer Mann gemalt ist, wie ihn etwa Petrus a Gunst (1659—1724) aus Amsterdam in einem Stich festgehalten hat [1259]. Als Vorbild für Kleidung und Rüstung hat dem Maler aber wohl ein Stich von Bartholomäus Kilian (1630—1696) gedient, der in der äußeren Bildform sich den schon vorhandenen Gemälden besser anpaßte [1260].

Dem gleichen Maler wie dem des Bildnisses Leopolds kann auch das von Joseph I. (1705—1711) zugeschrieben werden. Auch ihm lag wohl ein Vorlagenstich des schon genannten Petrus a Gunst zugrunde [1261]. Einen möglichen Hinweis auf den Künstler mag eine kurze Notiz Fockes zu dem Maler Wunnenberg geben [1262], der „wegen der am Rathause an der Wand gemahlten Contrefaiten mit Trinkgeld für seinen gesellen“ mit 16 ½ Talern bezahlt wurde. Das ist zwar kein eindeutiger Beweis für die Urheberschaft Wun-

 Abb. 498—500 *Kaiserbildnisse aus der Wittheitsstube, von links: Franz I., Joseph II., Leopold II.*

nenbergs, doch trifft dieser Hinweis mit den Erkenntnissen über das Porträt Leopolds gut zusammen. Von Franz Wunnenberg ist sonst nichts bekannt. Trifft die Zuschreibung zu, dann muß er mindestens bis 1705/06 tätig gewesen sein, da wohl das nachfolgende Bildnis Josephs I. von der gleichen Hand ist wie das vorhergehende. —

Das Bildnis des auf Joseph I. folgenden Karl VI. (1711—1740), den Vater Maria Theresias, ist das schon erwähnte Ganzfigurenbild. Warum es sich aus der Kaiserreihe heraushebt, wissen wir nicht. Es hing ursprünglich in der SW-Ecke der Oberen Rathaushalle. Seit etwa 1960 befindet es sich im Besitz des Focke-Museums. Es ist in Öl auf Leinwand in der Größe 257 x 170 cm gemalt. Das Bild ist stark beschädigt. Der Kaiser steht auf einem gestuften Podest, fast wie auf einer Bühne. Ein Vorhang im Hintergrund läßt nur wenige Architekturteile erkennen. Ganz in Rüstung, einen kostbaren Mantel um die Schultern, stützt sich Karl VI. mit seiner Rechten, in der er das Zepter hält, auf ein rundes Tischchen. Darauf liegt die österreichische Kaiserkrone. In Bildauffassung und Attributen wird der Einfluß des berühmten Bildnisses Ludwigs XIV. von Hyacinthe Rigaud, um 1701/02, spürbar. Die Malerei in den zentralen Partien des Gesichts, des Schmucks und des Gewandes ist erstaunlich qualitätvoll. —

Die Bildnisse der beiden folgenden Kaiser sind sicher wieder für die Wittheitsstube gemalt, wie schon die Formate ausweisen. Karl VII. (1742—1745) und Franz I. (1745—1765), der Gatte Maria Theresias, sind wohl nach Vorlagen entstanden. Dem Bild Franz I. lag der Stich von Philipp Andreas Kilian nach einem Gemälde von Marten van Meytens (1695—1770) zugrunde[1263]. Die Vorlage ist bis in viele Details übernommen, in anderen dem Format angepaßt. Das Oval der Lorbeerkränze wird bei diesem Bilde durch eine Abdunkelung der Ecken, die dann eine Ovalform ergeben, wieder aufgenommen. —

Beim Porträt Josephs II., des Sohnes von Maria Theresia, der von 1765 bis 1790 regierte, wurden die bisherige Porträtform der Reihe aufgegeben und der junge Kaiser sitzend gemalt. Die seit dem Bilde Karls VII. verwendeten Reichsinsignien, die alte Kaiserkrone und der dazugehörige Reichsapfel, finden hier wie auch auf dem nachfolgenden Gemälde Verwendung. Der Bügel der Kaiserkrone enthält eine Buchstabenfolge, die mit der dort tatsächlich vorhandenen Inschrift nichts zu tun hat: I OR I VA I PR I RA I. Ihre Bedeutung ist bis jetzt unklar. —

Das letzte vorhandene Kaiserbildnis zeigt Leopold II. (1790—1792). Der Herrscher trägt nicht nur den auf allen Bildnissen seit Karl V. erscheinenden Orden vom Goldenen Vlies, sondern auch den Maria-Theresien-Orden und darüber einen weiteren mit der Aufschrift „FORTITUDINI". Der Brief in des Kaisers rechten Hand zeigt in der Ecke wohl eine Signatur, möglicherweise „Premke", und die Datierung „1790"[1264]. —

Welche Aufgabe und Bedeutung hatten die Porträts von längst verstorbenen Kaisern und später das des jeweils herrschenden über den Ratsherren in der Neuen Wittheitsstube? Die ersten zwölf Gemälde muß man wohl als Ergänzung und Fortsetzung der Kaisertondi an der Decke der Oberen Rathaushalle verstehen. Denn seit deren Entstehen hatte sich für Bremen Entscheidendes verändert. Aus den wechselnden politischen und militärischen Konstellationen des Dreißigjährigen Krieges heraus, in dem Bremen, immer wieder Neutralität anzeigend, versuchte, zwischen den Fronten zu lavieren, gelang es der Stadt 1646 in einer günstigen politischen Situation und mit Hilfe umfangreicher Geldmittel, von Ferdinand III. endlich die Anerkennung seiner Reichsunmittelbarkeit zu erreichen. Damit war endlich nach mehr als zweieinhalb Jahrhunderten *das* Ziel bremischer Politik erreicht. Damit war der Stadtstaat endlich „frei", selbständiges Mitglied der Reichsstände und nur dem Kaiser untertan. Vor allem war die Entscheidung der Religionszugehörigkeit nun endgültig von den staatsrechtlichen Entscheidungen anderer unabhängig.

Allerdings löste die Reichsunmittelbarkeit der Stadt keine ihrer brennenden innen- oder außenpolitischen Probleme. Seit 1609 war das ganze Jahrhundert gekennzeichnet von der Auseinandersetzung zwischen Elterleuten und Rat, bei denen es vor allem darum ging, inwieweit die Sprecher der Kaufmannschaft die Interessen aller Bürger gegenüber dem mächtigen Rat der Stadt vertreten durften. Ständig erneuten Zündstoff dafür boten die wegen des Krieges immer wieder notwendigen Kollekten und Schoßerhebungen. Die Auseinandersetzungen mit Oldenburg um den Weserzoll führten schon wenige Jahre nach Gewinnung der Reichsfreiheit 1652 zur Reichsacht gegen die Stadt, deren Aufhebung dem Rat allerdings schon ein Jahr später gelang. Das größte Problem stellte sich für Bremen allerdings infolge seiner Zwitterstellung einerseits als reichsfreie Stadt und seiner gleichzeitigen Zugehörigkeit zum schwedischen Herzogtum Bremen und Verden. 1647 hatte der letzte bremische Erzbischof Friedrich II. durch die Zustimmung des deutschen Kaisers seine Herrschaft endgültig an Schweden verloren. Der Kampf der Stadt gegen die Großmacht Schweden 1654 und 1666/67 sowie die europäischen Auseinandersetzungen mit dem absolutistischen Frankreich Ludwigs XIV. endeten 1679 im Frieden von Nijmwegen damit, daß Bremen zwar seine Reichsunmittelbarkeit anerkannt bekam, das Herzogtum Bremen-Verden jedoch bei Schweden verblieb. Die weiteren Auseinandersetzungen zwischen dem Reich und Frankreich sowie dem mit ihm verbündeten Schweden ließen jedoch auch jetzt die Stadt nicht zur Ruhe kommen. Damit stand die Stadt als Reichsstand auf der Seite des Kaisers, als Teil des Herzogtums zu Schweden gehörend auch auf seiten seines Gegners, des Sonnenkönigs. Die im Zusammenhang mit diesem Krieg von Frankreich unterstützten Seeräuber zwangen Bremen zum Schutz seiner Handelsschiffahrt. 1689 rüstete es ein Konvoischiff aus. Da sich die Konvoifahrten bewährten, die Seeräuberei aber nicht zurückging, wurde 1691 ein größeres Orlogschiff, die „Wappen von Bremen", eingesetzt. —

Die neue staatsrechtliche Stellung, vor allem aber die neue drohende Auseinandersetzung mit Schweden 1666 mögen in erster Linie der Anlaß für den Auftrag der ersten zwölf Kaiserbildnisse an Franz Wulfhagen gewesen sein. Das war nach außen und nach innen — auch das war nötig, da es in der Stadt Kräfte gab, die den vollständigen Anschluß an Schweden wünschten — eine erneute Zurschaustellung und Betonung der Reichszugehörigkeit. In diesen zwölf Kaisern spiegelt sich noch einmal die Entstehung der Stadt als politisches Gebilde von den ersten, sagenhaften Überlassungen von Rechten durch Karl den Großen bis hin zum endgültig erlangten Status eines doch weitgehend politisch selbständig handelnden Standes innerhalb des Deutschen Reiches unter Ferdinand III. Daß die Gemälde nicht mehr für die Obere Rathaushalle, sondern für die kleinere Wittheitsstube geschaffen wurden, liegt sicher darin begründet, daß sich die eigentliche Politik des Rates nicht mehr vor aller Öffentlichkeit in der großen Halle, sondern eben hier abspielte.

Die Porträtgalerie war ursprünglich wahrscheinlich nicht auf eine Fortsetzung hin angelegt. Dann hätte Wulfhagen sicher den schon seit etwa acht Jahren amtierenden Leopold I. mit gemalt[1265]. Möglicherweise erschien dem Rat in der gespannten Situation gegenüber Schweden das Aufhängen des Bildnisses des Kaisers nicht opportun. Zweifellos standen hinter der Fortsetzung der Kaiser-„Galerie" weder künstlerische noch gar dekorative Überlegungen, sondern handfeste, politisch beabsichtigte Wirkungen. Die Stellung Bremens in der Konfrontation Frankreichs und Schwedens auf der einen Seite mit dem Reich andererseits war außerordentlich schwierig. Die Bedrohung der Handelswege zwang die Stadt zu militärischen Schutzmaßnahmen, die sie für Frankreich eindeutig zum Gegner machten. Damit mußte der Rat zwangsläufig sich noch enger an Kaiser und Reich anschließen. Noch immer hatte das Herrscherbildnis andererseits eine bedeutende Schutzfunktion und Stellvertretercharakter[1266]. Mit dem Bildnis des Kaisers über ihm begab sich der Rat der Stadt „unter" seinen Schutz. Diese Funktion des Herrscherbildnisses kann nicht genug betont werden. Sie galt sicher für die Bremer Gemälde seit Leopold I. besonders. Vielleicht liegt hierin auch die Größe des Porträts Karls VI. begründet. Denn die politische Lage spitzte sich zu Beginn des Jahrhunderts für Bremen insofern bedenklich zu, als durch den nordischen Krieg Schweden seine Vormachtstellung verlor und Dänemark unter anderem das Herzogtum Bremen und Verden als schwedischen Besitz 1712 an sich bringen konnte. Es stand zu befürchten, daß die Stadt viel von ihrer relativen Selbständigkeit verlieren würde. Gleichzeitig war Bremen als Reichsstand in den spanischen Erbfolgekrieg verwickelt, in dem der Kaiser, die meisten deutschen

Fürsten, die Generalstaaten und England gegen Frankreich und Bayern standen. Die Stadt trug mit erheblichen Geldmitteln zur Finanzierung des Reichsheeres bei. 1712 beliefen sie sich auf 52 000 Gulden[1267]. Aus dieser Situation heraus kann nicht nur die Größe des Kaiserbildnisses und daß der Herrscher unter seinem Mantel eine Kriegsrüstung bis hin zu den Schuhen trägt, sondern vor allem, daß an dieser Stelle zum einzigen Male in dieser Bildserie die österreichische Kaiserkrone Rudolphs II. gemalt ist, eine Erklärung finden. –

Mit der behandelten Gemäldefolge hatte der Rat der Stadt in seinem Hause, das als Abbild der Stadt verstanden wurde, alle Kaiser des Heiligen Römischen Reiches Deutscher Nation abgebildet. Als einzige lassen sich nicht sicher die Bildnisse Maximilians I. und Franz II., des späteren Franz I. von Österreich, nachweisen. Maximilians Porträt existierte möglicherweise als Glasgemälde in der Oberen Rathaushalle neben den Kurfürsten und wurde dann später durch das von Matthias ersetzt. Vielleicht ist sein Bildnis das fehlende zwölfte aus der Serie, die Wulfhagen gemalt hat. Das von Deneken genannte des „letzten Kaisers", also das von Franz II., mag wie der Ratsstuhl und anderes in der napoleonischen Ära Bremens zerstört worden sein. –

## *Am Rathaus tätig gewesene Künstler und Kunsthandwerker*

Johan Arndes
Maurermeister
beim Rathausbau 1405/07 am Fensterwerk tätig

Johann Jacob Beigereich
Steinhauer
1739 „Zierrathen und Kugeln auff dem Uhrkasten auf dem Rathause“

Joachim Bellaert
Glaser
1566 Wappenfenster für das Rathaus

Johann Benecken
Glaser
zwischen 1570 und 1600 zahlreiche Ratswappenfenster, auch für das Rathaus

Lüder von Bentheim
Ratssteinhauer, tätig seit 1580 — gest. 1612
1595 Umbau der Fenster der Marktseite der Oberen Rathaushalle
1609—1612 Hauptmeister des Rathausumbaues

Jürgen Berchman
Metallgießer, im Dienste des Rates von 1616 bis 1654
Messingring für Löwenköpfe an der Rathaustür 1635

Evert Behrens
Tischler (Snitker), tätig vor 1650 bis etwa 1673
1656 Reparatur des Ratsstuhles, 1662 Portal zur neuen Rhederkammer in der Oberen Rathaushalle

Franz Joachim Beverburg
Maler
1776 Anmalen und Vergolden des Roland

Albert Blome
Maler, nachweisbar 1589—1633
1614 Anmalen des Rathauses nach dem Umbau mit Johan Ludeman

Wilhelm Boelcken
vermutlich Steinhauer
1720 ein „steinern bilt am Rathaus“

Urban Bornecke
Zimmermann oder Tischler, nachweisbar 1548—1590
1587 Reparatur des „Secretarien Stuhls“ hinter dem Ratsstuhl

Bartholomäus Bruyn d. Ä.
Maler, 1493—1555, Köln
1532 malen er und/oder seine Werkstatt die Wandgemälde in der Oberen Rathaushalle: Salomonurteil, Karl und Willehad, wohl auch Schriftbild

C. Clemens
Maler, bis 1763 erwähnt
1750 Anmalen des Roland, der großen Laterne und des Cämmerey-Schrankes

Ernst Crossmann
Steinhauer, aus Lemgo, nachweisbar seit 1605, 1613 Bürgereid
1622 gestorben
wahrscheinlich Meister der Figuren und Karyatiden der Zwerchgiebel, möglicherweise auch des Kriegers in der Oberen Rathaushalle

Karl Dannemann
Maler, 1896—1945
1926 Ausmalung des Bacchuskellers

Jeronimus von der Elste
Daten und Beruf unbekannt
1612 Zeichnungen wohl für Treppe und Güldenkammerwand

Hans Fedden
1542 Reinigung des „Malwerks“ im Rathaus

Arthur Fitger
Maler, 1840—1909
1874 Malereien im Senatszimmer und Kaisersaal des Ratskellers

Johan Focking
Maler, ab 1580 im Rhederbuch
1580 Anstrich und Vergoldung des Roland anläßlich der Huldigung für Erzbischof Heinrich III. v. Sachsen-Lauenburg

Theophilus Wilhelm Frese
Bildhauer, 1696—1763
1712 Wappen des Bürgermeisters Hoyer am Rathaus, eine seiner frühesten Arbeiten

Peter Hardenberg
Maler, tätig 1580—1604
1602 Rathausarbeit

Meister Henning
Steinhauer
1405/07 Mitarbeit an gotischen Figuren

Johan Hoborg
Glaser, tätig 1511—1552
1522 Lieferung bunter Fenster für die „nyge scriverie“ im Rathaus

Servas Hoppenstede
Tischler (Snitker), tätig von 1618—1630, arbeitete auch in Stein
1615/16 Marcus-Curtius-Relief über dem Güldenkammerportal, 1618/19 mit Evert Lange Innenportal des Alten Archivs

Meister Johan
Steinhauer, Hauptmeister des Rathausbaues 1405/07
Portale und Figuren mit Sohn Paul und Meister Henning, eigenhändig die Stützfiguren unter den vier Ecktürmchen

Leonhard Kettnus
Glaser, tätig 1728—1754
1736 fünf große Fach Fenster für das Rathaus mit des Rates Wappen und „vornehmen Bedienten Wapen“

Otto Klein
Restaurator, Köln
Restaurierung des Salomonurteils 1954, des Bildes Karl und Willehad 1964

Berthold Krafft
Gipsarbeiter (Stukkateur)
1666 Arbeiten in der Wittheitsstube und der Rhederkammer

Diedrich Kropp
Bildhauer, 1824—1913
1864/65 freie Neuschöpfungen für die beschädigten Kriegerfiguren auf den Ecken des Rathauses zum Markt hin

Meister Kurd
Steinhauermeister, tätig am Rathausbau 1405/07, aus Münster

Arend Landwehr
1669 Anstreichen des Rahmens des Walbildes und das Malen von 500 goldenen Buchstaben

Johan Landwehr II.
Maler
1694 Anstreichen und Ausbessern des Roland

Jürgen Landwehr
Maler, gen. „der Conterfeiter“, tätig 1602 (?)—1646
um 1618 Bilder an der Güldenkammerwand
1632 Malen und Weißen der „nien dornsen“
1637 Renovierung des Rathauses aus Anlaß der Huldigung des Erzbischofs Friedrich II., Prinz von Dänemark
1646 Anstreichen und Vergolden des Roland

Evert Lange
Tischler (Snitker), tätig 1602—1648
1618/19 mit Servas Hoppenstede Innenportal des Alten Archivs

Gottfried Lehrknecht II.
Tischler, tätig 1801—1819
1801 Ausstellung seines Meisterstückes „zum verspielen“ im Rathaus (Schrank mit Brustbild Bonapartes)

Adam Liquier
Bildhauer, Frankreich, geb. wohl nach 1540—1586
1577 schuf er das sog. Braunschweiger Portal in der Oberen Rathaushalle im Auftrage des Herzogs Julius v. Braunschweig-Lüneburg

Simon Loschen
Architekt, 1818—1902
hat 1857 den Fenstern d. O-Seite ihre ursprüngliche gotische Form zurückgegeben

Johan Ludeman
Maler, tätig 1595—1627
1601 Weißen verschiedener Räume und Anmalen der Bürgermeisterwappen an den Schornstein
1602 Reparatur der Wandgemälde in der Oberen Rathaushalle mit Johan Quandt
1614 Anstreichen des Rathauses nach dem Umbau mit Albert Blome
1621 Arbeit am Roland, am Rathaus, am „nien gemake“
Rudolf Maison
Bildhauer, 1854—1904
1901 Aufstellung seiner Herolde zu Pferd vor dem Ostportal
1904 Aufstellung zweier Ritter zu Fuß vor dem Westportal
Eler Marcus
Maler, tätig 1571—1590
1571 Anstreichen des Steinwerkes des Rathauses braun und schwarz
1578 Illuminierung des Braunschweiger Portals
Mencke
Schiffsbaumeister
1750 Modell eines Kriegsschiffes für das Rathaus
Johan Mentz
Bildhauer, gest. vor 1713
1706 Reparatur einiger Statuen am Rathaus
Dierich Mentze
Glaser, tätig 1601—1621
1613/14 alte und neue Fenster für das Rathaus nach dem Umbau, möglicherweise Schöpfer des Kaiserbildnisses
Georg Christoph Meybach
Uhrmacher
1737 Uhr für die Obere Rathaushalle (Kasten von Berend Rode)
Jürgen Meyer
Drechsler, tätig 1634—1653
1648/49 Mitarbeit am Paneel der Wittheitsstube
Michael
Glaser, nachweisbar 1529—1548
1546 Fenster im „nyen gemack“
Karl Julius Milde
Maler, Glasmaler, Grafiker, 1803—1875, Lübeck
1860/62 Porträts von Daniel v. Büren, Heinrich Kreffting und Johann Wachmann für die Fenster der Oberen Rathaushalle
Johann Georg Poppe
Architekt, 1837—1915
1903/05 Ausstattung der Oberen Rathaushalle mit neuem Ratsgestühl, Wandpaneel, Türblatt zur Güldenkammer nach seinen Entwürfen
Herman Porthusen
Glaser, 1722—1795
1793 Erneuerung der kaiserlichen und kurfürstlichen Wappen in den Fenstern der Oberen Rathaushalle
Arent Prange II.
Steinhauer, Meister 1758, tätig bis nach 1773
1766 Fensterwerk am Rathaus, möglicherweise Veränderung der beiden Fenster der Ostseite der Oberen Rathaushalle
Johan Prange
Steinhauer, tätig nachweisbar 1601, gest. um 1617/18
1609 und 1613 am Rathausumbau tätig, wohl beteiligt bzw. ganz von ihm: Zwickelfiguren, Reliefs über Arkaden, Tritonenfries, Stützkonsolen
Johan Prange II.
Steinhauer, seit 1639 Meister
1660 Portal in der Unteren Rathaushalle
Johan Quandt
Maler
1602 Reparatur der Wandgemälde in der Oberen Rathaushalle mit Johan Ludeman, acht „Deckenstücke“ für Güldenkammer 1620 (verschollen)
Wilhelm von Rehne I.
Glaser, tätig 1618—1660
1639 „viele heraldische Bilder“ (zweifelhaft)
1648/49 neue Fenster im Rathaus

Reineri
Maler, aus Italien
Renovierung und Anstrich der Außenseiten des Rathauses 1774
Berend Rode
Tischler
1729 Modeln für den Ofen in der Wittheitsstube
1739 Uhrkasten für die Uhr in der Oberen Rathaushalle
Georg K. Rohde
Glasmaler, 1874—1959
1906—1908 Glasmalereien (Wappen) in der Oberen Rathaushalle
Ronnich
Zimmer- oder Tischlergeselle (Knecht)
1612/13—1616 wohl Hauptmeister der Treppe und der Güldenkammerwand
Meister Salomon
Steinmetz
1405/07 einer der Hauptmeister des Rathausbaues, schuf das Maßwerk der Fenster
Hans Schnidewein
Grapengeter (Gelbgießer)
war von 1601—1621 für die Unterhaltung der Kronleuchter u. a. Messinggerätes im Rathaus zuständig
Albert Schomaker
Maler, gest. 1746
1723/24 Restaurierung des Salomonurteils mit Thomas Schomaker
Thomas Schomaker
Maler
1723/24 Restaurierung des Salomonurteils „so mit Ther beloffen gewesen“
Alexander Schröder
Baudirektor, 1806—1877
ab 1851 Erhaltung und Restaurierung des Rathauses innen und außen
Garlich Schürman
Tischler (Snitker)
1648 „Schapf“ für das Ratssilber und neue Paneelung für Wittheitsstube
um 1650 Portal zur ehem. Kriegsstube, Untere Rathaushalle, ihm zugeschrieben
Gabriel von Seidl
Architekt, 1848—1913, München
1909—1913 Bau des Neuen Rathauses an Stelle des Stadthauses (früher Palatium) nach seinen Entwürfen
Max Slevogt
Maler, 1868—1932, Berlin
1927 Ausmalung des Echosaales im Ratskeller
Berendt Stein
Glaser, seit 1606
reparierte während des Rathausumbaues alte Fenster und machte neue
Johan Stolling
Ratszimmermeister von 1603—1611, Stolzenau
1608/09 Dachstuhl für das Rathaus und seinen Umbau
Reineke Stolling I.
Ratszimmermeister seit 1611/12, gest. 1634
1613/16 Einbau der Güldenkammer in die Obere Rathaushalle; unter ihm arbeitete sein „Knecht“ Ronnich
Hermen Stroling
Steinhauer
1405 verfertigte er die Stützen für den Ratskeller und die Arkaden
Clawes Tammeke
Maurermeister
1405/07 mit Johan Arndes am Fensterwerk
Gustav Ulrich
Baurat, erster bremischer Denkmalpfleger, 1880—1971
1928/30 Restaurierungs- und Sicherungsarbeiten an der Rathausfassade

Herman Varwer
Ratstischler (Snitker), nachweisbar tätig seit 1627, gest. vor 1637
1635/36 Portal der Niedergerichtsstube in der Unteren Rathaushalle

Heinrich Vogeler
Maler, 1872—1942, Worpswede
1904/05 Ausstattung der Güldenkammer

Meister Westfal
Steinhauer
1405/07 51 Wappen für die Rathausfassaden

Hans Winter
Bildhauer, Freimeister, erstmals gen. 1589, tätig möglicherweise noch nach 1610
u. U. Mitarbeit an der Fassade unter Lüder von Bentheim

Hermen Wulff
Tischler (Snitker), tätig 1583—1612
1599 Ausbesserung des Paneels in der „nien Dornsen"
1607 Arbeit in der „Nien Kammer"

Franz Wulfhagen
Maler, 1624—1670
1665 Porträts für Niedergerichtsstube (versch.), 1666 zwölf Kaiserbilder für Wittheitsstube, 1669 großes Walbild für die Obere Rathaushalle

Franz Wunnenberg
Maler
1690 „Contrefaiten" im Rathaus an die Wand gemalt (möglicherweise zwei Kaiserbildnisse)

Wentzel von Zürich
Maler, tätig von 1618—1662, kam 1618 aus Amsterdam
1633 „Malen" im Rathaus und in der Silberkammer
1648 Wappen auf dem neuen Ofen in der Wittheitsstube

## *Anmerkungen*

1 (Arnold Gerhard) Deneken, Geschichte des Rathauses in Bremen, Bremen 1831
2 Adolf Börtzler, Die sinnbildhaften Figuren an der Schauseite des Bremer Rathauses – Versuch einer Deutung, in Brem. Weihnachtsblätter, H. 13, Bremen 1956
Erst 1993 erschien Stephan Albrecht, Das Bremer Rathaus im Zeichen städtischer Selbstdarstellung vor dem 30-jährigen Krieg, Marburg, das das Problem der ikonographischen Deutung angeht. Siehe S. 11
3 Z. B.: Emil Waldmann, Das Rathaus zu Bremen, Burg b. Magdeburg 1931, S. 43
4 Ausstellung „De Triomf van het Manierismus" im Rijksmuseum, Amsterdam 1955
5 Ich übernehme die Definition dieser Begriffe, wie sie Günter Bandmann in Ikonologie der Architektur, Darmstadt $1969^2$, gegeben hat.
6 Günter Bandmann, Ikonologie des Ornaments und der Dekoration, in Jb. f. Ästh. u. allg. Kunstwiss., Bd. IV, Köln 1958/59, S. 240
7 Ebd., S. 10
8 Ebd., S. 19 f.
9 Hans Gerhard Evers, Die Säule als Hoheitszeichen, in Tod, Macht und Raum als Bereiche der Architektur, München 1939
10 Bandmann, Ikonologie der Architektur, a.a.O., S. 17
11 Die Hauptarbeit an diesem Buch erfolgte in den Jahren 1968/69 bis 1980/81.
12 Carsten-Peter Warncke, Sprechende Bilder – sichtbare Worte, Das Bildverständnis in der frühen Neuzeit, Wiesbaden 1987
13 Ebd., S. 23 ff.
14 Ebd., S. 26
15 Nikolaus Zaske, Mittelalterlicher Backsteinbau Norddeutschlands als Geschichtsquelle, in Neue hans. Studien, Berlin 1970, Bd. 17 der Forschungen zur mittelalterl. Geschichte, S. 70 f.
16 Siehe Anm. 1
17 Denkmale der Geschichte und Kunst der Freien Hansestadt Bremen, 1. Abtlg., Bremen 1862 (zit.: „Denkmale")
18 D. R. Ehmck/H. A. Schumacher, Das Rathaus zu Bremen, in Brem. Jb. 2. Bd., 2. H., Bremen 1866
19 Gustav Pauli, Die Renaissancebauten Bremens im Zusammenhang mit der Renaissance in Nordwestdeutschland, in Beitrr. z. Kunstgesch., XI.F., Leipzig 1890
Ders.: Das Rathaus zu Bremen, in Die Baukunst, H. 6, Berlin 1900
20 Heinrich Mänz, Das Rathaus, in Bremen und seine Bauten, Bremen 1900
21 Emil Waldmann, Die gotischen Skulpturen am Rathaus zu Bremen und ihr Zusammenhang mit kölnischer Kunst, Stud. z. dt. Kunstgesch., H. 96, Straßburg 1908
Dazu siehe S. 34 ff.
22 Emil Waldmann, Das Rathaus zu Bremen, Burg b. Magdeburg 1931
23 Ebd., S. 40 u. 43
24 Rudolf Stein, Romanische, gotische und Renaissancebaukunst in Bremen, Bremen 1962
25 Horst Adamietz, Herz einer Stadt – Das Rathaus in Bremen, Bremen 1970; ähnlich: ders., Das Bremer Rathaus, Bremen 1980
26 Denkmale, S. 19 f.
27 Gustav Pauli, Die dekorativen Skulpturen der Renaissance am Bremer Rathaus und ihre Vorbilder, in Jb. d. brem. Sammlungen, 1. Jg., 2. Hbbd., Bremen 1908
28 Wilhelm v. Bippen, Geschichte der Stadt Bremen, Bd. 1, Bremen 1892, S. 258
29 Siehe Anm. 2
Einige meiner Forschungsergebnisse verwandte Hans-Christoph Hoffmann in Bremen, Bremerhaven und das nördliche Niedersachsen, Köln $1987^2$, S. 66 ff.
30 Zusammenfassend darüber: Walter Stein, Die bremische Chronik von Rynesberch und Schene, in Hans. Geschichtsbll. 12, 1906, und Theodor Goerlitz, Der Ursprung und die Bedeutung der Rolandsbilder, Weimar 1934
Im wesentlichen als Träger des Karls- und Rolandskultes versteht neuerdings Hans Rempel, Die Rolandstatuen, Darmstadt 1989, die Rolande.
Wolfgang Grape (Roland, Stuttgart 1990) erkennt im Bremer Roland ein Symbol der Freiheit vor allem der bürgerlichen Oberschicht der Stadt (S. 32).
31 Über die Frage, was die Ikonologie in der Kunstwissenschaft vermag und welche Stellung ihr zukommt, wird durchaus kontrovers diskutiert (siehe z. B. Ikonographie und Ikonologie, hrsg. v. Ekkehard Kaemmerling, 1979).
Über die Offenheit und Ambivalenz zeitgenössischer Vorlagengrafik des 16. und 17. Jh. siehe Carsten-Peter Warncke, Die ornamentale Groteske in Deutschland 1500–1650, Bd. 1, Berlin 1979, S. 86 ff.
Über die enge Beziehung von Bild und Sprache siehe ders., Sprechende Bilder — sichtbare Worte, Das Bildverständnis in der frühen Neuzeit, Wiesbaden 1987.
32 Baurechnungen von 1405–1407, veröffentlicht durch Ehmck/Schumacher, a.a.O., S. 260–433
33 Die Bremer Chronik von Rinesberch, Schene und Hemeling, hrsg. v. Hermann Meinert, Bd. 37 der Chroniken der dt. Städte, 1968
34 Johann Renner (gest. 1583), Bremer Chronikon, 2 Bde., hdschr., benutztes Exemplar: StAB, P.1.s.3.a.+b.
35 Peter Koster, Kurtze Zusammenfassung Der Bremischen Geschichte . . ., Bremen 1685, StAB, P.1.s.22.d.
36 Heinrich Kreffting, Beschreibung der Statt Bremen . . ., Bremen 1602, hdschr., StAB, ad T.1.R.2.; dt. Übers. der „Statuta Reipublica Bremensis"
37 Dazu und für das folgende: F. P. Pickering, Auftraggeber und Künstler, in Literatur und darstellende Kunst im Mittelalter, Berlin 1966
38 Die Beschreibung und Rekonstruktion des gotischen Baues erfolgt nur insoweit, wie es für die ikonologischen Untersuchungen erforderlich erscheint.
39 Sein Helm war ursprünglich bis zur Höhe der jetzigen Balustrade abgetragen. Im vorigen Jahrhundert wurde seine Form so wiederhergestellt, wie der Stich in Wilhelm Dilich, Urbis Bremae et Praefecturarū, . . ., Cassel 1604, ihn zeigt.
40 Ehmck/Schumacher, a.a.O., S. 315 f.
Das längste Krummholz ist 32 Fuß = 9,28 m (1 Brem. Fuß = 28,94 cm). Daraus lassen sich die ungefähren Maße der anderen berechnen, wenn man gleichen Preis für gleiche Länge zugrunde legt. Genauer: Rolf Gramatzki, Untersuchungen zur gotischen Gestalt des Rathauses in Bremen, in Brem. Jb. Bd. 59, 1981, S. 149 f.
41 Diese Vermutung spricht u. a. Horst Adamietz, a.a.O., 1970, S. 60, aus.
42 Der vermauerte Spitzbogen des Portals ist über der heutigen Wittheitsstube im Anbau von 1683 noch zu erkennen. Unter dem Schriftbild von 1532 in der Oberen Halle wurde 1952 die Wand freigelegt und zeigte den vermauerten Portalbogen auch auf der Innenseite der Wand. Hinter dem Paneel in der heutigen Wittheitsstube ist ein kleiner Teil des Portalgewändes aus Formziegeln freigelegt.
43 Die Untersuchung über das Aussehen der Nordseite kann an dieser Stelle nur in knapper Form dargestellt werden. Ausführlicher: Rolf Gramatzki, Untersuchungen . . ., a.a.O., S. 129 ff.
44 Der Baubefund zeigt, daß von der Portalspitze nach links bei 6 Steinlagen die glasierten Ziegel fehlen und über dieser Zone ein gemauerter Sims vorhanden ist. Siehe auch Mänz, a.a.O., S. 127
45 Friedrich Mielke, Die Geschichte der deutschen Treppen, Berlin/München 1966, S. 115
46 Ebd., S. 120

47 Ehmck/Schumacher, a.a.O., S. 304: Meister Johannes maß nicht nur die Pfeiler für den Weinkeller — die große Ratskellerhalle — aus, sondern auch die, die unter das „traghwelvete“ sollten.
Bauuntersuchungen in jüngster Zeit, die im Zusammenhang mit der Restaurierung des Neuen Festsaales durchgeführt wurden, bestätigen, daß an dieser Stelle von Anfang an ein Anbau gewesen sein muß.
48 Ebd., S. 428 u. 430
49 Ebd., S. 307
50 Mielke weist nach, daß im Frühneuhochdeutschen das Wort „torne“ als Turm meist schon auf eine Wendeltreppe hindeutet und „Turm“ und „Wendeltreppe“ oft gleichgesetzt sind.
51 Ehmck/Schumacher, a.a.O., S. 302
52 R. Stein, a.a.O., S. 252
53 Mänz, a.a.O., S. 127
54 Bekannt sind als einzige Holzmaße die Länge der Balken der Decke der Unteren Halle mit etwa 14 m. Einer dieser Balken kostete 11 Grote (Ehmck/Schumacher, S. 316), so daß etwa 1,27 m Balken für 1 Groten zu haben war. Das Holz der Dachsparren ist eher noch niedriger anzusetzen. Legt man den oben genannten Preis auch dafür zugrunde, ergeben sich für die Länge der Gratsparren 20,32 m und für die erwähnten 19 Sparren 18,90 m (Ehmck/Schumacher, a.a.O., S. 302, als gesonderter Posten!). Daraus errechnet sich die Dachhöhe mit 17,35 m. Der Abstand vom Firstende zu Längs- und Schmalseite des Gebäudes ist demnach etwa gleich.
55 StAB, Rathausakte, 2-P.2.n.6.b.Aa.3.Nr.2
Der Leyendecker (Steindecker) Lorentz van Apen hat das Rathaus gedeckt. Am 14.8.1611 wird an ihn noch eine Rechnung bezahlt (Rhederbuch 1611).
56 Ehmck/Schumacher, a.a.O., S. 317 und 402. Bremisch-niedersächsisches Wörterbuch, 4. Bd., Bremen 1770
57 Bei einer Dachhöhe von etwa 7 m und 20 Ziegeln „Mönch und Nonne“ für 1 qm bei 1,4 Verbrauch (Verschnitt) für ein Walmdach (freundliche Auskunft von Oberbaurat a. D. Karl Dillschneider, Bremen) verbleibt ein geringer Rest von etwa 150—200 Ziegeln, die möglicherweise für Reparaturen liegen blieben.
58 Rathausakte, Nr. 6
59 Ebd., vom 13.11.1578
60 Ebd., Nr. 9, Bl. 10
61 Eugen Rosenstock, Rathaus und Roland im deutschen Stadtrecht zwischen 1186 und 1280, Leipzig 1912, S. 31 f. Hans Rempel, Die Rolandstatuen, Darmstadt 1989, S. 50, 53 ff. Dieser sieht z.B. in dem sog. Ritter Gerold im Bremer Dom einen Vorgänger des Rolands auf dem Marktplatz.
62 D. R. Ehmck/H. A. Schumacher, Das Rathaus zu Bremen, in Brem. Jb. 2, 1866, S. 266
63 Beide nicht bei Johann Focke, Bremische Werkmeister aus älterer Zeit, Bremen 1890. Sie erscheinen auch in den Rechnungen des anschließenden Rathausneubaues nicht.
64 Diese Notiz hat in der frühen Rolandliteratur — noch Storck, Der Roland, in Ansichten der Freien Hansestadt Bremen, 1822, S. 180 — dazu geführt, daß man als Jahr der Errichtung des Rolands 1512 bzw. 1513 annahm. In der Rolanddiskussion haben nach der Jahrhundertwende vor allem Karl Schäfer, Mittlgg. d. Gewerbemuseums zu Bremen, Jg. 19, 1904, H. 9/10, S. 72, Georg Sello, Der Roland zu Bremen, 1901, S. 40, und Victor Curt Habicht, Der Roland zu Bremen, 1922, S. 9, die Auffassung vertreten, der Roland habe ursprünglich bis 1513 am alten Rathaus an der Sögestraße und dort nicht frei, sondern an einer Wand angelehnt, gestanden. Sello ist von diesem Standpunkt bald danach abgewichen. 1938 wurde beim Abbau des Rolands mit ziemlicher Sicherheit festgestellt, daß sein heutiger Platz auch der ursprüngliche sein muß. Dazu siehe Hermann Gildemeister, Zur Baugeschichte des Roland in den letzten 60 Jahren, in Gedenkblatt zur feierlichen Einschließung von Dokumenten in die Rolandsäule am 5. Nov. 1938.
65 Hermann Gildemeister, a.a.O.
66 Zum Roland und seiner Geschichte siehe primär: StAB, Akte zum Roland, P.2.m.1.c.; seit 1959 Akten zum Roland, Landesamt für Denkmalpflege, Bremen; darin: Zur Restaurierungsgeschichte des Standbildes, 1984, Maschinenschr.
67 Eine Bibliographie über den Bremer Roland steht noch aus. Monographien: Johann Heinrich Eggeling, De Statui Ruhlandis, Bremen 1700; Arnold Gerhard Deneken, Die Rolands-Säule in Bremen, Berlin 1803, 2. Aufl. Bremen 1828; Adam Storck, a.a.O.; Die Rolands-Säule, in Denkmale der Geschichte u. Kunst d. Fr. Hansestadt Bremen, hrsg. von Ehmck/Schumacher, 1. Abtlg., Bremen 1862, S. 22—32; Georg Sello, a.a.O.; ders., textgleich in Brem. Jb. 20, 1902; ders., Vindiciae Rulandi Bremensis, in Brem. Jb. 21, 1906, S. 1—94; V. C. Habicht, a.a.O.; Karl Schäfer, a.a.O.; Herbert Meyer, Über Freiheitsroland und Gottesfrieden, in Hans. Gesch.Bll. 56, 1931, S. 5—82; Rudolf Stein, Der Bremer Roland, in Romanische, gotische u. Renaissancebaukunst in Bremen, Bremen 1962, S. 225—238; Wolfgang Grape, Roland, Stuttgart 1990. Über die Literatur bis 1800 siehe Deneken, a.a.O., S. VI f. Allgemein über das Thema „Roland“ siehe Lit.-Angaben in David Gathen, Rolande als Rechtssymbole, Berlin 1960, und Rita Lejeunne/Jaques Stiennon, Die Rolandsage in der mittelalterlichen Kunst, Brüssel 1966, 2 Bde., sowie Hans Rempel, Die Rolandstatuen, Darmstadt 1989.
68 Brem. UB, Bd. II, Nr. 575, von 1348
69 Die diese Aussage stark abschwächende Meinung Wilhelm v. Bippens in Kritische Bemerkungen zu den Untersuchungen Waldmanns über die gotischen Skulpturen unseres Rathauses, in Brem. Jb. 26, 1916, S. 150 ff., muß wohl aus dem heutigen Verständnis spätmittelalterlichen Lebens korrigiert werden. Die Einheit von Glaube, Politik, Wirtschaft, Recht, sozialem und persönlichem Leben ist sicher im spätmittelalterlichen Bremen noch eine Selbstverständlichkeit.
70 Allerdings sind alle, sicher einmal zahlreichen Malereien des gotischen Baues untergegangen.
71 Wilhelm von Bippen, Die Verfasser der ältesten Bremischen Stadtchronik, in Brem. Jb. 12, 1883, S. 108—131
72 Wilhelm von Bippen, Geschichte der Stadt Bremen, Bd. I, Bremen 1892, S. 246 f.
Herbert Schwarzwälder, Geschichte der Freien Hansestadt Bremen, Bd. 1, Bremen 1975, S. 93
73 Die Bremer Chronik von Rinesberch, Schene und Hemeling, hrsg. von Hermann Meinert, Die Chroniken der deutschen Städte vom 14.—16. Jh., Bd. 37, Bremen 1968, S. XXIV. Schwarzwälder zieht dies bei seiner Rezension in Brem. Jb. 52, 1972, S. 32 ff., in Zweifel.
74 Zum Verständnis von Urkundenfälschungen im Mittelalter siehe Fritz Kern, Recht und Verfassung im Mittelalter, Darmstadt 1978, 3. Aufl., S. 34 ff., besonders S. 50 ff.
75 Fritz Kern, a.a.O., S. 18. Kerns Thesen zum mittelalterlichen Recht wurden erstmals in der Histor. Ztschr. 120, 1919, veröffentlicht. Sie sind inzwischen in ihrer Ausschließlichkeit relativiert worden (siehe z. B. Karl Kroeschell, Deutsche Rechtsgeschichte 2 [1250—1650], Opladen 1980, S. 253 ff.), doch stellen sie auch heute noch einen wesentlichen Beitrag zum Rechtsempfinden des Mittelalters dar.
76 Fritz Kern, a.a.O., S. 30 ff.
77 Ulrich Eisenhardt, Deutsche Rechtsgeschichte, München 1984, S. 44 f.
Wo wirklich Recht „neu“ gesetzt wurde, wie z. B. bei der Ratsumbildung von 1398, war Bremen gezwungen, viel Geld zu investieren, um den Dispens der Kirche zu erhalten. Und auch das gelang nur auf Grund des zu der Zeit herrschenden Schismas.
78 Walter Stein, Die bremische Chronik von Rynesberch und Schene, in Hans. Gesch.Bll. 12, 1906, und Hermann Meinert, a.a.O.
79 Brem. UB, Bd. I, Nr. 28
80 Ebd., Nr. 255, und Bd. IV, Nr. 180
81 Schwarzwälder zweifelt an der Urheberschaft Hemelings. Siehe Anm. 73.

82 Damit scheint auch ein Terminus postquem der Urkundenfälschungen Hemelings und seiner Einschübe in die Chronik gegeben. Sie müssen nach 1415 erfolgt sein.

83 Diese Oberhoheit darf nicht als gleichmäßig und durchgehend verstanden werden. Sie setzte sich aus vielfältigen Verträgen mit friesischen Häuptlingen, Gemeinden und Orten mit unterschiedlichen Inhalten und Laufzeiten zusammen. Durch die neue Rechtslage konnte die Stadt nun endlich auch offensiv ihr Einflußgebiet und die Handelswege schützen. Dazu siehe: Manfred Wilmanns, Die Landesgebietspolitik der Stadt Bremen um 1400, Hildesheim 1973.

84 Philipp Heck hat in seinem Aufsatz Die Rolandstelle des Bremer Henricianums, in Histor. Vjschr., 9. Jg., 1906, die Beziehungen zwischen dem Carolinum und der Bremer Urkunde aufgedeckt.

85 Der Begriff Untertan darf nicht im Sinne späterer, absolutistischer Herrschaft verstanden werden. Siehe Anm. 83.

86 Für das folgende: Karl-Ernst Geith, Carolus Magnus, Studien zur Darstellung Karls d. Gr. i. d. deutschen Literatur d. 12. u. 13. Jh., München 1977. Siehe auch: David Gathen, a.a.O., S. 78 ff.

87 Karl-Ernst Geith, a.a.O., S. 121

88 Katalog Die Parler, Köln 1978, z. B. Bd. II, S. 612

89 Der Stricker, Karl der Große, VV 450—461

90 Zu diesem Thema ausführlich: Dieter Hägermann, Karl d. Gr. und die Karlstradition in Bremen, in: Jb. d. Wittheit, Bd. XXVII, Bremen 1983; im größeren Zusammenhang: Dietrich Kötzsche, Darstellungen Karls des Großen in der lokalen Verehrung des Mittelalters, in Karl der Große — Lebenswerk und Nachleben, hrsg. v. Wolfgang Braunfels, Bd. 4: Das Nachleben, Düsseldorf 1967, S. 157 ff.

91 Meister Adams Geschichte der Erzbischöfe von Hamburg, dt. Leipzig $1888^{2}$, Kap. 13, S. 16 ff.; Brem. UB, Bd. I, Nr. 1

92 Brem. UB, Bd. I, Nr. 65

93 Dietrich Kötzsche, a.a.O., vermutet sie schon seit der Zeit Friedrichs I.
Dieter Hägermann, Karl d. Gr. und die Karlstradition in Bremen, in Jb. d. Wittheit zu Bremen, Bd. XXVII, 1983, S. 59 ff.

94 Ebd., S. 165; Der Bremer Dom, Katalog, Bremen 1979, S. 105

95 Die Bremer Chronik . . ., Kap. 493, S. 158. Die Echtheit dieser Nachricht ist nie angezweifelt worden.

96 Der Adler war seit Karl d. Gr. Wappen des Kaisers. Wohl seit dem 13. Jahrhundert wurde auch der Adler mit zwei Köpfen verwendet, einen für das deutsche Königtum, den zweiten für das römische Kaisertum. Allerdings sanktionierte erst Sigismund 1401 den Doppeladler als Wappen des Kaisers. Ottfried Neubecker, Heraldik, Frankfurt/M. 1977, S. 125 f. Damit trug der Roland das „moderne", gerade erst offiziell zugelassene kaiserliche Wappen.

97 Der Schild des Königs von Böhmen ist erneuert.

98 Die Bremer Chronik, S. 41: die Anbringung eines neuen Schildes mit dem Reichswappen anstelle eines alten mit dem Stadtwappen im Zusammenhang mit dem Henricianum; S. 158: die Verbrennung des hölzernen Rolands als Freiheitszeichen 1366 beim nächtlichen Überfall der erzbischöflichen Truppen auf die Stadt; S. 187: das Ende des Karl-Willehad-Gedichtes: „ock so kan man bewisen mit deme bilde/keiser vrigheit an Rolandes schilde".

99 Ebd., S. 185

100 Karl Hoede, Deutsche Rolande — Neue Fragen, neue Wege, Magdeburg 1934, S. 69 ff.; ebenso Wolfgang Grape, a.a.O., S. 13

101 Versuch eines bremisch-niedersächsischen Wörterbuchs, Bd. IV, Bremen 1770
Karl Schiller/August Lübben, Mittelniederdeutsches Wörterbuch, Bd. 4, Bremen 1878
W. v. Bippen in anderem Zusammenhang: Kritische Bemerkungen . . ., S. 148

102 August Lübben, Mittelniederdeutsches Wörterbuch, Nachdruck d. Ausg. v. 1888, Darmstadt 1980

103 Ottos II. Bestätigung der Stadtprivilegien 1396, in Brem. UB, Bd. IV, Nr. 181; fast gleichlautend Albert 1366, Brem. UB, Bd. III, Nr. 270, und Erzbischof Johann 1408, Brem. UB, Bd. IV, Nr. 378

104 Am 15.7.1371 geben die Grafen von Delmenhorst ihrer Stadt „vullenkomene ewyghe vaste Vryheit . . . alze in der stad to Bremen." Brem. UB., Bd. III, Nr. 140. Schon hier erscheinen die verschiedenen Rechte einer Stadt unter dem Sammelbegriff der „vryheit".
Dazu siehe auch Gerhard Dilcher, Freiheit, in Handwörterbuch zur deutschen Rechtsgeschichte, Bd. I, Berlin 1971, Sp. 1228 ff.

105 H. Gildemeister, a.a.O., beschreibt, daß der Schild durch eine Eisenkonstruktion der Figur vorgehängt war. Ein erster Schild war aber ursprünglich direkt an die Brustpartie angearbeitet. Dieser erste ist offensichtlich 1513 durch den jetzigen ersetzt worden. Siehe auch Sello, a.a.O., 1901, Anm. 129.

106 Auch Dupsing, Dumpfing, Dupfing genannt.

107 In diesem Zusammenhang ist die in der Literatur viel diskutierte Frage nach der ursprünglichen Länge des Umhanges, der offensichtlich 1512/13 zumindest seitlich bis auf den Sockel entweder erneuert oder verlängert wurde, von untergeordneter Bedeutung.

108 Es ist allerdings nicht auszuschließen, daß die Scheide ursprünglich auf die Klinge aufgemalt war. Dagegen spricht, daß fast alle Rolande ein blankes Schwert in der Rechten halten.

109 Das Rolandslied des Pfaffen Konrad, hrsg. v. Dieter Kartschoke, Frankfurt/M. 1970, VV 6805 ff., besonders 6863 f., 6874 ff., 6885 ff.

110 Berent Schwineköper, Der Handschuh in Recht, Ämterwesen, Brauch und Volksglauben, Diss. Göttingen 1938, S. 56 ff. In den zit. Urkunden wird ausdrücklich die Mehrzahl genannt! Auf die Bedeutung der Handschuhe macht schon Johann Heinrich Eggeling, a.a.O., S. 15, aufmerksam.

111 Brem. UB, Bd. I, Nr. 11

112 Das Rolandslied, VV 6859 ff.; Der Stricker, VV 8215 ff.

113 Das Rolandslied, VV 4940 ff.

114 Sachs/Badstübner/Neumann, Christliche Ikonographie in Stichworten, München $1975^{2}$, „Zahlensymbolik"

115 Rosen auf dem Gürtel tragen außerdem die Rolande von Halberstadt, 1433, Quedlinburg, 15. Jh., und Zerbst, 1445. Sie erscheinen an gleicher Stelle aber auch z. B. an der Grabfigur Gottfrieds IV. v. Arnsberg im Kölner Dom, nach 1371, siehe: Die Parler, a.a.O., Bd. I, S. 183, T. 61.

116 Rudolf Stein, a.a.O., S. 229 f.

117 Zur farbigen Fassung siehe auch Georg Sello, a.a.O., 1901, S. 42 ff. Dort auch Hinweise auf verschiedene Darstellungen des Roland aus dem 17. u. 18. Jh. und die daraus erkennbaren Veränderungen in der Bemalung.

118 Ders., a.a.O., 1906, S. 43 f., mit Quellen

119 Beschreibung der Wappen: Brem. UB, Bd. IV, Nr. 319, 320 und 219. Das Wappen Frieslands zeigt zwei schreitende Löwen.

120 Manfred Wilmanns, a.a.O., S. 201 ff.

121 Brem. UB, Bd. IV, Nr. 278

122 Das Rolandslied, VV 7102—7124

123 Sachs/Badstübner/Neumann, a.a.O., „Hund"

124 Herbert Schwarzwälder, Gräfin Emma von Lesum und der Bremer Krüppel, in Jb. d. Wittheit zu Bremen, Bd. 18, 1974

125 Victor Curt Habicht, a.a.O.; ders., Die kunsthistorische Einreihung des Rolandes zu Bremen vom Jahre 1404, in Ztschr. f. bild. Kunst, 51. Jg. (NF 27. Jg.), Leipzig 1916

126 Die Parler, a.a.O., Bd. I, S. 219 f.

127 Für dies und das folgende: Wilhelm v. Bippen, Geschichte . . ., Bd. I, S. 249; Herbert Schwarzwälder, Geschichte . . ., a.a.O., Bd. 1, S. 97 f.; Manfred Wilmanns, S. 201 ff.

128 Zu einer ähnlichen Deutung kommt schon Theodor Goerlitz, Der Ursprung und die Bedeutung der Rolandsbilder, Weimar 1934, S. 42 f.

129 Die Veränderungen beschrieben bei Georg Sello, a.a.O., 1901, S. 40 f.

130 Nach Off. Joh. 21. Dazu siehe Hans Sedlmayr, Die Entstehung der Kathedrale, Zürich/Freiburg 1950; Beck/Bredekamp, Kunst um 1400 am Mittelrhein — Ein Teil der Wirklichkeit, Ausstellung Frankfurt/M. 1975, S. 42

131 Heiligkeit des Rechts: Fritz Kern, a.a.O., S. 22

132 Lejeunne/Stiennon, a.a.O., S. 400 f. Der Roland von Dole ist im 14./15. Jh. als Heiligenfigur in einem Seitenchor der Kirche errichtet worden. Besonders Hans Rempel, a.a.O., S. 96 ff., versteht die Rolandsstatuen als Träger des Rolandskultes.
Grapes Verständnis des Rolands als Denkmal, das den Betrachter mit einbezieht, basiert auf einer modernen Kunst- und Denkmalsauffassung (a.a.O., S. 60).

133 Eine ziemlich genaue Darstellung der Domfassade bietet das Bild von Karl d. Gr. und Willehad in der Oberen Rathaushalle von 1532.

134 In jener Zeit ist die Frage, ob man an Gott (und die Kirche) glaubt oder nicht, so gut wie nicht existent.

135 Es muß in dem Zusammenhang bedacht werden, daß ab 1405 mindestens bis 1408, wahrscheinlich sogar bis 1410 der Platz um den Roland des Rathausbaues wegen eine Baustelle war. Daher war das Problem für Hemeling wohl noch nicht sofort brennend.

136 Fritz Kern, a.a.O., besonders S. 62 f.; Helmut Coing, Epochen der Rechtsgeschichte in Deutschland, München 1971[2], S. 40 ff.

137 Es gibt bisher keinen Hinweis, daß gleich nach der Vernichtung des ersten Rolands 1366 ein neuer errichtet wurde, auch wenn das immer wieder angenommen wurde.

138 Focke-Museum Bremen, Führer durch die Sammlungen, hrsg. v. Werner Kloos, Bremen 1974, S. 29, Nr. 88. Die Bedeutung der Figur ist nicht sicher geklärt.
Das Focke-Museum ist seit 1970 umbenannt in „Bremer Landesmuseum für Kunst- und Kulturgeschichte, Focke-Museum“. Im folgenden wird die Kurzform verwendet.

139 Rudolf Stein, Bremer Barock und Rokoko, Bremen 1960, S. 140 ff.

140 Günter Bandmann, Mittelalterliche Architektur als Bedeutungsträger, Berlin 1951
Hans Sedlmayr, Architektur als abbildende Kunst, in Epochen und Werke, Bd. 2, Wien 1960
Otto von Simson, Die gotische Kathedrale, Darmstadt 1972[2]

141 Bandmann, a.a.O.

142 R. Stein, a.a.O., S. 257 f.

143 Ehmck/Schumacher, a.a.O., S. 307
Diese beiden Bildwerke sind möglicherweise identisch mit den beiden Reliefs, von denen die Denkmale, a.a.O., S. 9, gestützt auf Beschreibungen von Post, berichten. An der Nordseite des Rathauses befanden sich danach ein Relief „Maria mit dem Kinde“ und der Inschrift „Deip. Jhesu“ und eine „Erschaffung Evas durch Gottvater“. Siehe auch Deneken, a.a.O., S. 12

144 Ehmck/Schumacher, a.a.O., S. 293

145 Waldmann, Die gotischen Skulpturen . . ., a.a.O.
Dazu: Wilhelm v. Bippen, Kritische Bemerkungen zu den Untersuchungen Waldmanns über die gotischen Skulpturen des Rathauses, in Brem. Jb., Bd. 26, 1916

146 Eduard Trier, Die Propheten des Kölner Rathauses, Diss. Bonn 1952, S. 107
Ders., Die Prophetenfiguren des Kölner Rathauses, in Wallraf-Richartz-Jb., Bd. XV, 1953

147 Victor Curt Habicht, Das Chorgestühl des Domes zu Bremen, in Rep. f. Kunstwiss., Bd. XXXVI, Berlin 1913/14

148 Wilhelm Pinder, Die deutsche Plastik vom ausgehenden Mittelalter bis zum Ende der Renaissance, 1. T., Potsdam 1924, Hb. d. Kunstwiss., Bd. 28, S. 131 ff.

149 Rudolf Struck, Meister Johannes Junge, in Lüb. Bll. 1926

150 Allgemeines Lexikon der Bildenden Künste von der Antike bis zur Gegenwart, hrsg. v. Thieme-Becker (zit. Thieme-Becker), Bd. 9, Leipzig 1926

151 Walter Paatz, Die lübeckische Steinskulptur der ersten Hälfte des 15. Jahrhunderts, Lübeck 1929, S. 88

152 Ebd., S. 65

153 Gustav F. Hartlaub, Zur gotischen Plastik in Bremen, in Jb. d. Brem. Sammlgg., 5. Jg., 1. Hbbd., 1912
Ders., Zur hanseatischen Kunst des Mittelalters, T. 1, in: Ztschr. f. Bild. Kunst, NF, 24. Jg., Leipzig 1913, S. 130

154 Gerhard Ringshausen, Die spätgotische Architektur in Deutschland, in: Ztschr. d. dt. Vereins f. Kunstwiss., Bd. 27, Jg. 1973, S. 64

155 Ebd., S. 64 f.

156 Habicht, Das Chorgestühl . . ., a.a.O., S. 264 ff.

157 Die Parler und der Schöne Stil 1350—1400, Handbuch zur Ausstellung, Köln 1978, hrsg. v. Anton Legner, 2. Bd., S. 534. Dazu siehe auch: Der Bremer Dom, Katalog der Ausstellung im Bremer Landesmuseum, 1979, S. 170

158 Roswitha Neu-Kock, in: Die Parler . . ., a.a.O., Bd. 1, S. 220; Max Hasse, ebd., Bd. 2, S. 532

159 Brigitte Lymant, ebd., Bd. 1, S. 330 ff.

160 Ebd., Bd. 1, S. 366 ff.

161 Waldmann, Die gotischen Skulpturen . . ., a.a.O., und R. Stein, a.a.O., S. 257—276

162 Trier, Die Prophetenfiguren . . ., a.a.O., S. 99

163 Paul Clemen, Die Kunstdenkmäler der Stadt Köln, 2. Bd., IV. Abtlg., Die profanen Denkmäler, Düsseldorf 1930

164 Heinz Stafski, Die Bildwerke in Stein, Holz, Ton u. Elfenbein bis um 1450, Kat. d. Germ. Nationalmuseums, Bd. 1, Nürnberg 1965, Nr. 62—94

165 Waldmann, a.a.O., und Trier, Die Prophetenfiguren des Kölner Rathauses, in Wallraf-Richartz-Jb., Bd. XIX, Köln 1957, S. 216

166 Percy Ernst Schramm, Herrschaftszeichen und Staatssymbolik, Bd. 3, Stuttgart 1956, S. 904

167 Siehe auch die Krone Karls IV. an der Karlsbrücke in Prag!

168 Hellmut Diwald, Anspruch auf Mündigkeit, Propyläen Geschichte Europas, Bd. 1, Frankfurt/M. 1975, S. 60

169 Für das folgende siehe: Percy Ernst Schramm, Sphaira, Globus und Reichsapfel, Stuttart 1958

170 Ebd., S. 61

171 Ebd., S. 99

172 Ebd., S. 100

173 Walter Stein, a.a.O., S. 168

174 Bippen, Geschichte . . ., a.a.O., Bd. 1, S. 258

175 Sedlmayr, a.a.O.

176 Bandmann, Ikonologie des Ornaments . . ., a.a.O., S. 248

177 Schramm verwendet diese Begriffskombination häufiger, wenn sich eine Trennung nicht durchführen läßt.

178 Brem. UB, Bd. 1, Nr. 255

179 Siehe S. 48 ff.

180 Matthäus Merian, Typographia Saxonia Inferioris, Frankfurt/M. 1653, Neue Ausg. Kassel/Basel 1962, S. 63

181 Waldmann, Die gotischen Skulpturen . . ., a.a.O., S. 16

182 Karl Dillschneider, handschr. Notiz v. 17.3.1965, in Akten des Amtes f. Denkmalpflege, Bremen

183 Ehmck/Schumacher, a.a.O., S. 425

184 Waldmann, Die gotischen Skulpturen . . ., a.a.O., S. 16 ff.

185 Ähnlich wie die Bremer Figuren sind vier Weise an der astronomischen Uhr der Lübecker Marienkirche von 1407 angebracht: Albumazer, Plato, Ptolemäus, Aristoteles. Auffällig sind auch dort die Antiquabuchstaben der Renaissance. Vgl. Paatz, Die lübeckische Steinskulptur . . ., a.a.O., S. 118

186 Wilhelm Vöge, Jörg Syrlin d. Ä. und seine Bildwerke, Bd. II, Berlin 1950, S. 40

187 Bippen, Geschichte . . ., a.a.O., S. 258

188 Sachs/Badstübner/Neumann, a.a.O., „Weise d. Altertums“

189 Kurt Gerstenberg, Die deutschen Baumeisterbildnisse des Mittelalters, Berlin 1966

190 Sachs/Badstübner/Neumann, a.a.O., „Pflanzensymbolik“; Lottlisa Behling, Pflanzen als Bedeutungsträger, in: Zur Morphologie u. Sinndeutung kunstgeschichtlicher Phänomene, Köln 1975, mit weiteren Lit.Ang.

191 Bandmann, Ikonologie des Ornaments, a.a.O., S. 246

192 Ursula Lederle-Grieger, Gerechtigkeitsdarstellungen in deutschen und niederländischen Rathäusern, Diss. Heidelberg 1937, S. 2

193 Trier, Die Prophetenfiguren, a.a.O., Bd. XIX, S. 194
194 Edgar Breitenbach, Speculum Humanae Salvationis, Stud. z. dt. Kunstgesch. H. 272, Straßburg 1930, S. 156 f.
195 Sachs/Badstübner/Neumann, a.a.O., „Löwe“
196 Jes.11,1—10
Klementine Lipffert, Symbolfibel, Kassel 1975[5], S. 74
197 Ebd., S. 125
198 Jes.11,5
199 Jes.6,5—7
200 Sachs/Badstübner/Neumann, a.a.O., „Passion Christi“
201 Hes.1
202 Hes.5,1—4
203 Hes.2,9—3,3; 3,10
204 Gerhard Schmidt, Die Armenbibeln des XIV. Jahrhunderts, Graz/Köln 1959
Henrik Cornell, Biblia Pauperum, Stockholm 1925
205 Abbildungen bei Schmidt, a.a.O., besonders Abb. 31a
206 Der Inhalt des ersten Blattes der Armenbibel ist Thema eines Reliefs im Dom, entstanden allerdings etwa 100 Jahre später. Abb. S. 54 in: Walter Dietsch, Der Dom St. Petri zu Bremen, Bremen 1978
207 Siehe S. 40 ff.
208 1.Mos.3,14—15
209 Deneken, a.a.O., S. 12
210 Zu Gideon, dem sog. Vlieswunder und dem Freiheitskampf Israels gegen die Midianiter siehe: Richter, Kap. 6—8
Zu Roland als der typologischen Entsprechung von Gideon siehe: Karl Ernst Geith, a.a.O., S. 99
211 R. Stein, a.a.O., S. 270
212 Sachs/Badstübner/Neumann, a.a.O., „Blumen“
213 1.Mos.3
214 Lipffert, a.a.O., S. 50
215 Ebd., S. 55
216 Sachs/Badstübner/Neumann, a.a.O., „Pflanzen“
217 Jona4,4—11
218 Sachs/Badstübner/Neumann, a.a.O., „Daniel“
219 Lexikon der christlichen Ikonographic, hrsg. v. Engelbert Kirschbaum, Bd. II, 1969, S. 294
220 Kunst um 1400 am Mittelrhein — Ein Teil der Wirklichkeit, Katalog, Frankfurt/M. 1975, S. 40
221 Sachs/Badstübner/Neumann, a.a.O., „Löwenmadonna“
222 1.Kön.10,18—20
223 Sachs/Badstübner/Neumann, a.a.O., „Salomo“
224 Sog. „Glatzer Madonna“ des Erzbischofs Ernst v. Pardubitz (1344—1364?), böhmischer Meister, Staatl. Museen Berlin-D.
225 Siehe Anm. 223
226 Percy Ernst Schramm, Das Alte und das Neue Testament in der Staatslehre und Staatssymbolik des Mittelalters, in: Kaiser, Könige und Päpste, Bd. IV, 1, Stuttgart 1970, S. 130 ff.
227 Für diese und alle weiteren Angaben von Stiftern: Ehmck/Schumacher, a.a.O., S. 350 ff.
228 Lipffert, a.a.O., S. 34 f.
229 Abb. bei J. M. Lappenberg, Die Miniaturen zu den Hamburgischen Stadtrechten von 1497, Hamburg 1845
230 Gerstenberg, a.a.O., S. 99, Abb. S. 92
231 Zu diesem Komplex: W. Stein, a.a.O., S. 147 ff.
232 Lipffert, a.a.O., S. 56 f.
233 Gerstenberg, a.a.O., S. 128 ff.
234 Dazu siehe S. 207
235 1.Petr.5,8
236 Ludmila Kybalová, Das große Bilderlexikon der Mode, Prag 1966, S. 380 f.
237 Lipffert, a.a.O., S. 26
238 Sachs/Badstübner/Neumann, a.a.O., „Tiersymbolik“
239 Kunst um 1400 . . ., a.a.O., S. 42
240 Lipffert, a.a.O., S. 113
241 Siehe Anm. 130
242 Trier, a.a.O., Bd. XIX, S. 199
243 R. Stein, a.a.O., S. 257
244 Siehe S. 207
245 Sachs/Badstübner/Neumann, a.a.O., „Architekturbild“
246 Ebd., „Rosenhag — Madonna“
247 Wolfgang Stammler, Der allegorische Garten, in Wort und Bild, Berlin 1962
248 Hohelied 4,12
249 Ebd., 4,4
250 Ebd., 8,10
251 Ebd., 7,8
252 Siehe Anm. 212
253 Ebd., „Gesetz und Evangelium“
254 Für dies und das folgende: Lipffert, a.a.O., S. 146 f.
255 Weisheit Salomonis 11,21
256 Für dies und das folgende: Sachs/Badstübner/Neumann, a.a.O., „Zahlensymbolik“
257 Ebd., „Baum“
258 Lipffert, a.a.O., S. 52 f.
259 Ps.1,2—3
260 Das Original heute in der Ostkrypta des Domes.
261 Karl Schaefer, Zwei Bronzelöwenköpfe aus der Mustersammlung des Gewerbemuseums, in Mittlgg. d. Gewerbemus. z. Bremen, 17. Jg., 1902, S. 11 f.
262 Sachs/Badstübner/Neumann, a.a.O., „Löwe“
263 Zur Bedeutung von Löwenköpfen an Kirchenportalen, die hier sicher z.T. mit hineinspielt, siehe: Der Bremer Dom, a.a.O., S. 195
264 Die Très Riches Heures des Jean Duc de Berry, hrsg. v. Jean Longnon u. Raymond Cazelles, München 1974[2]
265 Gerstenberg, a.a.O.
266 Abb. in Die Parler ..., a.a.O., Bd. 1, S. 90, und Bd. 3, S. 59
267 Günther Binding/Norbert Nussbaum, Der mittelalterliche Baubetrieb nördlich der Alpen in zeitgenössischen Darstellungen, Darmstadt 1978, Nr. 137, 141, 175, T9: Immer sind bei der Arbeit Beschäftigte gezeigt. Interessanterweise entstammen alle Abbildungen französischen Handschriften.
268 Ebd., Nr. 136, 185, 220 u.a.m.
269 Kunstdenkmäler der Rheinprovinz, Bd. X, Aachen, Bd. 3, Düsseldorf 1924, S. 106 ff.
270 Abb. bei Trier, a.a.O., Bd. XIX, S. 217
271 Kunstdenkmäler der Rheinprovinz, a.a.O., S. 183 ff.
272 Richard Pick/Joseph Laurent, Das Rathaus zu Aachen, Aachen 1914, Tf. 1, unbek. Künstler, 2. H. 15. Jh.
273 Ebd., S. 29 f.
274 Ernst Ehrhardt, Das Palatium der bremischen Bischöfe in der Stadt Bremen, in Jb. d. Brem. Sammlgg. Bd. 3, 2. Hbd., S. 73 ff. R. Stein, a.a.O., S. 213 ff.
275 Ehrhardt, a.a.O., S. 78
276 Ebd., S. 80
277 Schwarzwälder, a.a.O., Bd. 1, S. 60
278 R. Stein, a.a.O., S. 213
279 Bippen, Geschichte ..., a.a.O., Bd. 1, S. 161 ff.
280 Rekonstruktion bei R. Stein, a.a.O., S. 215
281 Siehe Anm. 192
282 R. Stein, a.a.O., S. 249
283 Jes.1,26
284 Off.22,14
285 Lederle-Grieger, a.a.O., S. 4
286 Denkmale, a.a.O., S. 11 f.
287 Renner, a.a.O., Bd. 1, S. 644 ff.
Denkmale, nach Hermann Post, a.a.O., S. 16 ff.
288 Zählung nach der Aufstellung im Focke-Museum, Bremen, von links nach rechts.
289 Deneken, a.a.O., S. 22
290 Veröffentlicht in: Denkmale, a.a.O., 2. Lfg., S. 12 ff.
Elard Hugo Meyer, Über die Sprüche der Rathaushalle in Bremen, in Brem. Jb., Bd. 1, 1864, S. 77 ff.
291 Denkmale, a.a.O., 2. Lfg., S. 19
292 Ein ähnliches Übergreifen von Engelflügeln ist verschiedene Male am Bremer Domgestühl zu finden: Bei der Vertreibung aus dem Paradies reicht der linke Flügel des Engels über den gekehlten Rand hinaus. Das gleiche gilt für die Verkündigung.
293 Siehe Anm. 291
294 Die Datierung seit den Denkmalen, a.a.O., 1. Bd., 2. Lfg., S. 20, unter Hinweis auf Eselsrücken- und Fischblasenmotiv.

295 Habicht, Das Chorgestühl . . ., a.a.O., S. 227—230, und Hartlaub, Zur gotischen Plastik, a.a.O., setzen sie gleich nach den Rathausfiguren an.
296 RDK, Bd. II, Sp. 990 f. „Kielbogen“
297 Rhein und Maas — Kunst und Kultur von 800—1400, Katalog, Köln 1972, Bd. I, S. 400 ff.; Bd. II, S. 463 f. u. 470
298 Hermann Beenken, Bildhauer des 14. Jahrhunderts am Rhein und in Schwaben, Leipzig 1927, Abb. 126
299 Hartlaub, a.a.O., S. 6 f. u. S. 10 f.
300 Rhein und Maas, a.a.O., Bd. II, S. 462 mit Abb.
301 E. H. Meyer, a.a.O., S. 83
302 Ebd., S. 77. Siehe auch die Chronik von Rinesberch u. Schene, a.a.O., S. 228: „... dar die radheren in deme radstole seten“ zum Jahre 1426.
303 Ratsdenkelbuch zum Jahre 1408, veröffentlicht in D. R. Ehmck, Die Friedeburg, in Brem. Jb., Bd. 3, 1868, S. 136 ff.
304 Die Numerierungen der Bänke und Namen sind hinzugefügt. Die Engel bleiben ohne Nummern. Orthographie und Zeichensetzung des Textes sind unverändert übernommen. In einigen Handschriften lautet die Versfolge nicht a-a, b-b, sondern a-b, a-b. Bei Daniel (29b) ist „Gott“ wohl ein Schreibfehler; es muß heißen „Bott“ = Gebot.
305 Nach Bippen, Kritische Bemerkungen ..., a.a.O., S. 148, bedeutet „stede“ nicht „Stadt“ sondern „Stätte“, so daß der Vers sinngemäß aussagt, daß die Bürger gerne dabei sind, wenn die Richter in der Stätte, d.h. im Ratsstuhl, sitzen und Recht sprechen.
306 Die Aussagen zur Typologie entnehme ich im wesentlichen: Friedrich Ohly, Schriften zur mittelalterlichen Bedeutungsforschung, Darmstadt 1977 — daraus vor allem: Synagoge und Ecclesia; Außerbiblisch Typologisches zwischen Cicero, Ambrosius und Aelred v. Rievaulx; Halbbiblische und außerbiblische Typologie.
307 Ebd., S. 326
308 Meyer, a.a.O., S. 89
309 Reallexikon für Antike und Christentum, hrsg. v. Theodor Klauser, Bd. 2, Stuttgart 1954
310 Ohly, a.a.O., S. 396
311 Breitenbach, a.a.O., S. 262 f.
312 Off.5,1—7
313 Dan.7,13—14
314 In der Chronik von Rinesberch u. Schene, S. 164, wird in einer Betrachtung über den Verrat von 1366 ein Tobiasvers (4,20) zitiert, was ebenfalls die Beliebtheit des Buches zeigt.
315 Lipffert, a.a.O., S. 147
316 Überlieferung nach Post in Denkmale, Bd. I, S. 17
317 Chronik v. Rinesberch ..., a.a.O., S. 185 ff.
318 Sachs/Badstübner/Neumann, a.a.O., „Affe“
319 H. W. Janson, Apes and Ape lore in the middle ages and the Renaissance, Stud. of Warburg. Inst., Vol. 20, London 1952
320 Off.5,5
321 Der Kaiser des Heiligen Römischen Reiches Deutscher Nation wird im Spätmittelalter meist „Römischer Kaiser“ genannt.
322 Schwarzwälder, Geschichte ..., a.a.O., Bd. 1, S. 28
323 Gerhard Oelrichs, Glossarium ad Statuta Bremensis antiqua, Frankfurt/M. 1767, S. 11
324 Off.4,4
325 Ebd. 7,11
326 Ebd. 14,3—12
327 Brem. UB, Bd. IV, Nr. 141
328 Ebd., Nr. 140
329 Jürgen Pahl, Die Stadt im Aufbruch der perspektivischen Welt, Berlin 1963 — für Bremen besonders S. 107 ff.
330 Renner, a.a.O., Bd. I, S. 643
Wilhelm v. Bippen, Die Glasbilder des Kaisers und der Kurfürsten im Rathause, handschr., StAB, 3-G.7.Nr.139, 14 c, Bl. 15
331 Das Wort „sive“ ist übermalt. Darunter ist noch die ursprüngliche Schreibweise, wohl „ut sive“, zu erkennen.
332 Für diese und das folgende, Textstellen, z.T. Übersetzungen und Bemerkungen zum Text siehe: Adolf Börtzler, Lateinische Inschriften Bremens, Bremen 1952, S. 23 ff.
333 Wohl ein Versehen: statt „sit timor“, Börtzler, a.a.O., S. 26, Anm. 8
334 Horst-Johs Tümmers, Die Altarbilder des älteren Bartholomäus Bruyn, Köln 1964, S. 90 f., A 102
335 Ebd., S. 33
336 Ebd., Abb. S. 198, A 99
337 Ebd., Abb. S. 187, A 92
338 Lucas Cranach, Das graphische Werk, hrsg. v. Johannes Jahn, München 1972, S. 21 und S. 330
339 Tümmers, a.a.O., S. 90 f.
340 Abb. bei Friedrich Wilhelm Hollstein, German engravins, etchings and woodcuts ca. 1400—1700, Amsterdam 1952, Bd. IV, S. 132
341 Eyvind Unnerbäck, Welsche Giebel — Ein italienisches Renaissancemotiv und seine Verbreitung in Mittel- und Nordeuropa, o.O., o.J.
342 Tümmers, a.a.O., S. 91
343 Lederle-Grieger, a.a.O., S. 30
344 Siehe Anm. 334
345 Lipffert, a.a.O., S. 34
346 Sachs/Badstübner/Neumann, a.a.O., „Hund“
347 Karl Giehlow, Die Hieroglyphenkunde des Humanismus in der Allegorie der Renaissance, besonders der Ehrenpforte Kaiser Maximilians I., in Jb. d. kunsthist. Sammlgg. d. allh. Kaiserhauses, Bd. 32, Wien/Leipzig 1915, Neudruck New York/London 1967, S. 220, im Verzeichnis der Hieroglyphen des Horapollon
348 Über die Hieroglyphik und ihre Verwendung in der Renaissance siehe Text zum Karl-Willehad-Bild, S. 68 ff.
Ludwig Volkmann, Bilder-Schriften der Renaissance, Leipzig 1923, Neudruck Nieukoop 1962, S. 43 u. 98 f.
349 Giehlow, a.a.O., S. 34
350 Siehe Anm. 365
351 Börtzler, Lateinische Inschriften, a.a.O., S. 29
352 Ratsherrenwappenbuch, StAB
353 Der Kopf ist im Detail nicht mehr zu erkennen, und damit wird jede Deutung fragwürdig.
354 R. Stein, a.a.O., S. 54
355 Lipffert, a.a.O., S. 116
356 Schramm, Spaira ..., a.a.O., S. 100 u. S. 163 ff.
357 Tümmers, a.a.O., S. 76, Abb. A 66
358 Nach der Übersetzung von Hermann Menge, Stuttgart 1967
359 Victor H. Elbern, Liturgisches Gerät in edlen Materialien, in Karl der Große — Leben und Nachleben, Bd. 3, Karolingische Kunst, hrsg. v. Wolfgang Braunfels/Hermann Schnitzler, Düsseldorf 1966², S. 136 f., Abb. 19, S. 151
Schramm, Herrschaftszeichen . . ., a.a.O., Bd. 1, Stuttgart 1954, S. 309 ff.
Das Aachener Rathaus besitzt ein Bild Karls aus dem 16. Jh., auf dem der Kaiser den gleichen Schmuck, in ganz ähnlicher Form gemalt, trägt.
360 Sachs/Badstübner/Neumann, a.a.O., „Helena“
361 Volkmann, a.a.O., S. 8
362 Ebd., S. 10
363 Giehlow, a.a.O., S. 34
364 Francisco Colonna, Hypnerotomachia Poliphili ..., Venedig 1499, Nachdruck Westmead, Farnborough 1969
365 Die Bedeutung der Zeichen sind entnommen:
Giehlow/Horapollon, a.a.O.
Volkmann/Colonna, a.a.O.
Lipffert, a.a.O.
366 Lipffert, a.a.O., S. 26
367 Wilhelm v. Bippen, Die Entwicklung des bremischen Wappens, in Jb. d. brem. Sammlgg., 4. Jg., 1. Hbbd., 1911
368 Abb. bei Bippen, a.a.O., S. 6, Ic
369 Karl H. Schwebel in Sammlgg. wiss. Auskünfte des StAB, 1957, Nr. 540

370 Lexikon der christlichen Ikonographie, a.a.O., Bd. 7, Sp. 276: u.a. Brixen, Feuchtwangen, Frankfurt/M., Fulda, Halberstadt, Sitten, Verden, Zürich.
Matthias Zender, Die Verehrung des hl. Karl im Gebiet des mittelalterlichen Reiches, in Karl d. Gr., Lebenswerk ..., a.a.O., Bd. 4, 1967, S. 100 ff.

371 Zitiert nach Bippen, Geschichte ..., a.a.O., Bd. 1, S. 368

372 Das erste Auftreten von Löwen als Schildhaltern wurde bisher auf dem Stadtwappen am Herdentor 1562 und auf den Talern von 1568 gesehen (Gutachten über die Form des bremischen Stadtwappens, StAB, 9.S.-0-2074).
Ebenso scheinen die Wappenfarben Rot und Weiß auf dem Fresko von 1532 zum ersten Mal in der frühesten uns bekannten Darstellung überliefert zu sein.

373 Hermann Jungk, Die bremischen Münzen, 2 Bde., Bremen 1875, T. 17, 436/440

374 H. Meyer, Über Freiheitsroland und Gottesfrieden, Hans. Gesch. Bll. 1931

375 Weitere Veröffentlichungen: Denkmale, a.a.O., 1. Bd., 2. Lfg., S. 30 f.; Herbert Schwarzwälder, Die Gedichte der oberen Halle des Bremer Rathauses und ihre ursprüngliche Fassung, in Jb. d. Vereins f. ndt. Sprachforschg., Jg. 1954, H. 77, S. 49 ff.; Adam Storck, Ansichten der Freien Hansestadt Bremen und ihrer Umgebung, Frankfurt/M. 1822, S. 169 ff.

376 Sachs/Badstübner/Neumann, a.a.O., „Sieben freie Künste". Die Punkte 1. und 2. erscheinen in der Urkunde Karls vom 14.7.788, die bei Adam von Bremen im Wortlaut wiedergegeben ist (a.a.O., S. 16 ff.) und in Bremen aufbewahrt worden sein soll.

377 Protokoll der Zusammenkunft der Senatskommission für Rathausfragen am 16.2.1965, endgültige Billigung des Textes.

378 Nach frdl. Mittlg. von Herrn Willi Olsztynski, Bremen, der die Restaurierung 1966/67 durchführte, war das Textbild stark übermalt. Er hat mindestens sechs spätere Übermalungen feststellen können, die zum Teil den Text veränderten. Heute ist der ursprüngliche Zustand wieder hergestellt.
Weitere Veröffentlichungen siehe Anm. 375 (ohne Storck) und Arnold Gerhard Deneken, Bruchstücke aus der Geschichte der kaiserl. freien Reichsstadt Bremen, Göttingen 1796, S. 33 ff.

379 In col III Z. 96 muß es wohl heißen „belacht" (belagert) statt „velacht", in Z. 99 statt „gewaaen" „gewunen" (gewonnen).

380 Brem. UB, Bd. 1, Nr. 65

381 Schwarzwälder, Geschichte ..., a.a.O., Bd. 1, S. 43 ff.

382 Denkschrift des Kanzlers Gattinara von 1519, zit. in Diwald, a.a.O., Bd. 1, S. 366

383 Für diesen Abschnitt: Schwarzwälder, Geschichte ..., a.a.O., S. 171 ff., und Bippen, Geschichte ..., a.a.O., Bd. 2, S. 15 ff.

384 Das älteste erhaltene, sichere Porträt eines Bremer Ratsherrn ist das von Bürgermeister Heinrich Kreffting von 1609, Focke-Museum, Bremen.

385 Siehe Anm. 382

386 Schwarzwälder, a.a.O., Bd. 1, S. 168 ff.

387 Martin Luther, An die Ratsherren aller Städte deutschen Landes, daß sie christliche Schulen aufrichten und halten sollen, Wittenberg 1524

388 Karl V. trug zu dieser Zeit schon einen Bart, wie zeitgenössische Porträts von ihm zeigen.

389 Albrecht Dürer, Das gesamte graphische Werk, hrsg. v. Wolfgang Hütt, Bd. 2, München 1970, S. 1837 ff.

390 Augustinus sieht den Thron Salomonis als Präfiguration des Weltgerichtes: Salomo entspricht Christus, die echte Mutter der Kirche, die falsche Mutter der Synagoge (Lexikon d. christl. Ikonographie, a.a.O., „Salomo").
Ein Stich von Hendrik Goltzius von 1604 nimmt die Allegorisierung des Salomonurteils wieder auf. Vor dem „Crudelis princeps" knien „Vera Ecclesia" und „Falsa Ecclesia", die zu der Zeit katholische und protestantische Kirche vertreten. Das tote Kind ist mit „Barrabas", das lebende mit „Christus" bezeichnet (Hollstein, a.a.O., Bd. 8, S. 19).

391 Hollstein, a.a.O., Bd. 2, S. 229

392 Wolfgang Hilger, Ikonographie Ferdinands I., Wien 1969

393 Als berühmte Beispiele seien nur genannt: Kapelle des Palazzo Medici, Florenz, ausgemalt von Benozzo Gozzoli, und die Stanzen Raffaels im Vatikan.

394 Dieter Koepplin/Tilman Falk, Lucas Cranach, Gemälde, Zeichnungen, Druckgraphik — Katalog Basel 1974, Basel/Stuttgart 1974², Bd. 1, S. 257 ff., Nr. 165, 167, Abb. 123, 124

395 Merian, a.a.O., S. 63
Merian hat das Kaiserbildnis kaum verändert, das er sowohl im Titelblatt dieses Bandes seiner Typographia wie auch in dem über die Herzogtümer Braunschweig und Lüneburg, Frankfurt/M. 1654, verwendet.

396 Koster, a.a.O.: Das Aquarell ist in Details manchmal ungenau, doch gerade die Beischlagwange scheint es relativ treffend wiederzugeben. Allerdings fehlt unter der Figur das Wappen der Stadt. Abgebildet in Dieter Hägermann, Karl d. Gr. ..., a.a.O., S. 74, und Abb. 23.

397 Siehe Renand de Montauban, Die Haimonskinder vor Karl d. Gr., um 1470; Jan Gielemans in Hagiologium Brabantinorum, um 1476/84; beide in Karl der Große, Werk und Wirkung, Katalog, Aachen 1965, Abb. 146, 155

398 Eugène Rouir, Europäische Grafik von den Anfängen bis ins 16. Jahrhundert, a. d. Franz., Gütersloh, o. J., S. 54

399 Georg Dehio zeigt im Bd. 2 seiner Geschichte der deutschen Kunst, Berlin/Leipzig 1923, drei ritterliche Grabmale, die einander und dem Karlsbild vom Rüstungstyp her sehr ähnlich sind: Abb. 388—390.

400 Ottfried Neubecker, Heraldik, a. d. Amerik., Frankfurt/M. 1977, S. 30 u. S. 230

401 Im „Triumphzug" und im Maximiliansgrab in Innsbruck. Dazu siehe: Paul Schoenen, Das Kaiserbild in der Neuzeit, in Karl d. Gr. ..., a.a.O., Bd. 4, S. 276 ff.

402 Das alte Rathaus Ecke Sögestraße/Obernstraße, das zur Lagerung von Hopfen diente.

403 Ferdinand Donandt, Der bremische Civilprocess im XIV. Jahrhundert, in Brem. Jb., Bd. 5, 1870, S. 25 ff.

404 Mänz, a.a.O., S. 312, bezeichnet den Beischlag ohne Angaben von Quellen als Schöffensitz des peinlichen Gerichts.

405 Donandt, a.a.O., S. 3

406 Deneken, Die Rolands-Säule, a.a.O., S. 25

407 Börtzler, Lateinische Inschriften ..., a.a.O., S. 19

408 E. H. Meyer, a.a.O., S. 68—93

409 Börtzler, Lateinische Inschriften ..., a.a.O., S. 19 ff.

410 „pardiis" ist zusammengeschrieben, nicht wie bei Börtzler „par diis". Gemeint sind die „Starken".

411 Denkmale, a.a.O., T. III, S. 28

412 Jes.11,1—10

413 Gottfried Engelhardt, Das Lebensbaummotiv in der Kunst, Steyr (Öster.) 1974, S. 8

414 Zu diesem Problemkreis: Karl Oettinger, Laube, Garten und Wald — Zu einer Theorie d. süddt. Sakralkunst 1470—1520, in Festschrift f. H. Sedlmayr, München 1967, S. 201—228
Das Motiv kommt in der spätgotischen Malerei Norddeutschlands allerdings häufiger vor, vor allem bei pflanzlich-ornamental gestalteten Holzbalkendecken, z.B. in Lübeck im Hause Koberg 2, oder in Kirchen Niedersachsens. Siehe Rolf Gramatzki, Bemalte Kirchendecken — Wandel in Ornament und Sinngebung, in Raumkunst in Niedersachsen, München 1991, Nr. 80 und Nr. 132, S. 166 ff.

415 Margot Braun-Reichenbacher, Das Ast- und Laubwerk, Entwicklung u. Bedeutung einer spätgotischen Ornamentform, Nürnberg 1966, Erlanger Beiträge z. Sprach- u. Kunstwiss., Bd. 24, S. 61 ff.
Wahrscheinlich ist diese Ornamentform ein Kürzel für den Baum des Todes, aus dem durch Christi Kreuzestod wieder der Baum des Lebens wird. Dazu siehe Gramatzki, Bemalte Kirchendecken ..., a.a.O., S. 166 f.

416 Sachs/Badstübner/Neumann, a.a.O., „Zahl"

417 Ebd., „Engelshierarchie"

418 Die Ribnitzer Reimsprüche sind, nach E. H. Meyer, z.B. in 8 Reimpaaren und 16 Zeilen geschrieben.

419 Braun-Reichenbacher, a.a.O., S. 87
420 Für die historischen Zusammenhänge siehe:
Schwarzwälder, Geschichte, a.a.O., Bd. 1, S. 222 ff.
Bippen, Geschichte ..., a.a.O., Bd. 2, S. 121 ff.
Helmut Lucke, Bremen im Schmalkaldischen Bund (1540—1547), Bremen 1955, H. 23 d. Veröffentlgg. a. d. StAB
421 Lucke, a.a.O., S. 15
422 Renner, a.a.O., Bd. 2, S. 235—239
423 Max Geisberg, Der deutsche Einblattholzschnitt in der 1. Hälfte des 16. Jahrhunderts, Leipzig 1923/29, Nr. 668, 925
424 Siehe S. 64
425 Siehe Anm. 352
426 Renner, a.a.O., S. 238
427 Lucas Cranach d. Ä., Das gesamte graphische Werk, hrsg. v. Johannes Jahn, München 1972, S. 643
428 Lipffert, a.a.O., S. 38
429 Off.22,1—2
430 Gerd Dettmann, Die Steinepitaphien in den bremischen Kirchen, in Beitrr. z. Vorgesch. u. Kunstgesch. d. Niederwesergebietes, Bremen o. J. (1938/39), S. 104
431 Im Focke-Museum, Bremen, Inv. Nr. A 264 a
432 Rathausakte, StAB 2-P.2.n.6.b.Aa.3, Nr.40
433 Siehe Anm. 352
434 Berthold Hinz, Dürers Gloria, in Dürers Gloria (Kunst — Kult — Konsum), Katalog, Berlin 1971, S. 25 ff.
Bernhard Decker, Im Namen Dürers — Dürer-Renaissance um 1600, in Pirckheimer Jb., Bd. 6, 1991, S. 35 f.
435 Nürnberger Dürerfeiern 1828—1928, Katalog, Nürnberg 1971, Nr. 47
436 Lucas Cranach, a.a.O., S. 689
437 Bitte des Rates an den Erzbischof, „einen Bogen zur Kapelle sprengen zu dürfen", von 1545, in Rathausakte, StAB 2-P.2.n.6.b.Aa.2, Nr.6
438 R. Stein, a.a.O., S. 532
439 Rathausakte, StAB 2-P.2.n.6.b.Aa.2, Nr.7
440 Otto v. Boehn, Adam Liquier Beaumont und Hans Winter, in Brem. Weihnachtsbll., H. 12, 1952, S. 5
441 Boehn, a.a.O., und Walter Kramm, Die beiden ersten Kasseler Bildhauerwerkstätten im 16. und 17. Jahrhundert, in Marbg. Jb. f. Kunstwiss., Bd. 8/9, 1936
442 Boehn, a.a.O., S. 6
443 Abb. bei J. Mittelsdorf, Deutsche Renaissance, Leipzig 1878—1886, 34. Abtlg., H. 1+2, Bremen 1878
444 Gestochen von Johann Galle, Abb. in Raimond de Marle, Iconographie de L'art profane ..., 1931, Nachdruck New York 1971, S. 149, Fig. 172
445 Die Denkmale, a.a.O., S. 9, nennen sie: Rechtsordnung, Gerechtigkeit und Sieg.
446 Sachs/Badstübner/Neumann, a.a.O., „Rechts-Links"
447 Karl Ernst Meier, Fortleben der religiös-dogmatischen Kompositionen Cranachs in der Kunst des Protestantismus, in Rep. f. Kunstwiss., Bd. 32, 1909
448 Ebd., S. 418
449 Siehe S. 93 f.
450 Denkbar ist auch die Gestalt der „Gloria" in etwa der gleichen Bedeutung.
451 Sachs/Badstübner/Neumann, a.a.O., „Sonne und Mond"
452 Auch bei einer „Superbia" würde sich der Sinn der Gesamtaussage nicht ändern. Dann wäre nur die negative Form der „Potestas" angesprochen.
453 Schwarzwälder, Geschichte ..., a.a.O., Bd. 1, S. 253 f.
454 Martin Luther, Ausgewählte Werke, Bd. 5, hrsg. v. H. H. Borcherdt/Georg Merz, München 1962[3]
455 Ebd., S. 14
456 Ebd., S. 15
457 Ebd., S. 35
458 Siehe Anm. 439
459 Ratsherrenwappenbuch, StAB, 12.W.1
460 R. Stein, a.a.O., S. 534
461 Jürgen Christern, „Diamantquader", in RDK, Bd. 3, Stuttgart 1954, Sp. 1424 ff.
462 Hinweise in Emblemata — Handbuch zur Sinnbildkunst des XVI. und XVII. Jahrhunderts, hrsg. von Arthur Henkel/Albrecht Schöne, Stuttgart 1967 (zit. „Emblemata"), Sp. 86 f.
463 Sachs/Badstübner/Neumann, a.a.O., „Diamant"
464 Siehe S. 117
465 Als Beispiel sei genannt: Hans Vredeman de Vries, Caenotaphorum ... variae formae, hrsg. v. H. Cook, 1563
466 Robert Hedicke, Cornelis Floris und die Florisdekoration, Berlin 1913, S. 85
467 Denkmale, a.a.O., S. 19 ff.
468 Börtzler, Die sinnbildlichen Figuren ..., a.a.O.
469 Erna Mandowsky, Untersuchungen zur Iconologia des Cesare Ripa, Diss. Hamburg 1934, S. 7
470 Als Beispiele: Dürer, Philosophia, Holzschnitt zu Conrad Celtis, Quator Libri Amorum, 1502
Hans Burgkmair, Der große kaiserliche Adler, Holzschnitt
Cesare Ripa, „Filosofia" in Iconologia, 1603
471 Wilberg Vignau-Schuurman, Die emblematischen Elemente im Werke Joris Hoefnagels, 2 Bde., Leiden 1969, § 216
472 Ebd., § 18, Anm. 4
473 Cecare Ripa, Iconologia, hrsg. v. Laurentius Strauss, Frankfurt/M. 1669, S. 161
474 Albrecht Dürer, Verleumdung des Apelles, Federzeichnung 1522, A. Dürer, Das ges. graph. Werk, München 1970, Bd. 1, S. 1069
475 Hendrik Goltzius, „Veritas" auf dem Kupferstich „Infantia Christi", Hollstein, Bd. 8, Amsterdam 1956, S. 17
476 Theodor de Bry, Ornamentbuchstabe W (für Wahrheit), Hollstein, Bd. 4, Amsterdam 1952, S. 37
477 Siehe S. 98
478 Mathias Holtzwart, Emblematum Tyrocinia, Straßburg 1581, hrsg. v. Peter Düffel/Klaus Schmid, Stuttgart 1968, S. 30 ff. und S. 171
479 W. Behnke, Albert von Soest, Stud. z. dt. Kunstgesch., H. 128, Straßburg 1901, S. 21 f.
480 Hadriani Iunii Medici Emblemata, Antwerpen 1565, Nr. 53; mit der gleichen bildlichen Darstellung übernommen von Geoffrey Whitney, A choice of Emblems, Leyden 1586, 2. Nachdruck New York 1967, Nr. 4
481 Siehe Anm. 476: Th. de Bry stellt in seinem Alphabet bei „W" die göttliche Wahrheit bekleidet, die Wahrheit der Naturgesetze und Sinne, ein Lot haltend, unbekleidet dar. Diese liegt uns „unverhüllt vor Augen", jene ist uns „verhüllt".
482 Friedrich Wagenfeld, Bremens Volkssagen, Bremen 1965; dazu:
Hermann Tardel, Bremische Sagen nach Kunstwerken, in Ndt. Jb. f. Volkskunde, Jg. 22, Bremen 1947
483 Börtzler, Die sinnbildhaften Figuren ..., a.a.O., S. 21
484 Ebd.
485 Denkmale, a.a.O., S. 19 ff.
486 Johannes Pierius Valerianus, Hieroglyphica, Basel 1567, Libr. XXVI, Fol. 173, und Andrea Alciati, Emblemata, Lyon 1591, Emblem XV
487 Ripa, a.a.O., Attribut der „Fedeltà", S. 152 ff.
488 Emblemata, Sp. 1098
489 Spr. 20,12 f.
Barthelemy Aneau, Imagination poetique, Lyon 1552 (Emblemata, Sp. 1266)
490 Wilberg Vignau-Schuurman, a.a.O., § 256
491 Tardel, a.a.O., S. 86 ff.
Die Denkmale, S. 20, nennen als Bedeutung beider Figuren „Wachsamkeit" und „Treue", Börtzler, S. 21, „das Männliche" und „das Weibliche".
492 Wilberg Vignau-Schuurman, a.a.O., § 42 mit Quellenangaben
493 Joris Hoefnagel, Schriftmusterbuch von Georg Bocsaky, Fol. 51, Abb. ebd.
494 Jacobus Typotius, Symbola divina et humana, 3 Bde., Prag 1601—1603, Bd. 3, Symbol für Jacob III. v. Schottland
495 Peter Isselburg, Emblemata Politica, Nürnberg 1617, Nr. 15

496 „Die Gluckhenne ihr Küchlein klein
Versammlet/und bedecket fein
Mit ihren Fittigen/damit
Sie eingn schaden nemen nit.
Ein Christlichr Fürst und Obrigkeit
Sein Unterthanen schütztallzeit.“

497 Federzeichnung, Berlin, Kupferstichkabinett

498 Holzschnitt 1545, beide abgebildet bei Wilberg Vignau-Schuurman.

499 Gerd-Heinz Mohr, Lexikon der Symbole, Düsseldorf/Köln 1971

500 Jacob Boissardus, Emblematum liber, Frankfurt/M. 1593, S. 51

501 Freundl. Mitteilung von Prof. Dr. R. Mühe, Furtwangen

502 Gabriel Rollenhagen, Nucleus Emblematum ..., Magdeburg 1613, Bd. 1

503 Goltzius hat in einer Serie von Tugendpaaren „Labor“ und „Diligentia“ als männlich und weiblich einander gegenübergestellt (Hollstein, Bd. 8, S. 27). Die „Sedulitas“ (Emsigkeit) hat aber andere Attribute, z.B. den Bienenkorb.

504 Denkmale, a.a.O., S. 20; Börtzler, a.a.O., S. 21

505 Hans Deminani, François Briot, Caspar Enderlein und das Edelzinn, Leipzig 1897, S. 19
Hanns-Ulrich Haedecke, Zinn, Braunschweig 1963, schreibt den Krug Isaac Faust aus Straßburg zu, entstanden im 2. Drittel des 17. Jh. nach Motiven von Briot (Abb. 295).

506 Für die Reliefs der „Künste“ am Mittelrisalit siehe S. 102 f.

507 Hollstein, Bd. 1, S. 56 f.

508 Hollstein, Bd. 8, S. 26

509 Titelblatt von Bd. 3, Typotius, a.a.O.

510 Wendel Dietterlin, Architectura, 1598, 5. Buch, Von der Composita, Faksimiledruck, Stuttgart 1965
Stephan Albrecht, a.a.O., S. 266, deutet sie ebenfalls als „Diligentia“

511 Hollstein, Bd. 1, S. 56 f.

512 Vicomte de Prezel, Iconologisches Wörterbuch, Gotha 1759, S. 128

513 Cornelius D. V. Coornhert, Recht Ghebruyck ende Misbruyck ..., Leyden 1585, Spruch XXII

514 Hollstein, Bd. 1, S. 10

515 Lipffert, a.a.O., S. 136. Die zerbrochene Säule weist u.U. auf die Kraft Simsons hin: Lexikon der christl. Ikonographie, a.a.O., „Tugenden“

516 Hollstein, Bd. 8, S. 135, Nr. 368

517 Das Loch dafür ist noch vorhanden. Börtzler, a.a.O., S. 22

518 Matth.10,16

519 Der Raum zwischen Daumen und Zeigefinger ist nicht durchbrochen, sondern ausgefüllt.

520 Mittelsdorf, a.a.O.

521 Stich von 1614 nach Joh. Rottenhammer, Hollstein, Bd. 18, Nr. 542

522 Dettmann, Die Steinepitaphien ..., a.a.O., S. 134 f.

523 Prezel, a.a.O., S. 158 ff. und S. 338

524 Siehe Anm. 469

525 Dettmann, a.a.O., S. 117, Abb. 10

526 Valerianus, a.a.O., „Löwe“

527 1.Kön.10,19

528 Wilberg Vignau-Schuurman, a.a.O., § 219

529 Fol. 119, ebd., Abb. 72

530 Carl van de Velde, Frans Floris (1519/20—1570) — Leven en Werken, Brüssel 1975, 2 Bde., Abb. 240. Es ist das datierte Blatt einer Tugendfolge, in der alle sechs Allegorien des Mittelrisalits enthalten sind.

531 Denkmale, a.a.O., S. 20

532 Die Jagd („Venatoria“) hat z.B. Jost Amman (Hollstein, Bd. 1, S. 14) mit Spieß, Hund, Jagdhorn und Fangnetz mit Hirsch als Attributen ausgestattet.

533 Emblemata, Sp. 1512

534 Wilberg Vignau-Schuurman, a.a.O., § 244

535 Denkmale, a.a.O., S. 20

536 Hollstein, Bd. 1, S. 56 f.

537 Hollstein, Bd. 3, S. 78 f. (Beham), S. 133 (Brueghel)

538 Hollstein, Bd. 8, S. 18, „Punitio Malorum“

539 Georg Kaspar Nagler, Neues allgemeines Künstlerlexikon, 25 Bde., Linz 1904—1914[2] (zit. Nagler), Bd. 23, S. 346

540 Emblemata, a.a.O., Sp. 827 f.

541 Z.B. das Wappen von Stade u.a.

542 Siehe S. 103

543 Valerianus, a.a.O., S. 359

544 Christoforo Giarda, Bibliotheca Alexandrinae Icones Symbolicae, Mailand 1626, abgebildet in E. H. Gombrich, Icones Symbolicae, in Journal of the Warb. Inst., Vol. XI., London 1948, Nachdruck Vaduz 1965

545 Lipffert, a.a.O., S. 26

546 Andreas Andresen/Rud. Weigel, Der deutsche Peintre-Graveur, Bd. 1, Leipzig 1864, A 173—A 175, Text bei A 175, von 1566
Ebenfalls bei Typotius, a.a.O.: „Audaces Fortuna iuvat“

547 Prezel, a.a.O., S. 300 f.

548 Achillis Bocchius, Symbolicarum questionum ..., Bologna 1555, 5 Bde.

549 Emblemata, Sp. 1553

550 Heinz Schecker, Brema und Kybele, in Bremer Nachrichten vom 23.5.1933

551 Hollstein, Bd. 8, S. 135, Nr. 309: Stich von Jan Muller nach Hendrik Goltzius

552 Ripa, a.a.O., S. 456, ohne Illustration

553 RDK, Bd. V, Stuttgart 1967, S. 740 ff. Der Stich gehört in die oben genannte Reihe von 1560. Siehe Anm. 530

554 Börtzler, a.a.O., S. 22

555 Als Beispiel für viele: Arithmetica der Temperantiaschale, siehe S. 103

556 Stich „Fama und Historia“, 1586, Hollstein, Bd. 8, S. 36, Nr. 10

557 Kupferstich in einer Folge von Künsten u.a., Hollstein, Bd. 2, S. 14

558 Johannes Sambucus, Emblemata, Lyon 1590[4], S. 132

559 Schon 1602 war der Rathausumbau geplant (Rathausakte StAB P.2.n.Aa.2, Bl. 10). Die Zwickelfiguren waren sicher vor dem offiziellen Bauabschluß 1612 fertiggestellt.

560 Valerianus, a.a.O., sieht im Hund nicht nur ein Symbol für Wachsamkeit und Treue, sondern auch für Erinnerung und als Lehrer der heiligen Literatur.

561 Heinz-Mohr, a.a.O., „Ohr“

562 Prezel, a.a.O., S. 183

563 C. v. d. Velde, a.a.O., Abb. 234

564 Erwin Panofsky, Herkules am Scheideweg, Berlin 1930

565 Matth.19,21

566 Z.B. Stich von Hendrik Goltzius, Hollstein, Bd. 8, S. 36, Nr. 10

567 Andreas Alciatus, Emblematum Libellus, Paris 1542, Nachdruck Darmstadt 1967

568 Die Reliefs im Focke-Museum, Bremen, unter A 143, sind den Evangelistenreliefs sehr ähnlich, doch etwas andere Maße und eine geringfügig andere Rahmung machen deutlich, daß sie nicht zum Rathaus gehören.

569 Heinz Schecker, Das Bremer Rathaus und die Goldene Bulle, in Niedersächs. Jb. 1935
Börtzler, a.a.O., S. 8 ff.

570 Nicht bei Wurzbach, Niederländisches Künstlerlexikon, 2 Bde., Amsterdam 1968

571 Wilberg Vignau-Schuurman, a.a.O., S. 124 ff.

572 Börtzler, a.a.O., S. 15 ff.

573 Lehrplan des Bremer Gymnasiums seit 1592, zit. bei Hermann Entholt, Geschichte des Bremer Gymnasiums bis zur Mitte des 18. Jahrhunderts, Bremen 1899, S. 47

574 Adolf Sperl, Melanchthon zwischen Humanismus und Reformation, München 1959, S. 94 ff.

575 Siehe S. 86 f.

576 Enthalten in Gerhard Oelrichs, Vollstaendige Sammlung alter und neuer Gesetz-Bücher der Kaiserlichen und des Heiligen Römischen Reiches Freien Stadt Bremen, Bremen 1771

577 Hdschr., dt., in StAB P.5.b.3.a. in versch. Exempl.

578 Ripa, a.a.O., S. 239

579 Prezel, a.a.O., S. 142
580 Als Beispiel: Jaques de Gheyn, Hollstein, Bd. 8, S. 118
581 Börtzler, a.a.O., S. 16
582 Diesen Themenkreis hat Panofsky sehr eingehend untersucht: Erwin Panofsky, Herkules am Scheideweg und andere antike Bildstoffe in der neueren Kunst, Berlin 1930, Stud. d. Bibl. Warburg, Bd. 18
583 Matth.7,13
584 Der Stich von Christoff Murer, Abb. 46 in Panofsky, a.a.O., zeigt die Inschrift „Biblia".
585 Denkmale, a.a.O., S. 20
Karl Künstle, Ikonographie der christlichen Kunst, 2 Bde., Freiburg 1928, S. 187
586 Heinz Schecker, Das Bremer Rathaus ..., a.a.O., S. 32
587 Börtzler, a.a.O., S. 9
588 R. Stein, a.a.O., S. 583, nach Börtzler, a.a.O., S. 15
589 Prezel, a.a.O., S. 113
590 Typotius, a.a.O., 1. Buch, Bl. 5
591 Nicolaus Reusner, Emblemata, Frankfurt/M. 1581, Nr. 34
592 Übersetzung in Emblemata, a.a.O., Sp. 820
593 Panofsky, a.a.O., S. 2 f.
594 Börtzler, a.a.O., S. 15
595 Hollstein, Bd. 1, S. 60 f.
596 Ripa, a.a.O., S. 215
597 Als Beispiel: Lucas Cranach d. Ä., Passional Christi und Antichristi, Wittenberg 1521, 26 Holzschnitte
598 Ripa, a.a.O., S. 293
599 Ebd., S. 451
Albrecht, a.a.O., S. 280, sieht in dem Paar „Opulentia" und möglicherweise „Paupertas".
600 Pauli, Die dekorativen Skulpturen ..., a.a.O., S. 29
601 Hans Kauffmann, Die Fünfsinne in der niederländischen Malerei des 17. Jahrhunderts, in Kunstgeschl. Stud., Dagobert Frey zum 23.4.1943, Breslau 1943, S. 136
602 Gestochen von Cornelis Cort; Hollstein, Bd. 5, Nr. 231—235; Kauffmann, a.a.O., S. 136
603 Z.B. am sog. Eickschen Haus in Einbeck, A. 17. Jh.; Lateinschule Ahlfeld, 1610; Lemgo, Rathaus, Apothekerauslucht, 1612, u.a.m.
604 Hans und Paul Vredeman de Vries, Architekturbuch, 1606; Hans Mielke, H. Vredeman de Vries, Verzeichnis der Stichwerke, Diss. Berlin 1967, S. 77 ff., Nr. XXXII
605 Sprichwörtlich: Man kann einen anderen Menschen gut — oder nicht — riechen.
606 Es ist kein Bär, wie R. Stein, a.a.O., S. 589, meint.
607 Lipffert, a.a.O., S. 23
608 Günter Bandmann, Melancholie und Musik, Köln/Opladen 1960, S. 67 ff.
Janson, Apes ..., a.a.O.
609 Wilberg Vignau-Schuurman, a.a.O., § 348
610 Kauffmann, a.a.O., S. 135
611 Hadrianus Junius, a.a.O., Nr. 24 und 50
Guillaume de La Perrière, La Theatre des bons engius ..., Paris 1539, Nr. 18, u.a.
612 Siehe Abb. 141
613 Lipffert, a.a.O., S. 38; siehe auch S. 132
614 Pauli, Die Renaissancebauten Bremens ..., a.a.O., S. 116 ff.
615 Demiani, a.a.O.; Haedecke, a.a.O., S. 158 ff.
Haedecke sieht in den Stichen Etienne Delaunes die Vorlagen für die Temperantiaschale u. a. Arbeiten Briots.
616 Hanns-Ulrich Haedecke, Zinn, Kat. d. Kunstgew. Mus. d. Stadt Köln, Köln 1968, S. 36
617 Bippen, Geschichte ..., a.a.O., Bd. 2, S. 240
618 Heinz-Mohr, a.a.O., S. 242
619 Hollstein, Bd. 1, S. 14
620 Entholt, Geschichte ..., a.a.O., S. 46 ff.
621 Herkules bricht dem sich in einen Stier verwandelnden Flußgott Achelous im Kampfe ein Horn ab, das zum Attribut der Göttin der Fülle wird (Ovid, Metamorphosen, 9, 86—93).
622 Ps.85,11—12; Jes.32,17
623 Hes.10,9—10
624 1.Mos.3,24 und 1.Kön.6,23 ff.
625 Sachs/Badstübner/Neumann, a.a.O., „Baum"
626 Hollstein, Bd. 4, S. 204
627 Hollstein, Bd. 8, Nr. 495—498
628 Waldmann, Das Rathaus ..., a.a.O., S. 40
629 Konrad Lange, Dürers Kupferstich „Das Meerwunder", in Rep. f. Kunstwiss., Bd. 46, 1925, S. 98
630 Albertus Magnus, Thierbuch, Teutsch v. Walter Ryff, Straßburg 1546
631 Christoph Jamnitzer, Neuw Grottessken Buch, Nürnberg 1610, Nachdruck Graz 1966
632 Marcus Manilius, Les Astrologiques ou la Sience sacrée du Ciel, Introduction et notes de René Alleau, mit Illustrationen des „Livre des Fables astronomique" von V. Julius Hyginus, 1578, Paris 1970
633 Etienne Delaune, Folge von Monatsblättern mit Darstellung der Monatstätigkeiten und sehr breitem Rand, dessen Formen sich jeweils auf den betreffenden Monat beziehen.
634 Hollstein, Bd. 1, S. 94
Pauli, Die dekorativen Skulpturen ..., a.a.O., S. 29
635 Herbert Hunger, Lexikon der griechischen und römischen Mythologie, Hamburg 1953[6], S. 415
636 Joannes David, Occasio arrepta, neglecta, huius commoda, illius incommoda, Antwerpen 1605
637 A. v. Doren, Fortuna im Mittelalter und in der Renaissance, in Vortrr. d. Bibl. Warburg, 1922/23, I. Teil, S. 135
638 Alciatus, a.a.O., Emblem CXV
639 Manilius, a.a.O., S. 179
640 Vulcan, Venus und Mars sind in der manieristischen Malerei ein beliebtes Thema, doch normalerweise unter einem anderen inhaltlichen Zusammenhang.
641 Hunger, a.a.O., S. 273 f.
642 Gustav René Hocke, Die Welt als Labyrinth, Hamburg 1963[4], S. 112
643 Ebd., S. 98
644 Will-Erich Peuckert, Astrologie, Stuttgart 1960
645 Otto Veeck, Geschichte der Reformierten Kirche Bremens, Bremen 1909, S. 66 ff.
646 R. Stein, a.a.O., S. 632 ff.
647 Jamnitzer, a.a.O., S. 18
648 Hes.10,13
649 Off.Joh.4,7
650 Jamnitzer, a.a.O., S. 11 und 15
651 Stichserien von Masken von Cornelis Floris, abgebildet bei Hedicke, a.a.O., Abb. XI/8, XI/4, X/14, X/16 in der Reihenfolge der Figuren von rechts nach links.
652 Emblemata, a.a.O., Sp. 1718 f., nach Bartholomaeus Anulus, Picta Poesis, Lyon 1552, S. 16
653 Übersetzung nach Emblemata, a.a.O., Sp. 1719
654 Off.5,5
655 Siehe S. 99
656 Siehe S. 143
657 Dürer, Philosophia, siehe Anm. 470, A. Dürer, Das ges. graph. Werk, S. 1437
658 Die Wappen von links nach rechts:
Heinrich Zobel — Obervieland, Johann Brand — Niedervieland, Diedrich Hoyer — Werderland, Arnold Gröning — Hollerland
Christian Nikolaus Roller, Geschichte der Kaiserlichen Reichsfreyen Stadt Bremen, Bd. 3, Bremen 1802, S. 402 f.
659 Zit. nach Peter Meinhold, Geschichte der kirchlichen Historiographie, Bd. 1, Freiburg/München 1967, S. 232
660 Ps.90,4
661 Sachs/Badstübner/Neumann, a.a.O., „Evangelistensymbole"
662 Joh.1,14
663 Siehe S. 98 ff. und S. 89 ff.
664 Siehe S. 98 f.
665 Gal.5,1. Mit ähnlicher Bedeutung: Gal.5,13; Röm.8,21
666 Matth.25,1—13
667 Hedicke, a.a.O., Bd. 1, S. 20 ff.; ebenso Carsten-Peter Warncke, a.a.O., Nr. 425—442
668 Abb. bei Hedicke, a.a.O., Bd. 2, T. X, 11—16, T. XI, 1—12

669 Ebd., Bd. 1, S. 22 f.; z.B. Warncke, a.a.O., Nr. 446—450, 454—472
670 Siehe Anm. 441
671 Siehe S. 110 ff.
672 Warncke, a.a.O., S. 89
673 Off.5,11 und 7,11; Hebr.1,4, Anm. 1
Über Engel in der Ausgestaltung von Bauten siehe: Rolf Gramatzki, Bemalte Kirchendecken, a.a.O., bes. S. 179. Das dort Gesagte gilt auch für Profanbauten.
674 Off.8,2 ff.
675 Ebd., 9,13 ff.
676 Ebd., 10,3
677 Ebd., 9,17 und 19
678 2.Mos.28,33 f. und Anm. 3 (2)
679 Ebd., 28,7—12
680 Anm. zu 2.Mos.28,1
681 Max Bendel, Tobias Stimmer, Zürich 1940, S. 127 ff.
682 Zu diesem Thema siehe: Klibansky/Panofsky/Saxl, Saturn and Melancholy, London 1946
683 Hollstein, Bd. 8, Nr. 495—498
684 1.Kön.10,18—20
685 Ich folge an dieser Stelle Heinrich Berger, Calvins Geschichtsauffassung, Zürich 1955, S. 93 ff.
686 Zum Geschichtsverständnis der Zeit siehe S. 206 ff.
687 Siehe S. 104 ff.
688 Franz Bächtiger, Vanitas, Schicksalsdeutungen in der deutschen Renaissancegraphik, Diss. Zürich 1970
689 Ps.102,12; Bächtiger, a.a.O., S. 47
690 Bandmann, Melancholie ..., a.a.O., S. 91 ff.
691 Off.9,14—15
692 Ebd., 15,1 ff.
693 Ebd., 19,8
694 Sachs/Badstübner/Neumann, a.a.O., „Zingulum"
Der Ursprung dieser Bedeutung liegt wohl im Gebot Gottes an das Volk Israel, zum Angedenken an seine Gebote an die Zipfel ihrer Gewänder Quasten zu machen. S. 4.Mos.15,38 ff.
695 Abb. bei J. E. Wessely, Das Ornament und die Kunstindustrie in ihrer geschichtlichen Entwicklung auf dem Gebiet des Kunstdrucks, 3 Bde., Berlin 1877, Nr. 531
696 Ps.121,4; Physiologus, a.a.O., S. 50 f.
697 Lipffert, a.a.O.; Manfred Lurker, Wörterbuch der Symbolik, Stuttgart $1983^2$
698 Gramatzki, Bemalte Kirchendecken, a.a.O., S. 189
699 Off.7,9 und 14,4
700 Siehe S. 173 f.
701 Donat de Chapeaurouge, Einführung in die Geschichte der christlichen Symbole, Darmstadt 1984, S. 122
702 Off.17,1 f.; 18,7,14,23 f.
703 Off.17,5 f.
704 Berlin, Kupferstichkabinett
705 1.Kor.9,24 ff.
706 Z.B. Joh.4,36
707 Off.17,9
708 Ebd., 17,11 und 13,2
709 Röm.7,4; 6,22
710 Phil.3,14
711 Denkmale, a.a.O., S. 21
712 Ps.80,9—17
713 Joh.15,1—6; Chapeaurouge, a.a.O., S. 88 f.
714 Hes.15,2—6
715 Jes.5,1—7
716 Joh.15,1—6
717 Off.14,18—20
718 Sachs/Badstübner/Neumann, a.a.O., „Gesetz und Evangelium"; Karl Ernst Meier, a.a.O., S. 418 f.
719 Jes.4,2, dazu Anm. 1
720 Jes.11,1
721 Sach.3,8
722 Ebd., 6,12
723 Rathausakte StAB 2-P.2.n.6.b.Aa.3., Nr. 49
724 Denkmale, a.a.O., Bd. 1, Abb. 1; siehe Abb. 1
725 Schon Waldmann, Das Rathaus ..., a.a.O., S. 40, wies auf die Grafiken von Goltzius hin, ohne allerdings nähere Angaben zu machen.
726 Hollstein, Bd. 8, S. 36
727 Eine der Reiterfiguren (Bl. 4) diente als Vorbild für das Relief über dem Portal zur Güldenkammer.
728 Das Bild befindet sich im Besitz des Focke-Museums, Bremen.
729 Siehe S. 182
730 Kreffting, Beschreibung ..., a.a.O., S. 232
731 Hollstein, Bd. 8, S. 133, Nr. 252, gestochen von J. Matham
732 Anna Maria Kesting, Anton Eisenhoit, Münster 1964, Abb. 31—33
733 Wurzbach, a.a.O., Bd. 2, S. 831, Nr. 5
734 Vitruv, Zehn Bücher über die Architektur, übers. von Curt Fensterbusch, Darmstadt $1976^2$, S. 25 ff.
735 Matth.7,16
736 Joh.4,36
737 Spr.8,19
738 Consensus Ministerii Ecclesiae Bremensis von 1595, in Karl Müller, Die Bekenntnisschriften der reformierten Kirche, Leipzig 1903, S. 763, 9—15
739 Off.7,1—3
740 Siehe S. 126
741 Siehe S. 117
742 Off.15,6
743 Ebd., 22,2
744 Ebd., 7,9
745 Ebd., 14,4—5
746 Siehe S. 102 und S. 223
747 Off.13,11 ff.
748 Stich von Anton Eisenhoit, Kesting, a.a.O., Abb. 20, S. 15
749 Emblemata, a.a.O., Sp. 1579
750 1.Petr.5,8
751 Siehe S. 143
752 Hes.10,1
753 Off.4,2—3
754 Ebd., 1,13—18
755 Ebd., 5,5
756 Ps.89,15; Ps.97,2
757 Off.5,12
758 Consensus, a.a.O., S. 762 f.
759 Off.4,6
760 Hes.10,9—14
761 Off.4,6—8
762 Anm. zu Hes.1,5
763 Off.4,4—5
764 Off.Joh.4,4, Anm.
765 Consensus, a.a.O., S. 740
766 Emblemata, a.a.O., Sp. 1222 ff.
767 Ebd., Sp. 1224: Emblem „Immote feliciter umbra", Nr. 49, aus Cov. II, Übersetzung ebd.
768 Sachs/Badstübner/Neumann, a.a.O., „Zahlensymbolik"
769 Wurzbach, a.a.O., Bd. 2, S. 879 ff.
770 Dan.2,37—40
771 Off.13,1 ff.
772 Off.13,1, Anm.
773 Off.13,7
774 Dan.2,44
775 Jörg Traeger, Der reitende Papst, München 1970
776 Off.13,18
777 Ebd., 12,7—9
778 Ebd., 19,20 und 20,2—3
779 Ebd., 19,8
780 Hocke, a.a.O.
781 Ich folge der Schreibweise und bei den Datenangaben dem Ratsherrenwappenbuch, StAB.
Zu Hinrich Zobel: Wilhelm v. Bippen, Biographie des bremischen Bürgermeisters Hinrich Zobel, in Brem. Jb., Bd. 9, 1877; ders., Die bremischen Bürgermeister Hinrich und Johann Zobel, in Hans. Gesch.Bll., Jg. 1888

782 Hermann Entholt, Ein bremischer Bürgermeister als Großindustrieller, in Brem. Jb., Bd. 41, 1944
783 Siehe S. 212
784 Siehe S. 131 f. und 136
785 Siehe S. 225
786 Hollstein, Bd. 8, Nr. 296–303
787 A. Dürer, a.a.O., Bd. 1, S. 298–301
788 Zu diesem Problem siehe:
Antje Heissmeyer, Apoll und der Apollonkult seit der Renaissance, Diss. Tübingen 1967
Heinz Ladendorf, Antikenstudium und Antikenkopie, in Abhdlgg. d. sächs. Akad. d. Wiss. zu Leipzig, Phil.-histor. Kl., Bd. 46, H. 2, Berlin 1953
789 Jost Amman, Kunst- und Lehrbüchlein ..., Frankfurt/M. 1580, Bl. 8 r
790 Der Bart scheint am Kinn abgebrochen zu sein.
791 Amman, a.a.O., Bl. M
792 Nicolaus Reusner, Aureolorum Emblematum, 1591, Nr. 6
Siehe auch Emblemata, a.a.O., Sp. 1717 f.
793 Siehe Anm. 36
794 Übersetzung von Reusners Emblem in Emblemata, a.a.O., Sp. 1717
795 Für die mythologischen Angaben wurden herangezogen:
Herbert Hunger, a.a.O.
W. H. Roscher, Ausführliches Lexikon der griechischen und römischen Mythologie, 6 Bde., 3 Suppl. Bde., Leipzig 1884 ff.
Pauly/Wissowa, Realencyclopädie der classischen Altertumswissenschaften, 24 Bde., Stuttgart 1894 ff., 19 Hbde., Stuttgart 1920 ff., 15 Suppl. Bde., Stuttgart 1903 ff.
796 Roscher, a.a.O., Bd. 1,1, Sp. 444
797 Sachs/Badstübner/Neumann, a.a.O., „Sybillen“
798 Holtzwart, a.a.O., Emblem 16
799 Diwald, a.a.O., S. 140 f.
800 Panofsky, Herkules ..., a.a.O., S. 27
801 Siehe S. 42
802 Versch. Blätter in „Artis Perspectiva plurimum generam ...“, gestochen von H. Cock, Neomagensis 1568
803 Dettmann, Die Steinepitaphien ..., a.a.O.
804 Jan Białostocki, Stil und Ikonographie, Dresden 1966, S. 199 f. Ein Stich von Jacob Hoefnagel zeigt auf dem Titelblatt zu der „Archetypa studiaque patris“ von 1592 u. a. zwei ganz ähnliche Blumenvasen mit der Aufschrift: HOMO BVLLA. Siehe: Stilleben in Europa, Katalog, Münster 1979, Nr. 111.
805 Jes.40,5–6
806 Hollstein, Bd. 8, S. 135
807 Siehe z. B. S. 119
808 Ps.22,22; 1.Petr.5,8
Der Teufel verschmilzt häufig mit der Gestalt des Hades (Sachs/Badstübner/Neumann, a.a.O., „Hölle“)
809 Off.7,14–17
810 Siehe S. 93 f.
811 Jes.60,21 und Jes.61,3
812 Ps.92,13–15
813 Off.22,1–2 und 21,21
814 Ebd., 21,11
815 Siehe S. 133
816 Sog. Figurenalphabete waren im 16. und zu Beginn des 17. Jahrhunderts sehr beliebt.
817 Off.21,6
818 Theodor de Bry verwendet in seinem Alphabet — Hollstein, Bd. 4, S. 37 — beim Buchstaben „O“ zu beiden Seiten ebenfalls Putten und fügt, nebst anderen Attributen, in der Mitte oben auf dem Buchstaben den Adler des Jupiter hinzu.
819 Pauli, Die dekorativen Skulpturen ..., a.a.O., S. 30 ff.
820 Hollstein, Bd. 9, Nr. 29–41
821 Siehe S. 143
822 Sachs/Badstübner/Neumann, a.a.O., „Hase“; Lurker, Wörterbuch der Symbolik, Stuttgart 1983[2]
Der aufwärtslaufende Hase ist auch ein Symbol für die Auferstehung Christi.
823 Otto Keller, Die antike Tierwelt, Leipzig 1902, 1. Bd., S. 215
824 Siehe Anm. 796
825 Siehe S. 113 ff.
826 Siehe S. 119
827 Hollstein, Bd. 9, Nr. 70(–104)
Der Stich ist unten in der Mitte mit PA/E signiert: Pieter a Merica = Pieter van der Heyden
828 Siehe Anm. 795
829 Off.7,9–10
830 Albertus Magnus beschreibt in seinem „Thierbuch“, 1580, sowohl den Vogel Arphia wie auch den Basiliscus nicht als mythologische, sondern als real existierende Lebewesen. Das gilt auch für andere, aus verschiedenen Tieren bzw. aus Tier und Mensch zusammengesetzte Wesen, wie sie am Rathaus dargestellt sind.
831 Emblemata, a.a.O., Sp. 627
In der christlichen Kunst ist er das Symbol des Todes (Sachs/Badstübner/Neumann, a.a.O., „Aspis und Basilisk“).
832 Emblemata, a.a.O., Sp. 1634 ff.
833 Ebd., Sp. 1636 f.
834 Siehe Anm. 827
835 Off.7,14
836 Anm. zu Off.7,14
837 Off.9,7–10
838 Ebd., 9,11
839 Roscher, a.a.O., Bd. 2,2, Sp. 1925 ff.
840 Hunger, a.a.O., S. 233 f.
841 Hollstein, Bd. 3, S. 73
842 Roscher, a.a.O., Bd. 4, Sp. 667
843 Colonna, a.a.O.
844 Consensus, a.a.O., S. 742, 26–29
845 Hollstein, Bd. 9, Nr. 39
846 Bei Hollstein als Kamelkopf bezeichnet.
847 Hollstein, Bd. 9, Nr. 41
848 Keller, a.a.O., Bd. 1, S. 278
849 Hohelied Salomonis: z. B. 2,9; 2,17; 8,14
850 Einführung zum Hohelied Salomonis
851 Ebd., 2,7
852 Ps.42,2. S. auch Lipffert, a.a.O., S. 34
853 Ovid, Metamorphosen, 2, 409–530
854 Hunger, a.a.O., S. 208 f.
855 Sachs/Badstübner/Neumann, a.a.O., „Bär“
856 Ebd., „Baum“
857 Siehe S. 133
858 Homer, Ilias XIV, 200 f.
859 1.Mos.1,2
860 Hollstein, Bd. 9, Nr. 31, 37
861 Off.19,12 und 14
862 Ebd., 19,19–21
863 Ebd., 13,1
864 Ebd., 13,7
865 Hollstein, Bd. 9, Nr. 33, 35
866 Roscher, Bd. 1,1, Sp. 1426
867 Ebd., „Eurynome“
868 Der Erhaltungszustand des Reliefs läßt die Teilform allerdings nicht mehr ganz eindeutig erkennen.
869 Z. B.: Ps.139,9; Joel 2,2
870 Off.22,16
871 Robert v. Ranke-Graves, Griechische Mythologie, Bd. 1, Reinbek/Hamburg 1960, rde 113/4, S. 48
872 Vicenco Cartari, Imagini delli dei de gl'antici, 1. Aufl. Venedig 1556, Nachdruck d. Ausg. Venedig 1647, Graz 1963, S. 267
873 Hollstein, Bd. 9, Nr. 29, 30
874 Pauli, a.a.O., S. 31
875 Sachs/Badstübner/Neumann, a.a.O., „Chimäre“
876 Ebd., „Greif“
877 Ps.74,13; Jes.27,1
878 Off.12,7–12
879 Exemplar im Victoria a. Albert-Museum, London, bez. unten Mitte mit I. F.
880 Siehe S. 155 f.
881 Off.8,12–13; 9,4 ff.

882 Lipffert, a.a.O., S. 42; Lurker, Wörterbuch der Symbolik, a.a.O.
883 Sachs/Badstübner/Neumann, a.a.O., „Fisch"
884 Pauli, a.a.O., S. 31
885 Off.13,11 ff.
886 Hollstein, Bd. 9, Nr. 64 — hier als Stich von Adam Fuchs nach Paul Mayr angegeben.
887 Roscher, a.a.O., Bd. 3,2, Sp. 2857
888 Off.13,2
889 Ebd., 13,6
890 Albertus Magnus, a.a.O., 4. Buch, ohne Seitenangabe
891 Hollstein, Bd. 6, S. 250
892 Pauli, a.a.O., S. 30 f.
893 Lipffert, a.a.O., S. 26
Sachs/Badstübner/Neumann, a.a.O., „Delphin"
894 Roscher, a.a.O., Bd. 2,2, Sp. 2632 ff.
895 Homer, Odyssee, V, 333 ff.
896 Off.12,1
897 Sachs/Badstübner/Neumann, a.a.O., „Teufel"
898 Matth.13,4
899 Sachs/Badstübner/Neumann, a.a.O., „Vögel"
900 Hollstein, Bd. 9, Nr. 38
901 Siehe S. 136
902 Off.13,1
903 Ebd., 13,12
904 Ebd., 13,15
905 Siehe S. 152 und Anm. 879
906 Das Relief ist relativ gut erhalten. Von einer evtl. weggebrochenen Krone ist auf beiden Seiten nichts zu erkennen.
907 Sachs/Badstübner/Neumann, a.a.O., „Adler"
908 Off.7,9
909 Ebd., 7,14
910 Joh.3,14
911 Off.22,1—2
912 Ebd., 12,1
913 Ebd., 12,15
914 Siehe S. 119
915 Siehe S. 118 f. und 120 f.
916 Lexikon der christlichen Ikonographie, a.a.O., „Gerechtigkeitsbilder", Sp. 134 ff.
917 RDK, Bd. 1, „Apelles", Sp. 747 f.
918 Lukian, Sämtliche Werke, übersetzt v. C. M. Wieland, hrsg. v. Hanns Floerke, Berlin 1922$^2$, Bd. 5, S. 219 ff.
919 Richard Förster, Die Verleumdung des Apelles in der Renaissance, in Jb. d. kgl.-preuß. Kunstslgg., Bd. 8, Berlin 1887, Nachdruck New York/London/Meisenheim 1968, S. 29—56, 89—113
920 Lukian, a.a.O., S. 126
921 Siehe S. 147 f.
922 Lukian, a.a.O., S. 122
923 Siehe Luthers Lied „Ein feste Burg ist unser Gott", 1. Strophe: „... groß Macht und viel *List* sein grausam Rüstung ist" (gemeint ist der Fürst dieser Welt, der Satan).
924 Sachs/Badstübner/Neumann, a.a.O., „Muschel"
925 Siegfried Fliedner/Harald Busch, Welt im Zwielicht — Das Werk des Bildhauers Ludwig Münstermann, Oldenburg/Hamburg 1962, S. 15
926 Die Köpfe von Minerva, Ceres, Venus und Neptun können durchaus mit Formen des Orgelprospektes von 1608 im Focke-Museum, Bremen, oder mit Gestalten von der Kanzel in Varel von 1617 verglichen werden.
927 Es sei auf die für uns heute phantastisch anmutende Suche in jener Zeit nach dem Geheimnis der Umwandlung minderwertiger Materialien in Gold hingewiesen, die noch lange das erklärte Ziel der Alchimie blieb.
928 Siehe S. 131 f.
929 Hollstein, Bd. 15, S. 232 und 712
930 Joh.4,36
931 Off.16,1—3
932 Siehe S. 16
Zur Verbindung von Elisabeth I. mit der Apokalypse siehe S. 205 f.

933 R. Stein, a.a.O., S. 636 ff.
934 Zusammenstellung bei Gerd Dettmann, Die Urheberschaft des Schnitzwerkes an der Güldenkammer des Rathauses, in Brem. Jb., Bd. 39, 1940, S. 142
935 In Pevsner/Honour/Fleming, Lexikon der Weltarchitektur, München 1971$^2$, wird es fälschlich als Beispiel für den sog. Ohrmuschelstil angeführt. Auch R. Stein scheint das angenommen zu haben, a.a.O., S. 642.
936 Rolf Gramatzki, Die Treppe in der Oberen Halle des Bremer Rathauses, in: Renaissance in Nord-Mitteleuropa I, München 1990
937 Friedrich Mielke, a.a.O., S. 31
938 Z. B. in Denkmale, Bd. 1, Abb. XIX; siehe S. 170
939 Siehe S. 182 f.
940 Pauli, Die dekorativen Skulpturen ..., a.a.O., S. 32
941 Mittelsdorf, a.a.O., Bl. 30
942 Siehe S. 170
943 Jan Vredeman de Vries, „Panoplia sev armamentarium ac ornamenta ...", gestochen v. Gerard de Jode, 1572
H. Mielke, a.a.O., S. 43; Hollstein, Bd. 9, S. 201
944 Hollstein, Bd. 3, S. 74 f.
945 Guillaume de la Perriere, La Morosophie, Lyon 1553
946 Sachs/Badstübner/Neumann, a.a.O., „Planeten"
947 Pauli, a.a.O., S. 32
948 Hollstein, Bd. 7, Nr. 353—364
949 Beide Truhen bzw. Truhenplatten im Focke-Museum, Bremen. Siehe auch: Alfred Löhr, Truhen, Laden und Kassetten, Bremen o. J., S. 22 f. und S. 33
950 Hollstein, Bd. 8, S. 34
951 Siehe S. 101
952 Die Sprache der Bilder, Katalog d. Herzog-Anton-Ulrich-Museums Braunschweig, Braunschweig 1978, S. 69
953 Cornelis Cort nach Frans Floris, Hollstein, Bd. 5, Nr. 231—235.
Siehe auch S. 101
954 Heute Sitz des Landesamtes für Denkmalpflege, Bremen. Die Deckenmalerei wurde 1979 entdeckt.
Rolf Gramatzki, Die neu entdeckte Holzdecke von 1580 im Hause Heineken, in Brem. Jb., Bd. 57, 1979, S. 255—269
955 Hollstein, Bd. 18, S. 192, Nr. 430, gestochen von W. Kilian 1612
956 Georg Kaspar Nagler, Neues allgemeines Künstlerlexikon, 25 Bde., Linz 1904—1914$^2$, Bd. 23, S. 348
957 Bei Goltzius Bl. 8
958 Hollstein, Bd. 3, Nr. 138
959 Die Sprache der Bilder, a.a.O., S. 69
960 Als Beispiel: Stichfolge der fünf Sinne von Jan Saenredam nach Hendrik Goltzius, 1616, Abb. und Text in Die Sprache der Bilder, a.a.O., S. 70 ff.
961 Hollstein, Bd. 8, S. 133, Nr. 267
962 Übersetzung in Die Sprache der Bilder, a.a.O., S. 73
963 Die heute sichtbare Fassung ist modern. Sie wurde 1967 aufgetragen. Eine in Resten erhaltene graue Fassung muß vermutlich dem 18. Jahrhundert zugeordnet werden, wie sie von Reineri auch an der Außenfassade 1774 angebracht wurde. Mit großer Wahrscheinlichkeit ist anzunehmen, daß die Figur ursprünglich jedoch mehrfarbig gefaßt war.
Ähnliches gilt für die Krieger und die Justitia über dem Güldenkammerportal. Auch sie tragen heute eine moderne Fassung.
964 Hunger, a.a.O., S. 168—172
965 Dazu und zum folgenden s.: Panofsky, Herkules ..., a.a.O.
966 Ebd., S. 43 ff.
967 Als Beispiele: Jer.21,8: „So spricht der Herr: ich lege euch vor den Weg zum Leben und den Weg zum Tode."
Matth.7, 13: Gleichnis von der engen und der breiten Pforte, dem engen und dem breiten Weg.
968 Panofsky, a.a.O., S. 62
969 Siehe S. 143
970 Panofsky, a.a.O., S. 106
971 Off.22,2
972 Bei Panofsky, a.a.O., Taf. XXX, Abb. 50

973 H. Mielke, a.a.O., Nr. XIV, Bl. 16, S. 35 f.: um 1565, „CARYATIDUM ...“
974 Siehe S. 147 f.
975 Gildemeister zeichnet, sicher aus einem falschen Verständnis heraus, in den Denkmalen einen Löwen.
976 Gabriel Rollenhagen, Nucleus Emblematum, Magdeburg 1613, Bd. 2: Selectorum Emblematum, ebd.
977 Panofsky, a.a.O., Abb. S. 57 f.
978 Ebd., S. 94 f.
979 Siehe S. 126
980 Als Beispiel dafür seien die Schriften von David Fabricius von 1605 und 1606 genannt, in denen er auf Grund der Entdeckung eines neuen Sternes 1604 berechnet, daß in Kürze das verfallene deutsche Reich einen neuen Aufstieg erlangen und eine große Reformation erleben werde (Vom neuen Stern, Prag 1605, und Himmlischer Herold, Magdeburg 1606, Faksimiledruck, Norden 1897). Der ostfriesische Pastor und Astronom scheint auch für den Rat der Stadt Bremen gearbeitet zu haben. S. Focke, Werkmeister, a.a.O.
981 Dazu siehe Consensus, a.a.O.; Moltmann, a.a.O., S. 94 ff.
982 Consensus, a.a.O., S. 753
983 Zu den Fenstern siehe S. 215 ff.
984 Auch Wilhelm v. Bippen nimmt das an: Die Glasbilder des Kaisers und der Kurfürsten im Rathaus, handschr., StAB, Akte 3-G.7., Nr. 139. Quadr. 14c Nr. 15
985 Siehe S. 218 ff.
986 Hollstein, Bd. 3, S. 279, Nr. 133, H. Cock nach Brueghel
987 Zum Thema „Fortuna“ siehe A. v. Doren, Fortuna im Mittelalter und in der Renaissance, in Vortrr. d. Bibl. Warburg 1922/23
988 Ebd., S. 129 f.
989 Theodor Galle, Typus Occasionis, Antwerpen 1603
990 J. David, a.a.O. — Diese Darstellung erfolgt aus dem katholischen Glauben heraus.
991 Panofsky, a.a.O., S. 120 f.
992 Jan. Jacobus Boissardus, Emblematum liber, Frankfurt/M. 1593, Emblem LI, S. 103
993 Sachs/Badstübner/Neumann, a.a.O., „Bock“
994 Ausführliche Behandlung des Signum triciput in Panofsky, Herkules ..., a.a.O., S. 1—35
995 Ebd., S. 29
996 Ripa, a.a.O., S. 85
997 Hiob 28,18; Spr.3,15 und 8,11. Das Gleichnis vom Kaufmann, der gute Perlen suchte: Matth.13,45 f., hat die gleiche Bedeutung.
998 Z.B. Hiob 14,2; Ps.103,15; 1.Petr.1,24 u. a.
999 Mittelsdorf, a.a.O., Bl. 30, und ältere Fotos
1000 Siehe S. 136
1001 Off.13,11 und 13,14
1002 Ebd., 13,15
1003 Mögliche Ergänzungen: $\overline{\text{N}}$ = vier Striche oder IV und 1+1; die Zahl 6—6—IV+1+1 zwischen „A“ und „O“, Anfang und Ende.
1004 Die linke Maske fehlt heute. Ältere Abbildungen zeigen, daß beide in der Form fast identisch waren.
1005 Der rechte Putto fehlt und ist durch ein Relief aus dem Treppengeländer ersetzt. Siehe S. 170
1006 Siehe S. 132
1007 Off.17,11
1008 Ebd., 17,15
1009 Ebd., 17,2
1010 Ebd., 17,1 ff. und 18,1 ff.
1011 Ebd., 18,24
1012 Dettmann, Die Urheberschaft des Schnitzwerks ..., a.a.O., S. 143
1013 Denkmale, Abb. XVIII; Mittelsdorf, a.a.O., Abb. 24/25
1014 Ebd.
1015 Geisberg, a.a.O., Nr. 335/336
1016 Hollstein, Bd. 8, S. 36
1017 Ebd. Siehe auch Pauli, Die dekorativen Skulpturen, a.a.O. Es ist Bl. 4 der Folge römischer Helden, die schon als Vorlage für die Kriegerfiguren der Außenfassade gedient hat.
1018 D. Guilmard, Les maitres ornemanistes, 2 Bde., Paris 1880/81, Abb. 135
1019 Siehe S. 165 und 168
1020 Pauli, Das Rathaus ..., a.a.O., Abb. 34
1021 Denkmale, Bd. 1, 2. Lfg., S. 26
1022 „Sapientia“ und „Prudentia“ liegen in ihrer Bedeutung sehr nahe beieinander.
1023 Heinz-Mohr, a.a.O., „Schlüssel“; siehe auch S. 223
1024 Off.19,11 ff.
1025 Dan.2,31—35
1026 Ebd., 7,7—8
1027 Ebd., 7,22
1028 Ebd., 2,32—33
1029 Ebd., 2,42
1030 Ebd., 2,43
1031 Dan.2,31, Anm. 1
1032 Siehe S. 204 ff.
1033 Mittelsdorf, a.a.O., Abb. 26/27
1034 Focke, Werkmeister ..., a.a.O., „Varwer“
Die Ansatzstellen am Holz deuten ebenfalls auf einen späteren Einbau.
1035 Siehe S. 201
1036 Hollstein, Bd. 18, S. 192, Nr. 430
1037 Off.13
1038 Ebd., 14,18—19
1039 Ebd., 19,20
1040 Ebd., 20,10
1041 Ebd., 14,13; 20,12
1042 Ebd., 15,2—3
1043 Siehe Anm. 1033
1044 Bei den drei geschnitzten, flachen Ringen fehlen die Vertiefungen.
1045 Siehe S. 174 f.
1046 Denkbar ist allerdings auch, daß eine fehlende Figur dem Vorbilde von Nr. 10 nachgearbeitet wurde.
1047 Off.13,1 und Dan.7,7
1048 Dan.7,24 und Dan.7,26, Anm. 3 sowie Dan. 2,34 f.
1049 Siehe S. 90
1050 Z.B. Nicolaus Reusner, Symbola Heroica in tribus classis, London 1650, S. 567 ff., Symbolum XLIII
1051 Florentius Schoonhovius, Emblemata, Gouda 1618, Faksimiledruck Hildesheim 1975
1052 Die erste Regel auf der Tafel von 1491 hat ebenfalls die Einigkeit zum Ziel. Siehe S. 80
1053 Schwarzwälder, Geschichte ..., Bd. 1, a.a.O., S. 274
1054 Ernst Mummenhoff, Das Rathaus in Nürnberg, Nürnberg 1891, S. 122
1055 Christian Heusinger, Eine Zeichnung Gabriel Weyers in der Kunsthalle Bremen, in Nddt. Beitrr. z. Kunstgesch., Bd. 9, 1970
1056 Lederle-Grieger, a.a.O., S. 55
Karl Simon, Abendländische Gerechtigkeitsbilder, Frankfurt/M. 1948, S. 61 ff.
1057 Das gleiche Thema behandelt das 53. Emblem im 2. Buch des Achillis Bocchius, Symbolicarum questionum ..., 5 Bde., Bologna 1555.
1058 Siehe S. 55
1059 Siehe S. 80
1060 Siehe S. 63 f.
1061 Hier heißt das Lemma: „Rigorem clementia temperet“.
1062 Das Bild ist auch bei Lederle-Grieger, a.a.O., S. 70, als Allegorie behandelt, aber ohne genaue inhaltliche Deutung.
1063 Die Anekdote wurde zuerst von Curius Deutatus erzählt (siehe Lederle-Grieger, a.a.O., S. 45 ff.). Auf Fabricius hat sie dann Frontius übertragen (Emblemata, a.a.O., Anm. 1, Sp. 1178).
1064 Lederle-Grieger, a.a.O., S. 66 f.
1065 Der Ursprung der Nürnberger Gerechtigkeitsembleme bleibt bis jetzt im dunkeln.
1066 Siehe S. 85 ff.
1067 Es fällt z.B. auf, daß bei den vielen, auch weniger oft dargestellten Allegorien der Fassade keine Vorbilder aus Ripas bebilderter „Iconologia“, die 1603 erschien, zu finden sind.

1068 Dazu siehe S. 213 ff.
1069 Rolf Gramatzki, Bemalte Holzdecken in der Stadt u. im ehem. Erzstift/Herzogtum Bremen, in Brem. Jb., Bd. 63, 1985, S. 65–71
1070 Protokoll der Zusammenkunft der Senatskommission für Rathausfragen, 5.5.1964
1071 Nach frdl. Auskunft von Herrn Willi Olsztynsky, Bremen, der 1962/63 die Decke restaurierte, kann die Malerei des 19. Jahrhunderts nur als grobe Übernahme der ursprünglichen Ornamentformen angesehen werden. Sie sind völlig neu gemalt worden, wie die stellenweise Freilegung des ursprünglichen Bestandes ergeben hat. Da erhebliche Teile der Deckenbretter erneuert werden mußten, achtete man damals dann nicht mehr auf ein richtiges Einpassen der alten in ihre ursprüngliche Lage. Dagegen kann davon ausgegangen werden, daß der heutige Farbeindruck dem ursprünglichen vergleichbar ist. Leider haben sich von den Kaiserbildern, die wohl in einem Rahmen eingepaßt waren, keine mehr erhalten. Über ihren Verbleib konnte nichts festgestellt werden.
1072 Johann Rippe, Die wechselnden Schicksale des Bremer Rathauses, in Bremer Generalanzeiger, 2.8.1896
Rathausakte StAB 2-p.2.n.7.b.4., besonders Nr. 43
1073 Deneken, Geschichte des Rathauses ..., a.a.O., S. 9
Rathausakte StAB 2-P.2.n.7.b.5. zu 1895 und 1860
Ludwig W. Rose, Bremische Geschichte für das Volk, Bremen 1860, S. 365
Über Wilhelm Steinhäuser (1817–1903) vgl. Brem. Biographie des 19. Jh., Bremen 1912, S. 480
1074 Heinz Schomann, Kaisergalerie. Die Herrscherportraits des Kaisersaales im Frankfurter Römer, Dortmund 1981
Die erste Veröffentlichung der Bilder: Ph. Benkard, Die deutschen Kaiser nach den Bildern des Kaisersaals im Römer zu Frankfurt am Main, 1. Aufl. 1847 (nach Schomann)
1075 Wilhelm Reinecke, Das Rathaus zu Lüneburg, Lüneburg 1925, S. 82
1076 Paul Joachimsen, Geschichtsauffassung und Geschichtsschreibung in Deutschland unter dem Einfluß des Humanismus, Leipzig/Berlin 1910
1077 Hans Burgkmair, Das graphische Werk, Kat. Stuttgart 1973, Nr. 77
1078 Thieme-Becker, Allgem. Lexikon d. bildend. Künstler, Bd. 34, Leipzig 1940; zu den Folgen von Kaiserbildnissen und ihren Vorbildern, vor allem von Heinrich Vogtherr d. Ä., siehe Jutta Funke, Beiträge zum graphischen Werk Heinrich Vogtherrs d. Ä., Diss. Berlin 1967, S. 24
1079 Zu diesem Thema siehe S. 131 f.
1080 Pauli, Das Rathaus ..., a.a.O., S. 16
1081 Focke, Bremische Werkmeister ..., a.a.O., S. XVI ff.
1082 Rhederbücher: Die Ausgaben zum Rathausumbau, soweit sie dort eingetragen sind, in der Hauptsache veröffentlicht in Ehmck/Schumacher, a.a.O., S. 437 ff., und Focke in Bremische Werkmeister, a.a.O.
1083 Gemeint ist die im Anbau von 1545/50 liegende „Neue" Wittheitsstube. Dazu siehe: Gerd Dettmann, Die Innenportale des alten bremischen Rathauses, in Der Schlüssel, Jg. 39, H. 4, S. 158
1084 Alle Angaben Focke, a.a.O.
1085 Dettmann, Die Innenportale ..., a.a.O., S. 158
1086 Man muß wohl annehmen, daß Landwehr nach Bildgröße und nicht nach Qualität bezahlt wurde. Danach hätte er pro Bild der unteren Reihe 4 Taler, für die doppelt so großen der oberen Reihe etwa 8 bis 9 Taler erhalten. Die restlichen 35 bis 40 Taler werden für Rahmung und Einbau zu berechnen sein, d.h. etwa 3 Taler pro Bild.
1087 Consensus, a.a.O., S. 792 f.
1088 Ehmck/Schumacher, a.a.O., S. 440
1089 Johann Focke, Die Werkmeister des Rathausumbaues, in Brem. Jb., Bd. 14, 1888
1090 Gerd Dettmann, Die Urheberschaft des Schnitzwerkes an der Güldenkammer, in Brem. Jb., Bd. 39, 1940
1091 Abgedruckt bei Focke, Die Werkmeister ..., a.a.O., S. 165 ff.
1092 Tafel von 1609, aufgefunden am Dachgebälk des Rathauses. Der Text veröffentlicht bei Focke, Die Werkmeister ..., a.a.O., S. 158
1093 Ehmck/Schumacher, a.a.O., S. 439
1094 Wurzbach, a.a.O., Bd. 1
1095 Am 2.4.1612 erscheint die letzte Rechnung für das mit Kupfer gedeckte Dach. Ehmck/Schumacher, a.a.O., S. 439
1096 Focke, Die Werkmeister ..., a.a.O., S. 161
1097 Dettmann, Die Steinepitaphien ..., a.a.O., S. 101
1098 Über die Stellung der Steinhauer: Gustav Pauli, Die bremischen Steinhauer um 1600, in Brem. Jb., Bd. 16, 1892
1099 Focke, Die Werkmeister ..., a.a.O., S. 130 ff.
1100 R. Stein, a.a.O., S. 548 ff.
Über den Entwurf zu dem Umbau siehe Albrecht, Das Bremer Rathaus ..., a.a.O., S. 104 f.
1101 Waldmann, Das Rathaus ..., a.a.O., S. 36 ff.
Ders., Zwei Rathäuser –Was macht der Bremer Rathausbaumeister in Holland?, in Der Schlüssel, 2. Jg., H. 1, 1937
1102 Zum Teil abgedruckt in Ehmck/Schumacher, a.a.O., S. 437 f.
1103 Alle Angaben zu Pranges Tätigkeit in Oldenburg: Martha Riesebieter, Beiträge zur Tätigkeit des Bremer Steinhauers Johan Prange in der Stadt Oldenburg, in Oldb. Jb. f. Altertumskd. u. Landesgesch., Kunst u. Gewerbe, 1921, S. 58 ff.
1104 Focke, Bremische Werkmeister, a.a.O., „Prange"
1105 Dettmann, Die Steinepitaphien ..., a.a.O., S. 140 ff., Abb. 28, 29, 31
1106 Es sind dies: Andreas Cronenberg, Ludwig Münstermann, Berent Folte, Philip Schilberger.
1107 Dettmann, Die Steinepitaphien ..., a.a.O., S. 110 ff.
Otto v. Boehn, Hans Winter, in Brem. Weihnachtsbll., H. 12, 1952, S. 19 ff.
1108 Pauli, Bremische Steinhauer ..., a.a.O., S. 58 ff.
1109 Rudolf Stein, Bremer Barock und Rokoko, Bremen 1960, S. 65
1110 Otto Gaul, Renaissance-Baumeister in Lippe, in Mittlgg. a. d. lipp. Gesch. u. Ldkde., 23. Bd., 1954, S. 27–29
1111 1614 siedelte auch der Hofmaler Graf Simons VI., Johann Tileman aus Lemgo, nach Bremen über. Sein Sohn war der im 17. Jahrhundert berühmteste Maler in Bremen, Simon Peter Tileman-Schenk, 1601–um 1668.
1112 Focke, Bremische Werkmeister, a.a.O., „Kroßmann"
1113 R. Stein, Bremer Barock ..., a.a.O., S. 66 ff.
1114 Kreft/Soenke, Die Weserrenaissance, Hameln 1964, 1980[5], S. 228 ff.
1115 T. F. Torrance, Die Eschatologie der Reformation, in Evang. Theologie, Jg. 14, 1954, S. 336
1116 Werner Goetz, Translatio Imperii, Tübingen 1958, S. 19
1117 In knappe Versform gebracht im LXIX. Emblem bei Holtzwart, a.a.O.
1118 E. Menke-Glückert, Die Geschichtsschreibung der Reformation und der Gegenreformation, Osterwiek 1912, Nachdruck Leipzig 1971, S. 26 f.
Die Weissagung stammt tatsächlich aus dem Talmud.
1119 Die Auseinandersetzung in der historiographischen Forschung geht um den Anteil beider an dem Geschichtswerk. Dazu siehe Menke-Glückert, a.a.O., S. 143 ff. Goetz, a.a.O., S. 259 f.
1120 Goetz, a.a.O., S. 258 f.
1121 D. Martin Luthers Werke (Weimarer Ausgabe), Bd. 53, Weimar 1920, Nachdruck Graz 1968; dt. Übers. zuerst bei Hans Luft, Wittenberg 1550
1122 Martin Luther, Biblia, Wittenberg 1545, Faks.-Ausg. Stuttgart 1967, S. 396
1123 Goetz, a.a.O., S. 277 ff.
1124 Menke-Glückert, a.a.O., S. 83
1125 Jürgen Moltmann, Christoph Pezelius und der Calvinismus in Bremen, Bremen 1957, Hospitium Ecclesiae Bd. 2, S. 136–138 und S. 167–171

1126 Johann Friedrich Iken, Die Wirksamkeit des Christoph Pezelius in Bremen 1580—1604, in Brem. Jb., Bd. 9, 1877, S. 33 ff. Ob allerdings das „Malleficium historicum“ als gedruckte Vorlesungen anzusehen ist, wie Iken angibt, erscheint zumindest fraglich. Zweifellos ist dieses Werk aber aus seiner Lehrtätigkeit heraus entstanden.
1127 Zu Johann Lampadius siehe: Heinrich Wilhelm Rotermund, Lexikon aller Gelehrten, die seit der Reformation in Bremen gelebt haben, Bd. 1, Bremen 1818, S. 263 f.
Friedrich Prüser, Achthundert Jahre St. Stephanikirche, Bremen 1940, S. 190 f.
1128 Ob dies die Erstausgabe des 3. Teiles ist, konnte nicht eindeutig festgestellt werden, ist aber anzunehmen. Rotermund nennt die Ausgabe Marburg 1617, Moltmann benutzte die von Frankfurt/M. 1628.
1129 Die Ausgabe von 1628 ist eine unveränderte Auflage von 1617.
1130 Moltmann, a.a.O., S. 169 ff.
1131 Carolus Gallus, Clavis Prophetica Nova Apokalypseos, Amsterdam 1592
1132 Ebd., S. 111
1133 Johannes Napeirus, Auslegung der Offenbarung Johannis, dt. nach der 3. Aufl., Frankfurt/M. 1615
Erstausgabe: Explication apocalypsis, Edinburgh 1593
1134 Ebd., Proposition 29, S. 88
1135 Thomas Brightmannus, Apokalypsis Apokalypseos, Frankfurt/M. 1609. Mir liegt das Exemplar der Herzog-August-Bibliothek, Wolfenbüttel, vor, 2. Ausg., o. O. 1618
1136 Der Beginn des Buches, Die Synopsis universalis, ist ohne Seitenangabe.
1137 Johann Lampadius, Melleficium historicum, Bd. 3, S. 4, zit. nach der Ausg. von 1628
1138 Ebd., S. 423
1139 Ebd., S. 434
1140 Ebd., Ausg. 1611, letzte Seite
1141 Walter Nigg, Das ewige Reich, Erlenbach/Zürich 1944, S. 224 f.
1142 Moltmann, a.a.O., S. 170 f.
1143 Johann Esich, Discursus de Republica Bremensi, handschr. 1598, Universitätsbibliothek Bremen
1144 Kreffting, a.a.O., 1602, lat. u. dt.
1145 Wilhelm Dilich, Urbis Bremae et Praefecturarũ, quas habet, typ9 et chronikon, Cassel 1604
1146 Dazu siehe: „Pierus Urbanus“ in Rotermund, a.a.O., Bd. 2. Lampadius, Melleficium, Bd. 3, S. 498 ff.
1147 Moltmann, a.a.O., S. 113 f.
1148 Ebd., S. 111
1149 Ebd., S. 115
1150 Siehe Anm. 1111. Johann Tileman hatte seit 1596 in Bremen Bürgerrecht, zog aber erst endgültig 1614 in die Stadt. Unter diesem Aspekt mag auch der kurz vorher erfolgte Zuzug von Ernst Crossmann nicht nur wirtschaftliche Gründe gehabt haben. Siehe S. 202.
1151 Siehe S. 139, 142
1152 Entholt, Die Geschichte ..., a.a.O., S. 40 f.
1153 Ebd., S. 46 ff.
1154 Off.Joh.21
1155 In diesem Zusammenhang erhebt sich die Frage, ob es für das Güldenkammerportal ursprünglich tatsächlich ein Türblatt gegeben hat. Sein Verlust erscheint merkwürdig, da doch sonst fast alle Teile des Einbaues erhalten sind.
1156 Off.21,2
1157 Moltmann, a.a.O., S. 78 f.
1158 Ebd., S. 86
1159 Consensus, a.a.O., S. 439 f.
1160 Ebd., S. 791
1161 Ebd., S. 792
1162 R. Stein, Romanische ..., a.a.O., S. 549, Abb. 488 und 489
Dazu siehe Albrecht, a.a.O., S. 104 f.
1163 R. Stein, Romanische ..., S. 538
1164 Diese Meinung vertritt auch Volker Plagemann, Bremen und Bremerhaven, München 1979, S. 36
1165 Für das Celler Epitaph wird ihm das „Patron“ gesondert berechnet. S.: Focke, Bremische Werkmeister ..., a.a.O., „Hans Winter“
1166 Über das Leben und Wirken von Christoph Pezelius: Iken, Die Wirksamkeit ..., a.a.O.; Veeck, a.a.O.; Moltmann, a.a.O.
1167 Der „Consensus“ existierte nur als Manuskript, wurde oft geändert und bearbeitet, war lange Zeit verschwunden und wurde erst 1860 zum erstenmal gedruckt (Iken, a.a.O., S. 27).
1168 In diesem Punkte folge ich Moltmann, a.a.O., S. 81 ff.
1169 Ebd., S. 78
In der Darstellung der christlichen Bildungsideen folge ich Moltmann, a.a.O., S. 84 ff.
1170 Ebd., S. 85
1171 Siehe S. 207 f.
1172 Siehe S. 100 und 98
1173 Daniel Meißner, Politisches Schatzkästlein, Frankfurt/M. 1628, Faks.-Ausg. Hamburg 1962, Emblem 5
1174 Siehe S. 90
1175 Schwarzwälder, Geschichte ..., a.a.O., S. 261
1176 Hermann Post, Bremische Chronik, Bd. 3, Geschichte von 1585 bis zum Westfälischen Frieden, Uni.-Bibl. Bremen, Brem. a. 81, S. 8 ff.
1177 Es bleibt unklar, ob alle in den Kirchen befindlichen Altäre gemeint sind oder nur die noch übriggebliebenen. Außerdem sind mit „Altäre“ sicher sowohl gemalte als auch solche mit Plastiken wie auch kombinierte bezeichnet.
1178 Moltmann, a.a.O., S. 79
1179 Johan Philip Cassel, Altäre und Kapellen der Bremischen Kirchen, in Bremensia, Bd. 1, T. 2, Bremen 1766, S. 210—248
1180 Consensus, a.a.O., S. 786 f.
1181 Ebd., S. 791 ff.
1182 Siehe S. 162 f.
1183 Denkmale, a.a.O., Bd. 1, S. 187
1184 Bippen, Geschichte ..., a.a.O., Bd. 2, S. 266 f.
1185 Zum Leben und Wirken Heinrich Kreffting: Personalakten, StAB, P.6.b.1.a.
Johan Philip Cassel, Leben und Schriften Herrn Heinrich Kreffting ..., in Bremensia, Bd. 2, Bremen 1767
Wilhelm von Bippen, H. Kreffting und das engere Bündnis der sechs korrespondierenden Hansestädte, in Brem. Jb., Bd. 18, 1896
Hermann Entholt, Bürgermeister Krefting und seine Familie, in Brem. Jb., Bd. 29, 1924
Georg Fink, Die rechtliche Stellung der deutschen Hanse in der Zeit ihres Niedergangs, in Hans. Gesch.Bll., Jg. 61, 1936
Friedrich Prüser, Eine wichtige bremische Rechtsquelle, in Der Schlüssel, Jg. 5, H. 8, 1940
Hans Jessen, Wo kommt der Aviso her?, in Gazette, Bd. 1, T. 3, 1955
Jürgen Moltmann, Bürgermeister Kreffting und das Scheitern der Kirchenzuchtordnung des Consensus Bremensis, in Moltmann, a.a.O.
1186 Siehe S. 162
1187 Mänz, a.a.O., S. 131, beschreibt dies, ohne allerdings Quellen zu nennen.
1188 Siehe S. 202
1189 Deneken, Die Rolands-Säule ..., a.a.O., S. 25
1190 Martinus Hamconius, Frisia sev de Viris Rebusque Frisiae Illustribus, Franeker 1620
Die Identifizierung des Stiches verdanke ich dem frdl. Hinweis von Dr. C. Boschma, Leiter des Fries-Museums in Leeuwarden.
1191 Hollstein, Bd. 6, S. 240
1192 Im Register heißt es: Adelbricus ab Adelen potestas
1193 Z. B. Illustration zu S. 11, 12, 13, 15, 28, 46
1194 Siehe S. 206
1195 Dazu siehe Angaben u. a. in Hessel Miedema, De yllustraesjes by de apokrife skiedskriuwing, in It beaken, Jg. 22, 1960, S. 60 ff.

1196 G. Gosses, Dat lean ik net, in It beaken, Jg. 12, 1950, S. 131: 1607, 1609 (beide Münster), 1620 (2 x), 1626, 1631
1197 Winkler Prins, Allgemeene Encyclopaedie, Bd. 1, Amsterdam 1932
1198 Für die Übersetzung des Textes danke ich Herrn Kurt Ringewitz †, Bremen.
1199 Hamconius, a.a.O., S. 35; im Wortlaut abgedruckt S. 118 ff.
1200 Staveren, am Eingang zur Zuidersee; der Küstenverlauf war im Spätmittelalter und der beginnenden Neuzeit ein anderer als heute. Sagenhafte Gründung des Friesenfürsten Friso 313 v. Chr., ehemals Hauptstadt Frieslands (nach Hamconius, a.a.O., S. 7).
1201 Siehe auch S. 21
1202 Dieser Schutz wird noch weiter beschrieben, z.B. durch Siege über Dänen u.a., Hamconius, a.a.O., S. 39.
1203 Focke, Bremische Werkmeister, a.a.O., „Kroßmann“
1204 Deneken, Geschichte ..., a.a.O., S. 11
1205 Siehe Anm. 1072
1206 Focke-Museum Bremen, Bd. 1, Führer durch die Sammlungen im Neubau, Bremen o.J., S. 59, B 45
1207 Siehe Anm. 984
1208 Denkmale, a.a.O., Bd. 1, 2. Lfg., S. 8
1209 Focke, Bremische Werkmeister, a.a.O.: Johan Hoborg 1522; Joachim Bellaert 1566; Johan Beneken I., zwischen 1570 und 1600
1210 Veröffentlicht bei Ehmck/Schumacher, a.a.O., S. 440
1211 Denkmale, a.a.O., Bd. 1, 2. Lfg., S. 10
1212 Senatsprotokolle StAB P.6.a.9.c.3.b.; Rathausakte StAB 2-P.2.n.6.b.Aa.3., Nr. 47
1213 Rathausakte StAB 3-G.7., Nr. 139 Quadr. 14 a-c
1214 Die Wappen werden durch ihre Unterschriften wiedergegeben. Dabei sind Abkürzungen usw. übernommen: z.B. 9 = us; VID/UID = utrisque iuris doctor (Doktor beider Rechte).
Zwei Jahreszahlen unter den Namen bedeuten die Amtszeit der Bürgermeister. Eine alleinstehende Jahreszahl gibt das Stiftungsjahr der Wappenscheibe an.
1215 Das doppelte Auftreten von Namen (Niclas Jacobs, Johann Lange) erklärt sich zum einen aus der Sitte der Fensterschenkungen in Bremen — dazu s.: Johann Focke, Die Sitte der Fensterschenkungen in Bremen, in Brem. Jb., Bd. 18, 1896 —, zum anderen daher, daß die alten Wappen z.T. aus anderen Bremer Häusern stammen.
1216 Zu den Kaiserporträts siehe: Portrait 1 — Der Herrscher, Katalog d. Westfäl. Landesmuseums Münster, 1979
1217 Lucas Kilian, Brustbild Matthias im allegor. Rahmen, o.J., in: Portrait 1, S. 78 f., Nr. 11
1218 Frdl. Hinweis von Dr. M. Maedebach, Kunstsammlungen der Veste Coburg.
1219 Inv. Nr. O.277
1220 Inv. Nr. 66.11 und 66.12
1221 Inv. Nr. 75.205
1222 Dettmann, Die Innenportale ..., a.a.O., S. 162
1223 Ein ganz ähnliches beschreibt Karl Schäfer in Mttlgg. d. Gewerbemuseums zu Bremen, Jg. 20, 1905, Nr. 5, S. 39 f.
1224 Vgl. Abb. 625 bei R. Stein, Romanische ..., a.a.O.
1225 Das Relief ist in den Wirren der Nachkriegszeit 1945 verschwunden. Es wurde nach alten Fotos neu geschnitzt. Es liegt nahe, Ungenauigkeiten in der Darstellung und die Schwierigkeit, einzelne Formen inhaltlich einwandfrei zu deuten, in dieser Tatsache zu suchen. Seine farbige Fassung, wie die des ganzen Portals, ist neu.
1226 Die Denkmale, a.a.O., Bd. 1, 2. Lfg., S. 6, vergleichen das Thema des Reliefs mit der Malerei, die sich auf Rolands Mantel befunden haben soll: Ein Löwe und ein Hund streiten sich um einen Knochen, darum die Umschrift: „Eenem jeden dat syne“ (ebd., S. 24). Zwischen beiden ist jedoch keine Beziehung herzustellen.
1227 Off.19,8+15; 13,2
1228 Ebd., 12,9
1229 Ps.42,10
1230 Ps.18,3 und 91,2
1231 Ps.22,12+14, 16—17, 21—22
1232 Off.19,14+19
1233 Ebd., 20,2
1234 Dan.2,43
1235 Ebd., 2,44
1236 Siehe S. 84
1237 Focke, Bremische Werkmeister, a.a.O., „Meyer“, „Schürman“
1238 Deneken, Geschichte ..., a.a.O., S. 11; Mänz, a.a.O., S. 131 f. und Abb. 124
1239 Inv. Nr. A 264 b
1240 Focke, Bremische Werkmeister, a.a.O., „Rode“
1241 Dettmann, Die Innenportale ..., a.a.O., S. 161
1242 Ebd., S. 160
1243 v. Bippen, Die Entwicklung ..., a.a.O.
Jungk, a.a.O., Taf. 18/453 und 126/77
Schwebel, Zum Wappen Bremens, a.a.O.
1244 Dettmann, Die Innenportale ..., a.a.O., S. 162
1245 Off.20,2—3
1246 Ebd., 19,20
1247 Dettmann, Die Innenportale ..., a.a.O., S.165
1248 Börtzler, Lateinische Inschriften ..., a.a.O., S. 28 ff.
1249 R. Stein, Romanische ..., a.a.O., S. 658
1250 Die Bremer Kaiserbildnisse sind in der Literatur bisher nicht bearbeitet. Das kann in diesem Zusammenhang nur in knappster Form geschehen.
1251 Die Maße weichen bei einigen Bildern um Millimeter nach oben und unten ab.
1252 Deneken, Geschichte ..., a.a.O., S. 11; wohl ein Versehen: er schreibt „Leopold XII“.
1253 Mittelsdorf, a.a.O., Bl. 23; Deneken, a.a.O., S. 11
1254 Ernst Ehrhardt, Das Neue Rathaus in Bremen, Bremen o.J. (1913), S. 62 ff.
1255 Auf der Rückseite des Bildes von Heinrich V. ist eine große „2“ aufgemalt, offensichtlich eine ursprüngliche Numerierung. Die Rückseiten der anderen Bilder konnten nicht untersucht werden, da einige auf Holz aufgezogen, bei anderen die Rahmen auf der Rückseite abgedichtet sind.
1256 Portrait 1 — Der Herrscher, a.a.O., Nr. 5, S. 75
Möglicherweise ist die Vorlage sogar noch ein Nachstich danach: Stich Karls V. in: Der oft verjüngte Römische Adler ..., o.J. o.O., S. 38. Mir liegt das Exemplar vor, das in eine Sammlung von Kaiser- u. Fürstenbildnissen versch. Künstler, Uo 4° 33, Herzog-August-Bibl., Wolfenbüttel, eingebunden ist. Darin, S. 30, auch der Vorlagenstich für das Bild Friedrichs III. „Der oft verjüngte Römische Adler“ zeigt Kaiserbildnisse von Rudolf I. bis Leopold I. (jugendl. Bildnis!).
1257 Rhederbuch für 1663—1666, S. 206, StAB 2-R.1.A.3.b.38.
Wilhelm Hurm, Beschreibendes Verzeichnis der Gemälde und Bildhauerwerke des Kunstvereins zu Bremen, Bremen 1892, S. 127
1258 Thieme-Becker, Bd. 36, S. 303 f.; Gerd Dettmann, Das Bildnis im alten Bremen, in Jb. d. Club zu Bremen 1936/37, S. 31 u. Abb. 28; H. Gerson, Ausbreitung und Nachwirkung der holländischen Malerei des 17. Jh., Haarlem 1942
1259 Portrait 1, a.a.O., S. 89, Nr. 22
1260 Ebd., S. 87, Nr. 20; datiert 1674
1261 Ebd., S. 90, Nr. 23
1262 Focke, Bremische Werkmeister ..., a.a.O., „Wunnenberg“
1263 Abb. in: Allgemeines historisches Portraitwerk, hrsg. v. Woldemar v. Seidlitz, München 1894—1897, Bd. 4
1264 Johann Focke, Bremische Werkmeister ..., a.a.O., „Premke“
1265 Es ist allerdings denkbar, daß das fehlende 12. Bild das Leopolds war, das dann, vielleicht wegen Beschädigung oder aus einem anderen Grund, gegen Ende des Jahrhunderts durch ein neues ersetzt wurde.
1266 Portrait 1, a.a.O., S. 14 ff.
1267 Schwarzwälder, Geschichte ..., Bd. 1, S. 417

## *Verzeichnis der benutzten Quellen und Literatur*


*Quellen*

Akten zum Rathaus, Staatsarchiv Bremen, 2.-P.2.n.6.b.Aa. 3.-G.7., Nr. 139 und 140; 2.-R.1.A.3.c.31.

Akten zum Rathaus seit 1964, Archiv des Landesamtes für Denkmalpflege, Bremen

Akte Rohlandstiftung — Verschönerung der Oberen Rathaushalle, Staatsarchiv Bremen, 2.-T.6.n.4.Quadr.15, darin: Nr. 171—173: Reihe von Zeitungsartikeln von 1894—1902

Akten zum Roland, Staatsarchiv Bremen, P.2.m.1.c.

Ratsdenkelbuch, Staatsarchiv Bremen, P.6.a.9.c.2.d.1—5.

Rhederrechnungen, Staatsarchiv Bremen, 2.-R.1.A.3.a.

Sammlung wissenschaftl. Auskünfte, Staatsarchiv Bremen

Senatsprotokolle, Staatsarchiv Bremen, P.6.a.9.c.3.b.

Adam von Bremen, Geschichte der Erzbischöfe von Hamburg, übers. v. J. C. M. Laurent, Leipzig 1888[2]

Die Bremer Chronik von Rinesberch, Schene und Hemeling, hrsg. v. Hermann Meinert, Bd. 37 v. Die Chroniken der deutschen Städte, hrsg. v. d. Hist. Komm. bei d. Bayr. Akad. d. Wissensch., 1968

Bremisches Urkundenbuch, hrsg. v. D. R. Ehmck und Wilhelm v. Bippen, 6 Bde., Bremen 1873—1940, zit. Brem.UB

Wilhelm Dilich, Urbis Bremae et Praefecturarū, ..., Cassel 1604

Johann Esich, Discursus de Republica Bremensi, handschr. 1598, Universitätsbibliothek Bremen

Wilhelm v. Hodenberg, Bremer Geschichtsquellen, Celle 1856 ff.

Peter Koster, Kurtze Zusammenfassung Der Bremischen Geschichte ... (bis 1600), Bremen 1685, handschr., nach dem Exemplar im Staatsarchiv Bremen, P.1.s.22.d.

Ders., Warhaftige kurtze und einfältige beschreibung ... (Geschichte Bremens von 1600—1685, fortgeführt bis 1700), Bremen 1685, handschr., nach dem Exemplar im Staatsarchiv Bremen, P.1.s.22.c.1.

Heinrich Krefting, Statuta Reipublicae Bremensis, handschr., wohl 1602, Staatsarchiv Bremen, P.5.b.3.a.

Ders., Beschreibung der Statt Bremen ..., Bremen 1602, handschr., dt. Übers. der Statuta, Staatsarchiv Bremen, ad T.1.R.2.

J. M. Lappenberg, Geschichtsquellen des Erzstiftes und der Stadt Bremen, Bremen 1841

Matthäus Merian, Typographia Saxonia inferioris, Frankfurt 1653, N. Ausg. Kassel-Basel 1962

Gerhard Oelrichs, Vollstaendige Sammlung alter und neuer Gesetz-Bücher ..., Bremen 1771

Hermann Post, Bremische Chronik Bd. 3 (von 1585 bis zum Westfälischen Frieden), Universitätsbibliothek Bremen, Brem.a.81

Ratsherrenwappenbuch, handschr., nach 1730, Staatsarchiv Bremen, Nr. 12,W1

Johann Renner, Chronica der Stadt Bremen, 2 Bde., handschr., bis 1583, nach den Exemplaren des Staatsarchivs Bremen, P.1.s.3.a.+b.

Christian Nikolaus Roller, Grundgesetze der ... Stadt Bremen, Bremen 1798

*Emblem- und Vorlagenbücher*

Andreas Alciatus, Emblematum libellus, Paris 1542, reprogr. Nachdruck Darmstadt 1967

Ders., Emblemata, Lyon 1591

Jost Amman, Kunst- und Lehrbüchlein ..., Frankfurt 1580

Ders. und Tobias Stimmer, Deß neuwen Kunstbuchs ..., Frankfurt 1580

Ders., Wappen- und Stammbuch, Frankfurt 1589, Faks.-Druck München 1881

Barthelemy Aneau, Imagination poetique, Lyon 1552

Aquila, Das ist Historische Beschreibung und Abbildung aller Römischen Keysern ..., Nürnberg o. J.

Achillis Bocchius, Symbolicarum questionum de universo genere ..., 5 Bde., Bolognia 1555

Jean Jacques Boissardus, Emblematum liber, Metz 1588/Frankfurt 1593

Theodor de Bry, Emblemata nobilitate (Stamm- u. Wappenbüchlein), Frankfurt 1593

Joachim Camerarius, Emblematum ex re herbania ..., Bd. I, Frankfurt 1590; Emblematum ex volatilibus et insectiis ..., Bde. II+III, Frankfurt 1596; Emblematum ex aquatilibus ..., Bd. IV, Frankfurt 1604

Vicenco Cartari, Imagini dell dei de gl'antici, 1. Aufl. Venedig 1556, Nachdruck d. Ausg. Venedig 1647 Graz 1963

Francisco Colonna, Hypnerotomachia Poliphili ..., Venedig 1499, Faks.-Druck Westmead, Farborough/England 1969

Cornelius D. V. Coorhert, Recht ghebruyck ende misbruyck ..., Leyden 1585 (mit Stichen v. Jan Wierix)

Johannes David, Occasio arrepta, neglecta, huius commoda, illius incommoda, Antwerpen 1605

Ders., Veridicus christianus, Antwerpen 1601

Der oft verjüngte römische Adler ..., o. Autor, o. O. o. J. (Kaiserbildnisse von Rudolph I. — Leopold I.)

Wendel Dietterlin, Architectura, 1598, Faks.-Druck Stuttgart 1965

Cornelis Floris II., Veelderley Veranderinghe van grotissen ende Compartimenten, 1556

Jacob Floris, Veelderhande cierlycke Compertimenten, 1564

Ders., Compertimenta picturiis flosculis ..., Antwerpen 1567 bei H. Cock (Stiche Pieter van der Heyden)

Hubertus Goltz, Lebende Bilder gar nach aller Keyser ..., Antorff 1557, lat. Antwerpen 1557 und 1645

Jacob Guckeisen, Seilenbuch, Köln 1598

Haechtanus, De rerum usu et abusu —Emblemata moralia, Arnheim 1609 (illustriert von Rich. Lubbaeus)

Martinus Hamconius, Frisia seu de viris rebusque Frisiae illustribus, Libri duo, Franeker 1620

Mathias Holtzwart, Emblemata Tyrocinia, Straßburg 1581, hrsg. v. Peter v. Dürfel u. Klaus Schmidt, Stuttgart 1968

Peter Isselburg, Emblemata politica, Nürnberg 1617 (in Straßburg 1615)

Christoph Jamnitzer, Neuw Grotessken Buch, Nürnberg 1610, Nachdr. Graz 1966

Hadrianus Junius, Emblemata, Lyon 1596

Gabriel Kramer, Architektura, Köln 1610, 3. Aufl. (1. Aufl. Augsburg 1600)

Dionysius Lebei-Batilly, Emblemata, Frankfurt 1596

Albertus Magnus, Thierbuch, Teutsch v. Walter Ryff, Frankfurt 1545 bei Michael Hert

Marcus Manilius, Les Astrologiques ou la Science sacrée du Ciel, hrsg. v. René Alleau, mit Illustrationen des Livre des Fables astronomiques, C. Julius Hyginus, 1578, Paris 1970

Daniel Meißner, Politisches Schatzkästlein, Frankfurt 1628, Faks.-Druck Hamburg/Hamm 1962

Guillaume de la Perriere, La Morosophie, Lyon 1553

Willibald Pirkheimer, Tugendbüchlein, Nürnberg 1606

Johannes Baptista Porta, Magiae naturalis ..., 4 Bde., Antwerpen 1562

Johannes Posthius, Ovid-Metamorphosen, Frankfurt 1563 (mit Holzschnitten v. Virgil Solis)

Nicolaus Reusner, Emblemata, Frankfurt 1581

Ders., Aureolorum Emblematum, 1591 (mit Illustrationen v. Tobias Stimmer)

Ders., Agalmatum Aureolorum, 1591 (mit Illustrationen v. Tobias Stimmer)

Ders., Symbola Heroica ..., Ausg. London 1650

Cesare Ripa, Iconologia, Neudr. d. Ausg. v. 1603, hrsg. v. Erna Mandowsky, Hildesheim/New York 1970

Ders., Iconologia, dt., hrsg. v. Laurentius Strauss, Frankfurt 1669

Gabriel Rollenhagen, Nucleus Emblematum ..., Bd. 1, Selectorum Emblematum ..., Bd. 2, Magdeburg 1613

Johannes Sambucus, Emblemata ..., 4. Aufl. Lyon 1590

Florentius Schoonhovius, Emblemata, Gouda 1618, Faks.-Druck Hildesheim 1975

Jacobus Typotius, Symbola divina et humana ..., 3 Bde., Prag 1601—03 (illustriert v. Aegidius Saedeler)

Johannes Pierius Valerianus, Hieroglyphica ..., Basel 1567 (1. Aufl. Basel 1556)

Otto van Veen, Amorum Emblemata ..., Antwerpen 1608, Neudruck Hildesheim/New York 1970
Viel nützende und erfindungen reichende Sinnbild Kunst oder hieroglyphische Bilder ..., Nürnberg, bei Christoph Weigel, o. J. (2. Hälfte 16. Jh.)
Heinrich Vogtherr, Ein Frembds und wunderbars Kunstbüchlein ..., Straßburg 1545 (1. Aufl. Straßburg 1537)
Jan Vredeman de Vries, Caenotaphorum, hrsg. v. H. Cock, 1563
Ders., Panoplia seu armamentarium ac ornamenta ..., gestochen v. Gerard de Jode, 1572
Ders., Caryatidum ..., gestochen v. Gerard de Jode, Antwerpen 1565
Ders., Architectura, Anvers 1577 (dt. 1581)
Geoffrey Whitney, A Choise of Emblems, Leyden 1586, 2. Nachdr. New York 1967

*Literatur*

Horst Adamietz, Herz einer Stadt — Das Rathaus in Bremen, Bremen o. J. (1970/71)
Ders., Das Bremer Rathaus, Bremen 1980
G. S. Graf Adelmann/G. Weise, Das Fortleben gotischer Ausdrucks- und Bewegungsmotive in der Kunst des Manierismus, Tübingen 1954, Tübinger Forschgg. z. Kunstgesch., H. 9
Carl Ahmels, Über die Renaissance-Kunstdenkmäler unter Maria v. Jever und ihre Entstehung, in Oldbg. Jb. 1916/17
Allgemeines historisches Porträtwerk, hrsg. von Woldemar v. Seidlitz, 5 Bde., München 1894—1897
Allgemeines Lexikon der Bildenden Künste von der Antike bis zur Gegenwart, hrsg. von U. Thieme, F. Becker, H. Vollmer, 37 Bde., Leipzig 1907—1950, zit.: Thieme-Becker
Gustav André, Architektur und Kunstgewerbe als Gegenstand der Ikonographie, in Festschrift f. Rich. Hamann z. 60. Geburtstag 29.5.1939, Burg b. Magdeburg 1939
Andreas Andresen/Rud. Weigel, Der deutsche Peinte-Graveur, 5 Bde., Leipzig 1864—1878, Nachdr. Hildesheim/New York 1973
Friedrich Antal, Zum Problem des niederländischen Manierismus, in Krit. Berr. z. kunstgesch. Lit., Jg. I u. II, 1927/8 u. 1928/9, Fotogr. Neudruck Hildesheim/New York 1972
Hanns Joachim Apffelstaedt, Die Skulpturen der Überwasserkirche zu Münster i. Westf., in Marbg. Jb. f. Kunstwiss., Bd. 8/9, 1936
Horst Appuhn, Einführung in die Ikonographie der mittelalterlichen Kunst in Deutschland, Darmstadt 1979
H. Aurenhammer, Lexikon der christlichen Ikonographie, Wien 1959 ff.
Franz Bächtiger, Vanitas-Schicksalsdeutung in der deutschen Renaissancegraphik, Diss. Zürich 1970
Max v. Bahrfeld, Niedersächsisches Münzarchiv, 4 Bde., Halle 1927
Günter Bandmann, Ikonologie der Architektur, Darmstadt 1969 (zuerst veröffentl. in Jb. f. Ästh. u. allg. Kunstwiss. 1951)
Ders., Ikonologie des Ornaments und der Dekoration, in Jb. f. Ästh. u. allg. Kunstwiss., Bd. 4, 1958/9
Ders., Melancholie und Musik, Köln u. Opladen 1960
A. Bartsch, Le peintre graveur, 25 Bde., Leipzig 1854—70, Reprint Hildesheim 1970
Die Bau- und Kunstdenkmäler der Hansestadt Lübeck, Bd. 1, 2. T., Rathaus u. öffentl. Gebäude der Stadt, v. Hugo Rahtgens, überarb. v. Lutz Wilde, Lübeck 1974
Fritz Baumgart, Zusammenhänge der niederländischen mit der italienischen Malerei in der 2. Hälfte des 16. Jahrhunderts, in Marbg. Jb. f. Kunstwiss., Bd. 13, 1944
Ders., Renaissance und Kunst des Manierismus, Köln 1963
Harold Bayley, The Lost Language of Symbolism, 6. Aufl., London 1968
Hermann Beenken, Bildhauer des 14. Jh. am Rhein und in Schwaben, Leipzig 1927
W. Behnke, Albert von Soest, Stud. z. dt. Kunstgesch., H. 28, Straßburg 1901
O. Behrendsen, Darstellungen von Planetengottheiten an und in deutschen Bauten, Stud. z. dt. Kunstgesch., Bd. 236, Straßburg 1926
Max Bendel, Tobias Stimmer — Leben und Werk, Zürich 1940
Heinrich Berger, Calvins Geschichtsauffassung, Zürich 1955
Rudolf Berliner, Ornamentale Vorlageblätter des 15. bis 18. Jahrhunderts, 4 Bde., Leipzig 1925/26
Ludwig Beutin, Ein Stalherr der Tuchhändlergilde zu Bremen — Ratsherr Diedrich Dieckhoff (1560—1624), Bremen 1933
Friedrich v. Betzold, Das Fortleben der antiken Götter im mittelalterlichen Humanismus, Bonn/Leipzig 1922
Jan Białostocki, The Sea-Thiasos in Renaissance Sepulchral Art, in Studies in Renaiss. and Baroque Art, pres. to Anthony Blunt, Edinburgh 1967
Ders., Stil und Ikonographie — Studien zur Kunstgeschichte, Dresden 1966
Bibel, siehe Heilige Schrift; Martin Luther, Biblia
Bibliographie zur Symbolik, Ikonographie und Mythologie, hrsg. v. Manfred Lurker, Baden-Baden 1968
Bilder nach Bildern, Katalog d. Westfäl. Landesmuseums f. Kunst u. Kulturgesch. Münster, Münster 1976
Bilderkatalog zu Max Geisberg, Der Deutsche Einblattholzschnitt i. d. ersten Hälfte des XVI. Jahrhunderts, hrsg. v. Hugo Schmidt, München 1930
Bildersturm — Die Zerstörung des Kunstwerks, hrsg. v. Martin Warnke, München 1973
Günther Binding/Norbert Nussbaum, Der mittelalterliche Baubetrieb nördlich der Alpen in zeitgenössischen Darstellungen, Darmstadt 1978
Gertrud Bing, Nugae circa Veritatem, in Journal of the Warburg Inst., Vol. I, London 1937/38, Reprint Vaduz 1965
Wilhelm v. Bippen, Geschichte der Stadt Bremen, 3 Bde., Bremen 1892—98
Ders., Heinrich Kreffting und das engere Bündnis der sechs korrespondierenden Hansestädte, in Brem. Jb., Bd. 18, 1896
Ders., Biographie des Bremischen Bürgermeisters Heinrich Zobel 1539—1615, in Brem. Jb., Bd. 9, 1877
Ders., Die Verfasser der ältesten bremischen Stadtchronik, in Brem. Jb., Bd. 12, 1883
Ders., Über das Verhältnis der Chronik zu den Fälschungen (s. Lindner), in Brem. Jb., Bd. 13, 1886
Ders., Die bremischen Bürgermeister Heinrich und Johann Zobel, in Hansische Geschichtsblätter, Jg. 1886, Leipzig 1888
Ders., Die Glasbilder des Kaisers und der Kurfürsten im Rathause, handschr. in: Akte 3-G.7., Nr. 139 Quadr. 14 c. Bl. 15, Staatsarchiv Bremen
Ders., Die Entwicklung des bremischen Wappens, in Jb. d. brem. Sammlgg., IV. Jg., 1. Hbbd., Bremen 1911
Ders., Kritische Bemerkungen zu den Untersuchungen Waldmanns über die gotischen Skulpturen des Rathauses, in Brem. Jb., Bd. 26, 1916
Ders., Der Ratskeller zu Bremen, 3. Aufl., Bremen 1922
Otto v. Boehn, Adam Liquier Beaumont und Hans Winter, in Brem. Weihn.Bll., H. 12, 1952
Adolf Börtzler, Lateinische Inschriften Bremens, Bremen 1952
Ders., Die sinnbildlichen Figuren an der Schauseite des Bremer Rathauses, in Brem. Weihn.Bll., H. 13, 1956
Ders., Was wir von dem Bildhauer Johannes wissen
Der sinnbildliche Gehalt der gotischen Bildwerke am Rathaus, masch. Manuskript, Akten d. Landesamtes f. Denkmalpflege, o. J.
Emil Böttcher, Bauten und Denkmale des Staatsgebietes der freien und Hansestadt Bremen, 2. Aufl., Bremen 1887
Willi Bongard/Matthias Mende, Dürer heute, München 1971
Joseph Braun, Trachten und Attribute der Heiligen in der deutschen Kunst, Stuttgart 1943
Margot Braun-Reichenbacher, Das Ast- und Laubwerk — Entwicklung, Merkmale und Bedeutung einer spätgotischen Ornamentform, Nürnberg 1966, Erlanger Beitrr. z. Sprach- u. Kunstwiss., Bd. 24
Edgar Breitenbach, Speculum Humanae Salvationis, Stud. z. dt. Kunstgesch., H. 272, Straßburg 1930

Bremen und seine Bauten, hrsg. v. Architekten- und Ingenieur-Verein, Bremen 1900
Das Bremer Rathaus, o. Autor, o. O. o. J. (1927)
Bremisch-niedersächsisches Wörterbuch, hrsg. v. d. bremischen deutschen Gesellschaft, 6 Bde., Bremen 1767—1869
Bremische Biographie des neunzehnten Jahrhunderts, hrsg. v. d. Histor. Gesellsch. d. Künstlervereins, Bremen 1912
Bremische Blätter, hrsg. v. K. Th. Oelrichs/H. D. Watermeyer, H. 1, Bremen 1835
Bremische Weihnachtsblätter, seit 1928, zit.: Brem. Weihn.Bll.
Bremischer Kulturspiegel, hrsg. v. Focke-Museum Bremen, Bremen 1955
Bremisches Jahrbuch, seit 1862, zit.: Brem. Jb.
Dietrich Briesemeister, Bilder des Todes, Unterschneidheim 1970
Giuliano Briganti, Der italienische Manierismus, Dresden 1961
Thomas Brightmannus, Apocalypsis Apocalypseos, o. O., 2. Aufl. 1618
Albert Brinckmann, Die praktische Bedeutung der Ornamentstiche für die deutsche Frührenaissance, Stud. z. dt. Kunstgesch., H. 90, Straßburg 1907
Franz Buchenau, Die Freie Hansestadt Bremen, 4. Aufl., Bremen 1934
Ders., Der Autor der 2. Beschreibung von Bremen in Merians Topographie, in: Brem. Jb., Bd. 12, 1883
Joachim Büchner, Ast-, Laub- und Maßwerkgewölbe der endenden Spätgotik, in Festschrift Karl Oettinger zum 60. Geburtstag am 4.3.1966, Erlangen 1967
Albert Burckhardt/Rudolf Wackernagel, Das Rathaus zu Basel, Basel 1886
Albert Fidelis Butsch, Die Bücherornamentik der Renaissance, Bd. 1, Leipzig 1878, Bd. II, München 1922
Delio Cantimori, Rhetoric and Politics in Italian Humanism, in Journal of the Warburg Inst., Bd. 1, London 1937/38, Nachdr. Vaduz 1965
Charles E. O. Carter, An Encyclopaedia of Psychological Astrology, 2. Nachdr. d. 4. Aufl. v. 1954, Norwich 1970
Johan Philip Cassel, Bremensia, 2 Bde., Bremen 1766/67
Catalog der Ausstellung von historischen und Kunstdenkmälern Bremens, hrsg. v. Ehmck/Gildemeister u. a., Bremen 1861
Donat de Chapeaurouge, Einführung in die Geschichte der christlichen Symbole, Darmstadt 1984
Bruno Claußen, Die Anfänge der Buchdruckerkunst in Bremen (1525—1625), in: Jb. d. brem. Sammlgg., 1. Jg., 1. Hbbd., Bremen 1908
August Corbet, Cornelis Floris en de Bouw van het Stadhuis van Antwerpen, Antwerpen 1937
Henrik Cornell, Biblia Pauperum, Stockholm 1925
Lucas Cranach, Das gesamte graphische Werk, hrsg. v. Johannes Jahn, München 1972
Bernhard Decker, Im Namen Dürers — Dürer-Renaissance um 1600, in: Pirckheimer-Jb., 1991
Georg Dehio, Geschichte der deutschen Kunst, Bd. 2, Berlin/Leipzig 1923[2]
Wolf Deiseroth, Der Triumphbogen als große Form in der Renaissancebaukunst Italiens, Diss. München 1970
Hans Demiani, François Broit, Caspar Enderlein und das Edelzinn, Leipzig 1897
Heinz Demisch, Die Sphinx, Stuttgart 1977
(Arnold Gerhard) Deneken, Die Rolandsäule in Bremen, 2. Aufl., Bremen 1828
Ders., Geschichte des Rathauses in Bremen, Bremen 1831
Ders., Bruchstücke aus der Geschichte der Kaiserlich freien Reichsstadt Bremen, Göttingen 1796
Ders., Biographische Notizen von merckwürdigen Männern aus der frühen Geschichte Bremens, Bremen 1837
Denkmäler Deutscher Renaissance, hrsg. v. K. E. O. Fritsch, 4 Bde., Berlin 1891
Denkmale der Geschichte und Kunst der Freien Hansestadt Bremen, 3 Abtlgen., Bremen 1862—76, zit.: Denkmale
Die Denkmalspflege (später Denkmalspflege u. Heimatschutz), 1.—30. Jg., Berlin 1899—1928
Max Deri, Das Rollwerk in der deutschen Ornamentik des 16. u. 17. Jh., Berlin 1906
Gert Dettmann, Bremische Steinbildhauer des 18. Jh., in Jahresschr. d. Focke-Museums, Bremen 1929
Ders., Bremens Stellung in der Kunstgeschichte, in Brem. Weihn. Bll., H. 3, 1930
Ders., Die Ansgariikirche zu Bremen, Bremen 1934
Ders., Das Bildnis im alten Bremen, in Jb. d. Club zu Bremen 1936/37
Ders., Die Steinepitaphien in den bremischen Kirchen und die Bildhauerkunst der Spätrenaissance und des Barock, in Beitrr. z. Vorgesch. u. Kunstgesch. d. Niederwesergeb., hrsg. v. Ernst Grohne, Bremen o. J. (1938/39), zit.: Steinepitaphien
Ders., Die Innenportale des alten bremischen Rathauses, in Der Schlüssel, Jg. 1939, H. 4
Ders., Die Urheberschaft des Schnitzwerks an der Güldenkammer des Rathauses, in Brem. Jb., Bd 39, 1940
Deutsche Renaissance, hrsg. v. Ortwein/Steffens, Leipzig 1880—88, darin: Bremen, 34. Abtlg., H. 1—5, o. J., hrsg. v. J. Mittelsdorf
Walter Dietsch, Der Dom St. Petri zu Bremen, Bremen 1978
Hellmut Diwald, Anspruch auf Mündigkeit, Propyläen Geschichte Europas, Bd. 1, Frankfurt 1975
Oskar Doering, Deutschlands mittelalterliche Kunstdenkmäler als Geschichtsquelle, Leipzig 1910
F. Donandt, Der bremische Civilprocess im XIV. Jahrhundert, in Brem. Jb., Bd. 5, 1870
A. v. Doren, Fortuna im Mittelalter und in der Renaissance, in Vortrr. d. Bibl. Warburg, hrsg. v. Fritz Saxl, 1922/23
Eugen Droulers, Dictionaire des Attributes ..., Turnhout 1950
Johann Hermann Duntze, Geschichte der freien Stadt Bremen, 4 Bde., Bremen 1845—51
Albrecht Dürer, Das gesamte graphische Werk, hrsg. v. Wolfgang Hütt, 2 Bde., München 1970
Dürers Gloria, Katalog z. Ausstlg. d. Staatl. Museen Berlin, 1971
Manfred Ebhard, Der mittelalterliche Skulpturenschmuck des Bremer Rathauses, masch. Manuskr., Staatsarchiv Bremen
Johann Heinrich Eggeling, De Statui Rvhlandis, Bremen 1700
D. R. Ehmck, Die Friedeburg, in Brem. Jb., Bd. 3, 1868
D. R. Ehmck/H. A. Schumacher, Das Rathaus zu Bremen, in Brem. Jb., Bd. 2, 1866
Ernst Ehrhardt, Das Palatium der bremischen Erzbischöfe in der Stadt Bremen, in Jb. d. brem. Sammlgg., 3. Jg., 2. Hbbd., 1910
Ders., Das Neue Rathaus in Bremen, Bremen o. J. (1913)
Ders., Die bauliche Instandsetzung des alten Rathauses in Bremen in den Jahren 1928, 1929 und 1930, o. J., handschr., Universitätsbibliothek Bremen
Ders., Das Rathaus, in Franz Buchenau, Die freie Hansestadt Bremen, 4. Aufl., Bremen 1934
Emblemata, Handbuch zur Sinnbildkunst des XVI. und XVII. Jahrhunderts, hrsg. v. Arthur Henkel/Albrecht Schöne, Stuttgart 1967, Suppl. Bd. Stuttgart 1976
Gottfried Engelhardt, Das Lebensbaummotiv in der Kunst, Steyr/Österreich 1974
Hanns Engelhardt, Der Irrlehrestreit zwischen Albert Hardenberg und dem Bremer Rat (1547—1561), in Hospitium Ecclesiae, Forschgg. zur brem. Kirchengesch., Bd. 4, Bremen 1964
Hermann Entholt, Geschichte des Bremer Gymnasiums bis zur Mitte des 18. Jahrhunderts, Bremen 1899
Ders., Bürgermeister Krefting und seine Familie, in Brem. Jb., Bd. 29, 1924
Ders., Das Rathaus zu Bremen, Wienhausen 1927, Nddt. Kunstbücher, Bd. 12
Ders., Das Rathaus zu Bremen und seine Halle, Bremen 1930
Ders., Bremische Kultur gegen Ausgang des Mittelalters, in Festschr. d. Bremer Wissenschaftl. Gesellsch. z. Feier d. 10j. Bestehens, Bremen 1934
Ders., Ein bremischer Bürgermeister als Großindustrieller, in Brem. Jb., Bd. 41, 1944
Adolf Ermann, Deutsche Medailleure des 16. und 17. Jahrhunderts, Berlin 1884

Hans Gerhard Evers, Tod, Macht und Raum als Bereiche der Architektur, München 1939
Wilhelm Ewald, Siegelkunde, Darmstadt 1978, 4. Aufl.
Franz Ewerbeck/Albert Neumeister, Die Renaissance in Belgien und Holland, 4 Bde., Leipzig 1883–89
David Fabricius/Johann Kepler, Vom neuen Stern, Prag 1605
David Fabricius, Himmlischer Herold, Magdeburg 1606, beide: Faks.-Druck, Norden 1897
Kurt Findel, Die Bildhauerfamilie Wulff in Hildesheim, Diss. Leipzig 1933
Ilse Fingerlin, Gürtel des hohen und späten Mittelalters, München/Berlin 1971
Georg Fink, Die rechtliche Stellung der Hanse in der Zeit ihres Niederganges, in Hans. Gesch.Bll., Jg. 61, 1936
Johanna Flemming, Gärten der Ewigkeit, in Das Münster, Bd. 19, 1966
Siegfried Fliedner, Zur Entstehung der Wandgemälde im Bremer Rathaus, in Brem. Jb., Bd. 43, 1951
Ders./Harald Busch, Welt im Zwielicht – Das Werk des Bildhauers L. Münstermann, Oldenburg/Hamburg 1962
Johann Focke, Die Werkmeister des Rathausumbaues, in Brem. Jb., Bd. 14, 1888
Ders., Bremische Werkmeister aus älterer Zeit, Bremen 1890
Ders., Die Sitte der Fensterschenkungen in Bremen, in Brem. Jb., Bd. 18, 1896
Ders., Das Seefahrtenbuch des Brüning Rulves, in Brem. Jb., Bd. 26, 1916
Focke-Museum Bremen, I. Führer durch die Sammlungen im Neubau, hrsg. v. Werner Kloos, Bremen o. J.
Richard Förster, Die Verleumdung des Apelles in der Renaissance, in Jb. d. Königl.-preuß. Kunstsammlgg., Bd. 8, 1887, Nachdruck New York/London/Meisenheim 1968
Formenschatz der Renaissance, hrsg. v. Georg Hirth, München 1878–1905
Erik Forssman, Säule und Ornament, Uppsala 1956
Ders., Dorisch, Jonisch, Korinthisch, Uppsala 1961
Dorothea Forstner, Die Welt der Symbole, Innsbruck 1961
Dagobert Frey, Manierismus als europäische Stilerscheinung, Stuttgart 1964
Ders., Dämonie des Blickes, in Abhdlgg. d. geist. u. soz.-wiss. Kl., Jg. 1953, in Akademie d. Wissensch. u. Literatur, Wiesbaden 1953
Walter Friedlaender, Die Entstehung des antiklassischen Stiles in der italienischen Malerei um 1520, in Repert. f. Kunstwiss., Bd. 46, Berlin/Leipzig 1925, Photomech. Nachdruck Berlin 1968
Ders., Der antimanieristische Stil um 1590 und sein Verhältnis zum Übersinnlichen, in Vortrr. d. Bibl. Warburg, Jg. 1928/29, Leipzig/Berlin 1930
Rolf Fritz, Die Künstlerfamilie Moller in Stadthagen, in Nddt. Beitrr. z. Kunstgesch., Bd. 8, München/Berlin 1969
Eduard Fueter, Geschichte der Neueren Historiographie, 3. Aufl. München/Berlin 1936, Reprint 1968
Juliane Gabriëls, Het Nederlandse Ornament in der Renaissance, Leuven 1958
Georg Galland, Geschichte der Holländischen Baukunst und Bildnerei im Zeitalter der Renaissance ..., Frankfurt 1890
Carolus Gallus, Clavis Prophetica Nova Apocalyseos, Amsterdam 1592
Waldemar Gang, Nereiden auf Seetieren, Diss. Weimar 1907
Antonius David Gathen, Rolande als Rechtssymbole, Berlin 1960, Neue Kölner rechtswiss. Abhdlgg., H. 14
Otto Gaul, Renaissance-Baumeister in Lippe, in Mtlgg. a. d. lipp. Gesch. u. Landeskd., 23. Bd., 1954
Max Geisberg, Heinrich Aldegrever, Westfäl. Kunsthefte IX, Dortmund 1939
Ders., Der deutsche Einblattholzschnitt in der 1. Hälfte des 16. Jahrhunderts, Leipzig 1923/29
Irmingard Geisler, Studien zu niederländischen Bildhauern des ausgehenden 14. und frühen 15. Jahrhunderts, in Wallraf-Rich. Jb., Bd. 18, 1956
Karl Ernst Geith, Carolus Magnus, Bern/München 1977, Bibl. Germ., Bd. 19
Kurt Gerstenberg, Die deutschen Baumeisterbildnisse des Mittelalters, Berlin 1966
Karl Giehlow, Die Hieroglyphenkunde der Renaissance ..., in Jb. d. kunsthist. Sammlgg. d. allerh. Kaiserhauses, Bd. 32, Wien/Leipzig 1915, Nachdr. New York/London 1967
Eduard Gildemeister, Zur Frage des Rathausdaches, in Bremer Nachrichten v. 27.6.1924
Hermann Gildemeister, Zur Baugeschichte des Roland in den letzten 60 Jahren, in Gedenkbl. z. feierl. Einschließung von Dokumenten in d. Rolandsäule am 5. Nov. 1938
Karl Ginhard, Die gesetzmäßige Entwicklung des österreichischen Barockornaments, in Kunstgesch. Stud., hrsg. v. Hans Tintelnot, Dagobert Frey zum 23.4.1943, Breslau 1943
Hans Georg Gmelin, Zu einigen unbekannten Gerechtigkeitsbildern im Rathaus zu Emden, in Kunstgesch. Stud. f. Kurt Bauch zum 70. Geburtstag, München 1967
Ders., Spätgotische Tafelmalerei in Niedersachsen und Bremen, München 1974
Theodor Goerlitz, Der Ursprung und die Bedeutung der Rolandsbilder, Weimar 1934
Werner Goetz, Translatio Imperii, Tübingen 1958
Adolph Goldschmidt, Das Nachleben der antiken Formen im Mittelalter, in Vortrr. d. Bibl. Warburg, Jg. 1921/22, Neudruck Nendeln/Liechtenstein 1967
E. H. Gombrich, Icones Symbolicae, in Journal of the Warburg-Inst. Vol. XI, London 1948, Reprint Vaduz 1965
Ders., Symbolic Images, London 1972
Donald Gordon, Veritas Filia Temporis, in Journal of the Warburg Inst., Vol. III, London 1939/40, Reprint Vaduz 1965
G. Gosses, Dat lean ik net, in It beaken, Jg. 12, 1950
Erwin Gradmann, Phantastik und Komik, Bern 1957
Rolf Gramatzki, Die neu entdeckte Holzdecke von 1580 im Haus Heineken, in Brem. Jb., Bd. 57, 1979
Ders., Untersuchungen zur gotischen Gestalt des Rathauses in Bremen, in Brem. Jb., Bd. 59, 1981
Ders., Bemalte Holzdecken in der Stadt und im ehemaligen Erzstift/Herzogtum Bremen, in Brem. Jb., Bd. 63, 1985
Ders., Die Treppe in der Oberen Halle des Bremer Rathauses, in Renaissance in Nord-Mitteleuropa I, München 1990, Schriften d. Weserrenais.-Museums Schloß Brake, Bd. 4
Ders., Bemalte Kirchendecken – Wandel in Ornament und Sinngebung, in Raumkunst in Niedersachsen, München 1991
Wolfgang Grape, Roland – Die ältesten Standbilder als Wegbereiter der Neuzeit, Stuttgart 1990
Adolf Greifenhagen, Zum Saturnglauben der Renaissance, in Die Antike, Ztschr. f. Kunst u. Kultur d. klass. Altertums, hrsg. v. Werner Jaeger, Bd. 11, Berlin/Leipzig 1935
Heinrich Grimm, Deutsche Buchdruckersignete des XVI. Jahrhunderts, Wiesbaden 1965
August Grisebach, Das deutsche Rathaus in der Renaissance, Berlin 1907
Erich Gritzner, Symbole und Wappen des alten deutschen Reiches, Leipzig 1902, Leipz. Stud. a. d. Gebiet d. Gesch., Bd. 8, H. 3
Ernst Grohne, Die bremischen Truhen mit reformatorischen Darstellungen, in Abhandlgg. u. Vortrr. d. Brem. Wissenschftl. Gesellschaft, 10. Jg./2, Bremen 1936
Ders., Altbremischer Kunstwerke Schicksal und Verlust, in Brem. Weihn.Bll., H. 1, Bremen 1928
Ders., Zur Geschichte der bremischen Flagge, in Bremer Zeitung (Die Kogge) v. 23.1.1936
Ders., Bremens Stellung in der Kunstgeschichte, in Brem. Weihn. Bll., H. 1, 1928
Ders., Alte Kostbarkeiten aus dem bremischen Kulturbereich, Bremen 1956
Karl Gruber, Das deutsche Rathaus, München 1943
Herbert Grundmann, Die Grundzüge der mittelalterlichen Geschichtsanschauung, in Ausgew. Aufss. T. 2, Stuttgart 1977, in Schriften der Monumenta Germaniae Historica, Bd. 25,2
D. Guilmard, Les maitres Ornemanistes, 2 Bde., Paris 1880/81

Gutachten über die Form des bremischen Staatswappens, Staatsarchiv Bremen, Nr. N.9.S-O 2074
Victor Curt Habicht, Das Chorgestühl des Domes zu Bremen, in Repert. f. Kunstwiss., Bd. 36, Berlin 1913/14 (Separatdruck)
Ders., Die kunsthistorische Einreihung des Roland zu Bremen im Jahre 1404, in Ztschr. f. bild. Kunst 51. Jg. (NF. 27. Jg.), Leipzig 1916
Ders., Der Roland zu Bremen, Bremen 1922, Bd. 1 der Niedersächs. Kunst i. Einzeldarstlg.
Ders., Der Niedersächsische Kunstkreis, Hannover 1930
Ders., Die Herkunft des Stiles der Dwarsowmadonna und das Problem des Bremer Rolands, in Niedersächs. Jb. f. Landesgesch., Bd. 11, Hildesheim 1934
Hans Ulrich Haedeke, Zinn, Braunschweig 1963, Bibl. d. Kunst- u. Antiquitätenfreunde, Bd. 16
Ders., Zinn — Kunstgewerbemuseum der Stadt Köln, Köln 1968
Dieter Hägermann, Einige Bemerkungen zu den gefälschten Urkunden Heinrich V., Wilhelms v. Holland und Wenzels für die Stadt Bremen, in Brem. Jb., Bd. 56, 1978
Ders., Bremer Wenzelurkunde und Privilegium Maius, in Brem. Jb., Bd. 57, 1979
Ders., Karl der Große und die Karlstradition in Bremen, in Jb. d. Wittheit zu Bremen, Bd. 27, Bremen 1983
Werner Hager, Zur Raumstruktur des Manierismus in der italienischen Architektur, in Festschr. Martin Wackernagel, Köln 1958
G. F. Hartlaub, Zur gotischen Plastik in Bremen, in Jb. d. brem. Sammlgg., 5. Jg., 1. Hbbd., 1912
Ders., Zur Kenntnis der gotischen Plastik in Westfalen, in Monatshh. f. Kunstwiss. 1913
Ders., Zur Hanseatischen Kunst des Mittelalters, T. 1 in Ztschr. f. Bild. Kunst, N. F., 24. Jg., Leipzig 1913; T. 2 in desgl., 31. Jg., Leipzig 1920
Max Hasse, Studien zur Skulptur des ausgehenden 14. Jahrhunderts, in Städel-Jb., N. F., Bd. 6, 1977
Arnold Hauser, Sozialgeschichte der Kunst und Literatur, 2 Bde., München 1958
Philipp Heck, Die Rolandstelle des Bremer Henricianums, in Hist. Vj.schr., 9. Jg., 1906
William S. Heckscher, Bernini's Elephant and Obelisk, in The Art Bulletin, Bd. 29, Nr. 3, 9/1947
Bodo Hedergott, Eine Braunschweiger Zeichnung von Agostino Veneziano, in Beitrr. z. Kunstgesch., Festgabe f. Heinz Rudolf Rosemann z. 9.10.1960, München o. J. (1960)
Ders., Die Kartusche, Diss. Göttingen 1955
Robert Hedicke, Cornelis Floris und die Florisdekoration, Berlin 1913
Die Heilige Schrift, nach der deutschen Übersetzung von Martin Luther, hrsg. v. C. I. Scofield, Zürich 1972
Gerd Heinz-Mohr, Lexikon der Symbole — Bilder und Zeichen der christlichen Kunst, Düsseldorf/Köln 1971
Carl Georg Heise, Fabelwelt des Mittelalters, Berlin 1936
Antje Heissmeyer, Apoll und der Apollonkult seit der Renaissance, Diss. Tübingen 1967
Karl Heldmann, Rolandsspielfiguren — Richterbilder oder Königsbilder, Halle/S. 1905
Ders., Die Rolandsbilder Deutschlands in 300jähriger Forschung und nach den Quellen, Halle/S. 1904
Jacob Hess, Kunstgeschichtliche Studien zur Renaissance und Barock, 2 Bde., Rom 1967
Christian Heusinger, Eine Zeichnung Gabriel Weyers in der Kunsthalle Bremen — Zur Datierung der Wandmalereien im ehem. Rathaus in Nürnberg, in Niederdt. Beitrr. z. Kunstgesch., Bd. 9, 1970
Wolfgang Hilger, Ikonographie Ferdinands I. (1503—1564), Wien 1969
Klaus Hinrichsen, Tönnies Evers (1550—1613), Diss. Hamburg 1937
Gustav René Hocke, Die Welt als Labyrinth, 4. Aufl. Hamburg 1963, rde Bd. 50/51
Karl Hoede, Deutsche Rolande, Magdeburg 1934
Hans-Christoph Hoffmann, Bremen, Bremerhaven und das nördliche Niedersachsen — Kultur, Geschichte, Landschaft zwischen Unterweser und Elbe, Köln 1987[2]
Friedrich Wilhelm Heinrich Hollstein, Dutch and Flamish etchings, engravings and woodcuts ca. 1450—1700, Bd. 1 ff., Amsterdam 1949 ff., zit. Hollstein
Ders., German engravings, etchings and woodcuts ca. 1400—1700, Bd. 1 ff., Amsterdam 1954 ff., zit. Hollstein
Holger Homann, Studien zur Emblematik des 16. Jahrhunderts, Utrecht 1971
Hospitium Ecclesiae, Forschungen zur bremischen Kirchengeschichte, seit 1954
Erich Hubala, Zierobelisken, Diss. München 1951
Ders., Die Kunst des 17. Jahrhunderts, Berlin 1970, Propylaen-Kunstgeschichte, Bd. 9
Herbert Hunger, Lexikon der griechischen und römischen Mythologie, Reinbek b. Hamburg 1974, nach d. 6. Aufl., rororo 6178
Wilhelm Hurm, Beschreibendes Verzeichnis der Gemälde und Bildhauerwerke des Kunstvereins zu Bremen, Bremen 1892
Hans Huth, Künstler und Werkstatt der Spätgotik, Darmstadt 1977
Johann Friedrich Iken, Die Wirksamkeit des Christoph Pezelius in Bremen 1580—1604, in Brem. Jb., Bd. 9, 1877
Ders., Der Consensus Ministerii Bremensis Ecclesiae von 1595, in Brem. Jb., Bd. 10, 1878
Ders., Die Entwicklung der bremischen Kirchenverfassung im 16. und 17. Jahrhundert, in Brem. Jb., Bd. 15, 1889
Brigitte Jacoby, Studien zur Ikonographie des Phaetonmythos, Diss. Bonn 1971
Jahrbuch der bremischen Sammlungen, 5 Jge., Bremen 1908—1912, zit.: Jb. d. brem. Sammlgg.
H. W. Janson, Apes and Ape lore in the middle ages and the Renaissance, Studies of Warburg Inst., Vol. 20, London 1952
Wilhelm Jesse, Bremens neuere Münzgeschichte, in Brem. Jb., Bd. 28, 1939
Hans Jessen, Wo kommt der Aviso her?, in Gazette, Bd. 1, T. 3, 1955
Peter Jessen, Meister des Ornamentstichs, Bde. 1 u. 2, Berlin o. J. (um 1922)
Ders., Der Ornamentstich, Berlin 1920
Hermann Jungk, Die bremischen Münzen, 2 Bde., Bremen 1875
Albert Kapr, Schriftkunst, 2. Aufl., Leipzig 1976
Karl der Große, Lebenswerk und Nachleben, hrsg. v. Wolfgang Braunfels, 5 Bde., Düsseldorf 1965—68; Bd. 4: Das Nachleben, 1967
Hans Kauffmann, Die Fünfsinne in der niederländischen Malerei des 17. Jahrhunderts, in Kunstgesch. Stud., hrsg. v. Hans Tintelnot, Dagobert Frey zum 23.4.1943, Breslau 1943
Ders., Die Kunst des 16. Jahrhunderts, Berlin 1970, Propyläen-Kunstgeschichte, Bd. 8
Wolfgang Kayser, Das Groteske in der Malerei und Dichtung, o. O. 1960, rde Bd. 107
Otto Keller, Die antike Tierwelt, 2 Bde., Leipzig 1902, Reprogr. Nachdr. Hildesheim 1963
Fritz Kern, Recht und Verfassung im Mittelalter, 3. Aufl. Darmstadt 1976
Anna Maria Kesting, Anton Eisenhoit, Münster 1964
Klibansky/Panofsky/Saxl, Saturn and Melancholy, London 1964
Werner Kloos, Bremer Lexikon, Bremen 1977
Ehrenfried Kluckert, Das Kunstwerk im mittelalterlichen Bildungsplan, in Zeitschr. f. Kunstpädagogik, H. 5/6, 1978
Wilhelm Knappich, Geschichte der Astrologie, Frankfurt 1967
B. Knipping, De Iconografie van de Contra-Reformation in de Nederlanden, 2 Bde., Hilversum 1940
Dieter Koeplin/Tilman Falk, Lucas Cranach, Katalog d. Kunstmuseums Basel 1974, Bd. 1, 2. Aufl. Basel/Stuttgart 1974; Bd. 2, 1976
Johann Georg Kohl, Der Raths-Weinkeller zu Bremen, Bremen 1866
Ders., Alte und neue Zeit, Bremen 1871, Faks.-Druck Bremen 1975
Georg Kowalczyk, Dekorative Skulptur, Berlin 1911

Walter Kramm, Die beiden ersten Kasseler Hofbildhauerwerkstätten im 16. und 17. Jahrhundert, in Marbg. Jb. f. Kunstwiss., Bd. 8/9, 1936
Herbert Kreft/Jürgen Soenke, Die Weserrenaissance, Hameln 1964
Ernst Kris, Der Stil „Rustique“, in Jb. d. kunsthist. Sammlgg. in Wien, N. F., Bd. 1, Wien 1926
Adolf Krücke, Der Protestantismus und die bildliche Darstellung Gottes, in Zeitschr. f. Kunstwiss., Bd. 13, 1959
A. Kühtmann, Die Statuta reformata und der Codex glossatus, in Brem. Jb., Bd. 16, 1892
Karl Künstle, Ikonographie der christlichen Kunst, 2 Bde., Freiburg 1928
Kunst um 1400 am Mittelrhein, Katalog d. Ausstlg. im Liebighaus, Frankfurt, Frankfurt 1975
Die Kunstdenkmäler der Provinz Hannover, Bd. III, Reg.-Bez. Lüneburg, Bd. 2/3, Stadt Lüneburg, Hannover 1906
Die Kunstdenkmäler der Stadt Köln, hrsg. v. Paul Clemen, 2. Bd., IV. Abtlg.: Die profanen Denkmäler v. Hans Vogts, Düsseldorf 1930 (7. Bd., IV. Abtlg. v. Die Kunstdenkmäler der Rheinprovinz)
Heinz Ladendorf, Antikenstudium und Antikenkopie, in Abhlg. d. sächs. Akad. d. Wiss. z. Leipzig, Phil.-hist. Kl., Bd. 46, H. 2, Berlin 1953
Gerhard B. Ladner, Pflanzensymbolik und der Renaissancebegriff, in Zu Begriff und Problem der Renaissance, hrsg. v. August Buck, Darmstadt 1969
Johannes Lampadius, Melleficium historicum, Bd. 3, Marburg 1611, 2. Aufl. Marburg 1617, 3. Aufl. Frankfurt 1628
Maria Lanckorońska, Die christlich-humanistische Symbolsprache ..., Stud. z. dt. Kunstgesch., H. 319, Baden-Baden/Straßburg 1958
John Landwehr, Dutch Emblem Books, Utrecht 1962
Ders., Emblem Books in the Low Countries 1554—1949, Utrecht 1970
Konrad Lange, Dürers Kupferstich „Das Meerwunder“, in Repert. f. Kunstwiss., Bd. 46, Berlin/Leipzig 1925, Photomech. Nachdr. Berlin 1968
J. M. Lappenberg, Die Miniaturen zu dem Hamburgischen Stadtrecht vom Jahre 1497, Hamburg 1845
Friedrich Lauchert, Geschichte des Physiologus, Straßburg 1889
Ursula Lederle-Grieger, Gerechtigkeitsdarstellungen in deutschen und niederländischen Rathäusern, Diss. Heidelberg 1937
Rita Lejeunne/Jacques Stiennon, Die Rolandsage in der mittelalterlichen Kunst, 2 Bde., Brüssel 1966
Lexikon der christlichen Ikonographie, hrsg. v. Engelbert Kirschbaum u. a., Rom/Freiburg/Basel/Wien 1968—76, 8 Bde.
Alfred Lichtwark, Der Ornamentstich der deutschen Frührenaissance, Berlin 1888, Neudr. Walluf b. Wiesbaden 1973
Hans Liebeschütz, Fulgentius Metaforalis, Berlin 1926
Theodor Lindner, Die Privilegien der Könige Wilhelm und Wenzel für die Stadt Bremen und die Zeit der Fälschung, in Brem. Jb., Bd. 13, 1886
Klementine Lipffert, Symbolfibel, 5. Aufl. Kassel 1975
Alfred Löhr, Das Chorgestühl im Dom zu Bremen, in Niederdt. Beitrr. z. Kunstgesch., Bd. 13, 1974
Ders., Der Figurenzyklus im Chor der Wiesenkirche zu Soest, in Westfalen, Hefte f. Gesch., Kunst u. Volkskd., Bd. 53, 1975
Ders., Truhen, Laden und Kassetten, Bremen o. J. (1978)
Helmut Lucke, Bremen im Schmalkaldischen Bund (1540—1547), Bremen 1955, Bd. 23 d. Veröffentlgg. a. d. Staatsarchiv d. Freien Hansestadt Bremen
Lukian, Sämtliche Werke, übersetzt v. C. M. Wieland, hrsg. v. Hanns Floerke, 2. Aufl. Berlin 1922
Manfred Lurker, Symbol, Mythos und Legende in der Kunst, Stud. z. dt. Kunstgesch., H. 314, Baden-Baden/Straßburg 1958
Ders., Der Baum in Glauben und Kunst, Stud. z. dt. Kunstgesch., H. 328, Baden-Baden/Straßburg 1960
Ders., Bibliographie zur Symbolkunde, Baden-Baden 1964—68, 3 Bde.
Ders., Wörterbuch der Symbolik, Stuttgart 1983[2]
Ders., Wörterbuch biblischer Bilder und Symbole, München 1987[3]
Martin Luther, Von weltlicher Obrigkeit, 1523, in Ausgewählte Werke, 5 Bde., 3. Aufl. München 1962, hrsg. v. H. H. Borcherdt/Georg Merz
Ders., Supputatio annorum mundi, 1541, 1545, in D. Martin Luthers Werke (Weimarer Ausgabe), Bd. 53, Weimar 1920, Nachdr. Graz 1964
Ders., Biblia: Das ist: Die gantze Heilige Schrift, Wittenberg 1545, Faks.-Ausg. Stuttgart 1967
Eberhard Lutze, Stifter und Bildwerke in Bremen, Jb. d. Brem. Wiss., Bd. 1, Bremen 1955
Heinrich Mänz, Das Rathaus, in Bremen und seine Bauten, Bremen 1900
Erna Mandowsky, Untersuchungen zur Iconologie des Cesare Ripa, Diss. Hamburg 1934
Jacques Maritain, Sign and Symbol, in Journal of the Warburg Inst., Vol. I, London 1937/38, Reprint Vaduz 1965
Raimond van Marle, Iconographie de L'art profane au Moyen-Age et à la Renaissance et la Décoration des Demeurs, 2 Bde., Nachdr. d. Ausg. v. 1931, New York 1971
Georges Marlier, La Renaissance flamande — Pierre Coeck d'Alost, Brüssel 1966
Johann Rudolph Maß, Bremisches Ratsherrenwappenbuch, handschr. Bremen 1949, Staatsarchiv Bremen
J. Meder, Dürer-Katalog, Wien 1932
Karl Ernst Meier, Fortleben der religiös-dogmatischen Kompositionen Cranachs in der Kunst des Protestantismus, in Repert. f. Kunstwiss., Bd. 32, 1909
Hermann Meinert, Die Bremer Chronik von Rinesberch, Schene und Hemeling, in Brem. Jb., Bd. 48, 1962
Peter Meinhold, Geschichte der kirchlichen Historiographie, Bd. 1, Freiburg/München 1967
E. Menke-Glückert, Die Geschichtsschreibung der Reformation und Gegenreformation, Osterwieck/Harz 1912, Nachdr. Leipzig 1971
Elard Hugo Meyer, Über die Sprüche der Rathaushalle in Bremen, in Brem. Jb., Bd. 1, 1964
H. Meyer, Über Freiheitsroland und Gottesfrieden, in Hans. Gesch.Bll., Jg. 1931
Willi Meyne, Lüneburger Plastik des XV. Jahrhunderts, Lüneburg 1958
Hessel Miedema, De yllustraesjes by de apokrife skiedskriuwing, in It beaken, Jg. 22, 1960
Friedrich Mielke, Die Geschichte der deutschen Treppen, Berlin/München 1966
Hans Mielke, Hans Vredeman de Vries, Diss. Berlin 1967
Carsten Miesegaes, Chronik der freyen Hansestadt Bremen, 3 Bde., Bremen 1828—33
J. Mittelsdorf, Deutsche Renaissance, 34. Abtlg., H. 1 u. 2, Rathaus Bremen, 1878
Gerd Heinz-Mohr, Lexikon der Symbole, Düsseldorf/Köln 1981[6]
Wilhelm Molsdorf, Christliche Symbolik der mittelalterlichen Kunst, Leipzig 1926, 2. Aufl., Nachdr. Graz 1968
Jürgen Moltmann, Christoph Pezelius und der Calvinismus in Bremen, Bremen 1957, Hospitium Ecclesiae, Bd. 2
Ernst Friedrich v. Monroy, Embleme und Emblembücher in den Niederlanden 1560—1630, hrsg. v. Hans Martin v. Erffa, Utrecht 1964
Hartmut Müller, Farben in Bremens Wappen und Fahne, in Sammlg. wiss. Auskünfte 1976, Nr. 47, Bremen, Staatsarchiv
Karl Müller, Die Bekenntnisschriften der reformierten Kirche, Leipzig 1903, darin Consensus Bremensis von 1595
Karl Müller, Die staats- und verfassungsrechtliche Entwicklung in Bremen bis zum Jahre 1848, Diss. Leipzig 1931
Theodor Müller, Skulpture in the Nederlands, Germany, France and Spain 1400—1500, Suffolk/London 1966, Bd. 25 of the Pelikan History of Art, ed. by Nikolaus Pevner
Müller-Wulckow, Das Rathaus zu Bremen, Bremen 1927
Ernst Mummenhoff, Das Rathaus in Nürnberg, Nürnberg 1891
Georg Kaspar Nagler, Neues allgemeines Künstlerlexikon, 2. Aufl., Linz 1904—14, 25 Bde.
Johannes Napeirus, Auslegung der Offenbarung Johannis, nach der 3. Aufl. dt., Frankfurt 1615

Ottfried Neubecker, Heraldik, dt., Frankfurt 1977
Walter Nigg, Das Ewige Reich, Erlenbach b. Zürich 1944
Martin P. Nilsson, Geschichte der griechischen Religion, Bd. 2, Die hellenistische und römische Zeit, München 1950, Handb. d. Altertumswiss., hrsg. v. Walter Otto, 5. Abtlg., 2. T., 2. Bd.
Nürnberger Dürerfeiern 1828—1928, Katalog zur Ausstellung d. Museen d. Stadt Nürnbg. u. d. Staatsarchivs, 1971
Albert Oberheide, Der Einfluß Marcantonio Raimondis auf die nordische Kunst des 16. Jahrhunderts, Diss. Hamburg 1933
Ilse O'Dell-Franke, Kupferstiche und Radierungen aus der Werkstatt des Virgil Solis, Wiesbaden 1977
Gerhard Oelrichs, Glossarium ad Statuta Bremensis antiqua, Frankfurt 1767
Karl Oettinger, Laube, Garten und Wald, in Festschrift f. Hans Sedlmayr z. 65. Geburtstag, München 1967
Friedrich Ohly, Schriften zur mittelalterlichen Bedeutungsforschung, Darmstadt 1977
Hans Ohnesorge, Wiederherstellungsarbeiten am Bremer Rathaus, in Ztschr. f. Denkmalspfl., III. Jg., H. 1/2, 1928
Walter Paatz, Die lübeckische Steinskulptur der ersten Hälfte des 15. Jahrhunderts, Lübeck 1929
Ders., Münster, Bremen und Lübeck — Ein Beitrag zur Geschichte der Bildhauerkunst des frühen 15. Jahrhunderts, in Festschr. f. Martin Wackernagel, Köln 1958
Ders., Verflechtungen in der Kunst der Spätgotik zwischen 1360 und 1530, in Abhdlgg. d. Heidelbg. Akad. d. Wiss., Phil.-hist. Kl., Jg. 1967, Abhdlg. 1, Heidelberg 1967
Jürgen Pahl, Die Stadt im Aufbruch der perspektivischen Welt, Berlin 1963, Bauwelt Fundamente, Bd. 9
Erwin Panofsky, Herkules am Scheideweg ..., Berlin 1930, Stud. d. Bibl. Warburg, Bd. 18
Ders., The Iconography of Correggio's Camera di San Paolo, Studies of the Warburg Inst., Bd. 26, London 1961
Ders., Aufsätze zu Grundfragen der Kunstwissenschaft, Berlin 1964
Ders., Renaissance and Renascences in western Art, 2. Aufl. Uppsala 1965
Ders., Studies in Iconology, 3. Aufl. New York 1967
Ders., Sinn und Deutung in der Bildenden Kunst, dt., Köln 1975
Die Parler und der Schöne Stil 1350—1400, Katalog der Ausstellung in der Kunsthalle Köln, 3 Bde., Köln 1978
Walter Passarge, Tafelmalereien des 14. Jahrhunderts aus dem alten Erfurter Rathaus, in Ztschr. f. Bild. Kunst, N. F., 32. Jg., Leipzig 1920/21
Gustav Pauli, Die Renaissancebauten Bremens im Zusammenhang mit der Renaissance in Nordwestdeutschland, Beitrr. z. Kunstgesch., 11. Folge, Leipzig 1890
Ders., Die bremischen Steinhauer um 1600, in Brem. Jb., Bd. 16, 1892
Ders., Das Rathaus zu Bremen, in Die Baukunst, H. 6, Berlin 1900
Ders., Die dekorativen Skulpturen der Renaissance am Bremer Rathaus und ihre Vorbilder, in Jb. d. brem. Sammlgg., 1. Jg., 2. Hbbd., Bremen 1908
August Pauly, Realencyclopädie der classischen Altertumswissenschaften, hrsg. v. Georg Wissowa, Bd. 1—24, Stuttgart 1894—1965; 2. Reihe: 1.—19. Hbbd., Stuttgart 1920—1972; 15 Suppl. Bde., Stuttgart 1903—1978
Lydia De Pauw-De Veen, Jérôme Cock, Exposition Bruxelles 1970, Katalog
Hans Peters, Der Dom zu Köln, Düsseldorf 1948
Heinrich Wiegand Petzet, ... Ritter am Rathaus zu Bremen, in Brem. Jb., Bd. 55, 1977
Will-Erich Peuckert, Astrologie, Stuttgart 1960
Nikolaus Pevsner, Gegenreformation und Manierismus, in Repert. f. Kunstwiss., Bd. 46, Berlin/Leipzig 1925, Photomech. Nachdr. Berlin 1968
Ders., Beiträge zu einer geistesgeschichtlichen Kunst des Früh- und Hochbarock, in Repert. f. Kunstwiss., Bd. 49, Berlin/Leipzig 1928
Christoph Pezelius, Melleficium Historicum, Bd. I u. II., 2. Aufl. Marburg 1610, 3. Aufl. Marburg 1617, 4. Aufl. Frankfurt 1628
Richard Pick/Joseph Laurent, Das Rathaus zu Aachen, Aachen 1914
F. P. Pickering, Literatur und darstellende Kunst im Mittelalter, Berlin 1966, Grundll. d. Germanistik, Bd. 4
Friedrich Piel, Die Ornament-Groteske in der italienischen Renaissance, Berlin 1962, N. Münchn. Beitrr. z. Kunstgesch., Bd. 3
A. Pigler, Barockthemen, 2 Bde., Budapest/Berlin 1956
Wilhelm Pinder, Zur Physiognomie des Manierismus, in Festschr. f. Ludwig Klages z. 60. Geburtstag, Leipzig 1932
Ders., Die deutsche Plastik vom ausgehenden Mittelalter bis zum Ende der Renaissance, 1. Teil, Potsdam 1924, Hb. d. Kunstwiss., Bd. 28
Ferdinand Piper, Mythologie der christlichen Kunst von der ältesten Zeit bis ins 16. Jahrhundert, Bd. 1, Berlin 1847, Neudr. Osnabrück 1972; Bd. 2 1851
Volker Plagemann, Bremen und Bremerhaven, München 1979
Klaus Popitz, Die Darstellung der vier Elemente in der niederländischen Grafik von 1565 bis 1630, Diss. München 1965
Porträt 1 — Der Herrscher, Graphische Bildnisse des 16.—19. Jh. a. d. Porträtarchiv Diepenbroik, hrsg. v. Westfäl. Landesmus. f. Kunst u. Kulturgesch. Münster, Lengerich 1978
Hermann Post, Fasti Consulares et Senatorii Reipublicae Bremensis, o. O. o. J., handschr., Staatsarchiv Bremen
Ruth Prange, Die bremische Kaufmannschaft des 16. und 17. Jahrhunderts in sozialgeschichtlicher Betrachtung, Bremen 1963, Veröffentlgg. a. d. Staatsarchiv d. Freien Hansestadt Bremen, Bd. 31
Mario Praz, Studies in seventeenth-century imagery, 2. Aufl., Rom 1964, 2 Bde.
Vicomte des Prezel, Iconologisches Wörterbuch, Gotha 1759
Friedrich Prüser, Achthundert Jahre St. Stephani, Bremen 1940
Ders., Bremens Rathaus: Symbol freiheitlichen Denkens, in Kommunalpolit. Bll., Jg. 10, H. 7, v. 10.4.1958
Lotte Pulvermacher, Das Rollwerk in der süddeutschen Skulptur und seine Entwicklung bis ca. 1620, Stud. z. dt. Kunstgesch., H. 285, Straßburg 1931
Robert von Ranke-Graves, Griechische Mythologie — Quellen und Deutung, dt. Ausg. Reinbek b. Hamburg, 1960, rde 113/4
Das Rathaus zu Köln, hrsg. v. Peter Fuchs, Köln 1973
Wolfgang Rauda/Rudolf Delling, Deutsche Rathäuser, Frankfurt 1958
Reallexikon für Antike und Christentum, hrsg. v. Theodor Klauser, Stuttgart 1950 ff.
Reallexikon zur deutschen Kunstgeschichte, hrsg. v. Otto Schmidt, Stuttgart 1937 ff., zit. RDK
Wilhelm Reinecke, Das Rathaus zu Lüneburg, Lüneburg 1925
Hans Rempel, Die Rolandstatuen — Herkunft und geschichtliche Wandlung, Darmstadt 1989
Martha Riesebieter, Beiträge zur Tätigkeit des Bremer Steinhauers Johan Prange in der Stadt Oldenburg, in Oldbg. Jb. f. Altertumskd. u. Landesgesch., Kunst u. Gewerbe, 1921
Gerhard Ringshausen, Die spätgotische Architektur in Deutschland unter Berücksichtigung ihrer Beziehung zu Burgund im Anfang des 15. Jh., in Zeitschr. d. dt. Vereins f. Kunstwiss., Bd. 27, Jg. 1973
Johann Rippe, Die wechselnden Schicksale des Bremer Rathauses, in Bremer Generalanzeiger v. 2.8.1896
D. Roggen/J. Witthof, Cornelis Floris, in Gentsche Bijtragen tot de Kunstgeschiedenis, T. 8, 1942
Christian Nikolaus Roller, Geschichte der Kaiserlichen und Reichsfreyen Stadt Bremen, 4 Bde., Bremen 1799—1803
W. H. Roscher, Ausführliches Lexikon der griechischen und römischen Mythologie, 6 Bde., 3 Suppl. Bde., Leipzig 1884—90
H. R. Rosemann, Ausstrahlung der Parlerbauhütte im südlichen Niedersachsen, in Kunstchronik 7, 1954
Helen Rosenau, Zum Sozialproblem in der Architekturtheorie des 15. bis 19. Jahrhunderts, in Festschr. f. Martin Wackernagel, Köln 1958
Alfons Rosenberg, Engel und Dämonen, München 1967
Hellmut Rosenfeld, Das deutsche Bildgedicht, Leipzig 1935
Eugen Rosenstock, Rathaus und Roland, Leipzig 1912

Heinrich Wilhelm Rotermund, Lexikon aller Gelehrten, die seit der Reformation in Bremen gelebt haben ..., 2 Bde., Bremen 1818
Herbert Rudolph, Die Beziehungen der deutschen Plastik zum Ornamentstich in der Frühzeit des 17. Jahrhunderts, in Kunstwiss. Stud., Bd. 16, Berlin 1935
Ders., Vanitas, in Festschr. Wilh. Pinder z. 60. Geburtstag, 25.6.1938, Leipzig 1938
Hannelore Sachs/Ernst Badstübner/Helga Neumann, Christliche Ikonographie in Stichworten, Leipzig 1973/München 1975
Wilhelm Sahner, Deutsch-holländische Wechselbeziehungen in der Baukunst der Spätrenaissance und des Frühbarock, 2. Aufl. Gelsenkirchen-Buer/Gladbeck 1948
Die Salzburger Armenbibel, Faks.-Ausg., hrsg. v. Karl Forstner, München o. J.
Fritz Saxl, Aller Tugenden und Laster Abbildung, in Festschrift Schlosser, 1926
Ders., Antike Götter in der Spätrenaissance, in Stud. d. Bibl. Warburg, Leipzig 1927
Karl Schaefer, Die Restaurierung der oberen Rathaushalle, in Dt. Bauztg., März 1896
Ders., Die Entwicklung des Bremischen Schrankmöbels vom 16.—18. Jahrhundert, in Mittlgg. d. Gew.-Mus. z. Bremen, 16. Jg., 1901
Ders., Zwei Bronzelöwenköpfe aus der Mustersammlung des Gewerbemuseums, in Mittlgg. d. Gew.-Mus. z. Bremen, 17. Jg., 1902
Ders., Das Rolandstandbild zu Bremen, in Mittlgg. d. Gew.-Mus. z. Bremen, 19. Jg., 1904
Heinz Schecker, Brema und Kybele, in Bremer Nachrichten v. 23.5.1933
Ders., Das Bremer Rathaus und die Goldene Bulle, in Ndsächs. Jb., Jg. 1935
Schedelsche Weltchronik 1493, Faks.-Druck München 1975
Willy Scheffler, Die Portraits der deutschen Kaiser und Könige von Adolf v. Nassau bis Maximilian I., in Repert. f. Kunstwiss., Bd. 33, 1910
Sune Schéle, Cornelis Bos — A Study of the Origins of the Netherland Grotesque, Uppsala 1965
Gertrud Schiller, Ikonographie der christlichen Kunst, 3 Bde., Gütersloh 1966—71
Karl Schiller/August Lübben, Mittelniederdeutsches Wörterbuch, 6 Bde., Bremen 1875—80
Gerhard Schmidt, Die Armenbibeln des XIV. Jh., Graz/Köln 1959
Ders., Peter Parler und Heinrich IV. Parler als Bilhauer, in Wiener Jb. f. Kunstgesch., Bd. 23, 1970
Auguste Schoy, Histoire de l'Influence Italienne sur l'Architecture dans la Pays-bas, Brüssel 1879
Percy Ernst Schramm, Herrschaftszeichen und Staatssymbolik, 3 Bde., Stuttgart 1954—56, Schriften der Monumenta Germ. Histor., Bd. 13, 1—3
Ders., Sphaira—Globus—Reichsapfel, Stuttgart 1958
Ders., Das Alte und das Neue Testament in der Staatslehre und Staatssymbolik des Mittelalters, in P. E. Schramm, Kaiser, Könige und Päpste, Bd. IV, 1, Stuttgart 1970
Herbert Schwarzwälder, Die Gedichte der oberen Halle des Bremer Rathauses und ihre ursprüngliche Fassung, in Jb. d. Vereins f. nddt. Sprachforschg., Jg. 1954, H. 77
Ders., Die Chronik von Rinesberch und Schene: Verfasser, Bearbeiter, Überlieferung, in Brem. Jb., Bd. 52, 1972
Ders., Berühmte Bremer, München 1972
Ders. Gräfin Emma v. Lesum und der Bremer Krüppel, in Jb. d. Wittheit z. Brem., Bd. 18, 1974
Ders., Geschichte der Freien Hansestadt Bremen, 4 Bde., Bremen 1975/85
Karl H. Schwebel, Bremens Beziehungen zu Kaiser und Reich, Bremen 1937, Veröffentlgg. d. Staatsarchivs Bremen, Bd. 14
Ders., Die bremische Freiheit, in Jb. d. brem. Wiss., Bd. 1
Ders., Zum Wappen Bremens, in Sammlg. d. wiss. Auskünfte 1957, Staatsarchiv Bremen, Nr. 540
Berent Schwineköper, Der Handschuh im Recht, Ämterwesen, Brauch und Volksglauben, Diss. Göttingen 1938 — darin enthalten: P. E. Schramm, Die Erforschung der mittelalterlichen Symbole — Wege und Methoden
Hans Sedlmayr, Epochen und Werke, 2 Bde., Wien 1960
Georg Sello, Der Roland zu Bremen, in Brem. Jb., Bd. 20, 1902
Ders., Vindiciae Rulandi Bremensis, in Brem. Jb., Bd. 21, 1906
Ders., Rolands Standort, in Jb. d. brem. Sammlgg., 3. Jg., 2. Hbbd., 1910
Karl Simon, Abendländische Gerechtigkeitsbilder, Frankfurt 1948
Otto v. Simson, Die gotische Kathedrale, 2. Aufl. Darmstadt 1972
Max Sonnen, Die Weserrenaissance, Münster 1918/23
Adolf Sperl, Melanchthon zwischen Humanismus und Reformation, München 1959
K. Spiess, Der Vogel — Bedeutung und Gestalt in sagentümlicher und bildlicher Überlieferung, Klagenfurt 1969
Die Sprache der Bilder — Realität und Bedeutung der niederländischen Malerei des 17. Jh., Katalog der Ausstellung d. Herzog-Anton-Ulrich-Museums, Braunschweig 1978
Wolfgang Stammler, Wort und Bild, Studien zu den Wechselbeziehungen zwischen Schrifttum und Bildkunst im Mittelalter, Berlin 1962
Alfred Stange, Deutsche Kunst um 1400, München 1923
Ders., Die Gotik in der deutschen Baukunst um 1600, in Repert. f. Kunstwiss., Bd. 49, Berlin/Leipzig 1928, photomech. Nachdr. Berlin 1968
Rudolf Stein, Das vergangene Bremen, Bremen 1961
Ders., Romanische, gotische und Renaissancebaukunst in Bremen, Bremen 1962
Ders., Hundert Jahre Heimat- und Denkmalpflege, in Brem. Jb., Bd. 48, 1962
Walter Stein, Die bremische Chronik von Rynesberch und Schene, in Hans. Gesch.Bll. 12, 1906
O. Stiehl, Das deutsche Rathaus im Mittelalter in seiner Entwicklung, Leipzig 1905
Stilleben in Europa, Katalog d. Ausstlg. d. Westfäl. Landesmuseums f. Kunst u. Kulturgesch. Münster, 1979
Adam Storck, Ansichten der Freien Hansestadt Bremen und ihrer Umgebung, Frankfurt 1822
Der Stricker, Karl der Große, hrsg. v. Karl Bartsch, Quedlinburg/Leipzig 1857, photomech. Nachdr. Berlin 1965
Rudolf Struck, Meister Johannes Junge, in Lüb. Bll. 1926
Karl M. Swoboda, Peter Parler — Der Baukünstler und Bildhauer, Wien 1940
Ders., Kunst und Geschichte, Wien/Köln/Graz 1969, Mittlgg. d. Inst. f. österr. Gesch.Forschg., Bd. 22
Hermann Tardel, Bremische Sagen nach Kunstwerken, in Nddt. Jb. f. Volkskunde, Jg. 22, Bremen 1947
Ders., Der Bremer Schlüssel, in Der Schlüssel, H. 1, Jg. 1939
Guy de Tervarent, Attributes et Symboles dans l'art profane, 1450—1600, 2 Bde., Genf 1958/59
Erika Thiel, Geschichte des Kostüms, Berlin 1973
Ulrich Thieme/Felix Becker, Allgemeines Lexikon der bildenden Künstler von der Antike bis zur Gegenwart, 37 Bde., Leipzig 1907—1950
T. F. Torrance, Die Eschatologie der Reformation, in Evang. Theol. Jg. 14, 1954
Jörg Träger, Der reitende Papst, München 1970
Die Très Riches Heures des Jean Duc de Berry im Musée Condé, hrsg. v. M. Meiss/J. Longnon/R. Cazelles, Faks.-Ausg., Montrouge o. J.
Eduard Trier, Die Propheten des Kölner Rathauses, Diss. Bonn 1952
Ders., Die Prophetenfiguren des Kölner Rathauses, in Wallraf-Rich.-Jb., Bd. 15, 1953
Ders., Die Prophetenfiguren des Kölner Rathauses, in Wallraf-Rich.-Jb., Bd. 19, 1957
Georg Troescher, Weltgerichtsbilder in Rathäusern, in Wallraf-Rich.-Jb., Bd. 11, 1939
Ders., Deo et Caesari fidelis perpetuo, Brüssel 1943
Horst-Johs Tümmers, Die Altarbilder des älteren Bartholomäus Bruyn, Köln 1964

Gustav Ulrich, Was uns an dem erhalten gebliebenen Alten Rathaus verloren ging, in Heimat u. Volkstum, Festschr. Diedrich Steilen, Jg. 1959/60, Bremen 1960

Ders., Das alte Rathaus – einst vom Einsturz bedroht, in Brem. Jb., Bd. 48, 1962

Eyvind Unnerbäck, Welsche Giebel, o. J. o. O.

Otto Veeck, Geschichte der reformierten Kirche Bremens, Bremen 1909

Carl van de Velde, Frans Floris – Leven en Werken, 2 Bde., Brüssel 1975

Verbum et Signum, hrsg. v. Hans Fromm/Wolfgang Harms/Uwe Ruberg, 2 Bde., München 1975

Vitruv, Zehn Bücher über die Architektur, übers. v. Curt Fensterbusch, Darmstadt 1976[2]

Wilhelm Vöge, Jörg Syrlin der Ältere und seine Bildwerke, Bd. II: Stoffkreis und Gestaltung, Berlin 1950

Ludwig Volkmann, Bilderschriften der Renaissance, Leipzig 1923, unveränd. Nachdr. Nieuwkoop 1962

Friedrich Wagenfeld, Bremens Volkssagen, Bremen 1965, Nachdr. nach der 1. Ausg. v. 1845

Emil Waldmann, Die gotischen Skulpturen am Rathaus zu Bremen und ihr Zusammenhang mit kölnischer Kunst, Stud. z. dt. Kunstgesch., H. 96, Straßburg 1908

Ders., der gl. Titel, in Jb. d. brem. Sammlgg., 1. Jg., 2 Hbbd., 1908

Ders., Roland und Rathaus in Bremen, in Niedersächs. Jb., 1917

Ders., Das Rathaus zu Bremen, Burg b. Magdeburg 1931, Deutsche Bauten, Bd. 18

Ders., Giebelwange am westlichen Seitengiebel der Schauseite des Bremer Rathauses, in Brem. Jb., Bd. 36, 1936

Ders., Zwei Rathäuser – Was hat der Bremer Rathausmeister in Holland gemacht?, in Der Schlüssel, 2. Jg., H. 1, 1937

Carsten-Peter Warncke, Die ornamentale Groteske in Deutschland 1500–1650, 2 Bde., Berlin 1979

Ders., Sprechende Bilder – sichtbare Worte, Das Bildverständnis in der frühen Neuzeit, Wiesbaden 1987

Franz Xaver v. Wegele, Geschichte der deutschen Historiographie, München/Leipzig 1885, Reprint 1965

Gert Wendelborn, Gott und Geschichte – Joachim v. Fiore und die Hoffnung der Christenheit, Wien/Köln 1974

J. E. Wessely, Das Ornament und die Kunstindustrie in ihrer geschichtlichen Entwicklung auf dem Gebiet des Kunstdrucks, 3 Bde., Berlin 1877

Th. A. G. Wilberg Vignau-Schuurman, Die emblematischen Elemente im Werke Joris Hoefnagels, 2 Bde., Leiden 1969

Manfred Wilmanns, Die Landgebietspolitik der Stadt Bremen um 1400, Hildesheim 1973

Edgar Wind, Charity, in Journal of the Warburg Inst., Vol. I, London 1937/38, Reprint Vaduz 1965

Rudolf Wittkower, Chance, Time and Virtue, in Journal of the Warburg Inst., Vol. I, London 1937/38, Reprint Vaduz 1965

Elisabeth Wolffhardt, Beiträge zur Pflanzensymbolik, in Ztschr. f. Kunstwiss. 8, 1954

Franzsepp Würtenberger, Weltbild und Bilderwelt von der Spätantike bis zur Moderne, Wien 1958

Ders., Der Manierismus, Wien 1962

A. v. Wurzbach, Niederländisches Künstlerlexikon, 2 Bde., Amsterdam 1968

Nikolaus Zaske, Mittelalterlicher Backsteinbau Norddeutschlands als Geschichtsquelle, N. Hans. Stud., Bd. 17, Berlin 1970

Herbert Zschelletzschky, Das grafische Werk Heinrich Aldegrevers, Stud. z. dt. Kunstgesch., H. 292, Straßburg 1933

Ders., Die drei gottlosen Maler von Nürnberg, Leipzig 1975

W. K. Zülch, Die Entstehung des Ohrmuschelstils, Heidelberg 1932

## *Abbildungsnachweis*

Landesbildstelle Bremen: 34, 78–79, 85, 86, 316, 319, 321, 323, 325, 344–352, 360–370, 375–377, 385–390, 392–395, 397–398, 401, 403–405, 407–409, 411–412, 414–415, 419–420, 426–450, 452, 454, 456, 458, 460–464, 468, 473, 485–487, 491–496, 498–500

Archiv Landesbildstelle Bremen: 14, 17, 22–33, 35–42, 44–47, 49–50, 52–55, 59, 103–114, 116–117, 119–126, 129–130, 133–140, 142–165, 181–184, 187–189, 194–205, 207–231, 235–238, 242–243, 245–252, 256–258, 263–268, 272–274, 278–279, 282–285, 287–290, 291–299, 307–315, 334–343, 350–352, 354–356, 359, 413, 465

Bremer Landesmuseum für Kunst- und Kulturgeschichte (Focke-Museum): 13, 58, 357, 471–472, 476–477

Staatsarchiv Bremen: 82–84

Landesamt für Denkmalpflege, Bremen: 102

Alle oben und unten nicht aufgeführten Abbildungen vom Autor.

*Buchvorlagen*

Denkmale der Geschichte und Kunst der Freien Hansestadt Bremen, Bd. 1, Bremen 1862: 1

Peter Koster, Kurtze Zusammenfassung Der Bremischen Geschichte ..., Bremen 1685: 9

Karl M. Swoboda, Peter Parler, Wien 1940: 20

Gerhard Ulrich, Meisterwerke der altdeutschen Malerei, Bremen 1957: 48

Richard Pick/Joseph Laurent, Das Rathaus zu Aachen, Aachen 1914: 60

Rudolf Stein, Romanische, gotische und Renaissancebaukunst in Bremen, Bremen 1962: 61

Wolfgang Hilger, Ikonographie Ferdinands I. (1503–1564), Wien 1969: 87, 88

Johannes Beer, Albrecht Dürer als Maler, München 1953: 97

Carl van de Velde, Frans Floris, Brüssel 1975: 128

Hans Demiani, François Briot, Caspar Enderlein und das Edelzinn, Leipzig 1897: 141

Robert Hedicke, Cornelis Floris und die Florisdekoration, Berlin 1913: 190–193

Anna Maria Kesting, Anton Eisenhoit, Münster 1964: 239–241

Gustav Pauli, Die dekorativen Skulpturen der Renaissance am Bremer Rathaus und ihre Vorbilder, in Jb. d. brem. Sammlg., 1.Jg., 2. Hbd., Bremen 1908: 322, 324, 326

Die Sprache der Bilder, Katalog, Braunschweig 1978: 396

Erwin Panofsky, Herkules am Scheideweg ..., Berlin 1930: 402

J. Mittelsdorf, Deutsche Renaissance, 34. Abtlg., H.1,2, Rathaus Bremen, 1878: 383, 410, 416, 421

Allgemeines historisches Portraitwerk, hrsg. v. Woldemar v. Seidlitz, Bd. 4, München 1896: 497

## *Personenregister*

Im Personenregister sind nicht aufgenommen „am Rathaus tätig gewesene Künstler und Kunsthandwerker", sofern sie nicht im Text genannt werden, sowie Engel (ohne Namen), antike Gottheiten und Allegorien.

## *Nachwort*

Die Arbeiten an diesem Buch lagen in der Hauptsache in den Jahren zwischen 1965 und 1980. Ein erster Anlauf zu einer Publikation scheiterte an der sich allgemein dramatisch verschlechternden Finanzlage. Die in den folgenden Jahren für das Thema relevanten Publikationen bestätigten Arbeitsmethode und Ergebnisse in wesentlichen Teilen. 1993 erklärte sich die Vereinigung für Bremische Kirchengeschichte bereit, die Publikation zu unterstützen und als Sonderveröffentlichung herauszubringen. Durch die entscheidende Hilfe der Wolfgang-Ritter-Stiftung konnte dies schließlich abgesichert werden. Auch die Senatskanzlei und die Sparkasse in Bremen u. a. haben das Vorhaben begleitet.
Ich möchte an dieser Stelle all denen meinen Dank aussprechen, die meine Arbeit gefördert und sie letztlich erst ermöglicht haben. Das Landesamt für Denkmalpflege und vor allem sein Leiter, Dr. Hans-Christoph Hoffmann, haben mich bei der jahrelangen Arbeit immer wieder beraten und unterstützt. Sehr dankbar bin ich der Landesbildstelle Bremen, die einen Großteil der Abbildungen beigesteuert hat. Ihre Fotografen waren immer wieder bereit, dafür Anregungen aufzunehmen. Im Staatsarchiv hat seinerzeit vor allem Eugen De Porre mich in aufopfernder Weise unterstützt und es verstanden, mir Mut für die Weiterarbeit zu machen. Ohne die selbstlose Hilfe von Pastor Hartwig Ammann wäre diese Publikation nicht zustande gekommen. Außerdem gilt mein Dank dem Verlag H. M. Hauschild GmbH, der sich entschloß, das Risiko einer Publikation auf sich zu nehmen und die Wünsche des Autors weitestgehend erfüllte. Er schließt auch den Lektor, Gerd Hüsener, mit ein, der mir aufgrund seiner umfangreichen Kenntnisse manchen wichtigen Hinweis geben konnte. Und nicht zuletzt möchte ich meiner Frau Inga danken, die in all den Jahren bereit war, mir für diese Arbeit den Rücken freizuhalten und sie immer kritisch zu begleiten.

Bremen, im Juli 1994 Rolf Gramatzki

*Übersicht über das Bild*

Die Zahlen geben die Nu
die im

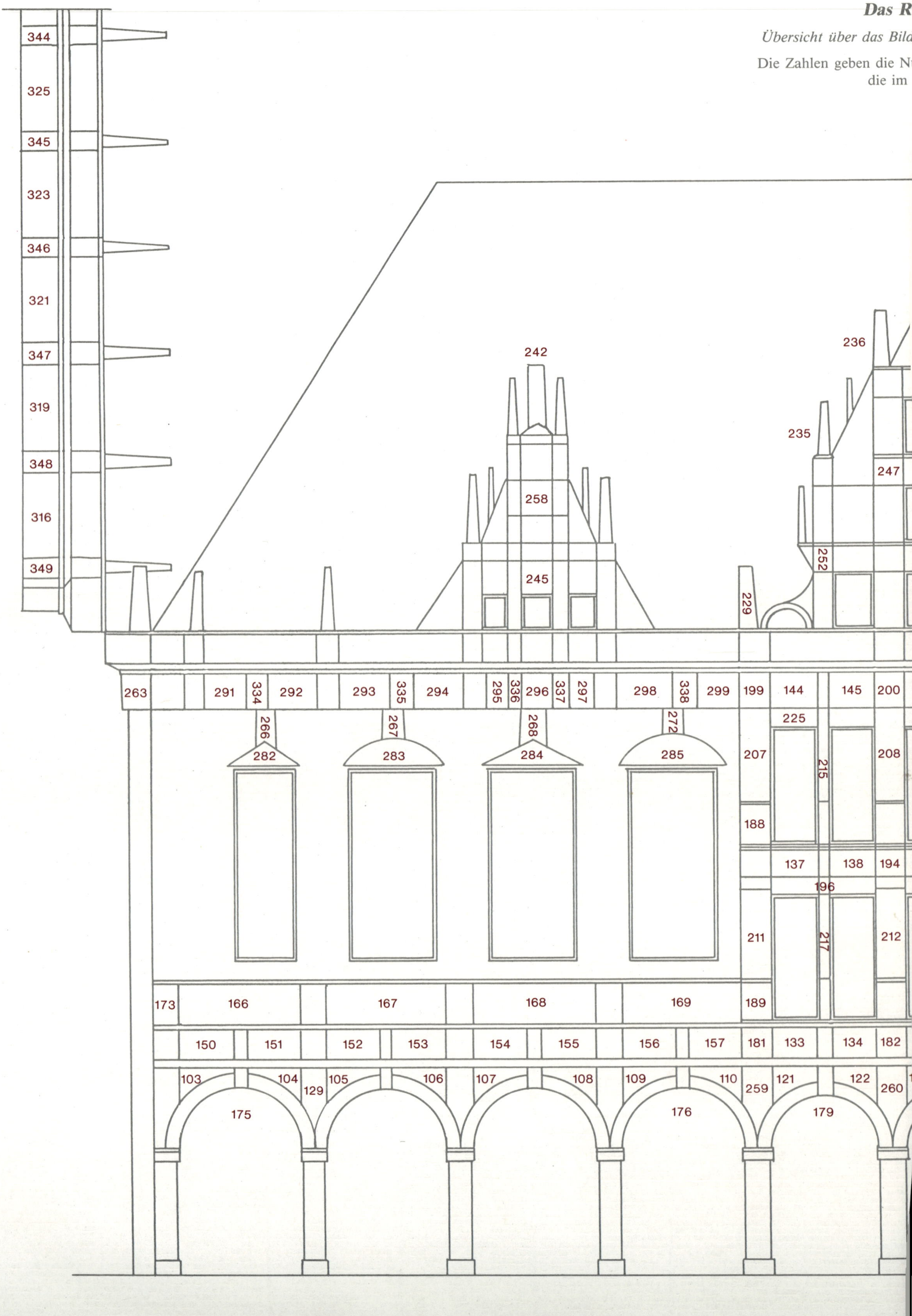